Elemente der Stereometrie

Von

Prof. Dr. Gustav Holzmüller
in Hagen i. W.

Zweiter Teil

Die Berechnung einfach gestalteter Körper

Mit 156 Figuren
und zahlreichen Übungsbeispielen

Leipzig
G. J. Göschensche Verlagshandlung
1900

Vorwort.

Der vorliegende zweite Band der Stereometrie beschäftigt sich hauptsächlich mit der Berechnung einfach gestalteter Körper, also der einfacheren Polyeder, Cylinder, Kegel und der Kugel. Der dritte soll die schwierigeren Gebilde der Raumgeometrie behandeln und dabei die neueren Methoden bevorzugen. Allerdings gestattete das Cavalierische Prinzip schon hier (ähnlich wie in Bd. I) Ausblicke auf die allgemeinen Flächen zweiten Grades, die Schwerpunktsuntersuchungen greifen ebenfalls hier und da in die barycentrischen Methoden über und deuten die Guldinschen Regeln und andere Methoden neuerer Art an, auch die Newton-Simpsonsche Regel wird für die Prismatoide mit ebenen und windschiefen (hyperbolischen) Seitenflächen und für die allgemeinen Flächen zweiten Grades behandelt und sogar auf einen Körper mit transcendentaler Grundfläche (cykloidisches Oval) angewandt; aber dies alles sind nur Vorbereitungen, die noch nicht den ganzen Bereich dieser Berechnungsmethoden erschöpfen. Dagegen ist die sogenannte Summenformel, die wohl besser als Schichtenformel bezeichnet wird, vollständig für den dritten Band aufgespart, weil hier die Berechnung noch nicht auf unendliche Reihen gegründet werden sollte. Unendliche Reihen, und zwar geometrische, treten hier nur in Übungsbeispielen auf, bei denen es sich um Inhaltssummen oder Oberflächensummen unendlich vieler ähnlicher Körper handelt. Die betreffenden Aufgaben eignen sich in ausgezeichneter Weise für Exercitia oder Klassenarbeiten grösseren Umfangs, da bei ihnen die verschiedensten Gebiete zur Geltung kommen und die Resultate sehr einfach sind. Nur bei der Behandlung der Mercatorkarte werden gewisse Reihen in einer dem Schüler unmerklichen Weise summiert, was auf einen elementaren Nachweis der Formeln

$$\int\frac{d\vartheta}{\sin\vartheta} = {}^{e}lg \tan\frac{\vartheta}{2} \quad \text{und} \quad \int\frac{d\varphi}{\cos\varphi} = {}^{e}lg\frac{1+\tan\frac{\varphi}{2}}{1-\tan\frac{\varphi}{2}}$$

hinauskommt. (An dieser Stelle versagen sämmtliche elementaren Lehrbücher der mathematischen Geographie und verweisen auf die höhere Analysis.) Eine ganze Reihe wichtiger Probleme wird dadurch der elementaren Behandlung zugänglich, besonders das der Mercatorkarte.

Schon aus diesen Bemerkungen wird man entnehmen, daſs trotz des engen Bereichs, den dieser Band sich stellt, neben den leichteren Aufgaben auch schwierigere zur Behandlung gelangen.

Es erschien zweckmäſsig, die Anordnung zu einer rein sachlichen zu machen, derart, daſs schon bei dem Würfel und dem Rechteckskörper der Übergang zu schwierigeren Übungen stattfindet. Ein methodisches Fortschreiten vom Leichteren zum Schwereren findet also nicht durch das ganze Buch hindurch, sondern nur innerhalb der einzelnen Kapitel statt. Das erstere Verfahren würde die verschiedenen Gebilde bunt durcheinander gewürfelt und allen organischen Zusammenhang zerstört haben. Wem diese oder jene Aufgabe zu schwierig ist, der mag sie vorläufig überschlagen.

Die Gleichungen dritten Grades sind in diesem Bande vorläufig noch zurückgedrängt. Nur an einer besonders charakteristischen Stelle konnte ich es mir nicht versagen, einige Beispiele durchzurechnen. Die Frage nach der Tiefe des Eintauchens einer Kugel von gegebenem spezifischen Gewichte $p' < 1$ führt auf eine Gleichung dritten Grades, die merkwürdigerweise drei reelle Lösungen giebt, obwohl doch nur eine brauchbar erscheint. Die Bedeutung der beiden anderen Lösungen zu untersuchen, erschien als eine sehr dankbare Aufgabe für die Schule.

Da die neuen Lehrpläne Wert auf die Lehre vom Maximum und Minimum legen, ist eine Anzahl von Aufgaben, die im allgemeinen nicht über den zweiten und dritten Grad hinausgehen, zur Lösung gebracht.

Schon die Lehre von der Dreikantecke führt, wenn sie erschöpfend dargestellt sein soll, auf die Formeln der sphärischen Trigonometrie. Es war also nötig, diese Formeln entweder vorauszusetzen, oder sie in kurzem Abriſs zu behandeln. Ich zog das letztere vor und zwar aus folgendem Grunde: Die Dreikantecke hat eigentlich gar nichts mit der Kugel zu thun, die Formeln müssen sich also ohne Beziehung auf die letztere entwickeln lassen. Dies ist hier geschehen, ohne daſs Umwege nötig waren. Dafür konnten bei der eigentlichen sphärischen Trigonometrie die Formeln direkt zur Anwendung gelangen. So gelang es, schon bei der Dreikantecke einige Aufgaben zu lösen, deren Resultate Steiner ohne Beweis gegeben hat. Dabei aber glückte es, an Stelle der Steinerschen Formeln andere zu gewinnen, die zwar mit ihnen identisch sind, aber doch eleganter erscheinen.

Dem Tetraeder widmete ich eine ausführlichere Betrachtung. Der Reichtum an Beziehungen zwischen seinen Elementen ist naturgemäſs weit gröſser als beim Dreieck. Den zahlreichen Formeln, die besonders von Feuerbach für das Dreieck gegeben sind, müssen noch zahlreichere und ebenso elegante am Tetraeder entsprechen. Die Lehrbücher gehen allzuschnell über diesen Gegenstand hin, und zwar vielfach in oberflächlicher Weise. Selbst vortreffliche unter den neueren Büchern sprechen z. B. nur von fünf Berührungskugeln des Tetraeders, die durch $\varrho, \varrho_1, \varrho_2, \varrho_3, \varrho_4$ angedeutet sein mögen, sie wissen nichts von den Kugeln $\varrho_a, \varrho_b, \varrho_c$, die ebenfalls alle Flächen des Körpers berühren und sich in je einem der zu den Gegenkanten (a, a_1), (b, b_1), (c, c_1) gehörigen „Dachräume“ befinden (die durch Erweiterung der Flächen entstehen). Dabei zeigt sich, daſs zwischen den Kugeln $\varrho, \varrho_a, \varrho_b, \varrho_c$ einerseits und $\varrho_1, \varrho_2, \varrho_3, \varrho_4$ andererseits eine Art von Symmetrie der Formeln stattfindet. Durch diese Symmetrie wird erst ein klarer Überblick ermöglicht. Dabei treten zwischen den Radien ϱ, den Höhen h_1, h_2, h_3, h_4 und den kürzesten Entfernungen e_a, e_b, e_c der Gegenkantenpaare Beziehungen einfachster Art auf. Die meisten von diesen hat schon Steiner behandelt, einige andere habe ich selbst beigefügt. In der mir zugänglichen Litteratur waren sie nicht zu finden. Es scheint überhaupt, als ob auf diesem elementaren Gebiete noch viele Schätze zu heben wären.

Auch die regelmäſsigen Körper behandle ich ausführlicher als die gebräuchlichen Lehrbücher und gehe auf die halbregelmäſsigen (die Archimedischen und ihre reziproken), auf die Kepler-Poinsotschen und andere in Band I behandelten Körper höherer Art ausführlicher ein. Die Schluſsformeln sind überall einfach gestaltet. Ihre Entwickelung giebt zur Übung in Wurzelumformungen und dergleichen vielfachen Anlaſs. Dies gilt auch von gewissen Durchdringungen. Ich würde in dieser Beziehung vielleicht noch weiter gegangen sein, wenn das schöne Brücknersche Werk*), welches erst nach Fertigstellung des Manuskriptes für Band II erschien, früher zur Veröffentlichung gelangt wäre. Dort erst zeigt sich die groſse Mannigfaltigkeit der Polyeder höherer Art, die gewisse Arten von Regelmäſsigkeit aufweisen und deren Theorie mit den Heſsschen Untersuchungen über Kugelteilung zusammenhängt, in übersichtlicher Weise. Auf dieses Werk seien solche hingewiesen, die in dieser Hinsicht bis an die augenblicklichen Grenzen der Forschung vordringen wollen.

Der „genetischen" Stereometrie von Heinze-Lucke, soweit sie sich auf Prismatoide bezieht, glaubte ich auch eine Stelle einräumen zu müssen. Vielleicht wird Band III noch näher auf diese Lehre eingehen. Auch sie giebt einigen Einblick in den Reichtum räumlicher Gebilde, die der leichteren Berechnung zugänglich sind, ohne jedoch alles zu erschöpfen. Der von Heinze gegebene Versuch einer Systematik des gewählten Gebietes ist zwar der Vervollkommnung fähig, aber doch als ein wertvoller Anfang zu betrachten. Der Heinzesche Drehungssatz findet hier Berücksichtigung.

Im Anschluſs an die Prismatoide, die bei einer Verlängerung der Kanten über die beiden Grundflächen hinaus

---

*) Brückner, Vielecke und Vielflache, Theorie und Geschichte, mit 12 Doppeltafeln und vielen Figuren im Text (Leipzig, bei Teubner, 16 Mk.).

ihren wesentlichen Charakter nicht ändern, wobei auch die Inhaltsformel für aufserhalb liegende (parallele) Grundflächen fortbesteht, ergab sich als anregende Übung der Vergleich mit den Oberflächen zweiten Grades nach Art des Cavalierischen Prinzips. Da nun die Prismatoide sich bis ins Unendliche erweitern lassen, mufs dasselbe bei der Kugel und dem Ellipsoid der Fall sein. Dabei ergiebt sich als Fortsetzung das zweifache Hyperboloid, und damit hängen interessante Erweiterungen des Archimedischen Satzes über Kugel, Cylinder und Kegel zusammen. Diesen Gegenstand hatte ich ursprünglich für Band III vorbehalten; ich fand ihn aber so lehrreich und anregend, dafs ich mich entschlofs, ihn schon früher dem Leser zugänglich zu machen.

An einigen Stellen ergaben sich Nachträge zu Band I als wünschenswert, z. B. die Behandlung der Höhen des Tetraeders und des zu ihnen gehörigen Hyperboloids und die Besprechung der drei am Tetraeder auftretenden hyperbolischen Paraboloide. Anhangsweise wird auch das Apollonische Berührungsproblem für vier gegebene Kugeln, welches in Band I durch Zufall ausgeschlossen blieb, kurz behandelt.

Bei dieser Ausdehnung des Übungsstoffes wurde Band II zu einem Lehrbuche mit ausgedehnter Sammlung von Übungsaufgaben, an denen die wichtige Kunst des „Ansetzens der Aufgaben“ und der Anwendung verschiedener Berechnungsmethoden geübt werden kann, wobei zugleich ein reicher Schatz von Formeln gewonnen wird, die nicht nur an sich von Interesse sind, sondern uns auch vor der Stellung unmöglicher Aufgaben bewahren.

Bis hierher kam jedoch nur der theoretische Teil des Inhalts zur Sprache, dem ein praktischer Teil, d. h. das Gebiet der Anwendungen, gegenübersteht. Seit 1892 verlangen die preufsischen Lehrpläne eine stärkere Betonung der darstellenden Geometrie und der Anwendungen, und neuerdings ist die angewandte Mathematik als besonderes vollgültiges Fach in die Prüfungsordnung für mathematische Oberlehrer aufgenommen worden. Den darin liegenden Forderungen suchte auch Band II gerecht zu werden. Fast jede seiner Figuren — einige schematische ausgenommen, die aus Gründen der Deutlichkeit nicht ganz zu vermeiden sind*) — ist ein Übungsbeispiel für die darstellende Geometrie. Auch die Krystallographie findet einige Berücksichtigung, die sich noch sehr weit hätte ausdehnen lassen. Der Löwenanteil fällt aber der Mechanik zu. Hierher gehören die Gewichtsberechnungen, die des spezifischen Gewichtes, die Eintauchaufgaben und andere Anwendungen des Archimedischen Prinzips, die Berechnung von Schwerpunkten, statischen Momenten, Stabilitätsmomenten, Hebungsarbeiten, Centrifugalkräften, hydrostatischen Momenten, die an schwimmenden, jedoch nicht in der Gleichgewichtslage befindlichen Körper wirken (andere hydrostatische Probleme sollen später zur Geltung kommen). Einige Anwendungen der Mechanik auf kosmische Verhältnisse kommen ebenfalls zur Sprache. In technischer Hinsicht finden das Bauwesen und die Maschinentechnik Berücksichtigung. Unter den physikalischen Anwendungen sei der Anzahl der Kraftlinien und einiger Bemerkungen über das Potential gedacht, besonders aber der Anwendungen der Wärmelehre auf einige Probleme der kosmischen Physik, die im Anschlufs an Pouillet, Tyndall und Helmholtz in der Regel nur in populärer Darstellung bekannt gegeben werden, hier aber auf dem Wege elementarer Berechnung zur Entwickelung kommen. Der Übergang zur Kartographie und zu sonstigen Gebieten der mathematischen Geographie, zur Astronomie, Nautik und Geodäsie ergab sich von selbst, vorläufig jedoch nur insoweit, als es sich um die Kugel handelt.

Mit Ausnahme des nautischen Gebietes gründet sich das Lehrbuch auf langjährige Unterrichtserfahrung am Gymnasium, der Realschule und der höheren Maschinenbauschule. Hinsichtlich der Nautik mufste ich mich naturgemäfs an andere Lehrbücher anschliefsen, die an gegebener Stelle namhaft gemacht sind. Im übrigen hoffe ich, dafs der Übungsstoff den bekannten Sammlungen (von Übungsaufgaben) von Meier-Hirsch, Reidt, Martus und anderen vielfach zur Ergänzung dienen wird. Die meisten Aufgaben entstanden nämlich im Laufe des Unterrichts gewissermafsen

---

*) Auch Geheimrat Hauck schliefst sich in der 8. Auflage seines vortrefflichen Lehrbuchs der Stereometrie (Kommerell-Hauck) diesen Anschauungen an.

im Gespräch mit den Schülern bei der jeweiligen Untersuchung der Frage, was mit den gewonnenen Formeln oder Methoden eigentlich angefangen werden könnte. Die Schüler sollten sehen, welch ein Hebel die Mathematik für die Überwindung geistiger Aufgaben ist. Dabei ergab sich stets unerschöpfliches Übungsmaterial ohne Anwendung irgend einer Aufgabensammlung. Vieles wurde dann bearbeitet.

Die geschichtlichen Bemerkungen des ersten Bandes haben an geeigneten Stellen Fortsetzung gefunden.

Um die Orientierung zu erleichtern, ist dem eigentlichen Inhaltsverzeichnis noch eine Übersicht beigefügt worden, welche angiebt, wo die einzelnen Gebiete der Anwendungen Berücksichtigung gefunden haben.

Den dritten Band hoffe ich in Jahresfrist erscheinen zu lassen.

Hagen i. W., im August 1900.

Dr. G. Holzmüller.

Inhalts-Verzeichnis.

Erster Abschnitt.

Prismen und Cylinder. §§ 1 bis 131.

A. Rechteckskörper. §§ 1 bis 40.

Zweiter Abschnitt.

Senkrechte Kreiskegel, regelmäſsige Pyramiden und regelmäſsige Körper. §§ 132 bis 266.

Dritter Abschnitt.

Unregelmäſsige Vielflache und einige krummflächige Körper, die mit ihnen zusammenhängen. §§ 267 bis 422.

Vierter Abschnitt.

Die Kugel. §§ 423 bis 648.

Nachtrag zu Bd. I.

Übersicht über die Anwendungen auf verschiedene Gebiete.

Mechanik (Gewichtsberechnungen, spezifische Gewichte, Eintauchaufgaben, Berechnung von Schwerpunkten, statischen Momenten, Stabilitätsmomenten, Hebungsarbeiten, Centrifugalkräften, hydrostatischen Momenten. Aufgaben aus der kosmischen Mechanik). §§ 3, 6, 7, 16, 18, 22, 24 bis 26, 31, 47, 48, 65 bis 86, 99, 104, 107 bis 116, 120 bis 122, 136, 143, 151 bis 153, 158, 178 bis 180, 196, 197, 210, 261, 263, 332 bis 335, 393 bis 398, 442 bis 448, 459 bis 461, 494 bis 513.

Maschinenbau (vgl. Mechanik). §§ 70 bis 74, 80 bis 82, 85, 87, 196, 210, 454 bis 461.

Bautechnik (vgl. Mechanik). §§ 83, 86, 124 bis 231, 196, 210.

Darstellende Geometrie (vgl. fast sämtliche Zeichnungen).

Krystallographie (vgl. Würfel, Rechteckskörper, regelmäfsiges Prisma, regelmäfsige Pyramide und ihre Stumpfe, regelmäfsige Körper, Archimedische Körper und ihre reciproken, aufserdem §§ 242 bis 252).

Physik. §§ 479, 501 bis 513, auch Bemerkungen über Kraftlinien, äquipotentielle Einteilung. Vgl. auch Mechanik und §§ 500 bis 513.

Mathematische Geographie. §§ 477, 479 bis 485, 489 bis 493, 501 bis 528, 586 bis 646.

Astronomie und Nautik. §§ 480, 501 bis 513, 514 bis 528, 586 bis 646.

Kartographie und Geodäsie. §§ 514 bis 528, 600, 647.

Maxima und Minima. §§ 30, 33, 36, 40, 55 bis 58, 88 bis 90. 187 bis 191, 194, 195, 205 bis 207, 381, 474.

Reihenlehre. §§ 18, 47, 48, 97, 136 bis 138, 182 bis 186, 199, 516.

Geschichtliche Nachweise.

§ 10, Würfeldurchdringung. § 11, Delisches Problem. § 345, Eulersche Achse. § 352, Lehre vom Tetraeder. §§ 422 bis 423, Lehre von den Polyedern. § 500, Kugel. §§ 573 bis 585, Entwickelung der sphärischen Trigonometrie.

Druckfehler-Verzeichnis.

Seite 90, Zeile 6 von unten, in beiden Klammern mufs es heifsen 3π statt π.

Seite 179, Zeile 8 von unten, lies r^2 statt r_2.

Seite 179, Zeile 6 von unten, die zweite Klammer mufs heifsen $(s - s_3)^2$ statt $(s - s_1)^2$.

Seite 200, Zeile 4 von oben, lies im Zähler des Bruches einmal $\sin c$ statt $\sin b$.

Seite 208, Zeile 2 über dem Strich, lies $\tan^2 \frac{\alpha}{2} \tan^2 \frac{\beta}{2} \tan^2 \frac{\gamma}{2}$ statt $\tan^2 \alpha \tan^2 \beta \tan^2 \gamma$.

Erster Abschnitt.

Prismen und Cylinder.

A. Rechteckskörper.

I. Berechnungen am Würfel.

1) Inhalt und Oberfläche.

a) Inhalt $J = a^3$, folglich $a = \sqrt[3]{J}$. (Vgl. Bd. I, § 206.)

b) Oberfläche $O = 6a^2$, folglich $a = \sqrt{\frac{O}{6}}$.

c) Aus a) und b) folgt

$$\sqrt{\frac{O}{6}} = \sqrt[3]{J} \quad \text{oder} \quad O = 6J^{\frac{2}{3}},$$

daher ist $J = \left(\frac{O}{6}\right)^{\frac{3}{2}}$

2) Die Diagonalen und ihre Neigungen gegen die Flächen, Kanten usw.

a) Die Länge jeder Diagonale (z. B. BD_1) ergiebt sich aus $d^2 = a^2 + a^2 + a^2 = 3a^2$ (vgl. Bd. I, § 205) als $d = a\sqrt{3}$; zugleich ist $a = d\sqrt{\frac{1}{3}}$. Der Radius r der umbeschriebenen Kugel ist halb so grofs als d, also $r = \frac{a}{2}\sqrt{3}$. Der Radius der einbeschriebenen Kugel ist $\varrho = \frac{a}{2}$.

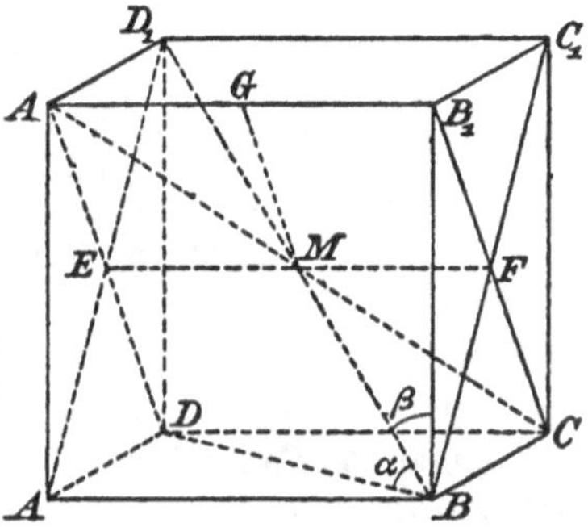

Fig. 1.

b) Die Neigung jeder Diagonale gegen jede der Würfelflächen ergiebt sich (z. B. für BD_1 und die Grundfläche) aus

$$\tan\alpha = \frac{DD_1}{BD} = \frac{a}{a\sqrt{2}} = \sqrt{\frac{1}{2}}.$$

Daraus folgt (abgerundet) $\alpha = 35^0\,15'\,50''$.

c) Jede Diagonale trifft jede der mit ihr zusammenstossenden sechs Würfelkanten unter einem Winkel β, der den vorigen zu 90^0 ergänzt. Daher ist $\beta = 54^0\,44'\,10''$. Jede der übrigen Würfelkanten ist zu einem Paare der vorigen Gruppe parallel, sie wird also von der Diagonale unter demselben Winkel β gekreuzt.

d) Die kleinste Entfernung zwischen einer Diagonale und einer sie kreuzenden Kante (z. B. BD_1 und A_1B_1) ergiebt sich aus folgender Überlegung. Die Diagonalflächen ABC_1D_1 und CDA_1B_1 schneiden einander in EF rechtwinklig, so daſs A_1E Normale zur Fläche ABC_1D_1 ist. MG, die Verbindungslinie der Halbierungspunkte von A_1B_1 und BD_1, ist parallel zu EA_1, steht also senkrecht auf jeder durch M gehenden Geraden der Ebene $ABCD_1$, z. B. auf BD_1. Da sie auch senkrecht auf A_1B_1 steht, ist sie das gemeinschaftliche Lot und zugleich die kürzeste Verbindungslinie zwischen den beiden Geraden. Ihre Länge ist $MG = \frac{1}{2}DA_1 = a\sqrt{\frac{1}{2}}$.

e) Zwei Diagonalen, z. B. A_1C und D_1B, schneiden sich unter dem Winkel $180^0 - 2\beta$, bezw. seinem Nebenwinkel $180^0 - 2\alpha$, oder auch unter dem Winkel 2β bezw. 2α, d. h. unter $109^0\,28'\,20''$ oder unter $70^0\,31'\,40''$.

3) Gewichtsformeln.

Hat der Würfel das spezifische Gewicht p', so ist sein Gewicht $p = Jp' = a^3p'$. Ist dabei a in Metern, Decimetern, Centimetern, Millimetern gegeben, so erhält man das Gewicht in Tonnen bezw. Kilogrammen, Grammen, Milligrammen. Sind J und p bekannt, so folgt $p' = \frac{p}{J}$, jedoch sind dabei p und J in zusammengehörigen Maſsen zu geben. Sind p und p' bekannt, so folgt $J = \frac{p}{p'}$. Taucht der Würfel in der gewöhnlichen Stellung bis zur Tiefe h ins Wasser ein, so ist das spezifische Gewicht $p' = \frac{h}{a} = \frac{\text{Wasserraum}}{\text{Körperraum}}$. (Dabei ist $h < a$ vorausgesetzt.)

II. Vermischte Aufgaben über den Würfel.

4) Jede durch parallele Würfelkanten gelegte Diagonalebene schneidet einen Körper ab, der nach Inhalt und Oberfläche berechnet werden soll. Die Würfelkante a sei bekannt.

Auflösung. Da der Würfel halbiert wird, ist $J = \frac{a^3}{2}$. Die Diagonalfläche hat den Inhalt $F = a \cdot (a\sqrt{2}) = a^2\sqrt{2}$, die Oberfläche des neuen Prismas ist also

$$O = a^2 + a^2 + 2\frac{a^2}{2} + a^2\sqrt{2} = a^2(3 + \sqrt{2}).$$

5) Der Längenunterschied zwischen den Radien der um- und der einbeschriebenen Kugel eines Würfels sei gleich d. Wie grofs ist der Inhalt und die Oberfläche des Würfels?

Auflösung. $r - \varrho = d$ giebt $\frac{a}{2}\sqrt{3} - \frac{a}{2} = d$, so dafs

$$a = \frac{2d}{\sqrt{3} - 1},$$

$$J = a^3 = \left(\frac{2d}{\sqrt{3} - 1}\right)^3 = \frac{8d^3}{6\sqrt{3} - 10} = \frac{4d^3}{3\sqrt{3} - 5}$$

und

$$O = 6a^2 = 6\left(\frac{2d}{\sqrt{3} - 1}\right)^2 = \frac{24d^2}{4 - 2\sqrt{3}} = \frac{12d^2}{2 - \sqrt{3}}$$

ist.

6) Ein gufseiserner Würfel soll 100 kg wiegen. Wie grofs mufs die Kante genommen werden, wenn das spezifische Gewicht des Gufseisens gleich 7,5 ist?

Auflösung. $a^3 \cdot 7{,}5 = 100$, $a = \sqrt[3]{\frac{100}{7{,}5}} = ?$ Dabei findet man a in Decimetern.

7) Wie grofs ist die innere Kante eines würfelförmigen Hektolitergefäfses?

Auflösung. $a^3 = 100$ giebt $a = \sqrt[3]{100}$ in Decimetern.

8) Ein Würfel soll so aufgestellt werden, daſs er im Grundriſs als regelmäſsiges Sechseck erscheint. Welche Neigung müssen seine Kanten und Flächen erhalten?

Auflösung. Eine der Würfeldiagonalen muſs im Grundriſs als Punkt erscheinen, d. h. sie muſs senkrecht auf der Grundriſsebene stehen. Da sie nun (nach 1) e und f) mit jeder Kante den Winkel $\beta = 54^0\,44'\,10''$ bildet, ist jede der Kanten unter dem Winkel $\alpha = 35^0\,15'\,50''$ gegen die Grundebene geneigt. Weil ferner die senkrechte Diagonale mit jeder Würfelfläche den Winkel α bildet, hat jede dieser Flächen gegen die Grundriſsebene die Neigung β.

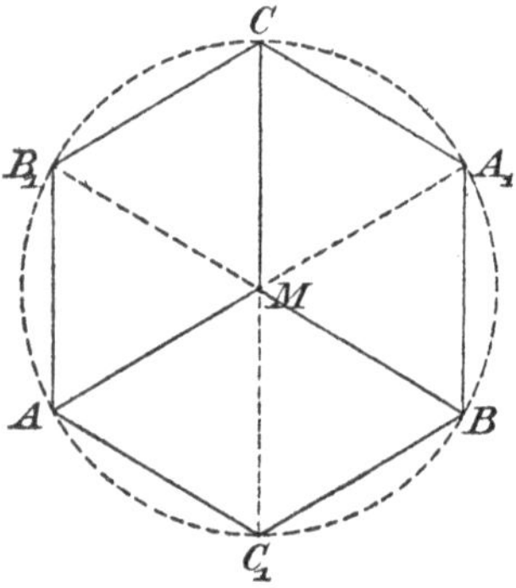

Fig. 2.

9) Der Würfel als Rhomboeder.

Fig. 2 stellt den Würfel bei der besprochenen Stellung im Grundriſs dar. Diese Projektion heiſst die isometrische, weil alle Kanten gleich lang erscheinen. Die Aufgabe giebt also die Grundlage der isometrischen Axonometrie. Auch krystallographisch ist sie von Bedeutung. Bildet man nämlich den Halbflächner der sechsseitigen Doppelpyramide des hexagonalen Systems (in ähnlicher Weise, wie in Fig. 18 in Bd. I der des Pyramidenwürfels gebildet ist), so erhält man das Rhomboeder der Krystallographie. Haben dessen Flächen die Neigung $\beta = 54^0\,44'\,10''$, so wird das Rhomboeder zum Würfel. Letzterer läſst sich also auch als eine Form des hexagonalen Systems betrachten. Die eine Diagonale jeder Fläche, $d = a\sqrt{2}$, erscheint dabei in der richtigen Länge, die andere in der Länge

$$d \cos\beta = a\sqrt{2}\cos\beta = a\sqrt{2}\sqrt{\frac{1}{3}} = a\sqrt{\frac{2}{3}} = a\cos\alpha,$$

d. h. ebenso lang, wie jede Kante, so daſs es sich um lauter gleichseitige Dreiecke handelt. — Die Halbierungspunkte der nicht von M ausgehenden Kanten bilden ein horizontales regelmäſsiges Sechseck, welches jetzt Verwendung finden soll.

10) Hexagonale Durchdringung zweier Würfel. Bildet man gegen die Ebene des Sechsecks das Spiegelbild des Würfels, so entsteht ein zweiter Würfel, dessen Projektion genau ebenso erscheint, wie die des ersten, nur vertauschen die sichtbaren und die unsichtbaren von M ausgehenden Kanten ihre Rolle. Der eine Würfel ist gegen den andern um 60^0 gedreht. Man hat nur M mit den Halbierungspunkten der Auſsenkanten zu verbinden, um die Zeichnung der hexagonalen Durchdringung der beiden Würfel zu erhalten. (Zweckmäſsig werden die Flächen beider in verschiedenen Farben dargestellt.)

Diese Bemerkung soll zuerst der Engländer Philip Ronayne gemacht haben, worüber ein Bericht vom Jahre 1750 vorliegt. (Vgl. Cantor, III*), Seite 528, und H. Hennesy im Philosoph. Magazine, Ser. V, Vol. 39, Seite 184.) Er drückt sich dahin aus, daſs der eine Körper durch den andern (theoretisch) hindurchgeschoben werden könne, wobei gewisse Elemente des einen „Drahtgestells“ an denen des andern hingleiten. van Swinden bezeichnet in seiner Geometrie (deutsch von Jacobi; Jena 1834) die Aufgabe, den gröſsten Würfel zu finden, der sich so durch einen gegebenen Würfel hindurchschieben läſst, als die Nieuwlandsche Aufgabe. (Dreht man den einen der Würfel um die Achse M, so entstehen andere Durchdringungen, z. B. die in Bd. I, Fig. 46 dargestellte dodekaedrische.) Auf solche Durchdringungen soll später noch einmal eingegangen werden. Die umbeschriebene Kugel erscheint gröſser, als der gezeichnete Kreis mit Radius $a\sqrt{\frac{2}{3}}$, da ihr Radius gleich $\frac{a}{2}\sqrt{3}$ ist.

11) Verdoppelung der Oberfläche und des Inhalts. Die Aufgabe, einen Würfel zu konstruieren, dessen Oberfläche doppelt so groſs ist, als die eines andern, erledigt

*) Cantor bezeichnet die Angelegenheit als eine „geometrische Spielerei“. Nach obigem handelt es sich aber um die Grundlage der isometrischen Axonometrie. Vgl. die Bemerkungen über Kästner (1758) und Farish (1820) in Bd. I, Seite 135 u. 136.

sich durch $a_1 = a\sqrt{2}$. Nach M. Cantor (I, Seite 598) war diese Verdoppelung bezw. Ver-n-fachung von Bedeutung für die Konstruktion altindischer Altäre. Sie ist geometrisch lösbar. Die Aufgabe dagegen, einen Würfel zu konstruieren, dessen Inhalt doppelt so grofs als der eines andern ist, kann mit Zirkel und Lineal nicht gelöst werden, obwohl sie rechnerisch durch $a_1 = a\sqrt[3]{2}$ gelöst ist. Dasselbe gilt von der Ver-n-fachung, sobald n eine ganze Zahl ist, die nicht dritte Potenz einer solchen ist. Um die Aufgabe der Würfelverdoppelung, das sog. Delische Problem, gruppiert sich eine reiche Litteratur, zu der man besonders Cantor (I, Seite 198) vergleiche. Dort findet man auch den interessanten Brief des Eratosthenes an den König Ptolemäus über diese Angelegenheit (Verdoppelung des kubischen Denkmals des Glaukos, bezw. des würfelförmigen Delischen Altars).

12) Unter welchem Winkel schneiden einander zwei Diagonalebenen des Würfels, die durch verschieden gerichtete Kantenpaare gelegt sind?

Auflösung. Die Diagonalebenen schneiden sich in einer Diagonale d, also auch im Mittelpunkte. Dort errichte man auf jeder der Ebenen ein Lot. Jedes dieser Lote halbiert eine Würfelkante und hat bis zu dieser die Länge $a\sqrt{\frac{1}{2}}$. Aber auch die beiden Halbierungspunkte haben von einander den Abstand $a\sqrt{\frac{1}{2}}$, sie bilden also mit dem Mittelpunkte des Würfels ein gleichseitiges Dreieck. Daher schliefsen die Lote einen Winkel von 60^0 ein, die Ebenen also einen solchen von 120^0, oder, wenn man den Nebenwinkel wählt, einen solchen von 60^0.

13) Einer Kugel sei ein Würfel umbeschrieben, ein zweiter einbeschrieben. Der Oberflächenunterschied beider Körper sei gleich F. Wie grofs ist die Kante eines jeden, und wie grofs der Radius der Kugel?

Auflösung. Für den gröfseren Würfel ist $x = 2r$, für den kleineren ist $d = 2r = x_1\sqrt{3}$, also $x_1 = 2r\sqrt{\frac{1}{3}}$. Demnach ist

$$F = 6x^2 - 6x_1^2 = 6\left(4r^2 - 4r^2 \frac{1}{3}\right) = 24r^2\left(1 - \frac{1}{3}\right) = 16r^2.$$

Der gesuchte Radius ist also $r = \frac{1}{4}\sqrt{F}$. Daraus folgt

$$x = \frac{1}{2}\sqrt{F}, \quad x_1 = \frac{1}{2}\sqrt{\frac{F}{3}}.$$

14) Einer Kugel sei ein Würfel umbeschrieben, ein anderer einbeschrieben, der Inhaltsunterschied der Würfel sei gleich D. Wie grofs sind die Würfelkanten und der Kugelradius?

Auflösung. Wiederum ist $x = 2r$ und $x_1 = 2r\sqrt{\frac{1}{3}}$, also $D = J - J_1 = 8r^3 - 8r^3\sqrt{\frac{1}{27}} = 8r^3\left(1 - \sqrt{\frac{1}{27}}\right)$, demnach ist $r = \sqrt[3]{\frac{D}{8\left(1 - \sqrt{\frac{1}{27}}\right)}}$, x das Doppelte, x_1 das $2\sqrt{\frac{1}{3}}$-fache dieses Wertes.

15) Verwandte Aufgaben sind folgende.

Einer Kugel sei ein Würfel umbeschrieben, ein anderer einbeschrieben, die Kantensumme des einen übertrifft die des andern um d. Wie grofs sind die Würfelkanten und der Radius der Kugel?

Einer Kugel vom Radius r sei ein Würfel ein-, ein anderer umbeschrieben. Wie grofs ist der Unterschied ihrer Inhalte, wie grofs der ihrer Oberflächen, wie grofs der ihrer Kantensummen?

16) Eine geschlossene würfelförmige Kiste habe überall die Dicke d, die äufsere Kantenlänge sei a, das spezifische Gewicht des Holzes sei p'. Wie grofs ist ihr Gewicht, wie viel Ladung darf sie höchstens aufnehmen, um im Wasser nicht unterzusinken?

Auflösung. Gewicht $p = (a^3 - a_1^3)p' = [a^3 - (a-d)^3]p'$. Das bei vollem Eintauchen verdrängte Wasser würde das Gewicht $a^3 \cdot 1 = a^3$ haben. Die Ladefähigkeit ist also gleich $a^3 - [a^3 - (a-d)^3]p' = a^3(1 - p') + (a-d)^3 p'$.

Beispiel: $a = 100$ cm, $d = 2$ cm, $p' = 0{,}8$.

17) Einer Halbkugel vom Radius r sei ein Würfel einbeschrieben. Wie grofs ist seine Kante, seine Oberfläche, sein Inhalt.

Auflösung. Verbindet man den Mittelpunkt der Grundfläche mit einer Ecke der Gegenfläche, so erhält man den Radius r der Halbkugel. Seine Projektion auf die Grundfläche ist die halbe Diagonale des Quadrates, also gleich $x\sqrt{\frac{1}{2}}$, wenn die Würfelkante gleich x gesetzt wird. Das rechtwinklige Dreieck giebt

$$r^2 = x^2 + \left(x\sqrt{\frac{1}{2}}\right)^2 = \frac{3}{2}x^2,$$

also ist die Kante

$$x = r\sqrt{\frac{2}{3}},$$

die Oberfläche

$$O = 6x^2 = 6r^2\frac{2}{3} = 4r^2,$$

der Inhalt

$$J = x^3 = r^3\sqrt{\frac{8}{27}} = \frac{2}{3}r^3\sqrt{\frac{2}{3}}.$$

Bemerkung. Ist die Kante a, oder die Oberfläche O, oder der Inhalt J gegeben, so läfst sich der Radius der Halbkugel berechnen mit Hilfe der Umkehrungsformeln

$$r = a\sqrt{\frac{3}{2}},\quad r = \frac{1}{2}\sqrt{O},\quad r = \sqrt[6]{\frac{27J^2}{8}} = \sqrt{\frac{3}{2}}\sqrt[3]{J}.$$

18) Aufgabe. Aus einer Legierung vom spezifischen Gewichte $p' = 8{,}5$ will jemand würfelförmige Gewichtsstücke vom Gewichte 1 kg, $\frac{1}{2}$ kg, $\frac{1}{4}$ kg, $\frac{1}{8}$ kg, $\frac{1}{16}$ kg etc. herstellen. Welche Kanten hat er zu wählen?

Auflösung. Das Gewicht ist $p = x^3p'$, also wird $x = \sqrt[3]{\frac{p}{p'}}$. Soll $p = 1$ kg sein, so erhält man $x_1 = \sqrt{\frac{1}{p'}}$ in Decimetern, das zweite Stück erhält nach Bd. I, § 207 die

Kante $x_2 = x_1 \sqrt[3]{\frac{1}{2}}$, das folgende $x_3 = x_2 \sqrt[3]{\frac{1}{2}} = x_1 \sqrt[3]{\frac{1}{2^2}}$, das folgende $x_4 = x_3 \sqrt[3]{\frac{1}{2}} = x_1 \sqrt[3]{\frac{1}{2^3}}$ usw.

Bemerkungen. Solche Gewichtsstücke wurden vor Einführung der Decimalgewichte vielfach benutzt, da man aus den Zahlen 1, 2, 4, 8, 16, $32 = 2^5$, alle ganzen Zahlen von 1 bis $63 = 64 - 1 = 2^6 - 1$, allgemein aus 1, 2, 4, ..., 2^n die Zahlen bis $2^{n+1} - 1$ durch einfache Addition bilden kann.

Angenommen, man könnte von 1 aus die wiederholte Teilung durch 2 bis zu unendlicher Kleinheit fortsetzen, wie grofs würde dann das Gesamtgewicht der Körper und die Inhaltssumme werden?

Auflösung.

$$p_s = 1 + \frac{1}{2} + \frac{1}{4} + \frac{1}{8} + \ldots = \frac{1}{1 - \frac{1}{2}} = 2 \text{ kg.}$$

$$J_s = x_1^3 \left(1 + \frac{1}{2} + \frac{1}{4} + \frac{1}{8} + \ldots\right) = x_1^3 \frac{1}{1 - \frac{1}{2}} = 2 x_1^3 = \frac{2}{p'}.$$

Die Summe aller Oberflächen würde werden:

$$O_s = O\left(1 + \sqrt[3]{\frac{1}{2^2}} + \sqrt[3]{\left(\frac{1}{2^2}\right)^2} + \sqrt[3]{\left(\frac{1}{2^2}\right)^3} + \ldots\right) = O \frac{1}{1 - \sqrt[3]{\frac{1}{2^2}}}$$

$$= O \frac{1}{1 - \sqrt[3]{\frac{1}{4}}} = 6 x_1^2 \frac{1}{1 - \sqrt[3]{\frac{1}{4}}} = \frac{6}{1 - \sqrt[3]{\frac{1}{4}}} \sqrt[3]{\frac{1}{p'^2}}.$$

Stellt man die Körper zu einer Stufenpyramide zusammen, so wird deren Höhe

$$h = x_1 \left[1 + \sqrt[3]{\frac{1}{2}} + \sqrt[3]{\frac{1}{2^2}} + \sqrt[3]{\frac{1}{2^3}} + \ldots\right] = x_1 \frac{1}{1 - \sqrt[3]{\frac{1}{2}}}$$

$$= \frac{1}{1 - \sqrt[3]{\frac{1}{2}}} \cdot \sqrt[3]{\frac{1}{p'}}.$$

Überall ist für p' der Wert 8,5 einzusetzen. Läſst sich die Rechnung vereinfachen?

III. Berechnungen am allgemeinen Rechteckskörper.

19) Inhalt, Oberfläche und Kantensumme.

a) Inhalt $J = abc$. (Vgl. Bd. I, § 206.)

b) Oberfläche $O = 2(bc + ca + ab)$.

c) Kantensumme $s = 4(a + b + c)$.

20) Diagonalen und zugehörige Winkel.

a) Länge der Diagonale $d = \sqrt{a^2 + b^2 + c^2}$. (Bd. I, § 205.) Radius der umbeschriebenen Kugel also

$$r = \frac{d}{2} = \frac{1}{2}\sqrt{a^2 + b^2 + c^2}.$$

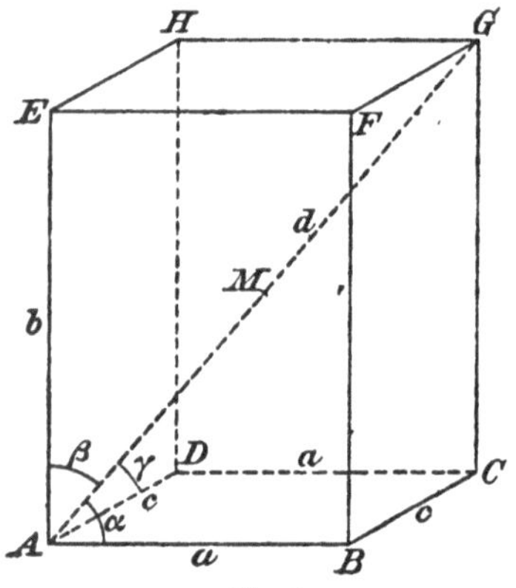

Fig. 3.

b) Der von jeder Diagonale und der Kantengruppe a bezw. b oder c durch Schneiden oder Kreuzen gebildete Winkel ist zu bestimmen aus

$$\cos\alpha = \frac{a}{d},$$

$$\cos\beta = \frac{b}{d},$$

$$\cos\gamma = \frac{c}{d}.$$

Dabei ist

$$\cos^2\alpha + \cos^2\beta + \cos^2\gamma = 1.$$

(Vgl. Bd. I, § 205.)

c) Die von jeder Diagonale mit den auf a), b) oder c) senkrechten Flächen gebildeten Winkel φ, χ, ψ sind die Komplementwinkel der vorigen. Es ist z. B. $\varphi = 90^0 - \alpha$ und $\sin\varphi = \frac{a}{d}$, $\sin\chi = \frac{b}{d}$, $\sin\psi = \frac{c}{d}$, also

$$\sin^2\varphi + \sin^2\chi + \sin^2\psi = 1.$$

Dagegen ist $\cos\varphi = \frac{\sqrt{b^2 + c^2}}{\sqrt{a^2 + b^2 + c^2}}$ usw. und daher ist

$$\cos^2\varphi + \cos^2\chi + \cos^2\psi = 2.$$

21) Diagonalflächen.

a) Die durch ein Kantenpaar a gelegte Diagonalebene hat den Flächeninhalt $F_a = ae = a\sqrt{b^2 + c^2}$, die durch b gelegte $F_b = bf = b\sqrt{c^2 + a^2}$, die durch c gelegte $F_c = cg = c\sqrt{a^2 + b^2}$.

b) Diagonalen, die in einer durch ein Kantenpaar a gelegten Diagonalebene liegen, schneiden sich unter dem Winkel $180^0 - 2\alpha$, oder, was dasselbe ist, unter dem Winkel 2α, die durch b gelegten unter 2β, die durch c gelegten unter 2γ.

22) Gewichtsformeln.

a) Das Gewicht des Körpers ist $p = Jp' = abcp'$.

b) Sinkt der Körper in der gezeichneten Lage bis zur Tiefe h ins Wasser ein, so ist sein spezifisches Gewicht $p' = \frac{h}{b} = \frac{abh}{acb} = \frac{\text{Wasserraum}}{\text{Körperraum}}$. (Dabei ist $h < b$ zu denken.)

IV. Vermischte Übungsaufgaben über den Rechteckskörper.

23) Dachkörper oder dreiseitiges Prisma. Durch jede Diagonalebene wird vom Rechteckskörper ein dreiseitiges Prisma abgeschnitten. Der Inhalt, die Oberfläche und die Kantensumme des letzteren soll berechnet werden.

Auflösung. $J = \frac{1}{2} abc$. Gleichgültig ist dabei, durch welches Kantenpaar der Schnitt gelegt wird. Wird der Schnitt durch ein Kantenpaar a gelegt, so wird

$$O = a(b + c + \sqrt{b^2 + c^2}) + bc,$$

die Kantensumme wird

$$s = 3a + 2(b + c + \sqrt{b^2 + c^2}).$$

Durch cyklische Vertauschung erhält man O und s für die übrigen Diagonalschnitte.

24) Ein gufseiserner Rechteckskörper vom spezifischen Gewicht $p' = 7{,}5$ soll das Seitenverhältnis $1:2:3$ haben und 100 kg wiegen. Wie lang sind die Kanten zu wählen?

Auflösung. $abc \cdot 7{,}5 = x \cdot 2x \cdot 3x \cdot 7{,}5 = 100$, demnach ist $a = x = \sqrt[3]{\frac{100}{45}} = \sqrt[3]{\frac{20}{9}} = ?$ dcm. $b = 2a$, $c = 3a$.

25) Ein Rechteckskörper balanciert auf einer der Kanten a, b, c stehend. Welche Neigung haben dabei die Kanten und Flächen gegen die horizontale Grundebene?

Auflösung. Eine der durch die Kanten a gelegten Diagonalebenen mufs für den ersten Fall senkrecht stehen, so, dafs sämtliche Kanten a horizontal sind. Die Kanten b haben dabei eine Neigung β, die sich aus $\sin\beta = \frac{b}{\sqrt{b^2 + c^2}}$ bestimmt. Für die Kanten c bestimmt sich die Neigung aus $\sin\gamma = \frac{c}{\sqrt{b^2 + c^2}}$. Die Neigung der aus a und b gebildeten Ebene ist gleich β, die der aus a und c gebildeten gleich γ, die der aus b und c gebildeten gleich 90^0.

26) Soll ein Rechteckskörper auf einer seiner Ecken stehend balancieren, so müssen die Kanten und Flächen welche Neigung haben?

Auflösung. Eine der Diagonalen d des Körpers mufs senkrecht stehen. Die Kanten a schneiden oder kreuzen diese unter dem Winkel, der sich aus

$$\cos\alpha = \frac{a}{d} = \frac{a}{\sqrt{a^2 + b^2 + c^2}}$$

bestimmt. Die Kanten a haben also (gegen die Grundfläche) die Neigung $\alpha_1 = 90^0 - \alpha$, die sich aus

$$\sin\alpha_1 = \frac{a}{d} = \frac{a}{\sqrt{a^2 + b^2 + c^2}}$$

bestimmt. Für die Kanten b handelt es sich um $\sin\beta_1 = \frac{b}{d}$, für die Kanten c um $\sin\gamma = \frac{c}{d}$. Die beiden auf den Kanten a normalen Flächen haben die Neigung α, die der beiden anderen Flächenpaare bestimmen sich aus $\cos\beta = \frac{b}{d}$ und $\cos\gamma = \frac{c}{d}$. Die drei durch die senkrecht stehende Diagonale gelegten Diagonalebenen stehen senkrecht.

Bemerkung. Ebenso werden die Neigungen berechnet, wenn der Körper an einem Faden hängt, der in einer der Ecken befestigt ist. Ist der Faden an sonstigen Stellen der

Kanten oder Flächen befestigt, so lassen sich die Neigungen ebenfalls berechnen, denn der Mittelpunkt ist der Schwerpunkt.

27) Ein Rechteckskörper habe das Seitenverhältnis 1 : 3 : 5. Die Maſszahl seiner Oberfläche stimme mit der des Inhalts überein. Wie lang sind seine Kanten?

Auflösung. $O = 2(x \cdot 3x + 3x \cdot 5x + 5x \cdot x) = 46x^2$; $J = x \cdot 3x \cdot 5x = 15x^3$. Aus $15x^3 = 46x^2$ folgt

$$x = \frac{46}{15} = a, \quad b = \frac{46}{5}, \quad c = \frac{46}{3}.$$

Der Maſsstab ist gleichgültig.

28) Die nachstehende Aufgabe erfordert die Lösung folgender Hilfsaufgabe:

Von der Ecke A eines Rechteckskörpers werden auf den anstoſsenden Flächen (ab) und (bc) Gerade gezogen, die gegen a und c die Neigungen α und γ haben. Welchen Winkel ξ schlieſsen diese Linien ein?

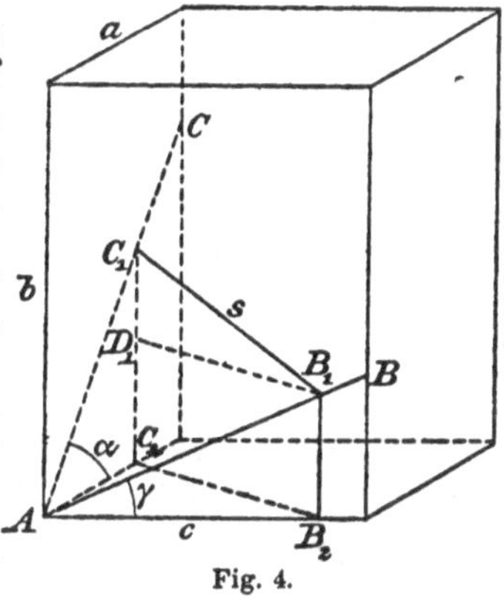

Fig. 4.

Auflösung. Man mache auf den beiden Geraden $AB_1 = 1$ und $AC_1 = 1$ und projiziere B_1 nach B_2 und C_1 nach C_2, dann ist $AB_2 = \cos\gamma$ und $AC_2 = \cos\alpha$, also

$$B_2C_2^2 = \cos^2\alpha + \cos^2\gamma.$$

Ferner ist $B_2B_1 = \sin\gamma$, $C_2C_1 = \sin\alpha$, also, wenn $B_1D_1 \parallel B_2C_2$ gezogen wird,

$$D_1C_1 = \sin\alpha - \sin\gamma.$$

Demnach bestimmt sich $B_1C_1 = s$ aus

$$s^2 = C_1D_1^2 + B_1D_1^2 = (C_2C_1 - B_2B_1)^2 + B_2C_2^2$$

oder

$$s^2 = (\sin\alpha - \sin\gamma)^2 + \cos^2\alpha + \cos^2\gamma$$
$$= (\sin^2\alpha + \cos^2\alpha) + (\sin^2\gamma + \cos^2\gamma) - 2\sin\alpha\sin\gamma$$

oder

$$s^2 = 2(1 - \sin\alpha\sin\gamma).$$

Zugleich ist nach dem Cosinus-Satze

$$s^2 = 1^2 + 1^2 - 2 \cdot 1 \cdot 1 \cdot \cos\xi = 2(1 - \cos\xi).$$

Da die linken Seiten der beiden letzten Gleichungen übereinstimmen, gilt dasselbe von den rechten Seiten, und daraus folgt

$$\cos\xi = \sin\alpha \sin\gamma.$$

Dieser Weg ist im Hinblick auf eine spätere Aufgabe eingeschlagen. Man kann auch so verfahren, daſs man BC zieht und dessen Projektion auf die Grundfläche zur Hilfe nimmt.

29) Unter welchem Winkel schneiden sich zwei Diogonalebenen eines Rechteckskörpers, die durch ein Kantenpaar a und ein Kantenpaar c bestimmt sind?

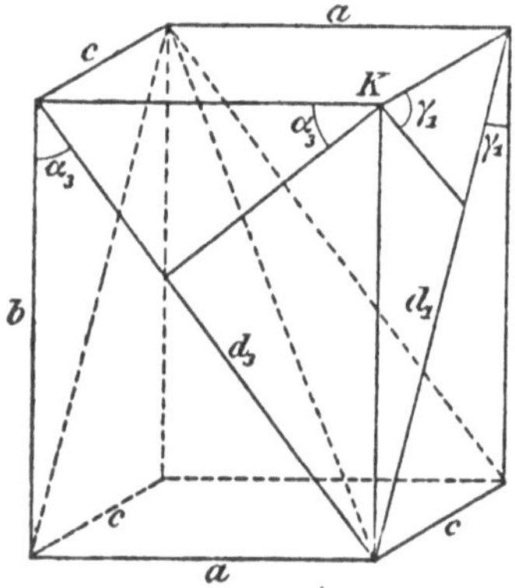

Fig. 5.

Auflösung. Die Ebenen schneiden sich in einer der Diagonalen des Körpers, auſserdem geben sie auf den Auſsenflächen Schnitte d_1 und d_3. Von der freien Ecke K aus fälle man auf die letzteren Lote, dann stehen diese senkrecht auf den Diagonalflächen. Die letzteren schneiden sich unter demselben Winkel (bezw. Supplementwinkel) wie die Lote. Die Lote bilden aber mit den oberen Horizontalkanten Winkel α_3 und γ_1, die sich aus $\sin\alpha_3 = \frac{a}{d_3}$ und $\sin\gamma_1 = \frac{c}{d_1}$ bestimmen lassen. Der von den Loten eingeschlossene Winkel ist also (nach voriger Ableitung) zu bestimmen aus

$$\cos\xi = \sin\alpha_3 \cdot \sin\gamma_1 = \frac{a}{d_3} \cdot \frac{c}{d_1}$$

oder

$$\cos\xi = \frac{ac}{\sqrt{(b^2 + a^2)(b^2 + c^2)}}.$$

Für die andern Fälle sind die Formeln durch cyklische Vertauschung zu bilden.

30) Wie grofs ist bei dem Rechteckskörper die kürzeste Entfernung zwischen einer Kante a und einer sie kreuzenden Diagonale?

Auflösung. Es handle sich bei Figur 5 um die obere Kante a der Vorderfläche und um die gezeichnete Körperdiagonale. Die kürzeste Entfernung beider ist gleich dem von K aus auf die Gerade d_1 gefällten Lote l. Aus $ld_1 = bc$ folgt $l = \frac{bc}{d_1} = \frac{bc}{\sqrt{b^2 + c^2}}$. (Legt man durch den Fufspunkt des Lotes eine Parallele zu a, so schneidet diese die Diagonale d in einem Punkte, durch den man die Parallele zum Lote zu legen hat, um das gemeinschaftliche Lot zu a und d zu finden.)

31) Ein überall gleich starker Steintrog (Wandstärke gleich d), der oben offen ist, habe äufserlich (und auch innerlich) die Gestalt eines Rechteckskörpers. Sein spezifisches Gewicht sei p'. Sein Gewicht ist zu bestimmen. Für den besonderen Fall, dafs $a = 80$ cm, $b = 50$ cm, $h = 30$ cm, $d = 5$ cm und $p' = 2$ ist, soll untersucht werden, ob er auf dem Wasser schwimmt und wie tief er gegebenen Falls einsinkt.

Auflösung.
Gewicht $p = (abh - a_1 b_1 h_1)p' = [abh - (a - 2d)(b - 2d)(h - d)]p'$. Im Beispiele ist $p = [80 \cdot 50 \cdot 30 - 70 \cdot 40 \cdot 25]\ 2$ gr $= 100\,000$ gr. Bei vollständigem Eintauchen würde die verdrängte Wassermasse 120 000 gr wiegen. Die Tiefe t des Einsinkens ergiebt sich aus $t \cdot a \cdot b \cdot 1 = p$ als $t = \frac{100\,000}{80 \cdot 50}$ $= 25$ cm. Auch ein einfacher Regel-de-tri-Ansatz ergiebt

$$\frac{100\,000}{120\,000} \cdot h = \frac{5}{6} h.$$

Bemerkung. Fragt man im Beispiele nach der Dicke des Troges, bei der die Schwimmfähigkeit aufhört, so ist folgender Ansatz zu machen:

$$[80 \cdot 50 \cdot 30 - (80 - 2x)(50 - 2x)(30 - x)]\ 2 = 80 \cdot 50 \cdot 30.$$

Dies führt auf die Gleichung dritten Grades

$$x^3 - 95x^2 + 2950x - 15\,000 = 0.$$

Solche sollen jedoch an dieser Stelle noch nicht aufgelöst werden.

32) In einer rechteckigen Ecke ziehe man vom Eckpunkte A aus ins Innere zwei beliebige Gerade AG und AG_1. Es soll untersucht werden, welchen Winkel ξ beide einschliefsen, wenn AG mit den Kanten a und b die Winkel α und β, AG_1 dagegen die Winkel α_1 und β_1 bildet.

1. Auflösung. Nach Bd. I, § 205, Gl. 3) gelten für die dritten Winkel die Gleichungen

$$1)\qquad \begin{cases} \cos\gamma = \sqrt{1 - \cos^2\alpha - \cos^2\beta} \\ \cos\gamma_1 = \sqrt{1 - \cos^2\gamma_1 - \cos^2\beta_1}. \end{cases}$$

Man mache $AG = 1$ und $A_1G_1 = 1$. Man betrachte nach Fig. 3 AG als Diagonale eines Rechteckskörpers, dann sind dessen Kanten $a = \cos\alpha$, $b = \cos\beta$, $c = \cos\gamma$. Die Projektion AC der Diagonale ist $AC = \sin\beta$, der Winkel $CAB = \delta$ bestimmt sich aus $\cos\delta = \frac{a}{AC} = \frac{\cos\alpha}{\sin\beta}$ oder aus $\sin\delta = \frac{\cos\gamma}{\sin\beta}$.

Dieselbe Betrachtung mache man mit AG, wobei nur a_1, b_1, c_1, α_1, β_1, γ_1, δ_1, C_1, G_1 an Stelle der vorigen Buchstaben treten.

Die Horizontalen AC und AC_1 schliefsen einen Winkel $\varepsilon = \delta - \delta_1$ ein, $CC_1 = s'$ berechnet sich also aus

$$\begin{aligned} s'^2 &= AC^2 + AC_1^2 - 2AC\cdot AC_1\cos\varepsilon \\ &= \sin^2\beta + \sin^2\beta_1 - 2\sin\beta\sin\beta_1\cos\varepsilon. \end{aligned}$$

Ferner ist $GG_1 = s$ zu berechnen aus

$$\begin{aligned} s^2 &= (C_1G_1 - CG)^2 + s'^2 = (\cos\beta_1 - \cos\beta)^2 + s'^2 \\ &= \cos^2\beta + \cos^2\beta_1 - 2\cos\beta\cos\beta_1 + \sin^2\beta + \sin^2\beta_1 \\ &\qquad - 2\sin\beta\sin\beta_1\cos\varepsilon \end{aligned}$$

oder

$$s^2 = 2 - 2(\cos\beta\cos\beta_1 + \sin\beta\sin\beta_1\cos\varepsilon).$$

Zugleich ist

$$s^2 = 1^2 + 1^2 - 2\cdot 1\cdot 1\cdot\cos\xi = 2 - 2\cos\xi,$$

also folgt aus der Gleichheit der rechten Seiten

$$\begin{aligned} \cos\xi &= \cos\beta\cos\beta_1 + \sin\beta\sin\beta_1\cos\varepsilon \\ &= \cos\beta\cos\beta_1 + \sin\beta\sin\beta_1[\cos\delta\cos\delta_1 + \sin\delta\sin\delta_1], \end{aligned}$$

Einsetzung der Werte $\cos\delta = \frac{\cos\alpha}{\sin\beta}$ usw. giebt schliefslich

2) $$\cos\xi = \cos\alpha\cos\alpha_1 + \cos\beta\cos\beta_1 + \cos\gamma\cos\gamma_1,$$

wo $\cos\gamma$ und $\cos\gamma_1$ aus 1) bekannt sind.

2. Auflösung. Man fälle von G aus Lote a, b, c auf die Seitenflächen der Ecke, von G_1 Lote a_1, b_1, c_1 und suche zu zeigen, dafs GG_1 sich als Diagonale eines Rechteckskörpers bestimmt aus

$$\begin{aligned} GG_1^2 &= (a - a_1)^2 + (b - b_1)^2 + (c - c_1)^2 \\ &= (a^2 + b^2 + c^2) + (a_1^2 + b_1^2 + c_1^2) - 2(aa_1 + bb_1 + cc_1) \\ &= 1 + 1 - 2(aa_1 + bb_1 + cc_1). \end{aligned}$$

Zugleich ist

$$GG_1^2 = 2 - 2\cos\xi,$$

daraus folgt

$$\cos\xi = aa_1 + bb_1 + cc_1.$$

Setzt man hier die Werte aus der vorigen Betrachtung ein, so folgt

$$\cos\xi = \cos\alpha\cos\alpha_1 + \cos\beta\cos\beta_1 + \cos\gamma\cos\gamma_1.$$

Diese Formel ist eine der wichtigsten der Raumgeometrie. Sie gilt für alle Richtungen, also auch für Gerade, die aus der Ecke heraustreten, d. h. in anderen Oktanten des Raumes liegen. Stehen die Geraden AG und AG_1 auf einander senkrecht, so wird $\cos\xi = 0$. Umgekehrt findet das Entsprechende statt.

33) In eine Kugel vom Radius r soll eine quadratische Säule einbeschrieben werden, deren Oberfläche O gegeben ist.

Auflösung. Die Körperdiagonale $d = 2r$, die Diagonale $x\sqrt{2}$ der Grundfläche und die Höhe y geben die Pythagoreische Gleichung

1) $$2x^2 + y^2 = 4r^2.$$

Die Oberflächengleichung wird

2) $$2x^2 + 4xy = O.$$

Einsetzung des Wertes von y aus Gleichung 1) giebt hier

$$2x^2 + 4x\sqrt{4r^2 - 2x^2} = O.$$

Bringt man $2x^2$ auf die rechte Seite und quadriert man dann beiderseits, so entsteht für (x^2) eine Gleichung zweiten Grades, deren Lösung ist

$$3) \qquad x^2 = \frac{O + 16r^2 \pm \sqrt{256r^4 + 32\,Or^2 - 8\,O^2}}{18}.$$

Damit der Ausdruck nicht imaginär werde, darf O den aus

$$256r^4 + 32\,Or^2 - 8\,O^2 = 0$$

folgenden Wert nicht übersteigen. Dieser Höchstwert ist $O_m = 8r^2$. Wird dieser eingesetzt, so fällt die Klammer weg, und man erhält die Kante der der Kugel einbeschriebenen quadratischen Säule gröſster Oberfläche aus

$$x^2 = \frac{O_m + 16r^2}{18} = \frac{24r^2}{18} = \frac{4}{3}r^2$$

als

$$x = 2r\sqrt{\frac{1}{3}}.$$

Daraus folgt aber nach 1)

$$y = 2r\sqrt{\frac{1}{3}}.$$

Demnach hat der einbeschriebene Würfel unter allen einbeschriebenen quadratischen Säulen die gröſste Oberfläche.

Liegt O zwischen $8r^2$ und 0, so ist nicht nur Gleichung 3), sondern auch die daraus und aus 1) folgende

$$y^2 = \frac{20r^2 - O \mp \sqrt{256r^4 + 32\,Or^2 - 8\,O^2}}{9}$$

zu untersuchen. Eine Lösung ist dann stets möglich, diejenige, in der der Ausdruck für y das positive Wurzelzeichen hat. Soll noch eine zweite möglich sein, so darf der Ausdruck mit dem negativen Zeichen nicht negativ werden. Diese Bedingung ist erfüllt, sobald $O > 4r^2$, aber unter dem Höchstwerte ist. Im Grenzfalle hat y den Wert Null, x den Wert $r\sqrt{2}$ und O bedeutet die Oberfläche einer Doppelplatte. Ist dagegen $x = 0$, so ist der Körper von der Höhe $2r$, aber von der Gestalt einer geraden Linie, d. h. von der Oberfläche Null. Folglich:

Ist $4r^2 > O > 0$, so ist eine Lösung möglich, bei der in 3) das untere Wurzelzeichen zu wählen ist.

Ist $8r^2 > O > 4r^2$, so sind zwei Lösungen möglich.

Die Grenzfälle sind bereits behandelt. — Man erhält dasselbe Resultat, wenn man untersucht, was aus den Gleichungen 1) und 2) wird, wenn man erst $x = 0$, dann $y = 0$ setzt. Das eine giebt $y = 2r$ und $O = 0$, das andere giebt $x = r\sqrt{2}$ und $O = 4r^2$.

34) In eine Kugel vom Radius r einen Rechteckskörper einzutragen, dessen Kanten sich verhalten wie 1 : 2 : 3.

Auflösung. Die Körperdiagonale $d = 2r$ giebt mit der Kante z und der Diagonale der Fläche (xy) ein rechtwinkliges Dreieck, so daſs

$$d^2 = 4r^2 = x^2 + (2x)^2 + (3x)^2 = 14x^2$$

wird. Demnach ist

$$x = r\sqrt{\frac{2}{7}}, \quad y = 2r\sqrt{\frac{2}{7}}, \quad z = 3r\sqrt{\frac{2}{7}}.$$

35) In eine Kugel vom Radius r einen Rechteckskörper einzutragen, dessen Flächen sich verhalten wie 1 : 2 : 3.

Auflösung. Die Proportion $yz : zx : xy = 1 : 2 : 3$ giebt die Gleichungen

$$zx = 2yz \quad \text{oder} \quad 1)\ x = 2y$$

$$xy = 3yz \quad \text{oder} \quad 2)\ x = 3z.$$

Die dritte Gleichung ist wieder

$$3) \qquad x^2 + y^2 + z^2 = 4r^2.$$

Diese verwandelt sich in

$$x^2 + \frac{x^2}{4} + \frac{x^2}{9} = 4r^2.$$

Daraus folgt

$$x = \frac{12}{7}r, \quad y = \frac{6}{7}r, \quad z = \frac{4}{7}r.$$

36) In eine Kugel mit Radius r eine quadratische Säule einzutragen, deren Kantensumme s gegeben ist.

Auflösung.

1) $$8x + 4y = s$$

2) $$x^2 + x^2 + y^2 = 4r^2.$$

Letztere Gleichung verwandelt sich mit Hilfe der ersteren in

$$2x^2 + \left(\frac{s - 8x}{4}\right)^2 = 4r^2.$$

Aus dieser folgt

3) $$x = \frac{s\sqrt{2} \pm \sqrt{192r^2 - s^2}}{12\sqrt{2}}.$$

Damit unter der Wurzel nicht Negatives stehe, darf s höchstens gleich $r\sqrt{192} = 8r\sqrt{3}$ werden. Hat es diesen Höchstwert, so wird

$$x = \frac{s\sqrt{2}}{12\sqrt{2}} = \frac{r\sqrt{192}}{12} = \frac{2r}{\sqrt{3}}.$$

Dabei erhält y ebenfalls den Wert $r\sqrt{\frac{4}{3}}$, so daſs es sich um den einbeschriebenen Würfel handelt, der also die gröſste Kantensumme besitzt.

Soll y gleich Null werden, so gehen die Gleichungen über in

$$8x = s \quad \text{und} \quad x = r\sqrt{2},$$

und daraus folgt $8r\sqrt{2}$, d. h. der doppelte Umfang des gröſsten dem Hauptkreise einbeschriebenen Quadrates.

Soll x gleich Null werden, so verwandeln sich die Gleichungen in

$$4y = s \quad \text{und} \quad y^2 = 4r^2 \quad \text{oder} \quad y = 2r.$$

Daraus folgt $s = 8r$. Dieses ist der kleinste mögliche Wert, den man s geben darf.

Liegt s zwischen $8r$ und $8r\sqrt{2}$, so ist eine Lösung möglich, und bei dieser ist in 3) das negative Wurzelzeichen zu nehmen. Liegt s zwischen $8r\sqrt{2}$ und $8r\sqrt{3}$, so sind zwei Lösungen möglich.

Bemerkung. Die Aufgabe, in eine Kugel von Radius r eine quadratische Säule einzutragen, die einen gegebenen Inhalt hat, führt auf die Gleichungen

$$x^2y = J \quad \text{und} \quad 2x^2 + y^2 = 4r^2.$$

Die letztere geht mit Hilfe der ersteren über in

$$2x^2 + \frac{J^2}{x^4} = 4r^2, \quad \text{oder in} \quad x^6 - 2r^2x^4 + \frac{J^2}{2} = 0,$$

die in Bezug auf x^2 vom dritten Grade ist.

37) Von einem Rechteckskörper sind gegeben die Oberfläche O und der Radius der umbeschriebenen Kugel. Wie grofs ist die Kantensumme?

Auflösung. Aus

$$x^2 + y^2 + z^2 = 4r^2$$

und

$$2(xy + yz + zx) = O$$

folgt durch Addition

$$(x + y + z)^2 = O + 4r^2,$$

also

$$s = 4(x + y + z) \quad \text{oder} \quad \mathbf{s = 4\sqrt{O + 4r^2}}.$$

Bemerkung. Entsprechende Aufgaben folgen aus

$$O = \frac{s^2}{16} - 4r^2$$

und aus

$$r = \sqrt{\frac{s^2}{64} - \frac{O}{4}} = \frac{1}{8}\sqrt{s^2 - 16O}.$$

Sind also zwei von den Gröfsen O, s und r gegeben, so ist die dritte bestimmt. Diese Beziehung führt bei gewissen Aufgaben auf einfache Wege zur Lösung, z. B. bei den folgenden.

38) Von einem Rechteckskörper sind gegeben O, r und die Seite a. Wie grofs sind die beiden andern Seiten?

Auflösung. Aus den Gleichungen

1) $$2(ay + yz + za) = O$$

und

2) $$a^2 + y^2 + z^2 = 4r^2$$

folgt nach vorstehender Entwickelung durch Addition und Wurzelausziehung

$$a + y + z = \sqrt{O + 4r^2},$$

so daſs

I) $$y + z = \sqrt{O + 4r^2} - a = A.$$

Aus 1) folgt ferner

$$yz = \frac{O}{2} - a(y + z)$$

oder

II) $$yz = \frac{O}{2} - a[\sqrt{O + 4r^2} - a] = B.$$

Aus $(y + z)^2 = A^2$ und $4yz = 4B$ folgt durch Subtraktion und Wurzelausziehung

III) $$y - z = \sqrt{A^2 - 4B}.$$

Aus I) und III) folgt durch Addition und Subtraktion

$$y = \frac{1}{2}[A + \sqrt{A^2 - 4B}],$$

$$z = \frac{1}{2}[A - \sqrt{A^2 - 4B}].$$

Die Einsetzung der Werte von A und B und die Determination (Untersuchung über die Zahl der Lösungen) sei dem Leser überlassen.

39) Bemerkung. Bekanntlich ist

$$(x + y + z)^3 = x^3 + y^3 + z^3 + 3x^2y + 3x^2z + 3y^2x + 3y^2z + 3z^2x + 3z^2y + 6xyz,$$

oder

$$(x+y+z)^3 = (x^3+y^3+z^3) + 3[xy+yz+zx][x+y+z] - 3xyz.$$

Für den Rechteckskörper folgt daraus

$$x^3 + y^3 + z^3 = \left(\frac{s}{4}\right)^3 - 3\,\frac{O}{2}\,\frac{s}{4} + 3J,$$

oder, wenn man die Summe der dritten Potenzen der Kanten mit s_3 bezeichnet,

$$s_3 = \left(\frac{s}{4}\right)^3 - \frac{3}{8}Os + 3J.$$

Sind drei von diesen Gröſsen gegeben, so läſst sich die dritte bestimmen. Aufgaben also, bei denen s_3, O und J

gegeben sind, lassen sich auf solche zurückführen, in denen s, O, J gegeben sind. Die Berechnung von x, y und z macht dabei die Auflösung von Gleichungen dritten Grades nötig, auf die hier aber noch nicht eingegangen werden soll. Dasselbe gilt von Aufgaben, bei denen drei von den Gröſsen s_3, O, J, r gegeben sind, denn dann ist $s = \sqrt{O + 4r^2}$ zu benutzen.

40) In eine Halbkugel vom Radius r soll eine quadratische Säule von gegebener Kantensumme s eingetragen werden.

Auflösung. Zunächst ist $8x + 4y = s$. Die Diagonale $x\sqrt{\frac{1}{2}}$ der Grundfläche, die Höhe y und der Radius r der Halbkugel geben ferner $\frac{x^2}{2} + y^2 = r^2$. Setzt man hier den aus der ersten Gleichung folgenden Wert $y = \frac{s}{4} - 2x$ ein, so folgt $x^2 - \frac{2}{9}xs = \frac{2}{9}\left(r^2 - \frac{s^2}{16}\right)$, so daſs die Grundkante wird

$$x = \frac{s \pm \sqrt{18r^2 - \frac{1}{8}s^2}}{9} = \frac{s \pm \frac{1}{4}\sqrt{288r^2 - 2s^2}}{9},$$

woraus y leicht zu berechnen ist.

Die Determination der Aufgabe geschieht wie bei Nr. 36 und soll dem Leser überlassen bleiben. Auch O und J lassen sich aus s und r berechnen und dabei kann untersucht werden, welche der quadratischen Säulen die gröſste Kantensumme, oder die gröſste Oberfläche, oder den gröſsten Inhalt hat. Auch Umkehrungsaufgaben sind möglich.

Bemerkung. Verwandte Aufgaben sind folgende:

In eine Halbkugel vom Radius r eine quadratische Säule von gegebener Oberfläche einzubeschreiben.

(Bei gegebenem Inhalt erhält man eine Gleichung dritten Grades.)

In eine Halbkugel vom Radius r einen Rechteckskörper einzutragen, bei dem $x : y : z = n_1 : n_2 : n_3$ ist. Auch für drei aneinanderstoſsende Flächen kann das Verhältnis $F_1 : F_2 : F_3 = n_1 : n_2 : n_3$ gegeben sein.

B. Prismen mit regelmässigem Normalschnitt.

I. Berechnungen an senkrechten Prismen mit regelmässiger Grundfläche.

41) Vorbemerkungen. Ist die Grundfläche ein regelmäfsiges n-Eck mit Seite a, so ist der Radius des Inkreises

$$\varrho = \frac{a}{2\tan\frac{\alpha}{2}} = \frac{a}{2\tan\frac{180^0}{n}} = \frac{a}{2\tan\frac{\pi}{n}},$$

der Radius des Umkreises ist

$$r = \frac{a}{2\sin\frac{\alpha}{2}} = \frac{a}{2\sin\frac{180^0}{n}} = \frac{a}{2\sin\frac{\pi}{n}}.$$

Geometrisch ist $r^2 = \varrho^2 + \frac{a^2}{4}$. Für die Fälle der Kreisteilung lassen sich die goniometrischen Ausdrücke durch algebraische ersetzen. Man kann z. B. von folgenden Formeln ausgehen:

$$\sin 45^0 = \cos 45^0 = \sqrt{\frac{1}{2}},$$

$$\sin 60^0 = \cos 30^0 = \frac{1}{2}\sqrt{3},$$

$$\sin 30^0 = \cos 60^0 = \frac{1}{2},$$

$$\sin 36^0 = \cos 54^0 = \sqrt{\frac{5-\sqrt{5}}{8}},$$

$$\sin 54^0 = \cos 36^0 = \frac{\sqrt{5}+1}{4},$$

$$\sin 72^0 = \cos 18^0 = \sqrt{\frac{5+\sqrt{5}}{8}},$$

$$\sin 18^0 = \cos 72^0 = \frac{\sqrt{5}-1}{4}.$$

Von diesen werden die vier letztgenannten mit Hilfe der stetigen Teilung am 10-Eck und 5-Eck berechnet. Aus ihnen folgen die Tangentenformeln:

$$\tan 45^0 = 1, \qquad \tan 60^0 = \sqrt{3},$$

$$\tan 30^0 = \sqrt{\frac{1}{3}}, \qquad \tan 36^0 = \sqrt{5 - 2\sqrt{5}},$$

$$\tan 54^0 = \sqrt{\frac{5 + 2\sqrt{5}}{5}}, \qquad \tan 18^0 = \sqrt{\frac{5 - 2\sqrt{5}}{5}},$$

$$\tan 72^0 = \sqrt{5 + 2\sqrt{5}}.$$

Will man geometrisch zum halben Winkel, also zum Vieleck mit doppelter Seitenzahl übergehen, so erhält man für dieses $\varrho' = \sqrt{\frac{r(r+\varrho)}{2}}$. Will man mit den Umfängen u und u' rechnen, so findet man $u' = \frac{ru}{\varrho'}$, wobei derselbe umbeschriebene Kreis für beide Vielecke vorausgesetzt wird. Diese Formeln vereinfachen sich für $r = 1$. Im praktischen Leben wird man auf solche Berechnungen verzichten und die goniometrischen Tafeln anwenden.

42) **Der Inhalt des regelmäfsigen Prismas von n Seiten ist:**

$$J_n = Gh = \frac{1}{2} n a \varrho h = \frac{n a^2 h}{4 \tan \frac{\pi}{n}} = \frac{n}{2} r^2 \sin \frac{360^0}{n} h = \frac{n}{2} r^2 \sin \frac{2\pi}{n} h.$$

Für die Fälle $n = 3, 4, 5, 6, 8, 10$ erhält man nach den obigen Formeln:

$$J_3 = \frac{a^2 h}{4} \sqrt{3}, \qquad J_4 = a^2 h,$$

$$J_5 = \frac{a^2 h}{4} \sqrt{5(5 + 2\sqrt{5})}, \qquad J_6 = \frac{3}{2} a^2 h \sqrt{3},$$

$$J_8 = 2a^2 h(1 + \sqrt{2}), \qquad J_{10} = \frac{5a^2 h}{4} \sqrt{5 + 2\sqrt{5}}.$$

43) Die Oberfläche eines solchen Prismas ist:

$$O_n = 2G + nah = \frac{na^2}{2\tan\frac{\pi}{n}} + nah = na\left[\frac{a}{2\tan\frac{\pi}{n}} + h\right] = na(\varrho + h).$$

In den besonderen Fällen wird in algebraischer Schreibweise

$$O_3 = a\left[\frac{a}{2}\sqrt{3} + 3h\right],$$

$$O_4 = 2a[a + 2h],$$

$$O_5 = \frac{a^2}{2}\sqrt{5(5 + 2\sqrt{5})} + 5ah,$$

$$O_6 = 3a[a\sqrt{3} + 2h],$$

$$O_8 = 4a[a(1 + \sqrt{2}) + 2h],$$

$$O_{10} = 5a^2\sqrt{5 + 2\sqrt{5}} + 10ah.$$

Die Kantensumme ist

$$s = n(2a + h).$$

44) Der Radius R der umbeschriebenen Kugel wird gefunden, indem man den Mittelpunkt des Körpers mit einer seiner Ecken verbindet und die Verbindungslinie aus der halben Achse $\left(\frac{h}{2}\right)$ und dem Radius r des Umkreises der entsprechenden Grundfläche pythagoreisch berechnet. Dies giebt

$$R = \sqrt{r^2 + \frac{h^2}{4}} = \frac{1}{2}\sqrt{4r^2 + h^2}.$$

Einsetzung des Wertes $r_n = \frac{a}{2\sin\frac{\pi}{n}}$ giebt endlich

$$R_n = \frac{1}{2}\sqrt{\frac{a^2}{\sin^2\frac{\pi}{n}} + h^2}.$$

In den obengenannten Fällen wird

$$R_3 = \frac{1}{2}\sqrt{\frac{4a^2}{3} + h^2},$$

$$R_4 = \frac{1}{2}\sqrt{2a^2 + h^2},$$

$$R_5 = \frac{1}{2}\sqrt{\frac{8a^2}{5 - \sqrt{5}} + h^2} = \frac{1}{2}\sqrt{\frac{2a^2}{5}(5 + \sqrt{5}) + h^2},$$

$$R_6 = \frac{1}{2}\sqrt{4a^2 + h^2},$$

$$R_8 = \frac{1}{2}\sqrt{2a^2(2 + \sqrt{2}) + h^2},$$

$$R_{10} = \frac{1}{2}\sqrt{a^2\left(\frac{4}{\sqrt{5} - 1}\right)^2 + h^2}$$

oder

$$R_{10} = \frac{1}{2}\sqrt{2a^2(3 + \sqrt{5}) + h^2}.$$

45) Die Neigung benachbarter Seitenflächen gegeneinander ist bestimmt durch

$$180^0 - \alpha = 180^0 - \frac{360^0}{n} = 180^0\left(1 - \frac{2}{n}\right).$$

46) Ist $h = 2\varrho$, so besitzt das regelmäfsige Prisma auch eine einbeschriebene Kugel mit dem bereits berechneten Radius ϱ, der mit dem des In-Kreises für die Grundfläche übereinstimmt.

Ist $n > 3$, so lassen sich von jeder Ecke aus $(n - 3)$ Diagonalen durch das Innere des Körpers legen. Ist n eine gerade Zahl, so geht eine dieser Diagonalen, die Hauptdiagonale, durch den Mittelpunkt des Körpers. Ihre Länge ist $d = 2R$.

II. Übungsaufgaben über Prismen von regelmässiger Grundfläche.

47) Aus einer Legierung vom spezifischen Gewichte p' soll ein Gewichtssatz hergestellt werden, dessen Stücke die Form sechsseitiger regelmäfsiger Prismen mit quadratischen Seitenflächen haben. Welche Kantenlängen sind zu wählen? (Vgl. Nr. 18.)

Auflösung. Der Inhalt eines solchen Prismas von der Kante x ist $Gh = 6\frac{x^2}{4}\sqrt{3}\,x = \frac{3}{2}x^3\sqrt{3}$, das Gewicht ist $p = \frac{3}{2}x^3\sqrt{3}\cdot p'$, für das Gewicht p ergiebt sich also als Kante $x = \sqrt[3]{\frac{2p}{3\sqrt{3}\,p'}}$. Das Kilogrammstück z. B. erhält die Kante $x = \sqrt[3]{\frac{2}{3\sqrt{3}\,p'}}$ in Decimetern. Um z. B. die Stücke für $\frac{1}{2}, \frac{1}{4}, \frac{1}{8}, \frac{1}{16} \ldots$ Kilogramm zu erhalten, hat man x mit $\sqrt[3]{\frac{1}{2}}, \sqrt[3]{\frac{1}{4}}, \sqrt[3]{\frac{1}{8}}, \sqrt[3]{\frac{1}{16}}$ zu multiplizieren. Einfacher multipliziert man jede Kante mit $\sqrt[3]{\frac{1}{2}}$, um die des nächsten Stücks zu erhalten.

Man führe die Rechnung für den Fall p' durch und gebe die Maße in Millimetern (bis zu $\frac{1}{10}$ Millimeter) an.

48) Bemerkungen. Soll es sich um das regelmäßige n-Eck handeln, und soll die Höhe der Gewichtsstücke das m-fache der Grundkante sein, so wird

$$J = n\frac{x\varrho}{2}mx = n\frac{x}{2}\frac{x}{2\tan\frac{\pi}{n}}mx = \frac{nmx^3}{4\tan\frac{\pi}{n}}, \quad p = \frac{nmx^3}{4\tan\frac{\pi}{n}}p',$$

also

$$x = \sqrt[3]{\frac{4p\tan\frac{\pi}{n}}{nmp'}},$$

die Höhe das m-fache davon. —

Angenommen, man könnte die Reihe dieser Gewichte bis zu unendlicher Kleinheit fortsetzen, wie hoch würde die aus den aufeinanderfolgenden Stücken aufzubauende Stufenpyramide werden?

Auflösung.

$$h_1 = x\left(1 + \frac{1}{\sqrt[3]{2}} + \frac{1}{(\sqrt[3]{2})^2} + \frac{1}{(\sqrt[3]{2})^3} + \ldots\right) = x\frac{1}{1-\sqrt[3]{\frac{1}{2}}}.$$

Das Gesamtgewicht würde werden:

$$p_1 = p\left(1 + \frac{1}{2} + \frac{1}{2^2} + \frac{1}{2^3} + \ldots\right) = p\frac{1}{1 - \frac{1}{2}} = 2p.$$

Die Summe der Körper-Inhalte würde sein:

$$J_1 = J\left(1 + \frac{1}{2} + \frac{1}{2^2} + \frac{1}{2^3} + \ldots\right) = 2J.$$

Die Summe aller Oberflächen würde sein:

$$O_1 = O\left(1 + \frac{1}{2^{\frac{2}{3}}} + \frac{1}{\left(2^{\frac{2}{3}}\right)^2} + \ldots\right) = O\frac{1}{1 - \sqrt[3]{\frac{1}{2^2}}}$$

$$= nx^2\left[\frac{1}{2\tan\frac{\pi}{n}} + m\right]\frac{1}{1 - \sqrt[3]{\frac{1}{4}}}.$$

Die Summe aller Kanten würde sein:

$$s_1 = s\left(1 + \frac{1}{\sqrt[3]{2}} + \frac{1}{(\sqrt[3]{2})^2} + \ldots\right) = s\frac{1}{1 - \sqrt[3]{\frac{1}{2}}} = nx(2 + m)\frac{1}{1 - \sqrt[3]{\frac{1}{2}}}.$$

49) Gegeben sei ein regelmäſsiges n-seitiges Prisma mit den Kanten a und h (Höhe); wie groſs muſs die Kante eines Würfels genommen werden, der denselben Inhalt haben soll?

Auflösung.

$$x^3 = J = \frac{na^2h}{4\tan\frac{\pi}{n}} \text{ führt auf } x = \sqrt[3]{\frac{na^2h}{4\tan\frac{\pi}{n}}}.$$

Man bilde die Formel für die besonderen Fälle $n = 3$, 4, 5, 6, 8, 10.

Bemerkungen. Sollen die Oberflächen beider Körper gleich sein, so hat man zu setzen:

$$6x^2 = O = na[\varrho + h] = na\left[\frac{a}{2\tan\frac{\pi}{n}} + h\right].$$

Sollen die Kantensummen beider Körper gleich sein, so hat man zu setzen:

$$12x = s = n(2a + h).$$

Verwandt sind folgende Aufgaben:

50) Gegeben sei ein regelmäſsiges n-seitiges Prisma mit der Grundkante a und der Höhe h. Wie groſs müssen die Kanten eines Rechteckskörpers vom Kantenverhältnis $1 : m_1 : m_2$ genommen werden, wenn die Inhalte beider übereinstimmen sollen?

Auflösung.

$$x \cdot m_1 x \cdot m_2 x = J = \frac{na^2 h}{4 \tan \frac{\pi}{n}}, \text{ also } x = \sqrt[3]{\frac{na^2 h}{4 m_1 m_2 \tan \frac{\pi}{n}}}.$$

Sollen die Oberflächen übereinstimmen, so erhält man:

$$2[x m_1 x + m_1 x m_2 x + m_2 x x] = 2x^2[m_1 + m_2 + m_1 m_2]$$
$$= O = na\left[\frac{a}{4 \tan \frac{\pi}{n}} + h\right],$$

woraus x leicht zu bestimmen ist.

Sollen die Kantensummen übereinstimmen, so wird

$$4x[1 + m_1 + m_2] = s = n(2a + h).$$

Umgekehrt kann der Rechteckskörper gegeben sein, während die Kanten oder sonstige Elemente des Prismas gesucht werden.

51) Einer Kugel mit Radius ϱ ist ein dreiseitiges regelmäſsiges Prisma umbeschrieben, ein ähnliches einbeschrieben. Die Kanten, Kantensummen, Oberflächen, Inhalte beider Prismen sind zu berechnen. Auch für die Differenzen der Kantensummen, Oberflächen und Inhalte sollen einfache Formeln aufgestellt werden.

Auflösung. Die Grundkante a des gröſseren Prismas ist Seite eines gleichseitigen Dreiecks von der Höhe $h = 3\varrho$, so daſs

$$a = 2h\sqrt{\frac{1}{3}} = 6\varrho\sqrt{\frac{1}{3}} = 2\varrho\sqrt{3}$$

ist. Die Körperhöhe ist

$$b = 2\varrho .$$

Die Kantensumme ist

$$s = 6a + 3b = \varrho(12\sqrt{3} + 6) = 6\varrho(2\sqrt{3} + 1),$$

die Oberfläche:

$$O = a\left[\frac{a}{2}\sqrt{3} + 3b\right] = 18\varrho^2\sqrt{3},$$

der Inhalt:

$$J = \frac{a^2}{4}\sqrt{3}\,b = 6\varrho^3\sqrt{3}.$$

Um die Elemente des zweiten Prismas hieraus leicht abzuleiten, bestimme man den Radius der umbeschriebenen Kugel des ersten. Er ergiebt sich aus

$$r^2 = \varrho^2 + \left(\frac{2}{3}h\right)^2 = \varrho^2 + (2\varrho)^2 = 5\varrho^2$$

als $r = \varrho\sqrt{5}$. Weil nun der Radius der umbeschriebenen Kugel gleich ϱ ist, verhalten sich die Dimensionen homologer Geraden beider Körper wie $\sqrt{5} : 1$, homologe Flächen wie $5 : 1$, die Inhalte wie $\sqrt{5^3} : 1$ oder wie $5\sqrt{5} : 1$. Für das zweite Prisma ist also

$$a_1 = 2\varrho\sqrt{3}\sqrt{\frac{1}{5}} = 2\varrho\sqrt{\frac{3}{5}},$$

$$b_1 = 2\varrho\sqrt{\frac{1}{5}},$$

$$s_1 = 6\varrho(2\sqrt{3} + 1)\sqrt{\frac{1}{5}},$$

$$O_1 = 18\varrho^2\sqrt{3}\cdot\frac{1}{5} = 3{,}6\varrho^2\sqrt{3},$$

$$J_1 = 6\varrho^3\sqrt{3}\cdot\frac{1}{5}\sqrt{\frac{1}{5}} = \frac{6}{5}\varrho^3\sqrt{\frac{3}{5}} = 1{,}2\varrho^3\sqrt{0{,}6}.$$

Der Unterschied der Kantensummen beider Prismen ist:

$$d = 6\varrho(2\sqrt{3} + 1)\left(1 - \sqrt{\frac{1}{5}}\right),$$

der Unterschied der Oberflächen:

$$D = 18\varrho^2\sqrt{3}\cdot\frac{4}{5} = \frac{72}{5}\varrho^2\sqrt{3} = 14{,}4\varrho^2\sqrt{3},$$

der Unterschied der Inhalte:

$$\varDelta = 6\varrho^3\sqrt{3}\left(1 - \frac{1}{5}\sqrt{\frac{1}{5}}\right) = 6\varrho^3\sqrt{3}(1 - \sqrt{0{,}008}).$$

52) Umkehrungsaufgaben.

Einer Kugel sei ein dreiseitiges regelmäſsiges Prisma umbeschrieben, ein ähnliches einbeschrieben. Die Differenz der Kantensumme sei d. Wie groſs ist der Radius der Kugel?

Auflösung.

$$\varrho = \frac{d}{6\varrho(2\sqrt{3}+1)\left(1 - \sqrt{\frac{1}{5}}\right)}.$$

Dieselbe Aufgabe, nur soll der Unterschied D der Oberflächen gegeben sein.

Auflösung.

$$\varrho = \sqrt{\frac{D}{14{,}4\sqrt{3}}}.$$

Dieselbe Aufgabe, nur soll der Unterschied $\varDelta$ der Inhalte gegeben sein.

Auflösung.

$$\varrho = \sqrt[3]{\frac{\varDelta}{6\sqrt{3}(1 - \sqrt{0{,}008})}}.$$

Eine dieser drei Differenzen sei gegeben, die beiden andern sollen aus ihr berechnet werden.

(Man bestimme zunächst ϱ und wende dann die obigen Gleichungen an.)

53) Bemerkungen. Für das sechsseitige Prisma erhält die Hauptaufgabe folgende Lösungen:

$$a = 2\varrho\sqrt{\frac{1}{3}}, \qquad a_1 = 2\varrho\sqrt{\frac{1}{7}},$$

$$b = 2\varrho, \qquad b_1 = 2\varrho\sqrt{\frac{3}{7}},$$

$$s = 12\varrho\left[1 + 2\sqrt{\frac{1}{3}}\right], \qquad s_1 = 12\varrho\frac{2+\sqrt{3}}{\sqrt{7}},$$

$$r = \varrho\sqrt{\frac{7}{3}},$$

$$O = 12\varrho^2\sqrt{3}, \qquad O_1 = \frac{36}{7}\varrho^2\sqrt{3},$$

$$J = 4\varrho^3\sqrt{3}, \qquad J_1 = \frac{36\varrho^3}{7\sqrt{7}}.$$

Für das n-seitige Prisma ergiebt sich entsprechend:

$$a = 2\varrho\tan\frac{\pi}{n},$$

$$b = 2\varrho,$$

$$s = 2n\varrho\left[1 + \tan\frac{\pi}{n}\right],$$

$$r = \varrho\sqrt{1 + \frac{1}{\cos^2\frac{\pi}{n}}} = \frac{\varrho}{\cos\frac{\pi}{n}}\sqrt{1 + \cos^2\frac{\pi}{n}},$$

$$O = 6n\varrho^2\tan\frac{\pi}{n},$$

$$J = 2n\varrho^3\tan\frac{\pi}{n}.$$

Um die entsprechenden Werte für das andere Prisma zu erhalten, hat man a, b, s mit

$$\frac{1}{\sqrt{1 + \frac{1}{\cos^2\frac{\pi}{n}}}}$$

oder mit

$$\frac{\cos\frac{\pi}{n}}{\sqrt{1 + \cos^2\frac{\pi}{n}}}$$

zu multiplizieren, O mit der zweiten, J mit der dritten Potenz dieses Ausdrucks. Man erhält

$$a_1 = 2\varrho \frac{\sin\frac{\pi}{n}}{\sqrt{1+\cos^2\frac{\pi}{n}}},$$

$$b_1 = 2\varrho \frac{\cos\frac{\pi}{n}}{\sqrt{1+\cos^2\frac{\pi}{n}}},$$

$$s_1 = 2n\varrho \frac{\sin\frac{\pi}{n}+\cos\frac{\pi}{n}}{\sqrt{1+\cos^2\frac{\pi}{n}}},$$

$$O_1 = 6n\varrho^2 \frac{\sin\frac{\pi}{n}\cos\frac{\pi}{n}}{1+\cos^2\frac{\pi}{n}} = 3n\varrho^2 \frac{\sin\frac{2\pi}{n}}{1+\cos^2\frac{\pi}{n}},$$

$$J_1 = 2n\varrho^3 \tan\frac{\pi}{n} \frac{\cos^3\frac{\pi}{n}}{\left(1+\cos^2\frac{\pi}{n}\right)^{\frac{2}{3}}}.$$

54) Aufgabe. In eine Kugel vom Radius r soll ein n-seitiges regelmäſsiges Prisma einbeschrieben werden, dessen Höhe das m-fache der Grundkante ist.

Auflösung. $r^2 = r_1^2 + \frac{h^2}{4}$, wo r_1 der Radius des der Grundfläche umbeschriebenen Kreises, $h = mx$ die Höhe ist. Daraus folgt:

$$r^2 = \left(\frac{x}{2\sin\frac{\pi}{n}}\right)^2 + \frac{m^2x^2}{4} = \frac{x^2}{4}\left[\frac{1}{\sin^2\frac{\pi}{n}} + m^2\right].$$

Die Grundkante wird also

$$x = \frac{2r}{\sqrt{m^2 + \frac{1}{\sin^2 \frac{\pi}{n}}}},$$

h ist das m-fache davon, s, O, J usw. sind daraus leicht zu berechnen.

55) In eine Halbkugel vom Radius r ein regelmäfsiges sechsseitiges Prisma von gegebener Kantensumme s einzutragen.

Auflösung. Verbindet man den Mittelpunkt der Grundfläche mit einer Ecke der Gegenfläche, so erhält man den Radius. Seine Projektion x auf die Grundfläche und die zugehörige Seitenkante y geben ein rechtwinkliges Dreieck. Die Grundkanten sind ebenfalls von der Länge x. Man erhält also die Gleichungen:

1) $$x^2 + y^2 = r^2,$$

2) $$12x + 6y = s.$$

Setzt man den Wert von y aus 2) in 1) ein, so ergiebt sich:

$$5x^2 - \frac{2}{3}sx = r^2 - \frac{s^2}{36},$$

so dafs man erhält:

3) $$x = \frac{2s \pm \sqrt{180r^2 - s^2}}{30}.$$

Soll die Lösung möglich sein, so darf s höchstens den Wert $s = r\sqrt{180} = 6r\sqrt{5}$ annehmen. In diesem Grenzfalle wird

$$x = \frac{2s}{30} = \frac{s}{15} = \frac{6r\sqrt{5}}{15} = \frac{2r}{\sqrt{5}},$$

$$y = \frac{s}{6} - 2x = \frac{s}{6} - \frac{2s}{15} = \frac{s}{30} = \frac{r}{\sqrt{5}}.$$

Die gröfste Kantensumme hat also dasjenige unter diesen Prismen, dessen Grundkante doppelt so grofs ist, als die Höhe. Der Ausdruck $\frac{r}{\sqrt{5}}$ ist die mittlere Proportionale zwischen r und $\frac{r}{5}$, kann also leicht konstruiert werden.

Für den Grenzwert $x=0$ gehen die Geichungen 1) und 2) über in $y^2=r^2$ oder $y=r$ und $y=\frac{s}{6}$, so dafs $s=6r$ wird. Für $y=0$ ergiebt sich ebenso $x=r$ und $x=\frac{s}{12}$, also $s=12r$.

Folglich:

Liegt s zwischen $6r$ und $12r$, so ist stets eine Lösung möglich, für die in Gleichung 3) das untere Wurzelzeichen gilt. Liegt s zwischen $12r$ und $6r\sqrt{5}$, so sind stets zwei Lösungen möglich. Für den Grenzfall $s=6r$ wird das Prisma zur (sechsmal zu denkenden) geraden Linie r, für den Grenzfall $12r$ ist die Höhe gleich Null, das Prisma wird also zum doppelt zu denkenden Sechseck.

56) In eine Halbkugel vom Radius r ein regelmäfsiges sechsseitiges Prisma einzutragen, dessen Oberfläche einen gegebenen Wert O hat.

Auflösung. Man erhält leicht die Gleichungen:

$$1)\qquad x^2+y^2=r^2$$

$$2)\qquad 12\frac{x^2}{4}\sqrt{3}+6xy=O,\quad \text{oder}\quad 3x^2\sqrt{3}+6xy=O.$$

Entfernt man y mit Hilfe von 1) aus 2), so geht 2) über in:

$$3x^2\sqrt{3}+6x\sqrt{r^2-x^2}=O,$$

was sich umformt zu:

$$x^4-\frac{2}{21}(6r^2+O\sqrt{3})=-\frac{O^2}{63}.$$

Daraus ergiebt sich:

$$3)\qquad x^2=\frac{6r^2+O\sqrt{3}\pm\sqrt{36r^4+12r^2O\sqrt{3}-4O^2}}{21}.$$

Soll x^2 reell sein, so darf O den Grenzwert nicht überschreiten, den man erhält, wenn man den Ausdruck unter der Wurzel gleich Null setzt. Aus

$$O^2-3r^2\sqrt{3}\,O=9r^4$$

folgt

$$4)\qquad O=r^2\frac{3\sqrt{3}\pm\sqrt{27+9\cdot 4}}{2}=r^2\frac{3\sqrt{3}\pm\sqrt{63}}{2}=3r^2\frac{\sqrt{3}+\sqrt{7}}{2},$$

wobei nur das obere Zeichen brauchbar ist, da O nicht negativ werden darf. Nimmt O diesen Grenzwert an, so folgt:

$$x^2 = \frac{6r^2 + O\sqrt{3}}{21} = \frac{6r^2}{21} + \frac{\sqrt{3}}{21} 3r^2 \frac{\sqrt{3}+\sqrt{7}}{2} = r^2 \frac{12+9+3\sqrt{21}}{42}$$

$$= \frac{r^2}{2}\left[1 + \sqrt{\frac{3}{7}}\right],$$

also

$$x = r\sqrt{\frac{1+\sqrt{\frac{3}{7}}}{2}}.$$

Dabei wird

$$y^2 = r^2 - x^2 = r^2 - \frac{r^2}{2}\left[1+\sqrt{\frac{3}{7}}\right] = \frac{r^2}{2}\left[1-\sqrt{\frac{3}{7}}\right],$$

also

$$y = r\sqrt{\frac{1-\sqrt{\frac{3}{7}}}{2}}.$$

Damit ist dasjenige unter diesen Prismen bestimmt, welches die gröfste Oberfläche hat.

Andere Grenzwerte findet man folgendermafsen. Für $x = 0$ gehen die Gleichungen 1) und 2) über in $y = r$ und $O = 0$. Für $y = 0$ erhält man aus ihnen $x = r$ und

$$O = 3x^2\sqrt{3} = 3r^2\sqrt{3}.$$

Folglich:

Liegt O zwischen 0 und $3r^2\sqrt{3}$, so ist stets eine Lösung möglich, für die in Gleichung 3) das untere Wurzelzeichen gilt. Liegt O zwischen $3r^2\sqrt{3}$ und $3r^2\frac{\sqrt{3}+\sqrt{7}}{2}$, so sind stets zwei Lösungen möglich.

Sämtliche Grenzfälle sind wie bei den früheren Aufgaben leicht zu deuten.

Bemerkung. Die entsprechende Aufgabe für vorgeschriebenes J giebt die Gleichungen $x^2 + y^2 = r^2$ und $\frac{3x^2y\sqrt{3}}{2} = J$. Der Wert von y aus der zweiten Gleichung verwandelt die erste in $x^2 + \frac{4J^2}{27x^4} = r^2$ oder

$$x^6 - x^4 r^2 + \frac{4J^2}{27} = 0,$$

die in Bezug auf x^2 vom dritten Grade ist.

57) In eine Halbkugel das n-seitige regelmäfsige Prisma gröfsten Inhalts einzutragen.

Auflösung. Ist r der Kugelradius, y die Höhe des Prismas, x der Radius des seiner Grundfläche umbeschriebenen Kreises, so ist $x^2 = r^2 - y^2$, also der Inhalt des Prismas

$$J = Gy = \frac{n}{2} x^2 \sin\alpha\, y = \frac{n}{2} \sin\frac{360^0}{n} \cdot y(r^2 - y^2).$$

Da $\frac{n}{2}\sin\frac{360^0}{n}$ und $r^2 = c$ gegebene Gröfsen sind, so handelt es sich hier darum, dafs $y(c - y^2)$ Höchstwert wird.

Angenommen, dies geschähe für den Wert y_m, so würde für jedes andere der möglichen y, möge es gröfser oder kleiner sein, der Ausdruck

$$y_m(c - y_m^2) - y(c - y^2)$$

positiv sein müssen. Der Ausdruck läfst sich aber umformen zu

$$c(y_m - y) - (y_m^3 - y^3)$$

oder zu

$$c(y_m - y) - (y_m - y)(y_m^2 + y_m y + y^2)$$

oder endlich zu

$$(y_m - y)\left[c - (y_m^2 + y_m y + y^2)\right].$$

Soll dieses Produkt stets positiv sein, so müssen beide Faktoren gleichzeitig positiv, oder gleichzeitig negativ sein. Der Durchgang durch den Wert Null (der als positiv und als negativ angesehen werden kann) mufs also bei beiden Faktoren zugleich geschehen, d. h. für denselben Wert von y. Der erste Faktor wird Null für $y = y_m$, folglich auch der zweite. Ist aber $y = y_m$, so wird der zweite Ausdruck zu $c - 3y_m^2$. Ist dies gleich Null, so ist

$$y_m^2 = \frac{c}{3} = \frac{r^2}{3},$$

also ist für den Höchstwert von J die Höhe

1) $$y = r\sqrt{\frac{1}{3}},$$

der Radius des umbeschriebenen Kreises der Grundfläche also

2) $$x = r\sqrt{\frac{2}{3}},$$

die Höhe also das $\sqrt{\frac{1}{2}}$-fache vom Radius x.

Die gefundenen Ausdrücke sind unabhängig von n, gelten also für sämtliche Prismen solcher Art. Die Höchstwertprismen sind also von derselben Höhe $r\sqrt{\frac{1}{3}}$ und haben für die Grundfläche denselben umbeschriebenen Kreis mit Radius $r\sqrt{\frac{2}{3}}$. Der Inhalt ist dabei für jedes Prisma

$$J = \frac{r^3}{3\sqrt{3}} n \sin\frac{2\pi}{n}.$$

Führt man dieselbe Aufgabe für die ganze Kugel aus, so erhält man für x denselben Wert, y aber fällt doppelt so grofs aus.

58) In eine Halbkugel das regelmäfsige n-seitige Prisma gröfster Oberfläche einzutragen.

Auflösung. Ist O gegeben, ist ferner y die Höhe des Prismas, x der Radius des umbeschriebenen Kreises seiner Grundfläche, so hat man die Gleichungen:

1) $$x^2 + y^2 = r^2$$

und

$$2\frac{n}{2}x^2 \sin\frac{360^0}{n} + n\,2x\sin\frac{180^0}{n}\,y = O.$$

Hier setze man $\frac{360^0}{n} = a$, dann folgt

2) $$x^2 \sin a + 2xy\sin\frac{a}{2} = \frac{O}{n}.$$

Einsetzung des Wertes von y aus 1) giebt:

$$x^2\sin a + 2\sin\frac{a}{2}\,x\sqrt{r^2 - x^2} = \frac{O}{n}$$

oder

$$2\sin\frac{a}{2}\,x\sqrt{r^2 - x^2} = \frac{O}{n} - x^2\sin a.$$

Quadrierung giebt nach entsprechender Umstellung:

$$x^4 - x^2 \frac{\frac{2O}{n}\sin\alpha + 4r^2\sin^2\frac{\alpha}{2}}{\sin^2\alpha + 4\sin^2\frac{\alpha}{2}} = -\frac{O^2}{n^2\left(\sin^2\alpha + 4\sin^2\frac{\alpha}{2}\right)}$$

oder

$$x^4 - x^2\frac{A}{B} = -\frac{O^2}{n^2 B}.$$

Dies giebt:

3) $$x^2 = \frac{nA \pm \sqrt{n^2A^2 - 4O^2B}}{2nB}.$$

O darf höchstens der Wert sein, der sich aus

$$O^2 = \frac{n^2A^2}{4B} \quad \text{oder} \quad O = \frac{nA}{2\sqrt{B}}$$

ergiebt. Aus

$$O = \frac{2O\sin\alpha + 4nr^2\sin^2\frac{\alpha}{2}}{2\sqrt{\sin^2\alpha + 4\sin^2\frac{\alpha}{2}}} = \frac{O\cos\frac{\alpha}{2} + nr^2\sin\frac{\alpha}{2}}{\sqrt{\cos^2\frac{\alpha}{2} + 1}}$$

folgt aber:

4) $$O = r^2\frac{n\sin\frac{\alpha}{2}}{\sqrt{\cos^2\frac{\alpha}{2} + 1} - \cos\frac{\alpha}{2}}.$$

Wird dieser Höchstwert angenommen, so wird

$$x^2 = \frac{nA}{2nB} = \frac{A}{2B} = \frac{2O\sin\alpha + 4nr^2\sin^2\frac{\alpha}{2}}{2n\left(\sin^2\alpha + 4\sin^2\frac{\alpha}{2}\right)}$$

$$= \frac{O\cos\frac{\alpha}{2} + nr^2\sin\frac{\alpha}{2}}{n\left(\cos^2\frac{\alpha}{2} + 1\right)\sin\frac{\alpha}{2}} = \frac{O\operatorname{ctg}\frac{\alpha}{2} + nr^2}{n\left(\cos^2\frac{\alpha}{2} + 1\right)}.$$

Hier ist noch der Höchstwert von O aus Gleichung 4) einzusetzen.

C. Der senkrechte Kreiscylinder.

I. Berechnungen am senkrechten Kreiscylinder, seinen Sektoren und Segmenten und am einfachsten Cylinderhuf, auch Schwerpunkt-Berechnungen.

59) Dieser Cylinder kann als regelmäſsiges Prisma von unendlich groſser Seitenzahl betrachtet werden und soll deshalb schon hier zur Untersuchung kommen.

a) Inhalt $J = r^2\pi h$ } vgl. Bd. I § 249.
b) Mantel $M = 2r\pi h$ } vgl. Bd. I § 249.
c) Oberfläche $O = 2r^2\pi + 2r\pi h = 2r\pi(r+h)$.

60) Radius der umbeschriebenen Kugel.

$$R = \sqrt{\frac{h^2}{4} + r^2} = \frac{1}{2}\sqrt{h^2 + 4r^2}.$$

Man denke sich einen der Radien gezeichnet, die zum Rande der Grundfläche gehören.

Ist γ seine Neigung gegen die Horizontalebene, so ist $\frac{h}{2R} = \sin\gamma$, $\frac{r}{R} = \cos\gamma$, also ist auch $R = \frac{h}{2\sin\gamma} = \frac{r}{\cos\gamma}$. (Soll auch eine einbeschriebene Kugel vorhanden sein, so ist $\frac{h}{2} = r$, also $\gamma = 45^0$ zu machen, r ist dann der Radius der Kugel und dabei $R = r\sqrt{2}$.)

61) Diagonalschnitt und Cylinderhuf. Verlängert man R so weit, daſs es auch die andere Grundfläche trifft, so entspricht $d = 2R$ der Hauptdiagonale regelmäſsiger Prismen mit gerader Seitenzahl n. Daher soll d auch hier als Diagonale bezeichnet werden. Durch jede Diagonale läſst sich eine Ebene legen, welche beide Grundflächen in parallelen Tangenten ihrer Kreise schneidet. Jede solche Ebene soll Diagonalschnitt heiſsen. Ein solcher zerlegt den Cylinder und ebenso seinen Mantel in zwei gleiche Hälften, so daſs $J_1 = \frac{1}{2} r^2\pi h$, $M_1 = r\pi h$ wird. Der so abgeschittene Körper wird oft als Cylinderhuf bezeichnet. Die Diagonalfläche F_1 giebt, auf die Grundfläche F projiziert, die Fläche des Grundkreises. Daher ist $F = F_1 \cos\gamma$, also

$$\frac{r^2\pi}{\cos\gamma} = r\pi\frac{r}{\cos\gamma} = Rr\pi = F_1.$$

(Vgl. Bd. I, § 140. Ellipse.)

Die Oberfläche des Hufes ist also

$$O_1 = r^2\pi + r\pi h + Rr\pi = r\pi(r + h + R).$$

62) Cylindersektoren. Zwei Hauptschnitte (durch die Cylinderachse) begrenzen je zwei Cylindersektoren, von denen der eine konkaven, der andere konvexen Centriwinkel hat. Ist a der Schnittwinkel der Schnittebenen in Graden, $\hat{a}$ der zugehörige auf den Radius 1 reduzierte Bogen, der des Grundkreises also $r\hat{a}$, so ist

$$\text{Sektor} : \text{Cylinder} = a^0 : 360^0 = a : 2\pi,$$

also

$$\text{Sektor} = \frac{a}{360}\,\text{Cylinder} = \frac{\hat{a}}{2\pi}\,\text{Cylinder}$$

oder

$$J_2 = \text{Cylindersektor} = \frac{a}{360}\,r^2\pi h = \frac{\hat{a}}{2\pi}\,r^2\pi h = \frac{\hat{a}}{2}\,r^2 h.$$

63) Der zum Sektor gehörige Teil des Mantels ergiebt sich entsprechend als

$$M_2 = \frac{a}{360}\,2r\pi h = \frac{a}{180}\,r\pi h = \frac{\hat{a}}{2\pi}\,2r\pi h = r\hat{a}h.$$

Bei der Abwickelung des Mantels auf die Ebene stellt sich der Mantelstreifen als Rechteck von Grundlinie $r\hat{a}$ und Höhe h dar.

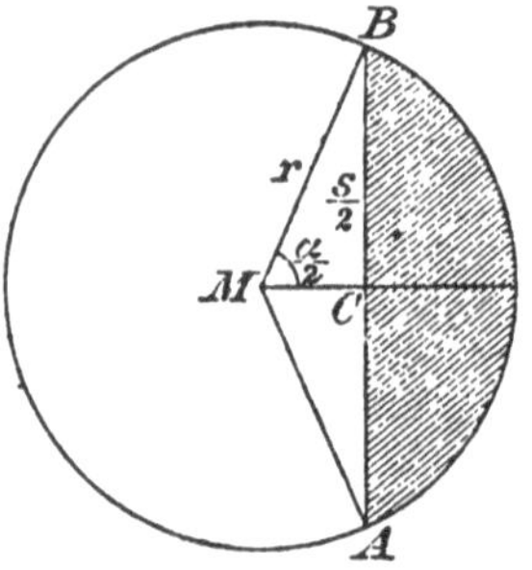

Fig. 6.

64) Cylinderabschnitt. Jeder Normalschnitt zur Grundfläche (Parallelschnitt zur Achse) teilt den Cylinder in zwei Segmente oder Cylinderabschnitte ein. Ist dabei $s = AB$ die Schnittsehne der Grundfläche, so wird der Centriwinkel a bestimmt aus

$$\sin\frac{a}{2} = \frac{s}{2r},$$

was auf einen konkaven und einen konvexen Wert von a führt, von denen hier der erstere gewählt werde. Die schraffierte Segmentfläche ist der Unterschied der Sektorfläche und der Dreiecksfläche MAB, also

$$G_3 = \frac{a}{360} r^2 \pi - \frac{r^2}{2} \sin a = \frac{r^2}{2}\left[\frac{a}{180}\pi - \sin a\right] = \frac{r^2}{2}[\hat{a} - \sin \hat{a}],$$

wenn $\hat{a}$ der entsprechende Bogen des Einheitskreises ist.

Der Inhalt des Cylinderabschnitts ist also

$$J_3 = \frac{r^2 h}{2}\left[\frac{a}{180}\pi - \sin a\right] = \frac{r^2 h}{2}[\hat{a} - \sin \hat{a}].$$

Die gesamte Oberfläche wird

$$O_3 = r^2\left[\frac{a}{180}\pi - \sin a\right] + \frac{a}{180} r\pi h + 2r \sin\frac{a}{2} h$$

$$= r^2[\hat{a} - \sin \hat{a}] + r\hat{a}h + 2r \sin\frac{a}{2} h.$$

Dabei läfst sich noch r als gemeinschaftlicher Faktor absondern. Man kann aber den Ausdruck auch umformen zu

$$O_3 = r\left[\hat{a}(r+h) - 2\sin\frac{\hat{a}}{2}\left(r\cos\frac{\hat{a}}{2} - h\right)\right].$$

65) Schwerpunkt des Segmentmantels. Der Schwerpunkt für den zu einem Cylindersektor (oder Segment) gehörigen Teile des Cylindermantels wird gefunden, indem man die Schwerpunkte der beiden Bogen der Grundflächen verbindet und die entstehende Gerade halbiert. Der Schwerpunkt des Bogens liegt, wie in der Planimetrie oder Mechanik gezeigt wird, auf der Symmetrielinie in der Entfernung $\frac{s}{\hat{a}} = \frac{rs}{b}$ vom Mittelpunkte. Man kann dies folgendermafsen zeigen. Nach Bd. I, § 49 ist der Schwerpunkt eines homogenen Punktsystems zu definieren als der Punkt mittleren Abstandes von jeder beliebigen Ebene. Beim ebenen Punktsystem kann man sich beschränken auf den mittleren Abstand von jeder beliebigen Geraden in der Ebene des Systems.

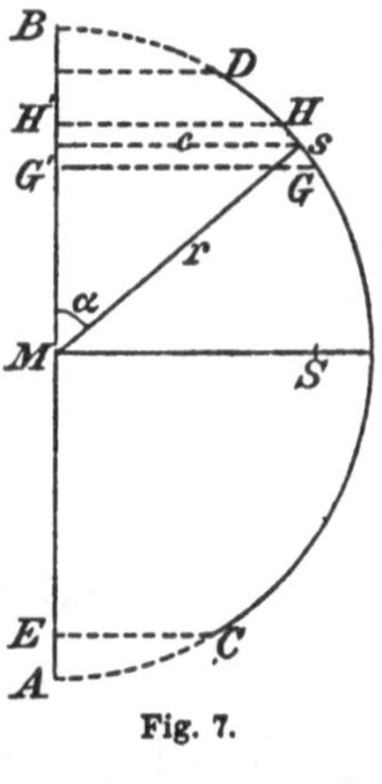

Fig. 7.

Man denke sich den Bogen in unendlich viele kleine Teilchen s' zerlegt, so dafs man jedes der n Teilchen als unendlich kleine gerade Linie betrachten kann. Jedes Teilchen, z. B. $GH = s'$, projiziere man auf den zur Bogensehne parallelen Kreisdurchmesser, was $G'H' = \sigma$ geben mag. Die Mittellinie e des Trapezes $GHH'G'$ ist dann der mittlere Abstand für alle Punkte des Teilchens s' vom Durchmesser AB. Bildet nun der zu e gehörige Radius mit dem Durchmesser den Winkel a, so ist $\sigma = s' \cos(90^0 - a) = s' \sin a = s' \frac{e}{r}$, und daraus folgt: $r\sigma = es'$. Da nun alle s' gleich grofs sind, so ist der mittlere Abstand von AB (für sämtliche)

$$x = \frac{e_1 + e_2 + e_3 + \ldots + e_n}{n} = \frac{s'(e_1 + e_2 + \ldots + e_n)}{ns'}$$

$$= \frac{e_1 s'}{ns'} + \frac{e_2 s'}{ns'} + \ldots + \frac{e_n s'}{ns'},$$

oder, wenn nach dem letzten Resultate für $e_1 s'$, $e_2 s'$, ... die Gröfsen $\sigma_1 r$, $\sigma_2 r$, ... und für ns' seinen Wert $r\hat{a} = \widehat{CD}$ einsetzt:

$$x = \frac{r\sigma_1}{r\hat{a}} + \frac{r\sigma_2}{r\hat{a}} + \ldots + \frac{r\sigma_n}{r\hat{a}} = \frac{\sigma_1 + \sigma_2 + \ldots + \sigma_n}{\hat{a}}.$$

Die Summe der σ giebt aber die Projektion EF des Bogens, d. h. die Länge s der zugehörigen Sehne, also wird

$$x = \frac{s}{\hat{a}} = \frac{rs}{r\hat{a}} = \frac{rs}{\widehat{CD}} = \frac{s}{\frac{a}{180}\pi} = \frac{180}{a} \frac{s}{\pi}.$$

Damit ist die auf der Symmetrielinie MK liegende Strecke MS bestimmt. Bezeichnet man den Bogen $\widehat{CD}$ mit b, so hat man

$$x = \frac{rs}{b} = \frac{r \cdot 2r \sin\frac{a}{2}}{b} = \frac{2r^2 \sin\frac{a}{2}}{b}.$$

Senkrecht über S liegt der Schwerpunkt des Körpers in der Höhe $\frac{h}{2}$.

Beim Halbkreisbogen handelt es sich um

$$x = \frac{2r}{\pi},$$

beim Bogen des Viertelkreises um

$$x = \frac{r\sqrt{2}}{\frac{\pi}{2}} = \frac{2r\sqrt{2}}{\pi},$$

beim Sechstelkreis um

$$x = \frac{r}{\left(\frac{\pi}{3}\right)} = \frac{3r}{\pi}$$

usw.

66) Der Schwerpunkt des Cylindersektors ergiebt sich ebenso mit Hilfe des Schwerpunktes der Grundfläche, d. h. des Kreissektors. Denkt man sich diesen in unendlich viele gleiche Sektoren zerlegt, die man schliefslich als unendlich kleine Dreiecke betrachten darf, so liegen deren Schwerpunkte homogen verteilt auf einem Hilfskreise mit dem Radius $\varrho = \frac{2}{3} r$. Für diese Punkte war oben gefunden:

$$x = \frac{s_1}{\hat{a}} = \frac{\varrho s_1}{\varrho \hat{a}} = \frac{\varrho s_1}{b_1},$$

es ist also jetzt

$$x = \frac{2}{3} r \frac{s_1}{b_1}.$$

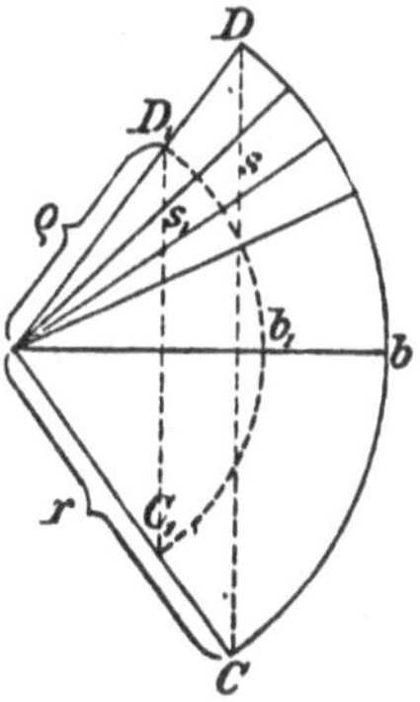

Fig. 8.

Nun ist aber $\frac{s_1}{b_1} = \frac{s}{b}$, also wird $x = \frac{2rs}{3b} = \frac{2s}{3\hat{a}}$.

Für den Halbkreis wird

$$x = \frac{2r\,2r}{3r\pi} = \frac{4r}{3\pi}.$$

Für die Fläche des Viertelkreises

$$x = \frac{2r \cdot r\sqrt{2}}{3r\frac{\pi}{2}} = \frac{4r\sqrt{2}}{3\pi},$$

für die des Sechstelkreises

$$x = \frac{2r \cdot r}{3r\frac{\pi}{3}} = \frac{2r}{\pi}.$$

Stets handelt es sich um $\frac{2}{3}$ der vorher berechneten Werte.

67) Der Schwerpunkt des Cylinderabschnitts wird ebenso aus dem der Fläche des Kreissegments abgeleitet. Dazu kann man folgenden Hilfssatz benutzen:

Hat der Schwerpunkt einer ebenen Fläche F_1 von einer Geraden ihrer Ebene den Abstand x, der einer Fläche F_2 von derselben Geraden den Abstand x_2, so hat der Schwerpunkt des Gesamtgebildes $(F_1 + F_2)$ von ihr den Abstand $x = \frac{x_1 F_1 + x_2 F_2}{F_1 + F_2}$.

Beweis. Verhält sich $F_1 : F_2$ wie $m_1 : m_2$, so kann man sich denken, dafs F_1 aus m_1 homogen verteilten Punkten besteht, F_2 aus m_2, das Gesamtgebilde aus $m_1 + m_2$ Punkten. Die von F_1 mögen die Entfernungen $e_1, e_2, e_3, \ldots, e_{m_1}$ von der Geraden haben, die von F_2 die Enfernungen $\varepsilon_1, \varepsilon_2, \ldots, \varepsilon_{m_2}$, dann hat der Schwerpunkt von F_1 den Abstand:

1) $$x_1 = \frac{e_1 + e_2 + \ldots + e_{m_1}}{m_1},$$

der von F_2 den Abstand:

2) $$x_2 = \frac{\varepsilon_1 + \varepsilon_2 + \ldots + \varepsilon_{m_2}}{m_2},$$

der des Gesamtgebildes:

3) $$x = \frac{(e_1 + e_2 + \ldots + e_{m_1}) + (\varepsilon_1 + \varepsilon_2 + \ldots + \varepsilon_{m_2})}{m_1 + m_2}.$$

Berechnet man die Werte der Klammern aus 1) und 2), so folgt:

4) $$x = \frac{m_1 x_1 + m_2 x_2}{m_1 + m_2}.$$

Statt m_1 und m_2 hätte man sofort cF_1 und cF_2 selbst als Punktzahlen wählen können, es ist also

5) $$x = \frac{x_1 F_1 + x_2 F_2}{F_1 + F_2}.$$

(In der Form

$$x(F_1 + F_2) = x_1 F_1 + x_2 F_2$$

bezeichnet man den Satz als den der statischen Momente, wobei $x_1 F_1$ und $x_2 F_2$ als die statischen Momente der Einzelgebilde, $x(F_1 + F_2)$ als das des Gesamtgebildes bezeichnet werden. Er lautet dann: Das statische Moment des Gesamtgebildes ist gleich der Summe der statischen Momente der Einzelgebilde. Für Linien in der Ebene ist ebenso $x(s_1 + s_2) = x_1 s_1 + x_2 s_2$, für Linien im Raume und für Flächen im Raume lautet er ebenso bezüglich der Abstände von beliebiger Ebene. Ebenso ist für Körper im Raume $x(J_1 + J_2) = x_1 J_1 + x_2 J_2$. — Der Satz kann auch als Hilfssatz aus der Mechanik herübergenommen werden, denn dort ist er allgemein bekannt.)

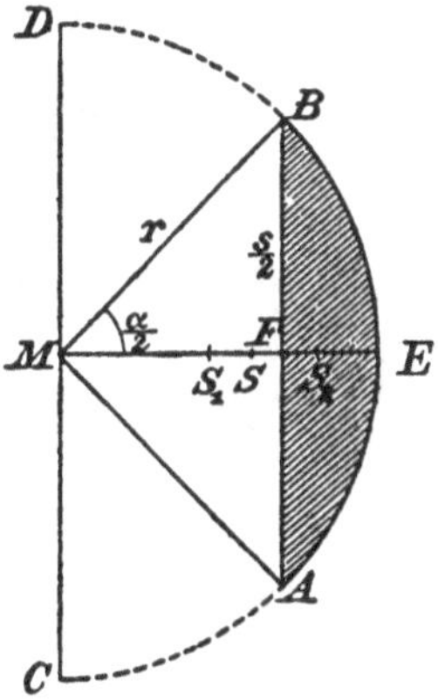

Fig. 9.

Die Anwendung auf die Fläche des Kreissegmentes geschieht folgendermaßen:

Sektor $MAEB = \triangle MAB +$ Segment ABE, oder $F = F_1 + F_2$. In Bezug auf den Durchmesser CD ist

$$x(F_1 + F_2) = x_1 F_1 + x_2 F_2,$$

folglich

$$x_2 = \frac{x(F_1 + F_2) - x_1 F_1}{F_2}.$$

Dabei ist

$$x = \frac{2s}{3\hat{a}}, \quad F_1 + F_2 = \frac{r^2 \hat{a}}{2}, \quad x_1 = \frac{2}{3} r \cos\frac{\hat{a}}{2},$$

$$F_1 = \frac{sr}{2}\cos\frac{\hat{a}}{2}, \quad F_2 = \frac{r^2}{2}(\hat{a} - \sin\hat{a}), \quad \frac{s}{2r} = \sin\frac{a}{2}.$$

Demnach wird

$$x_2 = \frac{\frac{2s}{3\hat{a}} \cdot \frac{r^2 \hat{a}}{2} - \frac{2}{3} r \cos\frac{\hat{a}}{2} \cdot \frac{sr\cos\frac{\hat{a}}{2}}{2}}{F_2}$$

$$= \frac{1}{3} \frac{r^2 s\left(1 - \cos^2\frac{\hat{a}}{2}\right)}{F_2} = \frac{1}{3} \frac{r^2 s \sin^2\frac{\hat{a}}{2}}{F_2}.$$

Setzt man für r^2 seinen Wert $\dfrac{s^2}{4\sin^2\dfrac{a}{2}}$ ein, so wird

$$x_2 = \frac{s^3}{12 F_2}.$$

Dafür kann man auch schreiben:

$$x_2 = \frac{2}{3}\,\frac{s\sin^2\dfrac{\hat{a}}{2}}{\hat{a} - \sin\hat{a}}.$$

Am Cylindersegment wird man bequemer von F aus messen. Der Abstand FS_2 ist

$$x_2' = \frac{s^3}{12 F_2} - \frac{s}{2\tan\dfrac{\hat{a}}{2}} = \frac{s}{2}\left[\frac{s^2}{6F_2} - \cot\frac{\hat{a}}{2}\right].$$

Bei praktischen Aufgaben wird man die leicht zu messenden Längen s und die Pfeilhöhe $FE = c$ zu Grunde legen. Aus $r^2 = \dfrac{s^2}{4} + (r - c)^2$ folgt dann:

$$r = \frac{s^2}{8c} + \frac{c}{2} = \frac{s^2 + 4c^2}{8c}.$$

(Alle diese Formeln sollen später noch in anderer Weise abgeleitet werden. Sie lassen sich aus der Mechanik und aus der Planimetrie entnehmen. Da aber besondere Vorkenntnisse nicht vorausgesetzt werden, mufsten diese planimetrischen Berechnungen schon jetzt stattfinden, um zahlreiche Anwendungen frühzeitig zu ermöglichen.)

II. Vermischte Übungsaufgaben über den Cylinder.

a) Gewichtsberechnungen.

68) Für den Cylinder ist das Gewicht $p = r^2\pi h p' = \dfrac{d^2}{4}\pi h p'$.

Die gufsstählerne Schraubenwelle eines Kriegsdampfers habe 500 mm Durchmesser und das spezifische Gewicht 7,8. Wie viel wiegt sie auf das laufende Meter?

$$p = \frac{\frac{1}{4}}{4}\pi \cdot 1 \cdot 7{,}8 = \sim \frac{3{,}14 \cdot 7{,}8}{16} = \sim 1{,}53 \text{ t oder } 1531 \text{ kg}.$$

69) Eiserner Telegraphendraht von 5 mm Durchmesser wiegt auf 100 m Länge (bei spezifiischem Gewicht 7,8) $\frac{25}{4}\pi \cdot 100 \cdot 1000 \cdot 7{,}8\ g = \sim 15{,}308$ kg. — Angenommen, er würde horizontal über einen 100 m breiten Fluſs geführt und so straff gespannt, daſs er sich an den Befestigungsstellen um 3 Grad senkte, wie stark müſste er dort gespannt sein?

Jede der tragenden Stangen trägt 7,65 kg. Dies ist die senkrechte Komponente der Zugbeanspruchung, letztere also ist gleich $\frac{7{,}65}{\sin 3^0} = 146{,}2$ kg, und dies giebt auf das Quadratmillimeter des Querschnitts die Zugspannung

$$s = \frac{146{,}17}{\frac{5^2}{4}\pi} = \sim 7{,}4 \text{ kg.}$$

Die Horizontalkomponente ist gleich $p = \frac{7{,}65}{\tan 3^0} = 145{,}97$ kg. Würde der Abstand bis zur nächsten Stange wieder 100 m betragen, die Leitung aber einen stumpfen Winkel a machen, dann würden die beiden Horizontalkräfte eine Resultante $2p \cos\frac{a}{2}$ geben, welche die Stange umstürzen will. Sind 40 Drähte vorhanden, so wird diese Kraft, deren Hebelarm fast gleich der Höhe der Stange ist, gleich $80p \cos\frac{a}{2}$ werden, so daſs eine Stützung stattfinden muſs.

70) Ein Mühl- oder Schleifstein habe die Radien $r = 0{,}5$ m, $\varrho = 0{,}1$ m und die Dicke 0,2 m. Wie viel wiegt er beim spezifischen Gewicht 2,5?

$$p = \pi(r^2 - \varrho^2)\, 2{,}5 \cdot 0{,}2 = \pi(0{,}25 - 0{,}01)\, 2{,}5 \cdot 0{,}2$$
$$= \sim 0{,}24 \cdot 2{,}5 \cdot 3{,}14 \cdot 0{,}2 = 0{,}3768 \text{ t} = 376{,}8 \text{ kg.}$$

71) Ein guſseiserner Schwungring habe (ohne Radarme, Nabe und Achse betrachtet) folgende Abmessungen: $r = 3$ m, $\varrho = 2{,}7$ m, $d = 0{,}3$ m. Was wiegt er beim spezifischen Gewicht 7,5? (Der Querschnitt als rechteckig vorausgesetzt.)

$$p = \pi(r^2 - \varrho^2)\, dp' = \pi(r + \varrho)\,(r - \varrho)\, dp'$$
$$= \sim 3{,}14 \cdot 5{,}7 \cdot 0{,}3 \cdot 0{,}3 \cdot 7{,}5 = \sim 12{,}08 \text{ t.}$$

Bemerkung. Hierher gehört auch die Berechnung massiver Säulen und Hohlsäulen, von Röhren aller Art, von Schachtringen usw.

72) Wo liegt der Schwerpunkt der durch einen Hauptschnitt begrenzten Hälfte des besprochenen Mühlsteines bezw. Schwungringes?

Auflösung. Die Entfernung vom Mittelpunkte wird bestimmt aus $x(F_1 - F_2) = x_1 F_1 - x_2 F_2$, also

$$x = \frac{xF_1 - x_2 F_2}{F_1 - F_2} = \frac{\frac{4r}{3\pi} \cdot r^2 \pi - \frac{4\varrho}{3\pi} \varrho^2 \pi}{\pi(r^2 - r_1^2)} = \frac{4}{3} \frac{r^3 - \varrho^3}{\pi(r^2 - \varrho^2)}.$$

Beim Mühlsteine ist

$$x = \sim \frac{4}{3} \frac{0{,}5^3 - 0{,}1^3}{0{,}5^2 - 0{,}1^2} \cdot \frac{1}{3{,}14} = \sim \frac{496}{2261} = \sim 0{,}219 \text{ m.}$$

Beim Schwungring wird

$$x = \frac{4}{3} \cdot \frac{3^3 - 2{,}7^3}{3^2 - 2{,}7^2} \cdot \frac{1}{4} = \sim \frac{4}{3} \cdot \frac{27 - 2{,}7^3}{5{,}7 \cdot 0{,}3} \cdot \frac{1}{3{,}14} = \sim 1{,}82 \text{ m.}$$

In diesem Schwerpunkte ist bei der Berechnung der Centrifugalkraft die Hälfte der Masse vereinigt zu denken.

β) Einige mechanische Aufgaben.

73) Wie grofs ist die Centrifugalkraft, die den besprochenen Mühlstein bezw. das Schwungrad bei 1, 2, 3, 4 ... sekundlichen Umdrehungen zerreifsen will?

1) Mühlstein: Die Formel für die Centrifugalkraft der Körperhälfte, die sich losreifsen will, ist: $k = mr_1 \vartheta^2 = \frac{p}{g} r_1 \vartheta^2$. Hier ist $p = \frac{1}{2}\, 0{,}3768 \text{ t} = 0{,}1884 \text{ t}$; $g = 9{,}81$ m*), d. h. die Schwerebeschleunigung; $r_1 = x = 0{,}219$ m, ϑ für eine sekundliche Umdrehung $= 2\pi$ (Winkelgeschwindigkeit), also:

*) Will man mit Tonnen rechnen, so ist die Fall-Beschleunigung $g = 9{,}81$ m zu setzen, überhaupt sind alle Mafse in Metern zu geben; bei Kilogrammen sind Decimeter zu wählen, z. B. $g = 98{,}1$; bei Grammen Centimeter, z. B. $g = 981$ usw. Auf diesen Punkt ist besonders aufmerksam zu machen, weil seine Nichtbeachtung erfahrungsgemäfs eine häufig auftretende Fehlerquelle ist.

$$k = \frac{0,1884}{9,81} \cdot 0,219 \cdot 4\pi^2 = \sim 0,166 \text{ t} = 166 \text{ kg};$$

bei 2 Touren: $4 \cdot 166 = 664$ kg,
bei 3 Touren: $9 \cdot 166 = 1494$ kg,
bei 4 Touren: $16 \cdot 166 = 2556$ kg usw.

Die wahrscheinliche Rifsfläche (Hauptschnitt) hat $(1 - 0,2) \cdot 0,2 = 0,16$ qm $= 1600$ qcm, also kommt bei der letztgenannten Geschwindigkeit auf jedes Quadratcentimeter im Mittel die Zugspannung $\frac{2556}{1600} = \sim 1,6$ kg.

2) Schwungring:

$$k = \frac{p}{g} r_1 \vartheta^2 = \frac{1}{2} 12,08 \cdot \frac{1}{9,81} \cdot 1,82 \cdot 4\pi^2 = \frac{6,04}{9,81} 1,82 \cdot 4\pi^2$$
$$= \sim 44,238 \text{ t oder } 44\,238 \text{ kg},$$

bei 2, 3, 4 Touren das 4-, 9-, 16fache. Die Rifsfläche ist hier ein Doppelrechteck mit den Seiten 0,3 und 0,3, also von der Fläche $0,09 \cdot 2 = 0,18$ qm oder 1800 qcm. Schon bei einer Tour kommt auf das Quadratcentimeter Rifsfläche im Mittel die Zugspannung $s = \frac{44\,238}{1800} = 24,57$ kg, auf das Quadratmillimeter $s_1 = 0,2457$ kg, bei 2 Touren das 4fache, also $4s_1 = 0,9828$, bei 4 Touren das 16fache oder 3,931 kg, und bei 5 Touren beginnt die Spannung schon bedenklich zu werden, da Gufseisen bei statischer Beanspruchung nur 7,5 kg, bei dynamischer noch weniger auf das Quadratmillimeter aushält.

Berechnet man bei solchen Aufgaben den Schwerpunkt und die Centrifugalkraft gleichzeitig, so hebt sich Einiges weg, wie man bei der folgenden schwierigeren Aufgabe sehen wird, bei der mit Decimetern und Kilogrammen gerechnet werden soll, dafs $g = 98,1$ zu setzen ist.

74) Eine Centrifuge habe die Gestalt eines auch oben geschlossenen Cylinders, der überall die Wandstärke $d = 0,2$ dcm habe. Der äufsere Radius sei $r = 4$ dcm, der innere also $\varrho = 3,8$ dcm, die innere Höhe $h = 6$ dcm, das spezifische Gewicht des Eisens $p' = 7,8$. Angenommen, das ganze Gefäfs würde mit Wasser gefüllt und in Drehung versetzt, wie grofs

würde die ganze auf seine Verbiegung und Zerreißung wirkende Centrifugalkraft werden, wenn n die Tourenzahl (für die Sekunde) ist?

Auflösung. Man hat zwei Metallplatten (mit r und d), einen eisernen Hohlcylinder (mit r und ϱ) und einen Wassercylinder mit ϱ und h; daher wird die Centrifugalkraft, die an der Hälfte des Ganzen wirkt:

$$k = 2\,\frac{r^2\pi d}{2\cdot 98{,}1}\,7{,}8\cdot\frac{4r}{3\pi}\,\vartheta^2 + \frac{(r^2-\varrho^2)\pi h}{2\cdot 98{,}1}\,7{,}8\cdot\frac{4}{3}\,\frac{r^3-\varrho^3}{\pi(r^2-\varrho^2)}\,\vartheta^2 + \frac{\varrho^2\pi h}{2\cdot 98{,}1}\,1\cdot\frac{4\varrho}{3\pi}\,\vartheta^2$$

oder, wenn man $\vartheta = 2n\pi$ setzt:

$$k = \frac{16n^2\pi^2}{3\cdot 98{,}1}\left[\left\{r^3 d + \frac{h}{2}(r^3-\varrho^3)\right\}7{,}8 + \frac{\varrho^3 h}{2}\right].$$

Einsetzung der Werte giebt:

$$k = n^2\,\frac{16\pi^2}{294{,}3}\,[\{64\cdot 0{,}2 + 3(64-3{,}8^3)\}\,7{,}8 + 3{,}8^3\cdot 3]$$

$$= n^2\,\frac{16\pi^2}{294{,}3}\,[313{,}44 + 164{,}62],$$

wo der erste Posten vom Metall, der zweite vom Wasser herrührt. Bei einer sekundlichen Umdrehung erhält man also:

$$k = \frac{16\pi^2}{294{,}3}\cdot 478{,}06 = \backsim 256{,}65 = \backsim 257 \text{ kg}.$$

Bei 10 sekundlichen Umdrehungen würde es sich schon um 25 700 kg Centrifugalkraft handeln. — (Umschließen die beiden Grundscheiben den Cylinder, so baucht sich das Gefäß, sobald der Mantel nachgiebt, in der Mitte aus, seine Höhe nimmt ab, zugleich wächst die Centrifugalkraft. Der Bruch erfolgt äquatorial. Praxis wählt andere Form.)

75) Ein cylindrischer Holzstamm vom Radius r schwimme (horizontal) im Wasser und tauche bis zur Tiefe h ein. Wie groß ist das spezifische Gewicht?

Auflösung. Der für das Segment maßgebende Centriwinkel α bestimmt sich aus $\cos\frac{\alpha}{2} = \frac{r-h}{r}$. Der Wasserkörper ist $W=\frac{r^2}{2}\left[\frac{a^0}{180^0}\pi-\sin a^0\right]l$, der Inhalt des Cylinders ist $J=r^2\pi l$. Das spezifische Gewicht wird

$$p'=\frac{W}{J}=\frac{\frac{r^2}{2}\left[\frac{a^0}{180^0}\pi-\sin a^0\right]l}{r^2\pi l}=\frac{a^0}{360^0}-\frac{1}{2\pi}\sin a^0,$$

wo sich a aus $\cos\frac{a}{2}=\frac{r-h}{r}$ bestimmt.

Für $a=\pi,\ \frac{\pi}{2},\ \frac{\pi}{3},\ \frac{\pi}{4},\ \frac{\pi}{5},\ \frac{\pi}{6},\ \frac{\pi}{8},\ \frac{\pi}{10}\ldots$ und für entsprechende halbe und doppelte Winkel ergeben sich einfache algebraische Formeln.

(Ist das spezifische Gewicht gegeben und wird nach der Tiefe des Eintauchens gefragt, so geht die Gleichung über in

$$p'=\frac{a-\sin a}{2\pi},$$

wo $\frac{a}{2}=\arccos\frac{r-x}{r}$, also

$$\sin a=2\sin\frac{a}{2}\cos\frac{a}{2}=2\sqrt{\frac{r^2-(r-x)^2}{r^2}}\cdot\frac{r-x}{r}$$
$$=\frac{2}{r^2}(r-x\sqrt{x(2r-x)}$$

ist. Die Gleichung wird schliefslich

$$\pi p'=\arccos\frac{r-x}{r}-\frac{1}{2}\sin\left(\arccos\frac{r-x}{r}\right),$$

oder

$$\arccos\frac{r-x}{r}-\frac{r-x}{r^2}\sqrt{x(2r-x)}=\pi p'.$$

Sie gehört also zu den transscendenten Gleichungen und kann hier nicht allgemein aufgelöst werden.)

76) Ein halbcylindrischer Trog aus Holz vom spezifischen Gewichte $p'=0{,}6$ habe den Radius r, die Länge l und überall dieselbe Wandstärke d. Wie grofs ist seine Tragfähigkeit, wenn er als Kahn dienen soll?

Auflösung. Der körperliche Inhalt des Trogs ist

$$\frac{\pi}{2}(r^2 - \varrho^2)l + 2\frac{\varrho^2}{2}\pi d,$$

das Gewicht also

$$\frac{\pi}{2}p'[r^2 l - (r - d)^2 (l - 2d)].$$

Die verdrängte Wassermasse darf höchstens vom Gewicht $\frac{r^2\pi}{2} l$ sein. Der Unterschied ergiebt die Tragfähigkeit

$$x = \frac{\pi}{2}[r^2 l - p'\{r^2 l - (r - d)^2 (l - 2d)\}].$$

(Statt des spezifischen Gewichts kann auch die Tiefe des Eintauchens gegeben sein. Das erstere läſst sich dann ebenso berechnen.)

77) Ein solcher Trog sei aus Eisen vom spezifischen Gewicht $p' = 7{,}5$ angefertigt. Wie stark darf das Eisen höchstens sein, wenn er schwimmen soll?

Auflösung. Die Wandstärke d ist zu berechnen aus

$$\frac{r^2\pi l}{2} = \frac{\pi}{2}p'[r^2 l - (r - d)^2 (l - 2d)],$$

oder

$$(r - d)^2 (l - 2d) = \frac{r^2 l}{p'}(p' - 1).$$

Die Gleichung ist in Bezug auf d vom dritten Grade und wird schlieſslich von der Form

$$x^3 - x^2\left(\frac{l}{2} + r\right) + xr(l + r) - \frac{r^2 l}{2p'} = 0.$$

78) Ein halbcylindrischer Baumstamm liege nach Art der Zeichnung schräg im Wasser. Mit welchem Momente will er sich aufrichten? (Fig. 10.)

Auflösung. $p = r^2\pi l p'$ ist sowohl das Gewicht des Baumstammes, als auch das des verdrängten Wassers. Ferner ist $SA = a = e \sin \alpha$, wo $e = MS$ ist. Das statische Moment des aufrichtenden Kräftepaares ist also

$$M = ap = e \sin a r^2 \pi l p' = \frac{4r}{3\pi} \sin a r^2 \pi l p' = \frac{4}{3} r^3 \sin a l p'.$$

Soll er in der augenblicklichen Lage verharren, so mufs durch Winddruck oder eine sonstige äussere Kraft ein gleich starkes Gegenmoment hervorgebracht werden. In ähnlicher Weise kann man bei Schiffen aus dem Winkel a auf das Moment des seitlichen Winddruckes schliefsen.

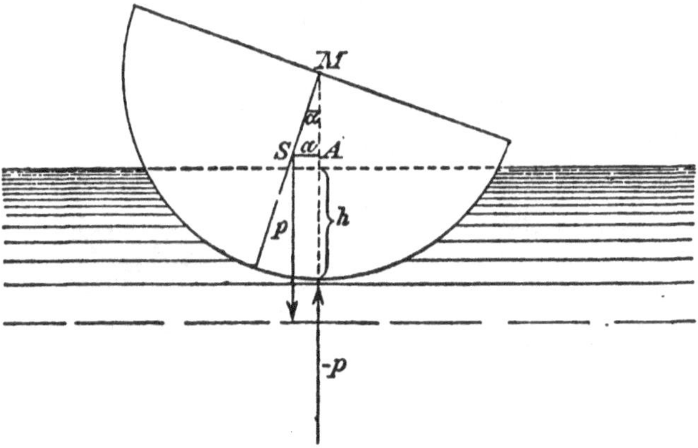

Fig. 10.

79) Ein halbcylindrischer Baumstamm liege nach Art von Fig. 11 im Wasser.*) Wo liegt der Schwerpunkt S_2 der verdrängten Wassermasse und wie grofs ist das umstürzende Moment?

Auflösung. Sind r, l, $AC = h$ und a gegeben, so kennt man

1) $$\cos\beta = \frac{r-h}{r},$$

das obere Segment

2) $$F_1 = \frac{r^2}{2}\left[\frac{2\beta^0}{180^0}\pi - \sin 2\beta\right]$$

und dessen Schwerpunktslage aus

*) In Fig. 11 ist der Schnittpunkt von AM mit der Wasserlinie mit C zu bezeichnen.

3) $$MS_1 = x_1 = \frac{s^3}{12 F_1},$$

wo

4) $$\frac{s}{2} = \sqrt{r^2 - (r-h)^2} = \sqrt{h(2r-h)}$$

ist. Die Lage von S ist durch

5) $$e = \frac{4r}{3\pi}$$

bekannt, also auch

6) $$b^2 = e^2 + x_1^2 - 2ex_1 \cos a.$$

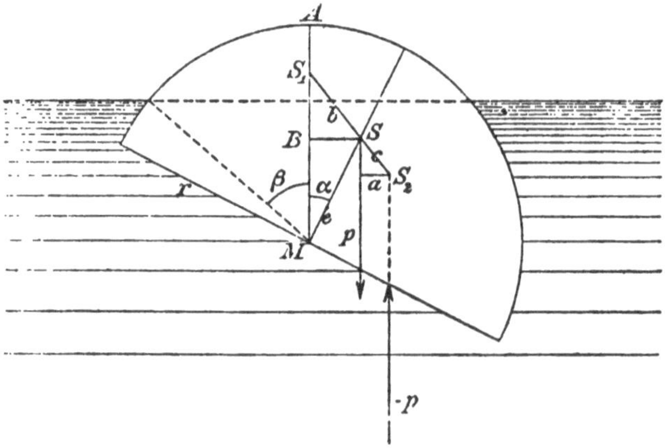

Fig. 11.

Das der verdrängten Wassermasse entsprechende „Segment“ ist $F_2 = F - F_1 = \frac{r^2\pi}{2} - F_1$. Das spezifische Gewicht also

7) $$p' = \frac{\frac{r^2\pi}{2} - \frac{r^2}{2}\left[\frac{2\beta^0}{180^0}\pi - \sin 2\beta\right]}{\frac{r^2\pi}{2}} = \frac{\pi - \left[\frac{2\beta^0}{180^0}\pi - \sin 2\beta\right]}{\pi}.$$

Da nach dem Gesetz der statischen Momente $bF_1 = cF_2$ ist, so folgt

8) $$SS_2 = c = \frac{F_1}{F_2} b.$$

Das aufrichtende Moment ist also

9) $$M = ap = pc \sin \gamma.$$

Hier ist γ der Winkel SS_1M, der sich aus

$$b : e = \sin \alpha : \sin \gamma$$

ergiebt.

γ) Aufgaben aus der Praxis.

80) Eine Schraubenmutter (Schmiedeeisen) sei ein sechsseitiges regelmäfsiges Prisma mit quadratischen Seitenflächen, die cylindrische Öffnung habe einen mittleren Durchmesser, dessen Länge gleich der der Kante ist. (Mittlerer Durchmesser wegen des eingeschnittenen Gewindes.) Wie viel wiegen 1000 Stück bei Kante $k = 2$ cm, spezifisches Gewicht $p' = 7{,}8$. Die Berechnung nur annäherungsweise verlangt.

81) Das Rad einer Atwoodschen Fallmaschine habe in Millimetern folgende Abmessungen: Radkranz hat die Radien $R = 52$, $R_1 = 47$ und die Dicke $D = 3{,}5$. Eingeschnitten ist ein Schnurlauf rechteckigen Profils von der Tiefe 2 und der Breite 1,5. Die Nabe sei ein Hohlcylinder von den Radien $r = 12{,}5$, $r_1 = 3{,}5$ und der Dicke 3,5. An ihr befindet sich auf der einen Seite noch eine Scheibe mit dem Radius $\varrho = 11$ und $\varrho_1 - 3{,}5$ und der Dicke 3. Die vier Radarme sind quadratische Prismen von der Grundkante 3,5. Das spezifische Gewicht der Masse sei 8,2. Wie viel wiegt das Rad? (Rund 84,5 g.)

82) Ein gufseisernes Walzwerkschwungrad habe in Millimetern folgende Abmessungen: Kranz: $R = 3650$, $R_1 = 3200$, Breite $b = 350$; Nabe, als Hohlcylinder betrachtet, $r = 500$, $r_1 = 220$, Breite $b_1 = 700$. Die sechs Radarme seien trapezische Prismen (Platten), deren frontale Grundlinien an der Nabe $a_1 = 450$, am Kranze $a = 400$ sind, deren konstante Dicke 300 beträgt. Das spezifische Gewicht sei 7,5. Wie viel wiegt das Rad? Wo liegt der Schwerpunkt der einen Hälfte, wenn sie durch einen Durchmesser, der zwischen zwei Armen liegt, symmetrisch abgetrennt wird? Wie grofs ist ihre Centrifugalkraft bei 1, 2, 3, 4 sekundlichen Umdrehungen? Wie grofs ist die dabei entstehende mittlere Zugspannung für den entsprechenden Querschnitt (2 Rechtecke am Radkranz, 2 an der Nabe), auf das Quadratmillimeter berechnet. Bei wieviel Touren wird die äufserste zulässige Zugspannung 7,5 erreicht?

83) Ein Tonnengewölbe (halbcylindrisch) habe die Radien $r = 2\,m$ und $r_1 = 1{,}8\,m$. Wie grofs ist der lichte Gewölberaum für das laufende Meter der Länge, wie grofs das Gewicht der darüber befindlichen Wölbung beim spezifischen Gewicht 2 des Mauerwerkes? Wie grofs ist die Leibungsfläche für das laufende Meter? (Vgl. § 124.)

84) Der lichte Durchmesser eines Hektolitergefäfses soll das vierfache von der lichten Höhe werden. Wie sind h und r zu wählen? $r^2\pi h = 4h^3\pi = 100$; $h = \sqrt[3]{\frac{25}{\pi}} = ?$ dcm. Allgemeiner (bei $2n$-fach) $h = \sqrt[3]{\frac{100}{n^2\pi}}$.

85) Ein Rohr vom inneren Radius ϱ und der Wandstärke d steht unter der inneren Druckspannung von $n = 400$ Atmosphären, die darauf hinwirkt, es im Hauptschnitt zu zerreifsen. Wie viel Zugspannung wirft sich auf jede Flächeneinheit der Rifsfläche?

In Bezug auf den Hauptschnitt kommt von jeder Druckspannung, die auf ein kleines Element, z. B. auf f qmm der Innenwand wirkt, nur die senkrecht gegen den Schnitt gerichtete Resultante zur Geltung, also $(p \cdot f) \cos \alpha$, wofür man schreiben kann $p(f \cos \alpha) = pf_1$, wo f_1 die Projektion des Flächenelementes auf den Hauptschnitt ist. Es ist also ebenso, als ob die Spannung p an der Projektion der Cylinderwand wirkte. Hat das Rohr den inneren Radius r cm, so ist die Projektion für jedes Centimeter der Länge gleich $2\varrho \cdot 1$ qcm, bei n Atmosphären also ist es, als ob gegen jede Hälfte der Druck $2\varrho \cdot 1 \cdot 1{,}0334 \cdot n$ kg wirkte, die Rifsfläche beträgt $2 \cdot d \cdot 1 = 2d$ qcm (zwei Rechtecke!) auf jedes Quadratcentimeter kommt also im Mittel die Zugspannung $\frac{2\varrho \cdot 1{,}0334 \cdot n}{2d}$ kg.

Ist z. B. $\varrho = 20$ cm, $d = 10$ cm, so wird die mittlere Zugspannung auf das Quadratcentimeter Rifsfläche

$$s = \frac{2 \cdot 20 \cdot 1{,}0334 \cdot 400}{2 \cdot 10} = 826{,}72 \text{ kg},$$

auf das Quadratmillimeter dagegen 8,267 kg (die Maximalspannung wird allerdings etwas stärker). Bei Gewehrläufen geht man bis zu 3000 Atmosphären Spannung, bei Kanonen nicht ganz so hoch. Je geringer das Kaliber, um so geringer darf die Wandstärke sein. (Druckspannungen von 400 Atmosphären kommen oft bei hydraulischen Pressen vor, geringere bei den Rohren von Schachtpumpwerken, bei Wasserleitungs- und Dampfrohren, auch bei Dampfkesseln.)

86) Die cylindrische Marmorsäule eines Monumentes soll aufgerichtet werden. Wie viel Arbeit ist theoretisch dazu nötig? Wie grofs ist das Stabilitätsmoment der stehenden Säule? Angenommen, sie würde vom Winde umgestürzt, wie viel Arbeit würde der Winddruck dabei geleistet haben?

1) Die übliche praktische Auflösung. Das Gewicht ist $p = r^2 \pi h p'$, die Höhe, um welche der Schwerpunkt zu heben ist, beträgt $\frac{h}{2}$, die Arbeit (bei der der Weg gleichgültig ist) ist also $A = r^2 \pi h p' \frac{h}{2} = \frac{\pi}{2} r^2 h^2 p'$ Metertonnen, wenn alles in Metern gegeben war.

2) Genauere Auflösung. Liegt die Säule zunächst horizontal, so hat der Schwerpunkt bereits die Höhe r. Gehoben mufs er werden bis zur Höhe $\frac{d}{2}$, worauf die Senkung bis $\frac{h}{2}$ eintritt. Die Hebungsarbeit ist also

$$\frac{d-2r}{2} p = \frac{d-2r}{2} r^2 \pi h p'.$$

(Dabei ist d die Diagonale des Hauptschnitts.)

Das Stabilitätsmoment in Bezug auf eine Tangente des Grundkreises ist, da diese von der Richtungslinie der Schwerkraft die Entfernung r hat, $M = r^2 \pi h p' r = \pi r^3 h p'$. Sie kann also ein Winddruckmoment $M_1 = p_1 \frac{h}{2} = M$, also einen gleichmäfsig über die ganze Höhe verbreiteten Winddruck $p_1 = \frac{2M}{h}$ aushalten.

Soll die Säule umstürzen, so mufs der Winddruck mindestens diesen Betrag haben. Ist α der Winkel zwischen

Diagonale und Höhe der Säule, so mufs der Schwerpunkt um $\frac{h}{2\cos\alpha} - \frac{h}{2} = \frac{h}{2}\left(\frac{1}{\cos\alpha} - 1\right)$ gehoben werden, damit die Diagonale senkrecht stehe. Die dazu nötige Arbeit ist

$$\frac{r^2\pi h^2}{2}\left(\frac{1}{\cos\alpha} - 1\right)p'.$$

Beispiel. $r = 0{,}4$ m, $h = 10$ m, $p' = 2{,}6$.

Bemerkung. Man bilde Beispiele für gufseiserne Hohlsäulen und für Fabrikschornsteine, die vorläufig als Hohlcylinder betrachtet werden mögen.

87) Ein Schmiedeeisenblock habe die Kanten a, b und c. Seine Gestalt sei die eines Rechteckskörpers. Daraus soll ein Gebilde geschmiedet werden, welches aus einem Würfel, einer achtkantigen regelmäfsigen Säule und einem Cylinder besteht, deren Höhen sich verhalten wie $1 : 2 : 3$. Der kleinere Durchmesser des Achtecks soll das $\frac{2}{3}$fache der Würfelkante sein, der des Cylinders die Hälfte der letzteren. Wie fallen die Höhen aus, und wie verhalten sich die Gewichte der einzelnen Teile?

Die Gleichung wird

$$x^3 + 8\left(\frac{1}{3}x \operatorname{tang}\frac{\pi}{8}\right)\frac{x}{3}\,2x + \frac{1}{4}\left(\frac{x}{2}\right)^2\pi \cdot 3x = abc$$

oder

$$x^3\left[1 + \frac{16}{9}\tan\frac{\pi}{8} + \frac{3\pi}{16}\right] = abc,$$

woraus für den kleinsten Teil selbst folgt

$$x = \sqrt[3]{\frac{144abc}{144 + 256\tan\frac{\pi}{8} + 27\pi}}.$$

Die anderen Fragen sind leicht zu beantworten.

δ) Zusammengesetzte stereometrische Übungsaufgaben, zum Teil nur mit Andeutungen.

88) In eine Kugel vom Radius r einen Cylinder von gegebener Oberfläche O einzubeschreiben.

Auflösung: Radius des Cylinders sei x, Höhe sei y, dann ist

1) $$4x^2 + y^2 = 4r^2,$$

2) $$2x^2\pi + 2x\pi y = O$$

oder

$$x^2 + xy = \frac{O}{2\pi}.$$

Berechnung von y aus 2) und Einsetzung in 1) giebt die Gleichung

$$4x^2 + \left(\frac{\frac{O}{2\pi} - x^2}{x}\right)^2 = 4r^2$$

oder

$$x^4 - \frac{x^2(O + 4r^2\pi)}{5\pi} = -\frac{O^2}{20\pi^2}.$$

Daraus folgt

$$x^2 = \frac{1}{10\pi}[(O + 4r^2\pi) \pm \sqrt{(O + 4r^2\pi)^2 - 5O^2}]$$

$$= \frac{1}{10\pi}[O + 4r^2\pi \pm 2\sqrt{4r^4\pi^2 + 2Or^2\pi - O^2}].$$

Damit x^2 nicht imaginär werde, darf O den aus

$$O^2 - 2Or^2\pi = 4r^4\pi^2$$

folgenden Höchstwert $O_m = r^2\pi(1 + \sqrt{5})$ nicht übersteigen. Bei diesem wird

$$x_m^2 = r^2\,\frac{5 + \sqrt{5}}{10}, \quad y_m^2 = 4(r^2 - x^2) = 4r^2\,\frac{5 - \sqrt{5}}{10}$$

(also ist die Neigung der Diagonale zu berechnen aus

$$\tan a = \frac{y}{2x} = \sqrt{2\,\frac{5 - \sqrt{5}}{5 + \sqrt{5}}}$$

oder aus

$$\sin a = \frac{y}{2r} = \sqrt{\frac{5 - \sqrt{5}}{10}}).$$

Für $x = 0$ wird nach 1) $y = 2r$, dazu gehört $O = 0$.

Für $y = 0$ wird nach 1) $x = r$, dazu gehört $O = 2r^2\pi$, d. h. die doppelte Grundfläche.

Liegt O zwischen 0 und $2r^2\pi$, so ist stets eine Lösung möglich, liegt es zwischen $2r^2\pi$ und $r^2\pi(1+\sqrt{5})$, so sind zwei Lösungen möglich.

89) Dieselbe Aufgabe für die Halbkugel.

Auflösung:

$$x^2+y^2=r^2 \quad \text{und} \quad x^2+xy=\frac{O}{2\pi}$$

führen auf

$$x^4-x^2\frac{O+r^2\pi}{2\pi}=-\frac{O^2}{8\pi^2}$$

und

$$x^2=\frac{1}{4\pi}[O+r^2\pi\pm\sqrt{r^4\pi^2+2Or^2\pi-O^2}].$$

Die Determination entspricht der vorigen.

Bemerkung: Dieselben Aufgaben für den Fall, daſs der Inhalt vorgeschrieben ist, führen auf Gleichungen vom dritten Grade. Bei der Kugel führen

$$4x^2+y^2=4r^2 \quad \text{und} \quad x^2\pi y=J$$

auf

$$x^6-r^2x^4=-\frac{J}{4\pi^2}$$

oder auf

$$y^3-4r^2y=-\frac{4J}{\pi}.$$

Bei der Halbkugel erhält man aus

$$x^2+y^2=r^2 \quad \text{und} \quad x^2\pi y=J$$

die Gleichung

$$x^6-r^2x^4=-\frac{J}{\pi^2},$$

oder auf

$$y^3-r^2y=-\frac{J}{\pi}.$$

90) Ähnliche Aufgaben sind folgende:

Einer Kugel einen Cylinder einzubeschreiben, dessen Mantel den gegebenen Wert M hat. — Dieselbe Aufgabe für die Halbkugel.

Einer Kugel einen Cylinder einzubeschreiben, dessen Mantel das n-fache der Grundfläche ist. — Dasselbe für die Halbkugel.

In eine Halbkugel (oder Kugel) den Cylinder gröfster Mantelfläche einzubeschreiben. (Es wird

$$x = r\sqrt{\frac{1}{2}}, \quad y = r\sqrt{\frac{1}{2}},$$

also der Durchmesser doppelt so grofs, als die Höhe. — Bei der Kugel erhält der Cylinder quadratischen Hauptschnitt.)

In eine Halbkugel den Cylinder gröfsten Inhalts einzutragen. Die Aufgabe ist schon beim n-seitigen Prisma gelöst und führt auf $y = r\sqrt{\frac{1}{3}}$ und Radius $x = r\sqrt{\frac{2}{3}}$; für die Kugel handelt es sich um den Cylinder quadratischen Querschnitts.

Eine andere Gruppe von Aufgaben ergiebt sich aus den folgenden Beispielen.

91) Einem Würfel ist ein Cylinder umbeschrieben, ein anderer einbeschrieben. Die Inhaltsdifferenz der Cylinder ist gleich D. Wie grofs ist die Würfelkante?

Auflösung: Ist die Würfelkante gleich x, so ist

$$r = x\sqrt{\frac{1}{2}}, \quad \varrho = \frac{x}{2}, \quad h = x,$$

also

$$D = r^2\pi h - \varrho^2\pi h = \pi h(r^2 - \varrho^2) = \pi x\left(\frac{x^2}{2} - \frac{x^2}{4}\right) = \frac{\pi x^3}{4}.$$

Demnach ist

$$x = \sqrt[3]{\frac{4D}{\pi}}.$$

Beispiel: Für $D = 200$ ist $a = 6{,}3384$.

92) Handelt es sich statt des Würfels um ein regelmäfsiges n-seitiges Prisma mit quadratischen Seitenflächen, so wird, wenn die Kante gleich x gesetzt wird,

$$r = \frac{x}{2\sin\frac{\pi}{n}}, \quad \varrho = \frac{x}{2\tan\frac{\pi}{n}}, \quad h = x,$$

also

$$D = \pi x \left(\frac{x^2}{4 \sin^2 \frac{\pi}{n}} - \frac{x^2}{4 \tan^2 \frac{\pi}{n}} \right) = \frac{\pi x^3}{4} \left(\frac{1}{\sin^2 \frac{\pi}{n}} - \frac{\cos^2 \frac{\pi}{n}}{\sin^2 \frac{\pi}{n}} \right)$$

$$= \frac{\pi x^3}{4} \frac{1 - \cos^2 \frac{\pi}{n}}{\sin^2 \frac{\pi}{n}} = \frac{\pi x^3}{4},$$

also wiederum

$$x = \sqrt[3]{\frac{4D}{\pi}}.$$

Dies ist unabhängig von n, das Resultat ist also stets dasselbe. Dies hat seinen Grund darin, dafs der Unterschied der Flächen des Um- und Inkreises für alle regelmäfsigen n-Ecke gleich grofs ist, sobald die Kanten der n-Ecke gleiche Länge haben.

93) Handelt es sich um ein regelmäfsiges n-Eck von gegebener Höhe h, so wird für die Grundkante auf demselben Wege gefunden: $x = \sqrt[3]{\frac{4D}{\pi h}}$, so dafs für gleiches D und gleiches h bei jedem n-seitigen Prisma dieselbe Kante gefunden wird.

94) Einem Würfel sei ein Cylinder umbeschrieben und ein solcher einbeschrieben; die Oberflächendifferenz der Cylinder sei D. Wie grofs ist die Würfelkante?

Auflösung: Es wird

$$D = (2r^2\pi + 2r\pi h) - (2\varrho^2\pi + 2\varrho\pi h)$$

$$= 2\pi [r^2 + rh - \varrho^2 - \varrho h]$$

$$= 2\pi \left[\frac{x^2}{2} + \frac{x^2}{\sqrt{2}} - \frac{x^2}{4} - \frac{x^2}{2}\right]$$

$$= \pi x^2 \left[\sqrt{2} - \frac{1}{2}\right] = \frac{\pi}{2} x^2 [2\sqrt{2} - 1].$$

Es folgt

$$x = \sqrt{\frac{2D}{\pi [2\sqrt{2} - 1]}} = \sqrt{\frac{4\sqrt{2} + 2}{7\pi} D}.$$

Beispiel: Ist $D = 200$, so folgt $x = 8{,}3448$.

95) Dieselbe Aufgabe für das regelmäſsige n-seitige Prisma mit quadratischen Seitenflächen.

$$D = 2\pi[r^2 + rh - \varrho^2 - \varrho h]$$

$$= 2\pi\left[\frac{x^2}{4\sin^2\frac{\pi}{n}} + \frac{x^2}{2\sin\frac{\pi}{n}} - \frac{x^2}{4\tan^2\frac{\pi}{n}} - \frac{x^2}{2\tan\frac{\pi}{n}}\right]$$

$$= \frac{2x^2\pi}{4\sin^2\frac{\pi}{n}}\left[1 + 2\sin\frac{\pi}{n} - 2\cos^2\frac{\pi}{n} - \cos\frac{\pi}{n}\sin\frac{\pi}{n}\right]$$

$$= \frac{x^2\pi}{2\sin^2\frac{\pi}{n}}\left[\sin^2\frac{\pi}{n} + 2\sin\frac{\pi}{n}\left(1 - \cos\frac{\pi}{n}\right)\right]$$

$$= \frac{x^2\pi}{2\sin\frac{\pi}{n}}\left[\sin\frac{\pi}{n} + 2\left(1 - \cos\frac{\pi}{n}\right)\right].$$

Es wird also

$$x = \sqrt{\frac{2D\sin\frac{\pi}{n}}{\pi\left[\sin\frac{\pi}{n} + 2\left(1 - \cos\frac{\pi}{n}\right)\right]}}.$$

96) Bemerkung. Das Wesentliche bei diesen Aufgaben über den Cylinder gehört in den Bereich der Planimetrie. Man kann auch einem Cylinder von gegebener Höhe ein regelmäſsiges Prisma um- und einbeschreiben und aus dem Unterschiede der Kantensummen, oder der Mäntel, oder der Oberflächen, oder der Inhalte auf den Radius des Cylinders usw. schliessen.

Auch über gesetzmäſsig gebildete Reihen von Cylindern lassen sich Übungsaufgaben aufstellen, von denen einige angedeutet werden sollen.

97) Ein gleichschenkliges Dreieck habe die Grundlinie a und die Höhe h; ihm läſst sich eine Reihe von Berührungskreisen einbeschreiben, deren Mittelpunkte auf h liegen. Diese Reihe soll bis zu unendlicher Kleinheit der Kreise fortgesetzt werden.

Aus jedem dieser Kreise soll ein Cylinder von quadratischem Hauptschnitt gebildet werden.*) Wie grofs ist die Summe der Mantelflächen, Oberflächen und Inhalte dieser Cylinder und wie hoch ist die aus ihnen zu errichtende Stufenpyramide?

Auflösung: Für das Dreieck ist

$$\varrho = \frac{ah}{u} = \frac{ah}{a + \sqrt{a^2 + 4h^2}}.$$

Der nächste Berührungskreis gehört einem Dreieck von der Höhe

$$h - 2\varrho = h - \frac{2ah}{a + \sqrt{a^2 + 4h^2}} = h\frac{\sqrt{a^2 + 4h^2} - a}{\sqrt{a^2 + 4h^2} + a} = h \cdot B$$

an. Die Reihe der Radien wird also mit Hilfe des Faktors B die folgende:

$$\varrho,\ \varrho B,\ \varrho B^2,\ \varrho B^3,\ \ldots$$

Die Reihe der Mantelflächen

$$M,\ MB^2,\ MB^4,\ MB^6,\ \ldots,$$

die der Oberflächen

$$O,\ OB^2,\ OB^4,\ OB^6,\ \ldots,$$

die der Inhalte

$$J,\ JB^3,\ JB^6,\ JB^9,\ \ldots$$

Die Reihe der Höhen η erhält man durch Multiplikation mit 2 aus der der Radien.

Die Summe der Mantelflächen wird

$$M(1 + B^2 + B^4 + \ldots) = \frac{M}{1 - B^2} = \frac{2\varrho\pi\eta}{1 - B^2} = 4\varrho^2\pi\frac{1}{1 - B^2},$$

oder

$$\sum M = 4\pi\frac{a^2h^2}{\left(a + \sqrt{a^2 + 4h^2}\right)^2} \cdot \frac{1}{1 - \left(\frac{\sqrt{a^2 + 4h^2} - a}{\sqrt{a^2 + 4h^2} + a}\right)^2}$$

$$= \frac{4\pi a^2h^2}{4a\sqrt{a^2 + 4h^2}} = \frac{\pi a h^2}{\sqrt{a^2 + 4h^2}}.$$

---

*) Ist ϱ_n der Radius des Kreises, so ist über ihm ein Cylinder von der Höhe $2\varrho_n$ zu errichten.

Die Summe der Oberflächen:

$$\sum O = \frac{O}{1-B^2} = \frac{6\varrho^2\pi}{1-B^2} = \frac{3}{2}\,\frac{\pi a h^2}{\sqrt{a^2+4h^2}}.$$

Die Summe der Inhalte wird

$$\sum J = \frac{J}{1-B^3} = \frac{2\varrho^3\pi}{1-B^3}$$

$$= 2\pi\,\frac{a^3h^3}{\left(a+\sqrt{a^2+4h^2}\right)^3}\,\frac{1}{1-\left(\frac{\sqrt{a^2+4h^2}-a}{\sqrt{a^2+4h^2}+a}\right)^3}$$

$$= \frac{2\pi a^3 h^3}{(\sqrt{a^2+4h^2}+a)^3-(\sqrt{a^2+4h^2}-a)^3}$$

$$= \frac{\pi a^2 h^3}{4(a^2+3h^2)}.$$

Die Höhe der Stufenpyramide ist gleich der Summe der Durchmesser, d. h. gleich der Höhe h des Dreiecks.

Bemerkungen. Ist das Dreieck ein gleichseitiges, so vereinfachen sich die Formeln, da

$$h = \frac{a}{2}\sqrt{3}$$

wird. Man erhält

$$\sum M = \frac{3}{8}\,a^2\pi,\quad \sum O = \frac{9}{16}\,a^2\pi,\quad \sum J = \frac{3\pi}{104}\,a^3\sqrt{3}.$$

Sollen alle Cylinder dieselbe Höhe h_1 haben, so wird die Summe der Grundflächen mafsgebend, also

$$\frac{\pi a h^2}{4\sqrt{a^2+4h^2}},$$

beim gleichseitigen Dreieck

$$\frac{3a^2\pi}{32}.$$

Sollen bei letzterem auch nach den anderen Ecken hin Kreise gelegt werden, so handelt es sich um

$$\frac{9a^2\pi}{32} - 2\varrho^2\pi \quad \text{oder} \quad \frac{11a^2\pi}{96}.$$

Die Summe der Inhalte ist jedesmal das h_1-fache.

D. Allgemeine Prismen und Cylinder und ihre Abschrägungen.

I. Senkrechte Prismen und Cylinder von beliebiger Grundfläche.

Auch hierbei sind die Aufgaben im wesentlichen planimetrisch zu lösen und sind von geringerem praktischen Werte. Daher sollen nur einige angedeutet werden. Das Wort „senkrecht" soll im Texte nicht wiederholt werden.

98) Der Inhalt ist (nach Bd. I, § 210) $J = Gh$, der „Mantel" $M = uh$, wo u den Umfang der Grundfläche bedeutet. Die Oberfläche ist $O = 2G + M$. Durch Verbindung der Schwerpunkte der Grundflächen erhält man die Schwerlinie des Körpers. Verbindet man die Schwerpunkte der Umrisse beider Grundflächen, so erhält man die Schwerlinie des Mantels. Die Schwerpunkte S und S_1 liegen in den Halbierungspunkten der Schwerlinien. Auch nach dem Schwerpunkte der gesamten Oberfläche kann gefragt werden. Um ihn zu finden, ziehe man SS_1 und teile die Linie im umgekehrten Verhältnis von O und M. Wird nach dem Schwerpunkte sämtlicher Kanten gefragt, so verbinde man die Schwerpunkte der Eckpunkte beider Grundflächen und ziehe vom Halbierungspunkte S_2 der Verbindungslinie aus eine Gerade nach S_1. Die letztere Linie ist im umgekehrten Verhältnis von $2u$ und s_1 zu teilen, wo s_1 die Summe der Seitenkanten ist. Ist die Grundfläche einem Kreise umbeschrieben, so ist

$$G = \frac{u}{2}\varrho, \quad M = uh, \quad O = u(\varrho + h), \quad J = \frac{\varrho u}{2} h = M\frac{\varrho}{2}.$$

99) Ein dreiseitiges Prisma habe die Grundkanten a, b, c und die Höhe h; Inhalt, Mantel, Oberfläche und die Lage der Schwerpunkte S, S_1, S_2 sollen bestimmt werden. Auch Radius, Inhalt und Oberfläche des ein- und des umbeschriebenen Cylinders sollen bestimmt werden. Endlich wird nach dem Stabilitätsmomente des aufrechtstehenden Prismas in Bezug auf jede der Grundkanten gefragt.

Auflösung. Man bilde $s = \frac{a + b + c}{2}$, dann ist die Grundfläche

$$G = \sqrt{s(s-a)(s-b)(s-c)},$$

der Inhalt also

$$J = h\sqrt{s(s-a)(s-b)(s-c)}.$$

Der Mantel ist

$$M = (a+b+c)h = 2sh,$$

die Oberfläche also

$$O = M + 2G = 2sh + 2\sqrt{s(s-a)(s-b)(s-c)}.$$

Der Schwerpunkt der Grundfläche liegt im Schnittpunkt der Mittellinien t_a, t_b, t_c des Dreiecks und schneidet von jeder den dritten Teil ab. Es ist z. B.

$$t_a = \frac{1}{2}\sqrt{2b^2 + 2c^2 - a^2}.$$

Dadurch ist die Lage des Körperschwerpunktes S bestimmt, der in der Höhe $\frac{h}{2}$ über jenem liegt.

Der Schwerpunkt des Dreiecksumfanges wird folgendermaſsen gefunden. Man bilde das Dreieck der Halbierungspunkte der Seiten a, b, c und bestimme für dieses Dreieck den Mittelpunkt und den Radius ϱ_1 des einbeschriebenen Kreises. Setzt man

$$s_1 = \frac{\frac{a}{2} + \frac{b}{2} + \frac{c}{2}}{2} = \frac{a+b+c}{4},$$

so ergiebt sich

$$\varrho_1 = \sqrt{\frac{1}{s_1}\left(s_1 - \frac{a}{2}\right)\left(s_1 - \frac{b}{2}\right)\left(s_1 - \frac{c}{2}\right)}.$$

Dies ist die Entfernung des gesuchten Punktes von jeder Seite des Hilfsdreiecks. Der Mantelschwerpunkt S_1 liegt senkrecht darüber in der Höhe $\frac{h}{2}$.

Der Schwerpunkt S_3 der Seitenkanten fällt beim dreiseitigen Prisma mit S zusammen (bei andern nur in besonderen Fällen).

Der Schwerpunkt der Oberfläche S_0 teilt die Gerade SS_1 im umgekehrten Verhältnis von $2G$ und M. Die Länge SS_1 ist im Hilfsdreieck mit Hilfe der von S_1 und S auf eine der Seiten gefällten Lote zu berechnen. Das eine ist ϱ_1 und hat von dem Eckpunkte A_1 die Entfernung $e_1 = s_1 - \frac{a}{2}$. Das andere bestimmt sich aus $h_s = \frac{2}{3} t_a' \sin\xi$, wo $t_a' = \frac{t_a}{2}$ ist, der Winkel ξ aber bestimmt sich z. B. aus

$$\cos\xi = \frac{\frac{c^2}{4} + \frac{t_a^2}{4} - \frac{a^2}{4}}{2\frac{c}{2}\frac{t_a}{2}} = \frac{c^2 + t_a^2 - a^2}{2c_a t_a}.$$

Daraus ist die Entfernung bequem zu berechnen, also auch S_0 leicht zu bestimmen. — Auch die letzte Schwerpunkts- und die Momentenberechnung sei dem Leser überlassen.

Der Radius ϱ des einbeschriebenen Kreises ist schon bestimmt. Der des umbeschriebenen ergiebt sich als

$$r = \frac{abc}{4G}.$$

100) Aufgabe. Einem Cylinder vom Radius ϱ sei ein n-seitiges Prisma umbeschrieben, von dessen Grundkanten nur die Summe $u = (a + b + c + d \ldots)$ gegeben ist; die Höhe sei h. G, M, O, J zu berechnen.

Auflösung.

$$G = \frac{u\varrho}{2},\ M = uh,\ O = u(\varrho + h),\ J = \frac{\varrho u}{2} h = \frac{\varrho}{2} M.$$

101) Ein elliptischer Cylinder habe die elliptischen Halbachsen a und b und die Höhe h. Wie grofs ist der Inhalt?

Auflösung. $J = ab\pi h$.

Bemerkung. Der Mantel kann nur mit Hilfe höherer Mathematik genau berechnet werden, weil dies mit dem Umfange der Ellipse der Fall ist.

102) Die Grundfläche eines Cylinders sei durch einen parabolischen Bogen und eine Normale zur Achse der Parabel begrenzt; die letztere habe die Länge b, die Symmetrielinie der Grundfläche die Länge l; Inhalt, gekrümmte Mantelfläche und Oberfläche des Cylinders sollen für die Höhe h berechnet werden.

Auflösung. Die Planimetrie zeigt elementar, daſs $G = \frac{2}{3} bl$ ist, daher folgt $J = \frac{2}{3} blh$. Zur Berechnung des parabolischen Bogens bilde man die Hilfsgröſse

$$p = \frac{\left(\frac{b}{2}\right)}{2\,l^2} = \frac{b}{4l^2}$$

(Parameter), dann wird die eine Bogenhälfte

$$\frac{\mathfrak{s}}{2} = \frac{1}{2}\left[\frac{b}{2p}\sqrt{p^2 + \frac{b^2}{4}} + p \cdot \overset{\bullet}{\lg} \frac{\frac{b}{2} + \sqrt{p^2 + \frac{b^2}{4}}}{p}\right],$$

der ganze Bogen also

$$\mathfrak{s} = \frac{b}{4p}\sqrt{b^2 + 4p^2} + p \lg \frac{b + \sqrt{b^2 + 4p^2}}{2p}.$$

(Die elementare Herleitung findet man z. B. auf der Schluſsseite von Bd. III des vom Verfasser herausgegebenen Methodischen Lehrbuchs der Elementarmathematik.)

Der gekrümmte Teil des Mantels ist also $M = \mathfrak{s}h$, die Oberfläche

$$O = \frac{4}{3} bl + bh + \mathfrak{s}h.$$

103) Die Grundfläche eines Cylinders sei durch eine gleichseitige Hyperbel und durch eine Normale zur Achse begrenzt. Der Scheitelpunkt der Hyperbel habe vom Mittelpunkt der Kurve die Entfernung 1, die Normale die Entfernung c (> 1 und in demselben Sinne gemessen), die Cylinderhöhe sei h. Der Inhalt des Körpers soll berechnet werden.

Auflösung. Die Planimetrie zeigt elementar, daſs die Grundfläche

$$G = c\sqrt{c^2 - 1} - \overset{\bullet}{\lg}(c + \sqrt{c^2 - 1})$$

ist. (Die halbe Begrenzungssehne ergiebt sich als $\frac{g}{2} = \sqrt{c^2 - 1}$.) Der Inhalt des Körpers wird $J = Gh$.

Bemerkung. Die elementare Entwickelung findet man z. B. in des Verfassers Methodischem Lehrbuch, Bd. III, Seite 41 (§ 60).

Ist statt der Scheitelentfernung 1 die Entfernung a_1 gegeben, und die Entfernung der Sehne vom Mittelpunkte gleich c_1, so wird die Grundfläche

$$G_1 = c_1\sqrt{c_1^2 - a_1^2} - a_1^2 \lg\frac{c_1 + \sqrt{c_1^2 + a_1^2}}{a_1},$$

und dabei ist die halbe Sehne $\frac{g_1}{2} = \sqrt{c_1^2 - a_1^2}$. Die Pfeilhöhe des Bogens wird $d_1 = c_1 - a_1$. Ist nun der Körper gegeben, so kann man an ihm g_1 und d_1 messen und a_1 und c_1 aus den Gleichungen

$$\frac{g_1^2}{4} = c_1^2 - a_1^2 = (c_1 + a_1)(c_1 - a_1)$$

und

$$d_1 = c_1 - a_1$$

bestimmen. Durch Division erhält man

$$\frac{g_1^2}{4d_1} = c_1 + a_1$$

und nun durch Addition und Subtraktion

$$2c_1 = \frac{g_1^2}{4d_1} + d_1 = \frac{g_1^2 + 4d_1^2}{4d_1}$$

$$2a_1 = \frac{g_1^2}{4d_1} - d_1 = \frac{g_1^2 - 4d_1^2}{4d_1}.$$

Die Werte $c_1 = \frac{g_1^2 + 4d_1^2}{8d_1}$ und $a_1 = \frac{g_1^2 - 4d_1^2}{8d_1}$ sind nun in die Flächengleichung einzusetzen.

104) Ein dreiseitiges Prisma habe das spezifische Gewicht $p' = \frac{3}{4}$ und die Grundkanten 3, 4, 5 und eine Höhe $l = 10$. Es werde mit horizontalem l so ins Wasser gelegt, daſs die Kanten 5 ganz auſserhalb, die Kanten 3 ganz innerhalb des Wassers liegen, während die Kanten 4 dem spezifischen Gewicht entsprechend eintauchen. Es soll untersucht werden, ob der Körper in dieser Lage im Gleichgewicht oder ob ein Kräftepaar vorhanden ist, wel-

ches ihn in Drehung versetzt. Im letzteren Falle soll das Moment pe des Kräftepaars bestimmt werden.

Zur Auflösung: Durch den Schwerpunkt der richtig gelagerten Dreiecksfläche lege man die senkrechte Schwerkraft p, durch den Schwerpunkt der verdrängten Wassermasse den entgegengesetzt gerichteten Auftrieb $-p$. Die Entfernung e der beiden Kräfte ist zu berechnen und das Moment M zu bilden.

II. Schiefe und abgeschrägte Prismen und Cylinder.

105) Der Übergang vom senkrechten Prisma zum schiefen kann folgendermaßen geschehen: Man führe im ersteren irgend einen Schrägschnitt, der sämtliche Seiten trifft und setze den einen der abgeschnittenen Teile mit der ursprünglichen Grundfläche so auf die des andern, daß ein Prisma mit schrägen Parallelflächen entsteht. So ist in Fig. 12 der obere Teil $A_1 B_1 C_1 A_2 B_2 C_2$ in die Lage $ABCA_3 B_3 C_3$ gebracht. — Umgekehrt kann man ebenso vom schiefen Prisma zum senkrechten übergehen. Sind dabei die Kanten nicht lang genug, um einen Normalschnitt zu ermöglichen, der sämtliche trifft, so denke man sich das Prisma auf das n-fache verlängert und betrachte nach der Erledigung den n^{ten} Teil des neuen Körpers.

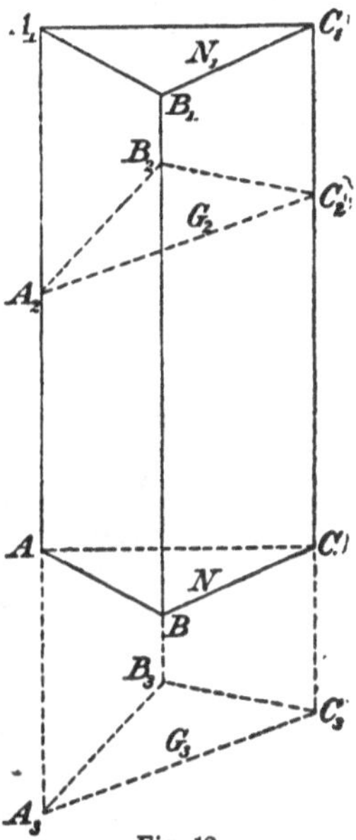

Fig. 12.

106) Daraus folgt für den Inhalt jedes schiefen Prismas die Formel:

1) $$J = Nl,$$

wo l die Länge der Seitenkanten, N die Fläche ihres Normalschnitts ist.

Betrachtet man die schräge Grundfläche G als horizontal und bezeichnet man die zugehörige Höhe mit h, so ist nach Bd. I, § 209 der Inhalt des schiefen Prismas auch

2) $$J = Gh.$$

Aus beiden Formeln folgt $Gh = Nl$ oder

3) $$N = G\frac{h}{l} = G\cos\alpha = G\sin\beta,$$

wobei α der Winkel zwischen l und h, β der Neigungswinkel von l gegen die Grundfläche G ist. Der Normalschnitt ist gegen die Grundfläche ebenso geneigt, wie l gegen die Höhe h. Er ist die Orthogonalprojektion der letzteren.

107) Schwerlinien. Da bei dieser Projektion die Halbierungspunkte einander entsprechender Kanten zusammengehören, so sind, wenn G dreieckig ist, die Mittellinien von N die Projektionen der Mittellinien von G, ihr Durchschnitt also die Projektion des Durchschnitts der letzteren, d. h. der Schwerpunkt s_n des Normalschnitts ist die Projektion des Schwerpunkts s_g der Grundfläche. Folglich:

Sämtliche Schnittflächen des unbegrenzten dreiseitigen Prismas haben ihre Schwerpunkte in derselben Schwerlinie.

Ist das Prisma ein vierseitiges von willkürlich gestalteter Form (das überschlagene Viereck sei dabei ausgeschlossen), so läſst es sich in zwei dreiseitige zerlegen, von denen dasselbe gilt. Aus den Schwerpunkten der beiden Dreiecke der Grundfläche findet man den Schwerpunkt des Vierecks z. B. dadurch, daſs man die Verbindungslinie jener Schwerpunkte im umgekehrten Verhältnis der Dreiecksflächen teilt. Das Teilungsverhältnis ist im Normalschnitt dasselbe. Folglich ist auch beim vierseitigen Prisma der Schwerpunkt des Normalschnitts die Projektion des Schwerpunktes der Grundfläche. So kann man fortfahren bis zum n-Eck und zu krummlinig begrenzten Flächen. Folglich gilt der Satz:

Beliebig gerichtete Schnitte jedes Prismas (oder Cylinders), welche alle Seitenkanten treffen, haben ihre Schwerpunkte in derselben Schwerlinie (Schwerpunktsachse).

108) Man vergleiche damit die Entwickelungen von §§ 49 und 50 von Bd. I, wo ganz allgemein der Satz ausgesprochen war, daſs der Schwerpunkt eines homogenen Punktsystems senkrecht über dem Schwerpunkte der senkrechten Projektion des Punktsystems liegt, und daſs er der Punkt mittleren Abstandes von der Projektionsebene ist.

Dies läſst sich für homogene Ebenen einfach in folgender Form aussprechen:

Jede homogene ebene Fläche hat ihren Schwerpunkt senkrecht über dem Schwerpunkte der orthogonalen Projektion.

(Dies läſst sich auch auf die schräge Parallelprojektion übertragen, d. h. der durch den Schwerpunkt der Ebene gehende Parallelstrahl geht auch durch den Schwerpunkt der Schrägprojektion.)

109) Projiziert man aber eine homogene gekrümmte Fläche auf eine Ebene, so geht die homogene Punktverteilung nicht in eine homogene über. Der Schwerpunkt der nicht homogenen Projektionsfläche fällt im allgemeinen nicht mit dem der homogenen projizierten zusammen, also gilt der Satz für krumme Flächen nicht allgemein, auch nicht für Systeme ebener Flächen.

Ebensowenig gilt der Satz allgemein von der Umrandung einer ebenen Fläche. Während nämlich alle Elemente f einer ebenen Fläche in der Projektion Elementen $f \cos \alpha$ entsprechen, wo α überall derselbe Neigungswinkel ist, erhalten die verschieden gerichteten Linienelemente der Umrandung verschiedene Neigungswinkel. Die Projektion der homogenen Umrandung wird also nur innerhalb jeder Geraden homogen, nicht aber im ganzen Verlaufe. Also:

Die senkrechte Projektion einer ebenen Umrandung hat ihren Schwerpunkt im allgemeinen nicht senkrecht unter dem der Umrandung.

Für jede Schar paralleler Schnitte eines unbegrenzten Cylinders oder Prismas geben die einzelnen Umrandungen im allgemeinen eine besondere Schwerlinie. Nur in besonderen Fällen (z. B. Symmetrie und Regelmäſsigkeit) gleichen sich die Unterschiede so aus, daſs der vorige Satz richtig bleibt.

Aus dem in den §§ 105 bis 109 Gesagten lassen sich verschiedene Sätze ableiten.

110) Wird ein senkrechtes Prisma schräg abgeschnitten, so ist der Inhalt des abgeschnittenen Teils gleich dem Produkte aus dem Normalschnitt (Grundfläche) und der die Schwerpunkte beider Grundflächen verbindenden Achse.

Beweis. Man denke sich die Grundfläche (den Normalschnitt) in lauter gleich grofse Flächenelemente eingeteilt und über jedem Elemente ein Prisma errichtet, dessen Höhe z. B. die gröfste der zugehörigen Höhen des kleinen Körpers ist. (Dabei entsteht oben nicht eine ebene, sondern eine treppenförmige Begrenzung, und die Inhaltssumme der Prismen wird z. B. gröfser als der Inhalt des Körpers. Läfst man aber die Elemente der Grundfläche unendlich klein werden, so verschwindet dieser Unterschied in ähnlicher Weise, wie bei dem in Bd. I, § 230 besprochenen Pyramidenproblem.) Die Inhaltssumme der Prismen wird:

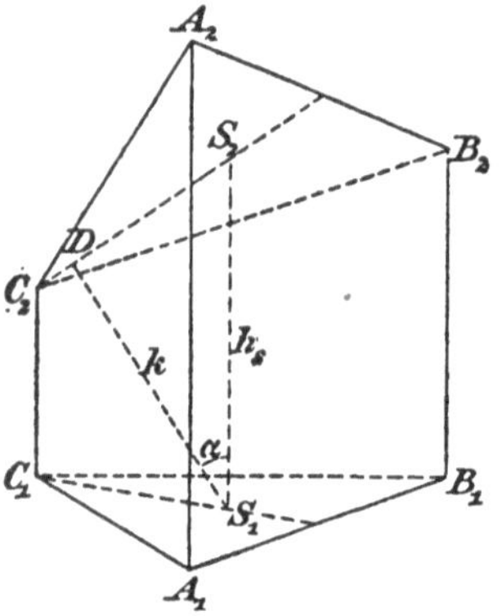

Fig. 13.

$$J = f_1 h_1 + f_2 h_2 + \ldots + f_n h_n = f(h_1 + h_2 + \ldots, + h_n)$$

$$= nf \frac{h_1 + h_2 + \ldots + h_n}{n} = G_1 \frac{h_1 + h_2 + \ldots + h_n}{n},$$

also gleich dem Produkte aus G und der mittleren Höhe. Diese mittlere Höhe ist aber die Gerade h_s, die die Schwerpunkte S_1 und S_2 der beiden Grundflächen verbindet; also ist

$$J = G_1 h_s.$$

Dasselbe gilt vom schräg abgeschnittenen Cylinder mit beliebiger Grundfläche.

Ist $h_s = o$, so ist $J = o$. Legt man also durch den Schwerpunkt des obigen Schrägschnittes einen Normalschnitt, so bleibt der Inhalt des Prismas ungeändert.

111) Man projiziere S_1 auf die obere Fläche, dann wird $S_1 D = h_s \cos a = k$. Gleichzeitig ist $G_2 = \frac{G_1}{\cos a}$, denn die beiden Grundflächen bilden denselben Winkel miteinander, wie ihre Normalen k und h_s. Demnach ist $G_2 k = G_1 h_s$. Folglich:

Wird ein schiefes Prisma (oder Cylinder) normal abgeschnitten, so ist der Inhalt gleich dem Produkte aus der Grundfläche und dem Abstande des Schwerpunkts des Normalschnitts von der Grundfläche. Er ist aber auch gleich dem Produkte aus Normalschnitt und Schwerpunktsachse.

Bemerkung: Beim dreiseitigen Prisma ist

$$h_s = \frac{h_1 + h_2 + h_3}{3},$$

wo h_1, h_2, h_3 die drei Seitenkanten sind.

112) Wird das Prisma oder der Cylinder beiderseits schräg abgeschnitten, so ist der Inhalt gleich dem Produkte aus Normalschnitt und Schwerpunktsachse und auch gleich dem Produkte aus einer der Grundflächen multipliziert mit dem Schwerpunktsabstande der andern Grundfläche von ihr; also:

$$J = Nl_s = G_1 k_1 = G_2 k_2.$$

Der Beweis ergiebt sich aus der Betrachtung der beiden einzelnen Teile, die durch einen Normalschnitt entstehen. Besonders einfach wird er, wenn man durch den Schwerpunkt des einen Schrägschnitts einen Normalschnitt legt, der nach Obigem den Inhalt nicht ändert.

113) Wird ein senkrechtes Prisma (oder Cylinder) schräg abgeschnitten, so ist der stehenbleibende Mantel gleich dem Produkte aus dem Umfange u der Grundfläche (Normalschnitt) und der zu dessen Schwerpunkte gehörigen Höhe; also $M = uh_\sigma$.

Beweis. Man teile die Umrandung der Grundfläche in lauter gleiche Linienelemente ein und denke sich über jedem Teilchen ein im Mantel liegendes Rechteck errichtet, dessen Höhe z. B. gleich der gröfseren der beiden zugehörigen Höhen sei. Bei unendlicher Kleinheit der Elemente ist die Inhaltssumme der Rechtecke wiederum gleich dem Flächeninhalte des Mantels. Also ist (für die Grenze):

$$M = l_1 h_1 + l_2 h_2 + \ldots + l_n h_n = l(h_1 + h_2 + \ldots + h_n)$$

$$= nl\frac{h_1 + h_2 + \ldots + h_n}{n} = u\frac{h_1 + h_2 + \ldots + h_n}{n}.$$

Nun ist aber der Schwerpunkt von u der Punkt mittleren Schrägabstandes von der schrägen Schnittfläche. Ist dieser Abstand h_σ, so ist also $M = uh_\sigma$.

Bemerkung. Bei dieser Betrachtung haben sämtliche Rechtecke dieselbe Breite l. Würde man dagegen den Rand der Schrägfläche in gleiche Teile zerlegen und nun mit Hilfe von Parallelen zu den prismatischen Kanten Parallelogramme bilden, so würden diese gruppenweise verschiedene Normalbreiten l_1, l_2 ... erhalten. Die obige Betrachtungsweise würde also unbrauchbar werden. Noch einmal sei darauf hingewiesen, dafs h_σ im allgemeinen nicht durch den Schwerpunkt der Umrandung des Schrägschnittes geht. Über den Mantel lassen sich daher nicht ähnlich, wie über den Inhalt mehrfache Berechnungsformeln aufstellen. Um Zweifel zu vermeiden, ist es daher vorzuziehen, überall nur von Normalschnitten zu reden.*)

114) Ist das Prisma oder der Cylinder beiderseits schräg abgeschnitten, so ist die Mantelfläche $M = ul_\sigma$, wo u die Umrandung eines Normalschnitts, l_σ die zu dessen Schwerpunkte gehörige Körperlänge ist.

Der Beweis wird wiederum an den beiden durch den Normalschnitt entstehenden Teilen geliefert.

115) Sind die Grundflächen eines schrägen Prismas oder Cylinders parallel, so liegt der Schwerpunkt des Körpers im Halbierungspunkte der Schwerlinie, welche die Schwerpunkte der Grundflächen verbindet.

Projiziert man den Schwerpunkt auf beide Grundflächen, so können die Projektionen beide innerhalb der Grundflächen, oder beide aufserhalb liegen, jedoch ist auch der Fall möglich, dafs die eine Projektion innerhalb, die andere aufserhalb fällt. Der Körper kann also entweder auf beiden Grundflächen frei stehen, oder er kann es auf beiden nicht, oder er kann es wohl auf der einen, aber nicht auf der anderen. Die Möglichkeit des dritten Falles erkennt man leicht am Beispiele eines Prismas, dessen Grundflächen gleichschenklige Dreiecke sind, in deren Höhe die Projektion der durch die Spitze gehenden Seitenkante fällt. (Ein sym-

---

*) Ein vielverbreitetes Lehrbuch und eine Aufgabensammlung haben die angedeuteten Fehler nicht vermieden, worauf Steiner, Zehme und andere hingewiesen haben.

metrisches Verhalten beider Grundflächen gegen den Körper findet also im allgemeinen nicht statt.)

116) Mit dem Mantel des schrägen Prismas findet diese Einfachheit nicht statt. Der Schwerpunkt des Mantels liegt im allgemeinen nicht in der Linie, welche die Schwerpunkte der Umrandungen der Grundflächen verbindet. Die Seitenflächen verhalten sich nämlich nicht wie die Grundlinien, sondern wie die Seiten eines beliebigen Normalschnitts. In Fig. 14 sind zwei Nachbarflächen eines solchen Prismas dargestellt, die nicht in senkrechten Ebenen liegen sollen.

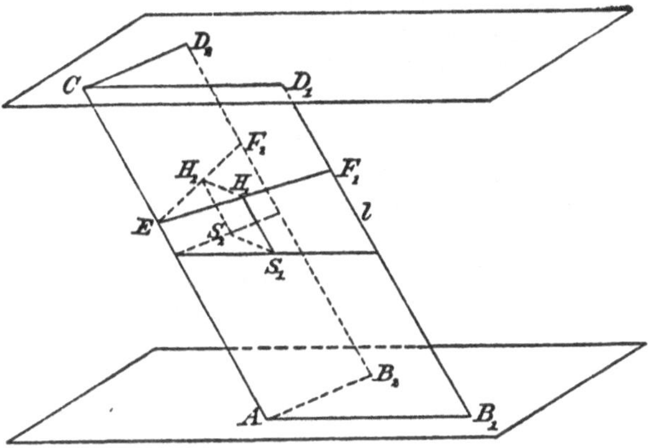

Fig. 14.

Sind S_1 und S_2 die Schwerpunkte der beiden Flächen, so ist $S_1 S_2$ im umgekehrten Verhältnis der Flächen, also auch im umgekehrten Verhältnis der Linien EF_1 und EF_2 eines Normalschnitts zu teilen. Sind ferner H_1 und H_2 die Halbierungspunkte der Linien eines solchen, so findet man den Schwerpunkt dieser Linien, wenn man $H_1 H_2$ in demselben Verhältnis teilt. Legt man durch den so gefundenen Schwerpunkt von EF_1 und EF_2 eine Parallele zur Seitenkante l, so geht diese Parallele durch den Schwerpunkt der beiden Flächen. Dasselbe gilt für je zwei andere Nachbarflächen.

Daraus folgt: Der Schwerpunkt des Mantels eines schrägen Prismas oder Cylinders liegt in den Parallelen zu den Seitenkanten, die durch den Schwerpunkt der Umrandung eines Normalschnitts geht. Die Parallele wird durch ihn halbiert.

Nur in besondereren Fällen fällt diese Parallele mit der Geraden zusammen, welche die Schwerpunkte der Grundflächenumrandungen verbindet.

117) Bemerkung. Die Schwerpunkte für Prismen und Prismenmäntel, deren Grundflächen nicht parallel sind, sollen erst später bestimmt werden. —

Die Berechnung der bei Prismen auftretenden Winkel kann zum Teil erst gegeben werden, nachdem die Formeln zur Berechnung dreikantiger Ecken entwickelt sind. Aufgaben, die der Formel $J = Gh$ entsprechen, sind so einfach, daſs sie nicht besonders erwähnt werden sollen.

III. Übungsaufgaben über allgemeine Prismen und Cylinder und ihre Abschrägungen.

118) Die Grundfläche eines senkrechten dreiseitigen Prismas habe die Seiten a_1, a_2, a_3; es werde abgeschrägt durch einen Schnitt, der die Höhen h_1, h_2, h_3. giebt. Der Körper soll berechnet werden.

Auflösung. Grundfläche:

$$G = \frac{1}{4}\sqrt{(a_1+a_2+a_3)(-a_1+a_2+a_3)(a_1-a_2+a_3)(a_1+a_2-a_3)},$$

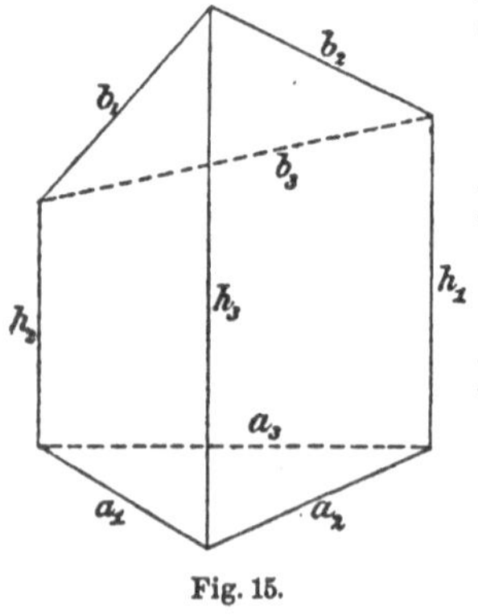

Fig. 15.

Höhe über dem Schwerpunkte der Grundfläche:

$$h_s = \frac{h_1 + h_2 + h_3}{3},$$

Inhalt des Körpers:

$$J = G\frac{h_1 + h_2 + h_3}{3},$$

Mantel:

$$M = a_1\frac{h_2 + h_3}{2} + a_2\frac{h_3 + h_1}{2} + a_3\frac{h_1 + h_2}{2}.$$

Er ist auch gleich $uh_\sigma = (a_1 + a_2 + a_3)h_\sigma$, folglich ist die

Höhe über dem Schwerpunkt der Umrandung der Grundfläche:

$$h_\sigma = \frac{a_1(h_2+h_3)+a_2(h_3+h_1)+a_3(h_1+h_2)}{2(a_1+a_2+a_3)}.$$

Die Seiten des Schrägschnittes bestimmen sich als

$$b_1 = \sqrt{a_1^2+(h_2-h_3)^2}, \quad b_2 = \sqrt{a_2^2+(h_3-h_1)^2},$$
$$b_3 = \sqrt{a_3^2+(h_1-h_2)^2}.$$

Die Schrägfläche ist

$$F = \frac{1}{4}\sqrt{(b_1+b_2+b_3)(-b_1+b_2+b_3)(b_1-b_2+b_3)(b_1+b_2-b_3)}.$$

Die Neigung der Schrägfläche bestimmt sich aus $\cos\alpha = \frac{G}{F}$.

Weitere Fragen haben nur planimetrisches Interesse, z. B. die Berechnung der Lage der Schnittlinien beider Ebenen, die mit Hilfe der Schnittpunkte von a_1 und b_1 bezw. a_2 und b_2 zu bestimmen ist.

119) Ein Rechteckskörper mit den Grundlinien a und b werde so abgeschrägt, daſs die Höhen h_1, h_2, h_3 entstehen, von denen h_1 und h_2 der einen Grundlinie a, h_2 und h_3 der einen Grundlinie b angehören. Die Höhe h_4 soll bestimmt und der Körper berechnet werden.

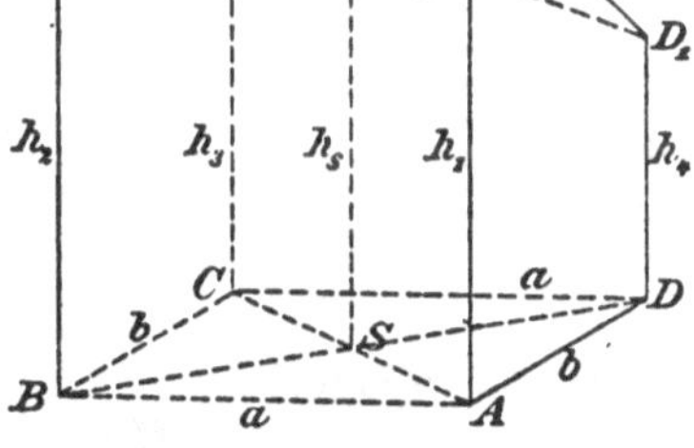

Fig. 16.

Auflösung. Die Schrägfläche $A_1B_1C_1D_1$ wird ein Parallelogramm, folglich wird $h_1 - h_4 = h_2 - h_3$ oder

$$h_4 = h_1 - h_2 + h_3.$$

Ferner ist $h_s = \frac{h_1+h_3}{2}$, und ebenso groſs ist h_σ.

Der Inhalt ist

$$J = abh_s = ab\frac{h_1+h_3}{2},$$

die Mantelfläche:

$$M = 2(a+b)h_\sigma = (a+b)(h_1+h_3).$$

Für die Schrägfläche ist

$$b_1 = \sqrt{a^2 + (h_2 - h_1)^2}, \quad b_2 = \sqrt{b^2 + (h_2 - h_3)^2},$$

die Diagonale

$$d_1 = \sqrt{a^2 + b^2 + (h_1 - h_3)^2},$$

also

$$F = \frac{1}{2}\sqrt{(b_1 + b_2 + d_1)(-b_1 + b_2 + d_1)(b_1 - b_2 + d_1)(b_1 + b_2 - d_1)}.$$

Die Neigung der Schrägfläche gegen die Grundfläche bestimmt sich aus $\cos\alpha = \frac{G}{F}$. Auch die Lage der Schnittlinie beider Ebenen ist leicht zu berechnen.

120) Über einem Halbkreise stehe ein (verallgemeinerter) Cylinderhuf von der Höhe $AB = h$, dessen Schrägfläche durch den Durchmesser $2r$ gelegt ist. Der Körper soll berechnet werden.

Auflösung.

$$CS = \frac{4r}{3\pi} \text{ (vgl. § 66)}, \quad h_s : h = CS : r,$$

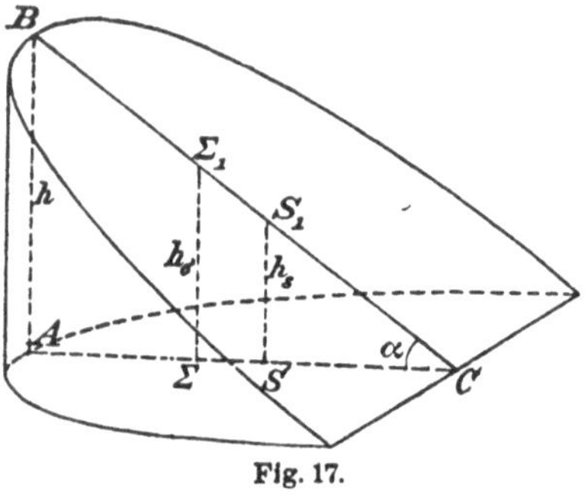

Fig. 17.

folglich

$$h_s = \frac{h \cdot CS}{r} = \frac{4h}{3\pi},$$

folglich Inhalt:

$$J = \frac{r^2\pi}{2} \cdot h_s = \frac{2r^2h}{3}.$$

$$C\Sigma = \frac{2r}{\pi},$$

folglich

$$h_\sigma = \frac{h \cdot C\Sigma}{r} = \frac{2h}{\pi},$$

demnach Mantel:

$$M = r\pi h_\sigma = 2rh,$$

Schrägfläche:

$$F = \frac{G}{\cos\alpha} = \frac{r^2\pi}{2} \cdot \frac{\sqrt{r^2 + h^2}}{r} = \frac{r\pi}{2}\sqrt{r^2 + h^2}.$$

Der elliptische Bogen ist nur mit höheren Hilfsmitteln genau zu berechnen. Ist im besonderen Falle $h = r$, so wird $J = \frac{2}{3} r^3$, $M = 2r^2$, $F = r^2 \pi \sqrt{\frac{1}{2}}$. Die Abwickelung von M giebt als Fläche der entsprechenden Sinuskurve $F = 2r^2$, also für $r = 1$, $F = 2$. (Anwendung auf einander normal durchdringende Kreiscylinder von gleichen Durchmessern, auf Rohrleitungen, die einen rechtwinkligen Knick machen und auf die unten zu besprechenden Gewölbe.)

Bemerkung. Demnach ist ein entsprechend abgeschrägter senkrechter Cylinder mit Halbkreis als Grundfläche ebenfalls leicht zu berechnen. Hier soll aber sofort die allgemeine Abschrägung behandelt werden.

121) Über einem Halbkreise vom Radius r stehe ein senkrechter Halbcylinder. Dieser sei unsymmetrisch abgeschrägt, so daſs zu den Endpunkten des Durchmessers AB die Höhen h_1 und h_2, zu dem Endpunkte des normalen Halbmessers MC die Höhe h_3 gehören. Der Körper soll berechnet werden.

Auflösung. Zunächst ist $MM_1 = h_m = \frac{h_1 + h_2}{2}$. Im Trapez MCC_1M_1 denke man sich durch den senkrecht über dem Schwerpunkte S der Grundfläche liegenden Punkt S_1 eine Parallele zu MC gelegt, dann wird, wenn man $MS = \frac{4r}{3\pi} = e$ setzt,

$$(h_m - h_s) : (h_s - h_3) = e : (r - e),$$

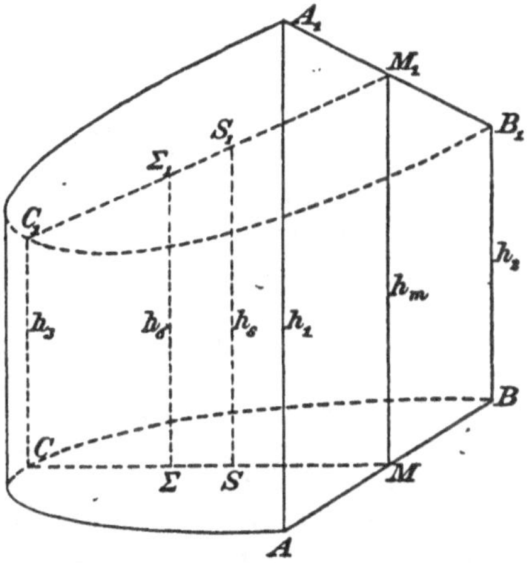

Fig. 18.

also

$$h_s = \frac{h_m(r - e) + h_3 e}{r} = \frac{\frac{h_1 + h_2}{2}\left(r - \frac{4r}{3\pi}\right) + h_3 \frac{4r}{3\pi}}{r}$$

$$= \frac{(h_1 + h_2)(3\pi - 4) + 8h_3}{6\pi}.$$

Daraus folgt der Inhalt:

$$J = \frac{r^2 \pi}{2} h_s = \frac{r^2}{12} [(h_1 + h_2)(3\pi - 4) + 8h_3].$$

Ebenso berechnet sich für den gekrümmten Teil M des Mantels die Höhe h_σ als

$$h_\sigma = \frac{h_m(r - e_1) + h_3 e_1}{r} = \frac{\frac{h_1 + h_2}{2}\left(r - \frac{2r}{\pi}\right) + h_3 \frac{2r}{\pi}}{r}$$

$$= \frac{(h_1 + h_2)(\pi - 2) + 4h_3}{2\pi},$$

also

$$M_1 = r\pi h_\sigma = \frac{r}{2} [(h_1 + h_2)(\pi - 2) + 4h_3].$$

Der ebene Teil des Mantels wird

$$M_2 = 2rh_m = r(h_1 + h_2).$$

Die Summe der Seitenflächen wird

$$M = M_1 + M_2 = \frac{r}{2} [(h_1 + h_2)\pi + 4h_3].$$

(Diese konnte auch mit Hilfe des Schwerpunktes der Umrandung $r(\pi + 2)$ der Grundfläche gefunden werden. Die zu diesem gehörige Höhe h'_σ folgt aus $uh'_\sigma = M$ als

$$h'_\sigma = \frac{M}{u} = \frac{(h_1 + h_2)\pi + 4h_3}{2(\pi + 2)}.)$$

Um die Schrägfläche zu berechnen, denke man sich in der Grundfläche mit Hilfe von AB und der Tangenten in A, B und C ein Rechteck gezeichnet, in der Schrägebene mit Hilfe von A_1B_1 und der Tangenten in A_2B_1 und C_1 das zugehörige Parallelogramm. So entsteht ein unsymmetrisch abgeschrägter Rechteckskörper, dessen Höhen der Reihe nach sind:

h_1, h_2,

$$h_4 = h_3 - (h_m - h_2) = h_3 - \left(\frac{h_1 + h_2}{2} - h_2\right) = \frac{2h_3 - h_1 + h_2}{2},$$

$$h_5 = \frac{2h_3 + h_1 - h_2}{2}.$$

Die zu h_1 und h_4 gehörige Diagonale der Schrägfläche wird

$$d_1 = \sqrt{(2r^2 + r^2) + (h_1 - h_4)^2}$$

oder

$$d_1 = \sqrt{3r^2 + \left(\frac{3h_1 - 2h_3 - h_2}{2}\right)^2}.$$

Die Parallelogrammfläche ergiebt sich als

$$F_1 = \frac{1}{2}\sqrt{(b_1 + b_2 + d_1)(-b_1 + b_2 + d_1)(b_1 - b_2 + d_1)(b_1 + b_2 - d_1)},$$

wo $b_1 = \sqrt{(h_1 - h_2)^2 + 4r^2}$, $b_2 = \sqrt{\left(\frac{h_1 + h_2 - 2h_3}{2}\right)^2 + r_2}$ ist.

Die Fläche der Halbellipse ist $F = \frac{\pi}{4} F_1$.

Die Neigung der Schrägfläche bestimmt sich aus

$$\cos a = \frac{2r^2}{F_1} = \frac{\pi r^2}{2F}.$$

Das Einsetzen der gegebenen Werte in die Schlufsformeln macht diese so kompliziert, dafs es bequemer ist, mit den entwickelten Hilfswerten zu rechnen.

122) Über einer Ellipse mit den Halbachsen a und b stehe ein schräger Cylinder von der Höhe h und der Achsenneigung a, die sich aus $\sin a = \frac{b}{a}$ bestimmen soll. Die Projektion der Achse soll in die Richtung von a fallen. Der Körper soll berechnet werden.

Auflösung. Inhalt:

$$J = Gh = ab\pi(l \sin a) = ab\pi l \frac{b}{a} = b^2\pi l = Nl.$$

Der Normalschnitt N ist also ein Kreis, so dafs es sich um den parallelflächig abgeschrägten gewöhnlichen Kreiscylinder handelt. Daraus folgt für den Mantel:

$$M = 2b\pi h_a = 2b\pi l = 2b\pi \frac{h}{\sin a} = 2b\pi h \cdot \frac{a}{b} = 2a\pi h.$$

Die gesamte Oberfläche wird:

$$O = 2b\pi l + 2ab\pi = 2b\pi(l + a) = 2b\pi\left(h\frac{a}{b} + a\right) = 2a\pi(h + b).$$

123) Bemerkung. Die Abwickelung der Mantelfläche giebt eine Fläche, die von zwei Parallelen von der Länge $l = h\frac{a}{b}$ (und vom gegenseitigen Abstande $2b\pi$) und von zwei Sinoiden begrenzt ist. Diese Kurven gehen im Falle $\frac{b}{a} = \sqrt{\frac{1}{2}}$ in Sinuskurven über. Die Sinuskurve ist in Fig. 150 von Bd. I gezeichnet. Verkürzt man dort alle Lote in konstantem Verhältnis, so entstehen Sinoiden an Stelle der Sinuskurven.

In ähnlicher Weise sind Aufgaben über schräge Prismen zu behandeln, deren Normalschnitt ein regelmäfsiges n-Eck ist.

IV. Anwendungen auf Tonnengewölbe und die daraus abzuleitenden Kreuzgewölbe.

124) Das cylindrische Tonnengewölbe hat als Leibungsfläche den Mantel $r\pi b$ oder $\frac{d}{2}\pi b$, wenn $d = 2r$ die Spannweite, b die Länge der Widerlagslinien AA_1 und BB_1 und der Scheitellinie CC_1 ist. Jede der beiden Stirnflächen hat $F = \frac{r^2\pi}{2}$. Gesamte Oberfläche $O = \pi rb + r^2\pi$. Gewölberaum $J = \frac{r^2\pi b}{2}$.

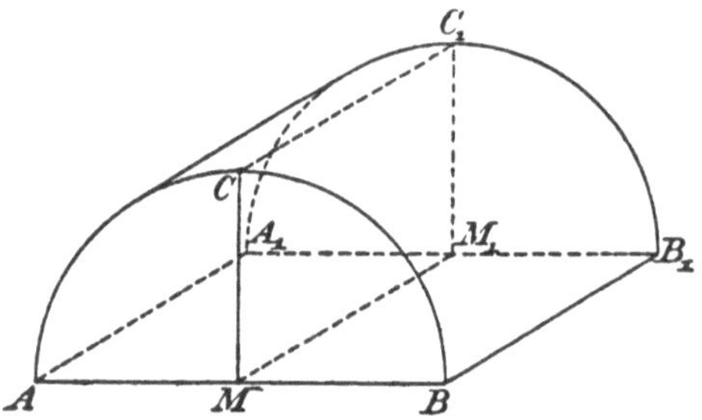

Fig. 19.

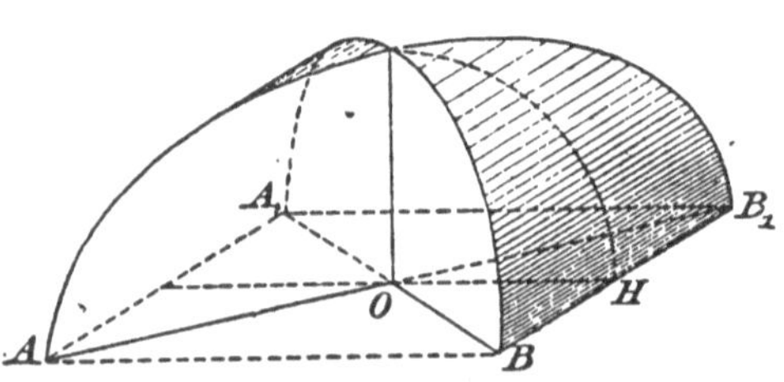

Fig. 20.

125) Legt man durch die Diagonalen AB_1 und A_1B senkrechte Ebenen, so wird das Gewölbe in zwei Paare gleicher Teile zerlegt, die gesondert besprochen werden sollen. Das eine Paar (Fig. 20)

hat nur einen Scheitelpunkt G; jeder der zugehörigen Teile wird Gewölbewange genannt. Die Hälfte einer solchen darf als Hälfte eines Cylinderhufs über dem Halbkreise betrachtet werden, dessen Höhe gleich $\frac{b}{2}$ ist. Sein Inhalt war in § 120 berechnet als

$$\frac{2r^2}{3}h = \frac{r^2}{3}b = \frac{d^2 b}{12},$$

und dies ist zugleich der Gewölberaum der einen Wange. Die Mantelfläche war als

$$2rh = rb = \frac{d}{2}b$$

berechnet worden und dies ist zugleich die Leibungsfläche der einen Wange.

126) Denkt man sich die beiden Wangen aus dem Tonnengewölbe ausgeschnitten, so bleibt ein Paar gleicher Teile übrig, die als Gewölbekappen (Fig. 21) bezeichnet werden. Der Raum der Doppelkappe (welche die Scheitellinie CC_1 enthält) ist der Unterschied zwischen den Räumen des Tonnengewölbes und der Doppelwange, also gleich

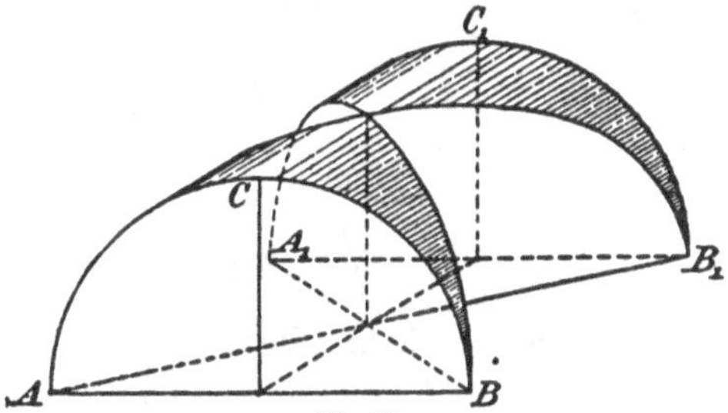

Fig. 21.

$$\frac{r^2\pi}{2}b - \frac{2}{3}r^2 b = \frac{r^2 b}{6}(3\pi - 4).$$

Die einfache Kappe mit Scheitellinie $\frac{b}{2}$ hat also den Gewölberaum

$$J = \frac{r^2 b}{12}(3\pi - 4) = \frac{d^2 b}{48}(3\pi - 4).$$

Die Leibungsfläche der Doppelkappe ist, wie entsprechend gezeigt wird,

$$F_1 = r\pi b - 2rb = rb(\pi - 2),$$

für die einfache Kappe von Scheitellinie $\frac{b}{2}$ erhält man also:

$$F = \frac{rb}{2}(\pi - 2) = \frac{db}{4}(\pi - 2).$$

Für den Sonderfall $b = 2r$, der praktisch von Bedeutung ist, erhält man folgende Resultate:

Gewölbewange: $J = \frac{2}{3} r^3$; $M = 2r^2$,

Gewölbekappe: $J = \frac{r^3}{6}(3\pi - 4)$; $M = r^2(\pi - 2)$.

127) Die rechtwinklige Durchdringung zweier kongruenter Halbcylinder nach Art der Fig. 22 führt auf das Kreuzgewölbe mit quadratischer Grundfläche. Dieses besteht aus vier kongruenten Kappen. Demnach ist der gesamte Gewölberaum:

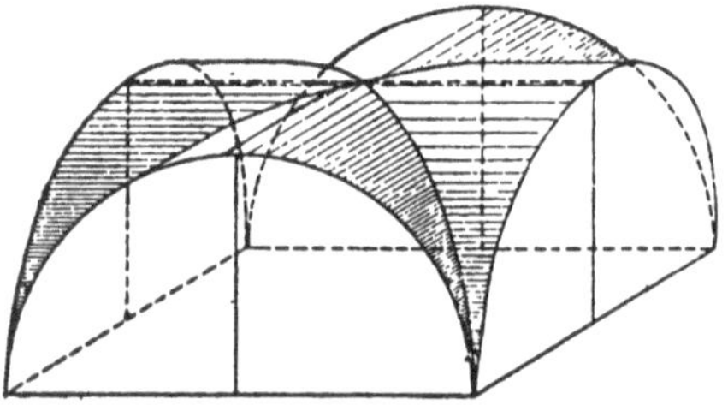

Fig. 22.

$$J = \frac{2r^2}{3}(3\pi - 4) = \frac{d^3}{12}(3\pi - 4),$$

die gesamte Leibungsfläche:

$$F = 4r^2(\pi - 2) = d^2(\pi - 2).$$

128) Anwendung auf das cylindrische Klostergewölbe mit regelmäfsiger Grundfläche.*)

Vorausgesetzt wird, dafs die Mittellinien der Wölbungsflächen Kreisbogen sind, die Kanten also elliptisch. Ist ϱ

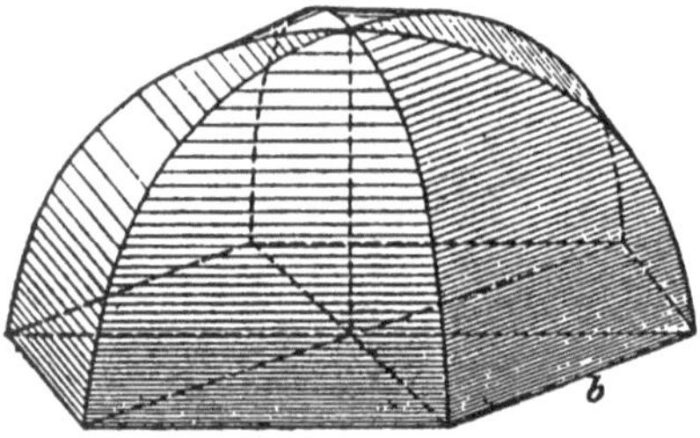

Fig. 23.

*) Man kann neben dem Klostergewölbe mit kreiscylindrischen Flächen auch andere untersuchen, bei denen die Flächen der elliptischen, parabolischen, cykloidischen und sonstiger Cylinder zur Geltung kommen.

der Radius des Inkreises der Grundfläche, b die Länge der Widerlagslinien, dann ist der Gewölbcraum der Einzelkappe $\frac{\varrho^2 b}{3}$, der gesamte Gewölberaum also:

$$J = n\frac{\varrho^2 b}{3} = n\frac{\varrho^2}{3}\left(2\varrho \tan\frac{180^0}{n}\right) = \frac{2n\varrho^3}{3}\tan\frac{180^0}{n}$$

$$= \frac{n}{12} b^3 \cot^2\frac{180^0}{n}.$$

Die Leibungsfläche wird

$$F = n\varrho b = 2n\varrho^2 \tan\frac{180^0}{n} = \frac{n}{2} b^2 \cot\frac{180^0}{n}.$$

Handelt es sich z. B. um das regelmäfsige **Sechseck**, so ist

$$\varrho = \frac{b}{2}\sqrt{3},$$

also

$$J = 6\frac{b^2}{4} 3 \cdot \frac{b}{3} = \frac{3}{2} b^3,$$

oder auch

$$J = \frac{6}{3}\varrho^2 \frac{2\varrho}{\sqrt{3}} = \frac{4\varrho^3}{\sqrt{3}};$$

dagegen

$$F = 3b^2\sqrt{3} = \frac{12\varrho^2}{\sqrt{3}} = 4\varrho^2\sqrt{3}.$$

Beim Quadrat würde sein:

$$\varrho = \frac{b}{2},$$

also

$$J = \frac{4b}{3} \cdot \frac{b^2}{4} = \frac{1}{3} b^3 = \frac{8}{3}\varrho^3.$$

J hat einn sehr einfache Bedeutung, denn es handelt sich um $\frac{2}{3}$ des zugehörigen Prismas, auch dann, wenn die Wölbungen elliptisch sind. (Vgl. Kugel oder Ellipsoid und Cylinder.)

129) Anwendung auf das regelmäfsige cylindrische Kreuzgewölbe von n-seitiger Grundfläche.

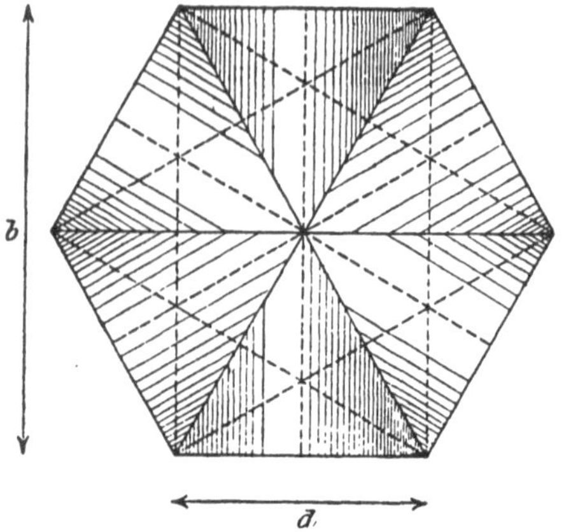

Fig. 24.

In Fig. 24 ist das Gebilde im Grundrifs für den Fall des Sechsecks gezeichnet. Die Kappen sind durch Schraffierung in ihrer Wölbung veranschaulicht. Dabei hat jede Kappe den Inhalt

$$\frac{d^2 b}{48}(3\pi - 4),$$

und die Leibungsfläche

$$\frac{db}{4}(\pi - 2).$$

Der Gesamtinhalt ist also:

$$n\frac{d^2 b}{48}(3\pi - 4),$$

die gesamte Leibungsfläche:

$$n\frac{db}{4}(\pi - 2).$$

Für den Fall des Sechsecks z. B. ist $\frac{b}{2} = \frac{d}{2}\sqrt{3}$, also $b = d\sqrt{3}$, also wird

$$J = \frac{6}{48} d^2 \cdot d\sqrt{3}(\pi - 4) = \frac{d^3}{8}\sqrt{3}(\pi - 4),$$

oder auch

$$J = \frac{b^3}{8\sqrt{3}}(3\pi - 4),$$

$$F = \frac{6}{4} d \cdot d\sqrt{3}(\pi - 2) = \frac{3}{2} d^2\sqrt{3}(\pi - 2)$$

oder auch

$$F = \frac{3b^2}{2\sqrt{3}}(\pi - 2) = \frac{b^2}{2}\sqrt{3}(\pi - 2).$$

130) Anwendung auf das Muldengewölbe.

Denkt man sich das quadratische Klostergewölbe in der Mittellinie durchschnitten und zwischen beide Teile ein Tonnengewölbe eingeschaltet, so erhält man das Mulden-

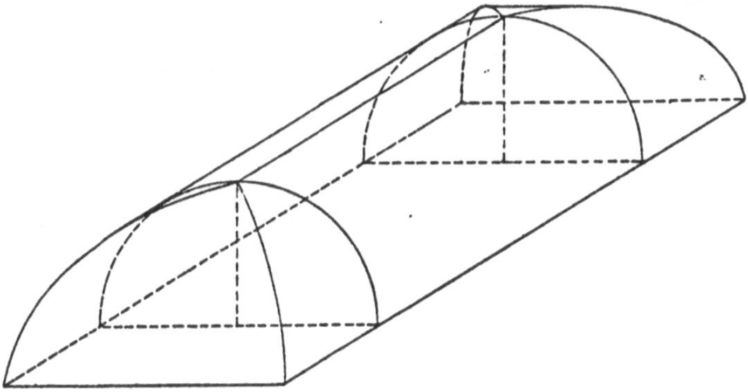

Fig. 25.

gewölbe. Die Berechnung ist ein einfaches Übungsbeispiel und bleibe dem Leser überlassen.

131) Andeutungen über vermischte Aufgaben. Mit den früher angewandten Hilfsmitteln sind noch lösbar Aufgaben über schräg abgeschnittene Cylinder, deren Grundfläche ein allgemeiner Kreisabschnitt oder Kreisausschnitt ist. Auch der schräg abgeschnittene parabolische Cylinder läſst sich bezüglich des Inhalts behandeln, sobald der unten zu besprechende Schwerpunkt der Grundfläche bekannt ist. Dasselbe gilt vom elliptischen und hyperbolischen Cylinder, sobald die nötigen Vorkenntnisse vorhanden sind. Beim parabolischen Cylindermantel ist zwar der Umfang der Grundfläche, nicht aber die Schwerpunktslage der Umrandung elementar zu bestimmen. Beim hyperbolischen und elliptischen Cylinder ist auch die Berechnung der Umrandung der Grundfläche nur mit höheren Hilfsmitteln durchführbar. Die Schwerpunkte der Ellipsenabschnitte und Ellipsenausschnitte lassen sich mit Hilfe der Cavalierischen Methode leicht aus dem der Kreisab- und -ausschnitte ableiten. So ist z. B. bei der Halbellipse mit Halbachse a als Symmetrielinie die Schwerpunktsentfernung vom Mittel-

punkte gleich $\frac{4a}{3\pi}$. Ist dagegen b Symmetrielinie, so ist der Abstand gleich $\frac{4b}{3\pi}$. Auch mit Hilfe des Satzes, dafs die Parallel-Projektion einer ebenen Fläche ihren Schwerpunkt in der Projektion des Flächenschwerpunkts hat, giebt ohne weiteres die Schwerpunkte jener Ab- und Ausschnitte. Im Anschlufs an diese Bemerkungen läfst sich der Übungsstoff für diesen Abschnitt beliebig ausdehnen.

Die Inhaltssätze über die cylindrischen Gewölbe lassen sich auf elliptische Gewölbe übertragen, indem man die Methode konstanter Verkürzung oder Verlängerung der Senkrechten anwendet. Bei Verlängerung auf das n-fache wird der Inhalt der n-fache. Für die Leibungsflächen aber ist diese Methode nicht anwendbar.

Zweiter Abschnitt.

Senkrechte Kreiskegel, regelmäfsige Pyramiden und regelmäfsige Körper.

A. Die wichtigsten metrischen Beziehungen.

I. Metrische Beziehungen am Kreiskegel.

132) Nach Bd. I § 255 ist der Inhalt:

1) $$J = \frac{1}{3} Gh = \frac{1}{3} r^2 \pi h,$$

die Mantelfläche:

2) $$M = r\pi s = r\pi \sqrt{r^2 + h^2} = \frac{u}{2} s,$$

die Oberfläche also:

3) $$O = r^2\pi + r\pi s = r\pi(r + s),$$

der Winkel des Sektors, der durch Abwickelung auf die Ebene entsteht, ist, in Graden bezw. Bogen ausgedrückt,

4) $$\alpha^0 = \frac{r}{s} 360^0, \quad \hat{\alpha} = \frac{r}{s} 2\pi.$$

133) Denkt man sich den Mantel in gleichschenklige Dreiecke von verschwindend kleiner Grundlinie zerlegt und deren Eckpunkte mit dem Mittelpunkte der einbeschriebenen Kugel verbunden, so erhält man lauter Pyramiden von der Höhe ϱ, also vom Gesamtinhalte $M\frac{\varrho}{3}$. Dazu kommt noch der über der Grundfläche stehende Kegel mit jenem Kugel-

mittelpunkte als Spitze, der also den Inhalt hat $G\frac{\varrho}{3}$ hat. Im ganzen erhält man also:

$$\frac{\varrho}{3}(M+G)=\frac{\varrho}{3}O=J,$$

so dafs

5) $$\varrho=\frac{3J}{O}=\frac{Gh}{O}=\frac{r^2\pi h}{r\pi(r+s)}=\frac{rh}{s+r}.$$

Der erweiterte Kegel hat noch eine Berührungskugel, welche die Grundfläche von aufsen berührt. Macht man mit dieser dasselbe, wie vorher, so ist der äufsere Kegel abzuziehen, d. h. es wird

$$\frac{\varrho_1}{3}(M-G)=\frac{\varrho_1}{3}(O-2G)=J,$$

also

6) $$\varrho_1=\frac{3J}{M-G}=\frac{Gh}{M-G}=\frac{r^2\pi h}{r\pi s-r^2\pi}=\frac{rh}{s-r}.$$

Durch Multiplikation erhält man aus beiden Gleichungen:

$$\varrho\varrho_1=\frac{r^2h^2}{s^2-r^2}=\frac{r^2h^2}{h^2}=r^2$$

oder

7) $$r=\sqrt{\varrho\varrho_1},$$

d. h. der Grundradius des Kegels ist mittlere Proportionale zwischen den Radien der beiden Berührungskugeln. Die beiden letzteren sind gleichberechtigt.

134) Errichtet man auf einer Tangentialebene des Kegels im Halbierungspunkte der Seite s ein Lot, so trifft dieses die Höhe im Mittelpunkte der umbeschriebenen Kugel. Wird deren Radius mit R bezeichnet, so ergiebt sich aus der Ähnlichkeit der entstehenden Dreiecke:

$$\frac{s}{2}:R=h:s,$$

so dafs

8) $$R=\frac{s^2}{2h}=\frac{r^2+h^2}{2h}$$

ist.

135) Der Hauptschnitt hat die Fläche rh, die auf einer Seite liegende Hälfte also $F_1 = \frac{rh}{2}$, so dafs

$$\frac{J}{F_1} = \frac{\frac{r^2\pi h}{3}}{\frac{rh}{2}} = 2\left(\frac{1}{3}r\right)\pi$$

ist. Setzt man $\frac{1}{3}r = e_s$, d. h. gleich der Entfernung des Schwerpunktes von F_1 von der Höhe h, so folgt:

9) $$2e_s\pi F_1 = J.$$

Der durch Drehung der Fläche F_1 um h entstehende Kegel hat also einen Inhalt, der gleich dem Produkte aus der Fläche und ihrem Schwerpunktswege ist.

136) Der körperliche Schwerpunkt des Kegels hat nach Bd. I § 220 wie der jeder Pyramide die Höhenlage

10) $$h_s = \frac{h}{4}.$$

Der Schwerpunkt des Mantels hat die Höhenlage

11) $$h_s' = \frac{h}{3},$$

denn so hoch liegt der Schwerpunkt jedes der kleinen Dreiecke des Mantels.

Um den Schwerpunkt der gesamten Oberfläche zu finden, hat man diesen Abstand im umgekehrten Verhältnis von G und M zu teilen, d. h. man erhält für ihn die Höhenlage

12) $$h_s'' = \frac{h}{3} \cdot \frac{M}{M+G} = \frac{h}{3}\frac{O-G}{O}.$$

Die horizontalen Querschnittsflächen des Kegels verhalten sich aus Gründen der Ähnlichkeit wie die Quadrate ihrer Entfernungen von der Spitze, ihre Umfänge verhalten sich wie diese Entfernungen selbst.

Der Radius des mittleren Querschnitts bestimmt sich aus

$$r_m^2 \pi h = \frac{r^2 \pi h}{3}$$

als

13) $$r_m = r\sqrt{\frac{1}{3}},$$

er hat also von der Spitze den Abstand $h\sqrt{\frac{1}{3}}$.

Ebenso könnte man den Radius der mittleren Mantelschicht bestimmen aus

$$2 r_m' \pi h = r \pi s$$

als

14) $$r_m' = \frac{rs}{2h} = \frac{r\sqrt{h^2 + r^2}}{2h}.$$

Das eine Mal handelt es sich um den Cylinder gleichen Inhaltes, das andere Mal um den Cylinder gleichen Mantels, jedesmal bei derselben Höhe.

Der eigentliche mittlere Horizontalradius (des Hauptschnittes) ist jedoch $r_m'' = \frac{h}{2}$.

Die mittlere Höhe des Kegels bestimmt sich aus

$$r^2 \pi h_m = r^2 \pi \frac{h}{3}$$

als

15) $$h_m = \frac{h}{3}.$$

Dabei handelt es sich um einen Cylinder über derselben Grundfläche, der mit dem Kegel im Inhalte übereinstimmt. Man hat sich dabei die Grundfläche in gleiche Ringstreifen eingeteilt zu denken, über denen Hohlcylinder zu errichten sind, die in der Kegelfläche endigen.

[Ist die Zahl der Ringe unendlich grofs, so ist die Reihenfolge ihrer mittleren Radien durch

$$r\sqrt{\frac{1}{n}},\ r\sqrt{\frac{2}{n}},\ r\sqrt{\frac{3}{n}},\ \ldots,\ r\sqrt{\frac{n}{n}}$$

gegeben. Die zugehörigen Höhen sind:

$$h\left(1-\sqrt{\frac{1}{n}}\right),\ h\left(1-\sqrt{\frac{2}{n}}\right),\ h\left(1-\sqrt{\frac{3}{n}}\right),\ \ldots,\ h\left(1-\sqrt{\frac{n}{n}}\right).$$

Die mittlere Höhe erhält man mittels der Division der Summe durch n. Diese giebt:

$$\frac{nh}{n}-h\frac{\sqrt{\frac{1}{n}}+\sqrt{\frac{2}{n}}+\sqrt{\frac{3}{n}}+\cdots+\sqrt{\frac{n}{n}}}{n}$$

$$=h-h\frac{1^{\frac{1}{2}}+2^{\frac{1}{2}}+3^{\frac{1}{2}}+\ldots+n^{\frac{1}{2}}}{n^{\frac{3}{2}}}.$$

Die Arithmetik zeigt, dafs es sich für $n=\infty$ um $h-h\frac{2}{3}=\frac{h}{3}$ handelt, was mit dem obigen übereinstimmt. Ist die Reihensummierung unbekannt, so ergiebt sich ihr Resultat aus 15).]

137) Die mittlere Höhe jedes Elementardreiecks des Mantels ist in demselben Sinne gleich $\frac{s}{2}$. Soll ein Cylinder von gleicher Grundlinie denselben Mantel haben, so folgt in der That aus

$$2r\pi h'_m=r\pi s$$

der Wert

16) $$h'_m=\frac{s}{2},$$

und dieser kann als **mittlere Höhe des Mantels** betrachtet werden.

[Man denke sich die Hälfte eines der Elementardreiecke dargestellt, dann sind die zu den zahlreichen gleichen Teilen der Grundlinie gehörigen Höhen der Reihe nach

$$\frac{1s}{n},\ \frac{2s}{n},\ \frac{3s}{n},\ \ldots,\ n\frac{s}{n},$$

die mittlere Höhe ist also:

$$s\frac{\frac{1}{n}+\frac{2}{n}+\ldots+\frac{3}{n}}{n}=s\frac{1+2+\ldots+n}{n^2}=s\frac{1}{2}$$

für $n=\infty$.]

138) Die so bestimmten mittleren Höhen dürfen nicht verwechselt werden mit dem mittleren Abstande der homogen verteilten Punkte des Kegelkörpers oder der Mantelfläche von der Grundfläche, denn dies führt auf die Höhen h_s und h'_s der Schwerpunkte.

[Soll der Mantel durch Horizontalschnitte in gleiche Flächenstreifen eingeteilt werden, so sind die Schnitte in den Entfernungen $h\sqrt{\frac{1}{n}}, h\sqrt{\frac{2}{n}}, h\sqrt{\frac{3}{n}}, \ldots, h\sqrt{\frac{n}{n}}$ von der Spitze zu führen. Für unendlich grofses n ist die mittlere Entfernung von der Spitze:

$$h\frac{\sqrt{\frac{1}{n}}+\sqrt{\frac{2}{n}}+\cdots+\sqrt{\frac{n}{n}}}{n}=h\frac{1^{\frac{1}{2}}+2^{\frac{1}{2}}+\ldots+n^{\frac{1}{2}}}{n^{\frac{3}{2}}}=\frac{2}{3}h,$$

was den Abstand des Schwerpunktes von der Spitze giebt.

Soll der Kegelkörper durch Horizontalschnitte in inhaltsgleiche Schichten eingeteilt werden, so sind die Schnitte in den Entfernungen $h\sqrt[3]{\frac{1}{n}}, h\sqrt[3]{\frac{2}{n}}, h\sqrt[3]{\frac{3}{n}}, \ldots, h\sqrt[3]{\frac{n}{n}}$ zu suchen. Der mittlere Abstand der Schichten wird für $n=\infty$:

$$h\frac{\sqrt[3]{\frac{1}{n}}+\sqrt[3]{\frac{2}{n}}+\cdots+\sqrt[3]{\frac{n}{n}}}{n}=h\frac{1^{\frac{1}{3}}+2^{\frac{1}{3}}+\ldots+n^{\frac{1}{3}}}{n^{\frac{4}{3}}}=\frac{3}{4}h.$$

Auch dies ist der richtige Schwerpunktsabstand von der Spitze. Auch hier kann man auf die Richtigkeit der Summierung aus dem Werte von h_s schliefsen.]

139) Eine grofse Anzahl von metrischen Beziehungen ergiebt sich auf planimetrischem bezw. arithmetischem Wege. Aus der Ähnlichkeit der besprochenen Dreiecke folgt z. B.:

$$h-\varrho : h+\varrho_1=\varrho : \varrho_1,$$

also ist:

$$17)\quad h=\frac{2\varrho_1\varrho}{\varrho_1-\varrho}=\frac{2r^2}{\varrho_1-\varrho}, \text{ oder } \frac{1}{\varrho_1}-\frac{1}{\varrho}=\frac{2}{h}=\frac{\varrho_1-\varrho}{r^2}.$$

Wie r mittlere Proportionale zwischen ϱ_1 und ϱ ist, so ist s mittlere Proportionale zwischen $(h+\varrho_1)$ und $(h-\varrho)$. Es folgt also:

$$18)\quad s^2=(h+\varrho_1)(h-\varrho)=\varrho_1\varrho\left(\frac{\varrho_1+\varrho}{\varrho_1-\varrho}\right)^2=r^2\left(\frac{\varrho_1+\varrho}{\varrho_1-\varrho}\right)^2,$$

also:

$$\frac{s}{r}=\frac{\varrho_1+\varrho}{\varrho_1-\varrho}=\frac{M}{G}.$$

Aus $R=\frac{r^2+h^2}{2h}$ folgt durch Einsetzung von $r^2=\varrho\varrho_1$ und

$h=\frac{2\varrho_1\varrho}{\varrho_1-\varrho}$:

$$19)\qquad R=\frac{(\varrho_1+\varrho)^2}{4(\varrho_1-\varrho)}=\frac{s}{r}\,\frac{\varrho_1+\varrho}{4}=\frac{s^2}{r^2}\,\frac{\varrho_1-\varrho}{4}.$$

Man suche z. B. noch folgende Formeln abzuleiten:

$$\frac{\varrho_1}{\varrho}=\frac{M+G}{M-G}=\frac{s+r}{s-r},\quad r=\frac{3J}{\sqrt{M^2-G^2}},$$

$$\varrho=r\sqrt{\frac{s-r}{s+r}},\qquad \varrho_1=r\sqrt{\frac{s+r}{s-r}}.$$

(Zu den letzteren vergleiche man auch die planimetrischen Formeln:

$$\varrho=\sqrt{\frac{(s_1-a)(s_1-b)(s_1-c)}{s_1}},\quad \varrho_1=\sqrt{\frac{s_1(s_1-b)(s_1-c)}{s_1-a}},$$

obwohl sie sich unmittelbar aus $\frac{\varrho_1}{\varrho}$ und $\varrho_1\varrho$ ergeben.) Man suche besonders Formeln zu finden, durch welche ein Stück durch nur zwei andere bestimmt wird, wie z. B. h, s, r, R ausgedrückt durch ϱ und ϱ_1, so daſs z. B. folgt:

$$M=\pi\varrho\varrho_1\frac{\varrho_1+\varrho}{\varrho_1-\varrho},\quad G=\varrho\varrho_1\pi,$$

$$O=\frac{2\varrho_1^2\varrho\pi}{\varrho_1-\varrho},\qquad J=\frac{2}{3}\pi\frac{\varrho^2\varrho_1^2}{\varrho_1-\varrho}.$$

— Noch eine geometrische Bemerkung sei gemacht.

Legt man durch den Kegel einen die einbeschriebene Kugel berührenden Horizontalschnitt, so folgt aus $\alpha+\beta=180^0$, dafs $\frac{\alpha}{2}+\frac{\beta}{2}=90^0$, also $\sphericalangle AMB=90^0$ ist. Daraus folgt, dafs ϱ mittlere Proportionale zwischen r und x ist. Soll sich also einem Kegelstumpfe eine Kugel einbeschreibenlassen, so mufs die halbe Höhe des Stumpfes mittlere Proportionale zwischen den Radien r und x sein. Dabei ist zugleich:

$$AD+BC=2DC,$$

d. h. die Summe der schrägen Seiten des Trapezes ist gleich der der beiden Parallelen.

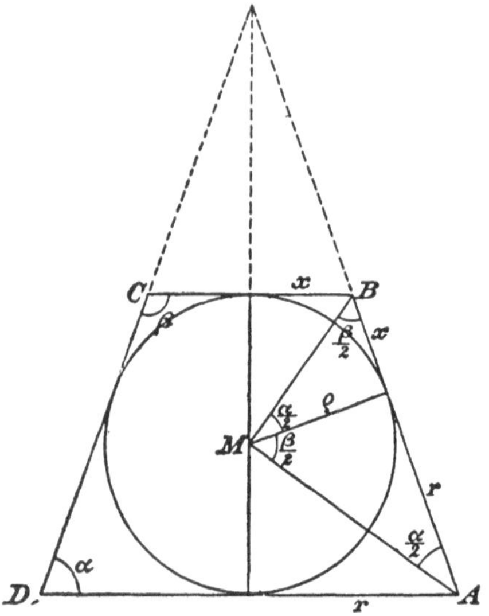

Fig. 28.

II. Metrische Beziehungen an der regelmässigen Pyramide.

140) Errichtet man im Mittelpunkte eines regelmäfsigen Vielecks auf dessen Ebene ein Lot von beliebiger Länge, und verbindet man dessen Endpunkt mit den Ecken des Vielecks, so erhält man die Kanten einer Pyramide, die unter Erweiterung des Begriffs der Regelmäfsigkeit als regelmäfsige Pyramide bezeichnet werden soll. Ist die Anzahl der Vieleckseiten unendlich grofs, so erhält man den senkrechten Kreiskegel als besonderen Fall.

Mit Rücksicht auf den folgenden Abschnitt sollen die Grundkanten mit k_1, die Seitenkanten mit k, die Grundfläche mit G_1, die Seitenflächen mit G bezeichnet werden. Nach Cavalieri und nach Bd. I, § 237 ist die Inhaltsformel:

1) $$J = \frac{1}{3} G_1 h = \frac{n}{6} k_1 r h = \frac{n}{12} k_1^2 h \cot \frac{\pi}{n}$$
$$= \frac{n}{3} r^2 h \tan \frac{\pi}{n} = \frac{n}{6} h r_1^2 \sin \frac{2\pi}{n}.$$

Dabei bedeutet r den Radius des der Grundfläche einbeschriebenen Kreises, r_1 den des ihr umbeschriebenen. Der erstere dieser Kreise giebt mit der Spitze verbunden den der Pyramide einbeschriebenen Kegel, der letztere den ihr umbeschriebenen Kegel. Die dem ersteren angehörigen Berührungskugeln mit den Radien ϱ und ϱ_1 sind zugleich Berührungskugeln der Pyramide; die dem letzteren angehörige umbeschriebene Kugel mit Radius R ist zugleich umbeschriebene Kugel der Pyramide.

141) Auf dieselbe Art, wie beim Kreiskegel, wird gezeigt, dafs:

2) $$J = \frac{n}{3} G \varrho + \frac{1}{3} G_1 \varrho = \frac{\varrho}{3}(nG + G_1) = \frac{\varrho}{3}(M + G_1) = \frac{\varrho}{3} O$$

ist. Dabei ist M der Mantel der Pyramide, die Oberfläche aber:

3) $$O = nG + G_1 = M + G_1 = \frac{n}{2} k_1 (s + r) = \frac{n}{2} k_1 (\sqrt{r^2 + h^2} + r)$$
$$= nr \tan \frac{\pi}{n} (\sqrt{r^2 + h^2} + r).$$

Hier ist s die Höhe der Seitenflächen. Der Ausdruck kann nach Vorgang von 1) noch auf mancherlei andere Art dargestellt werden.

142) Ganz ebenso ist im Hinblick auf die zweite Berührungskugel:

4) $$J = \frac{n}{3} G \varrho_1 - \frac{1}{3} G_1 \varrho_1 = \frac{\varrho_1}{3}(nG - G_1) = \frac{\varrho_1}{3}(M - G_1)$$
$$= \frac{\varrho_1}{3}(O - 2G_1).$$

Aus diesen Gleichungen folgt z. B.:

5) $$\varrho = \frac{3J}{O} = \frac{G_1 h}{O} = \frac{G_1 h}{M + G},$$

6) $$\varrho_1 = \frac{3J}{O - 2G_1} = \frac{G_1 h}{M - G_1}.$$

Im Hinblick auf den einbeschriebenen Kegel findet man, wie im vorigen Abschnit:

7) $$r = \sqrt{\varrho \varrho_1},$$

im Hinblick auf den umbeschriebenen Kegel als Radius der umbeschriebenen Kugel:

8) $$R = \frac{k^2}{2h} = \frac{r_1^2 + h^2}{2h} = \frac{\left(\frac{r}{\cos\frac{\pi}{n}}\right)^2 + h^2}{2h} = \frac{\left(\frac{k_1}{2\sin\frac{\pi}{n}}\right)^2 + h^2}{2h}.$$

143) Der körperliche Schwerpunkt der Pyramide hat nach Cavalieri, wie beim Kegel, die Höhenlage:

9) $$h_s = \frac{h}{4},$$

der des Mantels, wie dort:

10) $$h_s' = \frac{h}{3},$$

der der gesamten Oberfläche liegt in der Höhe:

11) $$h_s'' = \frac{h}{3}\frac{M}{M + G_1} = \frac{h}{3}\frac{O - G_1}{O} = \frac{h}{3}\frac{M}{O}.$$

Der Schwerpunkt des Systems der Pyramidenkanten wird gefunden, indem man den Abstand $\frac{h}{2}$ im umgekehrten Verhältnis der Grundkanten zu den Seitenkanten teilt, was auf $\frac{h}{2}\frac{nk}{nk + nk_1}$ oder auf:

12) $$h_k = \frac{h}{2}\frac{k}{k + k_1}$$

führt. Der Schwerpunkt der $(n+1)$ Eckpunkte teilt die Höhe im Verhältnis $1:n$, er hat also die Höhenlage:

13) $$h_p = \frac{h}{n+1}.$$

144) Hinsichtlich der mittleren Höhe der Pyramide und der mittleren Höhe der Seitenflächen lassen sich dieselben Betrachtungen anstellen, wie beim Kegel. Die Resultate werden dieselben. Der Leser versuche sie abzuleiten.

145) Der Neigungswinkel der Seitenkanten berechnet sich aus:

$$14) \qquad \tan\alpha = \frac{h}{r_1} \quad \text{oder} \quad \sin\alpha = \frac{h}{k} \text{ usw.,}$$

der Neigungswinkel der Seitenflächen aus:

$$15) \qquad \tan\beta = \frac{h}{r} \quad \text{oder} \quad \sin\beta = \frac{h}{s} \text{ usw.}$$

Der Raumwinkel an jeder Seitenkante kann vorläufig z. B. folgendermafsen berechnet werden (später ergeben sich einfachere Methoden): In Fig. 27 seien ABP und BCP zwei Seitenflächen der Pyramide. Fällt man in jeder von A bezw. C aus ein Lot auf PB, so treffen sich beide Lote in demselben Punkte D. Wird $\sphericalangle ADC = \gamma$ gesetzt, so wird $\sin\frac{\gamma}{2} = \frac{AC}{2h_1}$. Hier bestimmt sich h_1 aus $h_1 k = s k_1$ als $\frac{s k_1}{k}$, während AC sich am Grundpolygon aus

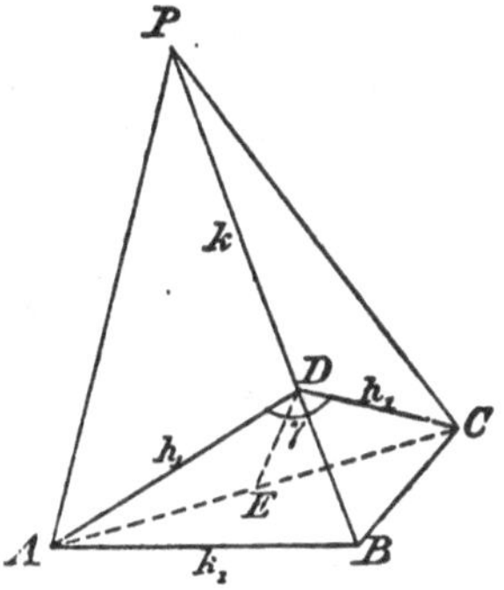

Fig. 27.

$$\frac{AC}{2r_1} = \sin\delta = \sin\sphericalangle ABC = \sin\frac{2\pi}{n}$$

bestimmt, so dafs:

$$\sin\frac{\gamma}{2} = \frac{k r_1 \sin\frac{2\pi}{n}}{k_1 s}$$

wird.

Andere Elemente werden bei den Übungsbeispielen berechnet.

146) Mit Hilfe der Beziehungen $k^2 - \frac{k_1^2}{4} = s^2$, $r_1^2 = r^2 + \frac{k^2}{4}$ usw. oder der entsprechenden trigonometrischen Beziehungen lassen sich, wie beim Kegel, auch bei der regelmäfsigen Pyramide aus den genannten Formeln zahlreiche neue ableiten, wobei jedoch die dortige Einfachheit nicht überall erhalten bleibt. Die Formeln:

$$h = \frac{2\varrho_1\varrho}{\varrho_1 - \varrho} = \frac{2r^2}{\varrho_1 - \varrho} \quad \text{und} \quad \frac{1}{\varrho_1} - \frac{1}{\varrho} = \frac{2}{h}$$

und die Formeln:

$$s^2 = (h + \varrho_1)(h - \varrho) = \varrho_1\varrho\left(\frac{\varrho_1 + \varrho}{\varrho_1 - \varrho}\right)^2$$

und

$$s = r\frac{\varrho_1 + \varrho}{\varrho_1 - \varrho}$$

bleiben erhalten, während für R kompliziertere entstehen, was mit der Veränderlichkeit von n zusammenhängt. Man versuche trotzdem für die n-seitige Pyramide die analogen Beziehungen abzuleiten.

III. Metrische Beziehungen am Kegelstumpf.

147) Nach I, § 259 ist, wenn r_1 und r_2 die Radien der beiden Grundflächen bedeuten, und die Höhe mit h bezeichnet wird:

1) $$J = \frac{\pi h}{3}(r_1^2 + r_1r_2 + r_2^2).$$

Bringt man π in die Klammer, so daſs dort die Grundflächen $G_1 = r_1^2\pi$ und $G_2 = r_2^2\pi$ auftauchen, so wird:

2) $$J = \frac{h}{3}(G_1 + \sqrt{G_1G_2} + G_2).$$

Liegt jedoch die Spitze des Kegels zwischen G_1 und G_2, so wird:

$$J = \frac{h}{3}(G_1 - \sqrt{G_1G_2} + G_2) = \frac{\pi h}{3}(r_1^2 - r_1r_2 + r_1^2),$$

was bei der Berechnung von Kugelzonen benutzt werden kann.

Für den Mantel war dort gefunden:

3) $$M = (r_1 + r_2)\pi s,$$

wo

4) $$s = \sqrt{h^2 + (r_1 - r_2)^2}$$

die Kegelseite bedeutet. Die Oberfläche ergiebt sich als:

5) $$O = \pi[r_1^2 + r_2^2 + (r_1 + r_2)s].$$

148) Der Kegelstumpf hat stets eine umbeschriebene Kugel, deren Radius R sei. Ihr Mittelpunkt wird gefunden, wenn man auf einer Tangentialebene des Mantels im Halbierungspunkte der Berührungslinie s ein Lot errichtet, welches die Höhe schneidet. Setzt man den Abstand des Schnittpunktes von der Grundfläche gleich z, so ergeben sich die pythagoreischen Gleichungen:

$$R^2 = z^2 + r_1^2 = (h - z)^2 + r_2^2.$$

Aus diesen folgt zunächst:

$$z = \frac{h^2 - r_1^2 + r_2^2}{2h},$$

und so wird:

$$6)\ R = \frac{1}{2h}\sqrt{(h^2 - r_1^2 + r_2^2)^2 + 4h^2 r_1^2} = \frac{1}{2h}\sqrt{(r_1^2 + r_2^2 + h^2)^2 - 4r_1^2 r_2^2}$$

$$= \frac{1}{2h}\sqrt{(r_1 + r_2)^2 + h^2}\,\sqrt{(r_1 - r_2)^2 + h^2},$$

149) [Soll sich dem Stumpfe eine Kugel einbeschreiben lassen, so mufs nach den Schlufsbetrachtungen über den Kegel die Höhe:

$$7)\qquad h = 2\sqrt{r_1 r_2}$$

sein, wobei zugleich

$$8)\qquad s = r_1 + r_2$$

wird.]

150) Die mittlere Querschnittsfläche des Kegelstumpfes liegt in einer Höhe y, die sich folgendermafsen berechnet. Ist x der Radius dieses Querschnittes, so mufs

$$x^2 \pi h = \frac{\pi h}{3}(r_1^2 + r_1 r_2 + r_2^2)$$

sein, also:

$$x = \sqrt{\frac{r_1^2 + r_1 r_2 + r_2^2}{3}}.$$

Legt man durch die Endpunkte von x und r_2 eine Senkrechte, so entstehen ähnliche Dreiecke, die auf

$$(r_1 - x) : y = (x - r_2) : (h - y)$$

führen, so dafs die gesuchte Höhe ist:

$$y = \frac{h(r_1 - x)}{r_1 - r_2} = \frac{h}{r_1 - r_2}\left[r_1 - \sqrt{\frac{r_1^2 + r_1 r_2 + r_2^2}{3}}\right].$$

151) Ergänzt man den Stumpf zum Vollkegel, so wird die Gesamthöhe:

$$h_1 = \frac{hr_1}{r_1 - r_2},$$

die Ergänzungshöhe:

$$h_2 = \frac{hr_2}{r_1 - r_2}.$$

Ist J_1 der Gesamtinhalt, J_2 der Ergänzungsteil, so kann man zur Bestimmung des Schwerpunktes des Stumpfes die Gleichung der statischen Momente anwenden, d. h:

$$h_{s_1} J_1 = h_{s_2} J_2 + h_s J,$$

wo die h_s die Schwerpunktshöhen sind. So wird:

$$h_s = \frac{h_{s_1} J_1 - h_{s_2} J_2}{J}$$

$$= \frac{\frac{1}{4}\frac{hr_1}{r_1 - r_2} \cdot \frac{1}{3}\frac{hr_1}{r_1 - r_2} \cdot r_1^2 \pi - \left(h + \frac{1}{4}\frac{hr_2}{r_1 - r_2}\right) \cdot \frac{hr_2}{3(r_1 - r_2)} \cdot r_2^2 \pi}{\frac{\pi h}{3}(r_1^2 + r_1 r_2 + r_2^2)},$$

was sich vereinfacht zu:

9) $$h_s = \frac{h}{4} \cdot \frac{r_1^2 + 2r_1 r_2 + 3r_2^2}{r_1^2 + r_1 r_2 + r_2^2}.$$

Multipliziert man oben und unten mit π, so ergiebt sich:

10) $$h_s = \frac{h}{4} \cdot \frac{G_1 + 2\sqrt{G_1 G_2} + 3G_2}{G_1 + \sqrt{G_1 G_2} + G_2}.$$

152) Der Schwerpunkt des Mantels kann in ähnlicher Weise bestimmt werden. Einfacher folgt aus einem der Elementartrapeze von der Höhe s und den Grundlinien $\frac{2r_1\pi}{n}$ und $\frac{2r_2\pi}{n}$ der schräg gemessene Abstand $s\frac{r_1 + 2r_2}{3(r_1 + r_2)}$. Projiziert man dies auf die Höhe, so findet man

11) $$h_s' = \frac{h}{3}\frac{r_1 + 2r_2}{r_1 + r_2}.$$

153) Der Schwerpunkt der gesamten Oberfläche ergiebt sich aus

$$h_s''O = o \cdot G_1 + hG_2 + h_s'M = hG_2 + h_s'M$$

als

$$h_s'' = \frac{hG_2 + h_s'M}{O} = \frac{hr_2^2\pi + \frac{h}{3}\frac{r_1 + 2r_2}{r_1 + r_2}(r_1 + r_2)\pi s}{\pi[r_1^2 + r_2^2 + (r_1 + r_2)s]}$$

oder

12) $$h_s'' = \frac{h}{3}\,\frac{3r_2^2 + (r_1 + 2r_2)s}{r_1^2 + r_2^2 + (r_1 + r_2)s}.$$

154) Über die mittlere Höhe u. dgl. stelle man dieselben Betrachtungen an, wie beim Vollkegel. — Sind ϱ_1 und ϱ_2 die Radien der beiden Berührungskugeln, so findet man leicht

13) $$r_1 = \varrho_1\sqrt{\frac{h + 2\varrho_2}{h + 2\varrho_1}}, \quad r_2 = \varrho_2\sqrt{\frac{h + 2\varrho_1}{h + 2\varrho_2}}$$

und daraus

$$r_1 r_2 = \varrho_1 \varrho_2$$

und

$$\frac{r_1}{r_2} = \frac{\varrho_1}{\varrho_2}\,\frac{h + 2\varrho_2}{h + 2\varrho_1}, \qquad s = \frac{\varrho_1(\varrho_1 + \varrho_2 + h)}{\varrho_1 - \varrho_2}\sqrt{\frac{h + 2\varrho_2}{h + 2\varrho_1}}.$$

(Vgl. die Aufgaben über den Kegelstumpf in § 193.)

IV. Stumpf der regelmäfsigen Pyramide.

155) Nach Cavalieri gilt die Inhaltsformel 2) des Kegelstumpfes auch hier, d. h.:

1) $$J = \frac{h}{3}[G_1 + \sqrt{G_1G_2} + G_2] = \frac{n}{12}h\cot\frac{\pi}{n}[k_1^2 + k_1k_2 + k_2^2]$$

$$= \frac{n}{3}h\tan\frac{\pi}{n}[r_1^2 + r_1r_2 + r_2^2] = \frac{n}{6}h\sin\frac{2\pi}{n}[r_1'^2 + r_1'r_2' + r_2'^2].$$

Hier bedeuten k_1 und k_2 die Kanten der beiden Grundflächen, r_1 und r_2 die Radien der diesen einbeschriebenen Kreise, r_1' und r_2' die der umbeschriebenen Kreise. Liegt jedoch die Spitze der Pyramide zwischen G_1 und G_2, so erhält das mittlere Glied das negative Vorzeichen.

156) Der Mantel ist

2) $$M = n\frac{k_1 + k_2}{2}s,$$

wenn s die Höhe der Seitenflächen ist, d. h.

3) $$s^2 = h^2 + (r_1 - r_2)^2 = h^2 + \left(\frac{k_1 - k_2}{2\tan\frac{\pi}{n}}\right)^2$$
$$= \frac{1}{4}\left[4h^2 + (k_1 - k_2)^2 \cot^2\frac{\pi}{n}\right],$$

was sich noch vielfach anders schreiben läfst. Die Oberfläche ist

4) $$O = G_1 + G_2 + M = n\left[\frac{k_1^2 + k_2^2}{4\tan\frac{\pi}{n}} + \frac{k_1 + k_2}{2}s\right].$$

157) Der Radius der umbeschriebenen Kugel ist derselbe, wie bei dem Stumpfe des umbeschriebenen Kegels, also

5) $$R = \frac{1}{2h}\sqrt{(r_1'^2 + r_2'^2 + h^2)^2 - 4r_1'^2 r_2'^2}.$$

Dabei ist

$$r_1' = \frac{k_1}{2\sin\frac{\pi}{n}}, \quad r_2' = \frac{k_2}{2\sin\frac{\pi}{n}}.$$

[Soll sich dem Pyramidenstumpfe eine Kugel einbeschreiben lassen, so mufs sein:

6) $$h = 2\sqrt{r_1 r_2} = \cot\frac{\pi}{n}\sqrt{k_1 k_2}.]$$

158) Schwerpunkt. Der körperliche Schwerpunkt des Stumpfes liegt nach Cavalieri wie beim Kegel in der Höhe:

7) $$h_s = \frac{h}{4}\frac{G_1 + 2\sqrt{G_1 G_2} + 3G_2}{G_1 + \sqrt{G_1 G_2} + G_2},$$

der Schwerpunkt des Mantels hat die Höhenlage:

8) $$h_s' = \frac{h}{3}\frac{k_1 + 2k_2}{k_1 + k_2},$$

der der gesamten Oberfläche:

$$h_s'' = \frac{hG_2 + h_s'M}{O} = \frac{\frac{nh}{4}k_2^2 \cot\frac{\pi}{n} + \frac{nh}{3}\frac{k_1+2k_2}{k_1+k_2}\frac{k_1+k_2}{2}s}{n\left[\frac{k_1^2+k_2^2}{4}\cot\frac{\pi}{n} + \frac{k_1+k_2}{2}s\right]}$$

was sich vereinfacht zu

9) $$h_s'' = \frac{h}{3}\,\frac{3k_2^2\cot\frac{\pi}{n} + 2s(k_1+2k_2)}{(k_1^2+k_2^2)\cot\frac{\pi}{n} + 2s(k_1+k_2)}.$$

Der Schwerpunkt sämtlicher Kanten liegt in der Höhe:

10) $$h_s''' = \frac{h}{2}\,\frac{k+2k_2}{k+k_1+k_2},$$

wo k die Länge der Seitenkanten bedeutet, d. h.

$$k = \sqrt{h^2 + (r_1' - r_2')^2}.$$

Der Schwerpunkt sämtlicher Eckpunkte liegt in der Höhe $\frac{h}{2}$.

Für die beiden Berührungskugeln (ϱ und ϱ_1) gelten wie beim Kegelstumpf die Formeln:

11) $$r_1 = \varrho_1\sqrt{\frac{h+2\varrho_2}{h+2\varrho_1}},\quad r_2 = \varrho_2\sqrt{\frac{h+2\varrho_1}{h+2\varrho_2}},\quad r_1r_2 = \varrho_1\varrho_2, \text{ usw.}$$

Die meisten dieser Formeln folgen ohne Weiteres aus den für den Kegelstumpf aufgestellten.

V. Anwendungen auf die Berechnung der regelmäfsigen Körper.

a) Die Hauptbeziehungen an jedem der regelmäfsigen Körper.

159) Verbindet man den Mittelpunkt eines regelmäfsigen Polyeders mit den Ecken, so erhält man kongruente regelmäfsige Pyramiden von der Höhe ϱ, so dafs $J = \frac{\varrho}{3}O$ ist. Insofern ist die Berechnung der regelmäfsigen Körper nichts anderes, als eine solche von regelmäfsigen Pyramiden.

Der Würfel, für den $\varrho = \frac{a}{2}$, $R = \frac{a}{2}\sqrt{3}$ ist, wurde schon im Anfang ausführlich behandelt.

160) Das regelmäſsige Vierflach oder Tetraeder von der Kante a hat die Oberfläche $O = 4\frac{a^2}{4}\sqrt{3} = a^2\sqrt{3}$. Die Höhe dieser dreiseitigen Pyramide findet sich mit Hilfe der Höhe h_1 der Dreiecksflächen pythagoreisch aus

$$h^2 = h_1^2 - \frac{h_1^2}{9} = \frac{8}{9}\left(\frac{a^2}{4}3\right) = \frac{2}{3}a^2$$

als

$$h = a\sqrt{\frac{2}{3}}.$$

Nach dem Satze vom Schnittpunkte der Mittellinien ist der Radius der einbeschriebenen Kugel

$$\varrho = \frac{h}{4} = \frac{a}{4}\sqrt{\frac{2}{3}} = a\sqrt{\frac{1}{24}},$$

der Inhalt des Körpers also

$$J = G\frac{h}{3} = O\frac{\varrho}{3} = \frac{a^3}{12}\sqrt{2}.$$

Der Radius der umbeschriebenen Kugel ist:

$$R = \frac{3}{4}h = a\sqrt{\frac{3}{8}}.$$

161) Erweitert man die Flächen, so lassen sich nach Bd. I, § 223 im Ganzen acht Berührungskugeln sämtlicher Flächen untersuchen. Die eine Art berührt je eine Fläche von auſsen, die anderen Flächen von innen. Verbindet man also den Mittelpunkt einer solchen mit den Tetraederecken, so hat man eine Pyramide von der Summe der anderen abzuziehen, um den Inhalt des Körpers zu finden, d. h. es wird

$$J = \frac{\varrho_1}{3}(3G - G) = \frac{2}{3}\varrho_1 G, \text{ also } \varrho_1 = \frac{a}{2}\sqrt{\frac{2}{3}} = a\sqrt{\frac{1}{6}},$$

so daſs

$$\varrho_1 = \frac{h}{2} = 2\varrho$$

ist. Die übrigen drei Kugeln, die sich in den Erweiterungsräumen über je einer der Kanten eines Gegenpaares befinden, berühren zwei Flächen von innen und zwei von aufsen, so dafs $J = \frac{\varrho_2}{3}(2G - 2G)$ wird. Daraus folgt $\varrho_2 = \infty$. Dies stimmt dazu, dafs beim regelmäfsigen Tetraeder die beiden Erweiterungsräume, die zu zwei Gegenkanten gehören, gleichwertig sind, eine endliche Berührungskugel also dann doppelt vorhanden sein müfste, was unmöglich ist. Aus $\frac{\varrho_1}{\varrho} = 2$ folgt, dafs, wenn man auf die einbeschriebene Kugel des Tetraeders weitere Berührungskugeln aufsetzt, je zwei aufeinanderfolgende Radien im Verhältnis 1 : 2 stehen.

162) Der einem regelmäfsigen Tetraeder umbeschriebene Würfel hat die Tetraederkanten zu Diagonalen seiner Flächen, seine Kante ist also $k = a\sqrt{\frac{1}{2}}$. Ebenso grofs ist die gegenseitige Entfernung der Halbierungspunkte je zweier Gegenkanten, d. h. $e = a\sqrt{\frac{1}{2}}$, wobei e das gemeinschaftliche Lot der beiden ist. Verbindet man den Halbierungspunkt einer solchen Kante mit den Endpunkten der Gegenkante, so geben die beiden Verbindungslinien den Raumwinkel δ an jeder Kante Er bestimmt sich aus $\tan\frac{\delta}{2} = \frac{\frac{a}{2}}{e} = \sqrt{\frac{1}{2}}$, so dafs abgerundet $\delta = 70^0\,31'\,44''$ wird.

163) Das regelmäfsige Achtflach oder Oktaeder besteht aus zwei quadratischen Doppelpyramiden von der Höhe $a\sqrt{\frac{1}{2}}$ und der Grundfläche a^2, so dafs der Körperinhalt $J = \frac{a^3}{3}\sqrt{2}$ ist. Da $O = 8\left(\frac{a^2}{4}\sqrt{3}\right) = 2a^2\sqrt{3}$ ist, so folgt aus $\varrho = \frac{3J}{O}$ als Radius der einbeschriebenen Kugel $\varrho = \frac{a}{2}\sqrt{\frac{2}{3}} = a\sqrt{\frac{1}{6}}$. (Sonstige Berührungskugeln sämtlicher Flächen giebt es nicht, nur beim regelmäfsigen Tetraeder

bestehen solche.) Der Radius der umbeschriebenen Kugel ist $R = a\sqrt{\frac{1}{2}}$. Der Winkel δ an jeder Kante ergiebt sich aus dem senkrechten Hauptschnitt durch den Halbierungspunkt einer horizontalen Kante durch die Gleichung

$$\tan\frac{\delta}{2} = \frac{a\sqrt{\frac{1}{2}}}{\frac{a}{2}} = \sqrt{2},$$

was auf $\delta = 109^0\,28'\,16''$ führt.

164) Das regelmäfsige Zwanzigflach oder Ikosaeder von der Kante a hat die Oberfläche

$$O = 20\frac{a^2}{4}\sqrt{3} = 5a^2\sqrt{3}.$$

Der Radius des Umkreises für jede Fläche ist:

$$r_1 = \frac{2}{3}h_1 = \frac{a}{3}\sqrt{3}.$$

Nach Bd. I, § 147 liegen die vier Schichten der Eckpunkte des auf eine der Flächen gestellten Körpers in den Höhen o, r_1, $\frac{r_1}{2}(\sqrt{5}+1)$, $\frac{r_1}{2}(\sqrt{5}+3)$, so dafs die Gesamthöhe auf zweierlei Art stetig geteilt erscheint. Daraus ergiebt sich als Radius der einbeschriebenen Kugel

$$\varrho = \frac{r_1}{4}(\sqrt{5}+3) = \frac{a\sqrt{3}}{12}(\sqrt{5}+3),$$

der Körperinhalt als

$$J = \frac{O\varrho}{3} = \frac{5a^3}{12}(\sqrt{5}+3).$$

Nach Fig. 23 von Bd. I ist $R^2 = MB^2 + BJ^2$. Hier ist $BJ = \frac{a}{2}$, MB eine Gerade, deren gröfserer Teil bei stetiger Teilung gleich $\frac{a}{2}$ ist, d. h. $MB = \frac{a}{4}(\sqrt{5}+1)$, also

$$R^2 = \frac{a^2}{16}(6 + 2\sqrt{5}) + \frac{a^2}{4}$$

und daher

$$R = a\sqrt{\frac{5+\sqrt{5}}{8}}.$$

In Fig. 23 von Bd. I ergiebt sich für den Raumwinkel δ des obersten Daches aus

$$\tan\frac{\delta}{2} = \frac{GL}{GB} = \frac{\frac{a}{4}(\sqrt{5}+1)}{\frac{a}{4}(\sqrt{5}-1)} = \frac{\sqrt{5}+1}{\sqrt{5}-1} = \frac{3+\sqrt{5}}{2}$$

abgerundet die Gröfse $\delta = 138^0\,11'\,23''$.

165) Vorbereitung auf das regelmäfsige Zwölfflach oder Pentagondodekaeder. (Die Flächen sind regelmäfsige Fünfecke, deren Seite gleich a sei. Aus Symmetriegründen folgt für Fig. 28, wo zwei Diagonalen einander schneiden, $\alpha_1 = \alpha_2 = \alpha_3$, so dafs die Dreiecke BCD und DFC ähnlich sind. Nun ist aber BF im Parallelogramm $BFEA$ gleich der Gegenseite a, bezeichnet man also FD mit p, so wird wegen der Ähnlichkeit $p : CD = BC : BD$ oder $p : a = a : (p + a)$, d. h. BD ist in F stetig geteilt und daher die Diagonale $d = \frac{a}{2}(\sqrt{5}+1)$, $p = \frac{a}{2}(\sqrt{5}-1)$.

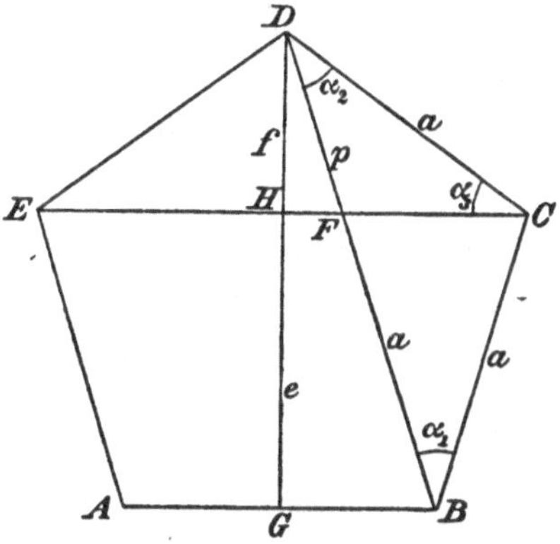

Fig. 28.

Da $FH \parallel BG$, so ist auch die Höhe DG in H stetig geteilt. Ihre Länge ist

$$h = \sqrt{d^2 - \frac{a^2}{4}} = \frac{a}{2}\sqrt{5+2\sqrt{5}},$$

der untere Teil

$$e = \frac{h}{2}(\sqrt{5} - 1) = a\sqrt{\frac{5 + \sqrt{5}}{8}},$$

der obere

$$f = \frac{e}{2}(\sqrt{5} - 1) = a\sqrt{\frac{5 - \sqrt{5}}{8}}.$$

Aus $h = e + f$ folgt eine neue Schreibweise für h. Aus $r_1^2 - r^2 = \frac{a^2}{4}$ oder $(r_1 + r)(r_1 - r) = \frac{a^2}{4}$ und $r + r_1 = h$ folgt durch Division $r_1 - r = \frac{a^2}{4h}$. Die beiden letzten Gleichungen geben

$$r_1 = \frac{4h^2 + a^2}{8h} = a\sqrt{\frac{5 + \sqrt{5}}{10}},$$

und

$$r = \frac{4h^2 - a^2}{8h} = \frac{a}{2}\sqrt{\frac{5 + 2\sqrt{5}}{5}}.$$

Als Fläche folgt

$$F = \frac{5a}{2} r = \frac{5a^2}{4}\sqrt{\frac{5 + 2\sqrt{5}}{5}}.$$

Der halbe Centriwinkel $\alpha = \frac{\pi}{5}$ berechnet sich aus

$$\sin\frac{\pi}{5} = \frac{a}{2r_1} = \sqrt{\frac{5 - \sqrt{5}}{8}}$$

oder

$$\cos\frac{\pi}{5} = \frac{r}{r_1} = \sqrt{\frac{3 + \sqrt{5}}{8}}$$

oder

$$\tan\frac{\pi}{5} = \sqrt{5 - 2\sqrt{5}}.$$

Daraus folgen noch die oft verwendbaren Gleichungen:

$$e^2 = \left(\frac{d}{2}\right)^2 + \left(\frac{a}{2}\right)^2, \quad f^2 = \left(\frac{a}{2}\right)^2 + \left(\frac{p}{2}\right)^2, \quad p^2 + d^2 = 3a^2$$

oder

$$\sqrt{a^2 + p^2 + d^2} = 2a.$$

Diese planimetrischen Dinge seien im Hinblick auf die Übungsaufgaben im Zusammenhange vorausgeschickt.)

166) Das regelmäfsige Zwölfflach. Aus den planimetrischen Beziehungen ergab sich schon im Teil I, dafs, wenn man die halbe Mittellinie des Würfels so nach aufsen verlängert, dafs das Ganze stetig geteilt ist, die Kante des umbeschriebenen Pentagondodekaeders getroffen wird. (Vgl. I, § 84.) Über jeder Würfelkante d steht dann ein Dach von der Höhe $\frac{d}{4}(\sqrt{5}-1)$, der dortige Raumwinkel δ bestimmt sich demnach aus:

$$\tan\frac{\delta}{2} = \frac{\frac{d}{2}}{\frac{d}{4}(\sqrt{5}-1)} = \frac{2}{\sqrt{5}-1} = \frac{\sqrt{5}+1}{2},$$

so dafs abgerundet $\delta = 116^0\,33'\,54''$ wird.

Ferner war in Bd. I, § 147 gezeigt, dafs der auf einer der Flächen stehende Körper seine Ecken in vier Schichten von den Höhenlagen*) o, r_1, $r_1\frac{\sqrt{5}+1}{2}$, $r_1\frac{\sqrt{5}+3}{2}$ hat (wobei $r_1\frac{\sqrt{5}+1}{2} = 2r$ zu beachten ist). Die Hälfte der letzten Höhe giebt den Radius der einbeschriebenen Kugel

$$\varrho = r_1\frac{\sqrt{5}+3}{4} = \frac{a}{2}\sqrt{\frac{25+11\sqrt{5}}{10}}.$$

Da

$$O = 12F = 15a^2\sqrt{\frac{5+2\sqrt{5}}{5}} = 3a^2\sqrt{5(5+2\sqrt{5})}$$

ist, so folgt

$$J = \frac{\varrho O}{3} = a^3\sqrt{\frac{5}{8}(47+21\sqrt{5})} = \frac{a^3}{4}\sqrt{470+210\sqrt{5}}$$
$$= \frac{a^3}{4}(15+7\sqrt{5}).$$

---

* Dort waren die Höhenlagen der Schichten mit o, ϱ, $r = \varrho\frac{\sqrt{5}+1}{2}$, $r+\varrho = \frac{\sqrt{5}+3}{2}$ bezeichnet.

Der sechste regelmäſsige Körper würde das regelmäſsige Unendlichflach oder die Kugel sein.

167) Der Übersicht halber sei alles Wesentliche über die regelmäſsigen Körper in einer Tabelle zusammengestellt.

	4-Flach	6-Flach	8-Flach	12-Flach	20-Flach.
ϱ	$a\sqrt{\frac{1}{24}}$	$\frac{a}{2}$	$a\sqrt{\frac{1}{6}}$	$\frac{a}{2}\sqrt{\frac{25+11\sqrt{5}}{10}}$	$\frac{a\sqrt{3}}{12}(\sqrt{5}+3)$
R	$a\sqrt{\frac{3}{8}}$	$\frac{a}{2}\sqrt{3}$	$a\sqrt{\frac{1}{2}}$	$\frac{a}{4}\sqrt{3}(\sqrt{5}+1)$	$a\sqrt{\frac{5+\sqrt{5}}{8}}$
O	$a^2\sqrt{3}$	$6a^2$	$2a^2\sqrt{3}$	$3a^2\sqrt{5(5+2\sqrt{5})}$	$5a^2\sqrt{3}$
J	$\frac{a^3}{12}\sqrt{2}$	a^3	$\frac{a^3}{3}\sqrt{2}$	$\frac{a^3}{4}(15+7\sqrt{5})$	$\frac{5a^3}{12}(\sqrt{5}+3)$
$\tan\frac{\delta}{2}$	$\sqrt{\frac{1}{2}}$	1	$\sqrt{2}$	$\frac{\sqrt{5}+1}{2}$	$\frac{3+\sqrt{5}}{2}$
δ	70°31′44″	90°	109°28′16″	116°33′54″	138°11′23″

β) Die allgemeinen Formeln für das regelmässige n-Flach.

168) Es fragt sich nun, ob man ganz allgemein für das regelmäſsige n-Flach jede dieser Grössen einheitlich ausdrücken kann, so daſs statt der 5 Formeln stets nur eine auftritt. Zu diesem Zwecke ist es zunächst nötig, die Anzahl n_1 der in einer Ecke zusammenstoſsenden Flächen bezw. Kanten zu kennen. Eine solche Ecke stumpfe man regelmäſsig ab, so daſs eine n_1-seitige Pyramide entsteht (Fig. 29). Sind B und E die Nachbarecken von A, so ziehe man BE, lege durch BE die Normalebene BKE zu

AP und bilde noch die Hauptschnittebene AMP, welche die vorige Ebene in KG schneidet. Dabei ist $\sphericalangle\, BKE$ der gesuchte Raumwinkel δ an der Kante AP, während

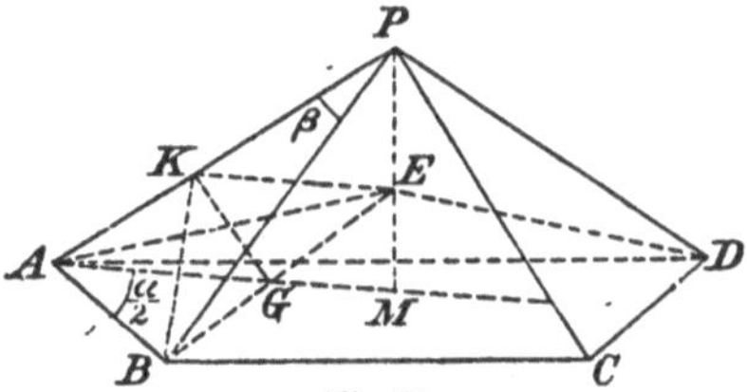

Fig. 29.

$$\sphericalangle\, BAE = \alpha = 180^0 - \frac{360^0}{n_1} = \left(\frac{n_1 - 2}{n_1}\right) 180^0$$

ist. Auch Winkel APB muſs bekannt sein. Handelt es sich um n_2-seitige Flächen, so ist dieser Winkel

$$\beta = \left(\frac{n_2 - 2}{n_2}\right) 180^0.$$

Jetzt ist

1) $$\sin\frac{\delta}{2} = \frac{BG}{KB} = \frac{AB \cdot \sin\frac{\alpha}{2}}{AB \cdot \sin BAK} = \frac{\sin\frac{\alpha}{2}}{\cos\frac{\beta}{2}},$$

oder, da

$$\sin\frac{\alpha}{2} = \sin\left(90^0 - \frac{180^0}{n_1}\right) = \cos\frac{180^0}{n_1}$$

und

$$\cos\frac{\beta}{2} = \cos\left(90^0 - \frac{180^0}{n_2}\right) = \sin\frac{180^0}{n_2}$$

ist,

1*) $$\sin\frac{\delta}{2} = \frac{\cos\frac{180^0}{n_1}}{\sin\frac{180^0}{n_2}}.$$

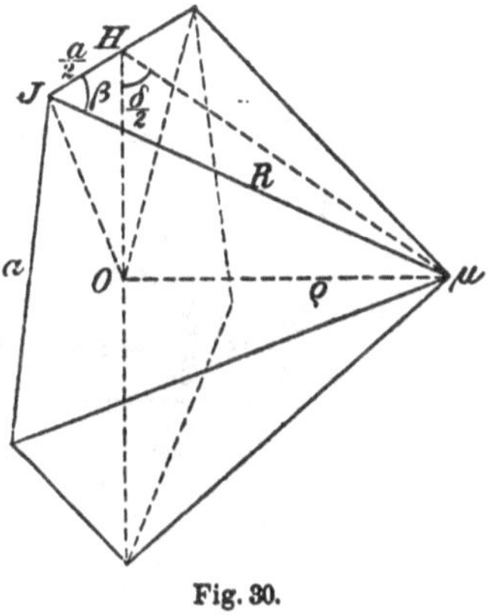

Fig. 30.

169) Ist nun μ der Mittelpunkt des Körpers, $\mu O = \varrho$ der Radius der einbeschriebenen Kugel, und $OH\mu$ der Hauptschnitt durch den Halbierungspunkt einer Kante, so ist

$$\sphericalangle\, OH\mu = \frac{\delta}{2},$$

$$\text{also}\quad \varrho = OH \tan\frac{\delta}{2},$$

oder, da

$$HJ = \frac{a}{2} \quad\text{und}\quad \sphericalangle HJO = \frac{\beta}{2} \text{ ist,*)}$$

$$\varrho = \frac{a}{2}\tan\frac{\beta}{2}\tan\frac{\delta}{2} = \frac{a}{2}\cot\frac{180^0}{n_2}\cdot\frac{\sin\frac{\delta}{2}}{\sqrt{1-\sin^2\frac{\delta}{2}}},$$

oder endlich

$$2)\qquad \varrho = \frac{a}{2}\cot\frac{180^0}{n_2}\cdot\frac{\cos\frac{180^0}{n_1}}{\sqrt{\sin^2\frac{180^0}{n_2}-\cos^2\frac{180^0}{n_1}}}.$$

170) Für den Radius der umbeschriebenen Kugel folgt aus der Figur

$$R^2 = JH^2 + H\mu^2$$

$$= \frac{a^2}{4} + \left(\frac{\varrho}{\sin\frac{\delta}{2}}\right)^2 = \frac{a^2}{4} + \left(\frac{a}{2}\,\frac{\tan\frac{\beta}{2}}{\cos\frac{\delta}{2}}\right)^2 = \frac{a^2}{4}\left[1+\frac{\tan^2\frac{\beta}{2}}{\cos^2\frac{\delta}{2}}\right].$$

Nach 1) ist

$$\cos^2\frac{\delta}{2} = 1 - \frac{\sin^2\frac{a}{2}}{\cos^2\frac{\beta}{2}};$$

Einsetzung giebt

$$R^2 = \frac{a^2}{4}\left[1+\frac{\tan^2\frac{\beta}{2}\cos^2\frac{\beta}{2}}{\cos^2\frac{\beta}{2}-\sin^2\frac{a}{2}}\right]$$

$$= \frac{a^2}{4}\,\frac{\left(\cos^2\frac{\beta}{2}-\sin^2\frac{a}{2}\right)+\sin^2\frac{\beta}{2}}{\cos^2\frac{\beta}{2}-\sin^2\frac{a}{2}} = \frac{a^2}{4}\,\frac{\cos^2\frac{a}{2}}{\cos^2\frac{\beta}{2}-\sin^2\frac{a}{2}},$$

---

*) In Fig. 30 ist $\sphericalangle HJO$ mit $\frac{\beta}{2}$ zu bezeichnen.

oder endlich

$$3)\quad R = \frac{a}{2}\,\frac{\cos\frac{\alpha}{2}}{\sqrt{\cos^2\frac{\beta}{2} - \sin^2\frac{\alpha}{2}}} = \frac{a}{2}\,\frac{\sin\frac{180^0}{n_1}}{\sqrt{\sin^2\frac{180^0}{n_2} - \cos^2\frac{180^0}{n_1}}}.$$

171) Die Oberfläche ergiebt sich als

$$O = nF = nn_2\frac{a^2}{4}\tan\frac{\beta}{2}$$

oder als

$$4)\quad O = nn_2\frac{a^2}{4}\cot\frac{180^0}{n_2}.$$

Der Inhalt ist

$$J = \frac{\varrho}{3}\,O = nn_2\frac{a^3}{24}\tan^2\frac{\beta}{2}\tan\frac{\delta}{2}$$

$$= nn_2\frac{a^3}{24}\tan^2\frac{\beta}{2}\cdot\frac{\sin\frac{\delta}{2}}{\sqrt{1-\sin^2\frac{\delta}{2}}}$$

oder endlich

$$5)\quad J = nn_2\frac{a^3}{24}\cot^2\frac{180^0}{n_2}\,\frac{\cos\frac{180^0}{n_1}}{\sqrt{\sin^2\frac{180^0}{n_2} - \cos^2\frac{180^0}{n_1}}}.$$

Die Formeln 2), 3) und 5) lassen sich noch in andere Formen umschreiben.

172) Ist also von einem regelmäfsigen n-Flach neben n noch die Anzahl n_1 der in jeder Ecke zusammentreffenden Flächen und aufserdem die Seitenzahl n_2 jeder Fläche bekannt, so hat man in den Formeln 1*) bis 5) die Werte für $\frac{\delta}{2}$, ϱ, R, O und J. Aus ihnen lassen sich die Ausdrücke der letzten Tabelle selbständig ableiten. So nimmt z. B. $\sin\frac{\delta}{2}$ der Reihe nach die Werte

$$\frac{\cos 60^0}{\sin 60^0},\quad \frac{\cos 60^0}{\sin 45^0},\quad \frac{\cos 45^0}{\sin 60^0},\quad \frac{\cos 60^0}{\sin 36^0},\quad \frac{\cos 36^0}{\sin 60^0}$$

an, die sich schreiben lassen als

$$\sqrt{\frac{1}{3}},\quad \sqrt{\frac{1}{2}},\quad \sqrt{\frac{2}{3}},\quad \sqrt{\frac{5+\sqrt{5}}{10}},\quad \frac{\sqrt{5}+1}{2\sqrt{3}}.$$

γ) Beziehungen zwischen verschiedenen regelmässigen Vielflachen.

173) Aus der obigen Tabelle ergeben sich einige Beziehungen. Durch Indices werde angedeutet, um welches n-Flach es sich handelt. So ist

$$\frac{\varrho_4}{R_4} = \frac{a\sqrt{\frac{1}{24}}}{a\sqrt{\frac{3}{8}}} = \frac{1}{3};\quad \frac{\varrho_6}{R_6} = \frac{\frac{a}{2}}{\frac{a}{2}\sqrt{3}} = \frac{1}{\sqrt{3}};$$

$$\frac{\varrho_8}{R_8} = \frac{a\sqrt{\frac{1}{6}}}{a\sqrt{\frac{1}{2}}} = \frac{1}{\sqrt{3}};\quad \frac{\varrho_{12}}{R_{12}} = \frac{\frac{a}{2}\sqrt{\frac{25+11\sqrt{5}}{10}}}{\frac{a}{4}\sqrt{3}(\sqrt{5}+1)}$$

$$= 2\sqrt{\frac{(25+11\sqrt{5})(6-2\sqrt{5})}{30(6+2\sqrt{5})(6-2\sqrt{5})}}$$

$$= \sqrt{\frac{5+2\sqrt{5}}{15}};\quad \frac{\varrho_{20}}{R_{20}} = \frac{\frac{a\sqrt{3}}{12}(\sqrt{5}+3)}{a\sqrt{\frac{5+\sqrt{5}}{8}}}$$

$$= \sqrt{\frac{3\cdot 8}{144}\,\frac{(14+6\sqrt{5})(5-\sqrt{5})}{(5+\sqrt{5})(5-\sqrt{5})}} = \sqrt{\frac{5+2\sqrt{5}}{15}}.$$

Bei gleichen Kanten a ist also

$$\frac{\varrho_6}{R_6} = \frac{\varrho_8}{R_8};\quad \frac{\varrho_{12}}{R_{12}} = \frac{\varrho_{20}}{R_{20}},$$

d. h. für reciproke Paare regelmäſsiger Körper sind

die Verhältnisse der Radien der um- und einbeschriebenen Kugeln dieselben.

Aufserdem ist

$$\frac{\varrho_6}{R_6} \cdot \frac{\varrho_8}{R_8} = \frac{\varrho_4}{R_4}.$$

174) Ganz entsprechende Beziehungen finden nun mit den derselben Kugel um- und einbeschriebenen Polygonen gleicher Seitenzahl statt. Setzt man z. B. $\varrho_4 = R_4$, so folgt

$$a_4 \sqrt{\frac{1}{24}} = a_4 \sqrt{\frac{3}{8}},$$

also ist

$$\frac{a_4}{a_4'} = \frac{\sqrt{\frac{1}{24}}}{\sqrt{\frac{3}{8}}} = \frac{1}{3},$$

wobei a_4 Kante des einbeschriebenen, a_4' Kante des umbeschriebenen Tetraeders derselben Kugel ist. Ebenso ist

$$\frac{a_6}{a_6'} = \frac{1}{\sqrt{3}}, \quad \frac{a_8}{a_8'} = \frac{1}{\sqrt{3}}, \quad \frac{a_{12}}{a_{12}'} = \sqrt{\frac{5 + 2\sqrt{5}}{15}},$$

$$\frac{a_{20}}{a_{20}'} = \sqrt{\frac{5 + 2\sqrt{5}}{15}}.$$

Für die Oberflächen ergeben sich die Quadrate dieser Verhältnisse, für die Inhalte die Kuben, und die Gleichungen bleiben bestehen, so dafs z. B.

$$\frac{J_{12}}{J_{12}'} = \frac{J_{20}}{J_{20}'}, \quad \frac{J_6}{J_6'} = \frac{J_8}{J_8'}, \quad \frac{J_6}{J_6'} \cdot \frac{J_8}{J_8'} = \frac{J_4}{J_4'}$$

ist, ebenso

$$\frac{O_{12}}{O_{12}'} = \frac{O_{20}}{O_{20}'}, \quad \frac{O_6}{O_6'} = \frac{O_8}{O_8'}, \quad \frac{O_6}{O_6'} \cdot \frac{O_8}{O_8'} = \frac{O_4}{O_4'}.$$

175) Von Interesse sind noch die Verhältnisse reciproker regelmäfsiger Polyeder, die derselben Kugel ein- und umbeschrieben sind.

Der Tetraeder ist dabei einem Tetraeder reciprok, und für beide folgt aus $\varrho_4' = R_4$

$$\frac{a_4'}{a_4}=\frac{3}{1},\quad \frac{R_4'}{\varrho_4}=\frac{9}{1},\quad \frac{O_4'}{O_4}=\frac{9}{1},\quad \frac{J_4'}{J_4}=\frac{27}{1}.$$

Stets soll die umbeschriebene Figur durch einen Strich angedeutet werden.

Umbeschriebenes 6-Flach und einbeschriebenes 8-Flach. $\varrho_6'=R_8$ giebt

$$\frac{a_6'}{a_8}=\sqrt{2},$$

also für die Kantensumme:

$$\frac{s_6'}{s_8}=\sqrt{2};\quad \frac{R_6'}{\varrho_8}=3;\quad \frac{O_6'}{O_8}=\frac{2\sqrt{3}}{1};\quad \frac{J_6'}{J_8}=\frac{6}{1}.$$

Umbeschriebenes 8-Flach und einbeschriebenes 6-Flach. $\varrho_8'=R_6$ giebt

$$\frac{a_8'}{a_6}=\sqrt{\frac{9}{2}}=3\sqrt{\frac{1}{2}},$$

also auch

$$\frac{s_8'}{s_6}=3\sqrt{\frac{1}{2}};\quad \frac{R_8'}{\varrho_6}=3;\quad \frac{O_8'}{O_6}=\frac{3}{2}\sqrt{3};\quad \frac{J_8'}{J_6}=\frac{9}{2}.$$

Umbeschriebenes 12-Flach und einbeschriebenes 20-Flach. $\varrho_{12}'=R_{20}$ giebt*)

$$\frac{a_{12}'}{a_{20}}=\sqrt{5}\,\frac{3-\sqrt{5}}{2}=\frac{s_{12}'}{s_{20}};$$

$$\frac{R_{12}'}{\varrho_{20}}=3\sqrt{5}\,(\sqrt{5}-2)=3\,(5-2\sqrt{5});$$

$$\frac{O_{12}'}{O_{20}}=\sqrt{\frac{15}{2}}\sqrt{25-11\sqrt{5}}=5\sqrt{\frac{3\,(5\sqrt{5}-11)}{2}}.$$

$$\frac{J_{12}'}{J_{20}}=\frac{15}{2}(7-3\sqrt{5}).$$

---

*) Bei diesen Aufgaben handelt es sich neben sonstigen Umformungen auch um Wurzelausziehung, hier z. B. um

$$\sqrt{\frac{70-30\sqrt{5}}{4}}=\sqrt{\frac{5}{4}\,(14-6\sqrt{5})}=\sqrt{\frac{5}{4}\,(9-6\sqrt{5}+5)}$$
$$=\sqrt{\frac{5}{4}\,(3-\sqrt{5})^2}=\frac{3-\sqrt{5}}{2}\sqrt{5}.$$

Umbeschriebenes 20-Flach und einbeschriebenes 12-Flach. $\varrho'_{20} = R_{12}$ giebt

$$\frac{a'_{20}}{a_{12}} = \frac{3}{2}(\sqrt{5} - 1) = \frac{s'_{20}}{s_{12}};$$

$$\frac{R'_{20}}{\varrho_{12}} = 3\sqrt{5}(\sqrt{5} - 2) = 3(5 - 2\sqrt{5});$$

$$\frac{O'_{20}}{O_{12}} = 3\sqrt{15}\sqrt{\frac{65 - 29\sqrt{5}}{10}} = 3\sqrt{\frac{3(65 - 29\sqrt{5})}{2}};$$

$$\frac{J'_{20}}{J_{12}} = \frac{9\sqrt{5}}{2}(5\sqrt{5} - 11) = \frac{9}{2}(25 - 11\sqrt{5}).$$

Mit Hilfe dieser Formeln läfst sich aus einem regelmäfsigen Körper, von dem ein Element gegeben ist, sofort das entsprechende des derselben Kugel um- oder einbeschriebenen reciproken Körpers berechnen.

176) Daraus ergeben sich ferner einige merkwürdige Beziehungen für regelmäfsige Polyeder, die derselben Kugel einbeschrieben sind, der jene umbeschrieben sind und ihre reciproken, also bei $R = \varrho'$.

$$\frac{R'_6}{\varrho_8} = \frac{R'_8}{\varrho_6} = 3; \quad \frac{R'_{12}}{\varrho_{20}} = \frac{R'_{20}}{\varrho_{12}} = 3(5 - 2\sqrt{5}); \quad \frac{R'_6}{\varrho_8} \cdot \frac{R'_8}{\varrho_6} = \frac{R'_4}{\varrho_4} = \frac{9}{1}.$$

$$\frac{J'_6}{J_8} \cdot \frac{J'_8}{J_6} = \frac{J'_4}{J_4} = 27. \quad \frac{O'_8}{O_6} \cdot \frac{O'_6}{O_8} = \frac{O'_4}{O_4} = 9.$$

Brauchbar sind noch einige der obigen Werte, z. B.

$$\frac{J'_8}{J_6} = \left(\frac{a'_8}{a_6}\right)^2 = \frac{9}{2}; \quad \frac{J'_{12}}{J_{20}} = 3\left(\frac{a'_{12}}{a_{20}}\right)^2 = \frac{15}{2}(7 - 3\sqrt{5});$$

177) Bemerkungen. Nach Art der Haupttabelle lassen sich andere aufstellen, in denen alle Elemente, statt durch a, durch ϱ oder durch R, O, J ausgedrückt werden. Sie lassen sich ohne weiteres aus jener ableiten.

Setzt man den Inhalt des Raumes gleich 1, so haben die Zentralpyramiden der regelmäfsigen Körper, ins unendliche ausgedehnt, die Rauminhalte

$$\frac{1}{4}, \frac{1}{6}, \frac{1}{8}, \frac{1}{12}, \frac{1}{20}.$$

Jede konzentrische Kugelfläche wird durch die Zentralpyramiden eines regelmäfsigen Körpers in 4 bezw. 6, 8, 12, 20 gleiche Teile eingeteilt.

B. Vermischte Aufgaben.

I. Vermischte Aufgaben über den senkrechten Kreiskegel und den Kegelstumpf.

178) Ein Kegel habe die Höhe h und das spezifische Gewicht p'. Wie tief taucht er bei $p' < 1$ mit der Spitze voran ins Wasser ein?

Auflösung. Beim Gleichgewicht ist $p' : 1 = W : J$. Aus Gründen der Ähnlichkeit ist $W : J = x^3 : h^3$. Daraus folgt als Tiefe des Eintauchens:

$$x = h\sqrt[3]{p'}.$$

Beispiel. Für $h = 5$ und $p' = 0{,}8$ wird $x = 4{,}6416$.

Umkehrungsbeispiel. $h = 15$, $h_1 = 0{,}8$, giebt

$$p' = 0{,}1517.$$

179) Dieselbe Aufgabe, jedoch soll die Grundfläche vorangehen.

Auflösung. Ist der herausragende Teil des Kegels J_1, so ist $W = J - J_1$. Die Gleichung $W = Jp'$ geht also über in $J - J_1 = Jp'$ oder $J\left[1 - \left(\frac{h-x}{h}\right)^3\right] = p'J$, d. h.:

$$x = h\left[1 - \sqrt[3]{1 - p'}\right].$$

Beispiel. Ist $h = 5$, $p = 0{,}8$, so wird $x = 2{,}076$.

180) Ein abgestumpfter Kegel mit den Radien r_1 und r_2 und der Höhe h habe das spezifische Gewicht p'. Wie tief taucht er ins Wasser ein, wenn G_1 vorangeht?

Auflösung. Wiederum ist

1) $$W = Jp'.$$

Ergänzt man den Kegel, so wird die Gesamthöhe:

$$h_1 = h\frac{r_1}{r_1 - r_2},$$

die Ergänzungshöhe:

$$h_2 = h_1 - h = h\frac{r_2}{r_1 - r_2},$$

so dafs J_1 und J_2 bekannt sind, und:

$$2)\ J = J_1 - J_2 = J_1\left[1 - \left(\frac{h_1 - h}{h_1}\right)^3\right] = \frac{J_1}{h_1^3}[h_1^3 - (h_1 - h)^3]$$

wird. Ferner wird:

$$3)\qquad W = J_3 - J_2 = J_1\left(\frac{h_1 - h + x}{h_1}\right)^3 - J_1\left(\frac{h_1 - h}{h_1}\right)^3$$

$$= \frac{J_1}{h_1^3}[(h_1 - h + x)^3 - (h_1 - h)^3].$$

Setzt man die Werte von J und W in Gleichung 1) ein, so folgt, da $\frac{J_1}{h_1^3}$ sich weghebt:

$$(h_1 - h + x)^3 - (h_1 - h)^3 = [h_1^3 - (h_1 - h)^3]p',$$

also:

$$x = \sqrt[3]{[h_1^3 - (h_1 - h)^3]p' + (h_1 - h)^3} - (h_1 - h).$$

Setzt man die Werte von h_1 und $(h_1 - h)$ ein, so erhält man als Resultat:

$$x = \frac{h}{r_1 - r_2}\left[\sqrt[3]{p'(r_1^3 - r_2^3) + r_2^3} - r_2\right].$$

Beispiel. Für $r_1 = 5$, $r_2 = 3$, $h = 4$, $p' = 0{,}6$ wird

$$x = 2{,}8212.$$

Läfst man die andere Grundfläche vorangehen, so wird

$$x = 1{,}9094.$$

[Dividiert man im Nenner und Zähler durch r_2, so wird:

$$x = \frac{h}{\frac{r_1}{r_2} - 1}\left[\sqrt[3]{p'\left[\left(\frac{r_1}{r_2}\right)^3 - 1\right] + 1} - 1\right],$$

so dafs man nur das Verhältnis $\frac{r_1}{r_2}$ zu kennen braucht.]

Ähnliche Aufgaben lassen sich für Hohlkegel von überall gleicher Wandstärke aufstellen.

181) Einen Kegel zu berechnen aus den Radien der beiden Berührungskugeln.

Auflösung. Die Formeln entnehme man dem Abschnitt über den Kegel:

$$r = \sqrt{\varrho_1 \varrho}, \quad h = \frac{2\varrho_1 \varrho}{\varrho_1 - \varrho}, \quad J = \frac{2\varrho_1^2 \varrho^2 \pi}{3(\varrho_1 - \varrho)}, \text{ usw.}$$

182) In einen Kegel vom Grundradius r und der Höhe h einen Cylinder quadratichen Querschnitts einzuzeichnen, und die unendliche Reihe aufeinanderstehender ähnlicher Cylinder zu summieren.

Auflösung. Aus $r : \frac{h_1}{2} = h : (h - h_1)$ folgt als Cylinderhöhe $h_1 = \frac{2rh}{2r + h}$. Der nächste Cylinder ist niedriger im Verhältnis $\frac{h - h_1}{h} = \frac{h_1}{2r} = \frac{h}{2r + h}$, die Reihe der Cylinderhöhen wird also:

$$2r\frac{h}{2r+h}, \quad 2r\left(\frac{h}{2r+h}\right)^2, \quad 2r\left(\frac{h}{2r+h}\right)^3, \quad 2r\left(\frac{h}{2r+h}\right)^4, \; \ldots$$

Zu jeder gehört ein halb so großer Radius, die Reihe der Inhalte wird also:

$$2\pi r^3\left(\frac{h}{2r+h}\right)^3 + 2\pi r^3\left(\frac{h}{2r+h}\right)^6 + 2\pi r^3\left(\frac{h}{2r+h}\right)^9 + \ldots$$

$$= 2\pi r^3\left(\frac{h}{2r+h}\right)^3 \frac{1}{1 - \left(\frac{h}{2r+h}\right)^3}$$

oder:

$$S_i = \frac{2\pi r^3 h^3}{(2r+h)^3 - h^3} = \frac{\pi r^2 h^3}{4r^2 + 6rh + 3h^2}.$$

Man kann folgende Probe machen:

$$S_i : \text{Kegel} = \text{erster Cylinder} : \text{Kegelstumpf}.$$

Darin liegt eine zweite Lösung. — Soll ein Cylinder einbeschrieben werden, dessen Höhe z. B. viermal so groß ist als sein Radius, so wird z. B. die Mantelformel:

$$M = 8\pi\left(\frac{rh}{h + 4r}\right)^2.$$

Für $r = 12$, $h = 43$ wird $M = 808{,}08$.

183) In einen Kegel vom Grundradius r und der Höhe h einen Würfel einzubeschreiben und die unendliche Reihe der aufeinanderstehenden Würfel zu summieren.

Auflösung. Ist x die Würfelkante, also $x\sqrt{\frac{1}{2}}$ die halbe Diagonale der Quadratfläche, so folgt aus der Ähnlichkeit der Dreiecke:

$$r : x\sqrt{\frac{1}{2}} = h : (h - x),$$

d. h.:

$$x = \frac{hr}{r + h\sqrt{\frac{1}{2}}} = \frac{2hr}{2r + h\sqrt{2}}.$$

Der Inhalt des ersten Würfels wird also:

$$\left(\frac{2hr}{2r + h\sqrt{2}}\right)^3.$$

Die zweite Würfelkante wird kleiner im Verhältnis:

$$\frac{h - x}{h} = \frac{x\sqrt{\frac{1}{2}}}{r} = \frac{h\sqrt{\frac{1}{2}}}{r + h\sqrt{\frac{1}{2}}} = \frac{h\sqrt{2}}{2r + h\sqrt{2}}.$$

Die Reihe der Inhalte wird also:

$$8r^3\left(\frac{h}{2r+h\sqrt{2}}\right)^3 + 8r^3\left(\frac{h}{2r+h\sqrt{2}}\right)^6\sqrt{2}^3 + 8r^3\left(\frac{h}{2r+h\sqrt{2}}\right)^9\sqrt{2}^6 + \dots$$

und ihre Summe

$$S_i = \frac{8r^3h^3}{(2r + h\sqrt{2})^3}\,\frac{1}{1 - \left(\frac{h\sqrt{2}}{2r + h\sqrt{2}}\right)^3} = \frac{4r^2h^3}{4r^2 + 6rh\sqrt{2} + 3h}.$$

Probe und zweite Lösung ähnlich wie bei voriger Aufgabe.

Beispiel. $r = 4{,}5132$, $h = 19{,}381$ giebt $x = 4{,}8014$, $J_1 = 110{,}6894$.

184) Dieselbe Aufgabe, nur soll eine dreiseitige Säule mit quadratischen Seitenflächen einbeschrieben und die entsprechende Reihe summiert werden.

Auflösung. Ist x die Kante der Säule, so ist die Höhe der Grundfläche $\frac{x}{2}\sqrt{3}$, der Radius des ihr umbeschriebenen Kreises also:

$$\frac{2}{3}\frac{x}{2}\sqrt{3} = x\sqrt{\frac{1}{3}}.$$

Die entsprechende Proportion wird:

$$r : x\sqrt{\frac{1}{3}} = h : (h - x),$$

so dafs:

$$x = \frac{rh}{r + h\sqrt{\frac{1}{3}}} = \frac{3rh}{3r + h\sqrt{3}}.$$

Fortzufahren ist wie vorher.

Beispiel. $r + 4{,}5132$, $h = 19{,}381$ giebt $x = 5{,}5704$, $J = 74{,}8428$.

185) Dieselbe Aufgabe für die regelmäfsige n-seitige Säule mit quadratischen Seitenflächen.

Auflösung. Ist x die Kante der Säule, so ist für den Umkreis ihrer Grundfläche:

$$r = \frac{x}{2\sin\frac{\pi}{n}},$$

die Proportion wird:

$$r : \frac{x}{2\sin\frac{\pi}{n}} = h : (h - x),$$

also:

$$x = \frac{rh}{r + \frac{h}{2\sin\frac{\pi}{n}}} = \frac{2rh\sin\frac{\pi}{n}}{2r\sin\frac{\pi}{n} + h}.$$

Jetzt ist fortzufahren wie vorher.

Beispiel. Für $n = 6$ wird $x = \frac{rh}{r + h}$.

186) Der Hauptschnitt eines Kegels habe an der Spitze den Winkel ϑ. Wie verhalten sich die aufeinanderfolgenden Radien der Reihe einbeschriebener Kugeln?

Auflösung.

$$\frac{\varrho_1}{\varrho}=\frac{s+r}{s-r}=\frac{1+\frac{r}{s}}{1-\frac{r}{s}}=\frac{1+\sin\frac{\vartheta}{2}}{1-\sin\frac{\vartheta}{2}}=\frac{\sin 90^0+\sin\frac{\vartheta}{2}}{\sin 90^0-\sin\frac{\vartheta}{2}}=\frac{\tan\frac{\pi-\vartheta}{4}}{\tan\frac{\pi-\vartheta}{4}}.$$

(Vgl. die Betrachtungen über den Kegel.)

187) Den Cylinder gröfster Mantelfläche zu bestimmen, der sich in einen gegebenen Kegel einbeschreiben läfst.

Auflösung. Ist r_1 der Radius des einbeschriebenen Cylinders, so folgt aus $r : r_1 = h : (h - h_1)$ die Cylinderhöhe:

$$h_1 = h\frac{r-r_1}{r}$$

und der Cylindermantel:

$$M = 2r_1\pi h_1 = 2r_1\pi h\frac{r-r_1}{r},$$

so dafs:

$$-\frac{Mr}{2\pi h} = -rr_1 + r_1^2$$

oder:

$$r_1 = \frac{r}{2} \pm \sqrt{\frac{r^2}{4} - \frac{Mr}{2\pi h}}$$

ist. Soll dies reell sein, so darf M höchstens gleich $\frac{r\pi h}{2}$ sein. Nimmt es diesen Wert an, so ist $r_1 = \frac{r}{2}$. Den gröfsten Mantel hat man für diesen Wert von r_1.

Dieses Resultat kann man ohne weitere Rechnung so ableiten, dafs man den Wurzelwert von vornherein gleich Null setzt.

188) Den Cylinder gröfster Oberfläche zu berechnen, der sich einem Kegel einbeschreiben läfst.

Auflösung. Wieder ist $h_1 = h\frac{r-r_1}{r}$, also:

$$O = 2r_1^2\pi + 2r_1\pi h\frac{r - r_1}{r} = 2r_1\pi h + 2r_1^2\pi\frac{r - h}{r},$$

also:

$$r_1^2 - \frac{r r_1 h}{h - r} = -\frac{Or}{2\pi(h - r)}$$

und:

$$r_1 = \frac{rh}{2(h - r)} \pm \sqrt{\left(\frac{rh}{2(h - r)}\right)^2 - \frac{Or}{2\pi(h - r)}}.$$

Den Höchstwert für O hat man bei $r_1 = \frac{rh}{2(h - r)}$ und dabei ist:

$$O = \frac{\pi r h^2}{2(h - r)}.$$

189) Den Cylinder gröſsten Inhalts zu bestimmen, der sich einem Kegel einbeschreiben läſst.

Auflösung. Aus $h_1 = h\frac{r - r_1}{r}$ folgt:

$$J = r_1^2\pi h_1 = r_1^2\pi\frac{r - r_1}{r}h$$

oder:

$$\frac{Jr}{h\pi} = r_1^2 r - r_1^3 = r_1^2(r - r_1).$$

Dies soll ein Höchstwert werden, was bei dem Radius r_m geschehen möge. Dann muſs der Ausdruck:

$$r_m^2(r - r_m) - r_1^2(r - r_1),$$

wo r_1 ein Nachbarwert von r_m ist, positiv sein, der Ausdruck läſst sich schreiben als:

$$r(r_m^2 - r_1^2) - (r_m^3 - r_1^3)$$

oder als:

$$(r_m - r)\left[r(r_m + r_1) - (r_m^2 + r_m r_1 + r_1^2)\right].$$

Nach der schon in § 57 gemachten Bemerkung müssen beide Faktoren, damit das Produkt positiv sei, gleichzeitig positiv, gleichzeitig negativ, also auch gleichzeitig gleich Null werden. Der eine wird es für $r = r_m$, also auch der andere, d. h. es muſs sein $2rr_m - 3r_m^2$ oder $r_m(2r - 3r_m) = 0$. Für $r_m = 0$

ergiebt sich ein Minimalwert, nämlich 0; für $r_m = \frac{2}{3} r$ der gesuchte Maximalwert, was nun in die Formel für J einzusetzen ist.

190) Die regelmäfsige n-seitige Säule gröfster Mantelfläche zu berechnen, die sich einem Kegel einbeschreiben läfst.

Auflösung.

$$M = nxh_1 = 2nr_1 \sin\frac{\pi}{n} h \frac{r - r_1}{r},$$

also:

$$r_1^2 - rr_1 = -\frac{Mr}{2n \sin\frac{\pi}{m}}.$$

Wie bei der entsprechenden Cylinderaufgabe hat man für jedes n den Höchstwert des Mantels bei $r_1 = \frac{r}{2}$. Alle diese Säulen sind also jenem Cylinder einbeschrieben.

191) Die regelmäfsige n-seitige Säule gröfsten Inhalts zu bestimmen, die sich in einen Kegel eintragen läfst.

Auflösung. Man findet

$$J = \frac{n}{2} r_1^2 \sin\frac{2\pi}{n} h \frac{r - r_1}{r}$$

oder:

$$\frac{2Jr}{nh \sin\frac{2\pi}{n}} = r_1^2(r - r_1).$$

Dieser Ausdruck soll ein Höchstwert werden. Da er mit dem für den einbeschriebenen Cylinder übereinstimmt, wird dies auch hier für $r_1 = \frac{2}{3} r$ erreicht. Alle solche Säulen gröfsten Inhalts sind also demselben Cylinder einbeschrieben.

Dieses Resultat läfst sich auch daraus entnehmen, dafs für jedes n bei beliebiger Höhe der Cylinderinhalt (bezw. der Mantel) ein konstantes Vielfaches vom Inhalt (bezw. dem Mantel) der Säulen ist, so, dafs die Höchstwerte bei derselben Höhe erreicht werden.

192) Einen Kegelstumpf zu berechnen aus den Berührungskugeln seiner Erweiterung und aus seiner Höhe.

Auflösung. Beide Kugeln berühren von aufsen die Flächen G_1 und G_2 des Stumpfes. Setzt man die Radien gleich ϱ_1 und ϱ_2, die Höhe gleich h, und die Entfernung der Kugelmittelpunkte $\varrho_1 + h + \varrho_2 = e$, so findet man leicht

$$x_1 = \frac{e\varrho_1}{\varrho_1 - \varrho_2} \text{ und } x_2 = \frac{e\varrho_2}{\varrho_1 - \varrho_2}$$

als die Entfernungen der Mittelpunkte von der Kegelspitze und:

$$x = \varrho_1 \frac{h + 2\varrho_2}{\varrho_1 - \varrho_2}$$

als die Höhe des Gesamtkegels. Trigonometrisch und geometrisch findet man:

$$r_1 = \varrho_1 \sqrt{\frac{h+2\varrho_2}{h+2\varrho_1}}, \quad r_2 = \varrho_2 \sqrt{\frac{h+2\varrho_1}{h+2\varrho_2}}, \quad s = h \frac{h+\varrho_1+\varrho_2}{\sqrt{(h+2\varrho_1)(h+2\varrho_2)}}$$

usw. (Vgl. § 154.)

193) Einen Kegel zu berechnen aus Inhalt und Oberfläche.

Auflösung. Der Radius des Grundkreises sei x, die Höhe y, dann hat man:

1) $$O = x\pi(x + \sqrt{x^2 + y^2})$$

2) $$J = \frac{x^2 \pi y}{3}.$$

Gleichung 1) formt sich beim Entfernen der Wurzel um zu:

$$O^2 - 2Ox^2\pi = x^2 y^2 \pi.$$

Setzt man hier links den Wert von x^2, rechts den von $x^2\pi$ aus Gleichung 2) ein, so erhält man schliefslich:

$$y^2 - y\frac{O^2}{3J\pi} = -\frac{2O}{\pi},$$

oder:

3) $$y = \frac{O^2 \pm \sqrt{O^4 - 72OJ^2\pi}}{6J\pi},$$

woraus sich $x^2 = \dfrac{3J}{\pi y}$ leicht berechnet.

194) Bemerkung. Damit die Aufgabe lösbar sei, mufs $72J^2\pi \leqq O^3$ sein, d. h. J darf bei gegebenem O höchstens den Wert $J = \frac{O}{6}\sqrt{\frac{O}{2\pi}}$ haben. Nimmt es diesen Wert an, so wird:

$$y = \frac{O^2}{6\pi J} = \sqrt{\frac{2O}{\pi}}, \quad x = \sqrt{\frac{3J}{\pi y}} = \sqrt{\frac{O}{4\pi}},$$

also:

$$\frac{x}{y} = \sqrt{\frac{1}{8}} = \tan\frac{\vartheta}{2},$$

wo ϑ der Winkel an der Spitze des Kegels ist. Daraus folgt:

Ist $\tan\frac{\vartheta}{2} = \sqrt{\frac{1}{8}}$, so handelt es sich jedesmal um den Kegel, der bei gegebener Oberfläche den gröfsten Inhalt oder bei gegebenem Inhalt die kleinste Oberfläche hat.

195) Einer gegebenen Kugel einen Kegelstumpf gegebenen Inhalts einzubeschreiben.

Auflösung. Ist ϱ der Radius der Kugel, so ist

1) $O = \frac{3J}{\varrho}$, zugleich ist $s = r_1 + r_2$ und $r_1 r_2 = \varrho^2$, also

$$O = \pi[r_1^2 + r_2^2 + (r_1 + r_2)s] = 2\pi[r_1^2 + r_2^2 + (r_1 + r_2)^2]$$
$$= 2\pi[r_1^2 + r_2^2 + \varrho^2].$$

Aus $r_1^2 + r_2^2 = \frac{O}{2\pi} - \varrho^2$ und $2r_1 r_2 = \varrho^2$ folgen durch Addition und Subtraktion usw. die Gleichungen

$$r_1 + r_2 = \sqrt{\frac{3J}{2\varrho\pi} + \varrho^2}$$

und

$$r_1 - r_2 = \sqrt{\frac{3J}{2\varrho\pi} - 3\varrho^2},$$

woraus r_1 und r_2 durch Addition und Subtraktion folgen. J mufs mindestens gleich $2\varrho^3\pi$, d. h. mindestens gleich dem umbeschriebenen Cylinder sein, der also unter allen diesen Stumpfen den kleinsten Inhalt hat.

Statt J kann auch O gegeben werden.

196) Kegel und Kegelstumpf spielen eine grofse Rolle in den Formen der Maschinenelemente. Bei den Nieten treten beide als Köpfe auf in Verbindung mit dem cylindrischen Körper der Nieten. Die Achsen grofser Schwungräder bestehen aus cylindrischen Teilen, von denen die einen dem Zapfen angehören, während der dritte zum Aufkeilen der Nabe dient. Das Stück der Achse zwischen diesen Teilen ist in der Regel konisch abgedreht, so dafs es sich um Kegelstumpfe handelt. Die „Anläufe“ könnten etwa als Kegelstumpfe berechnet oder vernachlässigt werden. Auch die Naben der Räder und Balanciers sind bisweilen Kombinationen von Cylinder und Kegelstumpf. Die Tragsäulen der Balanciers sind bisweilen konisch gestaltet. Bei Kegelrädern tritt der Kegelstumpf ebenfalls in die Verwendung ein. Fabrikschornsteine und die in Stein ausgeführten Spitzen von Türmen gehören zum Teil ebenfalls hierher. Der Übungsstoff aus der Praxis ist für zeichnerische und rechnerische Übung (z. B. Gewichtsberechnungen) nicht nur in der gewöhnlichen Technik, sondern auch im Hinblick auf die Formen physikalischer und chemischer Apparate unerschöpflich.

II. Vermischte Aufgaben über regelmäfsige Pyramiden und ihre Stumpfe.

197) Eintauchaufgaben, die den für den Kegel gestellten enstprechen, führen wie dort auf die Resultate

$$x = h\sqrt[3]{p'}, \quad x = h[1 - \sqrt[3]{1 - p'}],$$

$$x = \frac{h}{k_1 - k_2}\left[\sqrt[3]{p'(k_1^3 - k_2^3) + k_2^3} - k_2\right].$$

198) Eine 3, 4, 5, ..., $n$seitige Pyramide aus dem Radius der beiden Berührungskugeln zu berechnen.

Auflösung. Der Radius des einbeschriebenen Kreises der Grundfläche wird, wie beim Kegel, $r = \sqrt{\varrho_1 \varrho}$, die Höhe $h = \frac{2\varrho_1 \varrho}{\varrho_1 - \varrho}$, die Grundkante:

$$k = 2r \tan\frac{\pi}{n} = 2\sqrt{\varrho_1 \varrho} \tan\frac{\pi}{n} \text{ usw.}$$

199) In eine 3, 4, 5, ... $n$seitige Pyramide von der Grundkante k_1 und der Höhe h einen Cylinder quadratischen Querschnitts einzubeschreiben und die Reihe der aufeinanderfolgenden Cylinder solcher Art zu summieren.

Auflösung. Wie beim Kegel wird die Höhe des Cylinders:

$$h_1 = \frac{2rh}{2r+h} = \frac{k_1 \cot\frac{\pi}{n} h}{k_1 \cot\frac{\pi}{n} + h} = \frac{k_1 h}{k_1 + h \tan\frac{\pi}{n}},$$

die Summe der Inhalte wird:

$$S_i = \frac{\pi r^2 h^3}{4r^2 + 6rh + 3h^2},$$

wo

$$r = \frac{k}{2} \cot\frac{\pi}{n} = \frac{k}{2 \tan\frac{\pi}{n}}$$

einzusetzen ist.

Beispiel. $k_1 = 4$, $h = 9$ giebt $x = 3$.

200) In eine quadratische Pyramide von der Grundkante k_1 und der Höhe h einen Würfel so einzubeschreiben, dafs die Ecken seiner oberen Fläche in die Seitenkanten der Pyramide fallen.

Auflösung. Ist x die Seitenkante des Würfels, so folgt aus $k_1 : x = h : (h - x)$ als gesuchte Kante $x = \frac{k_1 h}{k_1 + h}$.

Man summiere auch die unendliche Reihe übereinanderstehender Würfel.

201) Dieselbe Aufgabe, jedoch sollen die Ecken der oberen Würfelfläche in die Mittellinien der Seitenflächen fallen.

Auflösung. $k_1 : x\sqrt{2} = h : (h - x)$, also $x = \frac{k_1 h}{k_1 + h\sqrt{2}}$.

Man summiere auch hier die unendliche Reihe übereinanderstehender Körper.

202) Aufgabe. Es soll untersucht werden, ob in einer quadratischen Pyramide von der Grund-

kante k_1 und der Höhe h noch andere Würfel einbeschrieben werden können.

Auflösung. Hat der Würfel die Kante a, so hat die Pyramide in dessen Höhe a einen quadratischen Schnitt mit der Kante $k_2 = k_1 \frac{h-a}{h}$. In diesen Schnitt läfst sich das Quadrat mit Seite a einlegen, sobald

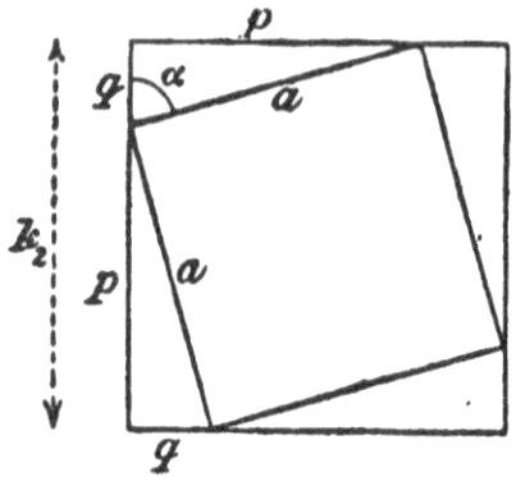

Fig. 31.

$$k_2 \sqrt{\frac{1}{2}} < a < k_2$$

oder

$$k_1 \frac{h-a}{h\sqrt{2}} < a < k_1 \frac{h-a}{h}$$

ist. Diese Ungleichungen führen, wenn jede für sich behandelt wird, auf

$$\frac{k_1 h}{k_1 + h\sqrt{2}} < a < \frac{k_1 h}{k_1 + h},$$

so dafs also a zwischen den in den beiden letzten Aufgaben gefundenen Werten liegen mufs, was vorauszusehen war. Die obige Frage ist für diesen Fall zu bejahen. —

Dabei wird $p^2 + q^2 = a^2$ und $p + q = k_2$, also

$$2p = k_2 + \sqrt{2a^2 - k_2^2}, \quad 2q = k_2 - \sqrt{2a^2 - k_2^2},$$

oder, wenn der obige Wert für k_2 eingesetzt wird

$$2p = \frac{k_1(h-a) + \sqrt{2a^2h^2 - k_1^2(h-a)^2}}{h},$$

$$2q = \frac{k_1(h-a) - \sqrt{2a^2h^2 - k_1^2(h-a)^2}}{h},$$

also

$$\tan\alpha = \frac{p}{q} = \frac{k_1(h-a) + \sqrt{2a^2h^2 - k_1^2(h-a)^2}}{k_1(h-a) - \sqrt{2a^2h^2 - k_1^2(k-a)^2}},$$

oder

$$\sin\alpha = \frac{2p}{2a} = \frac{p}{a}.$$

Dadurch ist der Winkel bestimmt, unter dem die Grundkanten beider Körper gegeneinander gedreht erscheinen.

203) Aufgabe. In eine quadratische Pyramide von der Grundkante k_1 und der Höhe h soll ein Würfel so eingetragen werden, dafs die Grundkanten beider Körper um den Winkel α gedreht erscheinen. Wie grofs ist die Würfelkante zu nehmen?

Auflösung. Man berechne die Würfelkante a aus der letzten Gleichung, oder auch aus

$$\frac{\tan\alpha - 1}{\tan\alpha + 1} = \frac{\sqrt{2a^2h^2 - k_1^2(h-a)^2}}{k_1(h-a)},$$

was sich günstig vereinfachen läfst. Auch $\sin\alpha = \frac{p}{a}$ kann zur Bestimmung gewählt werden.

204) Dieselben Aufgaben sollen für die 3, 5, 6, ..., n-seitige Pyramide und die einzubeschreibende n-seitige regelmäfsige Säule mit quadratischen Seitenflächen gelöst werden.

Die Lösung bietet nichts Neues.

205) In eine 3, 4, 5, ..., n-seitige Pyramide den Cylinder gröfsten Mantels bezw. Inhalts einzubeschreiben.

Man benutze den einbeschriebenen Kegel, für den die Aufgabe schon gelöst ist.

206) In eine 3, 4, 5, ..., n-seitige Pyramide die regelmäfsige n-seitige Säule einzutragen, deren Ecken in den Kanten liegen und die den gröfsten Mantel bezw. den gröfsten Inhalt hat.

Man benutze den umbeschriebenen Kegel, für den die Aufgabe schon gelöst ist.

207) In eine solche Pyramide die regelmäfsige n-seitige Säule gröfsten Mantels oder Inhalts einzubeschreiben, deren Ecken in die Mittellinien der Seitenflächen fallen.

Man benutze den einbeschriebenen Kegel, für den die Aufgabe schon gelöst ist.

208) Eine regelmäfsige n-seitige Pyramide zu berechnen aus Inhalt und Oberfläche.

Auflösung. Man benutze den Radius x des einbeschriebenen Grundkreises und die Höhe h, dann ist

$$1)\qquad O = n \tan\frac{\pi}{n}\left[x^2 + x\sqrt{x^2 + y^2}\right]$$

und

$$2)\qquad J = \frac{n}{3}\tan\frac{\pi}{n}\,x^2 y.$$

Die Rechnung ist dieselbe wie beim Kegel, nur tritt $n \tan\frac{\pi}{n}$ an Stelle von π. Der Winkel $\frac{\vartheta}{2}$ für den einbeschriebenen Kegel wird derselbe, wie dort, wenn nach der Pyramide gröfsten Inhalts bei gegebener Oberfläche oder kleinster Oberfläche bei gegebenem Inhalt gefragt wird.

209) Einer gegebenen Kugel eine n-seitige regelmäfsige Pyramide gegebenen Inhalts (oder gegebener Oberfläche) umzubeschreiben.

Man löse die Aufgabe mit Hilfe des einbeschriebenen Kegels, für den sie bereits gelöst ist. An Stelle von π tritt $n \tan\frac{\pi}{n}$.

210) Die regelmäfsige Pyramide und der Pyramidenstumpf sind von Bedeutung für die Krystallographie. Das Tetraeder und das Oktaeder werden bei den regelmäfsigen Körpern besonders behandelt, ebenso die Pyramide des Ikosaeders. Der Pyramidenwürfel, dessen Halbflächner das Dodekaeder ist, verdient besondere Aufmerksamkeit. Bei der Abstumpfung des Würfels, des Oktaeders und Tetraeders, des Rhombendodekaeders (welches Sonderfall des Pyramidenwürfels ist) treten regelmäfsige Pyramiden auf. Pyramidenoktaeder und Pyramidentetraeder sind ebenfalls von Bedeutung. Die unbequem zu behandelnden Abkantungen werden besser als Abstumpfungen gewisser Körper betrachtet, gehören also ebenfalls hierher. Eine gröfsere Zahl von Übungsbeispielen sind in Bd. I durch Zeichnung gelöst, so dafs Berechnungen leicht anzuschliefsen sind. Alle regelmäfsigen Körper, alle Archimedischen Körper und ihre reciproken, zahlreiche der Kugel einbeschriebene oder umbeschriebene Körper lassen sich bequem in leicht zu be-

rechnende regelmäfsige Pyramiden zerlegen. — Die Krystallformen des quadratischen, des rhombischen und des hexagonalen Systems bieten reiches Übungsmaterial für dieses Gebiet.

In der Architektur finden sich die Pyramide und der Pyramidenstumpf bei Türmen, Fabrikschornsteinen, Obelisken usw. Bei den erstgenannten ist die Frage der Stabilität dem Winddruck gegenüber von Bedeutung, was zu Übungsaufgaben aus der Mechanik führt. Die Gewichtsberechnungen sind auch von Wichtigkeit zur Ermittelung der Auflagerfläche des Fundaments, wobei der mittlere Druck gegen die Flächeneinheit des Grundes zu berechnen ist. Gering ist der mittlere Druck gegen jedes Quadratmeter der Grundfläche bei der Cheopspyramide. Ihre quadratische Grundfläche hat Seiten von 233 m Länge, die ursprüngliche Höhe war 146 m (jetzt auf 137 m durch Abstumpfung herabgegangen). Das Material ist Kalkstein. Weit gröfser ist der Flächendruck bei einem gleich hohen Turme oder einer gleich hohen massiven Säule oder einem Fabrikschornstein derselben Höhe. — Die Berechnung der zum Aufheben eines Obelisken nötigen Arbeit (Hebung des Schwerpunktes um h und Gewicht p geben die Arbeit ph), die Berechnung der Arbeit zum Umstürzen eines solchen (Hebung des Schwerpunktes, bis er senkrecht über der Kippkante liegt), gehören der Mechanik ebenfalls an.

III. Übungsaufgaben über regelmäfsige Körper.

211) Ein regelmäfsiges Vierflach habe die Kante $a = 15$. Wie grofs sind Höhe, Oberfläche und Inhalt?

Auflösung:

$$h = 12{,}247, \quad O = 389{,}71, \quad J = 397{,}75.$$

Ein regelmäfsiges Vierflach habe die Höhe $h = 5{,}4$. Wie grofs sind die Kanten, die Dreiecke der Oberfläche und der Inhalt?

Auflösung:

$$a = h\sqrt{\frac{3}{2}} = 6{,}6136, \quad F = \frac{3h^2}{8}\sqrt{3} = 18{,}94,$$

$$J = \frac{h^3}{8}\sqrt{3} = 34{,}091.$$

212) Ein Würfel habe die Kantensumme $s = 12a$. Wie grofs sind die Kanten der übrigen regelmäfsigen Körper derselben Kantensumme?

Auflösung: Zeigen die Indices die Flächenzahl an, so ist

$$x_4 = 2a, \quad x_8 = a, \quad x_{12} = \frac{2}{5}a, \quad x_{20} = \frac{2}{5}a.$$

213) Ein Würfel habe die Oberfläche $O = 6a^2$. Wie grofs sind die Kanten der übrigen regelmäfsigen Körper derselben Oberfläche?

Auflösung:

$$a_4^2\sqrt{3} = 6a^2, \qquad \text{also} \quad a_4 = a\sqrt[4]{12}.$$

$$2a_8^2\sqrt{3} = 6a^2, \qquad \text{also} \quad a_8 = a\sqrt[4]{3}.$$

$$3a_{12}^2\sqrt{5(5+2\sqrt{5})} = 6a^2, \text{ also } a_{12} = a\sqrt[4]{\frac{4}{5(5+2\sqrt{5})}}$$

$$= a\sqrt[4]{\frac{4(5-2\sqrt{5})}{25}} = a\sqrt[4]{0,8 - 0,32\sqrt{5}}.$$

$$5a_{20}^2\sqrt{3} = 6a^2, \qquad \text{also} \quad a_{20} = a\sqrt[4]{\frac{12}{25}} = a\sqrt[4]{0,48}.$$

214) Ein Würfel habe den Inhalt $J = a^3$. Wie grofs sind die Kanten der übrigen regelmäfsigen Körper desselben Inhalts?

Auflösung:

$$\frac{a_4^3}{12}\sqrt{2} = a^3, \qquad \text{also} \quad a_4 = a\sqrt[6]{72}.$$

$$\frac{a_8^3}{3}\sqrt{2} = a^3, \qquad \text{also} \quad a_8 = a\sqrt[6]{\frac{9}{2}} = a\sqrt[6]{4,5}.$$

$$\frac{a_{12}^3}{4}(15 + 7\sqrt{5}) = a^3, \quad \text{also} \quad a_{12} = a\sqrt[3]{\frac{4}{15+7\sqrt{5}}}$$

$$= a\sqrt{\frac{4(15-7\sqrt{5})}{(15+7\sqrt{5})(15-7\sqrt{5})}} = a\sqrt[3]{\frac{4(7\sqrt{5}-15)}{20}}$$

$$\text{oder}\quad a_{12} = a\sqrt[3]{\frac{7\sqrt{5}-15}{5}} = a\sqrt[3]{1{,}4\sqrt{5}-3}.$$

$$\frac{5a_{20}^3}{12}(\sqrt{5}+3) = a^3,\qquad \text{also}\quad a_{20} = a\sqrt[3]{\frac{12}{5(\sqrt{5}+3)}}$$

$$= a\sqrt[3]{\frac{12(3-\sqrt{5})}{20}} = a\sqrt[3]{\frac{3(3-\sqrt{5})}{5}}$$

$$\text{oder}\quad a_{20} = a\sqrt[3]{1{,}8-\sqrt{1{,}8}}.$$

Bemerkung. Dieselben Aufgaben lassen sich lösen für regelmäßige Körper, die Kugeln derselben Größe umbeschrieben bezw. einbeschrieben sind. Ist z. B. für den Würfel $\varrho = \frac{a}{2}$, so wird

$$a_4\sqrt{\frac{1}{25}} = \varrho = \frac{a}{2},$$

also

$$a_4 = a\sqrt{6} \text{ usw.}$$

215) Aufgabe. Einer Kugel sei ein regelmäßiges Vierflach umbeschrieben, ein ebensolches einbeschrieben; der Unterschied ihrer Kantensummen sei gleich d. Wie groß ist der Radius der Kugel?

Auflösung: Aus $a = \varrho\sqrt{24}$ und

$$a_1 = R\sqrt{\frac{8}{3}} = \frac{R}{3}\sqrt{24}$$

folgt für $R = \varrho$, daß

$$a_1 = \frac{a}{3}$$

ist, also ist auch die Kantensumme

$$s_1 = \frac{s}{3},$$

also

$$d = s - s_1 = \frac{2s}{3} = \frac{12a}{3} = 4\varrho\sqrt{24} = 8\varrho\sqrt{6}.$$

Daraus folgt

$$\varrho = \frac{d}{8\sqrt{6}} = \frac{d\sqrt{6}}{48}.$$

215b) Dieselbe Aufgabe, jedoch soll der Unterschied D der Oberflächen gegeben sein.

Auflösung: Die Dimensionen beider Vierflache verhalten sich wie 1 : 3, die Oberflächen also wie 1 : 9, daher ist

$$D = O - O_1 = \frac{8}{9} O = \frac{8}{9} a^2 \sqrt{3} = \frac{8}{9} \sqrt{3} \cdot 24 \varrho^2 = 64 \varrho^2 \sqrt{\frac{1}{3}},$$

folglich

$$\varrho^2 = \frac{D\sqrt{3}}{64}, \quad \varrho = \sqrt{\frac{D\sqrt{3}}{64}} = \frac{1}{8}\sqrt{D\sqrt{3}}.$$

216) Dieselbe Aufgabe, jedoch soll der Inhaltsunterschied D' der Vierflache gegeben sein.

Auflösung:

$$J_1 : J = 1 : 27,$$

also

$$D' = J - J_1 = \frac{26}{27} J = \frac{26}{27} \frac{a^3}{12} \sqrt{2} = \frac{13 a^3}{3 \cdot 27} \sqrt{\frac{1}{2}}$$

$$= \frac{13}{81} \sqrt{\frac{1}{2}} \varrho^3 \, 24 \sqrt{24} = \frac{13 \cdot 16}{27} \sqrt{3} \varrho^3.$$

Daraus folgt:

$$\varrho = \sqrt[3]{\frac{27 D'}{13 \cdot 16 \sqrt{3}}} = \sqrt[3]{\frac{D' \sqrt{243}}{208}}.$$

Beispiel: Für $D = 132{,}21$ folgt $r = 2{,}1478$.

Bemerkung. Man dehne die letzte Gruppe von Aufgaben auf alle regelmäſsigen Vielflache aus.

217) Der Inhaltsunterschied für einen Würfel und ein Tetraeder derselben Kante sei gleich D. Wie groſs ist diese Kante?

Auflösung:

$$D = a^3 - \frac{a^3}{12}\sqrt{2} = a^3 \left(1 - \frac{1}{12}\sqrt{2}\right),$$

also

$$a = \sqrt[3]{\frac{D}{1 - \frac{1}{12}\sqrt{2}}} = \sqrt[3]{\frac{6D(12 + \sqrt{2})}{71}}.$$

Bemerkung. Man stelle die entsprechenden Aufgaben für die Inhaltsunterschiede und Oberflächenunterschiede beliebiger regelmäſsiger Körper auf, die entweder gleiche Kante, oder gleiches ϱ, oder gleiches R usw. haben.

218) In ein regelmäſsiges Oktaeder von der Kante a soll ein Würfel so eingezeichnet werden, daſs seine Ecken in die Kanten fallen. Wie groſs ist seine Kante zu nehmen?

Auflösung: In der oberen Hälfte ergiebt sich

$$a : x = a\sqrt{\frac{1}{2}} : \left(a\sqrt{\frac{1}{2}} - x\right).$$

Daraus folgt

$$x = \frac{a\sqrt{2}}{\sqrt{2}+1} = a\sqrt{2}\,(\sqrt{2} - 1) = a\,(2 - \sqrt{2}).$$

219) Dieselbe Aufgabe, jedoch sollen die Würfelecken in die Flächenmittelpunkte fallen.

Auflösung: Es wird $\frac{x}{2}$ gleich dem dritten Teile der Halbachse, d. h. $x = \frac{a}{3}\sqrt{2}$.

220) Dieselbe Aufgabe, jedoch soll der Würfel um den Winkel α gegen den ersten gedreht erscheinen.

Auflösung: Der horizontale Querschnitt in der Höhe $\frac{x}{2}$ ist ein Quadrat, welches die Seite b haben möge. Dabei ist

$$a : b = a\sqrt{\frac{1}{2}} : \left(a\sqrt{\frac{1}{2}} - \frac{x}{2}\right)$$

oder

$$a^2\sqrt{\frac{1}{2}} - a\frac{x}{2} = ab\sqrt{\frac{1}{2}},$$

d. h.

$$a\sqrt{\frac{1}{2}} - \frac{x}{2} = b\sqrt{\frac{1}{2}}.$$

In dieses Quadrat ist ein Quadrat mit Seite x so einzuzeichnen, daſs $b = x(\cos\alpha + \sin\alpha)$ ist. Die Gleichung geht über in

$$a\sqrt{\frac{1}{2}} - \frac{x}{2} = x(\cos\alpha + \sin\alpha)\sqrt{\frac{1}{2}}$$

oder

$$a\sqrt{2} - x = x(\cos\alpha + \sin\alpha)\sqrt{2}$$

und daraus folgt

$$x = \frac{a\sqrt{2}}{1 + (\cos\alpha + \sin\alpha)\sqrt{2}}.$$

In dieser Lösung sind die beiden anderen als besondere Fälle enthalten ($\alpha = 0$ und $\alpha = 45^0$).

221) Bemerkung. Demnach lassen sich in das regelmäſsige Oktaeder unendlich viele Würfel einzeichnen, deren eine Mittellinie in eine der Achsen fällt. Dem Würfel aber lassen sich unendlich viele Oktaeder in derselben Weise umbeschreiben. Da in jeden Würfel ein Tetraeder einbeschrieben werden kann, jedem Oktaeder aber ein Tetraeder umbeschrieben werden kann, so lassen sich noch weitere Bemerkungen anknüpfen. Wenn im Folgenden von „regelrecht einbeschriebenen Vielflachen" die Rede ist, sind stets solche gemeint, bei denen die Ecken des einbeschriebenen Körpers in die Mittelpunkte der Flächen des anderen fallen. Das entsprechende gilt für regelrecht umbeschriebene Körper. Dem Tetraeder lassen sich ebenfalls unendlich viele Tetraeder in unregelmäſsiger Lage einbeschreiben, deren Kanten zwischen $\frac{a}{2}$ und $\frac{a}{3}$ liegen. Man versuche die entsprechenden Aufgaben zu lösen.

222) Gegeben seien drei Gerade von gleicher Länge, die miteinander gleiche Winkel einschlieſsen. Sie sollen Projektionen dreier Kanten eines regelmäſsigen Zwölfflachs sein. Die scheinbaren Längen der übrigen Kanten sollen konstruiert und berechnet werden.

Auflösung: $P(A, A_1, A_2)$ seien die drei Kanten. Ihre scheinbare Länge sei k. Man ziehe A_1A_2, fälle darauf von P das Lot PD und verlängere dieses so weit, daſs PE in D stetig geteilt ist, derart, daſs PD der kleinere Teil ist. Auch A_2D teile man durch F in derselben Weise und mache das in E auf DE errichtete Lot EC gleich DF, ebenso $BE = DF$. Mit PC schlage man um P einen Kreis. Errichtet man auf A_2A_1 in A_2 und A_1 Lote, die den Kreis in G_2 und G_1 schneiden, und macht man PH gleich k, so hat man in BCG_2HG_1 eins, in A_1BCA_2P ein anderes der gesuchten Fünfecke. Projektion nach oben giebt die Fünfecke $G_1'B'C'G_2'A$ und $PA_1'B'C'A_2'$. Der Rest der Zeichnung ist leicht zu vollenden. Der Beweis sei dem Leser überlassen.

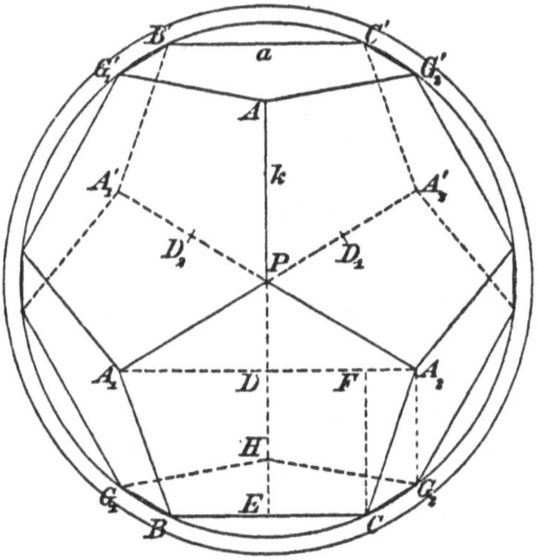

Fig. 82.

Die Berechnungen sind an Nr. 165 anzuschliefsen. Es wird im gleichseitigen Dreieck AA_1A_2 die Seite $A_1A_2 = k\sqrt{3}$,

$$PD = \frac{k}{2},\; DE = \frac{k}{4}(\sqrt{5}+1),\; DF = \frac{k}{4}\sqrt{3}\,(\sqrt{5}-1),$$

usw. $BC = a$ ist die richtige Länge der Fünfeckskanten. Demnach ist $a = \frac{k}{2}\sqrt{3}\,(\sqrt{5}-1)$ und $k = 2a\sqrt{\frac{1}{3}}\,\frac{1}{\sqrt{5}-1}$ $= \frac{a}{2\sqrt{3}}(\sqrt{5}+1)$. Der Radius der umbeschriebenen Kugel ist $R = \frac{a}{4}\sqrt{3}\,(\sqrt{5}+1)$, also ist $R = \frac{3}{2}k$. Sie erscheint als konzentrischer Kreis zum Kreise der Aufsenpunkte der Figur. Der innere Kreis hat den Radius $R_1 = PC = \frac{k}{2}\sqrt{\frac{13}{2}}$.

Winkel EPC bestimmt sich aus $\tan\alpha = \frac{EC}{EP}$, Winkel

$BPC = a$ ist also leicht zu bestimmen. Da ferner $\sphericalangle BPG_2 = \frac{360}{60} = 60^0$ ist, so ist auch $\sphericalangle CPG_2$ bekannt und CG_2 leicht zu berechnen. Aus $BG_2 = R_1$ ergeben sich Vereinfachungen für Konstruktion und Berechnung.

Die Konstruktion des Gebildes aus a kann z. B. nach der Aufklappmethode erfolgen. Man legt drei regelmäfsige Fünfecke mit P aneinander, so, dafs sie in einem Kreise regelmäfsig verteilt liegen. Dann klappt man auf, wobei die Projektionen der bewegten Punkte sich senkrecht gegen die dem festgehaltenen P gegenüberliegenden Seiten bewegen. Dies giebt zunächst Schnittpunkte A, A_1, A_2 (Fig. 32). Jetzt fährt man fort, wie vorher (jedoch braucht man nur E zu bestimmen), oder man verfährt wie in Fig. 64 des ersten Bandes unter Zuhilfenahme des Aufrisses.

223) Die Inhaltsdifferenz eines Würfels und des ihm regelrecht einbeschriebenen Oktaeders sei gleich D. Wie grofs ist die Würfelkante?

Auflösung: Aus $J' - J = D$ folgt

$$J' - \frac{1}{6} J' = \frac{5}{6} J' = D,$$

also

$$J' = \frac{6}{5} D$$

und

$$a' = \sqrt[3]{\frac{6}{5} D}.$$

Bemerkung. Ist D die Oberflächendifferenz, so folgt ebenso

$$O' - O = O - \frac{O}{2\sqrt{3}} = O\left(1 - \frac{1}{2\sqrt{3}}\right) = D$$

oder

$$6a^2 = \frac{D}{1 - \frac{1}{2\sqrt{3}}},$$

d. h.

$$a = \sqrt{\frac{D}{6\left(1 - \frac{1}{2\sqrt{3}}\right)}}.$$

Ist d der Kantenunterschied, so folgt

$$a' - a = a' - \frac{a'}{\sqrt{2}} = a'\left(1 - \frac{1}{\sqrt{2}}\right) = d.$$

Entsprechend sind die Aufgaben für das Oktaeder und den regelrecht einbeschriebenen Würfel, für das regelmäfsige Zwölfflach und das einbeschriebene Zwanzigflach, für das regelmäfsige Zwanzigflach und das einbeschriebene Zwölfflach zu lösen. Auch der Unterschied von R' und ϱ kann dabei gegeben sein, ebenso der Unterschied der Kantensummen.

224) Der Inhaltsunterschied eines Würfels und eines regelmäfsigen Zwölfflachs von derselben Kantenlänge sei gleich D; wie grofs ist die Kante beider Körper?

Auflösung:

$$\frac{5a^3}{12}(\sqrt{5} + 3) - a^3 = D,$$

folglich:

$$a = \sqrt[3]{\frac{12D}{5(\sqrt{5} + 3) - 12}} = \sqrt[3]{\frac{12D}{5\sqrt{5} + 3}}.$$

Bemerkung. Ebenso kann man Aufgaben über die Oberflächendifferenz des Würfels und eines andern regelmäfsigen Körpers stellen, ebenso solche über den Unterschied der Radien R, der Radien ϱ. Die Aufgaben lassen sich auf beliebig gewählte Körper dieser Art ausdehnen.

225) Der Inhalt eines Würfels verhalte sich zu dem eines Tetraeders wie $1:n$, wie verhalten sich ihre Kanten?

Auflösung:

$$a^3 : \frac{a_1^3}{12}\sqrt{2} = 1 : n,$$

folglich:

$$a^3 : a_1^3 = 1 : \frac{12n}{\sqrt{2}}.$$

Wie verhalten sich ihre Oberflächen?

$$O : O_1 = a^2 : a_1^2 = 1 : \left(\frac{12n}{\sqrt{2}}\right)^{\frac{2}{3}}$$

Die entsprechenden Aufgaben lassen sich für beliebige regelmäfsige Körper lösen. Statt des Verhältnisses der Inhalte kann das der Oberflächen oder das der Kanten gegeben sein.

226) Ein Würfel und ein Tetraeder derselben Kantenlänge haben zusammen das Gewicht p. Wie viel wiegt jeder Körper für sich.

Auflösung:

$$p_w = \frac{pa^3}{a^3 + \frac{a^3}{12}\sqrt{2}} = \frac{12p}{12+\sqrt{2}}, \quad p_t = \frac{p\frac{a^3}{12}\sqrt{2}}{a^3 + \frac{a^3}{12}\sqrt{2}} = \frac{p\sqrt{2}}{12+\sqrt{2}}.$$

227) In einer Modellsammlung befindet sich eine Gruppe, die fünf regelmäfsigen Körper derselben Kantenlänge darstellend. Sie haben zusammen das Gewicht p. Wie viel wiegt jeder einzelne?

Auflösung:

$$p_4 = p\frac{J_4}{J_4 + J_6 + J_8 + J_{12} + J_{20}},$$

$$p_6 = p\frac{J_6}{J_4 + J_6 + J_8 + J_{12} + J_{20}}$$

usw. Für die J sind die Tabellenwerte, durch a ausgedrückt, einzusetzen, wobei sich a^3 weghebt.

Entsprechende Aufgaben lassen sich für die Körper aufstellen, die übereinstimmende ϱ oder R, oder O oder J haben, nur für den letzten Fall mufs etwas anderes als p gegeben sein.

IV. Einige Aufgaben über halbreguläre und die ihnen reciproken Körper.

a) Die Halbstumpfe und die ihnen reciproken Körper.

Die Halbstumpfe entstehen durch diejenige Abstumpfung, bei der von jeder Kante die Hälfte weggeschnitten wird. (Vgl. Bd. I, § 95′, 129 usw.) Das Tetraeder giebt ein Oktaeder, kommt also nicht weiter in Betracht.

228) Der Halbstumpf des Würfels und des Oktaeders ist durch Fig. 33 dargestellt und in Bd. I, § 95′ be-

schrieben. Durch Verbindung der Ecken mit dem Mittelpunkte entstehen sechs quadratische und vier dreikantige reguläre Pyramiden. Alle Grundkanten sind von derselben Länge, ebenso alle Seitenkanten der Pyramiden. Daraus ergiebt sich die eine Berechnungsart. Eine zweite geht vom Würfel aus, vom dem acht dreiseitige Pyramiden abgeschnitten werden; eine dritte vom Oktaeder, von dem sechs quadratische Pyramiden abgeschnitten werden. Jede hat als Inhalt den achten Teil der oberen Hälfte des Oktaeders, so dafs $\frac{6}{16} = \frac{3}{8}$ vom Oktaederinhalt abgeschnitten wird und $\frac{5}{8} J_1$ bestehen bleibt. Ist k die Kante des Oktaeders, so bleibt stehen $J = \frac{5}{24} k^3 \sqrt{2}$. Nun ist aber die Kante des vorliegenden Körpers $a = \frac{k}{2}$, also wird

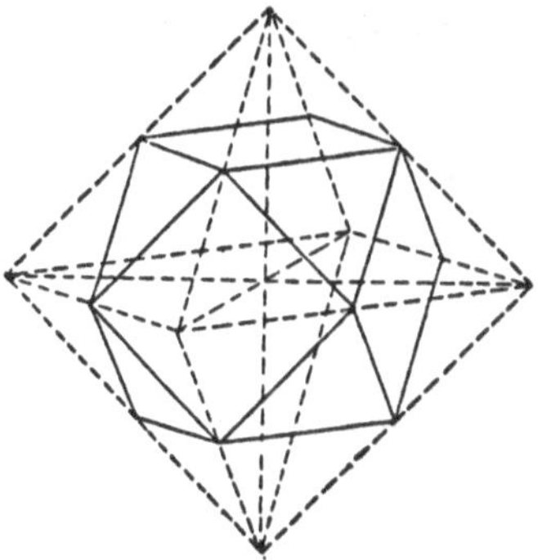

Fig. 33.

$$J = \frac{5}{3} a^3 \sqrt{2}, \quad O = 2a^2(3 + \sqrt{3}), \quad R = a.$$

Eine einbeschriebene Kugel giebt es nicht; der Abstand der Quadrate und Dreiecke vom Mittelpunkte ist:

$$\varrho_1 = a\sqrt{\frac{1}{2}}, \quad \varrho_2 = a\sqrt{\frac{2}{3}}.$$

229) Der reciproke Körper des letzteren ist das Rhombenzwölfflach oder Granatoeder, vgl. Bd. I § 95, Er läfst sich als Pyramidenwürfel berechnen. Ist die Würfelkante, d. h. die kleinere Diagonale jedes Rhombus gleich d,

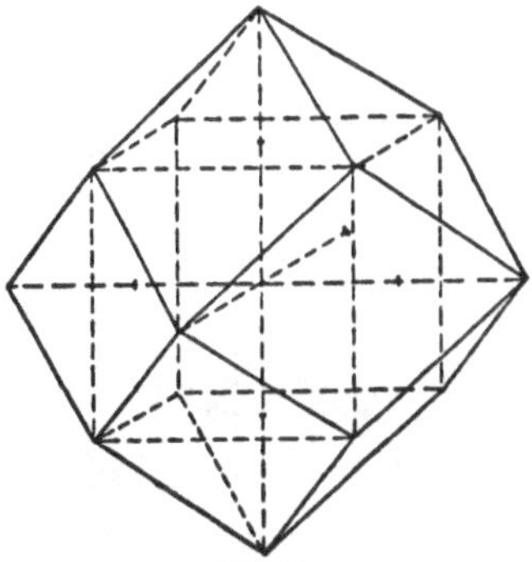

Fig. 34.

so ergiebt sich, da die Pyramidenhöhe gleich $\frac{d}{2}$ ist, durch sehr leichte Berechnung

$$J = 2d^3, \quad O = 6d^2\sqrt{2}, \quad \varrho = d\sqrt{\frac{1}{2}}, \quad R_1 = d, \quad R_2 = \frac{d}{2}\sqrt{3},$$

wobei R_1 der Abstand der Vierkantecken, R_2 der der Dreikantecken ist. Als Kante des wirklichen Körpers findet man aus

$$a^2 = \left(\frac{d}{2}\right)^2 + \left(d\sqrt{\frac{1}{2}}\right)^2 = \frac{3}{4}d^2 \text{ den Wert } a = \frac{d}{2}\sqrt{3},$$

so dafs $d = 2a\sqrt{\frac{1}{3}}$ oben einzusetzen ist. So erhält man

$$J = \frac{16}{3}a^3\sqrt{\frac{1}{3}}, \quad O = 8a^2\sqrt{2}, \quad \varrho = a\sqrt{\frac{2}{3}},$$

$$R_1 = 2a\sqrt{\frac{1}{3}}, \quad R_2 = a.$$

Man kann den Körper auch als aus zwölf rhombischen Pyramiden zusammengesetzt betrachten, von denen jede die Grundfläche $\frac{dd_1}{2} = d^2\sqrt{\frac{1}{2}}$ und die Höhe $d\sqrt{\frac{1}{2}}$ hat, so dafs auch die einbeschriebene Kugel den Radius $\varrho = d\sqrt{\frac{1}{2}}$ hat.

230) Der Halbstumpf des regelmäfsigen Zwölf- und Zwanzigflachs.

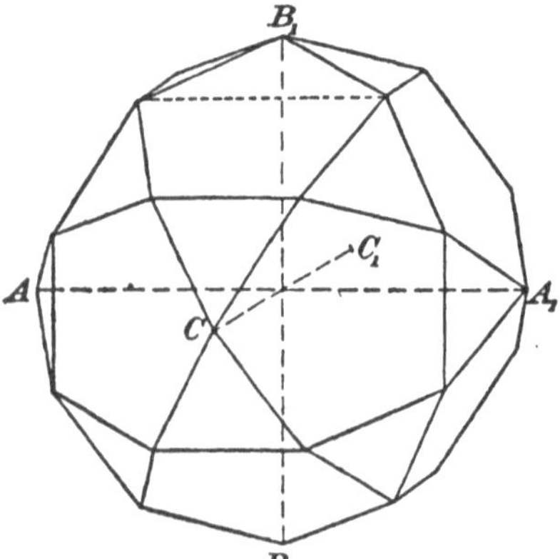

Fig. 35.

Fig. 35 stellt den schon in Bd. I, § 119 beschriebenen Körper dar, der von zwölf regelmäfsigen Fünfecken und von zwanzig regelmäfsigen Dreiecken begrenzt ist. Zieht man z. B. vom Ikosaeder zwölf fünfseitige Pyramiden ab, wobei das Ikosaeder die Kante k, jede Pyramide die Seitenkante $a = \frac{k}{2}$ hat, so findet man mit Hilfe der Tabelle. (Seite 116.)

$$J = \frac{1}{6} a^3 (45 + 17\sqrt{5}), \quad O = 5a^2\left(\sqrt{3} + 3\sqrt{1 + 2\sqrt{\frac{1}{5}}}\right),$$

$$R = \frac{a}{2}(1 + \sqrt{5}).$$

Dasselbe Resultat erhält man durch Abziehen von 20 dreiseitigen Pyramiden vom zugehörigen Dodekaeder.

231) Der reciproke Körper des letzteren, das Rhombendreifsigflach, ist in Fig. 36 dargestellt und in Bd. I, § 129′ beschrieben. Ist ϱ die Halbachse und zugleich der Radius der einbeschriebenen Kugel, so ist die gröfsere Diagonale jedes Rhombus

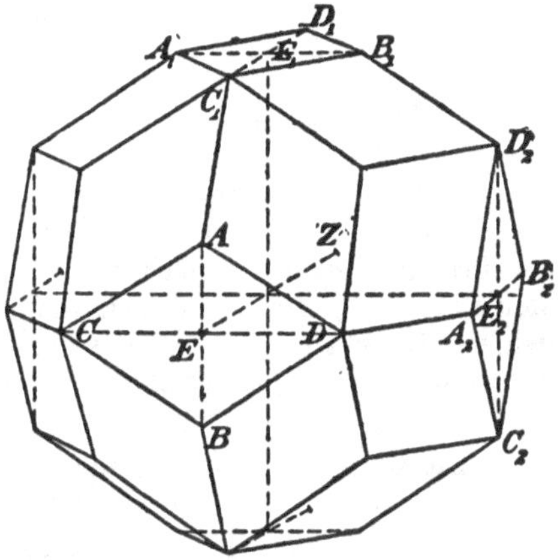

Fig. 36.

$$d = \frac{\varrho}{2}(\sqrt{5} - 1),$$

die kleinere

$$d_1 = \frac{\varrho}{2}(3 - \sqrt{5}),$$

die Fläche also gleich

$$\frac{\varrho^2}{8}(3\sqrt{5} - 3 - 5 + \sqrt{5}) = \frac{\varrho^2}{2}(\sqrt{5} - 2),$$

die Oberfläche des Körpers ist also

$$O = 15\varrho^2(\sqrt{5} - 2),$$

der Inhalt

$$J = 5\varrho^3(\sqrt{5} - 2).$$

Die Körperkante ergiebt sich aus

$$a^2 = \frac{d^2}{4} + \frac{d_1^2}{4} = \frac{\varrho^2}{4}(5 - 2\sqrt{5})$$

als

$$a = \frac{\varrho}{2}\sqrt{5 - 2\sqrt{5}},$$

so daſs

$$\varrho = \frac{2a}{\sqrt{5 - 2\sqrt{5}}} = 2a\sqrt{\frac{5 + 2\sqrt{5}}{5}} = 2a\sqrt{1 + 2\sqrt{\frac{1}{5}}}.$$

Daraus folgt

$$O = 12a^2\sqrt{5}, \quad J = 8a^3\sqrt{\frac{5}{5 - 2\sqrt{5}}} = 8a^3\sqrt{5 + 2\sqrt{5}},$$

$$\varrho = 2a\sqrt{1 + 2\sqrt{\frac{1}{5}}}.$$

Auch die Kanten- und Flächenwinkel beider Körper sind leicht zu berechnen. Der zuletzt genannte gehört insofern hierher, als es sich bei ihm um regelmäſsige Ecken handelt, von denen 20 dreikantig, 12 fünfkantig sind. Die beiden Gruppen haben verschiedene Entfernungen vom Mittelpunkte, so daſs es keine umbeschriebene Kugel giebt.

β) Die übrigen Archimedischen Körper mit zwei Arten von Flächen.

232) Stumpft man das Tetraeder um $\frac{1}{3}$ der Kante ab, so entsteht entsteht ein von vier Dreiecken und vier Sechsecken umgebener Körper. Für ihn ist

$$J = \frac{23}{12}a^3\sqrt{2}, \quad O = 7a^2\sqrt{3}, \quad R = \frac{a}{4}\sqrt{22}.$$

Man konstruiere und berechne auch den reciproken Körper.

233) Stumpft man das Oktaeder um $\frac{1}{3}$ der Kante ab, so entsteht ein von sechs Quadraten und acht regelmäſsigen Sechsecken umgebener Körper, für welchen sich ergiebt

$$J = 8a^3\sqrt{2}, \quad O = 6a^2(1 + 2\sqrt{3}), \quad R = \frac{1}{2}a\sqrt{10}.$$

Man bilde und berechne auch hier den reciproken Körper, ebenso für die folgenden Körper.

234) Abstumpfung des Würfels mit Kante k um $k\left(1-\sqrt{\frac{1}{2}}\right)$ (wobei man also von der Kante die Hälfte der Flächendiagonale abzuziehen und den Rest als abzuschneidenden Teil der Kante zu betrachten hat) giebt einen von acht Dreiecken und sechs Achtecken umgebenen Körper, für den

$$J=\frac{7}{3}a^3(3+2\sqrt{2}),\quad O=2a^2[6(1+\sqrt{2})+\sqrt{3}],$$

$$R=\frac{1}{2}a\sqrt{7+4\sqrt{2}},$$

235) Abstumpfung des regelmäfsigen Zwölfflachs in folgendem Sinne: Man bilde in einem der Fünfecke den Centriwinkel APB und teile ihn in vier gleiche Teile APD, DPK, KPE und EPB. Die beiden mittleren Winkel geben den Centriwinkel DPE des regelmäfsigen Zehnecks. Wird jede Kante um AD abgestumpft, so entsteht ein von 20 Dreiecken und 10 Zehnecken umgebener Körper, für den

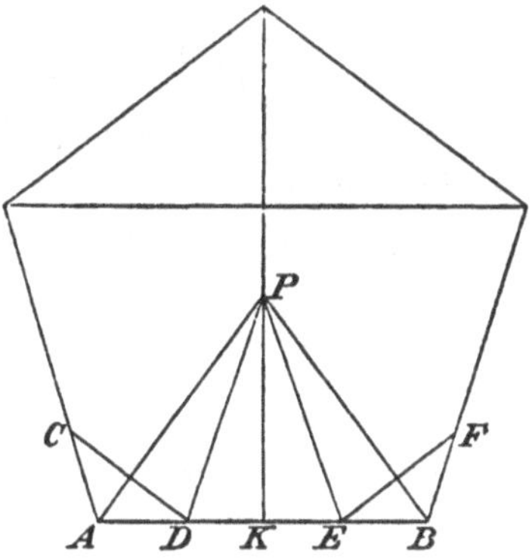

Fig. 37.

$$J=\frac{5}{12}a^3(99+47\sqrt{5}),$$

$$O=5a^2\left[\sqrt{3}+6\sqrt{5+2\sqrt{5}}\right],\quad R=\frac{a}{4}\sqrt{2(37+15\sqrt{5})}.$$

236) Abstumpfung des regelmäfsigen Zwanzigflachs um $\frac{1}{3}$ der Kanten giebt einen von 12 Fünfecken und 20 Sechsecken umgebenen Körper, für den

$$J=\frac{a^3}{4}(125+43\sqrt{5}),\quad O=15a^2\left[2\sqrt{3}+2\sqrt{\frac{1}{5}}\right],$$

$$R=\frac{a}{4}\sqrt{2(29+9\sqrt{5})},$$

237) Durch geeignete Abstumpfung und Abkantung des Oktaeders oder des Würfels ergiebt sich ein von acht Dreiecken und achtzehn Quadraten umgebener Körper, für den

$$J = \frac{2}{3} a^3(6 + 5\sqrt{2}), \quad O = 2a^2(9 + \sqrt{3}), \quad R = \frac{a}{2}\sqrt{5 + 2\sqrt{2}}.$$

238) Man versuche für das 38-Flach mit 32 Dreiecken und für das 92-Flach mit 80 Dreiecken und 12 Fünfecken die Formeln aufzustellen. (Vgl. Heinzes Programmschrift, Cöthen, 1868.)

γ) Die von drei Arten von Flächen umgebenen Archimedischen Körper.

239) Geeignete Abstumpfung und Abkantung des Oktaeders oder auch des Würfels giebt einen von acht Sechsecken, zwölf Quadraten und sechs Achtecken umgebenen Körper mit

$$J = 2a^3(11 + 7\sqrt{2}), \quad O = 12a^2(2 + \sqrt{2} + \sqrt{3}).$$

$$R = \frac{k}{2}\sqrt{13 + 6\sqrt{2}}.$$

240) Geeignete Abstumpfung und Abkantung des Ikosaeders oder Dodekaeders giebt einen von zwölf regelmäfsigen Fünfecken, zwanzig Dreiecken und 30 Quadraten umgebenen Körper, für den

$$J = \frac{a^3}{3}(60 + 29\sqrt{5}), \quad O = 5a^2\left(6 + \sqrt{3} + 3\sqrt{1 + 2\sqrt{\frac{1}{5}}}\right),$$

$$R = \frac{a}{2}\sqrt{11 + 4\sqrt{5}}.$$

241) Geeignete Abstumpfung und Abkantung des Ikosaeders oder Dodekaeders giebt einen von 30 Quadraten, 20 Sechsecken und 12 Zehnecken umgebenen Körper mit

$$J = 5a^3(19 + 10\sqrt{5}), \quad O = 30a^2\left(1 + \sqrt{3} + \sqrt{5 + 2\sqrt{5}}\right),$$

$$R = \frac{k}{2}\sqrt{31 + 12\sqrt{5}}.$$

Damit ist die Reihe der Archimedischen Körper erschöpft.*) Berechnet man sämtliche reciproken Körper, die zu ihnen gehören, so ist das Gebiet dieser Körper in sich vollständig abgeschlossen. Auch die Berechnung der Winkel macht keine Schwierigkeiten, wird aber zweckmäſsig erst nach Abschluſs der Lehre von den Dreikantecken behandelt.

V. Einige Aufgaben über Krystallographie, Durchdringungen und Sternkörper.

Die hierher gehörige Aufgabengruppe der Krystallographie kann als unerschöpflich bezeichnet werden. Nur einige Beispiele, besonders aus dem Gebiete des regulären Krystallsystems, sollen zur Sprache kommen. An einigen Stellen soll die Inhaltsformel für das allgemeine Tetraeder zur Anwendung gelangen.

242) Pyramidenwürfel. Ist die Würfelkante gleich a, die Pyramidenhöhe gleich h, so wird der Inhalt:

$$J = a^3 + 6\frac{a^2 h}{3} = a^2(a + 2h),$$

die Pyramidenkante:

$$k = \sqrt{h^2 + \frac{a^2}{2}},$$

die Höhe der Pyramidenseiten:

$$h_1 = \sqrt{h^2 + \frac{a^2}{4}} = \frac{1}{2}\sqrt{a^2 + 4h^2},$$

die Oberfläche:

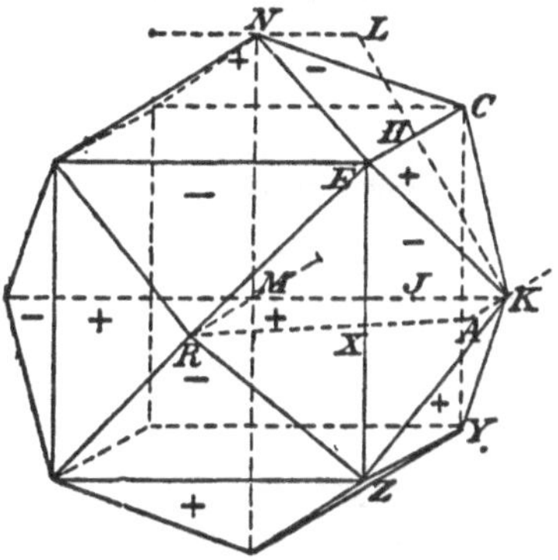

Fig. 38.

*) Die meisten findet man in der „Genetischen Stereometrie" von Heinze-Lucke, Leipzig bei Teubner, 1886, gezeichnet, und in Heinzes Programm, Cöthen, 1868, sind sämtliche berechnet. Die Berechnungen selbst haben nur den Wert von Übungsaufgaben. Während des Druckes ist erschienen Brückner: Vielecke und Vielflache (Leipzig bei Teubner). Dort sind sämtliche Archimedischen Körper auf Seite 132 bis 140 berechnet und auf Tafel VI konstruiert, später auch die ihnen reciproken Körper behandelt. Die entsprechende Litteratur wird angegeben und besonders auch Meier Hirsch genannt.

$$O = 6a\sqrt{a^2 + 4h^2},$$

der Radius der umbeschriebenen Kugel:

$$\varrho = \frac{3J}{O} = \frac{a}{2}\,\frac{a + 2h}{\sqrt{a^2 + 4h^2}}.$$

Der Neigungswinkel der Pyramidenflächen gegen die zugehörige Würfelfläche berechnet sich aus $\tan\alpha = \frac{2h}{a}$, der Winkel aneinanderstoſsender Flächen verschiedener Pyramiden ist gleich $90^0 + 2\alpha$. Der halbe Winkel zwischen je zwei Flächen derselben Pyramide folgt aus

$$\sin\frac{\beta}{2} = \frac{a\sqrt{\frac{1}{2}}}{a\,\sin\gamma} = \frac{1}{\sin\gamma}\sqrt{\frac{1}{2}},$$

wo γ den Basiswinkel der Pyramidenfläche bedeutet, der aus $\sin\gamma = \frac{h_1}{k}$ folgt, so daſs

$$\sin\frac{\beta}{2} = \frac{k}{h_1}\sqrt{\frac{1}{2}} = \sqrt{\frac{a^2 + 2h^2}{a^2 + 4h^2}}.$$

Soll eine umbeschriebene Kugel möglich sein, so muſs

$$h = \frac{a}{2}\sqrt{3} - \frac{a}{2} = \frac{a}{2}(\sqrt{3} - 1)$$

sein.

243) Rhombendodekaeder oder Granatoeder.

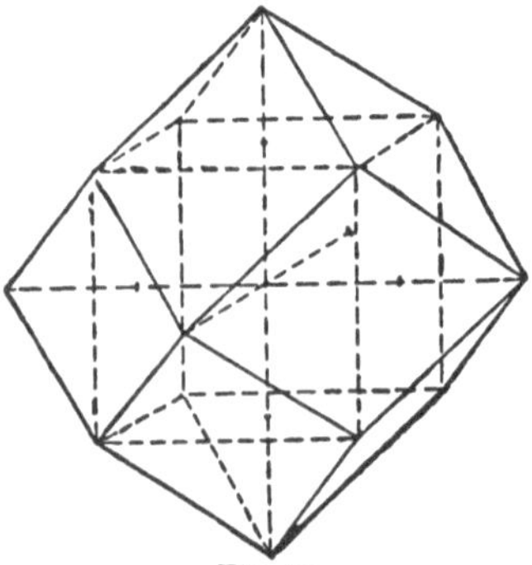

Fig. 39.

Macht man beim Pyramidenwürfel $h = \frac{a}{2}$, so entsteht das Rhombenzwölfflach oder Granatoeder. Ist a die Würfelkante, so wird $J = 2a^3$, $O = 6a^2\sqrt{2}$, $\varrho = a\sqrt{\frac{1}{2}}$, die Neigung der Pyramidenflächen gegen die Würfelflächen wird gleich 45^0, die der Pyramidenkante folgt aus $\tan\alpha = \sqrt{\frac{1}{2}}$.

Ferner wird $\sin\frac{\beta}{2}=\frac{1}{2}\sqrt{3}$, die Kante des Körpers wird $k=\frac{a}{2}\sqrt{3}$. (Vgl. § 229.)

Beispiel: $k=10$ giebt $a=11{,}547$, $J=3079{,}2$, $O=1131{,}4$, $\varrho=8{,}165$.

244) Halbflächner des Pyramidenwürfels oder symmetrisches Rhombendodekaeder.

Die mit + bezeichneten Flächen der Fig. 38 bleiben stehen, die übrigen (mit —) fallen weg. Die ersteren sind so zu erweitern, daſs der Körper geschlossen wird. In dem durch NL, LH, die Senkrechte durch N und eine Horizontale durch H gebildeten Trapeze ist der Winkel δ bei H gleich $90^0-\alpha$, seine Tangente also gleich $\frac{a}{2h}$. Die Projektion von LH auf die Horizontale ist

$$p=\frac{h}{\tan(90^0-\alpha)}=\frac{2h^2}{a},$$

also

$$NL=\frac{a}{2}-\frac{2h^2}{a}=\frac{a^2-4h^2}{2a}.$$

Das Weitere sei dem Leser überlassen. Der Körper ist die Krystallform des Schwefelkieses. Bei $h=\frac{a}{4}(\sqrt{5}-1)$ geht er in das regelmäſsige Rhombenzwölfflach über. (Fig. 40.) (In der aus Bd. I übernommenen Figur sind andere Bezeichnungen angewandt.)

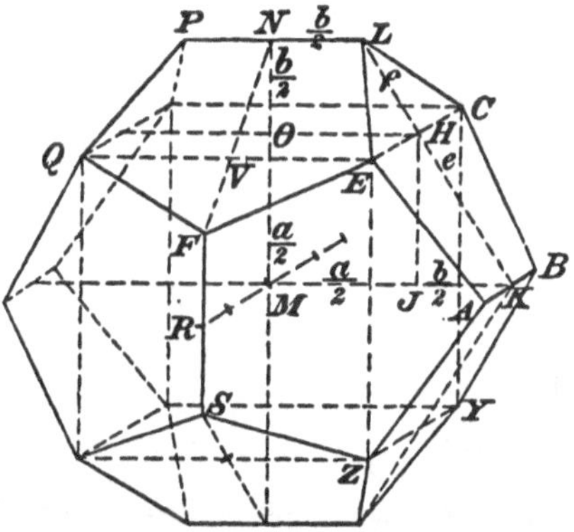

Fig. 40.

245) Der abgestumpfte Würfel.

Ist $AK=AJ=AL=p$, so hat jede einzelne der abgeschnittenen Pyramiden den Inhalt $\frac{p^3}{6}$. Ist $p<\frac{a}{2}$, so greifen die Pyramiden nicht ineinander über. Ist $p>\frac{a}{2}$, so wird der Körper besser als abgestumpftes Oktaeder behandelt. Hier also wird die Voraussetzung $p < \frac{a}{2}$ gemacht. Dann wird der Körperinhalt:

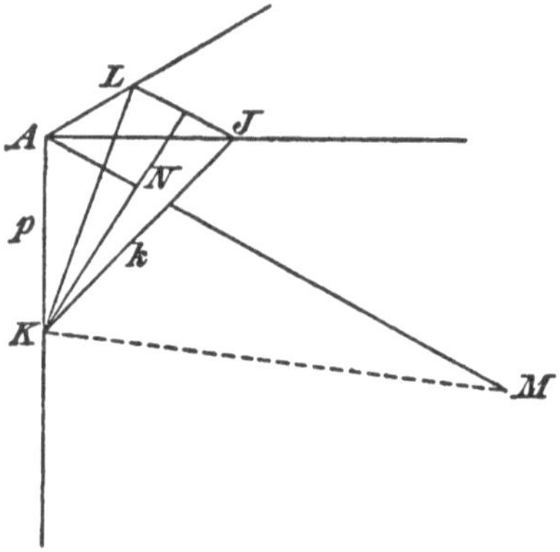

Fig. 41.

$$J = a^3 - \frac{8}{6} p^3$$
$$= a^3 - \frac{4}{3} p^3.$$

Die Oberfläche wird:

$$O = 6a^2 - 24 \frac{p^2}{2} + 8 \frac{k^2}{4} \sqrt{3}$$
$$= 6a^2 - 12 p^2 + 4 p^2 \sqrt{3}$$
$$= 6a^2 - 4p^2 (3 - \sqrt{3}).$$

Stets ist eine umbeschriebene Kugel vorhanden, deren Radius sich berechnet aus $R^2 = MN^2 + KN^2$. Hier ist:

$$MN = MA - NA = \frac{a}{2}\sqrt{3} - \frac{3J_1}{F} = \frac{a}{2}\sqrt{3} - \frac{3\frac{p^3}{6}}{\frac{k^2}{4}\sqrt{3}}$$

$$= \frac{a}{2}\sqrt{3} - \frac{\frac{p^3}{2}}{\frac{p^2}{2}\sqrt{3}} = \frac{a}{2}\sqrt{3} - \frac{p}{\sqrt{3}},$$

und:

$$KN = \frac{2}{3}\frac{k}{2}\sqrt{3} = k\sqrt{\frac{1}{3}} = p\sqrt{\frac{2}{3}},$$

also:

$$R^2 = \frac{3}{4}a^2 + \frac{p^2}{3} - ap + \frac{2}{3}p^2 = \frac{3}{4}a^2 + p^2 - ap.$$

Soll sich eine Kugel einbeschreiben lassen, so mufs $MN = \frac{a}{2}$ sein, d. h. $\frac{a}{2}\sqrt{3} - \frac{p}{\sqrt{3}} = \frac{a}{2}$ oder $p = \frac{a}{2}(3 - \sqrt{3})$. Da aber dabei $p > \frac{1}{2}$ wird, kann dies erst bei der folgenden Aufgabe behandelt werden.

Einfacher werden die Resultate, wenn p als Bruchteil von a gegeben wird, z. B. beim Halbstumpf, wo $p = \frac{a}{2}$, $J = \frac{5}{6} a^3$, $O = a^2(3 + \sqrt{3})$ wird.

246) Das abgestumpfte Oktaeder. Die Halbachse des Oktaeders sei a, die Kante $k = a\sqrt{2}$, dann ist der Inhalt:

$$J_1 = \frac{4}{3} a^3,$$

die Oberfläche:

$$O_1 = 8 \frac{k^2}{4} \sqrt{3} = 4 a^2 \sqrt{3}.$$

Wird bei der Abstumpfung die Halbachse um $h \leq \frac{a}{2}$ verkürzt, so hat jede abgeschnittene Pyramide den Inhalt:

$$J_2 = \frac{h^3}{a^3} \frac{J_1}{2} = \frac{2}{3} h^3.$$

Der abgestumpfte Körper hat also den Inhalt:

$$J = J_1 - 6 J_2 = J_1 - 4 h^3 = \frac{4}{3} (a^3 - 3 h^3).$$

Von der Oberfläche wird an jeder Ecke entfernt

$$\frac{h^2}{a^2} \frac{O_1}{2} = 2 h^2 \sqrt{3},$$

jedoch hinzugefügt $\left(\frac{h}{a} a \sqrt{2}\right)^2 = 2 h^2$, so dafs die Körperoberfläche wird:

$$O = 4 a^2 \sqrt{3} - 12 h^2 (\sqrt{3} - 1).$$

Die umbeschriebene Kugel ergiebt sich aus:

$$R^2 = (a - h)^2 + h^2 = a^2 + 2 h^2 - 2 a h.$$

Soll sich eine Kugel einbeschreiben lassen, so mufs $a - h = a\sqrt{\frac{1}{3}} = \varrho$ sein, d. h. $h = a\left(1 - \sqrt{\frac{1}{3}}\right)$. Dann ist:

$$J = \frac{20}{3} a^3 \left[2\sqrt{\frac{1}{3}} - 1\right], \quad O = 20 a^2 [2 - \sqrt{3}].$$

Sobald $h > \frac{a}{2}$ wird, werden besser die Formeln des abgestumpften Würfels angewandt.

[Aus der Lösung für ϱ ergiebt sich als Inhalt des abgestumpften Würfels, dessen Kante ursprünglich gleich a war, für den Fall der einzubeschreibenden Kugel

$$J = \frac{5}{2} a^3 (2 - \sqrt{3}), \quad O = 15 a^2 (2 - \sqrt{3}).]$$

247) Den abgekanteten Würfel (Bd. I, Fig. 31) behandle man als Rhombenzwölfflach, welches an den Vierkantecken abgestumpft ist, nach den obigen Mustern; das abgekantete Oktaeder als Rhombendodekaeder mit Abstumpfung an den Dreikantecken. — Auch das Pyramidenoktaeder ist leicht zu behandeln. Von krystallographischem Interesse sind noch die abgestumpften und abgekanteten Tetraeder. Auch Trapezoeder und Hexakisoktaeder lassen sich bequem der Rechnung unterziehen, ebenso die Formen des quadratischen, rhombischen und hexagonalen Systems.

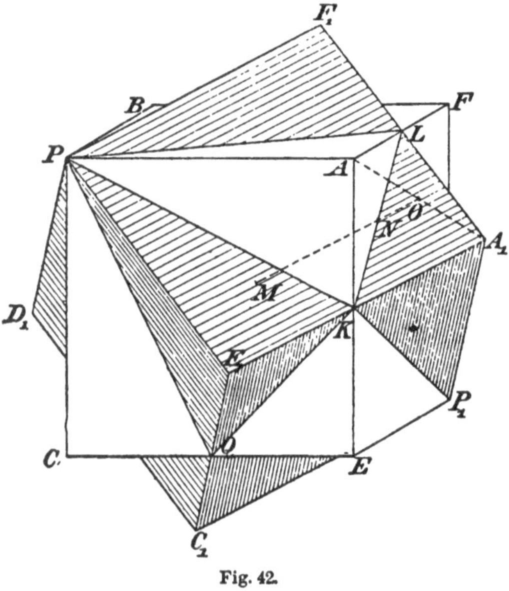

Fig. 42.

248) Die hexagonale Durchdringung zweier gleich grofser Würfel in Parallelperspektive zu zeichnen und zu berechnen. (Vgl. § 10.)

Auflösung. Man zeichne den einen Würfel in der üblichen Frontstellung und bilde die Halbierungspunkte der die Diagonale PP_1 schneidenden Kanten, z. B. Q, K, L. Die Verbindungslinien der benachbarten dieser Punkte, also QK, KL usw. bilden das zur Diagonale PP_1 senkrecht stehende, beiden Würfeln gemeinsame Sechseck, gegen das sie symmetrisch liegen. Ist N der Halbierungspunkt von KL und M der Mittelpunkt des Würfels, so ziehe man MN und verlängere es bis zum Durchschnitt O mit der durch A zu PP_1 zu ziehenden Parallelen. AO ist dann, wie PP_1, ein Lot auf der Ebene des Sechsecks, dessen Verdoppelung den symmetrisch liegenden Eckpunkt A_1 giebt. A_1P_1 giebt eine Kante des zweiten Würfels, das verdoppelte A_1K eine zweite, das verdoppelte A_1L eine dritte, so dafs die Zeichnung leicht zu vollenden ist. — Die gleichnamigen Buchstaben sind symmetrisch gegen das Sechseck liegende.

Die sechs vorspringenden Pyramiden haben je eine rechteckige Ecke, z. B. E_1, deren Kanten die Längen a, $\frac{a}{2}$ und $\frac{a}{2}$ haben, so dafs der Inhalt gleich

$$\frac{1}{3}a\left(\frac{a}{2}\cdot\frac{a}{2}\cdot\frac{1}{2}\right)=\frac{a^3}{24}$$

ist. Alle sechs zusammengenommen haben den Inhalt $\frac{a^3}{4}$, das Gesamtgebilde also den Inhalt $a^3+\frac{a^3}{4}=\frac{5}{4}a^3$. Der beiden Würfeln gemeinsame Teil hat den Inhalt $\frac{3a^3}{4}$. Betrachtet man PKQ als Grundfläche F_1 einer der vorspringenden Pyramiden, so ist

$$F_1=a^2-\left[\frac{a^2}{4}+\frac{a^2}{4}+\frac{a^2}{8}\right]=\frac{3}{8}a^2,$$

und es ergiebt sich als Höhe:

$$x=\frac{3J_1}{F_1}=\frac{3\,\frac{a^2}{24}}{\frac{3}{8}a^2}=\frac{a}{3}.$$

Aus dieser und den Höhen der Seitenflächen PKE_1, KE_1Q, QE_1P sind die Neigungen dieser Flächen gegen die Flächen des andern Würfels leicht zu berechnen.

Die Endpunkte aller von P ausgehenden Würfelkanten liegen auf einem Kreise, dessen Ebene normal zu PP_1 ist, die von P_1 ausgehenden ebenfalls. Die umbeschriebene Kugel, ebenso die einbeschriebene, ist beiden Würfeln gemeinsam.

Die Flächen umhüllen eine regelmäfsige sechsseitige Doppelpyramide. Die Ecken geben eine sechsseitige Säule mit Doppelpyramide.

249) Die dodekaedrische Durchdringung zweier gleichgrofser Würfel zu berechnen.

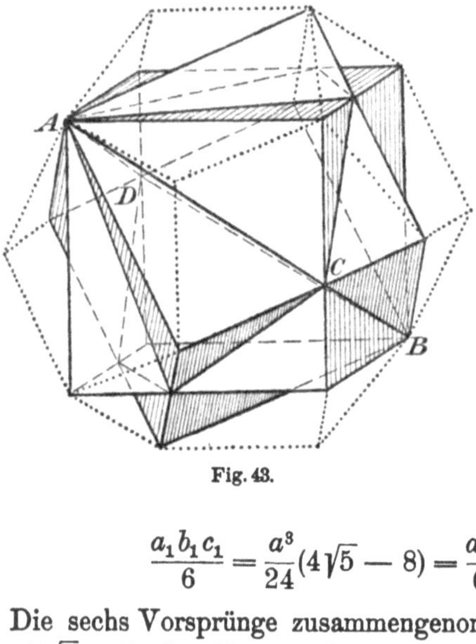

Fig. 43.

Auflösung. In Bd. I, § 131, ist die Konstruktion durchgeführt und gezeigt, dafs die Teilungen der Würfelkanten stetige sind. Jede der vorspringenden Pyramiden hat eine rechteckige Ecke mit den Kanten $a_1 = a$,

$$b_1 = \frac{a}{2}(\sqrt{5} - 1),$$

$$c_1 = \frac{a}{2}(3 - \sqrt{5}),$$

also vom Inhalte:

$$\frac{a_1 b_1 c_1}{6} = \frac{a^3}{24}(4\sqrt{5} - 8) = \frac{a^3}{6}(\sqrt{5} - 2).$$

Die sechs Vorsprünge zusammengenommen sind vom Inhalte $a^3(\sqrt{5} - 2)$, das Gesamtgebilde also vom Inhalte $a^3(\sqrt{5} - 1)$.

Die Fläche, mit der jeder Vorsprung auf dem andern Würfel sitzt, ist $F_1 = \frac{a^2}{2}(3 - \sqrt{5})$. Sie wird durch das Abziehen rechtwinkliger Dreiecke vom Quadrat gefunden. Die zugehörige Pyramidenhöhe ist:

$$x = \frac{3J_1}{F_1} = \frac{\frac{a^3}{2}(\sqrt{5} - 2)}{\frac{a^2}{2}(3 - \sqrt{5})} = a\frac{\sqrt{5} - 2}{3 - \sqrt{5}}\,\frac{3 + \sqrt{5}}{3 + \sqrt{5}} = \frac{a}{4}(\sqrt{5} - 1),$$

so daſs sie, wie in Bd. I § 84 gezeigt wurde, der gröſsere Teil der stetig geteilten Halbkante des Würfels ist.

Die Grundkanten jeder Pyramide sind:

$$a_2 = \sqrt{\frac{a^2}{4}(\sqrt{5}-1)^2 + \frac{a^2}{4}(3-\sqrt{5})^2} = a\sqrt{5-2\sqrt{5}},$$

$$b_2 = \sqrt{a^2 + \frac{a^2}{4}(\sqrt{5}-1)^2} = a\sqrt{\frac{5-\sqrt{5}}{2}},$$

$$c_2 = \sqrt{a^2 + \frac{a^2}{4}(3-\sqrt{5})^2} = a\sqrt{\frac{3}{2}(3-\sqrt{5})}.$$

Die Höhen der zugehörigen Pyramidenflächen sind daraus leicht zu berechnen, ebenso die Neigungswinkel dieser Flächen gegen die des andern Würfels.

250) Will man diese Durchdringung isometrisch darstellen, wobei die gemeinschaftliche Diagonale als Punkt erscheinen soll, so zeichne man wie in Figur 2 den einen Würfel als regelmäſsiges Sechseck, teile eine der Seiten des Sechseckes nach dem goldenen Schnitt und bilde sein Spiegelbild gegen den zum Teilpunkte gehörigen Durchmesser. Dann erscheint auch der zweite Würfel als regelmäſsiges Sechseck und auf je zwei sichtbare Flächenteile des einen folgen zwei sichtbare des andern. In Fig. 44 ist diese Durchdringung dargestellt. KP ist die benutzte Symmetrieachse. Im Dreieck PAC berechnet sich der Winkel α bequem nach dem Tangentensatze aus $PA = r$, $AC = \frac{r}{2}(\sqrt{5}-1)$ und dem eingeschlossenen Winkel von 60^0, und daraus erfährt man, um

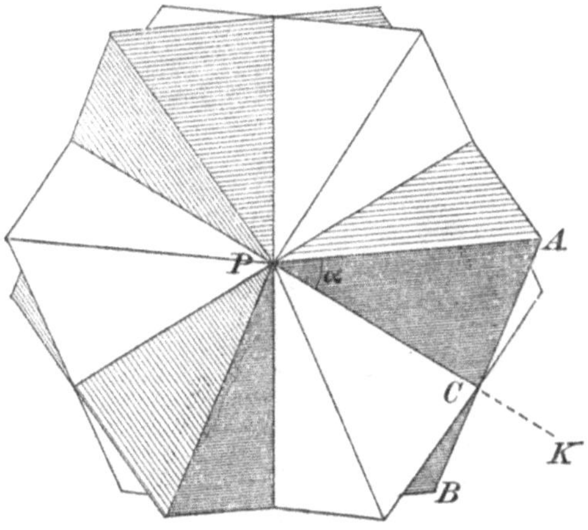

Fig. 44.

welchen Winkel $2a$ beide Würfel gegeneinander gedreht sind. Die Punkte des Kreises mit Radius r und die Punkte P und P_1 sind 14 von den 20 Ecken des Dodekaeders der Figur 32. Die Flächen sind 12 von den Flächen eines Rhombendreiſsigflachs (Bd. I, Fig. 45), die Flächen umhüllen eine unregelmäſsige sechsseitige Doppelpyramide mit P und P_1 als Spitzen.

251) Das reciproke Gebilde der hexagonalen Durchdringung zweier Würfel zu zeichnen und zu berechnen.

Auflösung. An Stelle der Würfel, welche die Achse PP_1 gemein haben und um 60^0 gegeneinander gedreht sind,

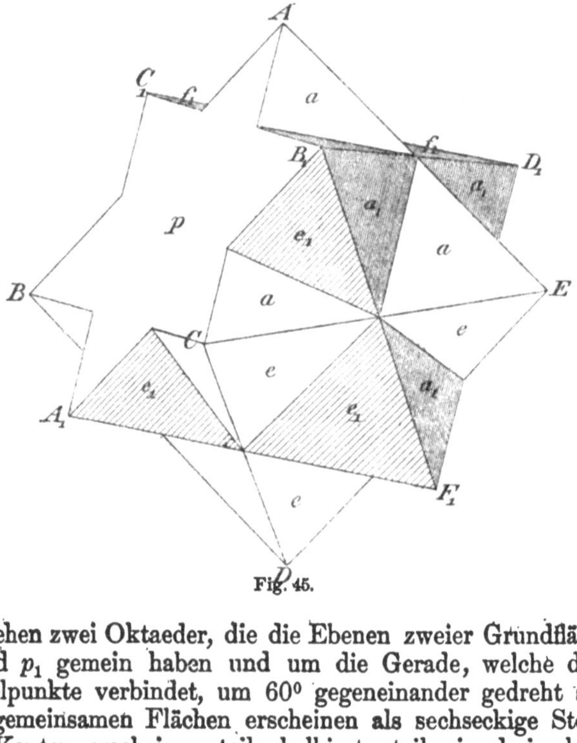

Fig. 45.

entstehen zwei Oktaeder, die die Ebenen zweier Grundflächen p und p_1 gemein haben und um die Gerade, welche deren Mittelpunkte verbindet, um 60^0 gegeneinander gedreht sind. Die gemeinsamen Flächen erscheinen als sechseckige Sterne. Die Kanten erscheinen teils halbiert, teils in drei gleiche Teile geteilt, je nachdem sie die Ebenen p und p_1 schneiden oder in einer von diesen liegen. Jede Gruppe hat sechs solcher Kanten. Die Berechnung sei dem Leser überlassen. Nach der letzten Bemerkung macht sie keine Schwierigkeit. Die kleinen Buchstaben entsprechen den grofsen der reciproken Figur.

Auch in diesem Gebilde tritt eine die Oktaederkanten halbierende Symmetrieebene auf, die normal zur obigen Drehungsachse ist und als regelmäfsiges Sechseck erscheint. Die umbeschriebene Kugel, ebenso die einbeschriebene, ist beiden Körpern gemein. Die Durchdringung kann als eine hexagonale bezeichnet werden.

Zeichnet man das Gebilde in Orthogonalprojektion so, dafs die Drehungsachse als Punkt erscheint, so decken sich die Projektionen beider Oktaeder gegenseitig. Die Zeichnung erscheint als sechsseitiger Stern, dessen Ecken verbunden sind. Die Möglichkeit des Durcheinanderschiebens der Körper ist also dieselbe, wie bei den Würfeln.*) Weil bei letzteren die Punkte A, K, E und ∞ der Geraden AE harmonisch sind, so sind hier die durch CE gehenden Ebenen a, die Ebene k der Geraden CE und B_1F_1, die Ebene e und die durch den Mittelpunkt des Körpers gehende Ebene harmonische. Ebenso lassen sich aus der Halbierung der Hälfte der Oktaederkanten Schlüsse ziehen über harmonische Ebenen beim Würfelgebilde. Die Ecken liegen in den Ecken eines regelmäfsigen sechsseitigen Prismas. Daraus ergiebt sich eine leichte Darstellung des Gebildes in Parallelperspektive oder in Orthogonalprojektion.

252) Das reciproke Gebilde der dodekaedrischen Durchdringung zweier Würfel zu konstruieren und zu berechnen.

Auflösung. Man zeichne ein Oktaeder $ABCDEF$ in Gestalt eines regelmäfsigen Sechsecks und Dreiecks und ein zweites in derselben Weise, um das erste um den Winkel a der Figur 44 gedreht. Es entsteht ein unregelmäfsiger Stern mit sechs Ecken und drei Symmetrieachsen (auf der Untenseite ein ebensolcher, entgegengesetzt liegender).

---

* Die Geraden des Schnittes bei der Einschnürung u. s. w. kommen dabei nicht in Betracht, da sie keine Grenzlinien der Flächen sind.

Die Art des Durchdringens ist leicht zu übersehen. Die 16 Oktaederflächen umhüllen, da oben und unten zwei in je eine zusammenfallen, 14 von den Flächen eines regelmäfsigen Ikosaeders. Die Zahl der Ecken ist 12. Sie gehören den 30 Ecken eines Halbstumpfes, eines regelmäfsigen Ikosaeders oder Dodekaeders an, die z. B. die Kanten des in Figur 32 gezeichneten Dodekaeders halbieren. (Vgl. auch Fig. 44 von Bd. I.) Die Berechnung sei dem Leser überlassen.

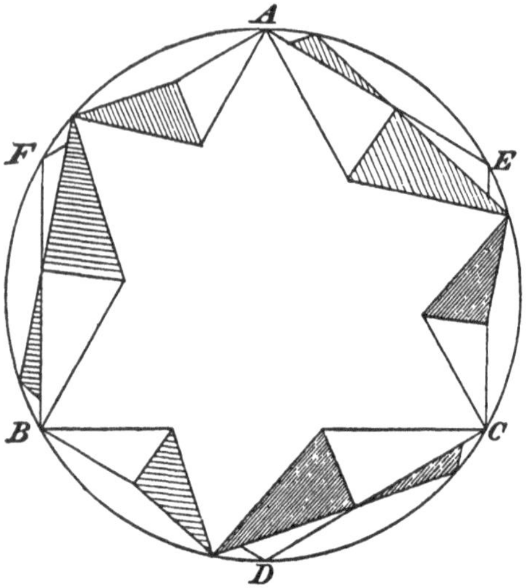

Fig. 46.

Die auf dem Aufsenkreise liegenden Ecken sind ebenso gruppiert, wie bei der ursprünglichen Würfeldurchdringung.

Der Figur des Pentagondodekaeders entspricht als reciproke die Grundrifsfigur des Ikosaeders in Fig. 66ᵇ des ersten Bandes. Wie nun die Würfeldurchdringung zu den Ecken des Dodekaeders in eigentümlicher Beziehung steht, so mufs Fig. 38 zu jener Ikosaederzeichnung in einer reciproken Beziehung stehen. Diese aufzufinden, sei auch hier dem Leser überlassen.

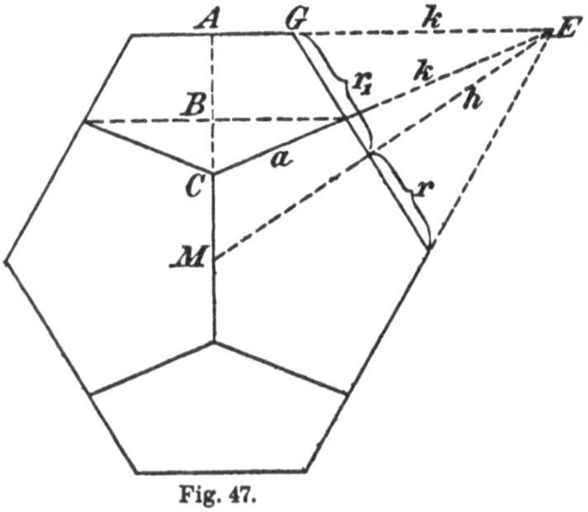

Fig. 47.

253) Aufgabe. Den Inhalt und die Oberfläche des zwölfeckigen Sterndodekaeders zu berechnen.

Auflösung. Fig. 47 stellt das regelmäſsige Dodekaeder im Aufriſs dar. Aus ihm entsteht der gesuchte Körper durch Verlängerung der Kanten bis zu den Durchschnittspunkten von je fünf in der jedesmaligen Pyramidenspitze E. Fig. 48 stellt den Körper in Parallelperspektive dar. Weil CA in B stetig geteilt ist,*) gilt dies auch von CE, folglich ist $a : k = k : (a + k)$, die Kante der Pyramide wird also:

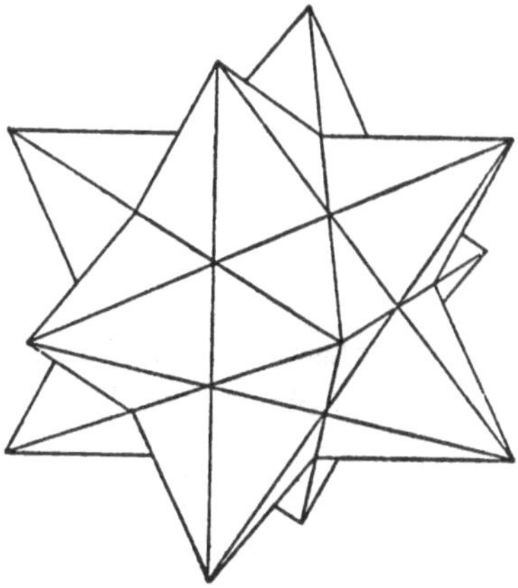

Fig. 48.

1) $$k = \frac{a}{2}(\sqrt{5} + 1).$$

Für die Höhe $h = FE$ folgt:

$$h^2 = k^2 - r_1^2 = \frac{a^2}{4}(6 + 2\sqrt{5}) - \left(a\sqrt{\frac{5 + \sqrt{5}}{10}}\right)^2,$$

oder:

2) $$h = a\sqrt{\frac{5 + 2\sqrt{5}}{5}} = 2r,$$

wo r der Radius des jedem Fünfeck einbeschriebenen Kreises ist.

Die Grundfläche der Pyramide ist:

$$F = \frac{5a^2}{4}\sqrt{\frac{5 + 2\sqrt{5}}{5}},$$

jede Pyramide also hat den Inhalt:

$$J_1 = \frac{Fh}{3} = \frac{5a^3}{12}\,\frac{5 + 2\sqrt{5}}{5} = a^3\,\frac{5 + 2\sqrt{5}}{12}.$$

*) Man bezeichne in Fig. 47 die Teilungspunkte der Geraden CE und ME als D und F.

Der Gesamtinhalt der zwölf Pyramiden ist also:

$$3)\qquad 12 J_1 = a^3(5 + 2\sqrt{5}).$$

Addiert man dazu den Inhalt des Zwölfflachs:

$$J_2 = \frac{a^3}{4}(15 + 7\sqrt{5}),$$

so folgt als Gesamtinhalt:

$$4)\qquad J = \frac{a^3}{4}(35 + 15\sqrt{5}) = \frac{5a^3}{4}(7 + 3\sqrt{5}).$$

Die Oberfläche ist das 60fache der Seitenfläche einer Pyramide. Die Grundlinie einer solchen Fläche ist a, die Höhe

$$h_1 = \sqrt{k^2 - \frac{a^2}{4}} = \frac{a}{2}\sqrt{5 + 2\sqrt{5}},$$

die Fläche selbst also

$$\frac{a^2}{4}\sqrt{5 + 2\sqrt{5}},$$

und die Oberfläche daher

$$5)\qquad O = 15a^2\sqrt{5 + 2\sqrt{5}}.$$

254) **Dieselbe Aufgabe von einem höheren Standpunkte aus aufgefaſst.**

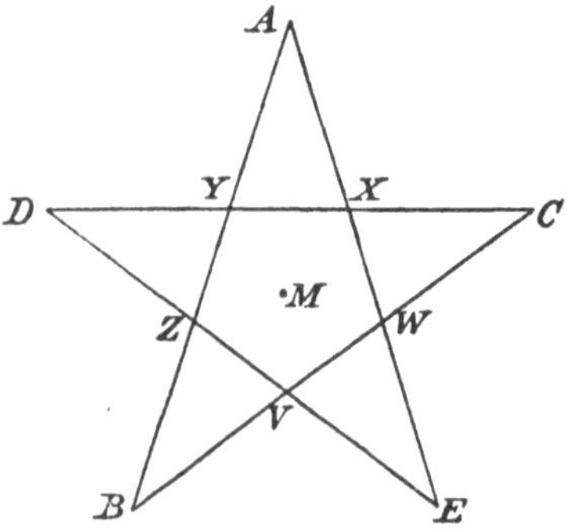

Fig. 49.

Jede der erweiterten Flächen des regelmäſsigen Zwölfflachs bildet einen fünfeckigen Stern. Jede der durchgehenden Seiten dieses Sternes ist gleich

$$a + 2k = a + a(\sqrt{5} + 1) = a(\sqrt{5} + 2),$$

der Umfang also $5a(\sqrt{5} + 2)$. Der Radius des einbeschriebenen Kreises ist

$$r = \frac{a}{2}\sqrt{\frac{5 + 2\sqrt{5}}{5}}.$$

Läſst man nun die Formel $F = \frac{ru}{2}$ auch hier weitergelten, so wird:

$$F = \frac{5a^2}{4}(\sqrt{5} + 2)\sqrt{\frac{5 + 2\sqrt{5}}{5}} = \frac{5a^2}{4}\sqrt{\frac{85 + 38\sqrt{5}}{5}}.$$

Dieselbe Formel erhält man, wenn man dem doppelten Fünfeck die fünf Dreiecke beifügt, so daſs das Fünfeck als doppelt bedeckt aufzufassen ist. Dies ist auch berechtigt, denn der Linienzug $XABCX$ bedeckt es zum ersten Male, der Linienzug $XDEX$ zum zweiten Male. Oder, verbindet man M mit A, B, C, D, E, so bedecken die fünf Dreiecke das innere Fünfeck doppelt.

Bei dieser Auffassung ist die Oberfläche des Körpers:

1) $$O = 15a^2(\sqrt{5} + 2)\sqrt{\frac{5 + 2\sqrt{5}}{5}} = 15a^2\sqrt{\frac{85 + 38\sqrt{5}}{5}}.$$

Der Radius der einbeschriebenen Kugel ist:

2) $$\varrho = \frac{a}{2}\sqrt{\frac{25 + 11\sqrt{5}}{10}}.$$

Der Inhalt des Körpers also wird bei dieser Auffassung:

$$J = \frac{O\varrho}{3} = \frac{5a^3}{2}(\sqrt{5} + 2)\sqrt{\frac{(5 + 2\sqrt{5})(25 + 11\sqrt{5})}{50}}$$

$$= \frac{a^3}{2}(5 + \sqrt{2})\sqrt{\frac{5(47 + 21\sqrt{5})}{2}}$$

$$= \frac{a^3}{4}(5 + \sqrt{2})\sqrt{5(98 + 2 \cdot 21\sqrt{5})}$$

$$= \frac{a^3}{4}(5 + \sqrt{2})\sqrt{5(7 + 3\sqrt{5})^2}$$

oder endlich:

3) $$J = \frac{a^3}{4}(65 + 29\sqrt{5}).$$

Dasselbe erhält man mit Hilfe der zweiten Formel für O und ebenso, wenn man den dreifachen Inhalt des Zwölfflachs zu dem der 12 Pyramiden addiert:

$$\left[12\,\text{Pyr.} + 3\,\text{Dod.} = a^3(5+2\sqrt{5}) + \frac{3}{4}a^3(15+7\sqrt{5}) = \frac{a^3}{4}(65+29\sqrt{5}).\right]$$

Folglich: Verbindet man den Mittelpunkt des Körpers mit den 12 Ecken, so wird von den entstehenden Pyramiden der Raum des inneren Dodekaeders dreifach bedeckt. Bei der oben gezeichneten Fläche wird durch Verbindung mit dem Mittelpunkte des Körpers schon eine zweifache Raumbedeckung herbeigeführt, die dritte entsteht infolge der auf die Mittelfläche sich aufsetzenden Doppelpyramide.

Es liegt nun nahe, $a_1 = a + 2k = a(\sqrt{5} + 2)$ als Körperkante aufzufassen, d. h. für a den Ausdruck

$$a = \frac{a_1}{\sqrt{5}+2} = a_1(\sqrt{5} - 2)$$

in die Gleichung 3) einzusetzen. Diese geht dadurch über in:

3) $$J = \frac{a'^3}{4}(3\sqrt{5} - 5).$$

Ebene Sterne, bei denen der Innenraum zweifach bedeckt wird, bezeichnet man als Sterne der zweiten Art. Sternkörper, bei denen der Innenraum dreifach bedeckt wird, nennt man Sternkörper dritter Art. Das Beispiel klärt also bequem über die etwas abstrakte Theorie dieser Flächen und Körper auf.

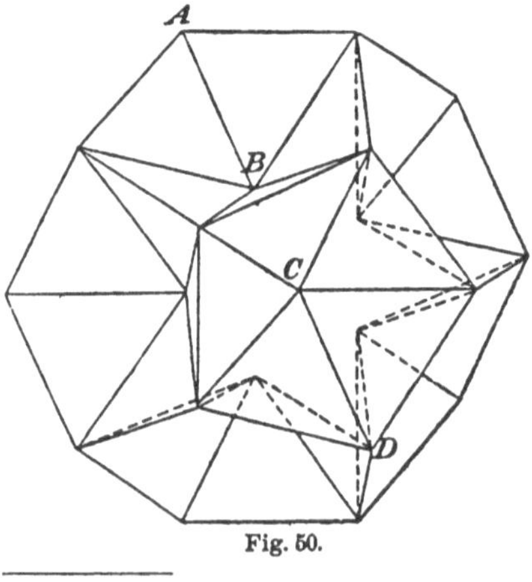

Fig. 50.

255) Das konkave Stern-Ikosaeder*) zu berechnen.

Auflösung. Der Körper kann als Dodekaeder betrachtet werden, aus dem zwölf ikosaedrische Pyra-

*) Zweckmäfsiger wird der Körper als regelmäfsiges Keilikosaeder bezeichnet, da er nicht zu den eigentlichen Sternkörpern gehört, oder als konkaves Pyramidenzwölfflach.

miden ausgeschnitten sind. Ist k die Kante, so ist der ursprüngliche Inhalt

$$J_1 = \frac{k^3}{4}(15 + 7\sqrt{5}).$$

Die Höhe jeder ausgeschnittenen Pyramide ist zu berechnen aus:

$$h^2 = h_1^2 - r^2 = \left(\frac{k}{2}\sqrt{3}\right)^2 - \left(\frac{k}{2}\sqrt{\frac{5+2\sqrt{5}}{5}}\right)^2$$

$$= \frac{k^2}{20}(15 - 5 - 2\sqrt{5}) = k^2\frac{5-\sqrt{5}}{10}.$$

Die Grundfläche ist:

$$F = \frac{5k^2}{4}\sqrt{\frac{5+2\sqrt{5}}{5}},$$

jeder einzelne Inhalt ist also:

$$\frac{Fh}{3} = \frac{1}{3}\,\frac{5k^3}{4}\sqrt{\frac{5+2\sqrt{5}}{5}}\sqrt{\frac{5-\sqrt{5}}{10}} = \frac{k^3}{12}\sqrt{\frac{15+5\sqrt{5}}{2}}$$

$$= \frac{k^3}{12}\sqrt{\frac{5(6+2\sqrt{5})}{4}} = \frac{k^3}{24}\sqrt{5}(\sqrt{5}+1)$$

oder endlich:

$$J_2 = \frac{k^3}{24}(5 + \sqrt{5}).$$

Der übrig bleibende Inhalt ist also:

$$J = J_1 - 12J_2 = \frac{k^3}{4}(15+7\sqrt{5}) - \frac{k^3}{2}(5+\sqrt{5}) = \frac{k^3}{4}(5+5\sqrt{5})$$

oder

$$J = \frac{5}{4}k^3(1 + \sqrt{5}).$$

256) Die dodekaedrische Durchdringung von fünf Tetraedern zu berechnen.

Auflösung. Fig. 51 stellt das Gebilde in senkrechter Projektion dar. Es handelt sich um ein Dodekaeder, aus dem, wie vorher, zunächst zwölf ikosaedrische Pyramiden ausgeschnitten sind, aufserdem aber (den 30 Kanten entsprechend) gleiche 30 Tetraeder, deren Kanten leicht zu berechnen sind. Eines davon ist folgendes: Der senkrechte

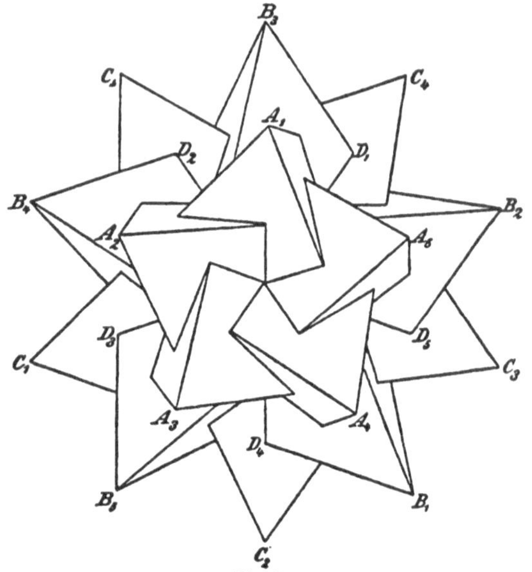

Fig. 51.

Strahl, der von der Mitte der Figur ausgeht, endigt in der einen Ecke des Tetraeders. Von dieser aus geht eine Gerade nach der anderen Ecke A_2, eine dritte nach der unbenannten Ecke, die nahe über dieser Geraden liegt. Die vierte ist A_1, man hat also noch drei Verbindungslinien zu ziehen. Diese Kanten berechnen sich aus Fig. 52, welche darstellt, was in jeder Tetraederfläche geschieht.

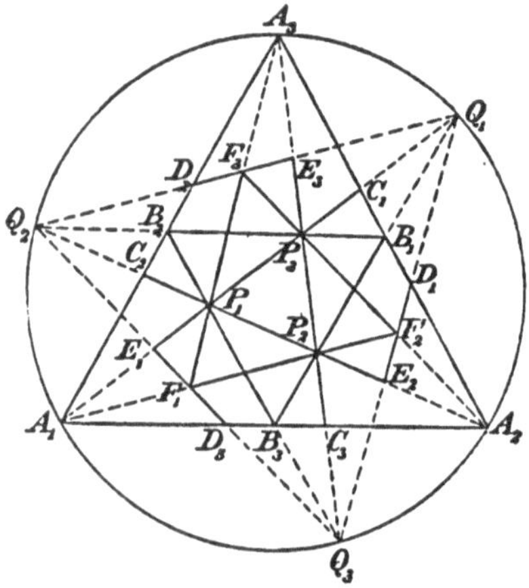

Fig. 52.

$A_1 A_2$ ist in C_3 stetig geteilt, so daſs, wenn a

die Tetraederkante ist, $C_3 A_2 = \frac{a}{2}(3 - \sqrt{5})$ folgt. Demnach ist die Transversale $A_3 C_3$ oder t zu berechnen aus

$$t^2 = a^2 + \frac{a^2}{4}(14 - 6\sqrt{5}) - 2a\frac{a}{2}(3 - \sqrt{5}) \cos 60^0$$

$$= \frac{a^2}{4}(12 - 4\sqrt{5}) = a^2(3 - \sqrt{5}).$$

Demnach ist

$$1) \qquad t = a\sqrt{3 - \sqrt{5}} = a\sqrt{\frac{6 - 2\sqrt{5}}{2}} = \frac{a}{\sqrt{2}}(\sqrt{5} - 1).$$

Ähnlich berechnet sich $P_2 P_3 = x$ aus:

$$x^2 = P_2 B_1^2 + P_3 B_1^2 - 2 P_2 B_1 \cdot P_3 P_1 \cos 60^0$$

$$= \left[\frac{a}{4}(\sqrt{5} - 1)\right]^2 + \left[\frac{a}{4}(3 - \sqrt{5})\right]^2 - 2\frac{a}{4}\frac{a}{4}(\sqrt{5} - 1)(3 - \sqrt{5})\frac{1}{2}$$

$$= \frac{a^2}{16}[6 - 2\sqrt{5} + 14 - 6\sqrt{5} - 4\sqrt{5} + 8] = \frac{a^2}{16}[28 - 12\sqrt{5}],$$

so daſs

$$2) \qquad x = \frac{a}{2}\sqrt{7 - 3\sqrt{5}} = \frac{a}{2}\sqrt{\frac{14 - 6\sqrt{5}}{2}} = \frac{a}{2\sqrt{2}}(3 - \sqrt{5}).$$

Aus Kongruenzgründen ist $P_2 C_3$ oder y gleich $P_3 C_1$ und dieses aus Symmetriegründen gleich $P_3 E_3$. Da nun $y = t_2 - x$ ist, so folgt

$$E_3 A_3 = \frac{t}{2} - y = \frac{t}{2} - \left(\frac{t}{2} - x\right) = x.$$

Teilt man aber $\frac{t}{2}$ nach dem goldenen Schnitt, so wird der gröſsere Teil gleich

$$\frac{t}{4}(\sqrt{5} - 1) = \frac{a}{4\sqrt{2}}(\sqrt{5} - 1)(\sqrt{5} - 1) = \frac{a}{2\sqrt{2}}(3 - \sqrt{5}) = x,$$

also ist $P_3 A_3$ in E_3 stetig geteilt, und dieses x ist die eine Kante eines der auszuschneidenden Tetraeder; seine Gegenkante ist ebenso groſs.

Eine zweite ist gleich D_2E_3 oder

$$Q_2E_3 - Q_2D_2 = \frac{a}{2}(\sqrt{5}-1) - \frac{a}{2}(3-\sqrt{5}) = \frac{a}{2}(2\sqrt{5}-4)$$

oder $D_2E_3 = a(\sqrt{5}-2)$. Diese und die Fünfecksseite $\frac{t}{2}$ sind Gegenkanten. (Der Trichter des ursprünglichen Dodekaeders ist ein ikosaedrischer, also $\frac{t}{2}$ gleich der Kante der Grundfläche desselben.)

Eine dritte ist der kleinere Teil der stetig geteilten Dreiecksseite, nämlich $\frac{a}{2}(3-\sqrt{5})$. Ihre Gegenkante ist ebenso groſs.

Die Tetraederkanten sind also:

$$a_1 = \frac{t}{2} = k = \frac{a}{\sqrt{8}}(\sqrt{5}-1), \quad a_2 = a(\sqrt{5}-2),$$

$$b_1 = b_2 = \frac{a}{2}(3-\sqrt{5}), \quad c_1 = c_2 = \frac{a}{2\sqrt{2}}(3-\sqrt{5})$$

$$= \frac{a}{\sqrt{8}}(3-\sqrt{5}).$$

Im nächsten Abschnitt wird über das allgemeine Tetraeder folgende (Eulersche) Inhaltsformel aus den Gegenkanten $a_1, a_2; b_1, b_2; c_1, c_2$ bewiesen:

$$\begin{aligned}144 J_3^2 = {} & a_1^2 a_2^2 [-(a_1^2+a_2^2)+(b_1^2+b_2^2)+(c_1^2+c_2^2)] \\ & + b_1^2 b_2^2 [(a_1^2+a_2^2)-(b_1^2+b_2^2)+(c_1^2+c_2^2)] \\ & + c_1^2 c_2^2 [(a_1^2+a_2^2)+(b_1^2+b_2^2)-(c_1^2+c_2^2)] \\ & - [a_2^2 b_1^2 c_1^2 + a_1^2 b_2^2 c_1^2 + a_1^2 b_1^2 c_2^2 + a_2^2 b_2^2 c_2^2.]\end{aligned}$$

Hier ist:

$$a_1^2 + \frac{a^2}{4}(3-\sqrt{5}), \quad a_2^2 = a^2(9-4\sqrt{5}),$$

so: $$a_1^2 a_2^2 = \frac{a^4}{4}(47-21\sqrt{5}) = \frac{a^4}{4}C, \quad a_1^2 + a_2^2 = \frac{a^2}{4}(39-17\sqrt{5}) = \frac{a^2}{4}A;$$

$$b_1^2 = b_2^2 = \frac{a^2}{2}(7-3\sqrt{5}),$$

$$:\quad b_1^2 b_2^2 = \frac{a^4}{2}(47 - 21\sqrt{5}) = \frac{a^4}{2}\,C, \quad b_1^2 + b_2^2 = a^2(7 - 3\sqrt{5}) = a^2 B;$$

$$c_1^2 = c_2^2 = \frac{a^2}{4}(7 - 3\sqrt{5}),$$

$$:\quad c_1^2 c_2^2 = \frac{a^4}{8}(47 - 21\sqrt{5}) = \frac{a^4}{8}\,C, \quad c_1^2 + c_2^2 = \frac{a^2}{2}(7 - 3\sqrt{5}) = \frac{a^2}{2}\,B.$$

$$a_2^2 b_1^2 c_1^2 = a_2^2 b_2^2 c_2^2 = \frac{a^6}{8}(9 - 4\sqrt{5})(7 - 3\sqrt{5})^2 = \frac{a^6}{4}(9 - 4\sqrt{5})(47 - 21\sqrt{5})$$

$$= \frac{a^6}{4}(9 - 4\sqrt{5})\,C, \quad a_1^2 b_2^2 c_1^2 = a_1^2 b_1^2 c_2^2 = \frac{a^6}{32}(3 - \sqrt{5})(7 - 3\sqrt{5})^2$$

$$= \frac{a^6}{16}(3 - \sqrt{5})(47 - 21\sqrt{5}) = \frac{a^6}{16}(3 - \sqrt{5})\,C,$$

also die zuletzt abzuziehende Summe

$$a_2^2 b_1^2 c_1^2 + a_1^2 b_2^2 c_1^2 + a_1^2 b_1^2 c_2^2 + a_2^2 b_2^2 c_2^2 = 2\,\frac{a^6 C}{16}[39 - 17\sqrt{5}) = \frac{a^6}{8}\,CA.$$

Im Ganzen wird:

$$\frac{4J_3^2}{a^6} = \frac{C}{4}\left[-\frac{A}{4} + B + \frac{B}{2}\right] + \frac{C}{2}\left[\frac{A}{4} - B + \frac{B}{2}\right] + \frac{C}{8}\left[\frac{A}{4} + B - \frac{B}{2}\right] - \frac{C}{8}A$$

$$= \frac{C}{32}[(-2A + 8B + 4B) + (4A - 16B + 8B) + (A + 4B - 2B) - 4A]$$

$$= \frac{C}{32}(-A + 6B) = \frac{47 - 21\sqrt{5}}{32}[(17\sqrt{5} - 39) + (42 - 18\sqrt{5})]$$

$$= \frac{47 - 21\sqrt{5}}{32}(3 - \sqrt{5}).$$

Dafür läſst sich schreiben:

$$\frac{84 - 2 \cdot 21\sqrt{5}}{64} \cdot \frac{6 - 2\sqrt{5}}{2} = \frac{(7 - 3\sqrt{5})^2(\sqrt{5} - 1)^2}{64 \cdot 2},$$

so daſs man erhält:

$$J_3 = \frac{a^3}{12} \cdot \frac{(7 - 3\sqrt{5})(\sqrt{5} - 1)}{8\sqrt{2}} = \frac{a^3}{48}\,\frac{5\sqrt{5} - 11}{\sqrt{2}}.$$

Dreifsig solche Tetraeder haben den Inhalt:

$$J_4 = \frac{5}{8} a^3 \frac{5\sqrt{5} - 11}{\sqrt{2}}.$$

Dies ist abzuziehen von dem vorher berechneten konkaven Stern-Ikosaeder:

$$J_1 = \frac{5}{4} k^3 (\sqrt{5} + 1) = \frac{5}{4} a^3 (\sqrt{5} + 1)\left(\frac{\sqrt{5} - 1}{2\sqrt{2}}\right)^3$$

$$= \frac{5}{4} a^3 \frac{(\sqrt{5} + 1)(\sqrt{5} - 1)}{2\sqrt{2}} \cdot \frac{6 - 2\sqrt{5}}{8}$$

$$= \frac{5}{4} a^3 \cdot \frac{4}{2\sqrt{2}} \cdot \frac{3 - \sqrt{5}}{4} = \frac{5}{8} a^3 \frac{3 - \sqrt{5}}{\sqrt{2}}.$$

Als Inhalt des Tetraedersterns bleibt also stehen:

$$J = J_1 - J_2 = \frac{5a^3}{8\sqrt{2}} [3 - \sqrt{5} - 5\sqrt{5} + 11]$$

oder endlich:

$$J = \frac{5a^3}{4\sqrt{2}} (7 - 3\sqrt{5}) = \frac{5}{8} a^3 (7\sqrt{2} - 3\sqrt{10}).$$

Mit Hilfe der tetraedischen Inhaltsbetrachtung lassen sich die betreffenden Höhen und Schnittwinkel auch ohne die Kenntnis der später abzuleitenden Tetraederformeln leicht berechnen.

257) Nach diesen Proben versuche man die übrigen in Bd. I behandelten Sternkörper zu berechnen, und zwar nach beiden der oben angegebenen Auffassungen, von denen die höhere zugleich die leichtere ist. Nach der letzteren findet man mit Hilfe der Formel $J = \frac{\varrho}{3} O$ den Inhalt unter mehrfacher Raumbedeckung innerhalb des Kernkörpers z. B. folgendermafsen:

Sterneckiges Ikosaeder $J = \frac{5}{6} a'^3 (\sqrt{5} - 2)\sqrt{3}.$

Sterneckiges Dodekaeder $J = \frac{a'^3}{4} (5 + 3\sqrt{5}).$

Zwanzigeckiges Sterndodekaeder $J = \frac{a'^3}{4} (7\sqrt{5} - 15).$

Praktischen Wert hat die Beschäftigung mit diesen Körpern*) wohl nur insofern, als sie zweckmäfsige Übungsbeispiele zur Ausbildung der räumlichen Anschauung und zur Lehre von den Durchdringungen sind. Dagegen sind sie von Bedeutung für die Lehre von der Kugelteilung und vielleicht für den Ausbau der von Galois und Lie angebahnten Theorie der Polyedergruppen und der Zahlkörper der neueren Algebra und Zahlenlehre.

Bequem auszuführende Zeichnungs- und Berechnungsübungen bieten folgende Aufgaben:

Durchdringung der beiden einem Würfel einzubeschreibenden regelmäfsigen Tetraeder (Bd. I, Fig. 22).

Durchdringung der beiden demselben Würfel umbeschriebenen regelmäfsigen Dodekaeder.

Die der vorigen reciproke Durchdringung zweier regelmäfsiger Ikosaeder.

Durchdringung der fünf demselben Dodekaeder einbeschriebenen Würfel (Kernkörper ist das Rhombendreifsigflach, Bd. I, Fig. 45, die Ecken bilden das Dodekaeder).

Die der vorigen reciproke Durchdringung von fünf regelmäfsigen Ikosaedern. (Kernkörper ein regelmäfsiges Ikosaeder, die Ecken bilden den Halbstumpf eines Ikosaeders. Bd. I, Fig. 44.)

Auch die Durchdringungen der Krystallographie bieten brauchbare Übungsbeispiele.

VI. Der schräg abgeschnittene senkrechte Kreiskegel und die schräg abgeschnittene regelmässige Pyramide.

258) Planimetrisches. ABC in Fig. 53 stelle den Hauptschnitt eines durch BC schräg abgeschnittenen senkrechten Kreiskegels dar, ϱ die einbeschriebene Kugel des Gebildes, dann ist BC die Darstellung einer Ellipse, deren einer Brennpunkt in den Berührungspunkt F der Kugel fällt, so

---

*) Brückner: Vielecke und Vielflache, Wiener: Vielecke und Vielflache, Lesekamp: Über regelmäfsige Polyeder (Progr. 1887 der Technischen Staatslehranstalten zu Chemnitz) behandeln die vier Prinsotschen Körper ebenfalls. Das erstgenannte Buch bringt weiteres Übungsmaterial.

dafs $MF = e$ (Excentricität), $MC = a_1 = \frac{a}{2}$ die gröfsere

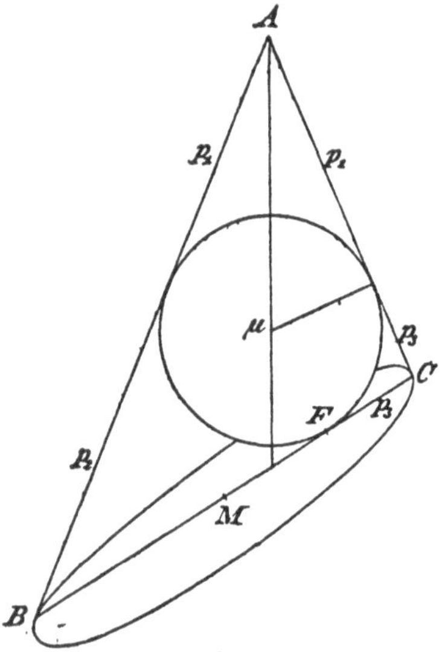

Fig. 53.

Halbachse, $b_1 = \sqrt{\frac{a^2}{4} - e^2}$ die kleinere Halbachse ist. Bei den Bezeichnungen der Figur ist

1) $p = \frac{a+b+c}{2}$,

$p_1 = p - a$, $p_2 = p - b$,
$p_3 = p - c$,

2) $\varrho = \frac{\Delta}{p} = \sqrt{\frac{p_1 p_2 p_3}{p}}$

3) $h = \frac{2\Delta}{a} = \frac{2}{a}\sqrt{p p_1 p_2 p_3}$

4) $MF = e = \frac{a}{2} - p_3$

$= \frac{a}{2} - \frac{a+b-c}{2} = \frac{c-b}{2}$,

5) $b_1^2 = \frac{a^2}{4} - e^2 = \frac{a^2}{4} - \frac{(b-c)^2}{4} = \frac{a+b-c}{2} \cdot \frac{a-b+c}{2} = p_2 p_3$,

so dafs $b_1 = \sqrt{p_2 p_3}$ ist.

Die Ellipsenfläche wird:

6) $$F = a_1 b_1 \pi = \frac{a}{2} \pi \sqrt{p_2 p_3}.$$

259) **Der schräg abgeschnittene senkrechte Kreiskegel.**

Der Kegelinhalt wird nach Obigem:

$$J = \frac{Fh}{3} = \frac{1}{3}\frac{a}{2}\pi\sqrt{p_2 p_3} \cdot \frac{2}{a}\sqrt{p p_1 p_2 p_3}$$

oder:

1) $$J = \frac{\pi}{3} p_2 p_3 \sqrt{p p_1}.$$

Die Oberfläche des Körpers ist:

$$O = \frac{3J}{\varrho} = \frac{p_2 p_3 \sqrt{p p_1}}{\sqrt{\frac{p_1 p_2 p_3}{p}}} \pi$$

oder:

2) $$\underline{O = p\pi \sqrt{p_2 p_3},}$$

der Mantel also:

$$M = O - F = p\pi \sqrt{p_2 p_3} - \frac{a}{2} \pi \sqrt{p_2 p_3}$$

oder:

3) $$M = \pi \sqrt{p_2 p_3} \left(p - \frac{a}{2}\right) = \pi \sqrt{p_2 p_3} \frac{b+c}{2}.$$

260) Der schräg abgestumpfte senkrechte Kreiskegel.*)

Wird demnach bei einem senkrechten Kreiskegel vom Grundradius r und der Höhe h eine schräge Abstumpfung so vorgenommen, daſs im Hauptschnitt von der Seite $s = \sqrt{h^2 + r^2}$ nur $BB_1 = s_2$ und $CC_1 = s_3$ stehen bleiben, so ist der stehen bleibende Schrägstumpf folgendermaſsen zu berechnen:

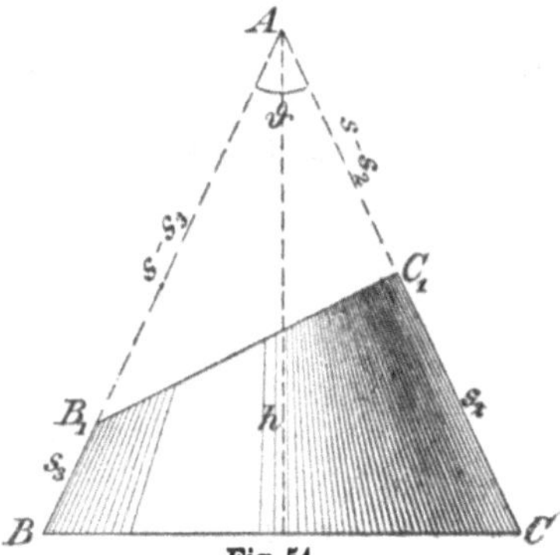

Fig. 54.

4) $$J = J_1 - J_2 = \frac{r_2 \pi h}{3} - \frac{\pi}{3} p_2 p_3 \sqrt{p p_1}.$$

Hier haben die p die obigen Bedeutungen, jedoch ist

$$a = \sqrt{(s - s_2)^2 + (s - s_1)^2 - 2\,(s - s_2)\,(s - s_3)\,\cos\vartheta},$$

wo

$$\cos\vartheta = \cos^2\frac{\vartheta}{2} - \sin^2\frac{\vartheta}{2} = \frac{h^2}{s^2} - \frac{r^2}{s^2} = \frac{h^2 - r^2}{h^2 + r^2}, \quad b = s - s_2,$$

$c = s - s_3$, also z. B.:

*) In den Figuren 54 und 56 sind die Bezeichnungen s_2 und s_3 mit einander zu vertauschen.

$$p = \frac{a+b+c}{2} =$$

$$\frac{1}{2}\left[\sqrt{(s-s_2)^2+(s-s_3)^2-2(s-s_2)(s-s_3)\frac{h^2-r^2}{h^2+r^2}}+(s-s_2)+(s-s_3)\right]$$

dagegen:

$$p_1 = p - a,\ p_2 = p - b,\ p_3 = p - c.$$

Der stehen bleibende Teil des Mantels ist ebenso:

5) $$M = M_1 - M_2 = r\pi s - \pi\frac{b+c}{2}\sqrt{p_2 p_3},$$

Die Oberfläche ist:

$$O = G + M + F = \pi\left[r^2 + \left(rs - \frac{b+c}{2}\sqrt{p_2 p_3}\right) + \frac{a}{2}\sqrt{p_2 p_3}\right]$$

oder

6) $$O = \pi\left[r(r+s) - p_1\sqrt{p_2 p_3}\right].$$

261) Der Schwerpunkt S des Körpers kann folgendermafsen gefunden werden. Man ziehe die Mittellinie EA des oberen Dreiecks und mache $ES_2 = \frac{1}{4}EA$, dann ist S_2 der Schwerpunkt des oberen Teils; von der Höhe $h = DA$ schneide man den vierten Teil DS_1 ab. Jetzt verlängere man S_2S_1 so weit über S_1 hinaus, dafs die Momentengleichung

$$S_1S \cdot J = S_1S_2 \cdot J_2$$

erfüllt ist. Dann wird:

$$S_1S = S_1S_2 \cdot \frac{J_2}{J}.$$

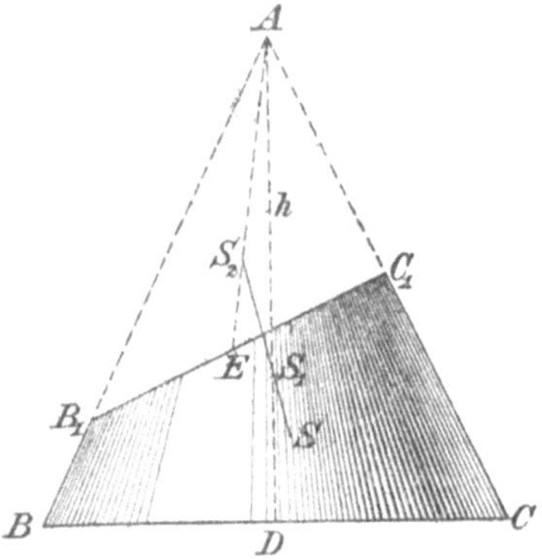

Fig. 55.

Der Schwerpunkt des Mantels ist weit schwieriger zu bestimmen, da die Parallelschnitte zu B_1C_1 Streifen geben, deren Seitenlinien von verschiedener Länge sind und weil aufserdem der Umfang der Ellipsen nur mit höheren Hilfsmitteln zu berechnen ist.

Fällt B_1 mit B zusammen, so dafs ein Kegelhuf entsteht, so werden die Formeln einfacher, weil s_3 verschwindet.

262) Den allgemeinen Huf des senkrechten Kreiskegels erhält man durch einen Querschnitt, der den Grundkreis schneidet. Die Sehne des Schnittes wird in Fig. 56 durch D dargestellt. Kegel BCA habe Inhalt K, Kegel B_1C_1A, der wie vorher berechnet wird, den Inhalt J. Sämtliche Dreiecke des Hauptschnitts lassen sich, wenn r, h, s_2, s_3, gegeben sind, trigonometrisch berechnen, so dafs k, k_1, l, l_1 als bekannt angenommen werden können. Durch den Schnitt AD wird jeder der Kegel K und J in zwei Teile zerlegt. Die von K verhalten sich wie die zu BD und CD gehörigen Kreissegmente, die von J wie die zu B_1D und DC_1 gehörigen Ellipsensegmente, die sich aber ebenso verhalten, wie die aus den letzteren durch Erweiterung nach der Methode von Cavalieri hervorgehenden Kreissegmente. Das Segment k des Grundkreises*) ist gleich

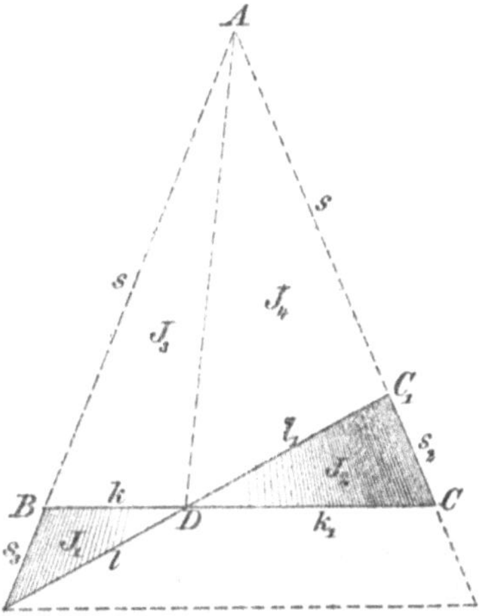

Fig. 56.

$$\text{Sektor} - \triangle = r^2\pi \frac{\xi^0}{360^0} - \frac{1}{2} r^2 \sin \xi,$$

wo sich ξ aus

$$\cos \frac{\xi}{2} = \frac{r-k}{r}$$

bestimmt. Das Verhältnis des Segments zum ganzen Kreise ist

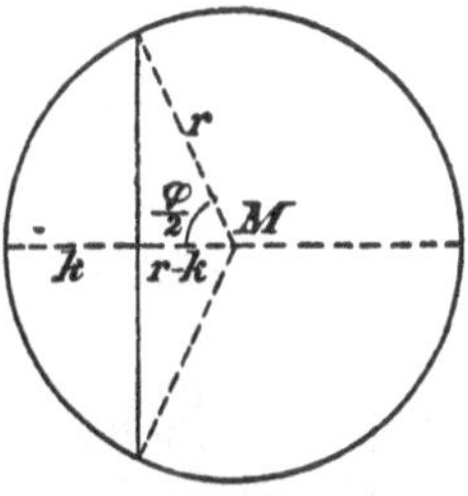

Fig. 57.

$$\left(\frac{\pi\xi}{360} - \frac{\sin \xi}{2}\right) : \pi,$$

*) In Fig. 57 lese man $\frac{\xi}{2}$ statt $\frac{\varphi}{2}$.

so daſs
$$J_3 = \frac{K}{2\pi}\left(\frac{\pi\xi}{180^0} - \sin\xi\right)$$
ist.

Bestimmt man für den zum elliptischen Schnitt gehörigen Kreis $\frac{\xi_1}{2}$ aus
$$\cos\frac{\xi_1}{2} = \frac{a_1 - l}{a_1},$$
so wird ebenso
$$(J_1 + J_3) = \frac{J}{2\pi}\left(\frac{\pi\xi_1}{180^0} - \sin\xi_1\right).$$
Durch Subtraktion aber folgt:

6) $$J_1 = (J_1 + J_3) - J_3 = \frac{J}{2\pi}\left[\frac{\pi\xi_1}{180^0} - \sin\xi_1\right] - \frac{K}{2\pi}\left[\frac{\pi\xi}{180^0} - \sin\xi\right].$$

Der Huf J_2 bestimmt sich aus $K - J = J_2 - J_1$ als $J_2 = K - (J - J_1)$.

263) Der **Schwerpunkt** für den Kegelteil BDA liegt auf seiner Schwerlinie in der Höhe $\frac{h}{4}$, der des Kegelteils B_1DA in der entsprechenden Schwerlinie, von der ebenfalls der vierte Teil abzuschneiden ist. Mit Hilfe der Gleichung der statischen Momente (oder der entsprechenden Teilung der Verbindungslinie) ist der Schwerpunkt von J leicht zu bestimmen. —

(Mit Hilfe der Methode von **Cavalieri** kann man die Resultate auf elliptische Kegel ausdehnen.)

264) Der Kegel B_1C_1A läſst sich als ein besonderer schräger elliptischer Kegel betrachten, der seine Spitze in der durch die Hauptachse der Ellipse gelegten Normalebene zur Ellipsenfläche hat. Von der Spitze A aus erscheint die Ellipse als Kreis, denn sie wird durch die einbeschriebene Kugel gerade verdeckt. In der Anfangsbetrachtung war nun $b - c = 2e$ oder $p' - q' = 2e$, was die Gleichung einer Hyperbel ist. Folglich: **Alle Punkte des Raumes, von denen aus eine Ellipse als Kreis erscheint, liegen auf einer Hyperbel $p' - q' = 2e$, deren Brennpunkte in den Endpunkten der Hauptachse der Ellipse**

liegen, während ihre Scheitelpunkte in die Brennpunkte der Ellipse fallen.

Folglich: Projiziert man zwei auf einer Ebene liegende einander schneidende Kugeln von einem außerhalb liegenden Punkte P ihrer Zentrale aus auf die Ebene, so erhält man Ellipsen, die sich von P aus auf jede Normalebene zur Zentrale PQ als konzentrische Kreise projizieren. Ist z. B. DE eine solche Normalebene, so sind $r_1 = HE$ und $r = HG$ die Radien dieser konzentrischen Kreise. Jede Sehne des ersteren Kreises, die zugleich Tangente des zweiten ist, hat die Länge

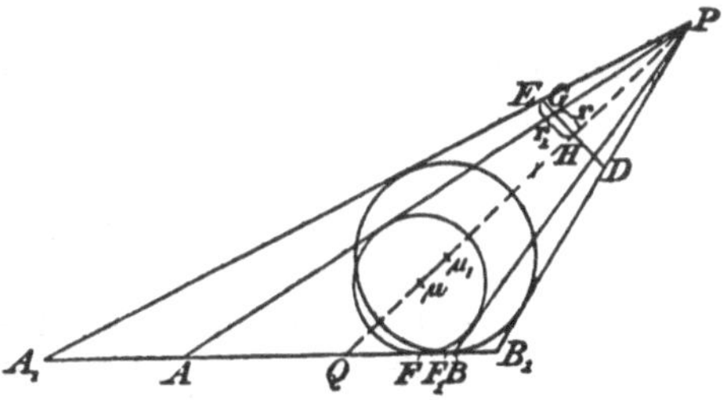

Fig. 58.

$$k_1 = 2 r_1 \sin \frac{\pi}{n},$$

wobei $\frac{\pi}{n}$ der zugehörige halbe Centriwinkel ist. Bei ganzzahligen $n > 2$ hat man k_1 als Seite des regelmäßigen Polygons, welches dem einen Kreise um-, dem anderen einbeschrieben ist. Ist z. B. $\frac{r_1}{r} = 2$, so handelt es sich um ein Dreieck, bei $\frac{r_1}{r} = \sqrt{2}$ um ein Viereck, bei $\frac{r_1}{r} = \frac{1}{\cos \frac{\pi}{n}}$ um ein n-Eck.

So gelangt man zugleich auf die schräg abgeschnittene regelmäßige Pyramide mit ihrer ein- und umbeschriebenen Kugel.

265) Aufgabe. Gegeben sei eine Ellipse mit dem Durchmesser AB und den Brennpunkten F und F'. Um sie soll ein n-Eck so beschrieben und ein Punkt soll so bestimmt werden, daß eine regelmäßige (schräg abgeschnittene) Pyramide mit einbeschriebener Kugel vom Radius ϱ entsteht.

Auflösung. Man lege die Kugel mit Radius ϱ so auf die Ebene der Ellipse, dafs sie im Brennpunkte F berührt. Von A und B aus lege man (in der durch AB gelegten Normalebene) Tangenten an den Hauptschnitt, welche den gesuchten Punkt P geben. Dieser Punkt ist mit dem Mittelpunkt μ zu verbinden. Auf $P\mu$ errichte man in beliebigem Punkte ein Lot HG, dieses verlängere man so weit, dafs

$$HE : HG = 1 : \cos\frac{\pi}{n}$$

wird. In der Normalebene HE zu $P\mu$ zeichne man um H Kreise mit den Radien HG und HE. Diese Kreise projiziere man von P aus auf die Grundebene. Der eine giebt als Projektion die gegebene Ellipse, der andere eine zweite.

Von einem beliebigen Punkt der zweiten Peripherie aus lege man Tangenten an die innere Ellipse und vollende durch fortgesetztes Tangentenziehen das um- uud einbeschriebene Polygon. Verbindung der Eckpunkte mit P vollendet eine der gesuchten Pyramiden.

Solcher Polygone giebt es unendlich viele, jedes hat einen besonderen Inhalt, es sind also unendlich viele solcher Pyramiden möglich, die zwar dieselben beiden Kugeln als um- bezw. einbeschriebene besitzen, die aber in den Inhalten nicht übereinstimmen. Am einfachsten sind noch die vier Fälle, in denen das Polygon symmetrisch gegen die gemeinschaftliche Hauptachse der Ellipsen gewählt wird. Trotzdem werden die Formeln schon für $n = 3, 4, 5, 6$ komplizierte.

Sollen zwei Ellipsen in der Grundebene zur Lösung der Aufgabe gegeben sein, so reicht das Zusammenfallen der Hauptachsen nicht aus, sondern die genannten Hyperbeln müssen, damit überhaupt eine Gerade PQ vorhanden sei, einen Berührungspunkt (auf der einen Seite der Ebene) besitzen, denn PQ ist gemeinschaftliche Tangente der Hyperbeln.

266) Bemerkenswert ist Folgendes: Die schräg begrenzte regelmäfsige Pyramide von n Seiten hat stets eine einbeschriebene Kugel, welche die Grundfläche in dem einen Brennpunkte der Ellipse berührt, die dem Grundpolygon einbeschrieben und zugleich (von der Spitze aus gerechnet) die Projektion der Kugel ist. Der umbeschriebene Kegel

wird in einer Ellipse geschnitten, die dem Grundpolygon umbeschrieben ist, deren Hauptachse in die der andern Ellipse fällt, und deren Ebene von der dem umbeschriebenen Kegel einbeschriebenen Kugel in dem einen Brennpunkte berührt wird.

Es ist von Interesse, an Fig. 58 zu untersuchen, wie die Sache sich gestaltet, wenn P auf der unbegrenzten Geraden PQ ganz beliebige Lage erhält. Der Zusammenhang mit dem Steiner-Poncelet'schen Schliefsungsprobleme über die Tangentensehnenvielecke kann noch weiter verfolgt werden.

Die Übungsaufgaben für dieses Gebiet sind von geringerem praktischem Werte. Sie sollen daher hier nicht besonders behandelt werden.

Dritter Abschnitt.

Unregelmäfsige Vielflache und einige krummflächige Körper, die mit ihnen zusammenhängen.

I. Metrische Beziehungen an dreikantigen Ecken.

Da sämtliche Ecken der Prismen dreikantige sind, müssen, wenn die Berechnung schräger Prismen vollständig durchgeführt werden soll, die metrischen Beziehungen für solche Ecken abgeleitet werden. Die Seiten (d. h. die Winkel an der Spitze) sollen mit lateinischen Buchstaben a, b, c, die Winkel (d. h. die zu den gegenüberliegenden Kanten gehörigen Raumwinkel) mit griechischen, α, β, γ bezeichnet werden. Dies entspricht der in der sphärischen Trigonometrie üblichen Bezeichnungsweise.

a) Die trigonometrischen Grundformeln.

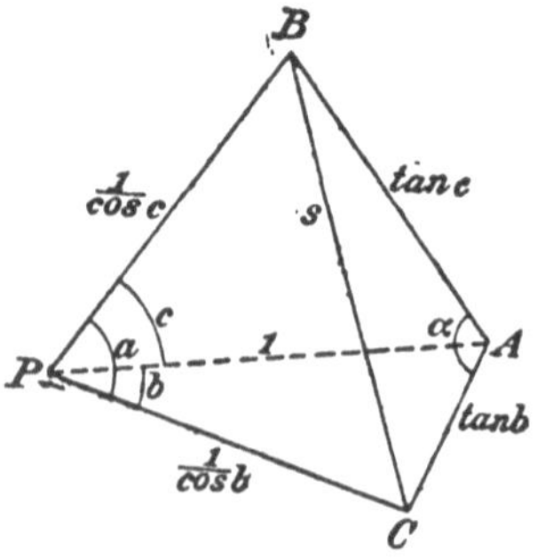

Fig. 59.

267) Cosinussatz zur Berechnung der Winkel. Sind von einem Dreikant die Seiten a, b, c gegeben und will man z. B. den Winkel α berechnen, so mache man $PA = 1$ und lege durch A die Normalebene zu PA, was ein Dreieck ABC giebt. Dabei ist $AC = \tan b$, $AB = \tan c$, Winkel $BAC = \alpha$, $PB = \frac{1}{\cos c}$, $PC = \frac{1}{\cos b}$. Zur Berechnung von

$BC = s$ hat man zwei Formeln:

$$s^2 = \tan^2 b + \tan^2 c - 2 \tan b \tan c \cos \alpha,$$

$$s^2 = \frac{1}{\cos^2 b} + \frac{1}{\cos^2 c} - 2 \frac{1}{\cos b} \frac{1}{\cos c} \cos a.$$

Die linken Seiten, also auch die rechten stimmen überein, so daſs man hat

$$\left(\frac{1}{\cos^2 b} - \tan^2 b\right) + \left(\frac{1}{\cos^2 c} - \tan^2 c\right) - \frac{2 \cos a}{\cos b \cos c}$$
$$= -2 \frac{\sin b \sin c}{\cos b \cos c} \cos \alpha.$$

Hier hat jede der beiden Klammern den Wert 1, denn die erste z. B. formt sich um zu

$$\frac{1}{\cos^2 b} - \frac{\sin^2 b}{\cos^2 b} = \frac{1 - \sin^2 b}{\cos^2 b} = \frac{\cos^2 b}{\cos^2 b} = 1.$$

Schlieſslich erhält man

Cyklisch folgt
$$\left.\begin{aligned} \cos \alpha &= \frac{\cos a - \cos b \cos c}{\sin b \sin c}. \\ \cos \beta &= \frac{\cos b - \cos c \cos a}{\sin c \sin a} \\ \cos \gamma &= \frac{\cos c - \cos a \cos b}{\sin a \sin b}. \end{aligned}\right\} \quad 1)$$

268) Bemerkungen. Jede dieser Formeln wird als der Cosinus-Satz zur Berechnung der Winkel bezeichnet. Man kann sie aber auch zur Berechnung einer Seite benutzen, wenn der Gegenwinkel mit den beiden anliegenden Seiten gegeben ist. Denn es ist z. B.

1*) $$\cos a = \cos b \cos c + \sin b \sin c \cos \alpha,$$

woraus cyklisch die Formeln für $\cos b$ und $\cos c$ folgen.

Sind z. B. von einer Dreikantecke gegeben a, b und c, so berechne man α mit Hilfe von 2) und fahre fort mit den Formeln für $\cos \beta$ und $\cos \gamma$ aus 1). Soll die Ecke überhaupt möglich sein, so müssen für die Cosinus der Winkel

Werte erhalten werden, die zwischen $+1$ und -1 liegen. Daraus ergeben sich einige in Bd. I, im Abschnitt über Dreikantecken behandelte Sätze.

269) Der Cosinussatz zur Berechnung der Seiten. Aus der Formelgruppe 1) folgt nach Bd. I, § 66 eine entsprechende für die Polarecke mit den Elementen a_1, b_1, c_1, α_1, β_1, γ_1, z. B.

$$\cos(\pi - a_1) = \frac{\cos(\pi - \alpha_1) - \cos(\pi - \beta_1)\cos(\pi - \gamma_1)}{\sin(\pi - \beta_1)\sin(\pi - \gamma_1)},$$

oder, wenn man der Allgemeinheit halber die Indices nicht mehr schreibt, aber die Regel $\cos(\pi - \varphi) = -\cos\varphi$ beachtet,

2)
$$\cos a = \frac{\cos\alpha + \cos\beta\cos\gamma}{\sin\beta\sin\gamma},$$

woraus cyklisch die Formeln für $\cos b$ und $\cos c$ folgen.

270) Bemerkungen. Dieser zweite Cosinussatz kann auch selbständig abgeleitet werden. Man kann ihn auch benutzen zur Berechnung eines Winkels aus der Gegenseite und deren anliegenden Winkeln. So ist z. B.

2*)
$$\cos\alpha = \sin\beta\sin\gamma\cos a - \cos\beta\cos\gamma.$$

Sind z. B. von einer Dreikantecke α, β, γ gegeben, so berechne man zunächst a mit Hilfe der Formel 2*) und fahre fort mit den aus 2) folgenden Formeln

$$\cos b = \frac{\cos\beta + \cos\gamma\cos\alpha}{\sin\gamma\sin\alpha}, \quad \cos c = \frac{\cos\gamma + \cos\alpha\cos\beta}{\sin\alpha\sin\beta}.$$

271) Formeln für die Sinus der Seiten und der Winkel.

Nach obigem ist:

$$\sin a = \sqrt{1 - \cos^2 a} = \sqrt{1 - \left(\frac{\cos\alpha + \cos\beta\cos\gamma}{\sin\beta\sin\gamma}\right)^2},$$

was sich umformt zu

3)
$$\sin a = \frac{1}{\sin\beta\sin\gamma}\sqrt{1 - \cos^2\alpha - \cos^2\beta - \cos^2\gamma - 2\cos\alpha\cos\beta\cos\gamma}.$$

Ebenso ist

$$\sin\alpha = \sqrt{1 - \cos^2\alpha} = \sqrt{1 - \left(\frac{\cos a - \cos b\cos c}{\sin b\sin c}\right)^2},$$

oder

3*) $\sin a = \frac{1}{\sin b \sin c}\sqrt{1 - \cos^2 a - \cos^2 b - \cos^2 c + 2\cos a \cos b \cos c}$.

272) Bemerkung. Bei 3) und 3*) ist der Ausdruck unter der Wurzel symmetrisch nach a, β, γ, verändert sich also bei cyklischer Vertauschung nicht. Dividiert man also die linke und ebenso die rechte Seite einer der Gleichungen durch die linke bezw. rechte der cyklisch darauf folgenden, so hebt sich die Wurzel weg und man erhält den nachstehend selbständig bewiesenen Sinus-Satz. (Der letzte für die Dreikantecke charakteristische Wurzelausdruck wird bei v. Staudt als der Sinus der Ecke bezeichnet. Die Hälfte der Wurzel wird unten als Amplitude der Ecke bezeichnet, wofür jedoch andere ebenfalls Eckensinus sagen. Unten stellt sich heraus, dafs die Wurzel in 3* gleich

$$2\sqrt{\sin s \cdot \sin(s-a)\sin(s-b)\sin(s-c)} = 2S$$

in 3) gleich

$$2\sqrt{-\cos\sigma\cos(\sigma-\alpha)\cos(\sigma-\beta)\cos(\sigma-\gamma)} = 2\Sigma$$

ist. Hier bedeuten s und σ die Ausdrücke

$$s = \frac{a+b+c}{2}, \quad \sigma = \frac{\alpha+\beta+\gamma}{2}.$$

Der Ausdruck Σ ist identisch mit dem Polareckensinus; 2Σ heifst Coamplitude der Ecke.)

273) Der Sinussatz. Macht man bei einer Dreikantecke z.B. $PB=1$, fällt man auf die Gegenseite das Lot $BD=h$, und legt man durch dieses Normalebenen zu PA und PC, was Dreiecke DBE und DBF mit den Winkeln α und γ giebt, so hat man zunächst:
$BE = \sin c$, $BF = \sin a$, folglich:

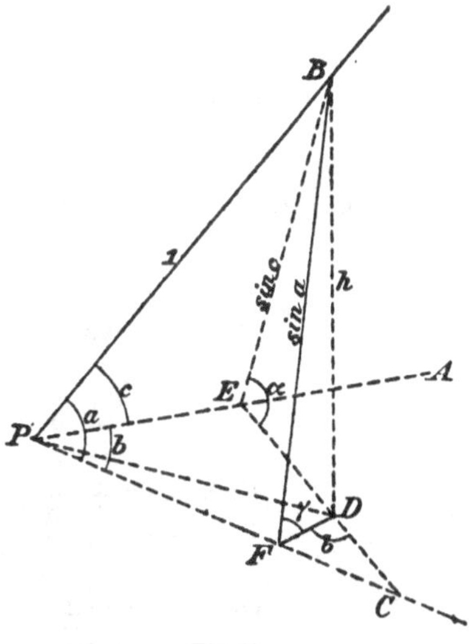

Fig. 60.

$$h = BE \cdot \sin a = \sin c \sin \alpha,$$
$$h = BF \cdot \sin \gamma = \sin a \sin \gamma.$$

Daraus folgt:

$$\sin c \sin \alpha = \sin a \sin \gamma$$

oder:

4) $$\sin \alpha : \sin \gamma = \sin a : \sin c,$$

und weiterhin:

4*) $$\sin \alpha : \sin \beta : \sin \gamma = \sin a : \sin b : \sin c;$$

d. h. die Sinus der Winkel verhalten sich wie die der gegenüberliegenden Seiten.

274) Bemerkungen. Der Satz ist zu sich selbst reciprok. — Er kann benutzt werden, z. B. aus a, α und γ die Seite c zu berechnen, also $\sin c = \sin a \frac{\sin \gamma}{\sin \alpha}$, oder aus a, α und c den Winkel γ, nämlich $\sin \gamma = \sin \alpha \frac{\sin c}{\sin a}$.

Wird ferner gefragt, welchen Winkel χ z. B. die Kante PB mit der Seite b bildet, so ergiebt sich:

4**) $$\sin \chi = \frac{BD}{PB} = \frac{h}{1} = \sin c \sin \alpha = \sin a \sin \gamma.$$

Entsprechendes gilt cyklisch für ψ und φ.

275) Formeln für die Cotangenten der Seiten und Winkel.

In Fig. 60, wo die mit b bezeichneten Winkel bei P und D nach dem Satze vom Sehnenviereck übereinstimmen, ist:

$$\cot a = \frac{PF}{FB} = \frac{PC - FC}{\sin a} = \frac{\frac{EC}{\sin b} - FD \tan b}{\sin a}$$
$$= \frac{(ED + DC) - FD \tan b \sin b}{\sin a \sin b}$$
$$= \frac{\sin c \cos \alpha + \frac{FD}{\cos b} - \frac{FD \sin^2 b}{\cos b}}{\sin a \sin b}$$
$$= \frac{\sin c \cos \alpha + FD \cos b}{\sin a \sin b}$$

$$= \frac{\sin c \cos a + \sin a \cos \gamma \cos b}{\sin a \sin b}$$

$$= \frac{\frac{\sin c}{\sin a} \cos a + \cos \gamma \cos b}{\sin b}.$$

Nach dem Sinussatze schreibe man $\frac{\sin \gamma}{\sin \alpha}$ für $\frac{\sin c}{\sin a}$, dann erhält man:

$$\cot \alpha = \frac{\sin \gamma \cot a + \cos \gamma \cos b}{\sin b}$$

oder endlich:

5) $$\cot \alpha = \frac{\cot a + \cos b \cot \gamma}{\sin b} \sin \gamma.$$

Man kann diese Formel als den Cotangenssatz bezeichnen. Sie läſst sich auch goniometrisch ableiten. Mit Hilfe der Polarecke erhält man:

5*) $$\cot a = \frac{\cot \alpha - \cos \beta \cot c}{\sin \beta} \sin c.$$

Beide Formeln ersparen die indirekten Berechnungen, die unter a) und b) angegeben waren.

β) Bequemere Formeln für logarithmisches Berechnen nach Gauſs, Delambre, Mollweide und Neper.

276) Es war:

$$\cos \alpha = \frac{\cos a - \cos b \cos c}{\sin b \sin c}.$$

Daraus folgt:

$$\cos \frac{\alpha}{2} = \sqrt{\frac{1 + \cos \alpha}{2}} = \sqrt{\frac{\sin b \sin c + \cos a - \cos b \cos c}{2 \sin b \sin c}}$$

$$= \sqrt{\frac{\cos a - \cos(b+c)}{2 \sin b \sin c}} = \sqrt{\frac{2 \sin \frac{a+b+c}{2} \sin \frac{-a+b+c}{2}}{2 \sin b \sin c}},$$

oder, wenn man $\frac{a+b+c}{2} = s$ setzt:

6) $$\cos \frac{\alpha}{2} = \sqrt{\frac{\sin s \sin(s-a)}{\sin b \sin c}}.$$

Ebenso formt sich um:

$$\sin\frac{a}{2} = \sqrt{\frac{1-\cos a}{2}} = \sqrt{\frac{\sin b \sin c - \cos a + \cos b \cos c}{2 \sin b \sin c}}$$

zu:

$$7) \qquad \sin\frac{a}{2} = \sqrt{\frac{\sin(s-b)\sin(s-c)}{\sin b \sin c}}.$$

Aus 6) und 7) folgt durch Division:

$$8) \qquad \tan\frac{a}{2} = \sqrt{\frac{\sin(s-b)\sin(s-c)}{\sin s \sin(s-a)}}.$$

Mit Hilfe von $\sin a = 2\sin\frac{a}{2}\cos\frac{a}{2}$ folgt aus 6) und 7):

$$9) \ \sin a = \frac{2}{\sin b \sin c}\sqrt{\sin s \sin(s-a)\sin(s-b)\sin(s-c)} = \frac{2S}{\sin b \sin c}.$$

277) In entsprechender Weise werden folgende Formeln abgeleitet, bei denen $\frac{\alpha+\beta+\gamma}{2} = \sigma$ zu setzen ist:

$$10) \begin{cases} \cos\frac{a}{2} = \sqrt{\frac{\cos(\sigma-\beta)\cos(\sigma-\gamma)}{\sin\beta\sin\gamma}}, \\ \sin\frac{a}{2} = \sqrt{\frac{-\cos\sigma\cdot\cos(\sigma-\alpha)}{\sin\beta\sin\gamma}}. \\ \tan\frac{a}{2} = \sqrt{-\frac{\cos\sigma\cdot\cos(\sigma-\alpha)}{\cos(\sigma-\beta)\cos(\sigma-\gamma)}}, \\ \sin a = \frac{2}{\sin\beta\sin\gamma}\sqrt{-\cos\sigma\cos(\sigma-\alpha)\cos(\sigma-\beta)\cos(\sigma-\gamma)} \\ \qquad = \frac{2\Sigma}{\sin\beta\sin\gamma}. \end{cases}$$

278) Aus den Gleichungen für $\cos\frac{\alpha}{2}$, $\cos\frac{\beta}{2}$, $\cos\frac{\gamma}{2}$, $\sin\frac{\alpha}{2}$, $\sin\frac{\beta}{2}$, $\sin\frac{\gamma}{2}$ erhält man durch entsprechende Multiplikationen neue, z. B.:

$$\cos\frac{\alpha}{2}\cos\frac{\beta}{2} = \frac{\sin s}{\sin c}\sqrt{\frac{\sin(s-a)\sin(s-b)}{\sin a \sin b}} = \frac{\sin s}{\sin c}\sin\frac{\gamma}{2}.$$

So entstehen folgende von den Wurzeln befreite Gleichungen:

11)
$$\begin{cases} \cos\frac{\alpha}{2}\cos\frac{\beta}{2} = \frac{\sin s}{\sin c}\sin\frac{\gamma}{2}, \\ \sin\frac{\alpha}{2}\sin\frac{\beta}{2} = \frac{\sin(s-c)}{\sin c}\sin\frac{\gamma}{2}, \\ \sin\frac{\alpha}{2}\cos\frac{\beta}{2} = \frac{\sin(s-b)}{\sin c}\cos\frac{\gamma}{2}, \\ \cos\frac{\alpha}{2}\sin\frac{\beta}{2} = \frac{\sin(s-a)}{\sin c}\cos\frac{\gamma}{2}. \end{cases}$$

279) Je zwei davon lassen sich so vereinigen, daſs links die Funktion einer Winkelsumme oder Winkeldifferenz steht, z. B.:

$$\cos\frac{\alpha+\beta}{2} = \frac{\sin s - \sin(s-c)}{\sin c}\sin\frac{\gamma}{2}$$

$$= \frac{2\cos\frac{s+s-c}{2}\sin\frac{s-s+c}{2}\sin\frac{\gamma}{2}}{\sin c}$$

$$= \frac{2\cos\frac{2s-c}{2}\sin\frac{c}{2}}{2\sin\frac{c}{2}\cos\frac{c}{2}}\sin\frac{\gamma}{2},$$

oder endlich, da $2s - c = (a+b)$ ist:

12)
$$\begin{cases} \cos\frac{\alpha+\beta}{2}\cos\frac{c}{2} = \cos\frac{a+b}{2}\sin\frac{\gamma}{2}, \\ \cos\frac{\alpha-\beta}{2}\sin\frac{c}{2} = \sin\frac{a+b}{2}\sin\frac{\gamma}{2}, \\ \sin\frac{\alpha+\beta}{2}\cos\frac{c}{2} = \cos\frac{a-b}{2}\cos\frac{\gamma}{2}, \\ \sin\frac{\alpha-\beta}{2}\sin\frac{c}{2} = \sin\frac{a-b}{2}\cos\frac{\gamma}{2}. \end{cases}$$

Dies sind die Mollweideschen Gleichungen (die auch nach Gauſs und Delambre genannt werden).

280) Sie werden übersichtlicher, wenn man z. B. links nur Winkel, rechts nur Seiten anordnet. Dann erhält man durch Division aus je zweien die Neperschen Analogien:

$$13)\quad \begin{cases} \dfrac{\tan\frac{\alpha+\beta}{2}}{\cot\frac{\gamma}{2}} = \dfrac{\cos\frac{a-b}{2}}{\cos\frac{a+b}{2}}, & \dfrac{\tan\frac{a+b}{2}}{\tan\frac{c}{2}} = \dfrac{\cos\frac{\alpha-\beta}{2}}{\cos\frac{\alpha+\beta}{2}} \\[2ex] \dfrac{\tan\frac{\alpha-\beta}{2}}{\cot\frac{\gamma}{2}} = \dfrac{\sin\frac{a-b}{2}}{\sin\frac{a+b}{2}}, & \dfrac{\tan\frac{a-b}{2}}{\tan\frac{c}{2}} = \dfrac{\sin\frac{\alpha-\beta}{2}}{\sin\frac{\alpha+\beta}{2}}. \end{cases}$$

Diese enthalten nur 5, statt 6 Stücke und geben durch Division das Analogon des Tangentsatzes der ebenen Trigonometrie, nämlich:

$$14)\quad \frac{\tan\frac{\alpha+\beta}{2}}{\tan\frac{\alpha-\beta}{2}} = \frac{\tan\frac{a+b}{2}}{\tan\frac{a-b}{2}}.$$

Man erkennt, daſs man so sämtliche Formeln der sphärischen Trigonometrie ableiten kann, auf welche von jetzt ab verwiesen wird.

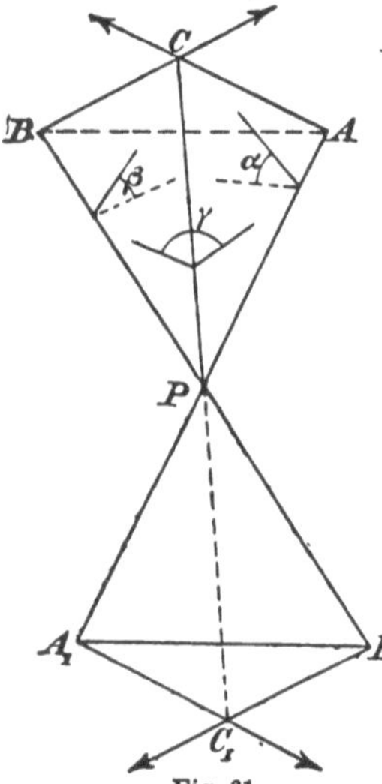

Fig. 61.

γ) Der körperliche Raum einer Ecke.

281) Die dreikantige Ecke. Ist α der von zwei Ebenen gebildete Winkel, und setzt man den Inhalt des Gesamtraums gleich 1, so berechnet sich der Inhalt des Raumwinkels aus

$$J : 1 = \alpha^0 : 360^0$$

als

$$J = \frac{\alpha^0}{360^0}.$$

Es sei nun $P(ABC)$ eine bis ins Unendliche fortzusetzende Ecke, $P(A_1B_1C_1)$ die zugehörige Scheitelecke. Ihre Winkel seien α, β und γ. Man denke sich die Ebene PAB in die

Zeichnungsebene, PC über diese fallend, also PC_1 unter ihr liegend. Der Raum über der Zeichnungsebene ist gleich $\frac{1}{2}$ zu setzen, der zu $\sphericalangle\, \alpha$ gehörige Raum ist gleich $\frac{\alpha^0}{360^0}$. Ist also J der Inhalt der Ecke, so ist der durch Erweiterung der Ebene PAC entstehende Nebenraum vom Inhalte $\frac{\alpha^0}{360^0} - J$, der durch Erweiterung der Ebene PBC entstehende Nebenraum dagegen $\frac{\beta^0}{360^0} - J$. Durch Erweiterung beider Ebenen entsteht aber ein Raumwinkel vom Inhalte $\frac{\gamma^0}{360^0}$, von dem ein Teil, der der Scheitelecke entspricht, unterhalb der Zeichnungsebene liegt. Die Scheitelecke hat aber als symmetrisches Spiegelbild der Ecke ebenfalls den Inhalt J; der oberhalb der Zeichnungsebene liegende Teil jenes dritten Raumwinkels hat also den Inhalt $\frac{\gamma^0}{360^0} - J$. Die Ecke und die vier Nebenräume zusammengenommen geben den über der Zeichnungsebene liegenden Raum $\frac{1}{2}$. Dies giebt die Gleichung:

$$J + \left(\frac{\alpha^0}{360^0} - J\right) + \left(\frac{\beta^0}{360^0} - J\right) + \left(\frac{\gamma^0}{360^0} - J\right) = \frac{1}{2},$$

und daraus folgt:

$$15)\qquad J = \frac{\alpha^0 + \beta^0 + \gamma^0 - 180^0}{720^0} = \frac{E^0}{720^0},$$

wo E^0 den Überschuſs der Winkelsumme der Ecke über 180^0 oder den Exceſs der Ecke bedeutet. J ist der Bruchteil des Gesamtraumes, den die Ecke in Anspruch nimmt. (Die Formel stimmt mit der in Bd. I, § 278, abgeleiteten überein, sobald dort die Kugeloberfläche gleich 1 gesetzt wird. J bedeutet also auch den Bruchteil des als kugelförmig angenommenen Himmelsgewölbes. Die Aufgabe ist nicht nur von Wichtigkeit für Aufgaben, bei denen es sich darum handelt, welcher Teil des Himmels durch ein in beliebiger Lage befindliches Dreieck für das Auge verdeckt oder durch eine entsprechende Öffnung sichtbar gemacht wird, sondern auch für die Berechnung der Anzahl der Kraftlinien, welche ein solches Dreieck im Sinne der Maxwell-Faradayschen Elektrizitätslehre passieren.)

282) Folgerung für die n-kantige Ecke.

Legt man im Raum der n-kantigen Ecke durch deren Spitze einen Strahl und durch diesen und jede Kante der Ecke je eine Ebene, so hat man die Ecke in n dreikantige Ecken zerlegt. Der gesamte Rauminhalt wird bei entsprechender Bezeichnung:

$$J = \frac{\alpha_1^0 + \beta_1^0 + \gamma_1^0 - 180^0}{720^0} + \frac{\alpha_2^0 + \beta_2^0 + \gamma_2^0 - 180^0}{720^0} + \cdots + \frac{\alpha_n^0 + \beta_n^0 + \gamma_n^0 - 180^0}{720^0}.$$

Liegen die γ_i am Hilfsstrahle, so ist:

$$\gamma_1^0 + \gamma_2^0 + \cdots + \gamma_n^0 = 360^0;$$

ferner giebt $\beta_1 + \alpha_2$ den Winkel β der Ecke, $\beta_2 + \alpha_3$ den Winkel γ, $\beta_3 + \alpha_4$ den Winkel δ usw. Also wird:

$$16)\quad J = \frac{(\alpha^0 + \beta^0 + \gamma^0 + \cdots + \nu^0) - (n 180^0 - 360^0)}{720^0} = \frac{E_n^0}{720^0},$$

wobei E_n^0 den Überschufs der Winkelsumme der Ecke über die Winkelsumme des ebenen n-Ecks bedeutet.

Wird übrigens der Aufsenraum J_1 der konvexen Ecke als Ecke betrachtet, so erhält man $J_1 = 1 - J$.

283) Einfache Berechnung des Inhalts der Dreikantecke aus ihren Seiten.

Aus den beiden ersten Formeln von Mollweide folgt durch Subtraktion:

$$\frac{\cos\frac{a+b}{2} - \cos\frac{a-b}{2}}{\cos\frac{c}{2}} = \frac{\cos\frac{\alpha+\beta}{2}\cos\frac{\gamma}{2} - \sin\frac{\alpha+\beta}{2}\sin\frac{\gamma}{2}}{\sin\frac{\gamma}{2}\cos\frac{\gamma}{2}},$$

oder:

$$\frac{-\sin\frac{a}{2}\sin\frac{b}{2}}{\cos\frac{c}{2}} = \frac{\cos\frac{\alpha+\beta+\gamma}{2}}{\sin\gamma},$$

folglich:

$$\cos\frac{\alpha+\beta+\gamma}{2} = -\frac{\sin\frac{a}{2}\sin\frac{b}{2}\sin\gamma}{\cos\frac{c}{2}}.$$

Nun ist: $$\frac{E^0}{2} = \frac{\alpha^0+\beta^0+\gamma^0}{2} - 90^0,$$

also: $$\cos\frac{\alpha^0+\beta^0+\gamma^0}{2} = \cos\left(\frac{E^0}{2}+90^0\right) = -\sin\frac{E^0}{2}.$$

Demnach ist:

17) $$\sin\frac{E^0}{2} = \frac{\sin\frac{a}{2}\sin\frac{b}{2}}{\cos\frac{c}{2}}\sin\gamma.$$

Sind also a, b, c gegeben, so berechne man mit Hilfe der Formelgruppe 1) z. B. γ, berechne nun $\frac{E^0}{2}$ und setze den Wert in die Formel $J = \frac{E^0}{720^0}$ ein.

284) Hätte man statt der Subtraktion die Addition angewandt, so würde sich zunächst ergeben haben:

18) $$\frac{\cos\frac{a}{2}\cos\frac{b}{2}}{\cos\frac{c}{2}} = \frac{\cos\frac{\alpha+\beta-\gamma}{2}}{\sin\gamma},$$

und daraus:

$$\cos\frac{\alpha+\beta-\gamma}{2} = \cos\left[\frac{\alpha+\beta+\gamma}{2}-\gamma\right] = \cos\left[\left(\frac{E}{2}-90^0\right)-\gamma\right]$$

$$= \frac{\cos\frac{a}{2}\cos\frac{b}{2}}{\cos\frac{c}{2}}\sin\gamma,$$

also:

$$-\sin\left[\frac{E}{2}-\gamma\right]=\frac{\cos\frac{a}{2}\cos\frac{b}{2}}{\cos\frac{c}{2}}\sin\gamma\,.$$

Für die linke Seite kann man schreiben:

$$-\sin\frac{E}{2}\cos\gamma+\cos\frac{E}{2}\sin\gamma\,.$$

Aus der neuen Gleichung läfst sich mit Hilfe der für $\sin\frac{E}{2}$ entwickelten eine andere ableiten, die sich umwandeln läfst in:

19) $$\cot\frac{E^0}{2}=\frac{\cot\frac{a}{2}\cot\frac{b}{2}+\cos\gamma}{\sin\gamma}\,.$$

285) Um die Berechnung des Hilfswinkels γ zu ersparen, kann man nach L'Huilier folgendermafsen vorgehen:

Aus der Mollweideschen Formel:

$$\frac{\cos\frac{a+b}{2}}{\cos\frac{c}{2}}=\frac{\cos\frac{\alpha+\beta}{2}}{\sin\frac{\gamma}{2}}=\frac{\cos\left(\frac{\alpha+\beta+\gamma}{2}-\frac{\gamma}{2}\right)}{\sin\frac{\gamma}{2}}$$

$$=\frac{\cos\left(\frac{E}{2}-90^0-\frac{\gamma}{2}\right)}{\sin\frac{\gamma}{2}}=-\frac{\sin\left(\frac{E}{2}-\frac{\gamma}{2}\right)}{\sin\frac{\gamma}{2}}$$

folgt, wenn beiderseits 1 abgezogen und dann gleichnamig gemacht wird:

$$\frac{\cos\frac{a+b}{2}-\cos\frac{c}{2}}{\cos\frac{c}{2}}=-\frac{\sin\left(\frac{E}{2}-\frac{\gamma}{2}\right)+\sin\frac{\gamma}{2}}{\sin\frac{\gamma}{2}}$$

oder

$$-\frac{2\sin\frac{a+b+c}{4}\sin\frac{a+b-c}{4}}{\cos\frac{c}{2}}=-\frac{2\sin\frac{E}{4}\cos\left(\frac{E}{4}-\frac{\gamma}{2}\right)}{\sin\frac{\gamma}{2}}$$

oder
$$\frac{\sin\frac{s}{2}\sin\frac{s-c}{2}}{\cos\frac{c}{2}} = \frac{\sin\frac{E}{4}\cos\left(\frac{E}{4}-\frac{\gamma}{2}\right)}{\sin\frac{\gamma}{2}}.$$

Auf demselben Wege folgt aus der zweiten **Mollweideschen** Gleichung
$$\frac{\sin\frac{s-a}{2}\sin\frac{s-b}{2}}{\cos\frac{c}{2}} = -\frac{\sin\frac{E}{4}\sin\left(\frac{E}{4}-\frac{\gamma}{2}\right)}{\cos\frac{\gamma}{2}}.$$

Durch Multiplikation und Umformung unter Berücksichtigung der Gleichung 18) folgt

$$20)\qquad \sin\frac{E}{4} = \sqrt{\frac{\sin\frac{s}{2}\sin\frac{s-a}{2}\sin\frac{s-b}{2}\sin\frac{s-c}{2}}{\cos\frac{a}{2}\cos\frac{b}{2}\cos\frac{c}{2}}}.$$

Hätte man beiderseits 1 addiert, statt subtrahiert, so hätte man erhalten:

$$21)\qquad \cos\frac{E}{4} = \sqrt{\frac{\cos\frac{s}{2}\cos\frac{s-a}{2}\cos\frac{s-b}{2}\cos\frac{s-c}{2}}{\cos\frac{a}{2}\cos\frac{b}{2}\cos\frac{c}{2}}}.$$

Durch Division erhält man aus 20 und 21)

$$22)\qquad \tan\frac{E}{4} = \sqrt{\tan\frac{s}{2}\tan\frac{s-a}{2}\tan\frac{s-b}{2}\tan\frac{s-c}{2}}.$$

(Durch Multiplikation erhält man aus den Gleichungen 20 und 21 noch folgende:

$$23)\qquad \sin\frac{E}{2} = \frac{\sqrt{\sin s\sin(s-a)\sin(s-b)\sin(s-c)}}{2\cos\frac{a}{2}\cos\frac{b}{2}\cos\frac{c}{2}}.\Bigg)$$

286) Man achte noch auf folgende Beziehungen:

Aus
$$\frac{\sin a\sin b\sin c}{2} = \sqrt{\sin s\sin(s-a)\sin(s-b)\sin(s-c)} = S$$

und

$$\frac{\sin \alpha \sin \beta \sin \gamma}{2} = \sqrt{-\cos \sigma \cos(\sigma - \alpha) \cos(\sigma - \beta) \cos(\sigma - \gamma)} = \Sigma$$

folgt durch Division

$$\frac{\sin a \sin b \sin b}{\sin \alpha \sin \beta \sin \gamma} = \frac{S}{\Sigma},$$

oder, da $\frac{\sin b}{\sin \beta} = \frac{\sin c}{\sin \gamma} = \frac{\sin a}{\sin \alpha}$ ist

$$24) \quad \frac{S}{\Sigma} = \frac{\sin a}{\sin \alpha} = \sqrt{\frac{\sin s \sin(s-a) \sin(s-b) \sin(s-c)}{-\cos \sigma \cos(\sigma-\alpha) \cos(\sigma-\beta) \cos(\sigma-\gamma)}}.$$

Da zugleich nach § 271

$$\sin a \sin b \sin c = \sqrt{1 - \cos^2 a - \cos^2 b - \cos^2 c + 2 \cos a \cos b \cos c}$$
$$= 2S$$

und

$$\sin \alpha \sin \beta \sin \gamma = \sqrt{1 - \cos^2 \alpha - \cos^2 \beta - \cos^2 \gamma - 2 \cos \alpha \cos \beta \cos \gamma}$$
$$= 2\Sigma$$

ist, so folgt ebenso

$$25) \quad \frac{S}{\Sigma} = \frac{\sin a}{\sin \alpha}$$

$$= \sqrt{\frac{1 - \cos^2 a - \cos^2 b - \cos^2 c + 2 \cos a \cos b \cos c}{1 - \cos^2 \alpha - \cos^2 \beta - \cos^2 \gamma - 2 \cos \alpha \cos \beta \cos \gamma}}.$$

Endlich ist noch

$$26) \qquad S^3 = \frac{1}{8} \sin \alpha \sin \beta \sin \gamma \sin^2 a \sin^2 b \sin^2 c,$$

$$27) \qquad \Sigma^3 = \frac{1}{8} \sin a \sin b \sin c \sin^2 \alpha \sin^2 \beta \sin^2 \gamma,$$

wie sich aus den Formeln für S und Σ durch cyklische Vertauschung und Multiplikation ergiebt.

δ) Einfache Rechnungsregeln.

Aus den abgeleiteten Formeln ergeben sich als einfache Rechnungsregeln z. B. die folgenden:

287) Gegeben die drei Seiten a, b, c. — Man berechne die Winkel mittels der Formel

$$\cos\frac{\alpha}{2} = \sqrt{\frac{\sin s \cdot \sin(s-a)}{\sin b \sin c}}$$

und die cyklisch aus ihr folgenden. J und E mit Hilfe von

$$\tan\frac{E}{4} = \sqrt{\tan\frac{s}{2}\tan\frac{s-a}{2}\tan\frac{s-b}{2}\tan\frac{s-c}{2}}$$

und

$$J = \frac{E}{720^0}.$$

Auch die Formel

$$\sin\frac{E}{2} = \frac{\sin\frac{a}{2}\sin\frac{b}{2}}{\sin\frac{c}{2}}\sin\gamma$$

kann benutzt werden.

288) Gegeben die Winkel α, β, γ. — Man benutze

$$\cos\frac{a}{2} = \sqrt{\frac{\cos(\sigma-\beta)\cos(\sigma-\gamma)}{\sin\beta\sin\gamma}}$$

und die cyklisch dazugehörigen. E und J wie vorher.

289) Gegeben a, b, γ. — Man berechne

$$\tan\frac{\alpha+\beta}{2} = \frac{\cos\frac{a-b}{2}}{\cos\frac{a+b}{2}} \cdot \cot\frac{\gamma}{2}$$

und

$$\tan\frac{\alpha-\beta}{2} = \frac{\sin\frac{a-b}{2}}{\sin\frac{a+b}{2}}\cot\frac{\gamma}{2}$$

und daraus α und β. Zur Berechnung von c kann man

$$\sin c = \sin\gamma\frac{\sin a}{\sin\alpha}$$

benutzen. E und J wie vorher.

290) Gegeben a, β und c. — Man benutze

$$\tan\frac{a+b}{2} = \frac{\cos\frac{\alpha-\beta}{2}}{\cos\frac{\alpha+\beta}{2}}\tan\frac{c}{2}$$

und

$$\tan\frac{a-b}{2} = \frac{\sin\frac{\alpha-\beta}{2}}{\sin\frac{\alpha+\beta}{2}}\tan\frac{c}{2},$$

berechne daraus a und b und sodann γ mit Hilfe von

$$\sin\gamma = \sin c\,\frac{\sin\alpha}{\sin a}.$$

E und J wie vorher.

291) Gegeben a, b, α. Es wird $\sin\beta = \frac{\sin b}{\sin a}\sin\alpha$,

$$\tan\frac{c}{2} = \frac{\cos\frac{\alpha+\beta}{2}}{\cos\frac{\alpha-\beta}{2}}\tan\frac{a+b}{2}, \qquad \cot\frac{\gamma}{2} = \frac{\cos\frac{a+b}{2}}{\cos\frac{a-b}{2}}\tan\frac{\alpha+\beta}{2}.$$

E und J wie oben.

292) Gegeben a, α, β. Es wird $\sin b = \sin a\,\frac{\sin\beta}{\sin\alpha}$.

$$\cot\frac{\gamma}{2} = \frac{\cos\frac{a+b}{2}}{\cos\frac{a-b}{2}}\tan\frac{\alpha+\beta}{2}, \quad \tan\frac{c}{2} = \frac{\cos\frac{\alpha+\beta}{2}}{\cos\frac{\alpha-\beta}{2}}\tan\frac{a+\beta}{2}.$$

E und J werden wie vorher berechnet.

Sämtliche einfachen Fälle der Berechnung dreikantiger Ecken sind damit erledigt. Sie kommen zur Anwendung bei der Berechnung der schiefen oder abgeschrägten Prismen, bei den Berechnungen der Tetraeder, der Dreikantecken allgemeiner Pyramiden, bei den Berechnungen der regelmäfsigen und halbregelmäfsigen Körper mit Dreikantecken usw. Aber auch die Berechnung sphärischer Dreiecke geschieht im wesentlichen mit Hilfe dieser Formeln.

Man vergleiche dazu die unten abgeleiteten Berechnungsmethoden für sphärische Dreiecke, wo weitere Vereinfachungen durchgeführt werden.

ε) Der um-, der ein- und der anbeschriebene senkrechte Kreiskegel der Dreikantecke und deren Höhenebenen, auch einige Sätze von Steiner.

293) Der umbeschriebene senkrechte Kreiskegel der dreikantigen Ecke.

Man mache die Kanten einer Ecke sämtlich gleich k, lege durch die Endpunkte eine Ebene und betrachte diese als Grundrißebene ABC. Dann verdeckt P den Mittelpunkt M des dem Dreieck umbeschriebenen Kreises und bildet mit dem letzteren den der Ecke umbeschriebenen senkrechten Kreiskegel, dessen Achse PM ist. Fällt man die Lote PD, PE, PF, so verdecken diese die Geraden MD, ME, MF. Die Ebenen MPD, MPE, MPF sind die die Seiten a, b, c der Ecke halbierenden Normalebenen. Also gilt unabhängig von der Entstehung der Zeichnung der Satz:

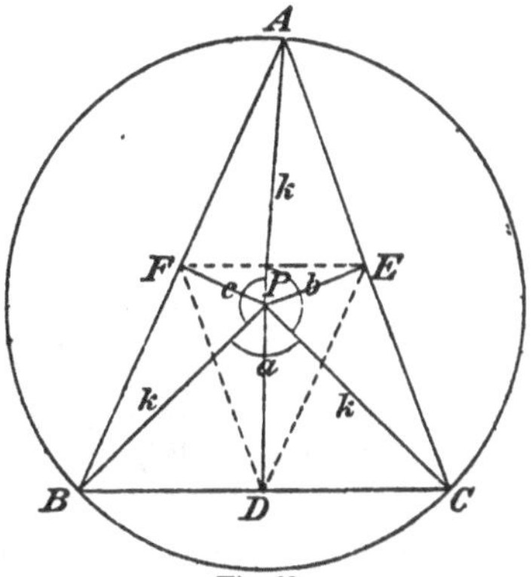

Fig. 62.

Die durch die Seitenhalbierenden einer Dreikantecke gelegten Normalebenen der Seiten schneiden sich in der Achse des umbeschriebenen senkrechten Kreiskegels.

Sind $a_1 = 2k \sin\frac{a}{2}$, $a_2 = 2k \sin\frac{b}{2}$, $a_3 = 2k \sin\frac{c}{2}$ die Seiten des Dreiecks ABC, so ist der Radius des umbeschriebenen Kreises $r = \frac{a_1 b_1 c_1}{4\triangle}$. Man setze

$$\sin\frac{a}{2} + \sin\frac{b}{2} + \sin\frac{c}{2} = \sigma', \quad \sigma - 2\sin\frac{a}{2} = \sigma'$$

usw. Dann ist $\triangle = \sqrt{s s_1 s_2 s_3}$, wo

$$s = \frac{a_1 + b_1 + c_1}{2} = k\left(\sin\frac{a}{2} + \sin\frac{b}{2} + \sin\frac{c}{2}\right) = k\sigma'$$

$$s_1 = s - a = \frac{-a_1 + b_1 + c_1}{2} = k\left(-\sin\frac{a}{2} + \sin\frac{b}{2} + \sin\frac{c}{2}\right)$$

$$= k\left(\sigma - 2\sin\frac{a}{2}\right) = k\sigma_1'$$

usw. ist. Also folgt:

$$\triangle = k^2 \sqrt{\sigma' \sigma_1' \sigma_2' \sigma_3'}$$

und daher

$$1)\qquad r = \frac{2k \sin\frac{a}{2} \sin\frac{b}{2} \sin\frac{c}{2}}{\sqrt{\sigma' \sigma_1' \sigma_2' \sigma_3'}}$$

$$= \frac{2k \sin\frac{a}{2} \sin\frac{b}{2} \sin\frac{c}{2}}{\sqrt{\sigma'\left(\sigma' - 2\sin\frac{a}{2}\right)\left(\sigma' - 2\sin\frac{b}{2}\right)\left(\sigma' - 2\sin\frac{c}{2}\right)}}.$$

Der Winkel δ an der Spitze des rechtwinkligen Dreiecks, durch dessen Drehung der Kegel entsteht, ist zu berechnen aus

$$2)\qquad \sin\delta = \frac{r}{k} = \frac{2\sin\frac{a}{2}\sin\frac{b}{2}\sin\frac{c}{2}}{\sqrt{\sigma' \sigma_1' \sigma_2' \sigma_3'}}.$$

Auch die Winkel A, B und C des Grundrißdreiecks sind nur von a, b und c abhängig, denn es ist

$$3)\qquad \sin A = \frac{a_1}{2r} = \frac{k\sin\frac{a}{2}}{r} = \frac{\sqrt{\sigma' \sigma_1' \sigma_2' \sigma_3'}}{2\sin\frac{b}{2}\sin\frac{c}{2}},$$

$$\sin B = \frac{\sqrt{\sigma' \sigma_1' \sigma_2' \sigma_3'}}{2\sin\frac{c}{2}\sin\frac{a}{2}}, \quad \sin C = \frac{\sqrt{\sigma' \sigma_1' \sigma_2' \sigma_3'}}{2\sin\frac{a}{2}\sin\frac{b}{2}},$$

woraus sich auch für $\sin A : \sin B : \sin C$ etwas Einfaches ergiebt.

Eine bequemere Formel entsteht für den sphärischen Radius r des dem zugehörigen sphärischen Dreieck umbeschriebenen Kreises, die unten zur Ableitung gelangt.

294) Satz über die Höhenebenen der Dreikantecke.

Verbindet man die Punkte D, E, F miteinander, so hat man die Zeichnung einer neuen Ecke $P(DEF)$. In dieser haben die Ebenen PMD, PME, PMF folgende Bedeutung: Sie sind die durch die Kanten gelegten Ebenen, die auf den Gegenseiten der neuen Ecke senkrecht stehen. Dies geht sofort daraus hervor, das $DE \parallel AB$, $EF \parallel BC$, $FD \parallel CA$ ist. Diese Höhenebenen schneiden sich also in der Achse PM. Daraus folgt (analog dem Schlusse in der Planimetrie):

Legt man durch die Kanten einer Dreikantecke Normalebenen zu den Gegenseiten, so schneiden sich diese Ebenen in einer Geraden PM.

Legt man durch diese Achse einen Normalschnitt und legt man durch die Ecken des entstehenden Dreiecks Parallele zu dessen Gegenseiten, so erhält man aus der Ecke $P(DEF)$ eine neue Ecke $P(ABC)$, für welche PM die Achse des umbeschriebenen senkrechten Kreiskegels ist. Aus diesem Satze hat Steiner Schlüsse gezogen, durch welche die Lehre von den Höhen des Tetraeders ihren Abschluſs gefunden hat. Später wird darauf näher eingegangen. (In den Höhenebenen jeder Ecke des Tetraeders liegen drei Höhen, die jedoch im allgemeinen einander nicht schneiden, sondern nur durch die Achse PM gehen.)

295) Der einbeschriebene senkrechte Kreiskegel der Dreikantecke. In jede Dreikantecke läſst sich eine Berührungskugel von gegebener Gröſse einlegen, die mit der Spitze einen senkrechten Kreiskegel bestimmt, den einbeschriebenen Kegel der Ecke. Legt man durch den Kugelmittelpunkt und eine der Kanten eine Ebene, so wird der zu der Kante gehörige Winkel halbiert. Folglich: Die winkelhalbierenden Ebenen der Dreikantecke schneiden sich in der Achse des einbeschriebenen senkrechten Kreiskegels. Normal gegen die Achse führe man einen Schnitt. Macht man diesen zur Grundriſsebene der Zeichnung, so hat man ein Dreieck mit dem einbeschriebenen Kreise. Der Mittel-

punkt μ des letzteren wird von der Spitze P des Dreikants verdeckt. Die Höhen h_1 der schrägen Seitenflächen treffen die Berührungspunkte des Grundkreises und sind als Seiten des Kegels gleich lang. Sind a, b, c die Seiten der Ecke und $\xi = \xi_1$, $\eta = \eta_1$ $\vartheta = \vartheta_1$ die Winkel zwischen den h und den Kanten k, so hat man $\frac{a+b+c}{2} = \xi + \eta + \vartheta = s$, also $s - a = \xi$, $s - b = \eta$, $s - c = \vartheta$. Zugleich ist $p_1 = h_1 \tan \xi$, $p_2 = h_1 \tan \eta$, $p_3 = h_1 \tan \vartheta$, also die halbe Seitensumme des Dreiecks ABC

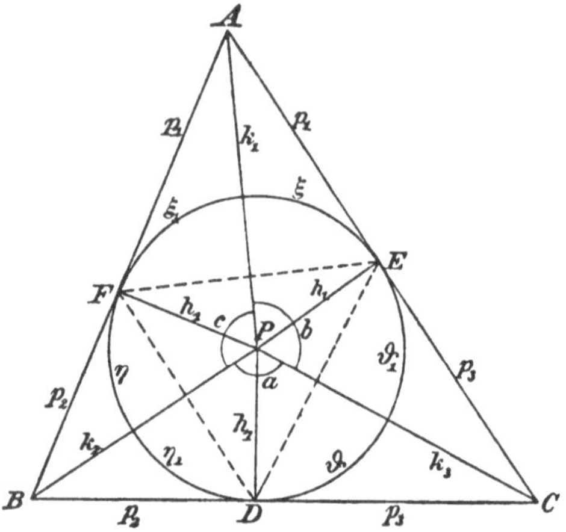

Fig. 63.

$$p = h_1 (\tan \xi + \tan \eta + \tan \vartheta)$$

und

1) $$\varrho^2 = \frac{p_1 p_2 p_3}{p} = h_1^2 \frac{\tan \xi \tan \eta \tan \vartheta}{\tan \xi + \tan \eta + \tan \vartheta}.$$

Der Winkel an der Spitze des rechtwinkligen Dreiecks, durch dessen Drehung der Kegel entsteht, ist unabhängig von h_1 und berechnet sich aus $\sin \delta = \frac{\varrho}{h_1}$ als

2) $$\sin \delta = \sqrt{\frac{\tan \xi \tan \eta \tan \vartheta}{\tan \xi + \tan \eta + \tan \vartheta}}$$
$$= \sqrt{\frac{\tan (s-a) \tan (s-b) \tan (s-c)}{\tan (s-a) + \tan (s-b) + \tan (s-c)}}.$$

296) Steiner hat (vgl. Werke Bd. I, Seite 129) ohne Beweis einen Satz angegeben, der sich auf das Verhältnis der Radien zweier aufeinanderfolgender Berührungskugeln der Dreikantecke bezieht. Nach den obigen Betrachtungen handelt es sich um

$$3)\qquad \frac{R_2}{R_1}=\frac{h_1+\varrho}{h_1-\varrho}=\frac{1+\frac{\varrho}{h_1}}{1-\frac{\varrho}{h_1}}=\frac{1+\sin\delta}{1-\sin\delta}$$

$$=\frac{\sqrt{\tan\xi+\tan\eta+\tan\vartheta}+\sqrt{\tan\xi\tan\eta\tan\vartheta}}{\sqrt{\tan\xi+\tan\eta+\tan\vartheta}-\sqrt{\tan\xi\tan\eta\tan\vartheta}},$$

wobei also $\sin\delta$ der in 2) berechnete Ausdruck ist und die Wurzeln aus dem Nenner oder aus dem Zähler leicht entfernt werden können.

Steiner giebt einen anderen Ausdruck, der nicht gerade einfacher ist. Der in (3) gegebene läfst sich leicht in jenen überführen. Zunächst ist zu zeigen, dafs

$$2)^*\qquad \sin^2\delta=\frac{\tan\xi\tan\eta\tan\vartheta}{\tan\xi+\tan\eta+\tan\vartheta}$$

$$=\frac{\sin\xi\sin\eta\sin\vartheta^{*)}}{\sin(\xi+\eta+\vartheta)+\sin\xi\sin\eta\sin\vartheta}$$

ist, wo s für $\xi+\eta+\vartheta$ gesetzt werden soll. Daraus folgt zunächst:

$$1-\sin^2\delta=\frac{\sin s}{\sin s+\sin\xi\sin\eta\sin\vartheta},$$

also

$$\mathrm{I})\qquad \frac{1}{1-\sin^2\delta}=1+\frac{\sin\xi\sin\eta\sin\vartheta}{\sin s}$$

und

$$\mathrm{II})\qquad \frac{\sin^2\delta}{1-\sin^2\delta}=\frac{\sin\xi\sin\eta\sin\vartheta}{\sin s}.$$

Nun war

$$\sqrt{\frac{R_2}{R_1}}=\sqrt{\frac{1+\sin\delta}{1-\sin\delta}}=\frac{1+\sin\delta}{\sqrt{1-\sin^2\delta}}=\frac{1}{\sqrt{1-\sin^2\delta}}+\frac{\sin\delta}{\sqrt{1-\sin^2\delta}}.$$

Durch Einsetzung der beiden letzten Werte aus I) und II) erhält man den Steinerschen Ausdruck

---

*) An dieser Formel zeigt sich am besten, dafs die Tangenten hier dem Sinus vorzuziehen sind.

$$\frac{R_2}{R_1} = \left[\sqrt{1 + \frac{\sin\xi \sin\eta \sin\vartheta}{\sin s}} + \sqrt{\frac{\sin\xi \sin\eta \sin\vartheta}{\sin s}}\right]^2,$$

oder, wie dort geschrieben wird:

$$4)\quad \frac{R_2}{R_1} = \left[\sqrt{\frac{\sin(s-a)\sin(s-b)\sin(s-c)}{\sin s}} + \sqrt{1 + \frac{\sin(s-a)\sin(s-b)\sin(s-c)}{\sin s}}\right]^2$$

Der unter 3) gegebene macht jedenfalls einen symmetrischeren Eindruck.*)

297) Für gegebenes α, β, γ giebt Steiner den ähnlich abzuleitenden Ausdruck:

$$5)\quad \frac{R_2}{R_1} = \left[\sqrt{\frac{-\cos\sigma\cos(\sigma-\alpha)\cos(\sigma-\beta)\cos(\sigma-\gamma)}{4\cos^2\frac{\alpha}{2}\cos^2\frac{\beta}{2}\cos^2\frac{\gamma}{2}}} + \sqrt{1 + \frac{-\cos\sigma\cos(\sigma-\alpha)\cos(\sigma-\beta)\cos(\sigma-\gamma)}{4\cos^2\frac{\alpha}{2}\cos^2\frac{\beta}{2}\cos^2\frac{\gamma}{2}}}\right]^2,$$

der noch als Übungsbeispiel abgeleitet werden möge. Nach den früher abgeleiten Formeln ist:

$$\tan\frac{\alpha}{2} = \sqrt{\frac{\sin(s-b)\sin(s-c)}{\sin s \sin(s-a)}},$$

also, mit Hilfe cyklischer Vertauschung:

$$\tan^2\alpha \tan^2\beta \tan^2\gamma \sin^2 s = \frac{\sin(s-a)\sin(s-b)\sin(s-c)}{\sin s}$$
$$= \frac{\sin^2\delta}{1-\sin^2\delta}.$$

Nun ist aber (Mollweide):

---

*) In Steiners Werken I befindet sich in der Formel zweimal ein Druckfehler, indem zwischen $(s-b)$ und $(s-c)$ das Wort sin ausgefallen ist. Die notwendige Symmetrie in Bezug auf a, b und c läfst das Versehen sofort als solches erkennen. Auch in der hier als 5) angegebenen Formel wiederholt sich dort das Versehen durch Auslassung der Bezeichnung cos.

$$\sin^2 s = \frac{\cos^2\frac{\alpha}{2}\cos^2\frac{\beta}{2}}{\sin^2\frac{\gamma}{2}}\sin^2 c$$

$$= \frac{\cos^2\frac{\alpha}{2}\cos^2\frac{\beta}{2}}{\sin^2\frac{\gamma}{2}}\,\frac{4}{\sin^2\alpha\sin^2\beta}\left[-\cos\sigma\cos(\sigma-\alpha)\cos(\sigma-\beta)\cos(\sigma-\gamma)\right]$$

$$= \frac{1}{4\sin^2\frac{\alpha}{2}\sin^2\frac{\beta}{2}\sin^2\frac{\gamma}{2}}\left[-\cos\sigma\cos(\sigma-\alpha)\cos(\sigma-\beta)\cos(\sigma-\gamma)\right],$$

also:

$$\text{II)}^*\quad \frac{\sin^2\delta}{1-\sin^2\delta} = \frac{-\cos\sigma\cos(\sigma-\alpha)\cos(\sigma-\beta)\cos(\sigma-\gamma)}{4\cos^2\frac{\alpha}{2}\cos^2\frac{\beta}{2}\cos^2\frac{\gamma}{2}}.$$

Setzt man den Ausdruck rechts in die Wurzeln von 4) ein, so erhält man den Steinerschen Ausdruck 5). Der Ausdruck für δ ergiebt sich als:

$$6)\quad \sin^2\delta = \frac{-\cos\sigma\cos(\sigma-\alpha)\cos(\sigma-\beta)\cos(\sigma-\gamma)}{4\cos^2\frac{\alpha}{2}\cos^2\frac{\beta}{2}\cos^2\frac{\gamma}{2}-\cos\sigma\cos(\sigma-\alpha)\cos(\sigma-\beta)\cos(\sigma-\gamma)}.$$

Die Übereinstimmung von 6) und 2*) giebt bemerkenswerte Formeln, ebenso die zwischen II) und II*). Eine Formel für den sphärischen Radius des dem zugehörigen sphärischen Dreieck einbeschriebenen Kreises wird unten abgeleitet.

298) Die übrigen senkrechten Berührungskegel. Die Dreikantecke hat noch drei andere senkrechte Berührungskegel von kreisförmiger Basis. Man erhält diese durch Halbierung eines Winkels und zweier Aufsenwinkel. Durch die Schnittachse $P\mu_1$ der halbierenden Ebenen legt man einen Normalschnitt, was auf nebenstehende Figur führt, in der $\varrho_1 = \frac{p' p_2' p_3'}{p_1'}$ ist. Die Behandlung ist dieselbe wie vorher und hat nur den Wert eines Übungsbeispiels.

Im allgemeinen weichen die Achsen der Kreise mit den Radien r, ϱ, ϱ_1, ϱ_2, ϱ_3 voneinander ab, ebenso ihre

Ebenen, so dafs die in der Ebene geltenden Formeln hier keine Anwendung finden. Das Dreieck ABC ist in jedem Falle ein anderes. (Nur bei der gleichseitigen Ecke sind die Kreise r und ϱ konzentrisch und die beiden Kegelachsen fallen zusammen. Dies ist z. B. der Fall der regelmäfsigen dreiseitigen Pyramide.) Die Neigungswinkel der Achsen PM, $P\mu$, $P\mu_1$, $P\mu_2$, $P\mu_3$ gegeneinander und die Lage ihrer Ebenen hängen selbstverständlich nur von den drei Stücken ab, durch welche die Ecke gegeben ist, z. B. von a, b, c oder a, β, γ. Hier soll darauf nicht eingegangen werden. In den Kegeln $P\mu$, $P\mu_1$, $P\mu_2$, $P\mu_3$ liegen vier Reihen berührender Kugeln, deren Radien eine geometrische Reihe bilden, wenn sie auch einander berühren.

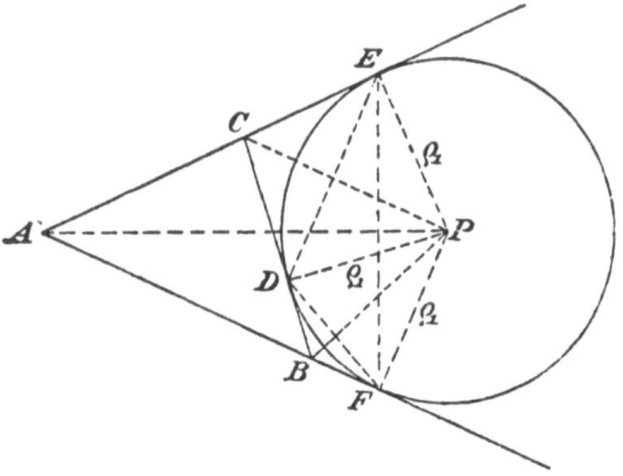

Fig. 64.

299) Der Winkel zwischen je zwei Winkelhalbierenden Ebenen der Dreikantecke.

Für einen solchen Winkel φ ist nach dem Cosinussatze z. B.

$$\cos\varphi = \sin\frac{\beta}{2}\sin\frac{\gamma}{2}\cos a - \cos\frac{\beta}{2}\cos\frac{\gamma}{2},$$

wobei:

$$\cos a = \frac{\cos a + \cos\beta\cos\gamma}{\sin\beta\sin\gamma}$$

ist, so dafs folgt:

$$\cos\varphi = \sin\frac{\beta}{2}\sin\frac{\gamma}{2}\frac{\cos a + \cos\beta\cos\gamma}{\sin\beta\sin\gamma} - \cos\frac{\beta}{2}\cos\frac{\gamma}{2}.$$

Verwandelt man β und γ in die halben Winkel, so wird:

$$\cos\varphi = \frac{\cos a + \left(\cos^2\frac{\beta}{2} - \sin^2\frac{\beta}{2}\right)\left(\cos^2\frac{\gamma}{2} - \sin^2\frac{\gamma}{2}\right) - 4\cos^2\frac{\beta}{2}\cos^2\frac{\gamma}{2}}{4\cos\frac{\beta}{2}\cos\frac{\gamma}{2}}.$$

Die beiden letzten Posten des Zählers geben:

$$\sin^2\frac{\beta}{2}\sin^2\frac{\gamma}{2}-\cos^2\frac{\gamma}{2}\left(\sin^2\frac{\beta}{2}+\cos^2\frac{\beta}{2}\right)-\cos^2\frac{\beta}{2}\left(\sin^2\frac{\gamma}{2}+\cos^2\frac{\gamma}{2}\right)-\cos^2\frac{\beta}{2}\cos^2\frac{\gamma}{2}$$

$$\sin^2\frac{\beta}{2}\sin^2\frac{\gamma}{2}-\cos^2\frac{\gamma}{2}-\cos^2\frac{\beta}{2}-\left(1-\sin^2\frac{\beta}{2}\right)\left(1-\sin^2\frac{\gamma}{2}\right)$$

$$-\cos^2\frac{\beta}{2}-\cos^2\frac{\gamma}{2}-1+\sin^2\frac{\beta}{2}+\sin^2\frac{\gamma}{2}=-\cos\beta-\cos\gamma-1.$$

Daher wird:

1) $$\cos\varphi=\frac{\cos a-\cos\beta-\cos\gamma-1}{4\cos\frac{\beta}{2}\cos\frac{\gamma}{2}}$$

oder:

2) $$\cos\varphi=\frac{\cos a-\cos\beta-\cos\gamma-1}{2\sqrt{(1+\cos\beta)(1+\cos\gamma)}}=\frac{\cos^2\frac{a}{2}-\cos^2\frac{\beta}{2}-\cos^2\frac{\gamma}{2}}{2\cos\frac{\beta}{2}\cos\frac{\gamma}{2}}.$$

Die beiden anderen Winkel sind cyklisch aus $\cos\chi$ und $\cos\psi$ zu berechnen. Ebenso kann der Winkel durch a, b, c ausgedrückt werden.

In ähnlicher Weise sind die Formeln für die mit ϱ_1, ϱ_2, ϱ_3 zusammenhängenden Schnittwinkel zu berechnen.

300) Zu Übungsaufgaben geben z. B. folgende Gebilde Veranlassung.

1) Das einem senkrechten Kreiskegel umbeschriebene Dreikant $P(ABC)$ und das reciproke jenem einbeschriebene „Dreiflach" $P(A_1B_1C_1)$ oder $P(a, b, c)$; siehe Fig. 63.

Die Lehre von den reciproken Polaren der Ebene läfst sich dabei in interessanter Weise verwenden, auch finden viele harmonische Beziehungen statt.

2) Dasselbe gilt von dem anbeschriebenen Dreikant $P(ABC)$ des Kreiskegels und dem reciproken Dreiflach $P(A_1B_1C_1)$ oder $P(a, b, c)$. (Siehe Fig. 64.)

3) Das Dreieck ABC ist in Fig. 65 mit dem Feuerbachschen Kreise (Kreis der neun Punkte) versehen. Die Spitze P des Dreikants liege senkrecht über dem Kreis-

centrum. Dann stehen die Dreikante $P(ABC)$, $P(A_1 B_1 C_1)$, $P(A_2 B_2 C_2)$, $P(A_3 B_3 C_3)$ in eigentümlichen Beziehungen.

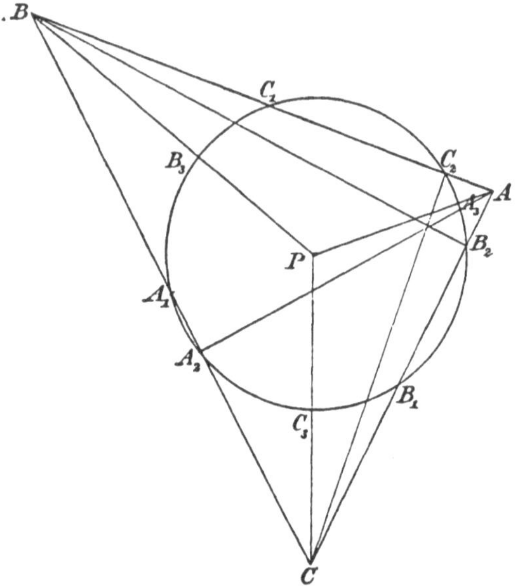

Fig. 65.

4) Auch Fig. 62 giebt zu Beziehungen der Dreikante $P(ABC)$ und $P(DEF)$ Veranlassung.

Dagegen sind Aufgaben, in denen zwei senkrechte Kegel von derselben Spitze vorkommen, im allgemeinen nur dann zu elementaren Übungen brauchbar, wenn diese Kegel konzentrische sind.

5) Das Dreikant läfst sich durch Reciprocität mit Hilfe jeder einbeschriebenen Kugel in ein polares Dreiseit verwandeln, wobei der einbeschriebene Kegel in einen von Geraden umhüllten Kreis verwandelt wird, der umbeschriebene im allgemeinen in eine von Geraden umhüllte Ellipse usw. Dabei bleiben alle harmonischen Beziehungen erhalten; ebenso alle Doppelverhältnisse, und auch metrische Beziehungen lassen sich mit Hilfe dieser Abbildung und ihrer Umkehrung entwickeln.

Man versuche folgenden Satz zu beweisen:

In jeder Pyramide ist die Summe der nach einerlei Richtung genommenen Aufsenecken über der Grundfläche vermehrt um die Ecke an der Spitze gleich vier rechten Ecken.

(Die Aufsenecken entsprechen z. B. bei der dreiseitigen Pyramide den Aufsenwinkeln des Dreiecks.)

Man versuche sämtliche Formeln für die Sonderfälle der rechtwinkligen, gleichseitigen, gleichschenkligen Ecke umzugestalten. Die Bedeutung der beiden letzten Bezeichnungen ergiebt sich am leichtesten aus den zugehörigen sphärischen Dreiecken.

II) Anwendung auf die Berechnung schiefer Prismen.

301) Ein dreiseitiges Prisma zu berechnen aus den drei in einer Ecke zusammentreffenden Kanten und den Seiten dieser Ecke.

Auflösung. Sind a und b Kanten der Grundfläche und ist c die zugehörige Seitenkante und werden die Gegenseiten mit A, B, C bezeichnet, so hat man zunächst die Winkel α, β, γ zu berechnen, z. B. mit Hilfe der Formel:

$$\cos\frac{\alpha}{2} = \sqrt{\frac{\sin s \cdot \sin(s - A)}{\sin B \cdot \sin C}}$$

und den cyklisch daraus folgenden. Die Höhe h des Körpers ist:

$$h = c \sin B \sin \alpha,$$

die Grundfläche:

$$G = \frac{1}{2} ab \sin C,$$

der Inhalt also wird:

$$1) \qquad J = Gh = \frac{1}{2} abc \sin B \sin C \sin \alpha.$$

Führt man jedoch für $\sin\alpha$ den Wert:

$$\sin\alpha = \frac{2}{\sin B \sin C} \sqrt{\sin s \sin(s - A) \sin(s - B) \sin(s - C)}$$

ein, so ergiebt sich die symmetrische Formel:

$$2) \qquad J = abc \sqrt{\sin s \sin(s - A) \sin(s - B) \sin(s - C)}.$$

Den Wurzelausdruck bezeichnet man als die Amplitude $\mathfrak{A}$ der Ecke, so dafs man hat:

$$3) \qquad J = abc\mathfrak{A}.$$

[Für die anderen Ecken der Grundfläche ergeben sich entsprechende Formeln. Setzt man dann die rechten Seiten gleich, so ergiebt sich folgender Satz:

Die Grundkanten des dreiseitigen Prismas verhalten sich wie die Amplituden der Gegenecken.]

Vom Normalschnitt durch die Seitenkanten des Prismas kennt man den $\sphericalangle \gamma$ aus der Formel:

$$\cos\frac{\gamma}{2} = \sqrt{\frac{\sin s \cdot \sin(s - C)}{\sin A \sin C}},$$

auſserdem die einschlieſsenden Dreiecksseiten $a_1 = a \sin B$ und $b_1 = b \sin A$. Die dritte Seite d_1 und die Winkel δ_1 und ε_1 sind trigonometrisch zu berechnen, ebenso für die Grundfläche die Seite d und die anliegenden Winkel δ und ε. Daraus ergeben sich leicht die fehlenden Elemente der dritten Parallelogrammseite des Körpers.

302) Ein Parallelflach zu berechnen aus drei zu einer Ecke gehörigen Kanten und den Seiten dieser Ecke.

Auflösung. Die Berechnung beginnt wie vorher. Der Inhalt wird der doppelte des vorher berechneten.

303) Ein dreiseitiges Prisma zu berechnen aus drei zu einer Ecke gehörigen Kanten und deren Winkeln.

Auflösung. Zur Berechnung der Seiten der Ecke hat man die Formeln:

$$\cos\frac{A}{2} = \sqrt{\frac{\cos(\sigma - \beta)\cos(\sigma - \gamma)}{\sin\beta \cdot \sin\gamma}}$$

oder auch:

$$\sin A = \frac{2}{\sin\beta \sin\gamma}\sqrt{-\cos\sigma\cos(\sigma - \alpha)\cos(\sigma - \beta)\cos(\sigma - \gamma)}$$

und die cyklisch daraus folgenden. Wiederum wird:

$$4)\qquad J = Gh = \frac{1}{2} abc \sin B \sin C \sin \alpha$$

$$= \frac{2abc}{\sin\alpha \sin\beta \sin\gamma}(-\cos\sigma\cos(\sigma-\alpha)\cos(\sigma-\beta)\cos(\sigma-\gamma).$$

305) Bezeichnet man die Wurzelgröſse in den Formeln für $\sin A$, $\sin B$, $\sin C$ als die Coamplitude der Ecke mit $\mathfrak{A}'$, so folgt:

$$5)\qquad J = \frac{2abc\,\mathfrak{A}'^2}{\sin\alpha \sin\beta \sin\gamma}.$$

Man kann auch die Flächen F_A, F_B und F_C einführen, wobei:

$$F_A = bc \sin A = \frac{2bc}{\sin\beta \sin\gamma} \mathfrak{A}',$$

$$F_B = ca \sin B = \frac{2ca}{\sin\gamma \sin\alpha} \mathfrak{A}',$$

$$G = F_C = \frac{1}{2} ab \sin C = \frac{ab}{\sin\alpha \sin\beta} \mathfrak{A}'.$$

Schreibt man noch dazu:

$$\mathfrak{A}' = \mathfrak{A}',$$

so findet man durch Multiplikation:

$$F_A F_B F_C \mathfrak{A}' = \frac{4a^2 b^2 c^2 \mathfrak{A}'^4}{\sin^2\alpha \sin^2\beta \sin^2\gamma} = J^2,$$

demnach ist auch:

6) $$J = \sqrt{F_A F_B F_C \mathfrak{A}'}.$$

[Bildet man die entsprechenden Formeln zur Berechnung von J^2 auch für die anderen Ecken der Grundfläche, so ergiebt sich aus der Gleichsetzung der rechten Seiten, daſs die Seitenflächen eines dreiseitigen Prismas sich verhalten, wie die Coamplituden ihrer Gegenecken an der Grundfläche.]

Die übrigen Elemente des Körpers sind leicht zu berechnen.

305) Ein Parallelflach zu berechnen aus drei von einer Ecke ausgehenden Kanten und den Winkeln dieser Ecke.

Auflösung. Die Berechnung beginnt ebenso, wie in der vorigen Aufgabe. Der Inhalt wird doppelt so groſs.

306) Von einem dreiseitigen Prisma sei gegeben die Grundfläche (durch drei ihrer Stücke), die Länge der Seitenkanten und ihre Neigung gegen die Grundfläche, auſserdem die Neigung der Projektion einer der Seitenkanten gegen eine Nachbarkante der Grundfläche.

Die Auflösung ist im Anschluſs an das Vorhergehende leicht durchzuführen.

307) Dieselbe Aufgabe für ein Parallelflach zu lösen bleibe dem Leser überlassen.

Übungsmaterial geben analoge Aufgaben über schiefe Prismen mit regelmäſsiger Grundfläche und über regelmäſsige Prismen, die beiderseits beliebig abgeschrägt sind. Da ferner zu jedem Dreieck vier Berührungskreise gehören, so gehören zu jedem Dreikantprisma vier schiefe Berührungscylinder. Endlich giebt noch der Normalschnitt zu vier berührenden Kreiscylindern Anlaſs, die schief abgeschnitten sind. Den Kreissätzen

$$J = \frac{a+b+c}{2}\varrho = \frac{-a+b+c}{2}\varrho_1 = \frac{a-b+c}{2}\varrho_2 = \frac{a+b-c}{2}\varrho_3$$

entsprechen Inhaltssätze über die genannten Cylinder.

III. Das allgemeine Tetraeder.

a) Die wichtigsten allgemeinen Beziehungen.

308) Die allgemeinen Sätze über das Tetraeder findet man in Band I, §§ 214 bis 236. Dort ist auch die Formel 1) $J = \frac{1}{3} Gh$ mit Hilfe der Zerlegung des dreiseitigen Prismas abgeleitet. Schon in § 81 wurde dort gezeigt, daſs sich

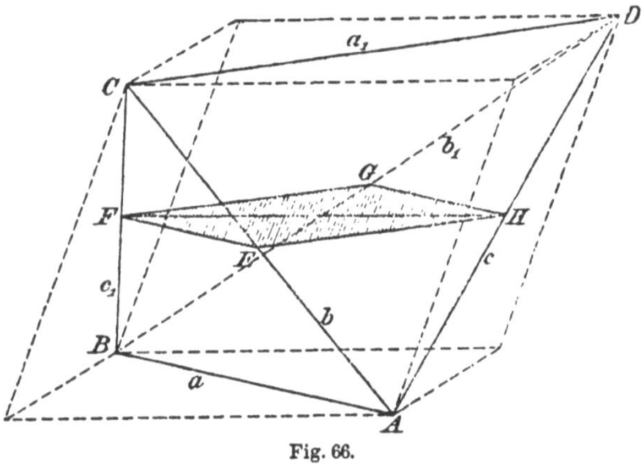

Fig. 66.

das regelmäſsige Tetraeder aus dem Würfel ableiten läſst, indem man von diesem gewisse Pyramiden abschneidet.

In Fig. 66 ist ebenso das allgemeine Tetraeder $ABCD$ aus dem Parallelflach abgeleitet. Jede der vier abgeschnittenen Pyramiden hat, wenn G die Grundfläche des Parallelflachs, h seine Höhe ist, den Inhalt $\frac{1}{3}\frac{G}{2}h = \frac{Gh}{6}$, für das Tetraeder bleibt also $J = Gh - 4\frac{Gh}{6} = \frac{1}{3}Gh$, d. h. der dritte Teil des Parallelogramms.

Durch das Tetraeder ist in halber Höhe ein Horizontalschnitt $EFGH$ geführt, der ein Parellelogramm mit den Seiten $\frac{a}{2}$ und $\frac{a_1}{2}$ giebt, wobei a und a_1 die Diagonalen der Grundfläche des Parallelflachs sind. Dasselbe Parallelogramm entsteht, wenn man die Halbierungspunkte der Seiten der Grundfläche miteinander verbindet. Seine Fläche, die als Mittelschnitt (parallel zu a) als M_a bezeichnet werden soll, ist also gleich $\frac{G}{2}$, demnach ist der Inhalt des Tetraeders:

1) $$J = \frac{2}{3} M_a e_a,$$

wenn e_a die zu den horizontal gelegten Kanten a und a_1 gehörige Höhe (Abstand der beiden Horizontalebenen und kürzester Abstand der Geraden a und a_1) bedeutet. Entsprechendes gilt für die Kanten b und b_1 bezw. c und c_1 (Gegenkanten), d. h. man hat:

2) $$J = \frac{2}{3} M_a e_a = \frac{2}{3} M_b e_b = \frac{2}{3} M_c e_c.$$

Diese Formel wird noch einmal (gelegentlich der Newton-Simpsonschen Regel) zur Sprache kommen. In 2) ist:

$$M_a = \frac{a a_1}{4} \sin k_a, \quad M_b = \frac{b b_1}{4} \sin k_b, \quad M_c = \frac{c c_1}{4} \sin k_c,$$

wo k_a der Kreuzungswinkel von a und a_1 ist usw.

[Schon hier sei bemerkt, daſs sämtliche bei dieser Lage auftretenden Horizontalschnitte des Tetraeders Parallelogramme sind. Jedes wird durch die Diagonale, z. B. FH, halbiert. Sämtliche so entstehenden Diagonalen FH geben nach Bd. I, § 411, ein zwischen AB und DC ausgespanntes hyperbolisches Paraboloid. Weil jedes der Parallelogramme durch dieses halbiert wird, ist nach Cavalieri das

Tetraeder durch diese Fläche halbiert. Jeder Teil hat also (als Halbtetraeder) den Inhalt $J = \frac{1}{3} M_a e_a$. Man braucht in Fig. 281 von Bd. I nur die Geraden AC und BD zu ziehen, um das durch die Fläche halbierte Tetraeder zu erhalten. Aus dieser Bemerkung läfst sich die Berechnung der Prismatoide mit windschiefen Seitenflächen oder mit teils ebenen, teils windschiefen Seitenflächen und die der einmanteligen Hyperboloide ableiten. Jedes Gegenpaar von Kanten des Tetraeders giebt zu zwei hyperbolischen Paraboloiden, die es halbieren, Veranlassung. Da ein Kantenpaar frei bleibt, sind drei solcher Paraboloide möglich.]

309) Aus den Prismenformeln des vorigen Abschnittes ergeben sich für das Tetraeder noch folgende Inhaltsformeln:

$$3)\quad J = \frac{1}{6} abc \sin B \sin C \sin \alpha = \frac{1}{6} abc \sin C \sin A \sin \beta$$

$$= \frac{1}{6} abc \sin A \sin B \sin \gamma .$$

Für jede der übrigen Ecken giebt es ebenfalls je drei solcher Formeln, im ganzen also zwölf. Setzt man für $\sin \alpha$ (oder $\sin \beta$ oder $\sin \gamma$) seinen Wert ein, so folgt, wie beim Prisma, eine symmetrische Formel:

$$4)\quad J = \frac{abc}{3} \sqrt{\sin s \cdot \sin(s - A) \sin(s - B) \sin(s - C)} = \frac{abc}{3} \mathfrak{A} ,$$

wo $s = \frac{A + B + C}{2}$ und $\mathfrak{A}$ die Amplitude der Ecke ist.

310) Sind dagegen α, β, γ und a, b, c gegeben, so folgt aus der Prismenformel für das Tetraeder:

$$5)\quad J = \frac{2abc\,\mathfrak{A}'^2}{3 \sin \alpha \sin \beta \sin \gamma},$$

wo die Coamplitude der Ecke

$$\mathfrak{A}' = \sqrt{- \cos \sigma \cos(\sigma - \alpha) \cos(\sigma - \beta) \cos(\sigma - \gamma)}$$

ist. Die Formeln 3, 4, 5 beziehen sich also auf die Berechnung des Tetraeders aus drei Kanten und drei anderen Elementen ein und derselben Ecke.

311) Wählt man die Bezeichnungen der nebenstehenden Figur, so erhält man aus Formel 4):

$$J = \frac{abc}{3}\mathfrak{A}_1 = \frac{ab_1c_1}{3}\mathfrak{A}_2 = \frac{a_1bc_1}{3}\mathfrak{A}_3 = \frac{a_1b_1c}{3}\mathfrak{A}_4.$$

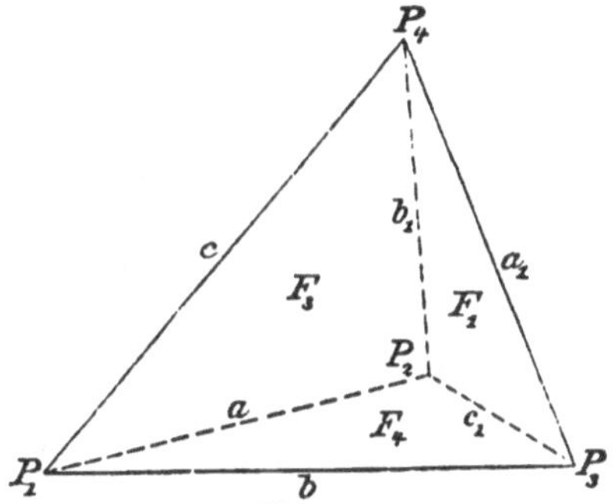

Fig. 67.

Für die den Ecken P_1, P_2, P_3, P_4 gegenüberliegenden Flächen F_1, F_2, F_3, F_4 folgen dann die Formeln:

$$6)\quad \begin{cases} \mathfrak{A}_2 : \mathfrak{A}_3 : \mathfrak{A}_4 = \dfrac{a_1}{a} : \dfrac{b_1}{b} : \dfrac{c_1}{c}, \\[2ex] \mathfrak{A}_3 : \mathfrak{A}_4 : \mathfrak{A}_1 = \dfrac{c}{c_1} : \dfrac{b}{b_1} : \dfrac{a_1}{a}, \\[2ex] \mathfrak{A}_4 : \mathfrak{A}_1 : \mathfrak{A}_2 = \dfrac{a}{a_1} : \dfrac{b_1}{b} : \dfrac{c}{c_1}, \\[2ex] \mathfrak{A}_1 : \mathfrak{A}_2 : \mathfrak{A}_3 = \dfrac{c_1}{c} : \dfrac{b}{b_1} : \dfrac{a}{a_1}. \end{cases}$$

In Worten: Für jede Tetraederfläche verhalten sich die Amplituden der Ecken wie die Quotienten aus den gegenüberliegenden Kanten und den tetraedrischen Gegenkanten. Man kann dafür auch schreiben:

$$6^*)\quad \frac{3J}{abca_1b_1c_1} = \frac{\mathfrak{A}_1}{a_1b_1c_1} = \frac{\mathfrak{A}_2}{a_1bc} = \frac{\mathfrak{A}_3}{ab_1c} = \frac{\mathfrak{A}_4}{abc_1},$$

wobei der Nenner jedesmal das Produkt der die Gegenfläche begrenzenden Kanten ist.

312) Etwas komplizierter ist der Satz auszusprechen, der sich in entsprechender Weise aus den Formeln:

$$J = \frac{2abc\,\mathfrak{A}_1'^2}{3\sin\alpha\,\sin\beta\,\sin\gamma} = \frac{2ab_1c_1\,\mathfrak{A}_2'^2}{3\sin\alpha\,\sin\beta_1\,\sin\gamma_1}$$

$$= \frac{2a_1bc_1\,\mathfrak{A}_3'^2}{3\sin\alpha_1\,\sin\beta\,\sin\gamma_1} = \frac{2a_1b_1c\,\mathfrak{A}_4'^2}{3\sin\alpha_1\,\sin\beta_1\,\sin\gamma}$$

für die Coamplituden ableiten läfst. Die neue Formelgruppe beginnt mit

$$7)\qquad \mathfrak{A}_2'^2 : \mathfrak{A}_3'^2 : \mathfrak{A}_4'^2 = \frac{a_1 \sin\alpha}{a \sin\alpha_1} : \frac{b_1 \sin\beta}{b \sin\beta_1} : \frac{c_1 \sin\gamma}{c \sin\gamma_1}.$$

313) Aus der Prismenformel 5) folgt für das Tetraeder:

$$J = \frac{1}{3}\sqrt{(2F_2)(2F_3)F_4\mathfrak{A}_1'} = \frac{2}{3}\sqrt{F_2F_3F_4\mathfrak{A}_1'},$$

im ganzen also:

$$8)\qquad J = \frac{2}{3}\sqrt{F_2F_3F_4\mathfrak{A}_1'} = \frac{2}{3}\sqrt{F_3F_4F_1\mathfrak{A}_2'}$$

$$= \frac{2}{3}\sqrt{F_4F_1F_2\mathfrak{A}_3'} = \frac{2}{3}\sqrt{F_1F_2F_3\mathfrak{A}_4'}.$$

Der Inhalt kann also auch aus drei in einer Ecke zusammenstossenden Flächen und der Coamplitude dieser Ecke berechnet werden.

314) Aus der Formelgruppe 8) folgt:

$$9)\qquad \frac{9J^2}{4F_1F_2F_3F_4} = \frac{\mathfrak{A}_1'}{F_1} = \frac{\mathfrak{A}_2'}{F_2} = \frac{\mathfrak{A}_3'}{F_3} = \frac{\mathfrak{A}_4'}{F_4}.$$

Folglich: Die Tetraederflächen verhalten sich wie die Coamplituden ihrer Gegenecken.

315) Aus jeder der Formeln 3) läfst sich die Eulersche Formel ableiten, die den Tetraederinhalt durch die sechs Kanten a, b, c, a_1, b_1, c_1 ausdrückt. Aus der ersten jener Formeln folgt:

$$36J^2 = a^2b^2c^2 \sin^2 B \sin^2 C(1 - \cos^2 a)$$

oder wenn man $\cos a = \dfrac{\cos A - \cos B \cos C}{\sin B \sin C}$ setzt,

$$36J^2 = a^2b^2c^2 \sin^2 B \sin^2 C\left[1 - \left(\frac{\cos A - \cos B \cos C}{\sin B \sin C}\right)^2\right].$$

Dies formt sich bequem um zu:

$$36J^2 = a^2b^2c^2[1 - \cos^2 A - \cos^2 B - \cos^2 C + 2\cos A \cos B \cos C].$$

Nun ist aber für jedes der in der Ecke A_1 zusammenstofsenden Dreiecke beziehungsweise:

$$\cos A = \frac{b^2 + c^2 + a_1^2}{2bc}, \quad \cos B = \frac{c^2 + a^2 - b_1^2}{2ca}, \quad \cos C = \frac{a^2 + b^2 - c_1^2}{2ab}.$$

Setzt man dies ein, so fällt zunächst der Faktor $a^2b^2c^2$ weg, und die umständliche Formel vereinfacht sich zur folgenden:

$$10)\quad 144 J^2 = \begin{aligned}[t] & a^2 a_1^2[-(a^2 + a_1^2) + (b^2 + b_1^2) + (c^2 + c_1^2)] \\ & + b^2 b_1^2[+(a^2 + a_1^2) - (b^2 + b_1^2) + (c^2 + c_1^2)] \\ & + c^2 c_1^2[+(a^2 + a_1^2) + (b^2 + b_1^2) - (c^2 + c_1^2)] \\ & - [a_1^2 b^2 c^2 + a^2 b_1^2 c^2 + a^2 b^2 c_1^2 + a_1^2 b_1^2 c_1^2]. \end{aligned}$$

Durch Radizierung usw. erhält man den Inhalt selbst.

316) Jedes Vielflach läfst sich in Tetraeder zerlegen. Kennt man sämtliche dabei auftretenden Kanten, so kann man den Inhalt aus diesen allein algebraisch darstellen. Wie sich dabei die Formeln gestalten, ergiebt sich beispielsweise an der dreiseitigen unregelmäfsigen Doppelpyramide, bei der von der einen Spitze die Kanten a_1, b_1, c_1, von der andern die Kanten a_2, b_2, c_2 ausgehen, während a, b, c die gemeinschaftlichen Kanten sind.

Man erhält zwei Ausdrücke der obigen Art, die übrigens mit Hilfe der Determinanten eine einfache Schreibweise zulassen. Auch die vierseitige Doppelpyramide bietet ein einfaches Beispiel, sobald aufser den zwölf Kanten eine Diagonale des gemeinschaftlichen Vierecks (welches auch windschief sein darf) bekannt ist.

317) Aus der Formel für $36 J^2$ geht hervor, dafs die Ecke P_1 die Amplitude

$$11)\quad \mathfrak{A}_1 = \frac{1}{2}\sqrt{1 - \cos^2 A - \cos^2 B - \cos^2 C + 2\cos A \cos B \cos C}$$

hat. Für die übrigen Ecken gilt Entsprechendes. — Setzt man den Ausdruck 10) gleich Null, so hat man die Beziehung, welche zwischen den sechs Verbindungslinien von vier Punkten einer Ebene besteht. (Vgl. §§ 271 und 286.)

β) Die acht Berührungskugeln des Tetraeders.

318) Über Anzahl und Lage der Berührungskugeln vgl. Bd. I, § 223. Ein dort unentschieden gelassener Punkt wird hier durch Rechnung erledigt. Um Unbestimmtheiten

zu vermeiden, ordne man die Tetraederflächen F_1, F_2, F_3, F_4 so an, daſs man mit der kleinsten beginnt und die andern der Gröſse nach folgen läſst. Verbindet man den Mittelpunkt der einbeschriebenen Kugel mit den Ecken, so folgt aus dem Inhalt der vier Einzeltetraeder:

$$1)\quad \frac{\varrho}{3}(F_1 + F_2 + F_3 + F_4) = \frac{\varrho}{3}\,O = J, \text{ folglich } \varrho = \frac{3J}{O}.$$

Macht man dasselbe mit jeder der vier andern Kugeln, die eine der Flächen von auſsen, die andern (bezw. ihre Erweiterungen) von innen berühren, so erhält man:

$$2)\quad \frac{\varrho_1}{3}(-F_1+F_2+F_3+F_4) = \frac{\varrho_1}{3}(O-2F_1) = J,\quad \varrho_1 = \frac{3J}{O-2F_1},$$

$$3)\quad \frac{\varrho_2}{3}(F_1-F_2+F_3+F_4) = \frac{\varrho_2}{3}(O-2F_2) = J,\quad \varrho_2 = \frac{3J}{O-2F_2},$$

$$4)\quad \frac{\varrho_3}{3}(F_1+F_2-F_3+F_4) = \frac{\varrho_3}{3}(O-2F_3) = J,\quad \varrho_3 = \frac{3J}{O-2F_3},$$

$$5)\quad \frac{\varrho_4}{3}(F_1+F_2+F_3-F_4) = \frac{\varrho_4}{4}(O-2F_4) = J,\quad \varrho_4 = \frac{3J}{O-2F_4}.$$

319) Nun giebt es aber noch drei andere Kugeln, die je zwei Flächen von auſsen, die übrigen von innen berühren. Ihre Radien seien ϱ_a, ϱ_b, ϱ_c. Die erste nämlich liegt entweder in dem Scheitelraume a oder a_1 an der Kante a bezw. a_1. In dem einen Falle würde man haben:

$$\frac{\varrho_a}{3}[(F_1 + F_2) - (F_3 + F_4)] = J,$$

was aber nach obiger Annahme nicht möglich ist, weil nach dieser die Klammer negativ ausfällt. Es bleibt also nur übrig, daſs diese Kugel im Scheitelraum a_1 liegt, wobei

$$6)\quad \frac{\varrho_a}{3}[-F_1 - F_2 + F_3 + F_4] = \frac{\varrho_a}{3}[O - 2(F_1 + F_2)] = J,$$

$$\varrho_a = \frac{3J}{O - 2(F_1 + F_2)}$$

ist. Für die Kugel mit Radius ϱ_b sind $F_2 - F_1$ und $F_4 - F_3$ positiv, man erhält also die Lage im Scheitelraume b_1 und es wird

7) $\frac{\varrho_b}{3}[-F_1+F_2-F_3+F_4]=\frac{\varrho_a}{3}[O-2(F_1+F_3)) = J,$

$$\varrho_b = \frac{3J}{O-2(F_1+F_3)}.$$

Bei der letzten aber bleibt es zweifelhaft, ob $F_1-F_2-F_3+F_4$ oder $-F_1+F_2+F_3-F_4$ positiv ist, man hat also keine allgemeine Entscheidung über die Lage im Scheitelraum γ oder γ_1. Im ersten Falle liegt die Kugel in γ, im zweiten Falle in γ_1. Man schreibe also:

8) $\pm\frac{\varrho_c}{3}[-F_1+F_2+F_3-F_4]=\pm\frac{\varrho_c}{3}[O-2(F_1+F_4)] = J,$

$$\varrho_c = \pm\frac{3J}{O-2(F_1+F_3)},$$

wobei das zweifelhafte Vorzeichen so zu wählen ist, dafs der Ausdruck positiv wird.

320) Aus den Formeln für die ϱ erkennt man, dafs auch $\varrho, \varrho_1, \varrho_2, \varrho_3, \varrho_4$ der Gröfse nach geordnet sind, wobei das kleinste beginnt, ebenso $\varrho_a, \varrho_b, \varrho_c$. Aus diesen Formeln ergiebt sich eine reiche Fülle metrischer Beziehungen.

Schreibt man sie z. B. in der Form

$$F_1+F_2+F_3+F_4 = \frac{3J}{\varrho}$$

usw., so erhält man aus der ersten und je einer der vier folgenden durch Subtraktion:

9) $$F_1 = \frac{3J}{2}\left(\frac{1}{\varrho}-\frac{1}{\varrho_1}\right),\quad F_2 = \frac{3J}{2}\left(\frac{1}{\varrho}-\frac{1}{\varrho_2}\right),$$
$$F_3 = \frac{3J}{2}\left(\frac{1}{\varrho}-\frac{1}{\varrho_3}\right),\quad F_4 = \frac{3J}{2}\left(\frac{1}{\varrho}-\frac{1}{\varrho_4}\right).$$

Durch Addition folgt daraus

$$F_1+F_2+F_3+F_4 = \frac{3J}{2}\left[\frac{4}{\varrho}-\frac{1}{\varrho_1}-\frac{1}{\varrho_2}-\frac{1}{\varrho_3}-\frac{1}{\varrho_4}\right],$$

oder wenn man für die linke Seite nach 1) den Wert $\frac{3J}{\varrho}$ setzt,

10) $$\frac{1}{\varrho_1}+\frac{1}{\varrho_2}+\frac{1}{\varrho_3}+\frac{1}{\varrho_4}=\frac{2}{\varrho}.$$

Aus 1) und 2) bilde man ferner durch Addition:

$$F_3+F_4=\frac{3J}{2}\left(\frac{1}{\varrho_1}+\frac{1}{\varrho_2}\right),$$

ebenso aus den Gleichungen:

$$F_1+F_2+F_3+F_4=\frac{3J}{\varrho}$$

und

$$-F_1-F_2+F_3+F_4=\frac{3J}{\varrho_a}$$

durch Addition

$$F_3+F_4=\frac{3J}{2}\left(\frac{1}{\varrho}+\frac{1}{\varrho_a}\right).$$

Aus den Werten für F_3+F_4 folgt durch Gleichsetzung

$$\frac{1}{\varrho_1}+\frac{1}{\varrho_2}=\frac{1}{\varrho}+\frac{1}{\varrho_a}.$$

Im ganzen erhält man so zur Berechnung von ϱ_a, ϱ_b und ϱ_c die Gleichungen:

11) $$\frac{1}{\varrho_a}=\frac{1}{\varrho_1}+\frac{1}{\varrho_2}-\frac{1}{\varrho},\quad \frac{1}{\varrho_b}=\frac{1}{\varrho_1}+\frac{1}{\varrho_3}-\frac{1}{\varrho},$$

$$\frac{1}{\varrho_c}=\pm\left(\frac{1}{\varrho_1}+\frac{1}{\varrho_4}-\frac{1}{\varrho}\right) \text{ oder } \pm\frac{1}{\varrho_c}=\frac{1}{\varrho_1}+\frac{1}{\varrho_4}-\frac{1}{\varrho}.$$

Durch Addition erhält man im Falle des Zeichens +

12a) $$\frac{1}{\varrho}+\frac{1}{\varrho_a}+\frac{1}{\varrho_b}+\frac{1}{\varrho_c}=\left(\frac{1}{\varrho_1}+\frac{1}{\varrho_2}+\frac{1}{\varrho_3}+\frac{1}{\varrho_4}\right)+\frac{2}{\varrho_1}-\frac{2}{\varrho}=\frac{2}{\varrho_1},$$

im Falle des Zeichens — dagegen

12b) $$\frac{1}{\varrho}+\frac{1}{\varrho_a}+\frac{1}{\varrho_b}+\frac{1}{\varrho_c}=\left(\frac{1}{\varrho_1}+\frac{1}{\varrho_2}+\frac{1}{\varrho_3}+\frac{1}{\varrho_4}\right)-\frac{2}{\varrho_4}=\frac{2}{\varrho}-\frac{2}{\varrho_1}.$$

Letzteres stimmt mit der von Steiner (Bd. I, Seite 129 unter II) gegebenen Formel überein. Auch 12a) geht in diese über, wenn man $-\frac{1}{\varrho_c}$ statt $+\frac{1}{\varrho_c}$ schreibt. In diesem Sinne ist das Steinersche Doppelzeichen in der Formel

12c) $$\frac{1}{\varrho}-\frac{1}{\varrho_1}-\frac{1}{\varrho_2}-\frac{1}{\varrho_3}+\frac{1}{\varrho_4}+\frac{1}{\varrho_a}+\frac{1}{\varrho_b}\pm\frac{1}{\varrho_c}=0$$
aufzufassen.

321) Bei den Quadraten der Radien hört dieser Zweifel auf. Bildet man aus 11) $\frac{1}{\varrho_a^2}+\frac{1}{\varrho_b^2}+\frac{1}{\varrho_c^2}$, so findet man

13) $$\frac{1}{\varrho^2}+\frac{1}{\varrho_a^2}+\frac{1}{\varrho_b^2}+\frac{1}{\varrho_c^2}=\frac{1}{\varrho_1^2}+\frac{1}{\varrho_2^2}+\frac{1}{\varrho_3^2}+\frac{1}{\varrho_4^2}.$$

Zwischen den Gruppen ϱ, ϱ_a, ϱ_b und ϱ_c einerseits und ϱ_1, ϱ_2, ϱ_3, ϱ_4 andererseits findet also in mehrfacher Beziehung eine gewisse Symmetrie statt. —

322) Schreibt man die Formeln 11) in der Form

14) $$\frac{1}{\varrho}-\frac{1}{\varrho_1}=\frac{1}{\varrho_2}-\frac{1}{\varrho_a}=\frac{1}{\varrho_3}-\frac{1}{\varrho_b}=\frac{1}{\varrho_4}\mp\frac{1}{\varrho_c},$$

so erhält man zur Berechnung von F_1, wie der Vergleich mit 9) zeigt:

15) $$F_1=\frac{3J}{2}\left(\frac{1}{\varrho}-\frac{1}{\varrho_1}\right)=\frac{3J}{2}\left(\frac{1}{\varrho_2}-\frac{1}{\varrho_a}\right)=\frac{3J}{2}\left(\frac{1}{\varrho_3}-\frac{1}{\varrho_b}\right)$$
$$=\frac{3J}{2}\left(\frac{1}{\varrho_4}\mp\frac{1}{\varrho_c}\right).$$

Man versuche so F_1, F_2, F_3, F_4 auf alle möglichen Arten durch J und je zwei der Radien auszudrücken. Steiner giebt (Werke I, Seite 129) in dieser Hinsicht z. B. an (wie man mit Hilfe von 10) aus 11) ableiten kann)

16) $$\frac{1}{\varrho}=\frac{1}{\varrho_4}+\frac{1}{\varrho_3}+\frac{1}{\varrho_a}=\frac{1}{\varrho_4}+\frac{1}{\varrho_2}+\frac{1}{\varrho_b}=\frac{1}{\varrho_4}+\frac{1}{\varrho_1}\pm\frac{1}{\varrho_c}.$$

323) [Für den Fall, dafs das Tetraeder eine rechteckige Ecke (mit drei Seiten von je 90°) hat, wobei z. B. $F_4^2=F_1^2+F_2^2+F_3^2$ ist, giebt Steiner noch folgende Beziehungen an:

$$\frac{1}{\varrho_4-\varrho}=\frac{1}{\varrho_1+\varrho_c}+\frac{1}{\varrho_2+\varrho_b}+\frac{1}{\varrho_3+\varrho_a},$$
$$\frac{1}{\varrho\varrho_4}=\frac{1}{\varrho_1\varrho_c}+\frac{1}{\varrho_2\varrho_b}+\frac{1}{\varrho_3\varrho_c},$$

die als Übungsaufgaben gestellt sein mögen.]

324) Weitere Beziehungen für das allgemeine Tetraeder ergeben sich aus folgender Bemerkung. Aus der Inhaltsformel folgt:

$$F_1 = \frac{3J}{h_1}, \quad F_2 = \frac{3J}{h_2}, \quad F_3 = \frac{3J}{h_3}, \quad F_4 = \frac{3J}{h_4}.$$

Vergleicht man dies mit den obigen Formeln über F_1, so folgt z. B.

$$17) \quad \frac{2}{h_1} = \frac{1}{\varrho} - \frac{1}{\varrho_1} = \frac{1}{\varrho_2} - \frac{1}{\varrho_a} = \frac{1}{\varrho_3} - \frac{1}{\varrho_b} = \frac{1}{\varrho_4} \mp \frac{1}{\varrho_c}.$$

Zusammengehörig sind folgende Formeln:

$$18) \quad \frac{2}{h_1} = \frac{1}{\varrho} - \frac{1}{\varrho_1}, \quad \frac{2}{h_2} = \frac{1}{\varrho} - \frac{1}{\varrho_2}, \quad \frac{2}{h_3} = \frac{1}{\varrho} - \frac{1}{\varrho_3}, \quad \frac{2}{h_4} = \frac{1}{\varrho} - \frac{1}{\varrho_4}.$$

Aus

$$2\left(\frac{1}{h_1} + \frac{1}{h_2} + \frac{1}{h_3} + \frac{1}{h_4}\right) = \frac{4}{\varrho} - \left(\frac{1}{\varrho_1} + \frac{1}{\varrho_2} + \frac{1}{\varrho_3} + \frac{1}{\varrho_4}\right)$$
$$= \frac{4}{\varrho} - \frac{2}{\varrho} = \frac{2}{\varrho}$$

folgt

$$19) \quad 2\left[\frac{1}{h_1} + \frac{1}{h_2} + \frac{1}{h_3} + \frac{1}{h_4}\right] = \frac{2}{\varrho} = \frac{1}{\varrho_1} + \frac{1}{\varrho_2} + \frac{1}{\varrho_3} + \frac{1}{\varrho_4}$$
$$= \left[\frac{1}{\varrho} + \frac{1}{\varrho_a} + \frac{1}{\varrho_b} \pm \frac{1}{\varrho_c}\right] + \frac{2}{\varrho_4}.$$

325) Bildet man die Formeln für $\frac{4}{h_1^2}$, $\frac{4}{h_2^2}$ usw., so folgt:

$$4\left(\frac{1}{h_1^2} + \frac{1}{h_2^2} + \frac{1}{h_3^2} + \frac{1}{h_4^2}\right)$$
$$= \frac{4}{\varrho^2} + \left(\frac{1}{\varrho_1^2} + \frac{1}{\varrho_2^2} + \frac{1}{\varrho_3^2} + \frac{1}{\varrho_4^2}\right) - \frac{2}{\varrho}\left(\frac{1}{\varrho_1} + \frac{1}{\varrho_2} + \frac{1}{\varrho_3} + \frac{1}{\varrho_4}\right).$$

Setzt man für die letzte Klammer den Wert $\frac{2}{\varrho}$ ein, so folgt unter Berücksichtigung der früher angegebenen Formeln:

$$20) \quad 4\left(\frac{1}{h_1^2} + \frac{1}{h_2^2} + \frac{1}{h_3^2} + \frac{1}{h_4^2}\right) = \frac{1}{\varrho_1^2} + \frac{1}{\varrho_2^2} + \frac{1}{\varrho_3^2} + \frac{1}{\varrho_4^2}$$
$$= \frac{1}{\varrho^2} + \frac{1}{\varrho_a^2} + \frac{1}{\varrho_b^2} + \frac{1}{\varrho_c^2}.$$

Diese letzte Formel ist dadurch bemerkenswert, daſs sie später in Beziehung zu dem Ausdrucke $\frac{1}{e_a^2} + \frac{1}{e_b^2} + \frac{1}{e_c^2}$ gesetzt werden soll, wobei die e die kürzesten Entfernungen je zweier Gegenkanten des Tetraeders bedeuten.

(Mehrere der besseren Lehrbücher beschränken sich auf die Berechnung der Radien ϱ, ϱ_1, ϱ_2, ϱ_3, ϱ_4, so daſs ihnen einige der schönsten Beziehungen entgehen.)

Nach den Formeln 1) bis 8) lassen sich die ϱ auch durch die Kanten ausdrücken, jedoch in ziemlich umständlicher Weise. —

326) Steiner giebt (Werke I, Seite 218) noch die folgenden einfach zu entwickelnden Formeln an:

21)
$$F_1 = \frac{3J}{4}\left(\frac{1}{\varrho_2} + \frac{1}{\varrho_3} + \frac{1}{\varrho_4} - \frac{1}{\varrho_1}\right)$$
$$F_2 = \frac{3J}{4}\left(\frac{1}{\varrho_3} + \frac{1}{\varrho_4} + \frac{1}{\varrho_1} - \frac{1}{\varrho_2}\right)$$
$$F_3 = \frac{3J}{4}\left(\frac{1}{\varrho_4} + \frac{1}{\varrho_1} + \frac{1}{\varrho_2} - \frac{1}{\varrho_3}\right)$$
$$F_4 = \frac{3J}{4}\left(\frac{1}{\varrho_1} + \frac{1}{\varrho_2} + \frac{1}{\varrho_3} - \frac{1}{\varrho_4}\right).$$

Man findet sie durch Addition aus je drei der Formeln 2), 3), 4), 5) und Subtraktion der vierten.

Zur Ergänzung zu 10) sei nach Steiner noch beigefügt:

22)
$$\pm\frac{2}{\varrho_a} = \frac{1}{\varrho_1} + \frac{1}{\varrho_4} - \frac{1}{\varrho_2} - \frac{1}{\varrho_3}$$
$$\pm\frac{2}{\varrho_b} = \frac{1}{\varrho_2} + \frac{1}{\varrho_4} - \frac{1}{\varrho_3} - \frac{1}{\varrho_1}$$
$$\pm\frac{2}{\varrho_c} = \frac{1}{\varrho_3} + \frac{1}{\varrho_4} - \frac{1}{\varrho_1} - \frac{1}{\varrho_2}.$$

Steiner schlieſst dort mit der Bemerkung, daſs beim regelmäſsigen Tetraeder sei

23) $$\varrho_1 = \varrho_2 = \varrho_3 = \varrho_4 = 2\varrho,$$

24) $$\varrho_a = \varrho_b = \varrho_c = \infty.$$

Eine einfache Zeichnung des Tetraeders zeigt von selbst die

Richtigkeit von 23) an, die von 24) ergiebt sich auch daraus, daſs je zwei Gegenkanten gleichberechtigt sind, also über beiden eine der genannten Kugeln liegen müſste, was für den endlichen Raum ausgeschlossen ist. Die Kugeln können also nur im Unendlichen liegen. Aus $\frac{\varrho_1}{\varrho} = 2$ folgt, daſs bei der der Dreikantecke mit $\sphericalangle a = \sphericalangle b = \sphericalangle c = 60^0$, das konstante Verhältnis der geometrischen Reihe, die von den Radien der Berührungskugeln gebildet wird, gleich 2 ist.

γ) Die umbeschriebene Kugel des Tetraeders.

327) Der Radius der umbeschriebenen Kugel kann folgendermaſsen gefunden werden. Die Lote, die man z. B. auf F_1 und F_4 in den Mittelpunkten M_1 und M_4 der umbeschriebenen Kreise errichtet, schneiden sich im Mittelpunkte M der umbeschriebenen Kugel, so daſs $MP_3 = r$ der gesuchte Radius ist. Man hat zunächst

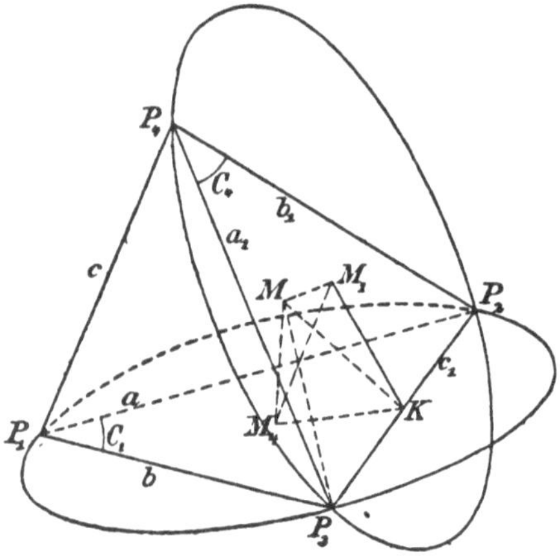

Fig. 68.

1) $$r^2 = MK^2 + KP_3^2 = \left(\frac{c_1}{2}\right)^2 = MK^2.$$

Ferner ist $\sphericalangle KM_4P_3 = \sphericalangle P_2P_1P_3 = C_1$, also folgt

2) $$M_4K = \frac{c_1}{2} \cot C_1,$$

ebenso

$$M_1K = \frac{c_1}{2} \cot C_4$$

im anderen Dreieck. Der Winkel M_1KM_4 ist gleich γ_1, also hat man als Radius des umbeschriebenen Kreises im Dreieck M_1M_4K nach bekannter planimetrischer Formel, wenn man $M_1K = l$, $M_4K = m$, $M_1M_4 = n$ setzt:

$$r_1 = \frac{lmn}{4\triangle} = \frac{lm\sqrt{l^2+m^2-2lm\cos\gamma_1}}{4\frac{1}{2}lm\sin\gamma_1}$$

$$= \sqrt{\frac{l^2+m^2-2lm\cos\gamma_1}{4\sin^2\gamma_1}}.$$

Dieser Hilfskreis geht aber auch durch M (Sehnenviereck), MK ist also doppelt so grofs und

$$MK^2 = \frac{l^2+m^2-2lm\cos\gamma_1}{\sin^2\gamma_1},$$

oder nach 2)

$$MK^2 = c_1^2\frac{\cot^2 C_1 + \cot^2 C_4 - 2\cot C_1 \cot C_4 \cos\gamma_1}{4\sin^2\gamma_1}.$$

Setzt man dies in 1) ein, so ergiebt sich, wenn man gleichnamig macht,

$$3)\quad r^2 = c_1^2\frac{\cot^2 C_1 + \cot^2 C_4 - 2\cot C_1 \cot C_4 \cos\gamma_1 + \sin^2\gamma_1}{4\sin^2\gamma_1}.$$

Das Quadrat des gesuchten Radius läfst sich also z. B. aus c_1, C_1, C_4 und γ_1, d. h. aus einer Kante und dem zugehörigen Winkel und den Gegenwinkeln der zugehörigen Dreiecke berechnen. Allgemein kann man es mit Hilfe von

$$\begin{array}{ll} a,\ \alpha,\ A_3,\ A_4 & a_1,\ \alpha_1,\ A_1,\ A_2 \\ b,\ \beta,\ B_2,\ B_4 & b_1,\ \beta_1,\ B_1,\ B_3 \\ c,\ \gamma,\ C_2,\ C_3 & c_1,\ \gamma_1,\ C_1,\ C_4 \end{array}$$

Die Formel ist einfach, da stets nur die einander entsprechenden Buchstaben des Alphabets vorkommen, aber sie ist nicht symmetrisch. (Der Abstand MM_4 ist pythagoreisch aus MK und M_4K auszudrücken.)

328) Um den Radius r durch die Kanten auszudrücken, mache man folgende Umgestaltung, bei der z. B. die Ecke P_2 ins Auge gefafst werde. Im Dreiecke F_4 ist

$$\cot C_1 = \frac{a - c_1\cos B_2}{c_1\sin B_2},$$

im Dreieck F_1 ist ebenso

$$\cot C_4 = \frac{b_1 - c_1 \cos A_2}{c_1 \sin A_2},$$

ferner ist für die Ecke P_2 nach dem Cosinussatze

$$\cos \gamma_1 = \frac{\cos C_2 - \cos A_2 \cos B_2}{\sin A_2 \sin B_2},$$

daraus ergiebt sich

$$\sin \gamma_1 = \frac{2\mathfrak{A}_2}{\sin A_2 \sin B_2},$$

wobei $\mathfrak{A}_2$ sich aus

$$4\mathfrak{A}_2^2 = 1 - \cos^2 A_2 - \cos^2 B_2 - \cos^2 C_2 + 2 \cos A_2 \cos B_2 \cos C_2$$

bestimmt. Setzt man diese Werte in die Formel 3) ein, so wandelt sich diese um in

$$\begin{aligned}16 r^2 \mathfrak{A}_2^2 = & (a - c_1 \cos B_2)^2 \sin^2 A_2 + (b_1 - c_1 \cos A_2)^2 \sin^2 B_2 \\ & - 2(a - c_1 \cos B_2)(b_1 - c_1 \cos A_2)(\cos C_2 - \cos A_2 \cos B_2) \\ & + c_1^2 [1 - \cos^2 A_2 - \cos^2 B_2 - \cos^2 C_2 + 2 \cos A_2 \cos B_2 \cos C_2].\end{aligned}$$

Rechnet man die einzelnen Glieder aus und streicht man die einander aufhebenden, so erhält man

$$\begin{aligned}4) \qquad 16\mathfrak{A}_2^2 r^2 = & a^2 \sin^2 A_2 + b_1^2 \sin^2 B_2 + c_1^2 \sin^2 C_2 \\ & - 2ab_1(\cos C_2 - \cos A_2 \cos B_2) \\ & - 2b_1 c_1 (\cos A_2 - \cos B_2 \cos C_2) \\ & - 2c_1 a(\cos B_2 - \cos C_2 \cos A_2).\end{aligned}$$

329) Trigonometrisch ist aber

$$\cos A_2 = \frac{b_1^2 + c_1^2 - a_1^2}{2b_1 c_1}, \quad \cos B_2 = \frac{c_1^2 + a^2 - b^2}{2c_1 a},$$

$$\cos C_2 = \frac{a^2 + b_1^2 - c^2}{2ab_1}.$$

also

$$\sin^2 A_2 = \frac{4b_1^2 c_1^2 - (b_1^2 + c_1^2 - a_1^2)^2}{4b_1^2 c_1^2}$$

usw.

Setzt man diese Werte in die Formel für $16\mathfrak{A}_2^2 r^2$ ein, und bedenkt man, dafs (für die Ecke P_2) der Tetraederinhalt

$$J = \frac{1}{3}\, a b_1 c_1 \mathfrak{A}_2$$

ist, also

$$4 \cdot 16 \mathfrak{A}_2^2 r^2 = \frac{64 \cdot 9 J^2}{a^2 b_1^2 c_1^2}\, r^2,$$

so ergiebt sich durch einfache Behandlung des nur kompliziert erscheinenden Ausdrucks folgende Formel:

$$r^2 = \frac{(aa_1 + bb_1 + cc_1)(-aa_1 + bb_1 + cc_1)(aa_1 - bb_1 + cc_1)(aa_1 + bb_1 - cc_1)}{576 J^2},$$

oder, wenn man $\frac{aa_1 + bb_1 + cc_1}{2} = \Sigma$ setzt:

$$r = \frac{1}{6J}\sqrt{\Sigma(\Sigma - aa_1)(\Sigma - bb_1)(\Sigma - cc_1)}.$$

Der Satz ist leicht in Worte zu fassen. Einen andern Beweis findet man bei Baltzer, II, Trig. § 6, 18. Mit Hilfe später abzuleitender Relationen läſst sich r noch auf andere Art ausdrücken.

330) Der Mittelpunkt der umbeschriebenen Kugel hat von F_1 den Abstand $e_1 = \sqrt{r^2 - r_1^2}$, wo $r_1 = \frac{a_1 b_1 c_1}{4F_1}$ ist. Ebenso ist:

$$e_2 = \sqrt{r^2 - r_2^2},\; e_3 = \sqrt{r^2 - r_3^2},\; e_4 = \sqrt{r^2 - r_4^2}.$$

Weitere Beziehungen ergeben sich aus:

$$6J = \frac{1}{r}\sqrt{\Sigma(\Sigma - aa_1)(\Sigma - bb_1)(\Sigma - cc_1)}$$

$$= abc \sin B \sin C \sin a = \ldots = 2abc\mathfrak{A}_1 = \ldots$$

$$= \frac{4abc\mathfrak{A}_1'^2}{\sin\alpha \sin\beta \sin\gamma} = 4 M_a e_a = 4\sqrt{F_2 F_3 F_4 \mathfrak{A}_1'} = \ldots,$$

wobei die e_a, e_b, e_c die kürzesten Entfernungen der Gegenkanten sind.

δ) Die Mittellinien des Tetraeders.

331) Die Mittellinien der Fläche F_1 seien t_a', t_b', t_c', die der Fläche F_2 seien t_a'', t_b'', t_c'' usw. Bezeichnet man den Winkel $\mathfrak{P}_1 E \mathfrak{P}_2$ mit ε, so ist:

1) $$\cos\varepsilon = \frac{t'^2_{a_1} + t''^2_{a_1} - a^2}{2\,t'_{a_1}\,t''_{a_1}}.$$

Bezeichnet man also die von $\mathfrak{P}_1$ ausgehende Mittellinie des Tetraeders mit m_1, so ist:

$$m_1^2 = \frac{t'^2_{a_1}}{9} + t''^2_{a_1} - 2\frac{t'_{a_1}}{3}\,t''_{a_1}\cos\varepsilon = \frac{t'^2_{a_1} + 9\,t''^2_{a_1} - 3\,(t'^2_{a_1} + t''^2_{a_1} - a^2)}{9},$$

oder:

2) $$m_1^2 = \frac{3a^2 - 2\,t'^2_{a_1} + 6\,t''^2_{a_1}}{9}.$$

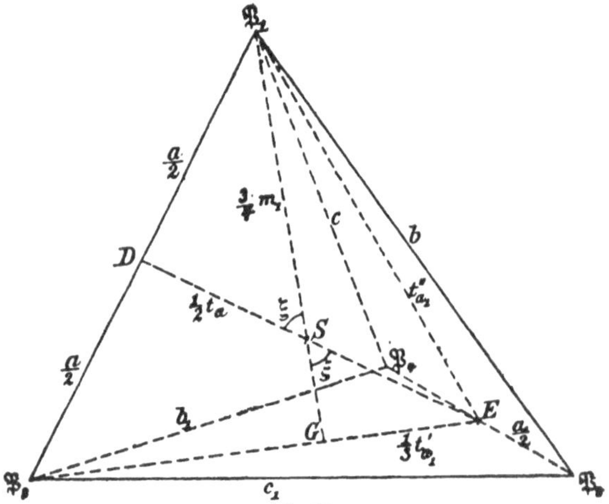

Fig. 69.

Hier ist:

$$t'^2_{a_1} = \frac{2b_1^2 + 2c_1^2 - a_1^2}{4}, \quad t''^2_{a_1} = \frac{2b^2 + 2c^2 - a_1^2}{4}.$$

Setzt man diese Werte in Gleichung 2) ein, so folgt:

3) $$\begin{cases} m_1^2 = \dfrac{3\,(a^2 + b^2 + c^2) - (a_1^2 + b_1^2 + c_1^2)}{9} \\ m_2^2 = \dfrac{3\,(a^2 + b_1^2 + c_1^2) - (a_1^2 + b^2 + c^2)}{9} \\ m_3^2 = \dfrac{3\,(a_1^2 + b^2 + c_1^2) - (a^2 + b_1^2 + c^2)}{9} \\ m_4^2 = \dfrac{3\,(a_1^2 + b_1^2 + c_1^2) - (a^2 + b^2 + c^2)}{9}. \end{cases}$$

Bezeichnet man die Verbindungslinien der Halbierungspunkte der Gegenkanten mit t_a, t_b, t_c und bedenkt man, dafs diese nach Bd. I, § 220 durch den Schwerpunkt S gehen und dort halbiert sind, so findet man aus den Dreiecken $\mathfrak{P}_1 DS$ und ESG für den Winkel ξ:

$$\cos\xi = \frac{\frac{1}{4}t_a^2 + \frac{9}{16}m_1^2 - \frac{a^2}{4}}{2\frac{1}{2}t_a\frac{3}{4}m_1}$$

und

$$\cos\xi = \frac{\frac{1}{4}t_a^2 + \frac{1}{16}m_1^2 - \frac{1}{9}t_{a_1}'^2}{2\frac{1}{2}t_a\frac{1}{4}m_1}.$$

Durch Gleichsetzung der rechten Seiten und Vereinfachung folgt:

4) $$m_1^2 = \frac{2}{3}a^2 + \frac{4}{3}t_a^2 - \frac{8}{9}t_{a_1}'^2.$$

Setzt man die rechten Seiten von 3) und 4) gleich und setzt man den Wert von $t_{a_1}'^2$ ein, so folgt:

5) $$\begin{cases} t_a^2 = \dfrac{(b^2 + c^2 - a^2) + (b_1^2 + c_1^2 - a_1^2)}{4} \\ t_b^2 = \dfrac{(c^2 + a^2 - b^2) + (c_1^2 + a_1^2 - b_1^2)}{4} \\ t_c^2 = \dfrac{(a^2 + b^2 - c^2) + (a_1^2 + b_1^2 - c_1^2)}{4}. \end{cases}$$

Man könnte die Geraden t_a, t_b, t_c als die Kantenmittellinien des Tetraeders bezeichnen. Für diese Linien bestehen noch vielfache andere Beziehungen, auf die unten näher eingegangen werden soll.

Man bilde z. B. die Formeln für $m_1^2 + m_2^2 + m_3^2 + m_4^2$ und $t_a^2 + t_b^2 + t_c^2$ und suche die einfache Beziehung, die zwischen diesen Summen besteht. Auch $t_a^2 + t_b^2$ und andere Gruppierungen geben einfache Beziehungen, deren Kenntnis vor der Aufstellung unmöglicher Aufgaben bewahrt.

ε) Die Schwerpunkte des Tetraeders, seiner Flächen, seiner Kanten und seiner Eckpunkte.

332) Der körperliche Schwerpunkt ist schon in Bd. I, § 220 behandelt. Er ist der gemeinsame Durchschnitt der Mittellinien m_1, m_2, m_3, m_4. Jede von diesen ist im Verhältnis 1 : 3 geteilt. Er hat also von den Ebenen F_1, F_2, F_3, F_4 die Abstände:

1) $$\frac{h_1}{4},\ \frac{h_2}{4},\ \frac{h_3}{4},\ \frac{h_4}{4}.$$

In ihm schneiden sich auch die Halbierenden t_a, t_b, t_c von je zwei Gegenkanten. Diese werden durch den Schwerpunkt halbiert. Er ist zugleich gemeinsamer Mittelpunkt der Mittelschnitte M_a, M_b, M_c. — Die Längen der m lassen sich planimetrisch leicht .durch die Kanten ausdrücken.

333) Der Schwerpunkt der Tetraederoberfläche kann folgendermafsen gefunden werden. Der Schwerpunkt der Flächen F_2, F_3, F_4 hat von der Ebene F_1 den Abstand $\frac{h_1}{3}$. Der der gesamten Oberfläche wird gefunden, indem man $\frac{h_1}{3}$ im umgekehrten Verhältnis von F_1 und $F_2 + F_3 + F_4$ teilt und im entsprechenden Abstande eine Parallelebene zu F_1 legt, die nun Ort des Schwerpunkts ist. Letzterer hat demnach von den Ebenen F_1, F_2, F_3, F_4 die Abstände:

2) $$\frac{h_1}{3} \cdot \frac{F_2 + F_3 + F_4}{F_1 + F_2 + F_3 + F_4} = \frac{h_1}{3}\frac{O - F_1}{O},\ \frac{h_2}{3}\frac{O - F_2}{O},$$
$$\frac{h_3}{3}\frac{O - F_3}{O},\ \frac{h_4}{4}\frac{O - F_4}{O}.$$

Diese Ausdrücke haben noch eine besondere Bedeutung. Die Schwerpunkte der Einzelflächen bilden ein Tetraeder mit den Flächen:

$$F_1' = \frac{1}{9} F_1,\quad F_2' = \frac{1}{9} F_2$$

usw. und mit den Höhen:

$$h_1' = \frac{1}{3} h_1,\quad h_2' = \frac{1}{3} h_2$$

usw. In diesen Werten ausgedrückt geht der erste Abstand über in:

$$h_1' \frac{O' - F_1'}{O'},$$

der Abstand von der Fläche F_1' also wird:

$$h_1' - h_1' \frac{O' - F_1'}{O'} = \frac{h_1' F_1'}{O'} = \frac{3J'}{O'} = \varrho'.$$

Ebenso grofs werden die übrigen Abstände. Folglich:

Der Schwerpunkt der Flächen des Tetraeders ist der Mittelpunkt der Kugel, die dem Tetraeder der Flächenschwerpunkte einbeschrieben ist.

Geometrisch ergiebt sich dies folgendermafsen. Der Schwerpunkt der Flächen F_1 und F_2 wird gefunden, indem man die Gerade $S_1 S_2$ im Verhältnis $F_2 : F_1$ teilt. Halbiert man aber am Hilfstetraeder $S_1 S_2 S_3 S_4$ den zur Kante $S_2 S_4$ gehörigen Winkel, so schneidet die Hilfsebene die Gerade $S_1 S_2$ in einen Punkt A, der von F_1 und F_2 gleiche Abstände e hat. Das Hilfstetraeder zerfällt also in Tetraeder von den Inhalten $\frac{F_2' e}{3}$ und $\frac{F_1' e}{3}$, die sich also verhalten wie $F_2' : F_1'$ oder wie $F_2 : F_1$. Diese Teilung überträgt sich aber auch auf die Gerade $S_1 S_2$. Der gesamte Schwerpunkt liegt also im gemeinsamen Schnittpunkte der vier winkelhalbierenden Ebenen des Hilfstetraeders, d. h. im Mittelpunkte der dem letzteren einbeschriebenen Kugel.

334) Schwerpunkt des Kantenkomplexes. Der Schwerpunkt der Kanten a, b, c liegt in einer Parallelebene zu F_1, die von dieser den Abstand $\frac{h_1}{2}$ hat. Um den Abstand des Gesamtschwerpunkts zu finden, hat man $\frac{m}{2}$ im Verhältnis $a + b + c : a_1 + b_1 + c_1$ zu teilen. Der gesuchte Punkt hat also von den Ebenen F_1, F_2, F_3, F_4 die Abstände:

$$3) \quad \frac{h_1}{2} \cdot \frac{a + b + c}{a + a_1 + b + b_1 + c + c_1}, \quad \frac{h_2}{2} \frac{a + b_1 + c_1}{a + a_1 + b + b_1 + c + c_1}$$

usw., oder, wenn man $a + b + c$ mit s, $a_1 + b_1 + c_1$ mit s_1 bezeichnet, die Abstände:

$$3^*) \quad \frac{h_1}{2} \frac{s}{s + s_1}, \frac{h_2}{2} \frac{a + s_1 - a_1}{s + s_1}, \frac{h_3}{2} \frac{b + s_1 - b_1}{s + s_1}, \frac{h_4}{2} \frac{c + s_1 - c_1}{s + s_1}.$$

Der Schwerpunkt der vier Eckpunkte des Tetraeders fällt mit dem körperlichen Schwerpunkte zusammen. Also sind die Abstände von den Flächen:

4) $$\frac{h_1}{4}, \quad \frac{h_2}{4}, \quad \frac{h_3}{4}, \quad \frac{h_4}{4}.$$

335) Die Formel für den Flächenschwerpunkt läſst sich in andere verwandeln, indem man die Beziehungen für die ϱ verwendet. So ist z. B.:

$$\frac{O - F_1}{O} = \frac{\frac{3J}{\varrho} - \frac{3J}{2}\left(\frac{1}{\varrho} - \frac{1}{\varrho_1}\right)}{\frac{3J}{\varrho}} = \frac{\frac{1}{\varrho} - \frac{1}{2}\left(\frac{1}{\varrho} - \frac{1}{\varrho_1}\right)}{\frac{1}{\varrho}}$$

$$= \frac{1}{2}\,\frac{\frac{1}{\varrho} + \frac{1}{\varrho_1}}{\frac{1}{\varrho}} = \frac{1}{2}\,\frac{\varrho + \varrho_1}{\varrho_1},$$

also geht der Abstand:

$$\frac{h_1}{3} \cdot \frac{O - F_1}{O}$$

über in:

$$\frac{h_1}{6}\,\frac{\varrho + \varrho_1}{\varrho_1},$$

und die sämtlichen Abstände des Flächenschwerpunkts sind:

5) $$\frac{h_1}{6}\,\frac{\varrho + \varrho_1}{\varrho_1}, \quad \frac{h_2}{6}\,\frac{\varrho + \varrho_2}{\varrho_2}, \quad \frac{h_3}{6}\,\frac{\varrho + \varrho_3}{\varrho_3}, \quad \frac{h_4}{6}\,\frac{\varrho + \varrho_4}{\varrho_4}.$$

Nun ist aber nach den früheren Formeln:

$$\frac{h_1}{2} = \frac{\varrho\varrho_1}{\varrho_1 - \varrho},$$

also wird der erste dieser Abstände gleich:

$$\frac{\varrho}{3}\,\frac{\varrho_1 + \varrho}{\varrho_1 - \varrho},$$

und man hat im ganzen:

6) $$\frac{\varrho}{3}\,\frac{\varrho_1 + \varrho}{\varrho_1 - \varrho}, \quad \frac{\varrho}{3}\,\frac{\varrho_2 + \varrho}{\varrho_2 - \varrho}, \quad \frac{\varrho}{3}\,\frac{\varrho_3 + \varrho}{\varrho_3 - \varrho}, \quad \frac{\varrho}{4}\,\frac{\varrho_4 + \varrho}{\varrho_4 - \varrho}.$$

Andere Formeln ergeben sich aus:

$$\frac{2}{h_1} = \frac{1}{\varrho_2} - \frac{1}{\varrho_a} = \frac{\varrho_a - \varrho_2}{\varrho_a \varrho_2}$$

und:

$$F_1 = \frac{3J}{2}\left(\frac{1}{\varrho_2} - \frac{1}{\varrho_a}\right)$$

usw. Der erste Abstand läſst sich also beispielsweise ausdrücken durch:

$$\frac{2\varrho_a \varrho_2}{3(\varrho_a - \varrho_2)} \frac{\frac{1}{\varrho} - \frac{1}{2}\left(\frac{1}{\varrho_2} - \frac{1}{\varrho_a}\right)}{\frac{1}{\varrho}}$$

oder:

$$\frac{2\varrho_a \varrho_2}{3(\varrho_a - \varrho_2)} - \frac{\varrho}{3}.$$

Die folgenden Formeln für denselben Abstand enthalten ϱ_b und ϱ_3 bezw. $\pm \varrho_c$ und ϱ_4.

ζ) Sonstige metrische Relationen am Tetraeder.

336) In Folgendem sollen die nachstehenden Bezeichnungen angewandt werden.

Punkte, wie $\mathfrak{P}_1$, $\mathfrak{P}_2$, $\mathfrak{P}_3$, $\mathfrak{P}_4$ erhalten groſse deutsche Buchstaben, Flächen, wie F_1, F_2, F_3, F_4 groſse lateinische.

Linien werden mit kleinen lateinischen Buchstaben bezeichnet, so z. B. die Kanten a, a_1, b, b_1, c, c_1.

Die Winkel der auftretenden Dreiecke erhalten kleine deutsche Buchstaben. So liegen bei $\mathfrak{P}_1$ die Winkel (Seiten der Ecke) $\mathfrak{a}_1$, $\mathfrak{b}_1$, $\mathfrak{c}_1$; bei $\mathfrak{P}_2$ liegen $\mathfrak{a}_2$, $\mathfrak{b}_2$, $\mathfrak{c}_2$ usw. Die Raumwinkel an a, a_1, b, b_1, c, c_1, werden mit α, α_1, β, β_1, γ, γ_1, bezeichnet. Die Kreuzungswinkel der Gegenkanten seien $\mathfrak{k}_a$, $\mathfrak{k}_b$, $\mathfrak{k}$.

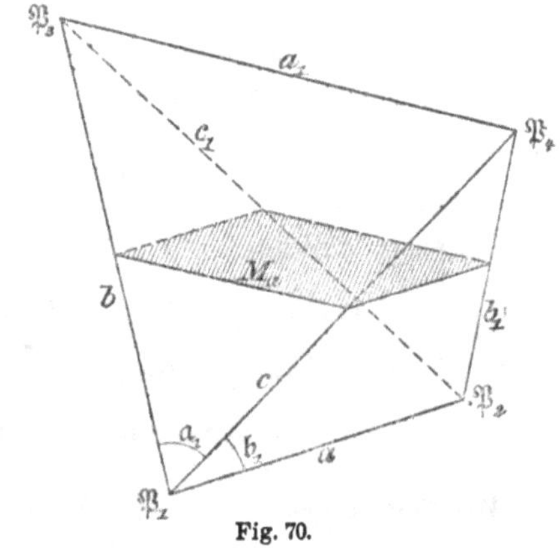

Fig. 70.

Die gemeinschaftlichen Normalen (kürzesten Entfernungen) der Gegenkanten seien e_a, e_b, e_c. Die parallelogrammförmigen Mittelschnitte, welche je vier Kanten halbieren, seien M_a, M_b, M_c, entsprechend den zu ihnen parallelen Kanten. Ihre Diagonalen seien t_a, t_b, t_c, je nach dem sie die Kantenpaare a und a_1, b und b_1, c und c_1 halbieren. Die Tetraederhöhen seien h_1, h_2, h_3, h_4, die Schwerlinien oder Mittellinien des Tetraeders seien m_1, m_2, m_3, m_4.

337) Nach Nr. 308 gelten folgende Formeln:

$$1)\qquad M_a = \frac{aa_1}{4}\sin\mathfrak{k}_a,\quad M_b = \frac{bb_1}{4}\sin\mathfrak{k}_b,\quad M_c = \frac{cc_1}{4}\sin\mathfrak{k}_c.$$

Da

$$J = \frac{2}{3} e_a M_a$$

usw. ist, so folgt:

$$J = \frac{aa_1 e_a}{6}\sin\mathfrak{k}_a = \frac{bb_1 e_b}{6}\sin\mathfrak{k}_b = \frac{cc_1 e_c}{6}\sin\mathfrak{k}_c.$$

$$2)\qquad e_a = \frac{3}{2}\frac{J}{M_a},\quad e_b = \frac{3}{2}\frac{J}{M_b},\quad e_c = \frac{3}{2}\frac{J}{M_c}.$$

Ebenso:

$$e_a = \frac{6J}{aa_1\sin\mathfrak{k}_a}$$

usw.

338) Die Halbierenden der Gegenkanten sind zugleich die Kanten des vierseitigen Prismas, aus dem das Tetraeder ausgeschnitten gedacht werden kann, während die Tetraederkantenpaare die Diagonalen der Flächen des Prismas sind. Daraus folgt:

$$3)\qquad \begin{cases} 4t_a^2 = b^2 + b_1^2 + 2bb_1\cos\mathfrak{k}_b = c^2 + c_1^2 - 2cc_1\cos\mathfrak{k}_c \\ 4t_b^2 = c^2 + c_1^2 + 2cc_1\cos\mathfrak{k}_c = a^2 + a_1^2 - 2aa_1\cos\mathfrak{k}_a \\ 4t_c^2 = a^2 + a_1^2 + 2aa_1\cos\mathfrak{k}_a = b^2 + b_1^2 - 2bb_1\cos\mathfrak{k}_b. \end{cases}$$

339) Durch Addition bezw. Subtraktion folgt:

$$4)\qquad t_a^2 + t_b^2 = \frac{c^2 + c_1^2}{2},\quad t_b^2 + t_c^2 = \frac{a^2 + a_1^2}{2},\quad t_c^2 + t_a^2 = \frac{b^2 + b_1^2}{2}.$$

$$5)\qquad t_b^2 - t_a^2 = cc_1\cos\mathfrak{k}_c,\quad t_c^2 - t_b^2 = aa_1\cos\mathfrak{k}_a,\quad t_a^2 - t_c^2 = bb_1\cos\mathfrak{k}_b.$$

Aus den Gleichungen 4) folgt aber z. B.:

$$(t_a^2 + t_b^2) - (t_b^2 + t_c^2) = t_a^2 - t_c^2 = \frac{c^2 + c_1^2}{2} - \frac{a^2 + a_1^2}{2},$$

also hat man zugleich:

$$t_b^2 - t_a^2 = \frac{a^2 + a_1^2}{2} - \frac{b^2 + b_1^2}{2}, \quad t_c^2 - t_b^2 = \frac{b^2 + b_1^2}{2} - \frac{c^2 + c_1^2}{2}.$$

Demnach ist auch:

$$6)\quad \begin{cases} 2aa_1 \cos \mathfrak{k}_a = (b^2 + b_1^2) - (c^2 + c_1^2) = 2(t_c^2 - t_b^2) \\ 2bb_1 \cos \mathfrak{k}_b = (c^2 + c_1^2) - (a^2 + a_1^2) = 2(t_a^2 - t_c^2) \\ 2cc_1 \cos \mathfrak{k}_c = (a^2 + a_1^2) - (b^2 + b_1^2) = 2(t_b^2 - t_a^2). \end{cases}$$

Durch Addition folgt:

$$7)\qquad aa_1 \cos \mathfrak{k}_a + bb_1 \cos \mathfrak{k}_b + cc_1 \cos k_c = 0.$$

Bemerkenswert ist, dafs diese Cosinus bequem durch die Kanten ausgedrückt werden können, also:

$$8)\quad \cos \mathfrak{k}_a = \frac{(b^2 + b_1^2) - (c^2 + c_1^2)}{2aa_1}, \quad \cos \mathfrak{k}_b = \frac{(c^2 + c_1^2) - (a^2 + a_1^2)}{2bb_1},$$

$$\cos \mathfrak{k}_c = \frac{(a^2 + a_1^2) - (b^2 + b_1^2)}{2cc_1}.$$

Dasselbe gilt ven dem zugehörigen Sinus. Z. B.:

$$9)\qquad \sin \mathfrak{k}_a = \frac{1}{2aa_1}\sqrt{4a^2a_1^2 - [(b^2 + b_1^2) - (c^2 + c_1^2)]^2}$$

$$= \frac{1}{aa_1}\sqrt{a^2a_1^2 - (t_c^2 - t_b^2)^2}.$$

Daraus folgt z. B.:

$$10)\ M_a = \frac{1}{8}\sqrt{4a^2a_1^2 - [(b^2+b_1^2) - (c^2+c_1^2)]^2} = \frac{1}{4}\sqrt{a^2a_1^2 - (t_c^2 - t_b^2)^2}$$

$$= \frac{1}{8}[(b^2+b_1^2) - (c^2+c_1^2)] \tan \mathfrak{k}_a.$$

Die letzte dieser Formeln folgt aus 1), 6) und 9).

Ebenso folgt:

$$11)\ J = \frac{e_a}{12}\sqrt{4a^2a_1^2 - [(b^2+b_1^2) - (c^2+c_1^2)]^2} = \frac{e_a}{6}\sqrt{a^2a_1^2 - (t_c^2 - t_b^2)^2}$$

$$= \frac{e_a}{12}[(b^2+b_1^2) - (c^2+c_1^2)] \tan \mathfrak{k}_a.$$

Da sich nun J durch die Kanten ausdrücken läfst, so gilt dies auch von e_a, e_b, e_c.

Aus den Gleichungen 6) folgt, dafs, wenn $k_a = 90^0$ ist, $t_c = t_b$ und $b^2 + b_1^2 = c^2 + c_1^2$ ist. Ist aufserdem auch $k_b = 90^0$, so folgt noch $t_c = t_a$, also $t_a = t_c = t_c$, und daher auch $k_c = 90^0$. Dann ist das Tetraeder regelmäfsig und aus dem Würfel ausgeschnitten. Ist aber $(b^2 + b_1^2) - (c^2 + c_1^2) = 2aa_1$, so folgt $\cos k_a = 1$, d. h. $\sphericalangle\, \mathfrak{k}_a = 0^0$. Zugleich wird $J = 0$, d. h. das Tetraeder ist ein ebenes Viereck.

340) In jedem Tetraeder ist:

$$12)\quad \begin{cases} F_1 = F_2 \cos a_1 + F_3 \cos \beta_1 + F_4 \cos \gamma_1 \\ F_2 = F_1 \cos a_1 + F_4 \cos \beta \ + F_3 \cos \gamma \\ F_3 = F_4 \cos a \ + F_1 \cos \beta_1 + F_2 \cos \gamma \\ F_4 = F_3 \cos a \ + F_2 \cos \beta \ + F_1 \cos \gamma_1. \end{cases}$$

Multipliziert man die erste dieser Gleichungen mit F_1, die zweite mit F_2 usw. und bildet man durch Addition

$$F_2^2 + F_3^2 + F_4^2 - F_1^2,$$

so ergiebt sich durch Wegheben und Vereinigen:

$$F_2^2 + F_3^2 + F_4^2 - F_1^2 = 2 F_2 F_3 \cos \gamma + 2 F_3 F_4 \cos a + F_4 F_2 \cos \beta,$$

so dafs:

$$13)\quad F_1^2 = F_2^2 + F_3^2 + F_4^2 - 2 F_3 F_4 \cos a - 2 F_4 F_2 \cos \beta - 2 F_2 F_3 \cos \gamma.$$

Auf der rechten Seite stehen F_2, F_3, F_4 und die von ihnen eingeschlossenen Winkel, so dafs der Satz dem Cosinussatze der Trigonometrie entspricht.

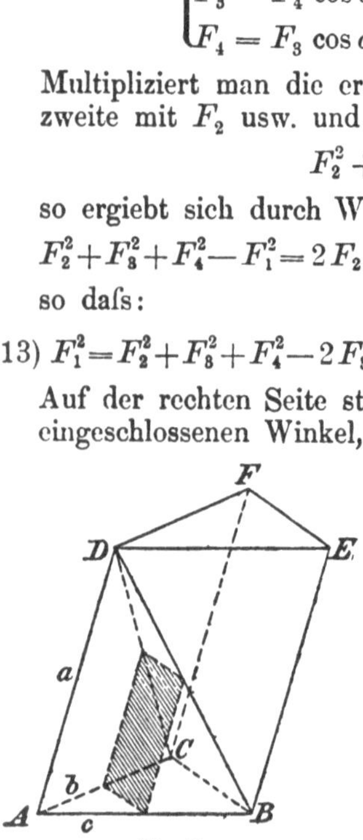

Fig. 71.

341) Im dreiseitigen Prisma verhalten sich die Seitenflächen wie die drei Seiten des Normalschnitts der Seitenkanten, also z. B. wie $n_1 : n_2 : n_3$. Führt man im zugehörigen Vierflach $ABCD$ den zu $BCFE$ parallelen Mittelschnitt M_a, so ist dieser $\frac{1}{4}$ von der Seitenfläche $FEBC$, während ABD und ACD die Hälften der andern

Seitenflächen des Prismas sind. Demnach ist $2M_a : F_3 : F_4 = n_1 : n_2 : n_3$. Nun ist aber im Normalschnitt $n_1^2 = n_2^2 + n_3^2 - n_2 n_3 \cos a$, also auch

$$n^2 n_1^2 = n^2 n_2^2 + n^2 n_3^2 - 2 n n_2 n n_3 \cos a.$$

Macht man also $n n_1 = 2 M_a$, so folgt:

$$4 M_a^2 = F_3^2 + F_4^2 - 2 F_3 F_4 \cos a.$$

Im ganzen hat man:

$$14)\begin{cases} 4M_a^2 = F_3^2 + F_4^2 - 2F_3F_4 \cos a = F_1^2 + F_2^2 - 2F_1F_2 \cos a_1 \\ 4M_b^2 = F_2^2 + F_4^2 - 2F_2F_4 \cos \beta = F_1^2 + F_3^2 - 2F_1F_3 \cos \beta_1 \\ 4M_c^2 = F_2^2 + F_3^2 - 2F_2F_3 \cos \gamma = F_1^2 + F_4^2 - 2F_1F_4 \cos \gamma_1. \end{cases}$$

443) Durch Addition erhält man für die erste Kolonne:

$$4M_a^2 + 4M_b^2 + 4M_c^2$$
$$= 2F_2^2 + 2F_3^2 + 2F_4^2 - 2F_3F_4 \cos a - 2F_4F_2 \cos \beta - 2F_2F_3 \cos \gamma.$$

Nach 13) ist aber:

$$F_1^2 = F_2^2 + F_3^2 + F_4^2 - 2F_3F_4 \cos a - 2F_4F_2 \cos \beta - 2F_2F_3 \cos \gamma,$$

durch Subtraktion folgt also:

$$4M_a^2 + 4M_b^2 + 4M_c^2 - F_1^2 = F_2^2 + F_3^2 + F_4^2$$

oder:

$$15) \qquad 4M_a^2 + 4M_b^2 + 4M_c^2 = F_1^2 + F_2^2 + F_3^2 + F_4^2.$$

Nun ist $J = \frac{2}{3} e_a M_a$, also $4M_a^2 = \frac{9J^2}{e_a^2}$ und $J = \frac{F_1 h_1}{3}$, also

$F_1^2 = \frac{9J^2}{h_1^2}$, also wird:

$$\frac{9J^2}{e_a^2} + \frac{9J^2}{e_b^2} + \frac{9J^2}{e_c^2} = \frac{9J^2}{h_1^2} + \frac{9J^2}{h_2^2} + \frac{9J^2}{h_3^2} + \frac{9J^2}{h_4^2},$$

oder:

$$16) \underline{\frac{1}{e_a^2} + \frac{1}{e_b^2} + \frac{1}{e_c^2} = \frac{1}{h_1^2} + \frac{1}{h_2^2} + \frac{1}{h_3^2} + \frac{1}{h_4^2}}$$

$$\underline{= \frac{1}{4}\left(\frac{1}{\varrho_1^2} + \frac{1}{\varrho_2^2} + \frac{1}{\varrho_3^2} + \frac{1}{\varrho_4^2}\right) = \frac{1}{4}\left(\frac{1}{\varrho^2} + \frac{1}{\varrho_a^2} + \frac{1}{\varrho_b^2} + \frac{1}{\varrho_c^2}\right).}$$

343) Aus $J = \frac{1}{6} abc \sin \mathfrak{a}_1 \sin \mathfrak{c}_1 \sin \beta$ folgt mit Hilfe von $2F_2 = bc \sin \mathfrak{a}_1$ und $2F_4 = ab \sin \mathfrak{c}_1$, aus denen sich $\frac{4F_2F_4}{b} = abc \sin \mathfrak{a}_1 \sin \mathfrak{c}_1$ ergiebt

$$3J = \frac{2F_2F_4 \sin \beta}{b} \tag{17}$$

und ebenso:

$$3J = \frac{2F_1F_3 \sin \beta_1}{b_1},$$

also durch Multiplikation:

$$9J^2 = 4F_1F_2F_3F_4 \frac{\sin \beta \sin \beta_1}{bb_1}.$$

Daraus ergiebt sich der schon früher behandelte Ausdruck:

$$\frac{9J^2}{4F_1F_2F_3F_4} = \frac{\sin \alpha \sin \alpha_1}{aa_1} = \frac{\sin \beta \sin \beta_1}{bb_1} = \frac{\sin \gamma \sin \gamma_1}{cc_1} \tag{18}$$

$$= \frac{\mathfrak{A}_1'}{F_1} = \frac{\mathfrak{A}_2'}{F_2} = \frac{\mathfrak{A}_3'}{F_3} = \frac{\mathfrak{A}_4'}{F_4}.$$

344) Auch hieraus ergeben sich neue Beziehungen zur Berechnung der Flächen und des Inhalts.

Aus 17) z. B. folgt:

$$3Ja_1 = 2F_1F_2 \sin \alpha_1,$$

nach 14) war:

$$F_1^2 + F_2^2 - 4M_a^2 = 2F_1F_2 \cos \alpha_1.$$

Durch Quadrieren und Addieren erhält man daraus:

$$(3Ja_1)^2 + (F_1^2 + F_2^2 - 4M_a^2)^2$$
$$= 4F_1^2F_2^2(\cos^2 \alpha_1 + \sin^2 \alpha_1) = 4F_1^2F_2^2.$$

Demnach ist:

$$J = \frac{1}{3a_1}\sqrt{4F_1^2F_2^2 - [F_1^2 + F_2^2 - 4M_a^2]^2}. \tag{19}$$

Aus der Berechnung der F mit Hilfe der Gleichung 18) folgt für O der Ausdruck:

$$O = \frac{aa_1}{\sin \alpha \sin \alpha_1}[\mathfrak{A}_1' + \mathfrak{A}_2' + \mathfrak{A}_3' + \mathfrak{A}_4']. \tag{20}$$

345) Eine Anzahl weiterer Beziehungen ergiebt sich durch Einführung der Radien r_1, r_2, r_3, r_4 der den Flächen umbeschriebenen Kreise, für welche aus der Planimetrie die Formeln:

$$r_1 = \frac{a_1 b_1 c_1}{4F_1}, \quad r_2 = \frac{a_1 bc}{4F_2}, \quad r_3 = \frac{ab_1 c}{4F_3}, \quad r_4 = \frac{abc_1}{4F_4}$$

bekannt sind.

Man versuche noch ganz allgemein folgende Beziehungen zu beweisen:

Jede Kante eines Tetraeders wird von der Ebene, die den gegenüberliegenden Flächenwinkel halbiert, im Verhältnis der Flächen geteilt, welche diesen Winkel einschliefsen. (Gerg. Annalen, III, Seite 317.)

Gehen von einem Punkte P die Strecken a, b, c aus (Kanten eines Parallelflachs), dessen Resultante (Diagonale) d sei, und ist s eine beliebig im Raum liegende Strecke, so ist

$$T(a, s) + T(b, s) + T(c, s) = T(d, s).$$

Hier bedeuten die T die Inhalte von Tetraedern, die sich aus den Endpunkten der beigeschriebenen Strecken ergeben. (Möbius, Statik, 63.) Dabei ist allerdings der Sinn des Tetraeders zu beachten, der positiv oder negativ sein kann. Ist z. B. $ABCD$ ein Tetraeder, so denke man sich AB über B hinaus verlängert und sich selbst in diese Verlängerung gestellt, so, dafs die Füfse B entsprechen. Unter sich hat man dann die Linie BC, auf welche CD folgt. Je nachdem nun die Bewegung in der Richtung CD linksdrehend oder rechtsdrehend erscheint, kann man das Tetraeder als links- oder rechtsdrehend bezeichnen. Nennt man den ersteren Sinn positiv, so ist der andere als negativ zu betrachten. Dies gilt dann auch vom Inhalte. — Durch konsequentes Festhalten dieser Definition, die sich im barycentrischen Kalkül (19) befindet, hat Möbius die Polyedrometrie streng begründet und der Stereometrie bedeutungsvolle Anregungen gegeben. —

Zu zwei kongruenten Tetraedern (die also von demselben Sinne sind) $ABCD$ und $A_1B_1C_1D_1$ giebt es eine Achse p, für welche die durch (A, p, A_1), (B, p, B_1), ... bezeichneten Flächenwinkel einander gleich sind, ebenso auch die Normalprojektionen der Strecken AA_1, BB_1 usw. auf p in den Längen übereinstimmen.

Diese Achse ist von Euler bei der Untersuchung der Bewegung eines starren Körpers entdeckt worden, und zwar nicht nur für Tetraeder, sondern überhaupt für kongruente Raumgebilde. Vgl. *Nov. Comm. Petrop.* XX, Seite 199, *Theoria motus corporum solidorum*, 978. Die augenblickliche Drehungsachse (*axe instancé*) eines bewegten Körpers spielt in der Kinematik eine bedeutungsvolle Rolle. Sie war zuerst von D'Alembert 1749 für unendlich nahe, aufeinanderfolgende Lagen bemerkt worden. Vgl. *Préc. des équinoxes*, Seite 83. Dreht sich das erste Gebilde um die Achse p, und zwar um den Winkel ApA_1, so werden beide Gebilde perspektivisch. Man untersuche noch, was geschieht, wenn der Drehungswinkel um weitere 180° wächst.

Zum Beweise des Satzes gehe man davon aus, ihn zunächst für gleiche und ähnliche Dreiecke im Raume zu beweisen. — Auch für Tetraeder entgegengesetzten Sinnes läfst sich ein gewisser Satz aussprechen.

Erwähnenswert ist noch folgender Satz von Bobillier in Lafrémoires Sammlung, Gerg. Annalen I, Seite 362: Wenn eine Ebene zwei Gegenkanten eines Tetraeders halbiert, so halbiert sie auch den Inhalt des Körpers.

η) Halbierung des Tetraeders durch hyperbolische Paraboloide.

346) Die Halbierung des Tetraeders durch das hyperbolische Paraboloid, wobei zwei Halbtetraeder entstehen, ist von Wichtigkeit für die Lehre von den allgemeinsten Prismatoiden. Da jedesmal zwei Gegenkanten frei bleiben, d. h. nicht auf der krummen Fläche liegen, so sind drei solche Teilungen möglich.

Die drei Fälle sind in den Figg. 72, 73, 74 dargestellt. Auf jeder krummen Fläche sind die beiden Scharen von Geraden gezeichnet, die auf ihr liegen. Verlängert man für jeden Einzelfall die Geraden beider Scharen, so schattieren sie dieselbe Parabel aus, die krummlinige Kontur der Fläche in der Projektionszeichnung.

Folglich: Teilt man von den sechs Seiten des ebenen vollständigen Vierecks jedes Gegenpaar in dieselbe Anzahl von Teilen ein und verbindet man die gleichzahligen Punkte

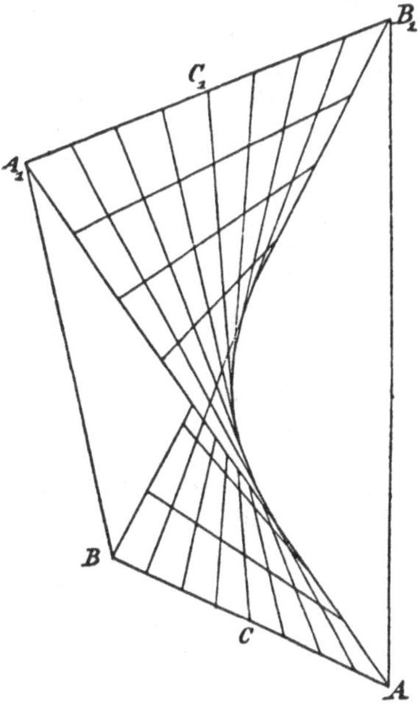

Fig. 72.

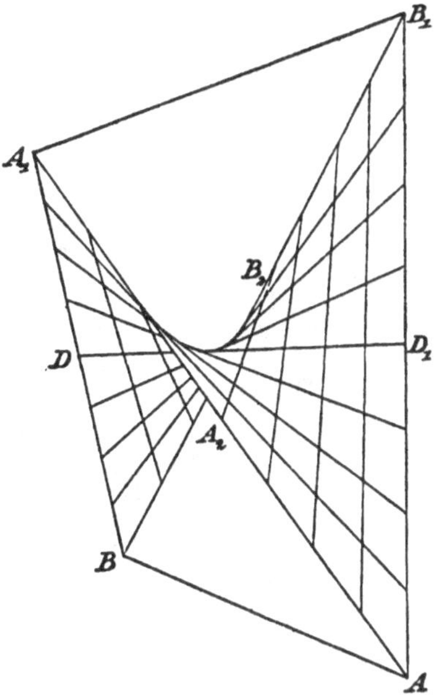

Fig. 73.

der Gegenseiten miteinander, was auf zweierlei Art geschehen kann (vgl. AA_1 und BB_1 in den Figg. 72 und 73), so werden drei Parabeln ausschattiert. Im Raume wird das Tetraeder durch jede dieser Flächen genau halbiert.

Modell: Man verbinde zwei in gleiche Teile geteilten Stäbe durch Gummifäden. Bringt man die Stäbe in gekreuzte Lagen, so entstehen die besprochenen Flächen.

347) Je zwei der das Tetraeder teilenden Flächen schneiden sich in zwei geraden Linien, den ihnen gemeinschaftlichen Gegenkanten des Tetraeders, aufserdem haben sie eine der kantenhalbierenden Transversalen (e_a oder e_b oder e_c) gemein, diejenige nämlich, die den gemeinschaftlichen Gegenkanten angehört. So schneiden sich die Flächen 1) und 2) in

AA_1, BB_1 und A_2B_2*), die Flächen 2) und 3) in A_1B, AB_1 und DE, die Flächen 3) und 1) in A_1A_1, AB und CC_1.

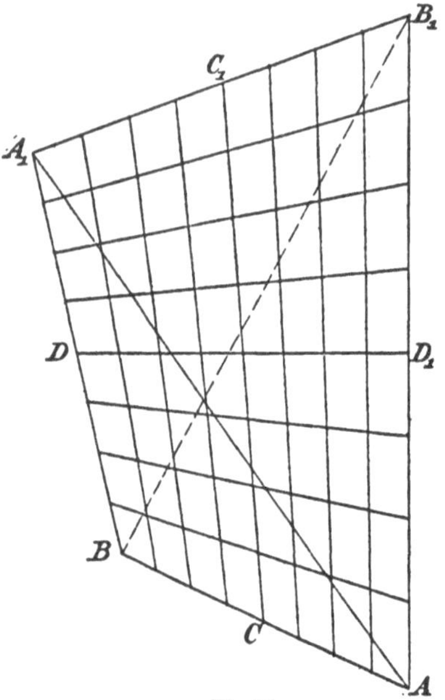

Fig. 74.

Die in jedem Punkte eines der Paraboloide sich treffenden Geraden geben die Tangentialebene für diesen Punkt. Folglich: Die Flächen des ersten und zweiten Falles haben in A_2 und ebenso in B_2 gemeinschaftliche Tangentialebenen. Entsprechendes findet in den anderen Fällen statt. Nach diesen Bemerkungen ist es leicht, das gegenseitige Durchdringen je zweier solcher Flächen oder aller drei durch Zeichnung zu veranschaulichen.

Zwei einfache Hyperboloide, die ebenfalls am Tetraeder auftreten, werden im nächsten Abschnitte behandelt.

ϑ) Über die Höhen des Tetraeders und die mit ihnen zusammenhängenden Hyperboloide. Steinersche Sätze.

348) Legt man durch drei von derselben Ecke ausgehende Kanten des Tetraeders Ebenen normal zu den Gegenflächen, so schneiden sich diese nach § 294 in einer Geraden. Drei der Höhen des Körpers liegen in diesen Ebenen, schneiden also die genannte Gerade, ohne im allgemeinen einander selbst zu schneiden. Kreuzen die Höhen einander, so geht jene Gerade doch durch sämtliche vier Höhen, denn ihr Ausgangspunkt liegt auf der vierten. Also: Von jeder Ecke des Tetraeders aus läſst sich eine Gerade durch sämtliche Höhen legen.

*) A_2B_2 ist in Figur 72 aus Gründen der Deutlichkeit weggelassen, kann aber, genau so wie in Figur 73, eingetragen werden.

Man hat jetzt vier Gerade h_1, h_2, h_3, h_4 und vier Gerade g_1, g_2, g_3, g_4, welche die in Bd. I, § 411b entwickelten Eigenschaften haben, so daſs folgendes stattfindet:

Schneiden die Höhen h_1, h_2, h_3, h_4 einander nicht, so schneiden auch die Geraden g_1, g_2, g_3, g_4 einander nicht, jede Gerade g aber schneidet sämtliche Geraden h und jedes h schneidet sämtliche g. Dabei zeigen die vier Schnittpunkte auf jedem h dasselbe Doppelverhältnis, ebenso die vier Schnittpunkte auf jedem g. Wird also z. B. eins der h harmonisch geteilt, so werden alle harmonisch geteilt. Man kann also von einer Projektion mit Hilfe der Strahlen g reden, die gewissermaſsen von einem imaginären Durchschnittspunkte ausgehen, und bei dieser Projektion bleiben, wie bei der Zentralprojektion, die Doppelverhältnisse erhalten. Von jedem Punkte jedes (ins Unendliche verlängerten) h aus läſst sich eine Gerade g_n durch sämtliche h legen, von jedem Punkte jedes g aus eine Gerade h_n durch sämtliche g. Keiner der unendlich zahlreichen Strahlen h_n schneidet einen der Gruppe h_n, jeder aber schneidet sämtliche der Gruppe g_n. Keiner der Gruppe g_n schneidet einen der g_n, jeder aber schneidet sämtliche der Gruppe h_n. Auch dabei bleiben die Doppelverhältnisse erhalten. Die beiden so entstehenden Strahlenscharen bilden eine krumme Oberfläche, die im Anschluſs an die in Bd. I gegebene Betrachtung als einfaches Hyperboloid bezeichnet werden soll.

349) Dieses Hyperboloid kann im Sonderfalle die Gestalt zweier einander schneidender Ebenen annehmen, oder auch die eines Kegels. Dies giebt zu folgenden Betrachtungen Anlaſs: Schneiden sich zwei der Höhen, z. B. h_1 und h_4, so bestimmen sie eine Ebene, in der auch die Geraden g_1 und g_4 liegen. Da nun die anderen Höhen nicht in dieser Ebene liegen, so müssen, da das Gesamtgebilde ein Hyperboloid bleiben soll, auch diese in einer Ebene liegen. Elementar ergiebt sich dies auch so: Schneiden einander h_1 und h_4, so liegen g_1 und g_2 in der dadurch bestimmten Ebene. Mit der letzteren hat h_2 nur einen Schnittpunkt gemein, es kann also von g_1 und g_4 nur in diesem getroffen werden, d. h. g_1 und g_4 schneiden einander im Schnittpunkte von h_2 mit der von h_1

und h_4 gebildeten Ebene. Dasselbe gilt von h_3; da aber g_1 und g_4 nur einen Schnittpunkt haben, mufs h_3 mit h_1 zugleich durch diesen gehen. Folglich schneiden sich auch h_2 und h_3 und bilden eine Ebene, in der g_2 und g_3 liegen. Durch den Schnittpunkt von g_2 und g_3 gehen nun auch h_1 und h_4. Die Verbindungslinie der Schnittpunkte von g_1, g_2, h_3, h_4 einerseits und h_1, h_2, g_3, g_4 anderseits ist die Schnittlinie der beiden besprochenen Ebenen. Also gilt der Satz:

Schneiden einander zwei der Tetraederhöhen, so schneiden einander auch die beiden anderen, ebenso schneiden sich die zu den beiden ersten gehörigen Geraden g im Schnittpunkte der beiden letzten h, und die zu den letzteren gehörigen g im Schnittpunkte der beiden ersten h.

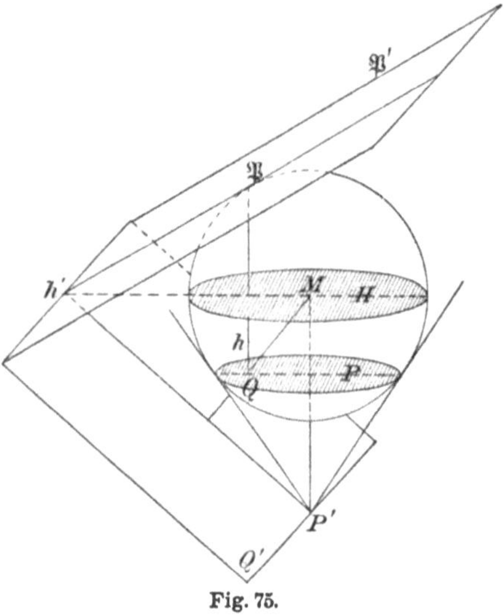

Fig. 75.

350) Der zweite Sonderfall ergiebt sich hieraus als selbstverständlich:

Schneiden einander drei der Tetraederhöhen in einem Punkte, so geht auch die vierte durch diesen Punkt und die g fallen mit den h zusammen. Das Hyperboloid geht also in einen Kegel über.

(Diese Sätze rühren von Steiner her (Werke I, Seite 128 und Seite 454) und sind von ihm ohne Beweis mitgeteilt. Er selbst bemerkt an letzterer Stelle, dafs er ursprünglich den Fall der einander schneidenden Ebenen übersehen hatte.)

351) Steiner fordert auf, zu diesem Satze den zugeordneten reciproken Satz auszusprechen. Dies soll jetzt geschehen. (Vgl. Fig. 75.)

Von jedem Punkte 𝔓 einer Kugelfläche aus läfst sich auf jede ihrer Schnittebenen P ein Lot h fällen. Bildet man an der Kugel das Polargebilde zu $\mathfrak{P}$, h und P, so geht $\mathfrak{P}$ in die zugehörige Tangentialebene $\mathfrak{P}'$ über, P in die Spitze P' des zur Schnittfläche P gehörigen Tangentialkegels. Der Durchmesser $P'M$ und das Lot h schneiden sich im unendlich fernen Punkte von $P'M$, dessen Polargebilde der zu $P'M$ normale Hauptschnitt H der Kugel ist. Der Verbindungslinie h des Punktes $\mathfrak{P}$ mit dem unendlich fernen Punkte von P' entspricht die Schnittlinie h' der Tangentialebene $\mathfrak{P}'$ und des Hauptschnittes H. Die durch h' und P' bestimmte Ebene Q' endlich ist die Polare des Punktes Q von Lot h.

Bezeichnet man den Hauptschnitt H als den zum Punkte P' gehörigen Hauptschnitt, so folgt:

Jede Tangentialebene einer Kugel hat mit dem zu einem aufserhalb liegenden Punkte P' gehörigen Hauptschnitte stets eine Schnittlinie h' gemein; das so entstehende Gebilde ist das Polargebilde zu dem besprochenen Lote $\mathfrak{P}Q$ zu einem Schnitte P.

Aus dem Höhensatze folgt nun reciprok für das Tetraeder Folgendes:

Zu jeder Ecke des Tetraeders gehört ein Hauptschnitt der einbeschriebenen Kugel*), der die Gegenfläche der Ecke in einer Geraden h' schneidet. Die vier Geraden h_1', h_2', h_3', h_4' schneiden einander im allgemeinen nicht (haben keine Ebene gemein), in jeder Tetraederfläche aber befindet sich eine Gerade g', welche sämtliche h' schneidet. Die Geraden g' und h' haben dieselben Eigenschaften, wie die Höhen und die Schnittlinien g, liegen also im allgemeinen auf einem Hyperboloide.

352) Dem Leser bleibe es überlassen, die Sonderfälle zu behandeln und Sätze wie folgenden zu beweisen.

Liegen die Tetraederkanten a', b', c', in der Tetraederfläche $\mathfrak{P}_4'$, so liegen die Schnittpunkte der Geradenpaare a', h_1', b', h_2', c', h_3' in der Geraden g_4'. Danach sind die Geraden g′ leicht festzulegen.

---

*) Man kann jetzt die Kugel beiseite lassen und von der Normalebene zu den Schnittlinien der winkelhalbierenden Ebenen in ihrem Schnittpunkte sprechen.

Man kann die Betrachtung unter 351 wiederholen, indem man zu dem Tetraeder mit den Höhen mittels der einbeschriebenen Kugel das Polargebilde konstruiert, so dafs man einen entsprechenden Satz über die umbeschriebene Kugel erhält; auch kann man von einer der sieben anderen Berührungskugeln ausgehen. Abbildung mit Hilfe der einbeschriebenen Kugel führt auf ein Tetraeder, welches den Mittelpunkt einschliefst, Abbildung mit Hilfe einer der sieben anderen giebt ein Tetraeder, welches den Kugelmittelpunkt ausschliefst. Umgekehrt findet Entsprechendes statt und so erkennt man die Gleichberechtigung aller Kugeln.

Über die Höhen des Tetraeders vergleiche man Steiner: Crell. Journal II, Seite 97 und die „Systematische Entwickelung“ Seite 316; Hermes: Crell. Jornal 56, Seite 241. Weitere Eigenschaften entdeckte Joachimsthal, Grunerts Archiv 32, Seite 109. Die von Steiner gegebenen Eigenschaften sind auch in seinen von Geiser und Schröter herausgegebenen Vorlesungen besprochen. L'Huilier behandelt das Tetraeder, bei dem ein Paar gegenüberliegender Kanten einen rechten Winkel als Kreuzungswinkel hat. Für diesen Sonderfall liegen die Höhen paarweise in Ebenen, die zu einander normal sind. Der Satz ist umkehrbar. Man vergleiche dazu noch Ferriot, Gerg. Annalen II, Seite 133, Feuerbach: die dreieckige Pyramide, van Swinden (Jacobi), Seite 453. Kreuzen sich alle Gegenkanten eines Tetraeders rechtwinklig, so sind die drei Mittelparallelogramme Rechtecke, ihre Diagonalen also einander gleich, d. h. die Kantenmittellinien von gleicher Länge. Die Höhen gehen dann durch einen Punkt; ihre Fufspunkte, die Schwerpunkte der vier Seitenflächen, die vier Punkte, welche die oberen Höhenabschnitte vom Schnittpunkte aus im Verhältnis 1 : 2 teilen, geben zwölf Punkte, die auf einer Kugel liegen. Der Radius dieser Kugel ist der dritte Teil von dem der umbeschriebenen Kugel. Teilt man die Verbindungslinie des Höhenschnittpunkts mit dem Mittelpunkte der umbeschriebenen Kugel im Verhältnis 1 : 2, so findet man den Mittelpunkt der ersteren Kugel. Diese kann man, weil sie in mehrfacher Hinsicht dem Feuerbachschen Kreise entspricht, als die Feuerbachsche Kugel eines solchen Tetraders bezeichnen. Der Satz rührt von H. Vogt her (vgl. Kommerell-Hauck, 8te Aufl. Seite 184).

ι) Bemerkungen über Reciprocität am Tetraeder.

353) Bildet man das reciproke Gebilde zu einem Tetraeder mit den Halbierenden der Gegenkanten t_a, t_b, t_c gegen die umbeschriebene Kugel, so entsteht zunächst ein der Kugel umbeschriebenes Tetraeder. Dem Halbierungspunkte E der Kante a entspricht die den Aufsenwinkel an der Kante a' halbierende Ebene E', dem Halbierungspunkte F der Gegenkante a_1 die den Aufsenwinkel an der Kante a_1' halbierende Ebene F'. Der Geraden $EF = t_a$ entspricht der Schnitt t_a' der Ebenen E' und F'. Dem Halbierungspnnkte S entspricht die vierte harmonische Ebene zu E' und F' und (t_a, M), die reciproke Ebene des Schwerpunkts.

Bildet man ebenso die Geraden t_b' und t_c', die zu t_a und t_b reciprok sind, so liegen diese ebenfalls in der dem Schwerpunkt reciproken Ebene. Also: Die Ebenenpaare, die den Aufsenwinkel an je zwei Gegenkanten des Tetraders halbieren, schneiden sich in drei Geraden t_a', t_b' und t_c', die in einer Ebene liegen. Diese Ebene giebt für jede Schnittlinie t' die vierte harmonische zu den beiden winkelhalbierenden Ebenen durch t' und die durch den Mittelpunkt der einbeschriebenen Kugel und t' gelegte Ebene. Jene Ebene ist reciprok dem Schwerpunkte des reciproken Tetraeders.

In dieser Ebene liegen also auch die schon in Bd. I besprochenen Geraden, die den Mittellinien m_1, m_2, m_3, m_4 des reciproken Tetraeders reciprok sind. Man versuche über die Ebene und die sechs in ihr liegenden Geraden einfache Sätze abzuleiten, die z. B. mit den harmonischen Teilungen der Geraden t durch S und die Verbindungslinie der Fufspunkte zweier anderen t zusammenhängen.

Entsprechende Sätze folgen, wenn man eine der acht Berührungskugeln als abbildende Kugel für die Konstruktion des Polargebildes benutzt. Dabei ergeben sich wiederum alle Berührungskugeln als gleichberechtigt.

IV. Pyramide, Pyramidenstumpf, Obelisk und einige ihnen entsprechende krummflächig begrenzte Körper.

a) Pyramide.

354) Nach Bd. I, § 237 ist der Inhalt jeder Pyramide gegeben durch

1) $$J = G\frac{h}{3}.$$

Hier ist G die Grundfläche, h die Höhe. Liegt die Spitze senkrecht über dem Punkte H der Grundfläche, und kennt man die Grundkanten a_1, a_2, a_3 ... und ihre Entfernungen e_1, e_2, e_3 ... von H, so ist

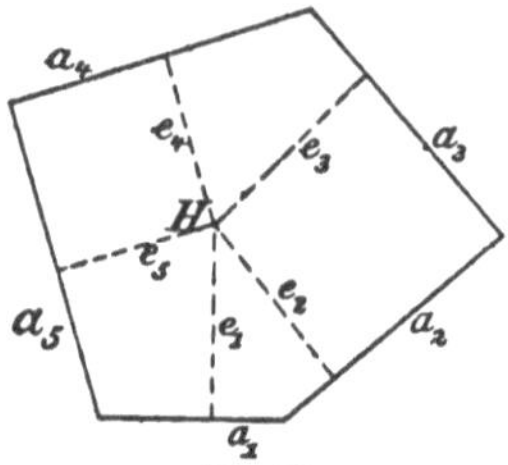

Fig. 76.

$$G = \frac{1}{2}(a_1 e_1 + a_2 e_2 + \ldots),$$

die Summe der Seitenflächen ist

$$\sum F = \frac{1}{2}\left[a_1\sqrt{e_1^2 + h^2} + a_2\sqrt{e_2^2 + h^2} + \ldots\right],$$

die Oberfläche ist also $O = G + \Sigma F$. Auch die Kantensumme ist leicht zu berechnen. Der Schwerpunkt des Körpers liegt, wie aus Cavalieris Prinzip folgt, wie bei der dreiseitigen Pyramide in der Höhe $h_s = \frac{h}{4}$ über der Grundfläche. Man suche auch die einfachen Formeln für die Schwerpunktshöhen des Mantels, der Oberfläche, der Kanten und der Eckpunkte aufzustellen.

Ist die Pyramide fünfkantig, so hat sie stets einen einbeschriebenen und einen umbeschriebenen Kegel, deren Grundflächen Kegelschnitte sind. Die betreffenden Aufgaben sind mehr von geometrischem, als stereometrischem Interesse.

β) Pyramiden- und Kegelstumpf.

355) Für den Stumpf des senkrechten Kreiskegels war in § 259 des ersten Bandes die Formel

$$J = \frac{\pi h}{3}(r_1^2 + r_1 r_2 + r_2^2)$$

nachgewiesen. Setzt man hier π in die Klammer, so wird

$$J = \frac{h}{3}(r_1^2\pi + r_1 r_2 \pi + r_2^2\pi)$$

oder

2) $$J = \frac{h}{3}(G_1 + \sqrt{G_1 G_2} + G_2).$$

Hier sind G_1 und G_2 die beiden Grundflächen des Stumpfes, h dessen Höhe. Der Schwerpunkt liegt nach Nr. 151 Formel 10 in der Höhe

$$3)\qquad h_s = \frac{h}{4}\,\frac{G_1 + 2\sqrt{G_1 G_2} + 3\,G_2}{G_1 + \sqrt{G_1 G_2} + G_2}\,.$$

Hat nun ein beliebig gestalteter Kegel oder eine Pyramide mit dem senkrechten Kreiskegel dieselbe Grundfläche G_1 und dieselbe Höhe h_1, so haben sie in beliebiger Höhe $h = h_1 - h_2$ denselben Querschnitt

$$Q = G_1\left(\frac{h_1 - h_2}{h}\right)^2,$$

denn bei sämtlichen ist der Querschnitt proportional dem Quadrate des Abstandes von der Spitze. Demnach haben sämtliche bis zu beliebiger Höhe $h = h_1 - h_2$ denselben Inhalt. Formel 2) ist also auch die Formel für jeden abgestumpften Kegel und jede abgestumpfte Pyramide.

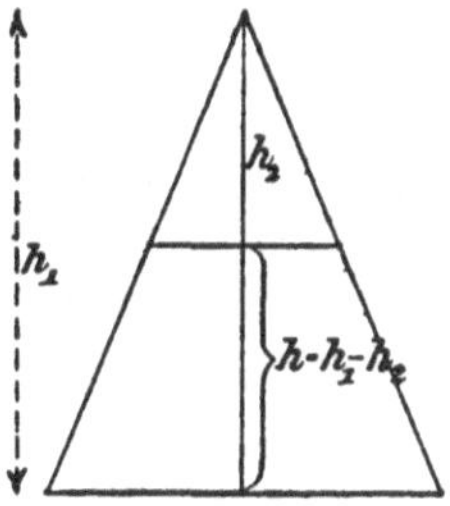

Fig. 77.

Nun kann aber die Wurzel ein doppeltes Vorzeichen haben. Dies stimmt damit überein, daſs für G_1, G_2 und h stets zwei Pyramiden bezw. Kegel möglich sind. Im oben besprochenen Falle sind die ähnlichen Grundflächen ähnlich liegende, so daſs die Spitze der ergänzten Pyramide ihr äuſserer Ähnlichkeitspunkt ist. Im anderen Falle liegen die Grundflächen entgegengesetzt ähnlich, und die Spitze der Pyramide fällt zwischen beide Flächen.

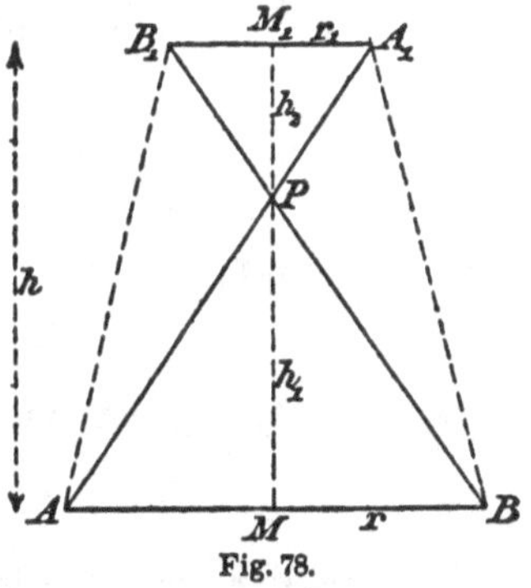

Fig. 78.

Faſst man beim Kreiskegel im zweiten Falle r_1, r_2, h_1 und h_2 als positiv auf, so geht die Formel über in

$$J_1 = \frac{\pi h}{3}\,(r_1^2 - r_1 r_2 + r_2^2),$$

die für die Pyramide in

3)* $$J_1 = \frac{\pi h}{3}(G_1 - \sqrt{G_1 G_2} + G_2).$$

Die Inhaltssumme beider Arten von Stumpfen ist dann

$$J_2 = J + J_1 = \frac{2}{3}h(G_1 + G_2),$$

die Differenz dagegen

$$J_3 = J - J_1 = \frac{2}{3}h\sqrt{G_1 G_2}.$$

356) [Bei allgemeiner Auffassung aber gilt die Kegelformel des ersten Falles auch für den zweiten. Faſst man nämlich r_1 und h_1 als positiv, dagegen r_2 und h_2 als negativ auf, so wird in

$$J_1 = \frac{\pi h}{3}(r_1^2 + r_1 r_2 + r_2^2)$$

der zweite Posten von selbst negativ. Die Formel geht wie vorher über in

$$J_1 = \frac{\pi}{3}(h_1 - h_2)(r_1^2 + r_1 r_2 + r_2^2)$$
$$= \frac{\pi}{3}(r_1^2 h_1 - r_2^2 h_2) + \frac{\pi}{3}(h_1 r_1 r_2 + h_1 r_2^2 - h_2 r_1 r_2 - h_2 r_1^2).$$

Dabei ist, wie im ersten Falle $r_1 : r_2 = h_1 : h_2$, also

$$r_2 = r_1 \frac{h_2}{h_1},$$

so daſs $h_1 r_1 r_2$ zu

$$h_1 r_1 r_1 \frac{h_2}{h_1} = h_2 r_1^2$$

wird, $h_2 r_1 h_2$ dagegen zu

$$h_2 r_2 r_2 \frac{h_1}{h_2} = h_1 r_2^2.$$

Die zweite Klammer wird also gleich Null und es bleibt stehen:

$$J_1 = \frac{\pi}{3}(r_1^2 h_1 - r_2^2 h_2),$$

wo jedoch der zweite Posten positiv ist, so daſs man die beiden Pyramiden erhält.

Ebenso enthält dann

$$J = \frac{\pi h}{3}(G_1 + \sqrt{G_1 G_2} + G_2)$$

beide Fälle, denn die Wurzel kann sowohl positiv als auch negativ aufgefaſst werden. Beide Grundflächen werden in demselben Sinne durchlaufen, sind also beide als positiv aufzufassen. Bei anderer Auffassung würde die Wurzel imaginär werden.]

357) Die Mantelfläche war für den Stumpf des senkrechten Kreiskegels in Bd. I, § 259 als

$$M = (r_1 + r_2)\pi s = \frac{u_1 + u_2}{2} s$$

berechnet. In ähnlicher Weise ist für den Stumpf der senkrechten regelmäſsigen Pyramide

$$M = \frac{u_1 + u_2}{2} s.$$

Ist jedoch der Kreiskegel schief und die Pyramide unregelmäſsig, so hört diese Einfachheit auf, z. B. auch bei regelmäſsiger Grundfläche aber schiefer Mittellinie. Darauf soll hier nicht eingegangen werden.

358) Eine andere Inhaltsformel für den Stumpf der dreiseitigen Pyramide.

Um einfach auf den Koppeschen Satz vom Obelisken überzuleiten, werde am Stumpf der dreiseitigen Pyramide folgende Betrachtung gemacht. $\triangle A_2 B_2 C_2 = M$ sei die Querschnittsfläche in halber Höhe. Legt man durch eine ihrer Ecken, z. B. durch A_2 Parallele zu den Kanten $C C_1$ und $B B_1$ bis zu den beiden

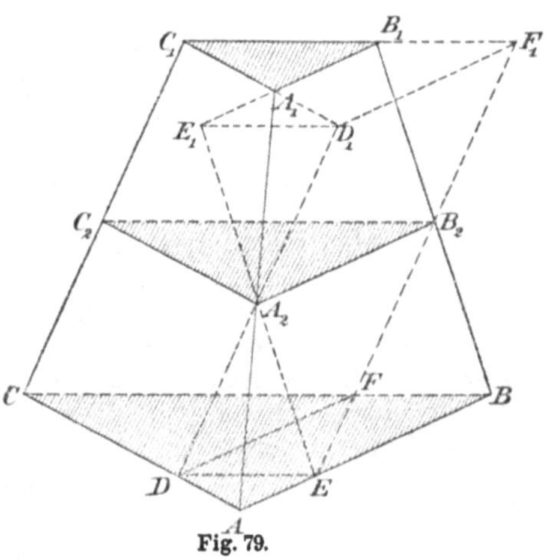

Fig. 79.

Grundflächen, so entstehen inhaltsgleiche (zu einander symmetrische) Pyramiden $(ADE)A_2$ und $(A_1D_1E_1)A_2$. Legt man ferner durch B_2 eine Parallele FF_1 zu CC_1, so entstehen zwei inhaltsgleiche Dachkörper mit der gemeinsamen Schneide A_2B_2 und den kongruenten Grundflächen $DEBF$ und $D_1E_1B_1F_1$.

Der untere Teil des Pyramidenstumpfes ist ein Prisma über $\triangle CDF$ oder $\triangle C_2A_2B_2 = M$ von der Höhe $\frac{h}{2}$ vermehrt um einen Dachkörper über $DEBF$ und um eine Pyramide über $ADE = N$ von derselben Höhe.

Der obere Teil des Stumpfes ist ein ebenso groſses Prisma, vermehrt um eine ebenso groſse Pyramide und vermindert um einen ebenso groſsen Dachkörper.

Der ganze Stumpf ist also gleich einem Prisma über CDF von der Höhe h, vermehrt um die beiden genannten Pyramiden; denn die Dachkörper heben sich weg. Es ist also:

$$J = Mh + 2N\frac{h}{2}\frac{1}{3},$$

oder:

4) $$J = h\left(M + \frac{N}{3}\right).$$

Dabei ist im Mittelschnitt die Seite $a_2 = \frac{a + a_1}{2}$, $b_2 = \frac{b + b_1}{2}$, $c_2 = \frac{c + c_1}{2}$, dagegen haben die Hilfspyramiden als Kanten der Grundflächen $a_3 = \frac{a - a_1}{2}$, $b_3 = \frac{b - b_1}{2}$, $c_3 = \frac{c - c_1}{2}$; denn es ist z. B. $AD = AC - A_2C_2 = b - \frac{b + b_1}{2} = \frac{b - b_1}{2}$.

359) Man mache jetzt dasselbe für den Fall, daſs die ähnlichen Grundflächen entgegengesetzt liegen, die Spitze P also zwischen beiden liegt. Der untere (gröſsere) Teil des Stumpfes besteht dann aus Prisma über M_1 + Pyramide über N_1 + Dachkörper über $DEBF$; der obere aus Prisma + Pyramide — Dachkörper über denselben Flächen. Man erhält also, wie vorher:

5) $$J_1 = h\left(M_1 + \frac{N_1}{3}\right).$$

Jetzt aber ist $M_1 = N$, denn die Seiten sind $\frac{a - a_1}{2}$, $\frac{b - b_1}{2}$, $\frac{c - c_1}{2}$, und ebenso ist $N_1 = M$, denn die Seiten sind $\frac{a + a_1}{2}$, $\frac{b + b_1}{2}$, $\frac{c + c_1}{2}$, denn es ist z. B.:

$$AD = AC - CD$$
$$= b - \frac{b - b_1}{2} = \frac{b + b_1}{2}.$$

Für 5) läſst sich also schreiben:

5*) $$J_1 = h\left(N + \frac{M}{3}\right).$$

Also ist der Inhalt einer dreiseitigen Pyramide aus G, G_1 und h entweder:

$$J = h\left(M + \frac{N}{3}\right)$$

oder

$$J_1 = h\left(N + \frac{M}{3}\right),$$

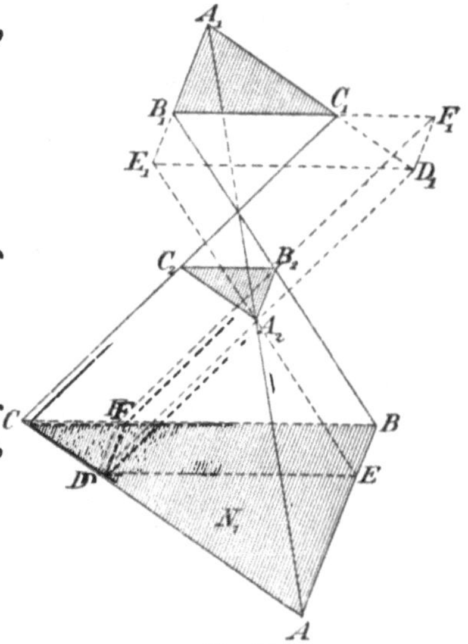

Fig. 80.

je nachdem die Grundflächen ähnlich oder entgegengesetzt ähnlich liegen. Dabei bestimmen sich M und N aus

$$G : M = a^2 : \left(\frac{a + a_1}{2}\right)^2 \quad \text{bezw.} \quad G : N = a^2 : \left(\frac{a - a_1}{2}\right)^2,$$

so daſs:

$$M : N = (a + a_1)^2 : (a - a_1)^2$$

ist.

γ) Koppes Satz von den Obelisken und die Simpsonsche Regel für die letzteren.

360) Unter Obelisk soll ein Polyeder mit zwei parallelen Grundflächen verstanden werden, bei dem die Seiten der einen der Reihe nach parallel zu denen der andern sind. Die Seitenzahl ist also im allgemeinen bei beiden dieselbe, und die Seitenflächen sind im allgemeinen ebene Trapeze. Wird in einer der Grundflächen eine Seite gleich Null, so

tritt an Stelle des Trapezes ein Dreieck. Sind die Grundflächen ähnlich, so entsteht ein Pyramidenstumpf.

Auch hier muſs man zwei Fälle unterscheiden, denn die parallelen Kantenpaare sind entweder sämtlich gleich gerichtet oder sämtlich entgegengesetzt gerichtet. Es wird sich zeigen, daſs man in dem einen Falle stets auf die Formel 5), im andern stets auf die Formel 5*) kommt. Der Beweis soll so geführt werden, daſs die Grundflächen zunächst Vierecke, dann Fünfecke usw. sind.

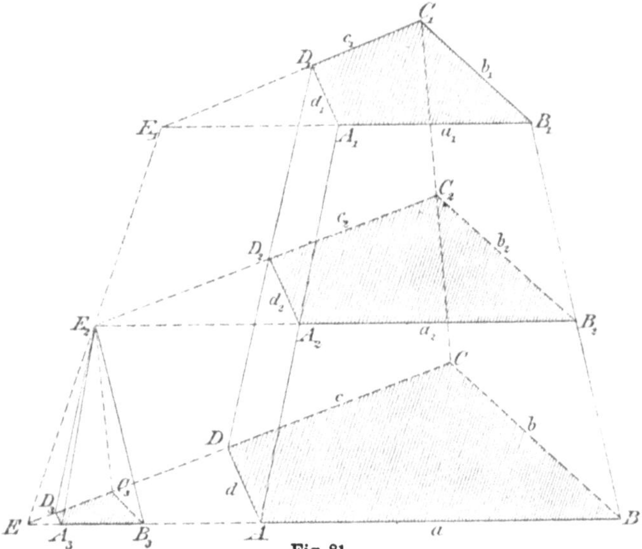

Fig. 81.

361) Grundfläche ein Viereck. $ABCD$ und $A_1B_1C_1D_1$ seien Vierecke in horizontalen (allgemein in parallelen) Ebenen mit parallelen und gleich gerichteten Kanten von willkürlicher Länge. Der in der Höhe $\frac{h}{2}$ geführte Horizontalschnitt $A_2B_2C_2D_2$ habe den Inhalt M. Sind a, b, c, d die Kanten der unteren, a_1, b_1, c_1, d_1 die Kanten der oberen Grundfläche, so hat M die Kanten $\frac{a+a_1}{2}$, $\frac{b+b_1}{2}$, $\frac{c+c_1}{2}$, $\frac{d+d_1}{2}$. Die einander entsprechenden Winkel der drei Flächen stimmen überein.

Verlängert man AB und CD bis zum Schnitte E, A_1B_1 und C_1D_1 bis zum Schnitte E_1, und verbindet man E_1 mit E, so schneiden sich A_2B_2 und C_2D_2 in dem Punkte E_2 dieser Geraden. Durch E_2 lege man Parallele zu den Seitenkanten bis zur Grundfläche, dann erhält man die Fläche $A_3B_3C_3D_3$, deren Inhalt N sei. Es wird behauptet, der Inhalt des Obelisken sei

$$J = h\left(M + \frac{N}{3}\right).$$

Beweis. Da $\triangle BCE \sim \triangle B_1C_1E_1$, so ist durch diese Flächen ein dreikantiger Pyramidenstumpf bestimmt. Setzt man die Fläche $B_2C_2E_2$ gleich M', $B_3C_3E = N'$, so hat der Stumpf den Inhalt

$$J' = h\left(M' + \frac{N'}{3}\right).$$

Auch die Dreiecke ADE und $A_1D_1E_1$ sind ähnlich. Der entsprechende Pyramidenstumpf hat, wenn man $A_2D_2E_2 = M''$, $A_3D_3E_3 = N''$ setzt, den Inhalt

$$J'' = h\left(M'' + \frac{N''}{3}\right).$$

Der Inhalt des durch $ABCD$ und $A_1B_1C_1D_1$ bestimmten Obelisken ist also:

$$J = J' - J'' = h\left[(M' - M'') + \frac{N' - N''}{3}\right] = h\left(M + \frac{N}{3}\right).$$

Wörtlich ebenso lautet der Beweis für den Fall entgegengesetzt gerichteter Seiten. Man erhält:

$$J_1 = h\left(M_1 + \frac{N_1}{3}\right).$$

Nach dem über die Pyramide Gesagten ist aber auch hier $M_1 = N$ und $N_1 = M$.

In beiden Fällen erhält man also je eine von den Formeln:

6) $$J = h\left(M + \frac{N}{3}\right), \quad J_1 = h\left(N + \frac{M}{3}\right).$$

362) Fünfeck. Ist $ABCDE$ die eine Grundfläche, so verlängere man z. B. die beiden an AE stofsenden

Seiten AB und ED, so dafs ein Ergänzungsdreieck AEF entsteht. Ebenso mache man es mit der andern Grundfläche.

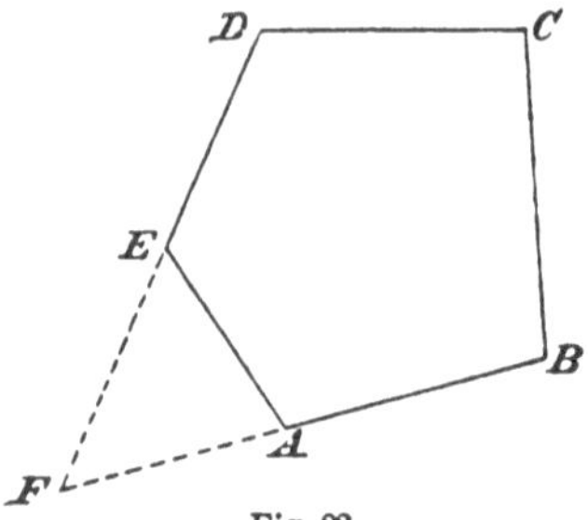

Fig. 82.

Der Satz gilt dann von dem Obelisken über dem Viereck $BCDF$ und von dem Pyramidenstumpf über AEF, also durch Subtraktion von dem Obelisken über dem Fünfeck.

Ebenso gilt der Satz vom 6-Eck, 7-Eck usw. als Grundfläche des Obelisken, und zwar sowohl für gleich gerichtete, als auch für entgegengesetzt gerichtete Seiten.

363) Die Mittelschnitte für beide Arten von Obelisken. Sind u, u_1, u_m, u_n die Umfänge der beiden Grundflächen und der Mittelschnitte M und N, so ist:

$$7)\qquad 2u_m = u_1 + u_2, \quad 2u_n = u_1 - u_2,$$

wie sich aus den Seiten $\frac{a+a_1}{2}$, $\frac{b+b_1}{2}$, ... bezw. $\frac{a-a_1}{2}$, $\frac{b-b_1}{2}$, ... leicht ergiebt. Parallelverschiebung der einen Grundfläche in ihrer Ebene ändert die Formeln nicht.

Sind die Grundflächen U und U_1 n-Ecke, von denen $n-1$ Seiten a, b, c ... bezw. a_1, b_1, c_1 ... und die von diesen aufeinanderfolgend gebildeten $(n-2)$ Winkel α, β, γ ... ... bezw. $\alpha_1, \beta_1, \gamma_1$ ... bekannt sind, so sind die Inhalte von U und U_1 und die von M und N leicht zu berechnen.

364) Sind z. B. vom Sechseck $ABCDEF$ die Seiten a, b, c, d, e und die Winkel $\alpha, \beta, \gamma, \delta$ bekannt, so ergiebt sich als doppelter Inhalt:

$$\begin{aligned}2J = {} & ab\sin\alpha + bc\sin\beta + cd\sin\gamma + de\sin\delta \\ & - ac\sin(\alpha+\beta) - bd\sin(\beta+\gamma) - ce\sin(\gamma+\delta) \\ & + ad\sin(\alpha+\beta+\gamma) + be\sin(\beta+\gamma+\delta) \\ & - ae\sin(\alpha+\beta+\gamma+\delta).\end{aligned}$$

Bedenkt man, dafs a und c, b und d usw. die Winkel $(\alpha+\beta-180^0)$, $(\beta+\gamma-180^0)$, ... miteinander bilden,

a und d die Winkel $(\alpha + \beta + \gamma - 360^0)$, ebenso a und e die Winkel $(\beta + \gamma + \delta - 360^0)$ usw., a und e den Winkel $(\alpha + \beta + \gamma - 540^0)$, so kann man auch schreiben:

$$\begin{aligned} 2J = ab \sin(a, b) + bc \sin(b, c) + cd \sin(c, d) + de \sin(d, e) \\ + ac \sin(a, c) + bd \sin(b, d) + ce \sin(c, e) \\ + ad \sin(a, d) + be \sin(b, e) \\ + ae \sin(a, e). \end{aligned}$$

Daraus ergiebt sich die einfache Schreibweise:

$$2J = \Sigma s_p s_q \sin(s_p s_q),$$

wo sowohl s_p, als auch s_q der Reihe nach die Werte aller gegebenen Seiten annimmt.

Der Beweis ergiebt sich aus Fig. 76, in der das Vieleck $ABCDEF$ und das verkehrt symmetrische $EA_1 B_1 C_1 D_1 F$ dargestellt ist. Die Einteilung der Gesamtfigur giebt sämtliche möglichen Parallelogramme aus den gegebenen Strecken. Jedes der Parallelogramme hat einen Inhalt von der Form $s_p s_q \sin(s_p s_q)$, so dafs der Beweis geliefert ist.

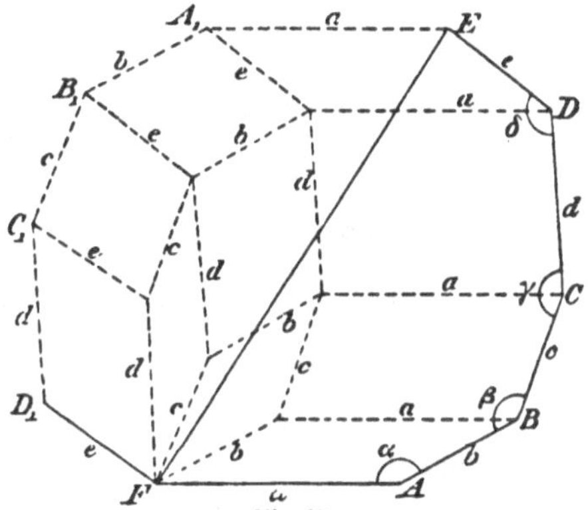

Fig. 83.

Der Satz rührt von L'Huilier her. (*Polygonométrie*, S. 8.) Sind im gegebenen Vieleck die Winkel bei E und F oder einer von ihnen stumpf, so greifen die Parallelogramme der Einteilung teilweise über die Gesamtfigur hinaus. Dann findet aber dort doppelte Bedeckung statt, eine positive und eine negative. Der Satz bleibt also bestehen.

365) Ist nun

$$2U = ab \sin(a, b) + \ldots \text{ und } 2U_1 = a_1 b_1 \sin(a_1, b_1) + \ldots$$

so ist:

$$2(U + U_1) = (ab + a_1 b_1) \sin(a, b) + \ldots,$$

dagegen ist:

8) $$2M = \frac{a+a_1}{2}\,\frac{b+b_1}{2}\sin(a,b)+\dots$$
$$= \frac{ab+a_1b_1+a_1b+ab_1}{4}\sin(a,b)+\dots$$

9) $$2N = \frac{a-a_1}{2}\,\frac{b-b_1}{2}\sin(a,b)+\dots$$
$$= \frac{ab+a_1b_1-a_1b-ab_1}{4}\sin(a,b)+\dots$$

also läßt sich der Inhalt von M und N berechnen. Außerdem ist:

$$2(M+N) = \frac{ab+a_1b_1}{2}\sin(a,b)+\dots$$

Daraus folgt:

10) $$U+U_1 = 2(M+N),$$

d. h. die Summe der Grundflächen ist doppelt so groß, als die Summe der beiden möglichen Mittelschnitte. Parallelverschiebung der einen Grundfläche in ihrer Ebene ändert weder den Inhalt noch den Mittelschnitt des Körpers.

366) Nun ist:

11) $$J = h\left(M+\frac{N}{3}\right) = \frac{h}{6}[2(M+N)+4M] = \frac{h}{6}[U+U_1+4M],$$

und

12) $$J_1 = h\left(N+\frac{M}{3}\right) = \frac{h}{6}[2(M+N)+4N] = \frac{h}{6}[U+U_1+4N].$$

Für beide Arten von Obelisken gilt also die Newton-Simpsonsche Regel, deren Geltung jedoch eine weit allgemeinere ist.*)

Man merke noch die Formeln:

13) $$J+J_1 = \frac{4}{3}h(M+N),$$

14) $$J-J_1 = \frac{4}{3}h(M-N),$$

die aus den Formeln 6) folgen.

---

*) Wird die Geltung dieser Formel vorausgesetzt, so ergeben sich diese Sätze auch ohne die vorangegangene Flächenberechnung.

367) [Sind U und U_1 ähnlich, so läſst sich leicht zeigen, daſs auch M und N ihnen ähnlich sind, denn es handelt sich dann um den Sonderfall der Pyramide. Dabei ist:

$$\sqrt{U} : \sqrt{U_1} : \sqrt{M} : \sqrt{N} = a : a_1 : \frac{a + a_1}{2} : \frac{a - a_1}{2},$$

so daſs aus jeder der Flächen jede der übrigen berechnet werden kann, sobald nur a und a_1 bekannt sind. Sämtliche abgeleiteten Formeln gelten auch jetzt, nehmen aber zum Teil vereinfachte Gestalt an. Man versuche Formeln solcher Art für Pyramiden- und Kegelstumpfe aufzustellen.]

368) Obeliskische Mantelflächen. Während beim Pyramiden- und Kegelstumpf sich sämtliche Seitenkanten in demselben Punkte schneiden, schneiden sich beim Obelisken im allgemeinen nur je zwei benachbarte Seitenkanten. Durch Abwickelung der Dreiecke bezw. Trapeze des „Mantels" auf die Ebene erhält man das Netz des Körpers. Giebt man jedoch den beiden Grundflächen unendlich viele Seiten, und soll das Gebilde den Charakter des Obelisken behalten, so müssen je zwei unendlich benachbarte Seitenkanten sich noch immer schneiden, und dies wird erreicht, indem man nur solche Kurvenpunkte miteinander verbindet, zu denen parallele Tangenten gehören. Dann läſst sich die Mantelfläche noch immer auf die Ebene abwickeln.

Denkt man sich eine bewegliche Ebene an die beiden in festen parallelen Ebenen liegenden Grundflächen gelehnt, so ist die Verbindungslinie der Berührungspunkte eine Seite der Mantelfläche. Die Mantelfläche ist die Umhüllende für sämtliche so angelehnten Flächen. Wie aber für je zwei Grundflächen stets zwei Obelisken möglich sind, so sind auch hier zwei obeliskische Mantelflächen möglich, bei gröſserer Anzahl paralleler Tangenten sogar noch mehr.

Sämtliche der für Obelisken ausgesprochenen Sätze bleiben hier bestehen.

369) Ein Beispiel möge dies erläutern. Die untere Grundfläche des obeliskischen Körpers sei ein aus zwei Cykloiden gebildetes Oval*, die obere sei ein Kreis. Ist r der Radius

*) Sowohl der Inhalt als auch der Umfang eines solchen Ovals läſst sich elementar berechnen. Es kommt nur darauf an, die wichtigsten Sätze über die Abwickelungslinie (Evolvente) des Polygons abzuleiten. Die Figur giebt nur den vierten Teil des Ovals an.

des erzeugenden Kreises, so ist der Umfang des Ovals $u = 16r$, der des Kreises sei $u_1 = 2r_1\pi$. In der Figur ist vom erzeugenden Kreise nur die Hälfte gezeichnet und in 8 gleiche Teile geteilt. Durch die Teilpunkte sind Horizontale von den Längen $1\frac{r\pi}{8}$, $2\frac{r\pi}{8}$, $3\frac{r\pi}{8}$, ... $8\frac{r\pi}{8}$ gelegt, deren Endpunkte die Cykloidenpunkte geben. Die Tangenten in diesen Punkten sind parallel zu den Geraden $\overline{1,8}$, $\overline{2,8}$, $\overline{3,8}$, $\overline{4,8}$ usw. Die Abweichungen von der Senkrechten sind der Reihe nach $1\frac{\pi}{16}$, $2\frac{\pi}{16}$, $3\frac{\pi}{16}$, ... $8\frac{\pi}{16}$. (Daſs die Tangenten der Cykloide in den Punkten 1 bis 8 Parallele zu

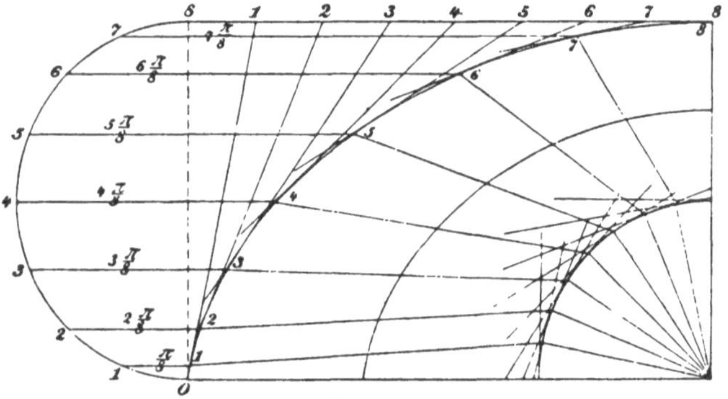

Fig. 84.

diesen Geraden sind, läſst sich elementar zeigen. Die Cykloidenbewegung entsteht, wie die obige Konstruktion zeigt, durch Zusammensetzung einer Kreisbewegung und einer gleich groſsen Horizontalbewegung, der Rhombus der Geschwindigkeiten wird also durch die Tangente halbiert.) Durch $\overline{0,1}$, $\overline{0,2}$, $\overline{0,3}$, ... erhält man für die Richtungen der Normalen ein dem vorigen kongruentes Strahlenbüschel. Bringt man das letztere auch bei M an, d. h. teilt man dort den Viertelkreis M_1 in acht gleiche Teile ein und verbindet man die gleichnamigen Punkte der Cykloide und des Kreises, so hat man die Projektionen der Seitenlinien des gesuchten Mantels. Halbiert man diese, so erhält man Punkte des Mittelschnittes M.

Der Umfang des neuen Ovals M ist nach den obigen Betrachtungen

$$u_m = \frac{u + u_1}{2} = 8r + r_1\pi,$$

also leicht zu berechnen, obwohl die Kurve transscendent ist.

Verbindet man dagegen die Cykloidenpunkte mit den anderen Endpunkten der bei M angedeuteten Durchmesser, so findet man ein zweites Oval N, dessen Umfang sich als

$$u_n = \frac{u - u_1}{2} = 8r - r_1\pi$$

herausstellt.

Die Flächensumme beider Ovale ist

$$M + N = \frac{U + U_1}{2} = \frac{6r^2\pi + r_1^2\pi}{2} = \frac{\pi}{2}(6r^2 + r_1^2).$$

Es ändert sich nichts, wenn man den Kreis beliebig in der Ebene verschiebt. Man findet also auf diesem Wege Kurven, deren Rektifikation elementar geschehen kann, während die Flächenberechnung nur in gewissen Fällen elementar zu erledigen ist. (Bei ebenflächigen Obelisken war die Berechnung der Mittelschnittsflächen möglich.)

370) [Auch die Krümmungsradien der Ovale sind leicht zu berechnen. Die Geraden von o nach den Halbkreispunkten 1, 2, 3, . . ., 8 sind die halben Krümmungsradien für die gleichnamigen Stellen der Cykloide nach Länge und Richtung, wie elementar gezeigt werden kann. An Stelle 3) z. B. ist der Krümmungsradius zu berechnen aus:

$$\frac{\frac{1}{2}\varrho_3}{2r} = \sin\frac{3\pi}{2n}$$

als:

$$\varrho_3 = 4r\sin\frac{3\pi}{2\cdot 8}.$$

Bei Einteilung in n-Teile, wobei n sehr grofs sein soll, hat man an k^{ter} Stelle $\varrho_k = 4r\sin\frac{k\pi}{2n}$. Der Bogen des Kreises M zwischen benachbarten Radien ist $b_1 = \frac{r_1\pi}{2n}$, bei der

Cykloide ist der entsprechende Bogen bei k von der Gröfse

$$b = \varrho_k \cdot \frac{\pi}{2n}$$

oder:

$$b = \frac{\pi}{2n} 4r \sin\frac{k\pi}{2n},$$

beim Oval des ersten Mittelschnittes ist er:

$$b_m = \frac{b + b_1}{2} = \frac{\pi}{2n} \frac{\varrho_k + r_1}{2} = \frac{\pi}{2n} \varrho_m,$$

demnach ist an der Stelle k der Krümmungsradius des ersten Ovals:

$$\varrho_m = \frac{\varrho_k + r_1}{2} = \frac{4r \sin\frac{k\pi}{2n} + r_1}{2}.$$

Für jede Stelle kann er also elementar berechnet werden. Für das andere Oval ist:

$$\varrho_n = \frac{\varrho_k - r_1}{2} = \frac{4r \sin\frac{k\pi}{2n} - r_1}{2}.$$

Folglich gilt allgemein der Satz: Die Krümmungsradien der Mittelschnitte der beiden obeliskischen Mantelflächen sind für jede Seitenlinie durch:

$$\varrho_m = \frac{\varrho + \varrho_1}{2}$$

und:

$$\varrho_n = \frac{\varrho - \varrho_1}{2}$$

gegeben. Der allgemeine Beweis ergiebt sich sehr leicht, da es sich bei allen vier Kurven für je zwei benachbarte Geraden der Mantelfläche um ähnliche „Sektoren“ handelt.]

Sind bei einer der Grundflächen mehr als zwei Tangenten einer Tangente der anderen parallel, so sind mehr als zwei Anfangslagen für die angelehnte Ebene möglich. — Da sich cykloidische Kurven, Kreisevolventen, gewisse andere Evolventen und Evoluten, Spiralen, Parabeln usw. elementar rektifizieren lassen, so kann man dem obigen Beispiele noch viele andere anreihen. Auch aus Kurven, die sich elementar hinsichtlich des Inhalts behandeln lassen, wie Kreis, Kegelschnitte, cyklische Kurven, Sinus-Kurve, logarithmische Linie, Kreisevolvente, Parabeln höherer Ordnung, Spiralen usw. lassen sich zu elementaren Beispielen heranziehen.

371) Übergang zum Prismatoid. Wird in einer der Grundflächen des Obelisken eine Seite gleich Null, so dafs z. B. die eine Grundfläche Viereck, die andere Dreieck wird, so ändert sich am Bestehen der Formeln nichts, nur ist für den betreffenden Wert Null einzusetzen, an Stelle des seitlichen Trapezes tritt also ein Dreieck.

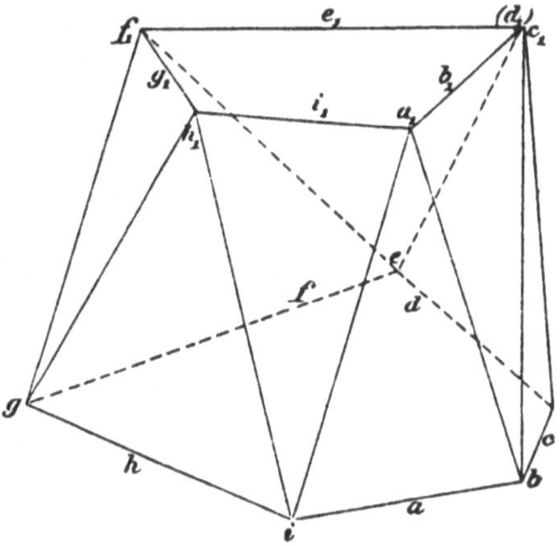

Fig. 85.

Demnach brauchen überhaupt parallele Seiten nicht vorhanden zu sein. So hat z. B. in Fig. 85 die eine Grundfläche die sichtbaren Seiten *a*, *c*, *d*, *f*, *h*, während *b*, *e*, *g*, *i* gleich Null sind; die andere hat b_1, e_1, g_1, i_1, während a_1, c_1, d_1, f_1, h_1 gleich Null sind. Sämtliche Seitenflächen sind jetzt Dreiecke. Der Körper wird dann als ebenflächiges Prismatoid bezeichnet. Von ihm gilt sowohl die Formel:

$$J = \frac{h}{6}\left(M + \frac{N}{3}\right)$$

als auch die Formel:

$$J = \frac{h}{6}(U + O + 4M).$$

Dafs $u_m = \frac{u_1 + u_2}{2}$, ist ohne weiteres klar.

Da jedoch das ebene Prismatoid sich zum windschief begrenzten erweitern läfst, ist es zweckmäfsiger, es besonders zu behandeln und zu zeigen, wie die Obeliskenformeln sich als besondere Fälle ergeben.

V. Die Prismatoide und die mit ihnen zusammenhängenden krummflächigen Körper.

a) Das allgemeine Prismatoid, die Newton-Simpsonsche Regel und der Heinzesche Drehungssatz.

372) Erklärung. Unter einem ebenen Prismatoid versteht man einen Körper, der erstens von zwei parallelen Flächen von der Gestalt beliebiger ebener Polygone und zweitens von Dreiecken umschlossen wird, die durch geradlinige Verbindung der Ecken jener Parallelflächen gebildet sind. Dabei darf der Fall eintreten, dafs Paare benachbarter Dreiecke zn ebenen Vierecken werden. Die Parallelflächen werden in der Regel als die Grundflächen des Körpers bezeichnet. Hier soll die untere mit U, die obere mit O bezeichnet werden. Der senkrechte Abstand beider, die Höhe, soll h sein. In halber Höhe läfst sich durch den Körper parallel zu den Grundflächen ein Schnitt legen, der als Mittelschnitt mit M bezeichnet werden soll.

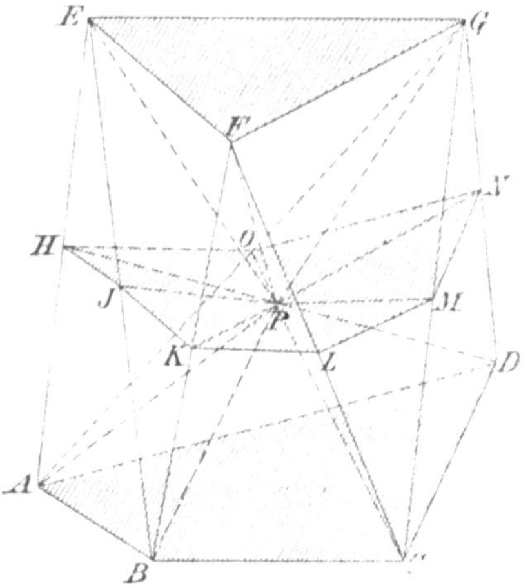

Fig. 86.

In Fig. 86 sind $ABCD$ und EFG die Grundflächen, die man anch als Unterschnitt und Oberschnitt bezeichnet. Die Seitenflächen sind lauter Dreiecke. Wäre z. B. $AB \parallel EF$, so würden die Dreiecke ABE und EFB ein ebenes Viereck bilden. Der Mittelschnitt ist in der Figur das Polygon $HIKLMNO$, welches ein- und ausspringende Winkel haben kann. Sein Umfang ist halb so grofs, wie die Summe der Umfänge der beiden Grundflächen.

373) Die Newton-Simpsonsche Inhaltsformel für ebene Prismatoide. Man verbinde einen beliebigen Punkt P des Mittelschnitts mit allen Ecken der drei

Parallelschnitte. Dadurch erhält man lauter Pyramiden, die leicht zu berechnen sind. So ist die Pyramide:

1) $$P(EFG) = \frac{h}{2}\frac{O}{3} = \frac{hO}{6},$$

2) $$P(ABCD) = \frac{h}{2}\frac{U}{3} = \frac{hU}{6},$$

$$P(ABE) = 4 \cdot P(HJE) = 4E(HJP) = 4\frac{h}{6}\,HJP,$$

$$P(BEF) = 4P(JKB) = 4B(JKP) = 4\frac{h}{6}\,JKP.$$

Fährt man so mit den seitlichen Pyramiden fort, so erhält man als deren Inhaltssumme:

3) $$4\frac{h}{6}[HJP + JKP + \ldots + OHP] = \frac{4h}{6}\,M.$$

Als Summe der Posten 1, 2, 3 ergiebt sich der Gesamtinhalt:

$$J = \frac{h}{6}[U + O + 4M],$$

was leicht in Worte zu fassen ist. Diese Inhaltsformel ist wieder die Newton-Simpsonsche Regel. (Steiners Beweis, vergl. Werke II, Seite 312, ist im wesentlichen derselbe.)

374) Das Halbtetraeder und die Newton-Simpsonsche Regel.

Stellt man ein Tetraeder so auf, daſs die Kanten AB und CD horizontal sind, so handelt es sich um ein Prismatoid, dessen Unterschnitt und Oberschnitt zu geraden Linien geworden sind, so daſs $U = o$ und $O = o$ ist.*) Die Inhaltsformel geht also über in:

$$J = \frac{4h}{6}\,M = \frac{2}{3}\,hM,$$

was mit der früher gefundenen übereinstimmt, nur ist h an

*) Eine solche Stellung des Tetraeders soll eine prismatoidische Stellung heissen. Legt man durch AB eine Parallele zu CD, so ist die Grundebene für diese Stellung gefunden.

Stelle von e_a bezw. e_b oder e_c getreten. Es ist schon gezeigt worden, dafs alle Horizontalschnitte Parallelogramme sind, deren Seitenpaare parallel zu AB bezw. CD sind. Jeder dieser Schnitte wird durch die Diagonale, die z. B. vom Schnitte mit BD zum Schnitte mit CA geht, halbiert. Folgen diese Schnitte kontinuierlich aufeinander, so entsteht eine gekrümmte Fläche, die als hyperboloidische Fläche bezeichnet wurde. (Vergl. die Figuren 72, 73, 74.) Weil jedes der Parallelogramme durch den horizontalen Schnitt mit dieser Fläche, d. h. durch die Diagonale, halbiert wird, so ist nach Cavalieris Prinzip der eine Teil des Körpers gleich dem andern. Der von den Flächen BDC, CAB und dem parabolischen Hyperboloid eingeschlossene Körper ist ein Halbtetrader vom Inhalte:

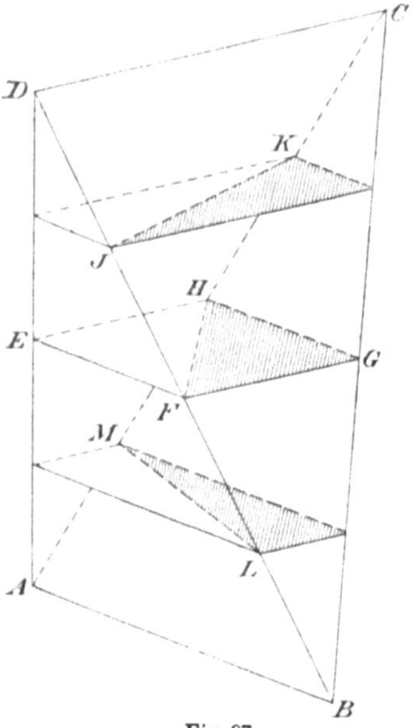

Fig. 87.

$$J = \frac{h}{6}[U + O + 4M_1] = \frac{2h}{3} M_1,$$

da $U = o$, $O = o$ und der Mittelschnitt $M_1 = \frac{M}{2}$ ist.

Das Halbtetraeder gehorcht also der Newton-Simpsonschen Regel.

375) Das allgemeinste Prismatoid, zu dessen Seitenflächen auch hyperbolische Paraboloide gehören und die Newton-Simpsonsche Regel.

Läfst man in einem Prismatoid eine „windschiefe" Seitenfläche $ABFE$ oder $ADGE$ offen (AB nicht parallel zu EF, oder AD nicht parallel zu EG), legt man lauter Horizontalschnitte durch den Körper und verbindet man die Schnittpunkte der Seitenkanten der windschiefen Flächen durch horizontale Gerade, so erhält man schliefslich in jedem windschiefen Viereck ein hyperbolisches Paraboloid als Seitenfläche des Prismatoids. Verbindet man F mit A (oder E mit D), so erhält man ein Halbtetraeder. Man kann sich also denken, von dem ebenen Prismatoide mit den Seitenflächen EFA und ABF sei das Halbtetraeder $ABFE$ abgeschnitten. Da nun das ebene Prisma der Formel:

$$\frac{h}{6}(U + O + 4M_1)$$

gehorcht, das abgeschnittene Halbtetraeder der Formel:

$$\frac{h}{6}4M_2,$$

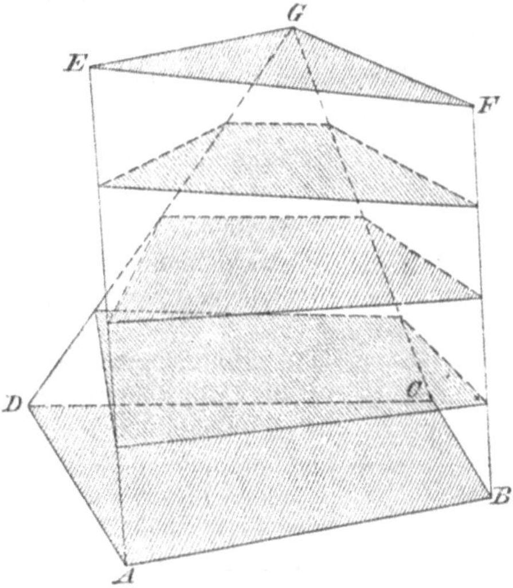

Fig. 88.

so gehorcht das Prismatoid mit einer windschiefen Fläche der Formel:

$$J = \frac{h}{6}[U + O + 4(M_1 - M_2)] = \frac{h}{6}(U + O + 4M),$$

wo M der Mittelschnitt des Körpers ist. Ebenso ist es bei dem Vorhandensein weiterer windschiefer Flächen.

Die Inhaltsformel für Prismatoide, deren Seitenflächen sämtlich oder teilweise windschief sind, ist daher:

$$J = \frac{h}{6}[U + O + 4M].$$

377) Die Heinzesche Nomenklatur für die verschiedenen Formen der Prismatoide.*)

*) Vergl. Heinze-Lucke: Genetische Stereometrie, Leipzig bei Teubner, 1886.

Um den groſsen Reichtum von Formen kennen zu lernen, folgt man zweckmäſsigerweise vorläufig der von Heinze aufgestellten Nomenklatur, die als sehr übersichtlich anerkannt werden muſs.

A) Prismatoide mit geradlinig begrenzten Grundflächen.

I. Die Grundflächen sind kongruente Polygone.

a) Die zusammengehörigen*) Kanten beider Grundflächen sind parallel, die Seitenflächen also Parallelogramme: Prisma.

b) Die zusammengehörigen Grundkanten sind nicht parallel, alle Seitenflächen sind Dreiecke: Antiprisma.

c) Die zusammengehörigen Grundkanten sind nicht parallel, alle Seitenflächen sind windschief (hyperbol. Paraboloide): Paraprisma.

d) Die zusammengehörigen Grundkanten sind nicht parallel, die Seitenflächen sind teils Dreiecke, teils windschief: Interprisma.

II. Die Grundflächen sind ähnliche Polygone.

a) Die zusammengehörigen Grundkanten sind parallel, die Seitenflächen also Trapeze: Pyramidenstutz (dasselbe wie Stumpf).

b) Die zusammengehörigen Grundkanten sind nicht parallel, alle Seitenflächen sind Dreiecke: Antipyramidenstutz.

c) Die zusammengehörigen Grundkanten sind nicht parallel, alle Seitenflächen sind windschief: Parapyramidenstutz.

d) Die zusammengehörigen Grundkanten sind nicht parallel, die Seitenflächen teils Dreiecke, teils windschief: Interpyramidenstutz.

III. Die Grundflächen sind gleichwinklig, aber nicht ähnlich.

a) Die zusammengehörigen Grundkanten sind parallel, die Seitenflächen also Trapeze: Obelisk.

---

*) Das Wort zusammengehörig ist als unerlässlich beizufügen, denn die Grundkanten können parallel, die Ecken aber so verbunden sein, dass die zusammengehörigen Kanten nicht parallel sind.

b) Die zusammengehörigen Grundkanten sind nicht parallel, alle Seitenflächen sind Dreiecke:
Antiobelisk.

c) Die zusammengehörigen Grundkanten sind nicht parallel, alle Seitenflächen sind windschief:
Paraobelisk.

d) Die zusammengehörigen Grundkanten sind nicht parallel, die Seitenflächen teils Dreiecke, teils windschief: Interobelisk.

IV. Die Grundflächen sind Polygone, jedoch keiner der obigen Beschränkungen unterworfen. In der Anzahl der Seiten können beide übereinstimmen oder auch verschieden sein: Prismatoide.*)

V. Eine der Grundflächen ist verschwindend klein.

a) Eine der Grundflächen ist eine gerade Linie (Schneide).

a) Schneide parallel einer Grundkante, Seitenflächen teils Dreiecke, teils Trapeze oder Parallelogramme: Keil.

b) Schneide keiner der Grundkanten parallel, alle Seitenflächen Dreiecke: Antikeil.

c) Schneide keiner Grundfläche parallel, Seitenflächen teils windschief, teils Dreiecke:
Interkeil.

β) Eine Grundfläche ist ein Punkt, alle Seitenflächen sind Dreiecke: Pyramide.

VI. Beide Grundflächen sind verschwindend klein, und zwar gerade Linien (Schneiden).

a) Die Schneiden sind nicht parallel, die Seitenflächen Dreiecke: Tetraeder.

---

*) Hier sollte Heinze konsequenterweise auch unterscheiden zwischen folgenden Formen: Ebenes Prismatoid, mit lauter Dreiecken als Seitenflächen, Paraprismatoid, mit lauter windschiefen Flächen, wobei die Grundflächen in der Seitenzahl übereinstimmen müssen, Interprismatoid mit teils windschiefen teils dreiseitigen ebenen Seitenflächen.

b) Die Schneiden sind nicht parallel, die Seitenflächen sind eine windschiefe Fläche und zwei Dreiecke: Halbtetraeder.

c) Alle übrigen Fälle führen nicht auf Körper, sondern auf Flächen (die Dreieck, Parallelogramm, Trapez, windschiefe Fläche sein können) oder auf die gerade Linie.

B. Die Grundflächen sind krummlinige Figuren.*)

I. Die Grundflächen sind kongruent.

a) Alle „Seitenkanten" sind parallel: Cylinder.

b) Die Seitenkanten sind nicht parallel: Paracylinder.**)

II. Die Grundflächen sind ähnlich.

a) Die Seiten treffen verlängert in einem Punkte zusammen: Kegelstutz (dasselbe wie Stumpf).

b) Die verlängerten Seiten kreuzen einander: Parakegelstutz.***)

III. Die Grundflächen sind gleichartig: Wanne.†)

IV. Die Grundflächen sind nicht gleichartig: Allgemeines Prismatoid mit krummlinigen Grundflächen.

V. Eine Grundfläche ist verschwindend klein.

α) Eine Grundfläche ist eine geradlinige Schneide: Glocke.††)

β) Eine Grundfläche ist ein Punkt: Kegel.

---

*) Heinze hätte noch eine Gruppe C betrachten müssen, deren Grundflächen teils geradlinig, teils krummlinig begrenzt sind.

**) Auch ein Intercylinder kann aufgestellt werden, bei dem Teile der Seitenflächen cylindrisch, andere nicht cylindrisch sind.

***) Auch ein Interkegelstutz kann aufgestellt werden, bei dem Teile der Kegelfläche einem Kegel angehören, andere aber nicht.

†) Heinze nennt als Beispiel Ellipsen mit nicht proportionalen Achsen. Jedenfalls ist die obige Ausdrucksweise unbestimmt.

††) Der Fall der krummlinigen Pyramide wird von Heinze ausgelassen, ebenso der Fall zweier krummlinigen Schneiden.

377) Bemerkungen.

Das Heinzesche System ist nach der beigefügten Bemerkung durchaus nicht als lückenlos und vollständig zu betrachten, hat jedoch das Verdienst, eine übersichtliche Systematik angebahnt zu haben, die im Sinne der Anmerkungen vollendet werden kann. —

Sämtliche genannten Körper haben als Inhaltsformel die Simpsonsche Regel, deren Geltung aber weit über die Prismatoide hinausreicht.

Mit Hilfe des Cavalierischen Prinzips kann man aus den Prismatoiden eine grofse Reihe von Körpern ableiten, auf die erst später übergegangen werden soll. Hierher gehören die verschiedenen Ellipsoide, einschliefslich der Kugel, die mit dem Tetraeder in Prismatoidstellung zusammenhängen, sodann die einfachen Hyperboloide, die aus dem Paraprismatoid mit regelmäfsiger Grundfläche mit unendlich vielen Seiten mittels des obigen Prinzips hervorgehen. Das Tetraeder in der genannten Stellung führt, wenn seine Kanten nach oben und unten fortgesetzt werden, mit Hilfe des Cavalierischen Prinzips auf die zweifachen Hyperboloide. Endlich werden im folgenden Bande noch andere Gestalten abgeleitet werden, die bei Heinze nicht zur Sprache kommen und doch der Newton-Simpsonschen Regel genügen. Die Behandlung wird ergeben, dafs dabei Kenntnisse aus der analytischen Geometrie kaum nötig sind. Die wahre Tragweite der Newton-Simpsonschen Regel wird sich also erst später ergeben.

Auf andere Berechnungen, als die des Inhalts, soll bei den nachstehenden Aufgaben verzichtet werden.

378) Umgestaltung des Prismatoids durch Parallelverschiebung einer seiner Grundflächen in ihrer Ebene, wobei der Inhalt des Körpers unverändert bleibt.

Verschiebt man die obere Grundfläche des ebenen Prismatoids parallel zu sich selbst nach irgend welcher Richtung in ihrer Ebene, so behält jede Kante des Mittelschnitts ihre Länge (Hälfte der zugehörigen Grundkante) und ihre Richtung bei, so dafs die Fläche ihre Gestalt nicht ändert. Ebenso wenig ändert sich die Gestalt irgend eines Querschnitts. Eine solche Verschiebung genügt dem Cavalierischen

Prinzip und soll im Anschlufs an Bd. I eine Cavalierische Verschiebung heifsen. (Der ursprüngliche und der neue Körper stehen in Affinitätsbeziehung.) Der Inhalt des Körpers ändert sich dabei nicht.

Dies gilt auch vom Tetraeder in prismatoidischer Stellung, folglich auch vom Halbtetraeder, und ebenso vom Prismatoid mit windschiefen Seitenflächen. Folglich gilt der Satz:

Wird die Grundfläche eines Prismatoids allgemeinster Art parallel zu sich selbst in ihrer Ebene nach beliebiger Richtung hin verschoben, so ändert sich weder der Inhalt, noch irgend ein Horizontalschnitt.

379) Modell: Stellt man das Prismatoid durch scheibenförmige Grundflächen dar, deren Ecken durch Gummifäden verbunden sind, so lassen sich die betreffenden Verschiebungen ausführen und die neuen Gestaltungen veranschaulichen, auch die mit dem folgenden Abschnitt zusammenhängenden.

380) Umgestaltung des Prismatoids durch Drehung der einen Grundfläche in ihrer Ebene um einen beliebigen Punkt derselben.

Dreht man eine der Grundflächen des Prismatoids in ihrer Ebene um einen beliebigen Punkt dieser Ebene, so ändert sich die Gestalt des Mittelschnittes und mit ihr der Inhalt des Körpers. Angenommen, man hätte den neuen Inhalt für eine Drehung um einen Punkt M der Ebene festgestellt, so hängt die Fläche des Mittelschnitts M_1 irgendwie von dem Drehungswinkel φ ab. Dreht man jetzt die Grundfläche um einen beliebigen anderen Punkt M_2 der Ebene um denselben Winkel φ, so kann man die neue Lage auch erreichen durch die Drehung um M_1 um diesen Winkel und durch darauf folgende Parallelverschiebung in die neue Lage. Da aber bei der letzteren keine Inhaltsveränderung stattfindet, so folgt der Satz:

Bei der Drehung der einen Grundfläche des Prismatoids um einen beliebigen Punkt der Ebene hängt der neue Inhalt nur von der Gröfse des Drehungswinkels ab, nicht aber von der Lage des Mittelpunktes dieser Drehung.

Kombiniert man umgekehrt eine beliebige Drehung mit einer Parallelverschiebung der Grundfläche, so kann man beides auf eine Drehung allein zurückführen. Man hat nur nötig zwei Lagen desselben Punktes miteinander zu verbinden und auf der Verbindungslinie im Halbierungspunkte ein Lot zu errichten. Macht man dasselbe mit einem anderen Punkte, so schneiden sich die beiden Mittelsenkrechten in dem betreffenden Drehungspunkte.

Da man durch Parallelverschiebung keine Änderung erhält, kann man der oberen Grundfläche eine besonders bequeme Stellung geben und dann den Drehungspunkt in zweckmäfsiger Weise wählen. Die Formeln werden am bequemsten, wenn die Drehung von einer Stellung aus beginnt, in der der Körperinhalt ein Maximum oder ein Minimum wird.

(Der Heinzesche Drehungssatz wird bei Heinze-Lucke für die einzelnen Gruppen durch Rechnung bewiesen bezw. bestätigt, nicht aber für den allgemeinsten Fall. Seinen Sinn erkennt man an der folgenden Aufgabe.)

381) Um wieviel wächst das Tetraeder bezw. Halbtetrader, wenn (bei prismatischer Aufstellung) die eine Kante in der oberen Ebene um einen Winkel φ gedreht wird.

Auflösung. Sind a und a_1 die beiden Grundkanten, so ist

1) $$J = \frac{2}{3} M_a h = \frac{a a_1}{6} h \sin \alpha$$

der Inhalt, sobald α der Kreuzungswinkel ist. In Fig. 89 ist die Kante CD so verschoben, dafs die Halbierungspunkte beider Gegenkanten übereinander liegen. Dreht man die obere Kante in die Lage $C_0 D_0$, so ist der Körperinhalt von ABC_0D_0 gleich Null. Dreht man

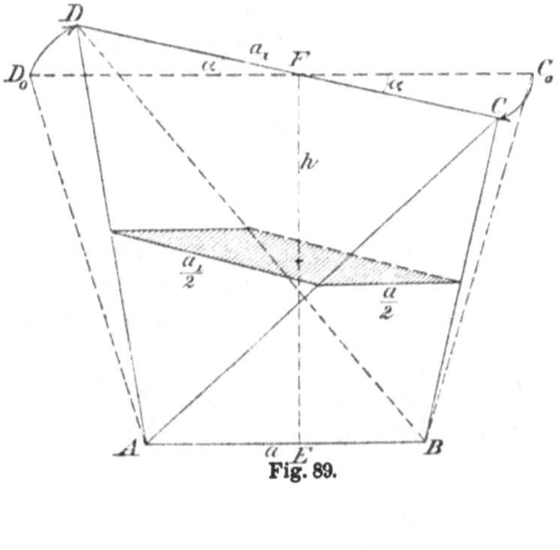

Fig. 89.

aus dieser Lage in die Lage CD, so ist der Inhalt um den Ausdruck 1) gewachsen. Man erkennt, daſs beim Weiterdrehen eine Lage $\alpha = 90^0$ erreicht wird, in der der Inhalt ein Maximum ist. Dreht man im Sinne des Wachsens über CD hinaus, so erhält man als gröſseren Inhalt z. B.

$$2) \qquad J_1 = \frac{a a_1}{6} h \sin \alpha_1.$$

Dreht man also die Achse aus der Lage CD in diesem Sinne in eine Lage $C_1 D_1$, und zwar um einen Winkel $\varphi = \alpha_1 - \alpha$, so wächst der Inhalt um

$$J_1 - J = \frac{a a_1}{6} h (\sin \alpha_1 - \sin \alpha)$$

oder um

$$3) \qquad J_1 - J = \frac{a a_1 h}{6} [\sin(\varphi + \alpha) - \sin \alpha]$$

$$= \frac{a a_1 h}{6} 2 \cos \frac{\varphi + 2\alpha}{2} \sin \frac{\varphi}{2}$$

$$= \frac{a a_1 h}{3} \left(\cos \frac{\varphi}{2} \cos \alpha - \sin \frac{\varphi}{2} \sin \alpha\right) \sin \frac{\varphi}{2}$$

$$= \frac{a a_1 h}{6} [\sin \varphi \cos \alpha - \sin \alpha (1 - \cos \varphi)].$$

In diesem Ausdrucke ist φ die einzige Variable. Das Resultat ist unabhängig von der Lage der oberen Kante in ihrer Ebene und von der Wahl des Drehungspunktes. Das Halbtetraeder wächst um die Hälfte des Ausdrucks 3). An 1) erkennt man bei dem Vergleich mit 3), daſs die Formeln, von der Minimallage ans gerechnet, am einfachsten sind.

382) Um wie viel wächst ein Prismatoid mit dreieckigen Grund- und ebenen Seitenflächen, wenn die eine Grundfläche um den Winkel φ gedreht wird?

Auflösung. Zieht man CC_1, so zerlegt man den Körper in zwei Pyramiden und zwei Tetraeder. Die Pyramiden bleiben bei der Drehung unverändert, die Tetraeder ändern sich.

Kreuzten sich die Gegenkanten a und a_1 des Tetraeders BCC_1B_1 ursprünglich unter dem Winkel α, so ändert sich dieses Tetraeder um den Ausdruck

1) $\frac{a a_1 h}{6}[\sin(\varphi+\alpha)-\sin\varphi]$.

Das Tetraeder ACC_1A_1 ändert sich entsprechend um

2) $\frac{b b_1 h}{6}[\sin(\varphi+\beta)-\sin\varphi]$.

Beide Änderungen sind zu summieren.

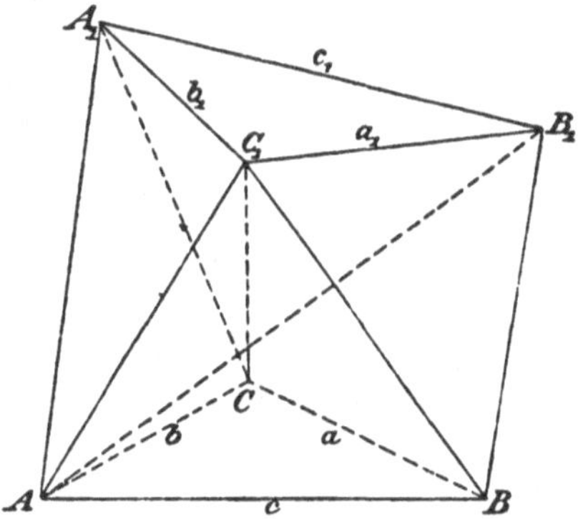

Fig. 90.

383) Bemerkungen. Hätte das Prismatoid statt der beiden Tetraeder oder statt eines derselben windschiefe Flächen, so würde die betreffende Änderung nur zur Hälfte vorzunehmen sein.

Kennt man die Änderung des Inhalts, so erhält man die des Mittelschnitts mit Hilfe der Gleichung

$$J_1 - J = \frac{h}{6}(M + O + 4M_1) - \frac{h}{6}(M + O + 4M)$$
$$= \frac{2}{3}h(M_1 - M)$$

als

3) $$M_1 - M = \frac{3(J_1 - J)}{2h}.$$

Da sich die Grundflächen eines Prismatoids, sobald sie geradlinig begrenzt sind, in Dreiecke zerlegen lassen (z. B. von einer Ecke aus), so ist damit im Prinzip die Lösung der allgemeinen Aufgabe erledigt, mögen die Seitenflächen ebene oder windschiefe sein. Selbstverständlich müssen die nötigen Elemente der beiden Grundflächen bekannt sein.

384) Ein Prismatoid werde im Heinzeschen Sinne in sich verdreht. Wie grofs wird die Verdrehung für jeden Punkt einer senkrechten Geraden innerhalb des Körpers?

Auflösung 1. Der Hauptschnitt $A\mu\mu_1 B$ durch die Drehungsachse geht in das hyperbolische Paraboloid $A\mu\mu_1 B_1$ über. Die Verdrehung nimmt von unten nach oben zu, jedoch nicht regelmäfsig. Bei der Projektion in den Grundrifs zeigt sich, dafs die Sehne AC in gleiche Teile zerlegt wird, wenn AB_1 und ebenso die Höhe $\mu\mu_1$ in solche geteilt wird. Ist nun AD der n^{te} Teil der Sehne s, so folgt aus dem Sinussatze:

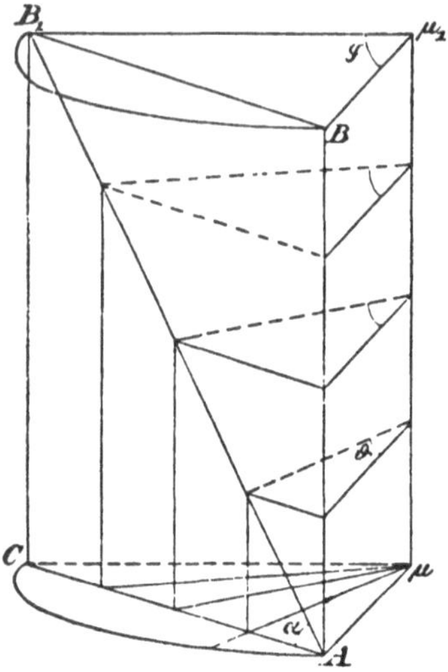

Fig. 91.

$$2xr\cos\vartheta = x^2 + r^2 - \left(\frac{s}{n}\right)^2.$$

Hier ist:

$$x^2 = DE^2 + \varrho^2$$

$$= s^2\left(\frac{1}{2} - \frac{1}{n}\right)^2 + \varrho^2$$

$$= 4r^2 \sin^2\frac{\varphi}{2}\left(\frac{1}{4} + \frac{1}{n^2} - \frac{1}{n}\right) + r^2\cos^2\frac{\varphi}{2},$$

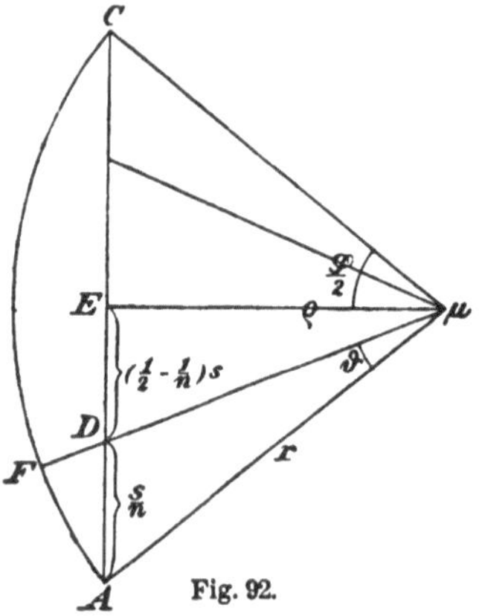

Fig. 92.

oder:

$$x^2 = r^2\left[1 + 4\sin^2\frac{\varphi}{2}\left(\frac{1}{n^2} - \frac{1}{n}\right)\right],$$

also:

$$2r^2\cos\vartheta\sqrt{1 + \frac{1-n}{n^2}4\sin^2\frac{\varphi}{2}}$$

$$= 2r^2 + 4r^2\frac{1-n}{n^2}\sin^2\frac{\varphi}{2}$$

$$- \frac{4r^2\sin^2\frac{\varphi}{2}}{n^2}$$

oder, wenn beiderseits mit $\frac{n^2}{2r^2}$ multipliziert wird:

$$n \cos\vartheta \sqrt{n^2 + 4(1-n)\sin^2\frac{\varphi}{2}} = n^2 + 2(1-n)\sin^2\frac{\varphi}{2} - 2\sin^2\frac{\varphi}{2},$$

also ist:

$$1) \qquad \cos\vartheta = \frac{n - 2\sin^2\frac{\varphi}{2}}{\sqrt{n^2 + 4(1-n)\sin^2\frac{\varphi}{2}}}.$$

So bestimmt sich ϑ für jede beliebige Höhe $h_1 = \frac{h}{n}$ im Hauptschnitt $A\mu\mu_1 B$, also auch für die Punkte jeder schrägen Geraden in diesem. (Ist z. B. $n = 2$, so wird:

$$\cos\vartheta = \frac{2\cos^2\frac{\varphi}{2}}{2\sqrt{1 - \sin^2\frac{\varphi}{2}}} = \cos\frac{\varphi}{2}$$

oder $\vartheta = \frac{\varphi}{2}$, d. h. die Drehung ist in halber Höhe halb so grofs, als oben.)

Die Einschnürung in der Höhe $\frac{h}{n}$ ist gleich FD oder gleich $r - x$ oder:

$$e = r - r\sqrt{1 + 4\frac{1-n}{n^2}\sin^2\frac{\varphi}{2}}.$$

Die gröfste Einschnürung findet statt in der Höhe $\frac{h}{2}$. Sie ist gleich:

$$r - \varrho = r\left(1 - \cos\frac{\varphi}{2}\right).$$

Auflösung 2. Einfacher wird das Gesetz, wenn man die Drehung gegen den Mittelschnitt zu Grunde legt. Dann wird an jeder Stelle $x_1^2 = EC^2 + \varrho^2 = s_1^2 + \varrho^2$. Setzt man die Höhe von dort aus gerechnet gleich y_1, den Neigungswinkel der Geraden $AB_1 = \alpha$, so wird $s_1 = \frac{y_1}{\tan\alpha}$, also:

$$x_1^2 = \frac{y_1^2}{\tan^2\alpha} + \varrho^2,$$

so dafs der Radius x nach Pythagoras für jede Höhe y über M leicht zu konstruieren, der Kreisschnitt $x^2\pi$ leicht zu berechnen ist. Dabei ist $\frac{\varrho}{x} = \cos\varphi_1 = \cos E\mu C$, womit alles bequem erledigt ist.*)

385) Fortsetzung des Prismatoids. Erweitert man ein Prismatoid durch Verlängerung seiner Seitenkanten nach oben und unten bis ins Unendliche, und führt man in irgend welchen Höhen des Gesamtgebildes zwei horizontale Schnitte, so ist der dadurch begrenzte Körper wiederum ein Prismatoid, so dafs die Inhaltsberechnung mit Hilfe der Simpsonschen Regel geschieht. Dabei ist jedoch stets zu untersuchen, ob einzelne Körperteile als positiv oder als negativ aufzufassen sind. Einige Beispiele sollen dies später veranschaulichen.

β) Übungen über den Obelisk und das Prismatoid.

386) Die Form des Ponton kommt vor bei Denkmälern, deren Hauptkörper im Grundrifs nach Art der Fig. 93 erscheint. [In der Regel wird er als Obelisk bezeichnet und oben noch durch eine Pyramide gekrönt.] Der Inhalt ist:

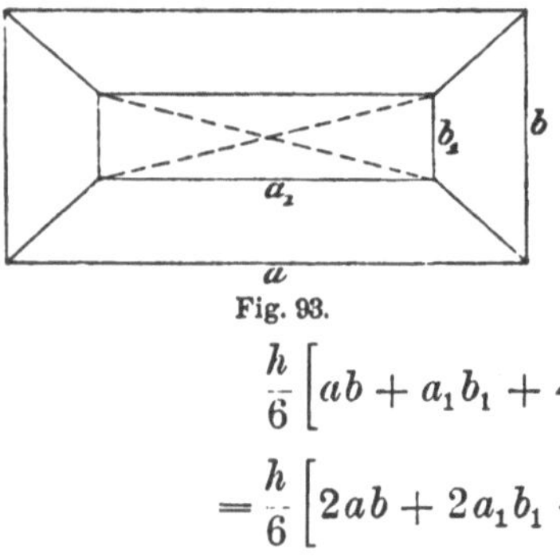

Fig. 93.

$$\frac{h}{6}\left[ab + a_1 b_1 + 4\,\frac{a+a_1}{2}\cdot\frac{b+b_1}{2}\right]$$

$$= \frac{h}{6}\left[2ab + 2a_1 b_1 + ab_1 + a_1 b\right].$$

*) Die Gleichung für x_1^2 lässt sich in folgender Form schreiben:

$$\frac{x^2}{\varrho^2} - \frac{y^2}{\varrho^2 \tan^2 a} = 1.$$

In der analytischen Geometrie bedeutet sie die Gleichung einer Hyperbel mit den Halbachsen ϱ und $\varrho \tan a$. Daher wird sich zeigen, dass durch eine Drehung der oberen Fläche eines durch Fäden dargestellten senkrechten Kreiscylinders eine Fläche entsteht, die als Hyperboloid bezeichnet wird. Hier soll aber von analytischer Geometrie noch kein Gebrauch gemacht, sondern vorläufig nur der Name der Fläche benutzt werden.

387) Es soll für einen Bau auf abschüssigem Terrain eine rechteckige Fundament-Grube ausgeschachtet werden, die horizontalen Boden, die Grundlinien a und b und in den Ecken die Höhen h_1, h_2, h_3, h_4 hat. Ist die obere Schrägfläche eine Ebene, so ist der Inhalt nach frühern Formeln

$$ab\frac{h_1+h_2+h_3+h_4}{4},$$

Ist sie nicht eben, darf man sie aber als windschiefe Fläche im oben besprochenen Sinne betrachten, so nehme man z. B. $ABCD$ als Grundfläche an. Der Inhalt wird dann:

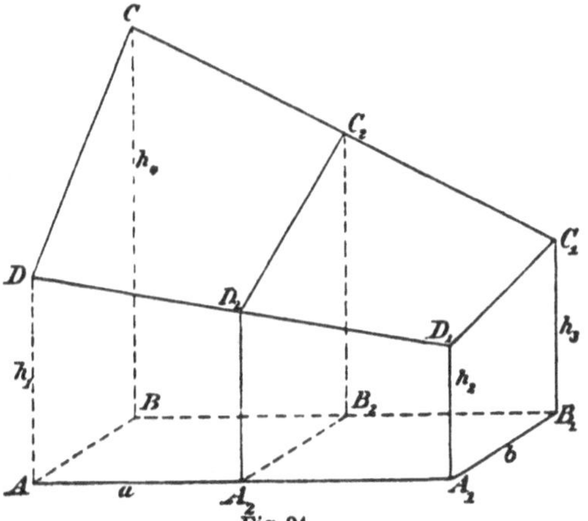

Fig. 94.

$$\frac{a}{6}\left[b\frac{h_1+h_4}{2}+b\frac{h_2+h_3}{2}+4b\frac{\frac{h_1+h_2}{2}+\frac{h_3+h_4}{2}}{2}\right]$$
$$=ab\frac{h_1+h_2+h_3+h_4}{4},$$

also lautet die Formel ebenso, als ob die Fläche eben wäre.

388) Durch sumpfiges Terrain geht ein Chaussee- oder Eisenbahndamm. Es soll ein Feldweg mittels zweier Rampen schräg übergeführt werden. Der Inhalt der Rampen ist wie grofs? Jede hat den Inhalt $\frac{h}{6}[ABCD+4A_1B_1C_1D_1]$, denn die Schneide A_2B_2 giebt den Inhalt Null. (Fig. 95.)

389) Der Grundrifs eines Hauses sei ein symmetrisches Trapez, derart, dafs die Symmetrielinie die Projektion des Dachfirstes ist. Wie grofs ist der Inhalt des Dachraums? (Fig. 96.)

Ist l die Länge des Firstes und ist $AD = a$, $BC = b$, so ist die untere Fläche $U = \frac{a+b}{2} l$, der Mittelschnitt $\frac{a+b}{4} l$, der Oberschnitt ist Null. Daraus folgt:

$$J = \frac{h}{6}[U + 4M] = hl\frac{a+b}{4}.$$

Die Formel ist einfach, obwohl die Dachflächen windschief sind.

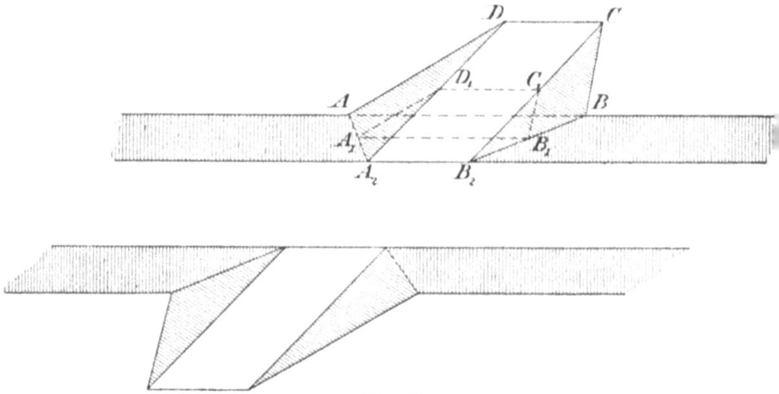

Fig. 95.

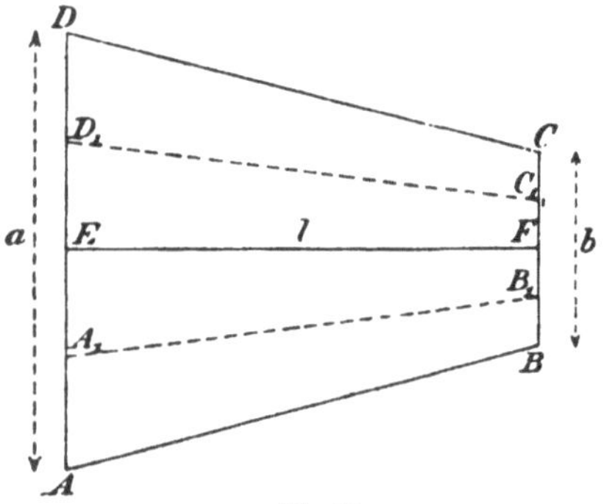

Fig. 96.

390) Der Grundriſs des Hauses sei derselbe, wie vorher, die Firstlinie l_1 soll aber kleiner sein als l, so daſs im ganzen vier Dachflächen entstehen, von denen zwei windschief sind. Wie groſs ist der Dachraum?

Es wird:

$$U = \frac{a+b}{2} l,$$

$$M = \frac{a+b}{4} \frac{l+l_1}{2},$$

also:

$$J = \frac{h}{6}\left[\frac{a+b}{2} l + (a+b)\frac{l+l_1}{2}\right] = \frac{(a+b)h}{12}(2l + l_1).$$

Bemerkung. Ist das Trapez unsymmetrisch, fällt aber die Projektion von l_1 in die Mittellinie l, so wird die Inhaltsformel ebenfalls einfach. Dasselbe geschieht, wenn die Projektion von l_1 nicht in die Mittellinie fällt, aber zu dieser parallel bleibt. Ist l_1 von anderer Richtung, so kommt der Drehungssatz zur Geltung. Ist der Grundriſs ein ganz beliebiges Viereck, so wird die Formel komplizierter.

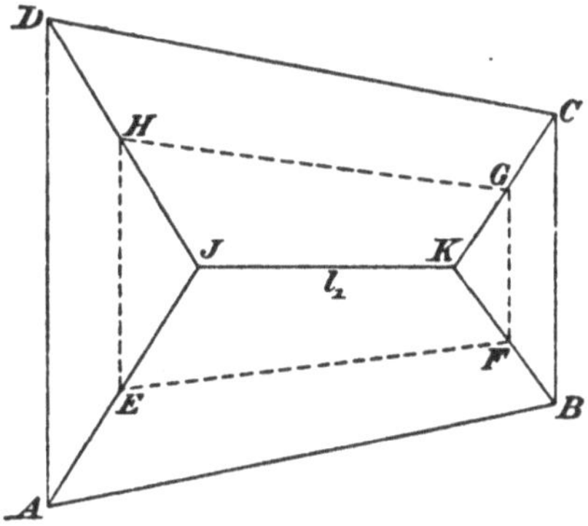

Fig. 97.

391) Das in Fig. 98 gezeichnete quadratische Paraprisma zu berechnen.

$$U = a^2, \quad O = a^2, \quad M = \frac{a^2}{2}$$

giebt:

$$J = \frac{h}{6}\left(a^2 + a^2 + 4\frac{a^2}{2}\right) = \frac{2}{3}a^2 h.$$

Man führe die Rechnung mit Hilfe des Drehungssatzes aus und versuche das einfache Resultat zu verallgemeinern.

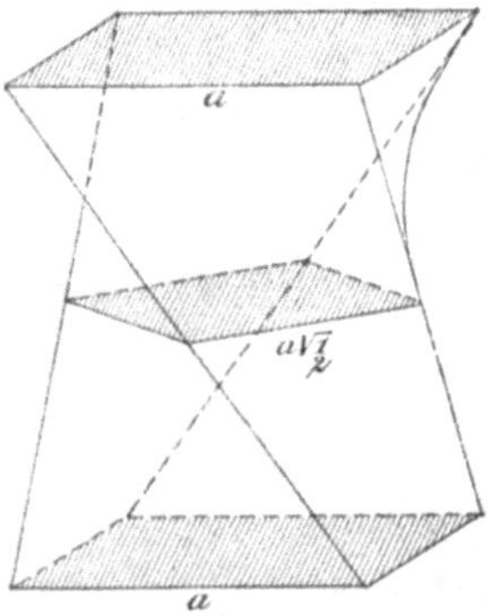

Fig. 98.

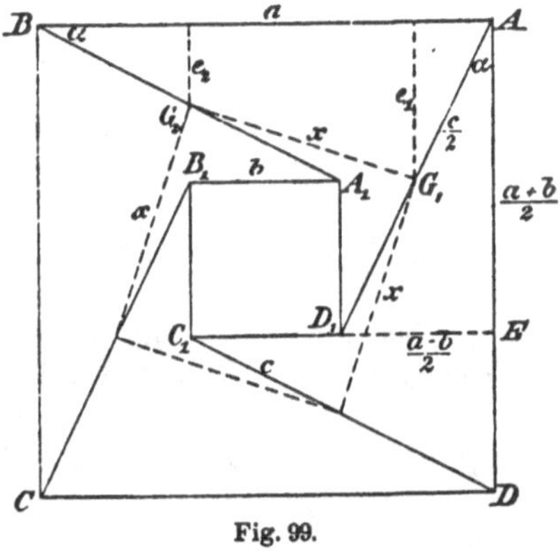

Fig. 99.

392) Den in Fig. 99 im Grundriſs dargestellten Parapyramidenstutz zu berechnen.

Auflösung. Im Grundrifs ist:

$$D_1E = \frac{a-b}{2}, \quad AE = \frac{a+b}{2},$$

also:

$$AD_1^2 = c^2 = \frac{a^2+b^2}{2}$$

und:

1) $$c = \sqrt{\frac{a_2+b^2}{2}}.$$

$\sphericalangle EAD_1$ berechnet sich aus:

2) $$\tan\alpha = \frac{a-b}{a+b}.$$

Endlich ist:

$$x^2 = (e_1-e_2)^2 + F_1F_2^2 = \frac{c^2}{4}(\cos\alpha - \sin\alpha)^2 + \left[a - \frac{c}{2}(\cos\alpha + \sin\alpha)\right.$$

$$= a^2 + \frac{c^2}{2} - ac(\cos\alpha + \sin\alpha) = a^2 + \frac{a^2+b^2}{4} - ac\left(\frac{a+b}{2c} + \frac{a-b}{2c}\right.$$

$$= \frac{a^2+b^2}{4}.$$

Daraus ergiebt sich:

$$J = \frac{h}{6}(a^2+b^2+4x^2) = \frac{h}{3}(a^2+b^2).$$

Bemerkung. Man behandle auch diese Aufgabe mit Hilfe des Drehungssatzes und verallgemeinere das einfache Resultat.

393) Schwerpunktshöhe des Pyramidenstumpfs und des Kegels.

Nach No. 151 und 158 ist die Schwerpunktshöhe des Pyramidenstumpfs und des Kegels:

1) $$h_s = \frac{h}{4}\,\frac{U + 2\sqrt{UO} + 3O}{U + \sqrt{UO} + O}.$$

Aus:

$$J = \frac{h}{3}(U + \sqrt{UO} + O) = \frac{h}{6}(U + O + 4M)$$

folgt aber im Hinblick auf die Koppesche Bezeichnung:

$$\sqrt{UO} = \frac{4M - (U + O)}{2} = \frac{4M - 2(M + N)}{2} = M - N,$$

aufserdem ist:

$$J = \frac{h}{3}(3M + N),$$

also kann man auch schreiben:

$$2)\quad h_s = \frac{h}{2}\,\frac{U + 2\sqrt{UO} + 3O}{U + O + 4M} = \frac{h}{2}\,\frac{O + 2M}{3M + N} = h\,\frac{O + 2M}{U + O + 4M}.$$

Die Momentengleichung in Bezug auf die Grundfläche ist:

$$h_s \cdot \frac{h}{2}(3M + N) = \frac{h^2}{6}(O + 2M)$$

oder:

$$h_s J = \frac{h^2}{6}(O + 2M).$$

Die Formeln, in denen keine Wurzelzeichen vorkommen, lassen sich auf die Obelisken und Prismatoide übertragen, was jetzt bewiesen werden soll.

394) Schwerpunktshöhe und Momentengleichung für Obelisken und Prismatoide.

Nach Fig. 81 ist der vierkantige Obelisk als Differenz zweier dreikantiger Pyramiden aufzufassen. Die Momentengleichungen der letzteren in Bezug auf die Grundfläche sind nach den letzten Formeln:

$$h_s' J' = \frac{h^2}{6}(O' + 2M'), \quad h_s'' J'' = \frac{h^2}{6}(O'' + 2M'').$$

Das statische Moment der Differenz $J = J' - J''$ ist gleich der Differenz der statischen Momente, also ist:

$$h_s J = h_s' J' - h_s'' J'' = \frac{h^2}{6}[(O' - O'') + 2(M' - M'')],$$

oder, da $O' - O'' = O$, $M' - M'' = M$ ist,

$$1)\qquad h_s J = \frac{h^2}{6}(O + 2M).$$

Da
$$J = \frac{h}{3}(3M + N)$$
ist, so folgt:

2) $$h_s = \frac{h}{2}\frac{O + 2M}{3M + N} = h\frac{O + 2M}{U + O + 4M}.$$

Betrachtet man den fünfkantigen Obelisk als Differenz eines vier- und eines dreikantigen, so führt derselbe Gang auf dieselben Formeln. Diese gelten also von allen Obelisken und ebenflächigen Prismatoiden.

Die Momentengleichung und die Schwerpunktsformel gelten also auch von dem in Stellung der Fig. 87 befindlichen Tetraeder, wobei U und O wegfallen, also auch vom Halbtetraeder mit dem hyperbolischen Paraboloid als Begrenzungsfläche, folglich auch von jedem Prismatoid mit windschiefen Seitenflächen, denn ein solches ist ein ebenflächiges Prismatoid vermindert um ein oder mehrere Halbtetraeder, so daſs der vorher angewandte Gang auf dieselben Formeln führt. Folglich:

Für jedes ebenflächige oder windschiefe Prismatoid gelten die Gleichungen:

1) $$\underline{h_s J = \frac{h^2}{6}(O + 2M)}$$

und:

2) $$\underline{h_s = \frac{h}{2}\frac{O + 2M}{3M + N} = h\frac{O + 2M}{U + O + 4M}}.$$

395) Bemerkungen. Bildet man das Moment der Flächen U, O und $4M$ in Bezug auf die Grundfläche und multipliziert man die Summen der Momente mit $\frac{h}{6}$, so erhält man nach Art der Newton-Simpsonschen Regel als Momentensumme:

$$\frac{h}{6}\left[U \cdot o + Oh + 4M\frac{h}{2}\right] = \frac{h^2}{6}(O + 2M).$$

Dies ist aber die rechte Seite der Momentengleichung 1) des Körpers. Folglich:

Für alle ebenflächigen und windschiefen Prismatoide läſst sich die Momentengleichung und ebenso die Formel für die Schwerpunktshöhe nach der Simpsonschen Regel ableiten.

Im nächsten Abschnitt wird nun gezeigt, daſs mit den Prismatoiden eine Reihe von krummflächig begrenzten Körpern zusammenhängt, nämlich:

Kugel, Kugelsegment und Kugelschicht, Ellipsoid, Schicht und Segment des letzteren, Schicht und Segment des zweifachen und Schicht und Segment des einfachen Hyperboloids, Schicht und Segment des Paraboloids und des vom hyperboloidischen Paraboloid begrenzten Halbtetraeders, Schicht des parabolischen Cylinders. Von allen diesen Körpern und allen Prismatoiden mit krummlinigen Grundflächen gelten die Gleichungen 1) und 2) für Momente und Schwerpunktshöhe.

Der Geltungsbereich der Simpsonschen Regel ist aber damit noch nicht erschöpft. — In der Regel wird das Gegebene mit Hilfe unendlicher Reihen abgeleitet, die hier vermieden sind.

396) Unter den mechanischen Aufgaben sei folgende erwähnt:

Ein Obelisk mit senkrechter Mittellinie liege auf der Erde und soll aufgerichtet werden. Wie viel Arbeit ist theoretisch beim Aufrichten zu leisten?

Auflösung. Ist h_s' die Höhe des Schwerpunkts beim liegenden, h_s die Höhe beim aufrecht stehenden Obelisken, so hat die Hebungsarbeit angenähert*) den Betrag:

$$A = ph_s - ph_s' = p(h_s - h_s').$$

Dabei kommt die Formel für h_s, aus dem sich h_s' leicht ableitet, weil S in der Mittellinie liegt, zur Anwendung.

(Man denke z. B. an die berühmte Hebung des Vatikanischen Obelisken durch Domeniko Fontana am 10. September 1586; vgl. Beck: Beiträge zur Geschichte des Maschinenbaues, Berlin bei Springer, 1899, Seite 485. Die Höhe dieses Obelisken beträgt etwa $23^1/_4$ m, das Gewicht etwas mehr als 322 000 kg.)

*) Worin liegt die Annäherung? Und wie ist die Aufgabe korrekt zu lösen? Vgl. § 86.

Zahlreiche Anwendungen auf die Berechnung von statischen Momenten, Trägheitsmomenten, Zentrifugalmomenten, Schwerpunktshöhen und Trägheitsmittelpunkten findet man in des Verfassers Ingenieurmathematik, Bd. I, Leipzig, bei Teubner.

Geometrische Beispiele mit ausführlicher Besprechung giebt das schon zitierte Werk von Heinze-Lucke über genetische Stereometrie.

Beispiele zum Heinzeschen Drehungssatze kommen im folgenden Abschnitt zur Sprache.

397) Aufgabe. Ein vierkantiger Obelisk habe die Grundkanten a, b, c bezw. a_1, b_1, c_1 und die eingeschlossenen Winkel α und β, seine Höhe sei h. Er taucht mit der Grundkante U voran ins Wasser ein und sinkt dabei bis zur Tiefe h' ein. Wie grofs grofs ist sein spezifisches Gewicht?

Auflösung.

$$U=\frac{1}{2}\left[ab\sin\alpha+bc\sin\beta-ac\sin(\alpha+\beta)\right],$$

$$O=\frac{1}{2}\left[a_1b_1\sin\alpha+b_1c_1\sin\beta-a_1c_1\sin(\alpha+\beta)\right],$$

$$M=\frac{1}{2}\left[\frac{a+a_1}{2}\,\frac{b+b_1}{2}\sin\alpha+\frac{b+b_1}{2}\,\frac{c+c_1}{2}\sin\beta-\frac{a+a_1}{2}\,\frac{c+c_1}{2}\sin(\alpha+\beta)\right].$$

$$J=\frac{h}{6}\left[U+O+4M\right].$$

In Höhe h' sind die a, b, c entsprechenden Seiten von der Länge

$$a'=\frac{ah-h'(a-a_1)}{h},\quad b'=\frac{bh-h'(b-b_1)}{h},$$

$$c'=\frac{ch-h'(c-c_1)}{h},$$

also ist

$$O'=\frac{1}{2}\left[a'b'\sin\alpha+b'c'\sin\beta-a'c'\sin(\alpha+\beta)\right]$$

leicht zu berechnen. In der Höhe $\frac{h'}{2}$ dagegen ist

$$a'' = \frac{ah - \frac{h'}{2}(a - a_1)}{h} = \frac{2ah - h'(a - a_1)}{2h},$$

$$b'' = \frac{2bh - h'(b - b_1)}{2h}, \quad c'' = \frac{2ch - h'(c - c_1)}{2h},$$

also ist

$$M' = \frac{1}{2}\left[a''b'' \sin\alpha + b''c'' \sin\beta - a''c'' \sin(\alpha + \beta)\right]$$

als bekannt zu betrachten. Der Inhalt des unteren Teils ist

$$J' = \frac{h'}{6}\left[U + O' + 4M'\right].$$

Das spezifische Gewicht des Körpers ist

$$p' = \frac{J'}{J} = \frac{h'[U + O' + 4M']}{h[U + O + 4M]}.$$

398) Bemerkung. Die Frage, wie tief der Körper bei gegebenem spezifischen Gewicht einsinkt, führt auf eine Gleichung dritten Grades, denn der Zähler des letzten Ausdrucks ist in Bezug auf h' vom dritten Grade. —

In entsprechender Weise lassen sich solche Aufgaben für mehrseitige Obelisken, für ebenflächige und windschiefe Prismatoide und die mit ihnen zusammenhängenden krummflächig begrenzten Körperschichten behandeln.

γ) Cavalierische Beziehungen zwischen gewissen Prismatoiden und Körpern, die mit den Kegelschnittsflächen zusammenhängen.

a) Tetraeder und Kugel.

399) Eine Kugel vom Radius r werde nach Cavalieri verglichen mit einem Tetraeder vom quadratischen Mittelschnitte $M = r^2\pi$ und der Höhe $h = 2r$, so daſs die Grundkanten von der Länge $a = a_1 = 2r\sqrt{\pi}$ sind; dann läſst sich zeigen, daſs beide Körper in gleichen Höhen gleiche Querschnitte haben.

Führt man einen Querschnitt bei der Kugel in der Höhe $y (< r)$ über dem Mittelschnitt, so ist die Querschnittsfläche $Q = x^2\pi = (r^2 - y^2)\pi$. Beim Tetraeder ist dabei

$$k : a = (r - y) : 2r,$$

also

$$k = \frac{a(r-y)}{2r} = \frac{2r\sqrt{\pi}(r-y)}{2r} = (r-y)\sqrt{\pi};$$

ferner

$$k_1 : a_1 = (r+y) : 2r,$$

also

$$k_1 = (r+y)\sqrt{\pi}$$

und daher

$$Q_1 = (r^2 - y^2)\pi = kk_1.$$

Daher ist $Q = Q_1$. Nun ist aber der Inhalt des Tetraeders:

$$J_1 = \frac{2}{3} M_1 h = \frac{2}{3}(r^2\pi) 2r = \frac{4}{3} r^3 \pi,$$

also ist nach Cavalieri der der Kugel ebenso grofs. Jeder horizontal begrenzte Abschnitt des Tetraeders, z. B. der über

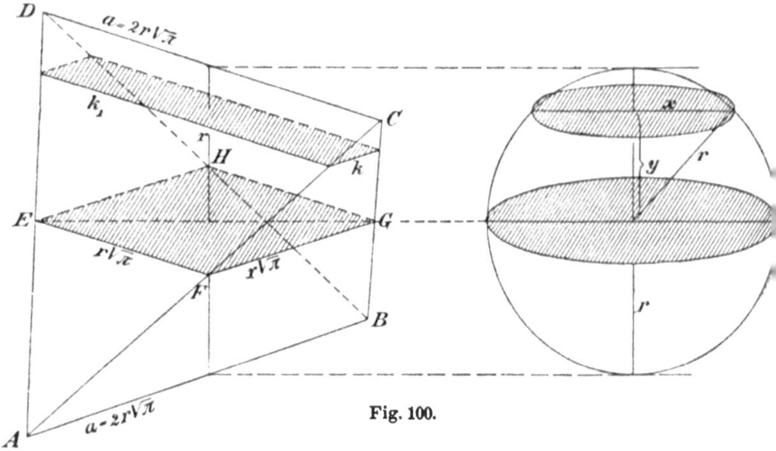

Fig. 100.

Q_1 oder unter Q_1 stehende, oder der von Q_1 und einem Parallelschnitt Q_2 begrenzte, ist ein Prismatoid und sein Inhalt ist nach der Simpsonschen Regel zu berechnen, folglich lassen sich die Kugelabschnitte und Kugelschichten nach derselben Formel berechnen. Später soll davon Gebrauch gemacht werden.

Ist die Höhe des Tetraeders eine andere, als $2r$, so erhält man statt der Kugel ein Drehungsellipsoid, von dem aus man zu dem dreiachsigen Ellipsoid übergehen kann. Überall gilt die Simpsonsche Regel. (Cavalieri.)

b) Liegende Pyramide und Halbkugel.

400) Man denke sich über dem Quadrat $ABCD = r^2$ eine Pyramide von der Höhe $2r\pi$ konstruiert, deren Spitze P z. B. in der Normalen liegt, die auf der Quadratfläche in A errichtet ist. Mit der Fläche ABP werde die Pyramide auf die horizontale Grundebene gelegt.

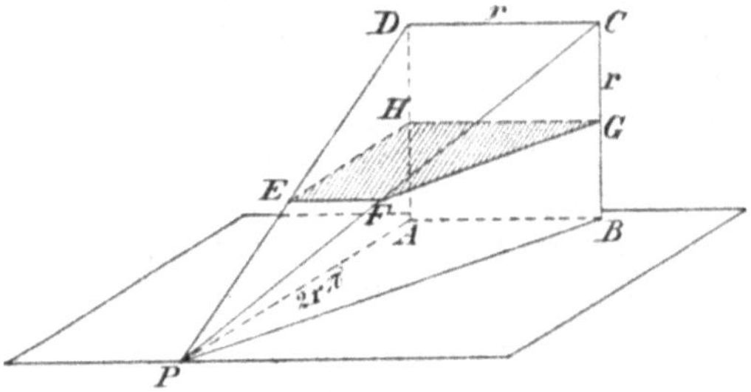

Fig. 101.

Führt man in der Höhe y einen Horizontalschnitt, so entsteht eine Fläche $EFGH$. Ihre Höhe EH berechnet sich aus $EH : 2r\pi = (r - y) : r$, die Grundlinie $GH = r$ ist bekannt, EF berechnet sich aus $EF : r = y : r$, die mittlere Breite ist also

$$\frac{GH + EF}{2} = \frac{r + y}{2}.$$

Der Inhalt des Querschnitts ist also $\pi(r^2 - y^2)$, wie in der vorigen Aufgabe, d. h. die Halbkugel vom Radius r, die auf die Grundebene gestellt ist, hat mit der liegenden Pyramide in gleichen Höhen gleiche Querschnitte, ist also mit ihr inhaltsgleich und hat den Inhalt $J = \frac{2}{3} r^3 \pi$. Die Folgerungen sind dieselben, wie oben.

Die betreffende Bemerkung ist insofern nichts Neues, als schon in Bd. I der Halbkugelinhalt mit dem eines Cylinders verglichen wurde, aus dem ein Kegel ausgeschnitten ist. An Stelle des Cylinders hat man hier ein dreiseitiges Prisma, von dem eine Pyramide abgeschnitten worden ist, so daſs die liegende quadratische Pyramide dem Restkörper entspricht.

c) Die Fortsetzung des Tetraeders nach oben und unten und das durch Achsendrehung der gleichseitigen Hyperbel entstehende zweifache Hyperboloid.

401) In Fig. 102 ist von dem Tetraeder unter a) nur der über dem Mittelschnitt liegende Teil gezeichnet, die

Seitenkanten des Tetraeders sind aber nach oben fortgesetzt. Ist nun die Höhe y, in der ein Horizontalschnitt geführt wird, gröſser als r, so wird seine Fläche, wie oben, gleich $\pi(r^2 - y^2)$, d. h., sie ist als negativ aufzufassen, auch deshalb, weil k jetzt entgegengesetzt gerichtet ist. Absolut genommen ist die Fläche des Querschnitts $Q_1 = \pi(r^2 - y^2)$. Man bestimme jetzt die Gröſse x so, daſs $x^2\pi = \pi(y^2 - r^2)$, oder $x = \sqrt{y^2 - r^2}$ ist und lege die Kreisfläche $Q = x^2\pi$ in derselben Höhe y über dem Mittelschnitt der Kugel horizontal und so hin, daſs der Mittelpunkt in die Verlängerung des senkrechten Durchmessers fällt. Sämtliche so entstehenden Querschnitte bilden einen neuen Körper. Wie der Hauptkreis der Kugel der Beziehung $x = \sqrt{r^2 - y^2}$ oder

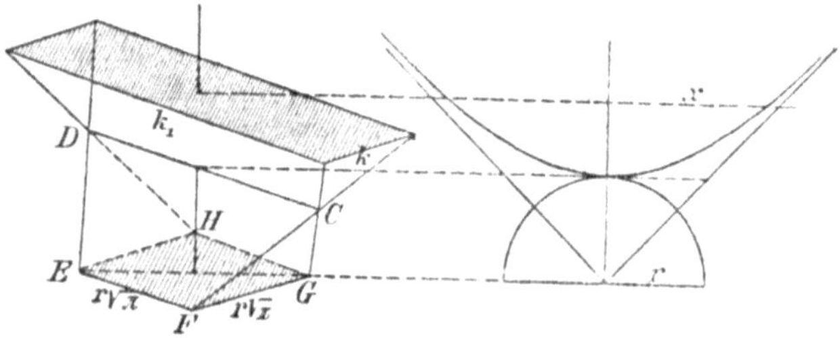

Fig. 102.

$y^2 + x^2 = r^2$ genügte, so genügt der Hauptschnitt des neuen Körpers der Beziehung $y^2 - x^2 = r^2$. Später soll gezeigt werden, daſs die so entstehende Kurve eine gleichseitige Hyperbel ist, vorläufig werde der neue Körper als zweiteiliges Drehungshyperboloid bezeichnet.*) Daraus folgt: Das zweiteilige Drehungshyperboloid gehört zu den Körpern, deren horizontal begrenzte Abschnitte und Schichten nach der Newton-Simpsonschen Regel berechnet werden können. Die Fortsetzung des Tetraeders ist eben als Prismatoid aufzufassen und gehorcht dieser Regel.

*) Nur aus Zweckmäſsigkeitsgründen sind die Beziehungen x und y der analytischen Geometrie gewählt worden. Vorkenntnisse aus der analytischen Geometrie sind an dieser Stelle durchaus nicht nötig. In anderen Lehrbüchern werden sie häufig vorausgesetzt, ohne daſs irgend welcher Zwang vorliegt.

Bildet man beim Tetraeder auch die Fortsetzung nach unten und bei der Kugel den fehlenden symmetrisch gegen den Mittelschnitt liegenden Teil (das Spiegelbild), so erhält man den zweiten Teil des Hyperboloids.

Legt man in der tetraedrischen Figur Schnitte in den Höhen r, $r+\frac{h_1}{2}$, $r+h_1$, so bedeuten diese die Grundflächen und den Mittelschnitt eines neuen Prismatoids von der Höhe h_1, für welches absolut genommen

$$U_1 = o,$$

$$O_1 = (y^2 - r^2)\pi = [(r+h_1)^2 - r^2]\pi = \pi h_1 [2r + h_1],$$

$$M_1 = \left[\left(r+\frac{h}{2}\right)^2 - r^2\right]\pi = \frac{\pi h}{4}(4r+h)$$

ist. Der Inhalt des neuen Körpers wird also:

$$1)\qquad J_1 = \frac{h_s}{6}(U_1 + O_1 + 4M_1) = \frac{\pi h_1^2}{3}(3r+h_1).$$

Dies ist zugleich der Inhalt für das Hyperboloidsegment von der Höhe h_1 bei horizontaler Begrenzung.

Eine horizontal begrenzte Schicht beider Körper zwischen den Höhen $(r+h_2)$ und $(r+h_1)$, oder vom Scheitel aus gerechnet, zwischen den Höhen h_2 und h_1, hat den Inhalt:

$$2)\qquad J_2 = \frac{\pi h_2^2}{3}(3r+h_2) - \frac{\pi h_1^2}{3}(3r+h_1)$$

$$= \frac{\pi}{3}[3r(h_2^2 - h_1^2) + (h_2^3 - h_1^3)],$$

wobei noch der Faktor $(h_2 - h_1)$ abgesondert werden kann. Der Mittelschnitt kann also leicht berechnet werden.

402) Dasselbe Resultat erhält man, wenn man die Seitenkanten der unter b) behandelten liegenden Pyramide nach oben, die ihres Spiegelbildes gegen die Grundfläche nach unten verlängert und die entstehenden Prismatoidteile mit dem Hyperboloid vergleicht.

Wie nach dem obigen die beiden Fortsetzungen des Tetraeders bezw. der Pyramide denselben Formeln gehorchen, wie das Tetraeder selbst, genau ebenso ist das Hyper-

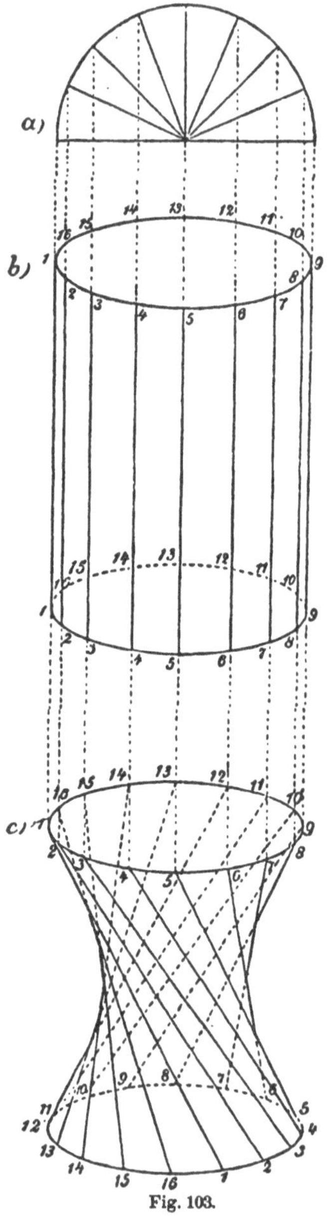

Fig. 103.

boloid als Fortsetzung der Kugel zu betrachten, wobei es denselben Formeln, wie diese gehorcht. Der ganze Unterschied beruht darin, daſs bei der Kugel y zwischen den Grenzen $+r$ und $-r$ liegt, während beim Hyperboloid y auſserhalb dieser Werte sich befindet.

Man erhält ganz dasselbe, wenn man den in Bd. I § 280 bei der Berechnung des Kugelinhalts verwerteten Restkörper (Cylinder — Kegel) nach unten und oben fortsetzt, wobei die über die Kugel hinausragenden Teile ebenfalls negativ werden.

Später wird sich zeigen, daſs gewisse Aufgaben über die Kugel, die auf Gleichungen dritten Grades führen, drei reelle Lösungen geben, von denen zwei „auſserhalb der Kugel" liegen, so daſs ihre Unbrauchbarkeit scheinbar mit dem reellen Charakter der Lösung im Widerspruch steht. Dieser Umstand klärt sich dadurch auf, daſs die beiden betreffenden Lösungen dem Hyperboloid angehören. Man hat also in letzterem die Fortsetzung der Kugel und damit gewissermaſsen die Fortsetzung der Funktion. In dieser Weise kann jedes Prismatoid mit dem aus ihm abgeleiteten Körper nach oben und unten fortgesetzt werden.

Von allen diesen Bemerkungen soll später Gebrauch gemacht werden. Insbesondere soll auch zum elliptischen Hyperboloid übergegangen werden.

d) Das regelmäſsige Paraprisma und Antiprisma, der Parapyramidenstutz und Antipyramidenstutz und ihre Beziehungen zum einfachen Drehungshyperboloid.

403) Die Figur 103 stellt, wie schon in Bd. I § 396 gezeigt wurde, dar, wie aus dem Cylinder ein einfaches Drehungshyperboloid entsteht. Dabei sind die Cylinderseiten als dicht aufeinander folgende Gummifäden zu denken, die sich beim Drehen der oberen Grundfläche gegen die untere ausdehnen können. Sind diese Fäden nur in endlicher Zahl vorhanden, und folgen sie beim Cylinder in regelmäſsigen Abständen aufeinander, so erhält man durch die beiden Horizontalschnitte ein regelmäſsiges Prisma, welches durch Verdrehung in ein regelmäſsiges Paraprisma übergeht. Dieses ist dem Hyperboloid einbeschrieben. Ebenso giebt es ein umbeschriebenes regelmäſsiges Paraprisma. Alle diese Körper haben im allgemeinen windschiefe Seitenflächen.

Es ist am bequemsten, zunächst das Hyperboloid zu untersuchen und dann das Resultat auf das Paraprisma anzuwenden.

Ist r der Radius der beiden Grundflächen, ϱ der Radius des kreisförmigen Mittelschnitts, so ist, weil dort die Verdrehung die Hälfte von der der obersten Fläche ist,

$$\varrho = r \cos\frac{\varphi}{2},$$

der Mittelschnitt also

$$M = \varrho^2\pi = r^2\pi \cos^2\frac{\varphi}{2} = O \cos^2\frac{\varphi}{2} = \frac{r^2\pi}{2}(1+\cos\varphi)$$
$$= \frac{O}{2}(1+\cos\varphi).$$

Der Körperinhalt also wird

$$2)\quad J = \frac{h}{6}(U + O + 4M) = \frac{h}{3}(U + 2M) = \frac{Uh}{3}\left(1 + 2\cos^2\frac{\varphi}{2}\right)$$
$$= \frac{Uh}{3}(2+\cos\varphi)$$

oder, da $U = r^2\pi$ und $\cos\varphi = \frac{\varrho}{r}$ ist:

1*) $$J = \frac{Uh}{3}\left(1 + 2\frac{\varrho^2}{r^2}\right) = \frac{\pi h}{3}(r^2 + 2\varrho^2).$$

(Für $\cos\varphi_1 = 0$ und $\cos\varphi = -1$, d. h. für $\varphi = 180^0$ handelt es sich um den Doppelkegel vom Inhalte $\frac{Uh}{3}$.)

Für die Schicht vom Mittelschnitt bis zur oberen Grundfläche ist $J_1 = \frac{J}{2}$, setzt man also $h_1 = \frac{h}{2}$, $\varphi_1 = \frac{\varphi}{2}$, r_1 für r ein, so erhält man:

$$J_1 = \frac{Uh_1}{3}(2 + \cos 2\varphi_1) = \frac{Uh}{3}(1 + \cos^2\varphi_1) = \frac{r_1^2\pi h_1}{3}\left(1 + 2\frac{\varrho^2}{r_1^2}\right)$$
$$= \frac{\pi h_1}{3}(r_1^2 + 2\varrho^2).$$

Will man aber statt der Fläche $U = r^2\pi$ als neue Grundfläche den bisherigen Mittelschnitt $U_1 = \varrho^2\pi$ haben, so muſs man wegen $\frac{\varrho}{r_1} = \cos\varphi_1$ schreiben:

2) $$J_1 = \frac{U_1 h_1}{3}\,\frac{1 + 2\cos^2\varphi_1}{\cos^2\varphi_1} = \frac{U_1 h_1}{3}\left(2 + \frac{1}{\cos^2\varphi_1}\right)$$
$$= \frac{U_1 h_1}{3}\left(2 + \frac{r_1^2}{\varrho^2}\right) = \frac{\pi h_1}{3}(r_1^2 + 2\varrho^2),$$

was auf dasselbe hinauskommt.

404) Dasselbe erreicht man durch die Betrachtung des § 384, wo sich für die Höhe y über dem Mittelschnitt für den Radius x ergab:

$$x^2 = \frac{y^2}{\tan^2\alpha} + \varrho^2 = \varrho^2\left[\frac{y^2}{\varrho^2\tan^2\alpha} + 1\right] = \varrho^2[\tan^2\varphi_1 + 1] = \frac{\varrho^2}{\cos^2\varphi_1}.$$

Danach wird für $y = 0$, $y = h_1$, $y = \frac{h_1}{2}$

$$U_1 = \varrho^2\pi, \quad O_1 = \pi\left[\frac{h_1^2}{\tan^2\alpha} + \varrho^2\right], \quad M_1 = \pi\left[\frac{h_1^2}{4\tan^2\alpha} + \varrho^2\right].$$

also

2*) $$J_1 = \frac{h_1}{6}[U_1 + O_1 + 4M_1] = \frac{U_1 h_1}{3}\left[3 + \frac{h_1^2}{\varrho^2\tan^2\alpha}\right],$$

oder da

$$\frac{h}{s_1} = \tan a \quad \text{und} \quad s_1 = \varrho \tan \varphi_1, \quad \text{also} \quad \frac{h_1}{\varrho \tan a} = \tan \varphi_1 \quad \text{ist,}$$

$$2^{**}) \qquad J_1 = \frac{U_1 h_1}{3}[3 + \tan^2 \varphi] = \frac{U_1 h_1}{3}[2 + (1 + \tan^2 \varphi)]$$

$$= \frac{U_1 h_1}{3}\left[2 + \frac{1}{\cos^2 \varphi_1}\right],$$

was mit 2) übereinstimmt.

405) Noch eine wichtige Bemerkung sei gemacht, die an die Entwickelung der Formeln für den Kegelstumpf erinnert. In der letzten Berechnung war

$$U_1 = \varrho^2 \pi, \quad O_1 = \varrho^2 \pi \left[\frac{h_1^2}{\varrho^2 \tan^2 a} + 1\right] = U_1 [1 + \tan^2 \varphi_1],$$

$$M_1 = U_1 \left[1 + \frac{\tan^2 \varphi}{4}\right],$$

also

$$4 M_1 = 4 U_1 + U_1 \tan n^2 \varphi = U_1 + O_1 + 2 U_1.$$

Nun ist aber

$$U_1 O_1 = U_1^2 (1 + \tan^2 \varphi_1) = \frac{U_1^2}{\cos^2 \varphi_1},$$

also $U_1 = \cos \varphi_1 \sqrt{U_1 O_1}$, d. h.

$$4 M_1 = U_1 + O_1 + 2 \cos \varphi_1 \sqrt{U_1 O_1}.$$

Demnach ist auch

$$J_1 = \frac{h}{6}[2 U_1 + 2 O_1 + 2 \cos \varphi_1 \sqrt{U_1 O_1}],$$

oder

$$3) \qquad J_1 = \frac{h}{3}[U_1 + O_1 + \cos \varphi_1 \sqrt{U_1 O_1}].$$

Dreht man O_1 in die Lage zurück, wo der Körper einen abgestumpften Kegel giebt, so würde man erhalten:

$$J = \frac{h}{3}[U_1 + O_1 + \sqrt{U_1 O_1}].$$

Aus dieser Formel ist also J_1 leicht abzuleiten. — Formel 3) ist die Formel für einen Parakegelstutz, jedoch für den besonderen Fall, daſs die Hyperbel der Kontur senkrecht auf der Grundfläche steht.

406) Selbstverständlich läßt sich auch jede zwischen irgend welchen zwei horizontalen Ebenen liegende Schicht leicht berechnen, denn es wird für $y = h_1$, $y = h_2$ und $y = \frac{h_1 + h_2}{2}$:

$$U = \pi\left(\frac{h_1^2}{\tan^2 \alpha} + \varrho^2\right) = \varrho^2 \pi\left(\frac{h_1^2}{\varrho^2 \tan^2 \alpha} + 1\right)$$

$$= \varrho^2 \pi (\tan^2 \varphi_1 + 1) = \frac{\varrho^2 \pi}{\cos^2 \varphi_1},$$

$$O = \varrho^2 \pi\left(\frac{h_2^2}{\varrho^2 \tan^2 \alpha} + 1\right) = \varrho^2 \pi (\tan^2 \varphi_2 + 1) = \frac{\varrho^2 \pi}{\cos^2 \varphi_2},$$

$$M = \varrho^2 \pi \left[\left(\frac{h_1 + h_2}{2}\right)^2 \frac{1}{\varrho^2 \tan^2 \alpha} + 1\right]$$

$$= \varrho^2 \pi \left[\frac{4 + \tan^2 \varphi_1 + \tan^2 \varphi_2 + 2 \tan \varphi_1 \tan \varphi_2}{4}\right]$$

oder

$$M = \frac{U + O + 2 \varrho^2 \pi (1 + \tan \varphi_1 \tan \varphi_2)}{4}$$

$$= \frac{1}{4}\left[U + O + 2\varrho^2 \pi \left(1 + \frac{\sin \varphi_1 \sin \varphi_2}{\cos \varphi_1 \cos \varphi_2}\right)\right]$$

$$= \frac{1}{4}\left[U + O + 2\varrho^2 \pi \frac{\cos(\varphi_2 - \varphi_1)}{\cos \varphi_1 \cos \varphi_2}\right].$$

Nun ist aber

$$\sqrt{UO} = \frac{\varrho^2 \pi}{(\cos \varphi_1 \cos \varphi_2)},$$

also folgt

$$4M = [U + O + 2 \cos(\varphi_2 - \varphi_1) \sqrt{UO}],$$

also

$$J = \frac{h}{6}[U + O + 4M] = \frac{h}{6}[2U + 2O + 2\cos(\varphi_2 - \varphi_1)\sqrt{UO}]$$

oder

$$J = \frac{h}{3}[U + O + \cos(\varphi_2 - \varphi_1)\sqrt{UO}].$$

Die Verdrehung von O gegen U ist $\varphi = \varphi_2 - \varphi_1$, also ist auch hier

$$4)\qquad J = \frac{h}{3}\left[U + O + \cos\varphi\sqrt{UO}\right],$$

wo nun die Werte von U und O einzusetzen sind.

Damit ist die Formel für den allgemeinen Parakegelstutz gefunden.

Aus diesen Formeln lassen sich die für das regelmäfsige und allgemeine Paraprisma und Antiprisma und die für den regelmäfsigen Parapyramidenstutz und Antipyramidenstutz geltenden und noch einige andere leicht ableiten.

407) Zunächst ist aus der Hauptfigur ersichtlich, dafs bei endlicher Anzahl von regelmäfsig aufeinander folgenden Seitenkanten die Horizontalschnitte auf regelmäfsige einbeschriebene n-Ecke führen. Dies giebt das regelmäfsige Paraprisma. Jeder von dessen Querschnitten steht zu dem des Hyperboloids im Verhältnis:

$$Q' : Q = \frac{n}{2} r^2 \sin\frac{360^0}{n} : r^2\pi = \frac{n}{2\pi}\sin\frac{360^0}{n} : 1,$$

nach Cavalieri verwandelt sich also die Hyperboloidformel bequem in die Inhaltsformel des Paraprismas.

Man erhält aus 1) für die Berechnung von U oder O

$$5)\qquad J' = J\frac{n}{2\pi}\sin\frac{360^0}{n} = \frac{nr^2h}{6}\sin\frac{360^0}{n}(2+\cos\varphi)$$

$$= \frac{h}{3}\,U'(2+\cos\varphi) = \frac{h}{3}\,U'\left(1 + 2\cos^2\frac{\varphi}{2}\right),$$

wo U' die Grundfläche des Paraprismas ist.

Geht man dagegen von dem Mittelschnitt U_1' aus, so erhält man aus 2)

$$5^*)\qquad J_1' = J_1\frac{n}{2\pi}\sin\frac{360^0}{n}$$

$$= \frac{h_1 U_1'}{3}\,\frac{1+2\cos^2\varphi_1}{\cos^2\varphi_1} = \frac{h_1 U_1'}{3}\left(2 + \frac{1}{\cos^2\varphi_1}\right).$$

408) Den Inhalt des regelmäſsigen **Antiprismas** kann man sofort aus 5) ableiten, indem man die n zugehörigen seitlichen Halbtetraeder hinzufügt. Ist a die Kante der Grundfigur und φ der Drehungswinkel, so hat jedes Halbtetraeder den Inhalt

$$J_2 = \frac{1}{2}\left(\frac{2}{3}\,h\,\frac{a^2}{4}\sin\varphi\right) = \frac{a^2 h}{12}\sin\varphi = 4r^2\sin^2\frac{180^0}{n}\,\frac{h}{12}\sin\varphi$$

$$= r^2\sin^2\frac{180^0}{n}\,\frac{h}{3}\sin\varphi,$$

da $a = 2r\sin\frac{180^0}{n}$ ist. Nun sind n solche Halbtetraeder vorhanden, also wird

$$nJ_2 = \frac{nh}{3}\,r^2\sin\frac{180^0}{n}\sin\varphi = \frac{h\sin\varphi}{3}\,U\tan\frac{180^0}{n}$$

$$\left(\text{denn } U = \frac{nr^2}{2}\sin\frac{360^0}{n} = nr^2\sin\frac{180^0}{n}\cos\frac{180^0}{n}\right).$$

Durch Addition zu J' in Gleichung 5) entsteht als Inhalt des regelmäſsigen **Antiprismas**

$$J'' = \frac{hU}{3}\left[2 + \cos\varphi + \tan\frac{180^0}{n}\sin\varphi\right]$$

$$= \frac{hU}{3}\left[2 + \frac{\cos\varphi\cos\frac{180^0}{n} + \sin\varphi\sin\frac{180^0}{n}}{\cos\frac{180^0}{n}}\right],$$

oder

$$6)\quad J'' = \frac{hU}{3}\left[2 + \frac{\cos\left(\frac{180^0}{n} - \varphi\right)}{\cos\frac{180^0}{n}}\right] = \frac{hU}{3}\left[2 + \frac{\cos(\varepsilon - \varphi)}{\cos\varepsilon}\right],$$

wo $\varepsilon = \frac{180^0}{n}$ ist.

409) Wie nun die Querschnitte des Hyperboloids und die des regelmäſsigen Paraprismas in konstantem Verhältnis stehen, so ist dies auch beim unregelmäſsigen Paraprisma in Bezug auf das Hyperboloid der Fall. In seinem Mittel-

schnitte entspricht nämlich der Kante a des Unter- und Oberschnitts die Kante

$$t = \sqrt{\frac{a^2}{4} + \frac{a^2}{4} + 2\frac{a}{2}\frac{a}{2}\cos\varphi} = a\sqrt{\frac{1+\cos\varphi}{2}} = a\cos\frac{\varphi}{2}.$$

So erhalten sämtliche Kanten der Grundflächen den Verkleinerungsfaktor $\cos\frac{\varphi}{2}$, der Mittelschnitt ist also $M = U\cos\frac{\varphi}{2}$. Stimmen also die Grundflächen eines unregelmäſsigen Paraprismas mit denen des Hyperboloids von gleicher Höhe im Inhalte überein, so stimmen auch die Mittelschnitte überein. Folglich:

Das unregelmäſsige Paraprisma mit geradliniger (oder auch krummliniger oder gemischtliniger) Grundfläche hat den Inhalt:

7) $$J''' = \frac{h}{3}U(2+\cos\varphi) = \frac{h}{3}U\left(1 + 2\cos^2\frac{\varphi}{2}\right).$$

Ist die Grundfläche geradlinig, so kann man sofort wieder zum Antiprisma übergehen. Sind $a, b, c \ldots$ die Grundkanten, so wird die Summe der hinzuzufügenden Tetraeder

$$J_2' = \frac{h\sin\varphi}{12}(a^2 + b^2 + c^2 + \ldots),$$

also wird der Inhalt des allgemeinen Antiprismas

8) $$J_3 = \frac{h}{3}U(2+\cos\varphi) + \frac{h}{12}\sin\varphi\,(a^2+b^2+c^2+\ldots)$$
$$= \frac{h}{3}U\left[2 + \cos\varphi + \sin\varphi\frac{a^2+b^2+c^2+\ldots}{4U}\right].$$

Es liegt nun nahe, wie vorher, einen Hilfswinkel ε_1 mittels der Gleichung

$$\tan\varepsilon_1 = \frac{a^2+b^2+c^2+\ldots}{4U}$$

einzuführen, dann wird, wie vorher

8*) $$J_3 = \frac{Uh}{3}\left[2 + \frac{\cos(\varepsilon_1 - \varphi)}{\cos\varepsilon_1}\right].$$

Ist $a = b = c = \ldots$, so wird $\varepsilon_1 = \varepsilon$, d. h. Formel 8*) geht über in 6).

411) Schneidet man das Paraprisma an zwei ganz beliebigen Stellen horizontal ab, so ist die Schicht ein Parapyramidenstutz und nach Formel 4) zu berechnen. Die Schnittflächen stehen nämlich zu denen des Hyperboloids in konstantem Verhältnis, sind also ähnlich, und so mufs die Formel

$$9) \qquad J_4 = \frac{h}{3}\left[U + O + \cos\varphi \sqrt{UO}\right]$$

gelten. [Will man dies selbständig beweisen, so kann man folgendermafsen verfahren. Die beiden Grundflächen seien ähnlich; die eine habe die Seiten a_1, b_1, c_1 ..., die andere die Seiten a_2, b_2, c_3 ... Für den Mittelschnitt (vergl. t_a, t_b, t_c beim Tetraeder) wird

$$a_3^2 = \frac{a_1^2}{4} + \frac{a_2^2}{4} + \frac{2a_1 a_2 \cos\varphi}{4}, \quad b_3^2 = \frac{b_1^2}{4} + \frac{b_2^2}{4} + \frac{2b_1 b_2 \cos\varphi}{4},$$

also

$$\frac{a_3^2}{b_3^2} = \frac{a_1^2 + a_2^2 + 2a_1 a_2 \cos\varphi}{b_1^2 + b_2^2 + 2b_1 b_2 \cos\varphi} = \frac{a_1^2}{b_1^2} \frac{1 + \frac{a_2^2}{a_1^2} + 2\frac{a_2}{a_1}\cos\varphi}{1 + \frac{b_2^2}{b_1^2} + 2\frac{b_2}{b_1}\cos\varphi}.$$

Da nun der Ähnlichkeit wegen $\frac{a_2}{a_1} = \frac{b_2}{b_1}$ ist, so ist der letzte Bruch gleich 1, d. h. $\frac{a_3}{b_3} = \frac{a_1}{b_1}$ und

$$a_3 : b_3 : c_3 : \ldots = a_1 : b_1 : c_1 : \ldots = a_2 : b_2 : c_2 : \ldots;$$

da ferner jede Seite des Mittelschnitts um $\frac{\varphi}{2}$ gegen die entsprechende der Grundfläche gedreht ist, so ist der Mittelschnitt den Grundflächen ähnlich. Ist also $U = na_1^2$, so folgt $O = na_2^2$ und $M = na_3^2$, folglich ergiebt sich aus der Formel für a_3^2

$$M = \frac{U + O + 2\cos\varphi\sqrt{UO}}{4},$$

also wird

$$J = \frac{h}{6}[U + O + 4M] = \frac{h}{6}[2U + 2O + 2\cos\varphi\sqrt{UO}]$$
$$= \frac{h}{3}[U + O + \cos\varphi\sqrt{UO}].$$

Diese Berechnung, die überflüssig war, ist nur zur Übung eingeschaltet worden. Sie hat beiläufig gezeigt, daſs bei jedem Paraprisma und jedem Parapyramidenstutz alle Querschnitte ähnlich und leicht zu berechnen sind.]

412) Für den Antiprismastutz folgt durch ganz entsprechende Betrachtung, wie vorher

10) $$J = \frac{h}{3}\left[U + O + \frac{\cos(\varepsilon_2 - \varphi)}{\cos\varepsilon_2}\sqrt{UO}\right],$$

wobei ε_2 mittels der Gleichung

$$\tan\varepsilon_2 = \frac{a_1 a_2 + b_1 b_2 + c_1 c_2 + \ldots}{4\sqrt{UO}}$$

bestimmt wird. (Der einzige Unterschied der Rechnung beruht darin, daſs die hinzuzufügenden Tetraeder die Inhaltssumme $\frac{h\sin\varphi}{12}[a_1 a_2 + b_1 b_2 + c_1 c_2 + \ldots]$ haben.)

413) Verschiebt man jetzt die obere Fläche des Cylinders, des abgestumpften Kegels, des unregelmäſsigen Prismas, des unregelmäſsigen Pyramidenstumpfs beliebig in ihrer Ebene, und nimmt man dann die Drehung vor, so erhält man das schräge Hyperboloid, den schrägen Parakegelstutz, das schräge unregelmäſsige Paraprisma, den schrägen unregelmäſsigen Parapyramidenstutz, und durch Zufügung der Halbtetraeder das schräge unregelmäſsige Antiprisma und den schrägen unregelmäſsigen Antipyramidenstutz. Neue Formeln aber sind, wie schon gezeigt, dabei nicht nötig, weil die Lage des Drehungspunktes gleichgültig war.*) Wie schon be-

*) Wie es leichter ist, vom Kegel auszugehen und auf die regelmäſsigen und unregelmäſsigen Pyramiden zu schlieſsen, als umgekehrt, so ist es auch leichter, vom Cylinder auszugehen und auf die Heinzeschen Körper zu schlieſsen, als umgekehrt erst die letzteren zu berechnen und dann auf das Hyperboloid zu schlieſsen. Man vergleiche den Aufwand an Rechnung bei Heinze-Lucke mit dem weit geringerem der obigen Darstellung.

merkt, können die Grundflächen auch unregelmäfsig, krummlinig oder gemischtlinig sein, so kann man z. B. mit Hilfe des Cavalierischen Prinzips z. B. zu Hyperboloiden mit elliptischer Grundfläche übergehen, auch Halbellipsen und sonstige Ellipsenabschnitte und elliptische Sektoren zu Grunde legen. Die entwickelten Formeln sind also von ganz aufserordentlicher Verwendbarkeit.

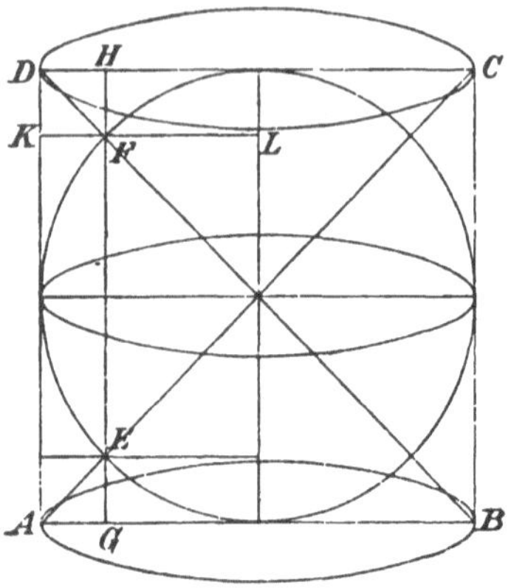

Fig. 104.

e) Erweiterung eines Archimedischen Satzes.

414) Beispielshalber sei auf folgenden Zusammenhang aufmerksam gemacht. Fig. 104 stellt einen quadratischen Cylinder mit der einbeschriebenen Kugel dar. Wird die obere Grundfläche des Cylinders um φ gedreht, so geht der Cylinder in ein Hyperboloid über, dessen Mittelschnitt den Radius ϱ habe, während der obere und untere Schnitt den Radius r behält.

In jedem Hauptschnitte soll aber an Stelle des in K und L berührenden Kreises eine in K_1, L_1, E und G berührende Ellipse treten. Dann ist der Hyperboloidinhalt innerhalb des Cylinders

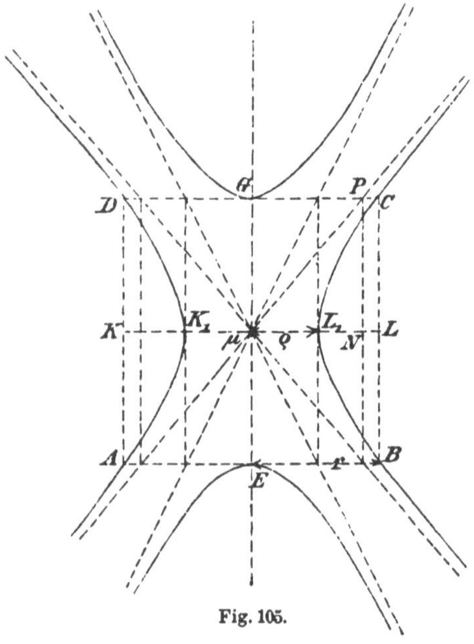

Fig. 105.

$$J_1 = \frac{\pi h}{6}(r^2 + r^2 + 4\varrho^2) = \frac{\pi h}{3}(r^2 + 2\varrho^2),$$

der Ellipsoidinhalt

$$J_2 = \frac{\pi h}{6}(o + o + 4\varrho^2) = \frac{2\pi h}{3}\varrho^2.$$

Der Unterschied also

$$D = J_1 - J_2 = \frac{\pi h r^2}{3}.$$

Folglich: Wie grofs man auch die Achse $K_1 L_1$ nehme, der Unterschied zwischen Hyperboloid und Ellipsoid ist gleich dem Inhalte des durch die Diagonalen AC und BD angedeuteten Doppelkegels.*)

---

*) Die Beziehung gilt auch für beliebige Schichten innerhalb des Cylinders. Analytisch würde sich dies folgendermafsen erklären: $\frac{x^2}{\varrho^2} + \frac{y^2}{r^2} = 1$ ist Gleichung der Ellipse, also ist der Ellipsoidquerschnitt in Höhe y genommen 1) $x^2\pi = \frac{\pi\varrho^2(r^2 - y^2)}{r^2}$; die Hyperbelgleichung ist $\frac{x^2}{\varrho^2} - \frac{y^2}{b^2} = 1$. Um die unbekannte Halbachse b zu berechnen, überlege man, dafs für den Eckpunkt C die Gleichung in $\frac{r^2}{\varrho^2} - \frac{r^2}{b^2} = 1$ übergeht, was auf $b^2 = \frac{r^2\varrho^2}{r^2 - \varrho^2}$ führt (so dafs z. B. der halbe Asymytotenwinkel sich ergiebt aus $\tan\alpha = \frac{b}{\varrho} = \frac{r}{\sqrt{r^2 - \varrho^2}}$. Macht man also $\mu N = \sqrt{r^2 - \varrho^2}$, so giebt die Senkrechte NP die Asymytote μP). Die Gleichung der Hyperbel geht also über in $\frac{x^2}{\varrho^2} - \frac{y^2(r^2 - \varrho^2)}{r^2\varrho^2} = 1$, so dafs der Querschnitt in Höhe y ist 2) $x_1^2\pi = \pi\frac{r^2\varrho^2 + y^2(r^2 - \varrho^2)}{r^2}$. Die Differenz der Querschnitte ist $x_1^2\pi - x^2\pi = y^2\pi$. Da aber die Diagonale μC unter 45° geneigt ist, so ist dies der Querschnitt des zugehörigen Kegels. — Ausserhalb des Quadrats ist die Differenz der Querschnitte von Hyperboloid und Kegel negativ und führt auf $\pi\frac{r^2\varrho^2 - y^2\varrho^2}{r^2} = -x_2^2\pi$, und dies ist der negative Querschnitt der Hyperbel $\frac{y^2}{r^2} - \frac{x^2}{\varrho^2} = 1$ in Höhe $y > r$, deren Halbachsen mit der der Ellipse übereinstimmen. Also ist nach oben hin die Querschnittssumme der Hyperboloide gleich der des Kegels.

415) Macht man dabei $K_1 L_1 = KL$, so geht das Hyperboloid in den Cylinder über, das Ellipsoid in die einbeschriebene Kugel, d. h. man erhält als Sonderfall den Archimedischen Satz: Cylinder — Kugel = Kegel. Die Erweiterung des Satzes geht aber noch weiter: Macht man $K_1 L_1 > KL$, so geht das Hyperboloid in ein Ellipsoid über

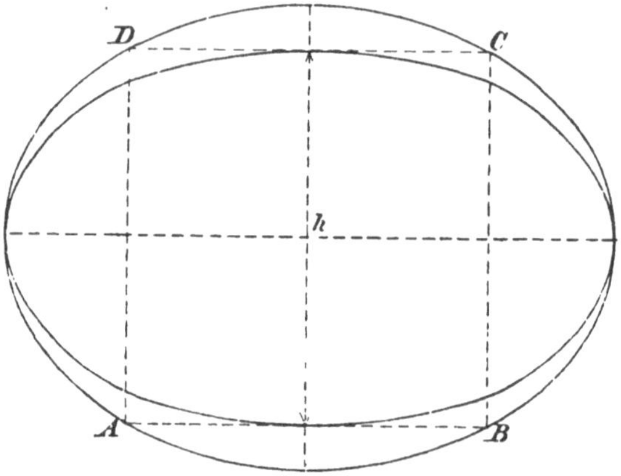

Fig. 106.

(welches im besonderen Falle zur umbeschriebenen Kugel werden kann). Für beide Ellipsoide ist für die Höhe h

$$J_1 = \frac{\pi h}{6}(r^2 + r^2 + 4\varrho^2) = \frac{\pi h}{3}(r^2 + 2\varrho^2) \text{ und } J^2 = \frac{2\pi h}{3}\varrho^2,$$

$$\text{also die Differenz wieder } D = \frac{r^2 \pi h}{3}.$$

$ABCD$ braucht übrigens, wie das Cavalierische Prinzip zeigt, kein Quadrat zu sein. So hat man ganz allgemein den Satz:

Legt man durch die Ecken eines Rechtecks einen Kegelschnitt, der die Mittellinie zur Achse hat, legt ferner man in das Gebilde eine Ellipse, die den Kegelschnitt in den Scheitelpunkten berührt und die Höhe des Rechtecks zur andern Achse hat, und läfst man das ganze Gebilde einschliefslich der Rechtecksdiagonalen um diese Höhe rotieren, so ist innerhalb des Cylinderraumes die Inhaltsdifferenz der beiden Kegelschnittskörper gleich dem Kegelinhalt.

416) [Dieser Satz lässt sich noch erweitern, indem man an Stelle der inneren Ellipse eine Hyperbel mit denselben Achsen setzt (vgl. Fig. 105), nur gilt dann das Betreffende aufserhalb des Cylinders für die Summe der beiden Hyperboloide, im Archimedischen Falle für Cylinder und gleichseitiges Drehungshyperboloid usw. Aufserdem läfst er sich durch Affinität erweitern, indem man den senkrechten Kreiscylinder in einen elliptischen verwandelt und diesen durch Cavalierische Verschiebung in einen elliptischen Schrägcylinder, so dafs die Kegelschnittflächen die allgemeinste Gestalt annehmen. Dies sei jedoch im Hinblick auf die Anmerkung, in der der Satz für die einzelnen Querschnitte bewiesen wird, dem Leser überlassen.]

f) Dachkörper und Paraboloid.

417) Der in Fig. 107 auf die Schneide gestellte Dachkörper ist die Hälfte des zugehörigen Rechteckskörpers. In

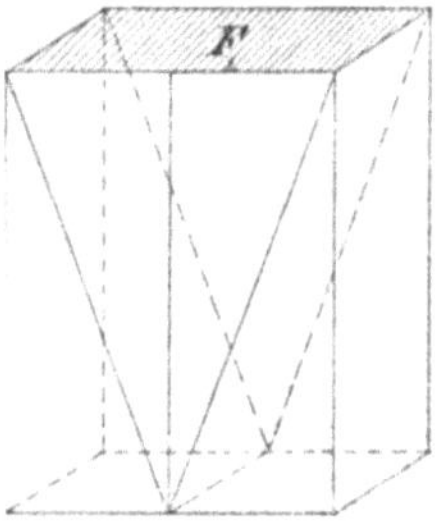

Fig. 107.

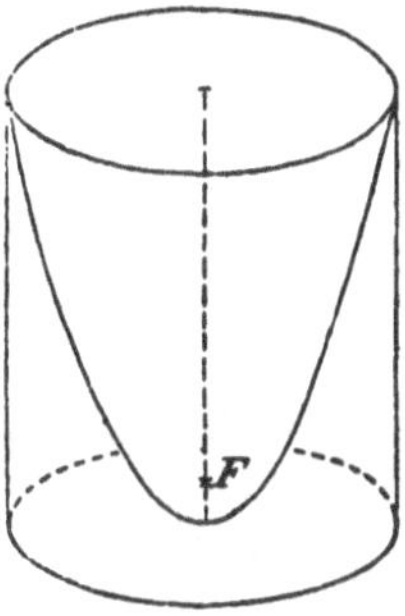

Fig. 108.

der Höhe h ist jeder seiner Querschnitte zu berechnen aus

1) $$F : F_1 = h : h_1,$$

wenn F die obere Grundfläche, h_1 ihr Abstand von der Schneide ist.

Soll dasselbe für den Drehungskörper gelten, der in den nebenstehenden Cylinder einbeschrieben ist, so folgt für die Querschnitte

$$x^2 \pi : x_1^2 \pi = h : h_1$$

oder

2) $$x^2 : x_1^2 = h : h_1,$$

d. h. die Quadrate der Querschnittsradien müssen sich verhalten wie die zugehörigen Höhen. Dies ist aber das Gesetz der Parabel, die man jener Vorschrift entsprechend mit hinlänglicher Genauigkeit konstruieren kann, indem man auf der Grundlinie z. B. in den Abständen

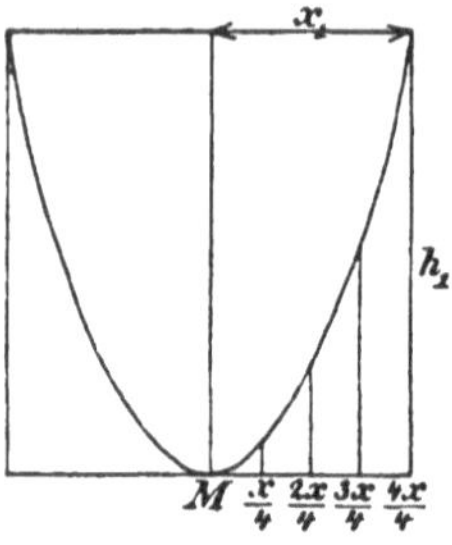

Fig. 109.

$\frac{x_1}{4}, \frac{2x_1}{4}, \frac{3x_1}{4}, \frac{4x_1}{4}$ von M die Lote $\frac{h_1}{16}, \frac{4h_1}{16}, \frac{9h_1}{16}, \frac{16h_1}{16}$; oder allgemeiner in den Abständen $\frac{x_1}{n}, \frac{2x_1}{n}, \frac{3x_1}{n}, \ldots, \frac{nx_1}{n}$ die Lote $\frac{h_1}{n^2}, \frac{2^2h_1}{n^2}, \frac{3^2h_1}{n^2}, \ldots, \frac{n^2h_1}{n^2}$ errichtet.

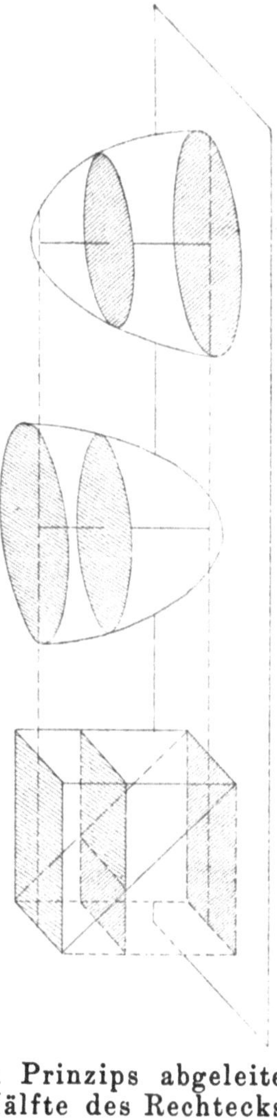
Fig. 110.

418) Macht man dasselbe im schiefen Parallelogramm mit Hilfe von Parallelen zur Seite, und stellt man dann die horizontalen Kreise her, so geht man zum schrägen Kreiscylinder und dem einbeschriebenen elliptischen Paraboloid über. Auch vom senkrechten elliptischen Kreiscylinder kann man ausgehen und das einbeschriebene Paraboloid mit Hilfe ähnlicher Ellipsen bilden.

Alle diese Paraboloide können aus dem Dachkörper mit Hilfe des Cavalierischen Prinzips abgeleitet werden. Weil letzterer die Hälfte des Rechteckskörpers ist, ist jedes Paraboloid die Hälfte des zugehörigen Cylinders.

419) Stellt man zwei kongruente Paraboloide so hin, wie in Fig. 110, so ist die Querschnittssumme beider für jede Höhe konstant (gleich einer der der Grundflächen). Dies folgt sofort aus den beiden durch Diagonalschnitt aus dem Rechteckskörper entstehenden Dachkörpern.

g) Pyramide und parabolischer Cylinder.

420) Fig. 111 stellt eine z. B. quadratische Pyramide dar. Jeder ihrer Horizontalquerschnitte verhält sich zum obersten so, daſs

$$Q : Q_1 = h^2 : h_1^2$$

ist. Man bilde nun aus jedem Quadratquerschnitte der

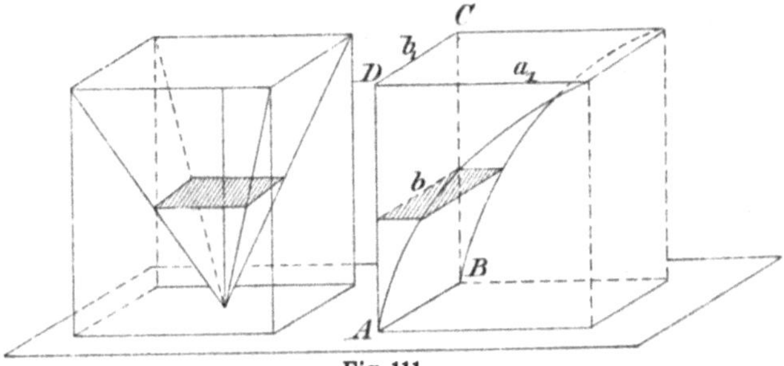

Fig. 111.

Pyramide ein gleich groſses Rechteck mit der Seite b und lege diese in entsprechender Höhe an das Rechteck $ABCD$ (mit den Seiten $AB = b$ und $AD = h_1$) an, so daſs ein neuer Körper entsteht, der nach Cavalieri mit dem andern gleichen Inhalt hat. Für diesen ist wiederum $Q : Q_1 = h^2 : h_1^2$ oder $ab : a_1 b = h^2 : h_1^2$ oder endlich $a : a_1 = h^2 : h_1^2$. Letzteres ist wieder das Gesetz der Parabel, der Körper selbst heiſst der parabolische Cylinder.

Wie die Pyramide der dritte Teil des zugehörigen Prismas ist, ist der parabolische Cylinder der dritte Teil des zugehörigen Rechteckskörpers; der Restkörper des Prismas ist gleich dem parabolischen Restkörper des Rechteckskörpers. Letzterer ist, wie ersterer, gleich $\frac{2}{3}$ vom Inhalte des Rechtecks, körpers bezw. Prismas. Auch hier kann man vom schiefen Prisma bezw. Rechteckskörper ausgehen, ohne dafs sich etwas ändert. — (Der entsprechende auf die Schneide gestellte hyperbolische Cylinder läfst eine so einfache Berechnung nicht zu, denn diese beansprucht die Zuhilfenahme des natürlichen Logarithmus. Auf ihn wird erst im folgenden Bande eingegangen.)

h) Das Halbtetraeder als Körper des hyperbolischen Paraboloids.

Dieser Körper ist schon mehrfach zur Sprache gekommen, wird also hier nur der Vollständigkeit wegen genannt.

i) Zusammenfassende Bemerkungen.

421) Wie jede Horizontalschicht des ebenen Prismatoids nach der Simpsonschen Regel berechnet werden kann, so lässt sich nach Cavalieri jede Parallelschicht der Kugel, des Drehungsellipsoids, des dreiachsigen Ellipsoids, des einfachen Drehungshyperboloids, des einfachen dreiachsigen Hyperboloids, des zweifachen Drehungshyperboloids, des zweifachen dreiachsigen Hyperboloids, des Drehungsparaboloids, des elliptischen Paraboloids, des auf die Schneide gestellten parabolischen Cylinders (und seines Restkörpers), des windschiefen Paraboloids nach der Simpsonschen Regel berechnen. Der Schwerpunkt dieser Schichten liegt in derselben Höhe wie beim entsprechenden ebenen Prismatoid. Am Schlusse des vorigen Abschnitts wurden die nötigen Bemerkungen darüber gemacht. Beispiele sollen erst später behandelt werden.

VI. Geschichtliches.

422) Während des Druckes ist bei B. G. Teubner in Leipzig ein Werk von Dr. M. Brückner: Vielecke und Vielflache, Theorie und Geschichte, erschienen. Hinsichtlich der Vollständigkeit und der Ausstattung mit Figuren übertrifft es alle Vorarbeiten. Im Anschlusse daran sollen einige Ergänzungen zu den geschichtlichen Bemerkungen des ersten Bandes gebracht werden, besonders zu Seite 63 und 181—185.

Brückner spricht zunächst über Vielecke, so dafs auch planimetrische Notizen zu beachten sind. Genannt werden: Chr. Wiener: Über Vielecke und Vielflache, Leipzig 1864, ein Werk, welches als klassisch bezeichnet wird. Eberhardt, Zur Morphologie der Polyeder, 1892. Reinhardt: Einleitung in die Theorie der Polyeder, Progr. Meissen 1890. Günther: Die geschichtliche Entwickelung der Lehre von den Sternpolygonen und Sternpolyedern in der Neuzeit; in den Vermischten Untersuchungen zur Geschichte der math. Wissenschaften. Leipzig, bei Teubner, 1876.

Den Begriff des allgemeinen Vielecks hat erst Girard im 17. Jahrhundert klar erfafst. Über diesen Punkt haben Campanus (13. Jahrh.), Bradwardinus, Regiomontanus, Charles de Bouvelles, Kästner, Broscius, Meister (siehe unten) und viele neuere Mathematiker geschrieben. Über die älteren vergleiche man die Geschichtswerke von Cantor und Günther. Eine Schrift von Dostor: *Théorie générale ues polygones étoilés*, Liouvilles Journal, 3ième série, t. VI 1880, wird als Rückschritt und als unvollständig hinsichtlich der Litteratur, namentlich der deutschen, bezeichnet. Hefs: Über gleicheckige und gleichkantige Polygone, Schriften der Marburger Gesellschaft, Kassel 1874. Möbius, dessen baryzentrischer Kalkül und dessen Abhandlungen in der von der Leipziger Ges. d. W. zusammengestellten Gesamtausgabe zur Sprache kommen, hat den oben genannten Meister erst später kennen gelernt. Jacobi giebt eine Regel über den Inhalt der Sternpolyeder in Crell. Journal Bd. 65. Hermes erläutert dort dieses Bruchstück und erweitert den Satz. Diese Lehren spielen in die Lehre von der Kreisteilung und Kugelteilung über, also auch in die Zahlentheorie, worüber Gaufs, Dirichlet, Richelot, Dedekind und Hermes zu vergleichen sind. Brückner bringt noch weitere litterarische Angaben planimetrischer Art.

Stereometrisch besonders über das Eulersche Theorem haben noch gearbeitet: Hertzer: Über Vielecke, Vielseite, Vielflache in Schlömilchs Zeitschr. f. Math. u. Phys., Jahrgang 11, 1886. Godt, Untersuchungen über Polyeder von mehrfachem Zusammenhang, Progr. Lübeck 1881. Lippich, Zur Theorie der Polyeder, Wiener Berichte, 1884. Hessel, Nachtrag zum Eulerschen Lehrsatze über Polyeder, Crell. Journal 8. Dingeldey: Topologische Studien, Leipzig 1890.

Raschig: Zum Eulerschen Theorem der Polyedrometrie, Festschrift des Gymn. Schneeberg, 1891. Reinhardt: Zu Möbius' Polyedrometrie, Berichte der Sächs. G. d. W. 1885, Seite 106. Catalan: *Mémoire sur la théorie des polyèdres*, Journal de l'Ecole, Heft 151, 1865, Seite 1—71, erhielt 1862 den Grand prix de l'Ac. Letztere hatte folgende Aufgabe gestellt: *„Perfectionner en quelque point important, la théorie géométrique des polyèdres.“* Die Arbeit zieht Folgerungen aus dem Eulerschen Satze über die Polyeder. A. L. F. Meister schrieb 1785, ohne sich auf Euler zu beziehen, seine *Commentatio de solidis geometricis*, Göttinger Comm. math. VII. Über die Geschichte des Eulerschen Satzes vergleiche man neben Baltzer noch Jonquières in den Compt. Rend. Bd. 110 von 1890, Seite 261, 315, 677, und Enneströms Bibl. math. 1890, Seite 43. Hessel: *Quaestiones stereometricae, potissimum ad theorema Euleri de numeris planorum superficialium, canthorum et acuminum in polyedris spectantes*, Marburg 1831; van Swindens Elemente (Jacobi), Jena 1834. Reidts Elemente bringen den nur für konvexe Polyeder gültigen Beweis nach Eulers Methode (Zerlegung in Tetraeder), L'Huilier erweiterte ihn für konkave Polyeder, vergl. *Mémoire sur la polyédrometrie contenant une démonstration du Théorème d'Euler sur les polyèdres, et un examen des diverses exceptions auxquelles ce théorème est assujetti;* Extrait par Gergonne, Ann. de Math. XIII, 1812/12, Seite 13. Dasselbe leistet Seidelin: *Bewis for en Satning of Stereometrien*, Tychsen Tidskr. VI, 22, 1870. De Jonquières giebt einen dem Eulerschen entsprechenden Beweis, ohne jedoch Eulers Abhandlung gekannt zu haben. Kirkman: *On the Representation and Enumeration of Polyedra*, Mem. of the Lit. and Philosoph. Society of Manchester, 2nd ser., vol. XII, 1855, Seite 47, giebt einen originellen Beweis mit Hilfe einer Art des Zerschneidens. Hessels Abhandlung in Crell. Journal Bd. 8, Seite 13, zeigt, daſs Eulers Satz auch bei gewissen Zusammensetzungen Eulerscher Polyeder bestehen bleibt. Steiner giebt ohne Kenntnis des L'Huilierschen Beweises einen ähnlichen. Auch der von Hoppe: Archiv Bd. 63, 1879, gelieferte gehört hierher; ihn haben Henrici-Treutlein und Bork in ihre Lehrbücher aufgenommen. Der von Legendre in den Éléments de Géom. (8. Ausgabe 1809) gegebene Beweis nimmt den Satz vom

Inhalte sphärischer Vielecke zu Hilfe, ebenso Meier Hirsch Bd. 2, Seite 93, und das grosse Werk von Heſs über die Kugelteilung, Leipzig 1883. Diese Beweise gelten aber nur für konkave Polyeder. Weitere Zerschneidungsbeweise geben noch Cauchy 1811, Grunert in Crell. Journal II, Seite 367, Thieme (vergl. Baltzers Elemente), v. Staudt: Geom. der Lage. Bei Brückner lese man noch nach, was Cayley, Perrin, Becker, Jordan, Möbius in der Theorie der elementaren Verwandtschaft, Bertolotti und Listing über das erweiterte Eulersche Theorem geschrieben haben. Insbesondere haben Legendre und Cauchy über die Bestimmungen eines Eulerschen Polyeders durch $\varkappa$-Stücke (Gleichungen) bezw. durch sein Netz und Möbius über gewisse Kantengesetze geschrieben. Fr. Roth, Beiträge zur Stereometrie, Progr. Buxtehude 1890, bespricht Vielflache „von der Art $A = 1$“, d. h. er zeigt, daſs jedes konvexe Eulersche Polyeder Polarecken giebt, deren Summe gleich einer einzigen Kugel ist, während bei den konkaven diese Summe gröſser als 1 ist. Daran schlieſst Brückner die Betrachtung der polaren Reziprozität, der isomorphen, allomorphen und autopolaren Vielflache und die Möbiussche Darstellung der Vielflache, wozu zahlreiche Beispiele gegeben werden.

Im Anschluſs an diese Sätze wird eine ausführliche allgemeine Theorie der Eulerschen Vielflache gebracht, wobei noch Breton, Kirkman, Poinsot, Hermes und Schönflieſs Erwähnung finden.

In dem Abschnitte über besondere Eulersche Vielflache werden gleichflächige, gleicheckige, halbreguläre und reguläre unterschieden.

Die Litteratur über die regelmäſsigen Vielflache, über die halbregulären und Poinsotschen ist eine überreiche. Auſser den schon angeführten Namen und Arbeiten seien folgende genannt: August: Konstruktion der regelmäſsigen Körper nach einer für alle übereinstimmenden Methode, Progr. 1854 des Kölln. Realgymnasiums zu Berlin; Sohnke: Konstruktion der fünf regulären Körper, Grunerts Archiv, Bd. 47, 1867; Stegell: *Note on the regular solids*, Edinburg, M. S. Proc. VII 66; L'Huilier: *Mém. sur les solides régul.* Geog. Annales, Bd. III, $18^{12}/_{13}$, Seite 233; Schönemann: Über die Konstruktion und Darstellung des Ikosaeders und Sterndodekaeders, Schlömilchs Zeitschrift, 1873,

Seite 387 spricht über gewisse Achsenverhältnisse und giebt eine Fadenkonstruktion für das Ikosaeder; Th. Hugel: Die regulären und halbregulären Polyeder, Neustadt a. d. H., bringt 113 stereoskopische Figuren; O. Löwe: Über die regulären und Poinsotschen Körper und ihre Inhaltsbestimmung vermittels der Determinanten, München, 1883; Zeppenfeld: Beitrag zur Projektion der regelmäſsigen Polyeder, Progr. Elberfeld, 1884; H. Wiener: Herstellung der Platonischen Körper aus Papierstreifen, Katalog der Münchener Ausstellung der deutschen Mathematikervereinigung, 1893, Nachtrag, Seite 52.

Brückner bringt die Berechnung aller Archimedischen Körper auf Seite 132 bis 139 und giebt eine konsequente Einteilung der gleicheckigen und gleichflächigen Vielflache, wobei auch die dualistische Nebeneinanderstellung zur Anwendung kommt. Die erste Hauptklasse wird aus dem n-seitigen Prisma (bezw. der n-seitigen Doppelpyramide) abgeleitet, die zweite aus den regelmäſsigen Vielflachen. Jede zerfällt in mehrere Ordnungen und weitere Unterabteilungen, so daſs die Übersicht wesentlich erleichtert wird. Verwiesen wird u. a. auf Groth: Physikalische Krystallographie, Leipzig, 1885 und im Hinblick auf die Kugelnetze auf Catalan und Hess.

Aus dem reichhaltigen Litteraturverzeichnis kann hier nur Einiges mitgeteilt werden. Schon Luca Paciulo giebt in dem Buche über die *Divina proportione* Modelle der regelmäſsigen und vieler abgeleiteten Körper an, zu denen Leonardo da Vinci die Zeichnungen geliefert hat. Albr. Dürer zeichnet auch die Netze für die regelmäſsigen und für acht Archimedische Körper in der „Unterweysung“. Wenzel Jamitzer leitet im Jahre 1568 aus den regelmäſsigen Körpern „ohne Endt gar viel andere Körper“ ab. François de Foix-Candalla fügt seinen Euklidausgaben von 1566 und 1578 einige halbregelmäſsige Körper bei, z. B. das „Hexoctaedron“ und das „Ikosidodekaedron“. Kepler beschreibt in der „*Harmonice mundi*“ unter anderem das Rhombenzwölfflach und das Rhombendreiſsigflach und die 13 Archimedischen Körper. Marpurg giebt 1744 in den Anfangsgründen des Progressionskalküls usw. Netze der Archimedischen Körper, die er, weil sich Kugeln um sie beschreiben lassen, als „*corpora regulosa sphaerica*“ bezeichnet, was in gleicher Weise mit den reciproken Körpern hätte geschehen sollen, denen sich Kugeln einbeschreiben lassen. Kaestner: *De corporibus polyedris data lege irregularibus*, Comment. Goetting., 1783/84 VI, Seite 3, 1785/86 VIII, Seite 3 des 2., Seite 30 des 3. Teils, 1787/88 bespricht die Archimedischen Körper gründlich und zum erstenmal wirklich erschöpfend in analytischer Darstellung, auch giebt er ihnen bestimmte, aus dem Griechischen abgeleitete Namen. Wie aus der Abhandlung: *De corporibus regularibus abscissis et elevatis*, Comment. Goetting. XII 1793/94 hervorgeht, ist er durch die Abhandlung Paciulos zu seiner Arbeit angeregt worden. Das abgeschnittene Oktaeder und Hexaeder hat er schon in der Abhandlung: *De sectionibus solidorum, crystallorum structurum illustrantibus* in Comm. Goetting. VI behandelt. Sidonne: *Recherches sur les polyèdres*, Gerg. Ann. IX 1818/19, Seite 321; Badoureau: *Mém. sur les figures isoscèles*, Compt. Rem., Heft 69, (1878); Hohl: Die Lehre von dem Polyeder, Tübingen, 1841, J. H. T. Müller: Lehrbuch der Math. II. betrachten den Gegenstand ebenfalls. Auf die Heinzesche Programmschrift, Cöthen, 1868, sei noch einmal aufmerksam gemacht, ebenso auf Hessels großen Artikel „Krystall“ in Gehlers Physik. Wörterbuch. Bravais: *Mém. sur les polyèdres de forme symmetrique*, Liouvilles Journal 14; Federow: Grundlagen der Morphologie und der Systematik der Polyeder, St. Petersburger Miner. Ges. XXX, 1893; schon früher, 1885, hatte er über die Elemente der Gestaltenlehre in derselben Zeitschrift, Bd. 21, 1—279 geschrieben. Seine Einteilungsgrundsätze weichen von denen Eberhards wesentlich ab, ebenso die Bezeichnungen. Bezüglich der Priorität hinsichtlich der konsequenten Einteilung sind aber Hessel und Hess voran zustellen. Die Jordansche Einteilung giebt Brückner in Anhang I ausführlich wieder.

Auf Seite 176 bis 179 giebt Brückner Geschichtliches über die Sternpolyeder u. dgl. Die Ansicht Bertrands, Kepler habe das eigentliche Wesen der Vielflache nicht erkannt, wird abgelehnt. Cauchys Arbeit wird über die von Poinsot gelieferte gestellt. Cauchy läßt die Körper durch Verlängerung der Seiten regelmäßsiger Vielflache entstehen und beweist, daß nur vier regelmäßige Vielflache höherer Art möglich seien. Bertrand: *Note sur la théorie des polyèdres réguliers*, Comptes Rendus, 46, 1858 macht keinen besonderen Fortschritt, wohl aber Cayley; *On Poinsots new Regular Solids*, Philos. Mag., vol. XVII, 4te Serie, 1859, Seite 123. Er geht auf die Art der Vielecke ein und erweitert die Eulersche Gleichung zur folgenden:

$$aE + aF = K + 2A,$$

wo a die Art der Ecken und a die Art der Flächen bedeutet, auch verbessert er einige Poinsotsche Formeln. Die genannte Gleichung gilt für alle regulären Vielflache höherer Art. Seine Bezeichnungen werden als nicht glücklich gewählt bezeichnet. Wiener giebt in der schon genannten Arbeit zum erstenmal musterhafte Zeichnungen nach Modellen und dazu die Netze der Körper. Hugel folgt mit den schon genannten stereoskopischen Abbildungen und hält das konkave Sterndodekaeder irrtümlich für einen Poinsotschen Körper. Hess giebt 1876 zwei Formeln allgemeiner Geltung, $2A = \Sigma a - p$ bezw. $p = \frac{1}{2}\Sigma n + \Sigma k - \Sigma a$ woraus folgt $2A = \Sigma a + \Sigma a - K - \Sigma k$. Die letzte Formel wird jetzt allgemein als der erweiterte Eulersche Satz bezeichnet. Diese Formeln gelten für alle konvexen und nicht konvexen Vielflache, welche das Möbiussche Kantengesetz (Zweiseitigkeit) erfüllen. Badoureau giebt diese Verallgemeinerung erst im Jahre 1878, erwähnt jedoch frühere Arbeiten von Rouché und de Comberousse, die sie für den Sonderfall der regulären Vielflache bewiesen hätten. Becker liefert einen neuen Beweis in Schlömilchs Zeitschrift, 1874, Seite 459. Möbius betrachtet die regulären Körper höherer Art in selbständiger Weise, vergl. Ges. Werke, II, Seite 555. Die Arbeit von Lesekamp, Programm Chemnitz 1887 scheint Brückner entgangen zu sein.

Bezüglich der gleicheckigen und gleichflächigen Kugelnetze und der Konstruktion der entsprechenden Körper, die den Schlufsteil des Werkes von Brückner ausfüllen, übertrifft dieses jede andere Zusammenstellung. Die schon genannten Werke von Hess und Bravais und die Abhandlungen von J. Pitsch: Über halbreguläre Sternpolyeder, mit einer Einleitung über die Beziehungen zwischen den halbregulären und den ihnen polar zugeordneten Polyedern, Zeitschrift für Realschulwesen, Wien, 1881, Jahrgang VI,

Seite 9—24, 72—89, 216 bilden die Grundlage. Den geschichtlichen Bemerkungen dazu ist ein besonderer Abschnitt gewidmet. Dabei wird auf verschiedene Arbeiten von Hess, die in den Marburger Schriften erschienen sind, aufmerksam gemacht.

Da Brückners Werk besonders das morphologische Element betont, bleibt für die eigentlichen Berechnungen noch sehr viel zu thun. An Übungstoff mangelt es also nicht. Man kann jedoch behaupten, daſs mit dem Werke ein erster Abschluſs für die Systematik der Polyeder erreicht ist. Ob die Untersuchungen über die höheren Polyeder auf die Zahlentheorie von ähnlichem Einflusse sein werden, wie die Gauſssche Theorie der Kreisteilung, muſs die Zukunft lehren. Jedenfalls werden sich zu dieser und zur Funktionentheorie mancherlei Brücken schlagen lassen. Insbesondere giebt jeder der betrachteten Körper Veranlassung zu Übungsaufgaben über konforme Abbildungen auf Kugel oder Ebene, durch die vielleicht neue Gesichtspunkte funktionentheoretischer oder gruppentheoretischer Art gewonnen werden.

Über die Berechnung der Polyeder seien im Anschluſs an Baltzer noch folgende Bemerkungen gemacht. Schon bei Euklid findet man den Satz, daſs Prismen von kongruenten Normalschnitten inhaltsgleich sind, wenn sie gleiche Längenkanten haben, Eukl. XI. 28. Man vergleiche dazu noch Cavalieri, Bretschneider Geom., J. H. T. Müller und andere.

Haben zwei Parallelflache gleiche Grundfläche und Höhen, so sind sie inhaltsgleich. Dieser Satz findet sich schon bei Euklid XI. 31. Baltzer beweist ihn nach der Methode von Müller.

Über Cavalieri ist in Bd. I ausführlich berichtet. Schon Kepler (*Stereometria doliorum* 1615) zeigt vor ihm Anfänge des nach Cavalieri genannten Prinzips, mit dem sich auch Fermat beschäftigt hat. Nach Baltzer ist es auf keine Weise gelungen, die Inhaltsgleichheit zweier Pyramiden von gleichen Grundflächen und Höhen durch bloſse Zerlegung beider Körper zu beweisen. Eudoxus soll als erster den Pyramideninhalt berechnet haben (Euklid giebt den Satz in XII, 7). Darüber berichtet Archimedes in der Einleitung des ersten Briefes über Kugel und Cylinder. Eudoxus war Zeitgenosse des Plato. — Eine jedenfalls wichtige Arbeit von Cauchy und eine ebensolche von Feuerbach über das Tetraeder sind mir leider nicht zugänglich geworden.

Über die Inhaltsberechnung der Vielflache, die der Regel $J = \frac{h}{6}(U + O + 4M)$ gehorchen, vergleiche man Meier Hirsch, geom. Aufgaben, II, 102, 155, 189, wo jedoch komplizierte Rechnungen benutzt werden. Steiner hat die letzteren in Crell. Journal, Bd. 23, Seite 275 erheblich vereinfacht und dabei auch den vorher von Koppe in Crell. Journal 18 bekannt gegebenen Satz über die Obelisken einfacher bewiesen. Man vergleiche auch Grunerts Archiv 9, Seite 82, Brix, Crell. Journal, Bd. 25 und August, Crell. Journal, Bd. 60.

Die Halbierung des Tetraeders durch die besprochenen windschiefen Flächen scheint zuerst von Tinseau bemerkt zu sein, der 1780 in den *Mèm. de Math. et Phys.*, Bd. 9, Seite 612 den Inhalt gewisser Prismatoide durch Integralrechnung berechnete. Meier Hirsch, Möbius im baryc. Kalkül, und Steiner an der oben genannten Stelle behandeln denselben Gegenstand.

Die Formel über den Pyramidenstumpf schreibt Baltzer dem „Leonardo Pisano“ zu, der sie in der *practice geometrice,* Seite 113 behandelt haben soll.

Über die Geschichte der Simpsonschen Regel in ihrer allgemeineren Bedeutung soll erst später berichtet werden. Hier sind nur die einfachsten Sonderfälle zur Sprache gekommen. Nur folgendes sei erwähnt:

Ausführlicher werden die Prismatoide behandelt in einem älteren Programm der Bochumer Provinzialgewerbeschule von Hilger Grethen über die Simpsonsche Regel, auch in den Lehrbüchern von Wittstein, Koppe, Kommerell-Hauck und dem schon genannten Heinze-Lucke. Besonders sei der Leitfaden der Stereometrie von Gusserow, (Berlin, bei Springer) für die Stereometrie und Projektionslehre hervorgehoben, der im Anschlufs an das Programm 1882 der Dorotheenrealschule in Berlin „über die Inhaltsermittelung der Körper aus ihren Projektionen“ mit Hilfe der darstellenden Geometrie an die Körperberechnung geht.

Er findet dabei für das ebenflächige Prismatoid einfache, wenn auch nicht besonders brauchbare Formeln, z. B.

$$D + U + O = G, \quad J = \frac{h}{3}(3D + 2O + U) = \frac{h}{3}(2D + G + O).$$

Die erste ist sehr leicht zu beweisen. In ihr bedeutet G die Grundfläche, D die obere Fläche, O die algebraische Summe der Projektionen der Seitenflächen, die mit der oberen Fläche eine Kante gemein haben, U dieselbe Summe für die Seitenflächen, die mit der unteren eine Kante gemein haben. Projektionen der Seitenflächen sind positiv, wenn diese sämtlich anch innen geneigt sind, negativ, wenn sie nach aufsen geneigt sind.

Über die Schwerpunktlage, die ebenfalls erst im folgenden Bande zur eigentlichen Geltung kommt, sei nur folgendes Historische bemerkt:

Schon in den Büchern des Archimedes über die schwimmenden Körper kommt der Schwerpunkt zur Sprache, auch für zusammengesetzte Körper. Später schrieb über diesen Gegenstand Commandinus: *De centro gravitatis*, 1565. Dafs der Schwerpunkt der Pyramide ihre Schwerlinie im Verhältnis von 3 : 1 teilt, soll schon vorher von Leonardo da Vinci, 1452—1519, gefunden sein, über dessen Leistungen als Techniker und darstellender Geometer z. B. in den Beiträgen zur Geschichte des Maschinenbaues von Th. Beck (Springer in Berlin, 1899) ausführlicher berichtet wird. Während die älteren Werke den Schwerpunkt mechanisch auffassen, z. B. auch das von Guldin, dem wir die Regeln über Drehungskörper verdanken, wird dieser zuerst in der *Polygonométrie* von L'Huilier (1789), dann in Carnots *Géometrie de Position* (1803) und im barycentrischen Kalkül von Möbius rein geometrisch definiert und behandelt. Die mechanische Auffassung ist aber ein so vorzügliches Hilfsmittel für die Vorstellung und die Ausdrucksweise (z. B. der Ausdruck statisches Moment), dafs sie nicht vollständig vermieden werden sollte. In des Verfassers Ingenieur-Mathematik, Bd. I (Leipzig bei Teubner) findet man mancherlei Material auch über die Trägheitsmomente der Flächen und Körper und ihre stereometrische Veranschaulichung. Einiges davon ist in das Method. Lehrbuch der Elementarmathematik (Leipzig bei Teubner, 3 Bände) aufgenommen. Bemerkenswert sind in dieser Hinsicht auch die Aufgabensammlungen von Meier Hirsch und Magnus. Über Inhalt und Mantelfläche der Prismen- und Cylinderhufe, deren barycentrische Behandlung in Bd. III vorgenommen werden soll, vergleiche man Gregorio a. St. Vincentio (Opus geom. 1647), der dabei den Schwerpunkt allerdings nicht benutzt. Daſs Meier Hirsch den Satz vom Mantel des Cylinderhufs nicht korrekt behandelt, darauf haben Steiner, Zehme (Geometrie der Körper) u. a. aufmerksam gemacht. — Die Sammlung von Aufgaben aus der Hoffmannschen Zeitschrift für Mathematischen Unterricht bringt über das besprochene Gesamtgebiet verhältnismäſsig wenig Aufgaben. Zu denen, die von Schäwen auf Seite 916 über das Tetraeder giebt, ist zu bemerken, daſs die Formeln sich schon bei Steiner finden und daſs das Tetraeder nicht fünf, sondern acht Berührungskugeln hat. Rechenaufgaben findet man in der Aufgabensammlung von Reydt.

Während des Druckes erschien noch folgendes:

P. Stäckel: Die Entdeckung der einseitigen Flächen, Math. Annalen, Bd. 52, S. 598. Dort wird nachgewiesen, daſs die Entdeckung durch Möbius in das letzte Viertel des Jahres 1858 fällt, daſs sie aber gleichzeitig (und unabhängig von M.) von Listing gemacht worden sei.

F. August: Über Tetraeder, deren Seitenflächen teilweise oder sämtlich gleich sind und über das Hyperboloid der Höhen beim gleichseitigen Tetraeder, Hoppes Archiv der Math. u. Phys. 2. Reihe, T. XVII, Seite 65. Dabei wird auf eine Arbeit von Hoppe in 2. Reihe, T. XVI zurückgegriffen, die sich ebenfalls mit besonderen Tetraedern beschäftigt.

Auf Körper von mehr als drei Dimensionen einzugehen, lag nicht in der Absicht dieses Werkes. Die nötigen Litteraturangaben finden sich in Bd. I.

Vierter Abschnitt.

Die Kugel.

I) Die wichtigsten Formeln.

α) Inhalt und Oberfläche der Kugel.

423) Die Formel

1) $$J = \frac{4}{3} r^3 \pi$$

ist in Bd. I, § 280 auf zweierlei Arten abgeleitet worden, auf zwei andere Arten im vorigen Abschnitt, die Formel

2) $$O = 4 r^2 \pi$$

an erstgenannter Stelle ebenfalls auf zwei Arten.

β) Der Kugelabschnitt und die Kugelkappe (Segment und Kalotte, durch eine Ebene von der Kugel abgeschnitten).

424) In Bd. I, § 280 war im Anschlufs an nebenstehende Figur gezeigt worden, dafs jeder Horizontalschnitt durch den Restkörper (der stehen bleibt, wenn man aus dem Cylinder den Kegel abschneidet) dieselbe Flächengröfse hat, wie der in gleicher Höhe liegende Schnitt durch die Kugel. Folglich ist der untere Kugelabschnitt ebenso grofs, wie der gleich hohe Teil des Cylinders vermindert um den zugehörigen Kegelstumpf. (Cavalieri.) Ist nun h die Höhe des Segmentes und des Cylinders, so handelt es sich, da $DC = DM = r - h$ ist, um

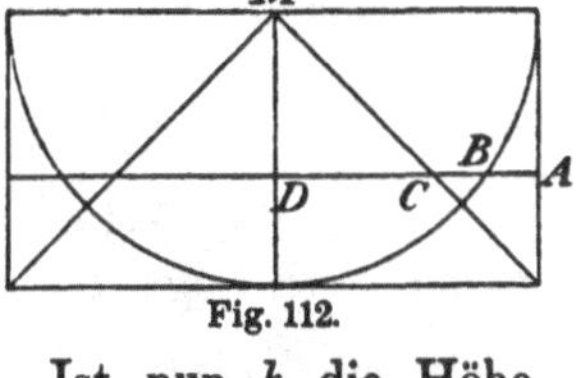

Fig. 112.

$$J = r^2 \pi h - \frac{\pi h}{3} [r^2 + r(r - h) + (r - h)^2]$$

oder um

3) $$J = \frac{\pi h^2}{3} (3r - h).$$

425) Ferner war an derselben Stelle gezeigt worden, daſs eine niedrige Schicht der Kugel dieselbe Mantelfläche hat, wie der zugehörige Teil des Cylinders. Dasselbe gilt von einer Reihe solcher Schichten. Demnach hat die vorher besprochene Kalotte die Mantelfläche

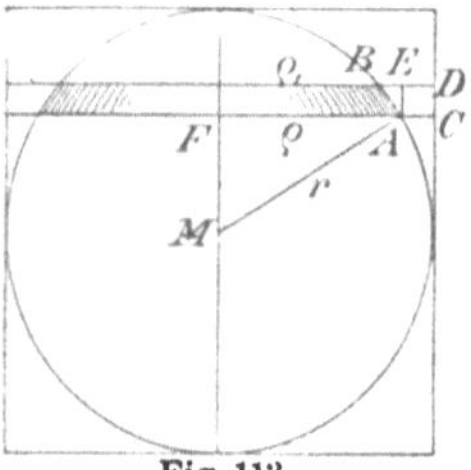

Fig. 113.

4) $$M = 2 r \pi h = \pi (a^2 + h^2).$$

(Da jedoch in diesem Falle unendlich viele Schichten von unendlich kleiner Höhe vereinigt worden sind, soll unten eine zweite Ableitung der Formel gegeben werden.) Die Zusatzformel folgt aus $r^2 = a^2 + (r - h)^2$ oder $2rh = a^2 + h^2$. Die neue Formel ist unabhängig von r.

γ) Kugelausschnitt oder Sektor (Segment vermehrt um den auf der Schnittfläche stehenden Kegel mit M als Spitze).

426) Wenn man die Kalotte (z. B. durch Meridiane und Parallelkreise) in sehr viele kleine Rechtecke einteilt, deren Ecken mit dem Kugelmittelpunkte verbunden werden, so handelt es sich um eine Summe von Pyramideninhalten:

$$J = \left(\frac{G_1 r}{3} + \frac{G_2 r}{3} + \frac{G_3 r}{3} + \ldots\right) = \frac{r}{3}(G_1 + G_2 + \ldots) = \frac{r}{3} G,$$

wo G die Fläche der Kalotte ist. Setzt man deren Wert aus 4) ein, so folgt

5) $$J = \frac{2}{3} r^2 \pi h = \frac{\pi (a^2 + h^2)^2}{6h}.$$

427) Der Sektor läſst sich auch berechnen als die Summe von Segment und Kegel. Für letzteren ergiebt sich als Inhalt $\frac{\pi}{3} DB^2 \cdot DM$. Hier ist $DM = (r - h)$, also

$$DB^2 = r^2 - (r - h)^2 = 2rh - h^2.$$

Man erhält also

$$\text{Segment} + \text{Kegel} = \frac{\pi h^2}{3}(3r - h) + \frac{\pi(r-h)}{3}(2rh - h^2).$$

Dies giebt als Inhalt des Sektors, wie vorher

$$J = \frac{2}{3}\pi r^2 h.$$

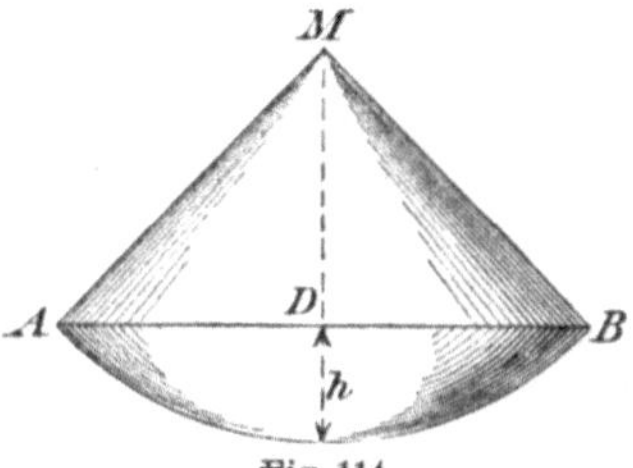

Fig. 114.

428) Aus diesem unabhängig von Gleichung 4) gefundenen Werte folgt durch die vorher besprochene Zerlegung in Pyramiden

$$G\frac{r}{3} = \frac{2}{3}\pi r^2 h \quad \text{oder} \quad G = 2r\pi h$$

als Mantelfläche der Kalotte, wodurch die Formel 4) bestätigt wird. Andere Ableitungen sollen in den Übungen mit Hilfe der Simpsonschen Regel gegeben werden.

δ) Kugelschicht und Kugelzone (durch zwei parallele Ebenen abgeschnitten).

429) Die durch CC_1D_1D angedeutete Kugelschicht ist inhaltsgleich mit dem Restkörper, der vom Cylinder AA_1B_1B stehen bleibt, wenn man aus ihm den Kegelstumpf EE_1F_1F ausschneidet, es ist also

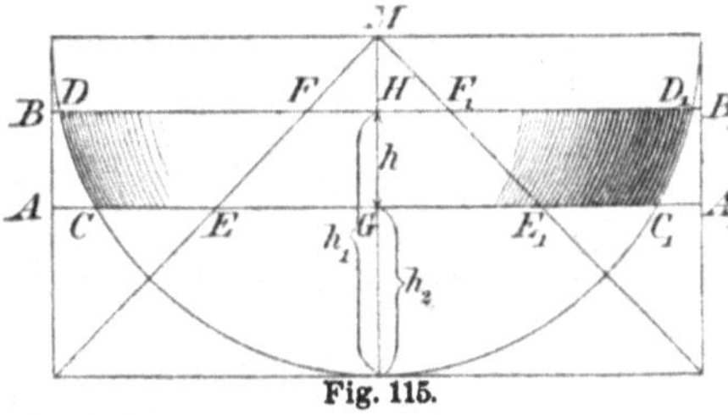

Fig. 115.

$$J = \pi r^2 h - \frac{\pi h}{3}(GE^2 + GE \cdot HF + HF^2)$$

$$= \pi r^2 h - \frac{\pi h}{6}(2GE^2 + 2GE \cdot HF + HF^2)$$

$$= \pi r^2 h - \frac{\pi h}{6}[3GE^2 + 3HF^2 - (GE^2 - 2GE \cdot HF + HF^2)]$$

$$= \pi r^2 h - \frac{\pi h}{6}[3GE^2 + 3HF^2 - (GE - HF)^2].$$

Hier ist $GE - HF = GM - HM = GH = h$. Setzt man ferner die meſsbaren Radien der Schicht $HD = a$ und $GC = b$, so folgt durch Verbindung von D und C mit M, daſs $HM^2 = r^2 - a^2 = HF^2$, $GM^2 = r^2 - b^2 = GE^2$. Durch Einsetzung dieser Werte erhält man

$$J = \pi r^2 h - \frac{\pi h}{6}[3r^2 - 3a^2 + 3r^2 - 3b^2 - h^2]$$

oder endlich

$$6) \qquad J = \frac{\pi h}{6}[3a^2 + 3b^2 + h^2].$$

430) Sind statt a, b und h die Längen r, h_1, h_2 gegeben, so erhält man den Inhalt der Schicht als Unterschied der beiden Segmente, die zu h_1 und h_2 gehören, d. h. es wird

$$7) \qquad J = \frac{\pi}{3}[h_1^2(3r - h_1) - h_2^2(3r - h_2)].$$

Es ist eine nützliche Übung, diese Formel in die vorige überzuführen. Sie formt sich um in

$$J = \frac{\pi}{3}[3r(h_1^2 - h_2^2) - (h_1^3 - h_2^3)]$$
$$= \frac{\pi}{3}[3r(h_1 + h_2)(h_1 - h_2) - (h_1 - h_2)(h_1^2 + h_1h_2 + h_2^2)]$$
$$= \frac{\pi h}{3}[3r(h_1 + h_2) - (h_1^2 + h_1h_2 + r_2^2)]$$
$$= \frac{\pi h}{6}[6r(h_1 + h_2) - 2(h_1^2 + h_1h_2 + h_2^2)].$$

Nach bekanntem Sehnensatze ist $h_1(2r - h_1) = a^2$, also $h_1 2r = a^2 + h_1^2$, ebenso $h_2 2r = b^2 + h_2^2$, also $6r(h_1 + h_2) = 3a^2 + 3b^2 + 3h_1^2 + 3h_2^2$. Einsetzung dieses Wertes giebt

$$J = \frac{\pi h}{6}[3a^2 + 3b^2 + (h_1^2 - 2h_1h_2 + h_2^2)]$$
$$= \frac{\pi h}{6}[3a^2 + 3b^2 + (h_1 - h_2)^2] = \frac{\pi h}{6}[3a^2 + 3b^2 + h^2].$$

431) Ist $b = 0$, so erhält man eine neue Formel für das Segment, nämlich

$$8) \qquad \text{Segment} = J = \frac{\pi h}{6}(3a^2 + h^2).$$

Diese Formel hat den Vorzug, daſs h und a am Körper gemessen werden können, was mit r in Gl. 3) nicht der Fall ist. Man findet sie aus 3) mit Hilfe von $r = \frac{a^2 + h^2}{2h}$.

432) Die Zone ist der Unterschied zweier Kalotten, die Mantelfläche wird also

$$M = 2r\pi h_1 - 2r\pi h_2$$

oder, wie aus Fig. 113 zu erwarten

9) $$M = 2r\pi h.$$

Danach ist es leicht, die Kugel durch Parallelschnitte in flächengleiche Zonen zu zerlegen.

Man kann auch schreiben:

$$M = \pi\sqrt{(a^2 - b^2 - h^2)^2 + 4a^2h^2}.$$

Sind nämlich a, b, h gegeben und setzt man in Fig. 115, $MH = y$, so folgt aus $r^2 = a^2 + y^2$ und $r^2 = b^2 + (h + y)^2$ durch Gleichsetzung der rechten Seiten

$$y = \frac{a^2 - b^2 - h^2}{2h},$$

also

$$r^2 = a^2 + \frac{a^2 - b^2 - h^2}{2h}.$$

Dies ist in $M = \pi\sqrt{4r^2h^2}$ einzusetzen.

ε) Der Meridianstreifen oder das Kugelzweieck. Das sphärische Dreieck und die zugehörigen Körper.

(Vgl. Bd. I, Abschnitt 5a.)

433) Bezeichnet man die Oberfläche der Kugel mit O, und schneiden sich die das Zweieck begrenzenden Meridiane unter α^0, so ist die Fläche des Zweiecks zu berechnen aus $F : O = \alpha^0 : 360^0$, so daſs, wie in Bd. I gezeigt wurde,

10) $$F = O\frac{\alpha^0}{360^0} = O\frac{\hat{\alpha}}{2\pi}.$$

Hier ist $\hat{\alpha}$ der zum Winkel α^0 gehörige Bogen des Einheitskreises, der sich aus $\alpha : 2\pi = \alpha^0 : 360^0$ ergiebt.

434) In Bd. I, § 278 ist gezeigt, daſs, wenn α^0, β^0, γ^0 die Winkel des Dreiecks sind,

11) $$F = O\frac{\alpha^0 + \beta^0 + \gamma^0 - 180^0}{720^0} + O\frac{\hat{\alpha} + \hat{\beta} + \hat{\gamma} - \pi}{4\pi}$$

ist. Man kann dafür schreiben

11*) $$F = O\frac{E^0}{720^0} = O\frac{\widehat{E}}{4\pi},$$

wobei E der in Winkelgraden bezw. als Bogen gemessene Überschufs (Überschufs über 180^0 bezw. 2π) oder Excefs ist. ($\alpha^0 + \beta^0 + \gamma^0 - 180^0$ mufs kleiner bleiben, als 720^0, also $\alpha^0 + \beta^0 + \gamma^0 < 10$ Rechte; $\hat{\alpha} + \hat{\beta} + \hat{\gamma} < 5\pi$; $E^0 < 720^0$; $\widehat{E} < 4\pi$.)

435) Verbindet man alle Grenzpunkte von F mit dem Mittelpunkte der Kugel, so erhält man das körperliche Kugelzweieck bezw. Kugeldreieck, von denen das erstere bisweilen als Kugelkeil, das andere als Kugelpyramide bezeichnet wird. Da man nur mit $\frac{r}{3}$ zu multiplizieren hat, um den Inhalt zu erhalten, so ergiebt sich

12) $$J_2 = J\frac{\hat{\alpha}}{2\pi},$$

13) $$J_3 = J\frac{\hat{\alpha} + \hat{\beta} + \hat{\gamma} - \pi}{4\pi}.$$

Die Formeln der eigentlichen sphärischen Trigonometrie sollen besonders behandelt werden.

II) Einige Übungsaufgaben über die Grundformeln.

a) Einfache Inhaltsberechnungen, Inhaltsteilungen und Eintauchaufgaben, Gewichts- und Massenberechnungen.

436) Die Segmentformel soll mit Hilfe der Newton-Simpsonschen Regel abgeleitet werden.

Auflösung. Der Schnitt in Höhe o hat die Fläche $U = o$, der Schnitt in Höhe h die Fläche $O = a^2\pi = h(2r - h)\pi$, der Schnitt in Höhe $\frac{h}{2}$ die Fläche

$$M = \frac{h}{2}\left(2r - \frac{h}{2}\right)\pi.$$

Setzt man dies in die Formel

$$J = \frac{h}{6}(U + O + 4M)$$

ein, so folgt

$$J = \frac{\pi h^2}{3}(3r - h).$$

437) **Die Formel für die Kugelschicht soll mit Hilfe der Newton-Simpsonschen Regel abgeleitet werden.**

Auflösung.

1) $r^2 = a^2 + y^2,$

2) $r^2 = b^2 + (h + y)^2$
$= b^2 + h^2 + y^2 + 2hy.$

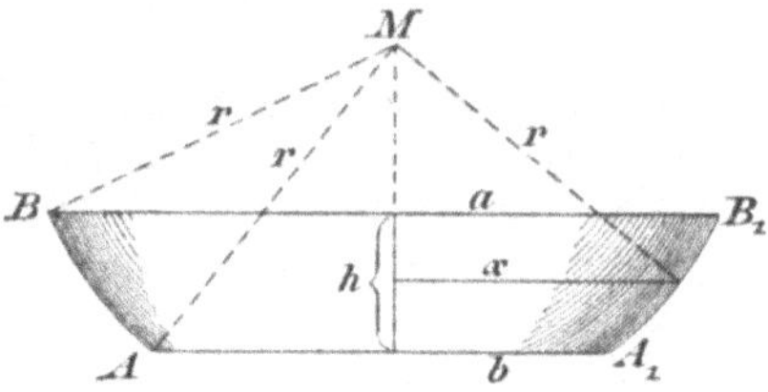

Fig. 116.

Durch Gleichsetzung folgt

3) $hy = \frac{a^2 - b^2 - h^2}{2}.$

Ferner ist

$$x^2 = r^2 - \left(\frac{h}{2} + y\right)^2 = (a^2 + y^2) - \left(\frac{h^2}{4} + hy + y^2\right)$$

$$= a^2 - \frac{h^2}{4} - hy = a^2 - \frac{h^2}{4} - \frac{a^2 - b^2 - h^2}{2}$$

$$= \frac{a^2}{2} + \frac{b^2}{2} + \frac{h^2}{4},$$

also

$$4x^2 = 2a^2 + 2b^2 + h^2.$$

Nun ist

$$J = \frac{h}{6}(U + O + 4M) = \frac{\pi h}{6}[b^2 + a^2 + (2a^2 + 2b^2 + h^2)],$$

also

$$J = \frac{\pi h}{6}[3a^2 + 3b^2 + h^2].$$

438) **In jede Kugelschicht AA_1B_1B läſst sich ein Kegelstumpf mit denselben Grundflächen einsetzen bezw. aus der Schicht ausschneiden. Der Restkörper soll berechnet werden.**

Auflösung.

$$J = J_1 - J_2 = \frac{\pi h}{6}[3a^2 + 3b^2 + h^2] - \frac{\pi h}{3}[a^2 + b^2 + ab]$$

$$= \frac{\pi h}{6}[a^2 + b^2 - 2ab + h^2] = \frac{\pi h}{6}[(a-b)^2 + h^2] = \frac{\pi h}{6} s^2,$$

wo s die Seite des Kegelstumpfs ist.

Ist im besonderen Falle $a = b$, so wird s senkrecht und gleich h, und

$$J = \frac{\pi h^3}{6} = \frac{4}{3}\left(\frac{h}{2}\right)^3 \pi,$$

d. h. unabhängig von r und gleich einer Kugel, die h als Durchmesser hat. [Dieser Fall findet Anwendung in der Praxis. So sind z. B. Regulatorkugeln oft mit zentraler cylindrischer Bohrung versehen, damit sie leicht an den entsprechenden Stangen befestigt werden können. Auch die kegelförmige Ausbohrung kommt vor, wenn auch nicht genau in obiger Form, sondern (wie z. B. beim Hahn) so, daſs die Grundflächen des Kegels etwas kleiner sind, als die der Kugelschicht. Bei cylindrischen Durchbohrungen der Kugelschicht ist auch häufig der Durchmesser des Cylinders etwas kleiner. Die Berechnung ist leicht.

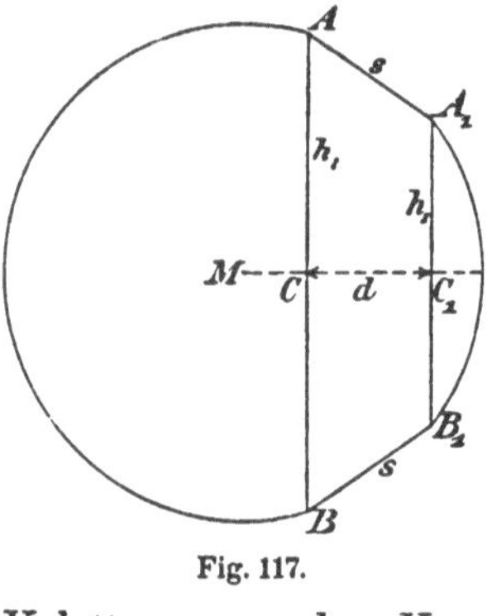

Fig. 117.

439) Schwieriger sind excentrische Bohrungen zu behandeln, bisweilen sind jedoch elliptische ohne Schwierigkeiten zu berechnen.

In Fig. 117 sei $MA = r$, $AB = h$, $A_1B_1 = h_1$. Mit AA_1 und BB_1 als Durchmesser mögen Kalotten von der Kugel abgeschnitten sein, die einen elliptischen Cylinder ABB_1A_1 geben. Der nach dem Ausschneiden dieses Cylinders übrig bleibende Körper soll berechnet werden.

Auflösung.

$$MC = \sqrt{r^2 - \frac{h^2}{4}}$$

und

$$MC_1 = \sqrt{r^2 - \frac{h_1^2}{4}}$$

geben

1) $$d = \sqrt{r^2 - \frac{h^2}{4}} - \sqrt{r^2 - \frac{h_1^2}{4}} = \frac{\sqrt{4r^2 - h^2} - \sqrt{4r^2 - h_1^2}}{2}.$$

Daraus ergiebt sich

2) $$s^2 = d^2 - \left(\frac{h - h_1}{2}\right)^2.$$

Der schief abgeschnittene Cylinder AA_1B_1B hat den Inhalt

3) $$C = \pi \frac{ds}{4} \frac{h + h_1}{2}.$$

Die Höhe des durch AA_1 bestimmten Segmentes ergiebt sich aus $\left(\frac{s}{2}\right)^2 = h_2(2r - h_2)$ als

$$h_2 = r - \sqrt{r^2 - \frac{s^2}{4}}.$$

(Das positive Zeichen würde die Höhe des gröfseren der durch AA_1 bestimmten Segmente geben.) Das Segment hat also den Inhalt

4) $$S = \frac{\pi h_2^2}{3}[3r - h_2].$$

Die Kugel hat den Inhalt $K = \frac{4}{3} r^3 \pi$.

Der Inhalt des Restkörpers ist

$$J = K - 2S - C.$$

(Die Einsetzung aller Hilfswerte sei dem Leser überlassen; es ist jedoch in diesem Falle bequemer, die Hilfsgröfsen besonders zu berechnen.)

Eine kreiscylindrische Bohrung von excentrischer Lage würde schwieriger zu berechnen sein, weil die Schnittlinien AA_1 und BB_1 dabei nicht eben werden.

Sind AA_1 und BB_1 ebene Schnitte von verschiedener Gröfse, so geben AB und A_1B_1 einen schiefen Kreiskegel, der schief abgeschnitten ist, oder einen senkrechten elliptischen Kegel, der durch Kreisschnitte begrenzt ist. (Vergl. Bd. I, Fig. 194.) Auch diese Aufgabe läfst sich lösen, da nur von einem schiefen Kreiskegel ein ähnlicher abzuziehen ist.

440) Den Inhalt der Hohlkugel zu berechnen.

Auflösung.

$$J = \frac{4}{3} r^3 \pi - \frac{4}{3} r_1^3 \pi = \frac{4\pi}{3} (r^3 - r_1^3).$$

441) In der Entfernung e vom Mittelpunkte einer konzentrischen Hohlkugel mit den Radien r und r_1 wird ein ebener Schnitt gelegt. Der Inhalt des kleineren Segmentes der Hohlkugel soll berechnet werden.

Auflösung. Für die entstehenden Kugelsegmente ist $h = (r - e)$, $h_1 = (r_1 - e.)$ Es wird

$$J = \frac{\pi h^2}{3} (3r - h) - \frac{\pi h_1^2}{3} (3r_1 - h_1)$$

$$= \frac{\pi}{3} [(r - e)^2 (3r - r + e) - (r_1 - e)^2 (3r_1 - r_1 + e)]$$

oder

$$J = \frac{\pi}{3} [(r - e)^2 (2r + e) - (r_1 - e)^2 (2r_1 - e)],$$

was noch weiter umgeformt werden kann. Dabei ist $e < r_1$ angenommen.

442) Eine Kugel tauche bis zur Tiefe h ($< 2r$) ins Wasser ein. Wie grofs ist ihr spezifisches Gewicht?

Auflösung. Das verdrängte Wasser nimmt den Raum $W = \frac{\pi h^2}{3} (3r - h)$ ein, der Kugelinhalt ist $K = \frac{4\pi}{3} r^3$. Das spezifische Gewicht p' wird

$$p' = \frac{W}{K} = \frac{h^2 (3r - h)}{4 r^3}.$$

443) Dieselbe Aufgabe soll für eine Hohlkugel gelöst werden.

Auflösung.

$$p' = \frac{\frac{\pi h^2}{3} (3r - h)}{\frac{4\pi}{3} (r^3 - r_1^3)} = \frac{h^2 (3r - h)}{4 (r^3 - r_1^3)}.$$

Dieselbe Aufgabe für das Segment mit r und h und für die Tiefe h_1, wenn beim Eintauchen die Wölbung vorangeht.

Auflösung.

$$p' = \frac{h_1^2(3r - h_1)}{h^2(3r - h)}.$$

444) Eine eiserne Hohlkugel vom äufseren Radius r und dem spezifischen Gewichte 7,5 soll in chemisch reinem Wasser gerade noch schwimmen. Wie grofs ist der innere Radius r_1 zu nehmen.

Auflösung. Es mufs sein

$$\frac{4\pi}{3}(r^3 - r_1^3)\,7{,}5 = \frac{4\pi}{3} r^3 \cdot 1$$

oder

$$r^3 - r_1^3 = \frac{r^3}{7{,}5},$$

also

$$r_1 = r\sqrt[3]{\frac{6{,}5}{7{,}5}}.$$

445) Eine Kugelschicht von den Flächenradien a und b und der Höhe h tauche bis zur Tiefe h_1 ins Wasser ein. Wie grofs ist ihr spezifisches Gewicht?

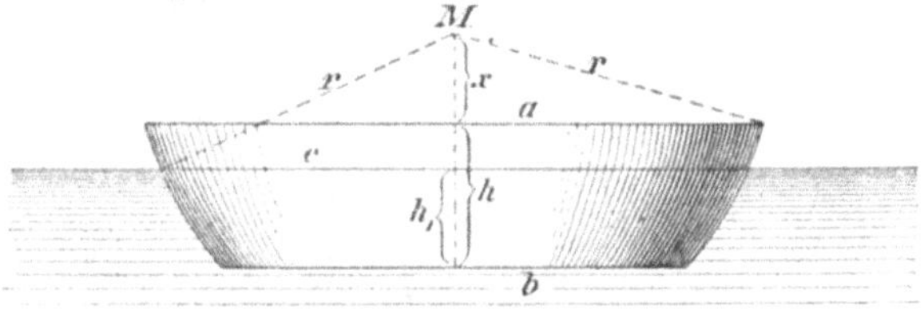

Fig. 118.

Auflösung. Aus $r^2 = a^2 + x^2$ und $r^2 = b^2 + (x + h)^2$ folgt durch Gleichsetzung

1) $$x = \frac{a^2 - b^2 - h^2}{2h}.$$

Der Radius c für die Höhe h_1 ergiebt sich aus

$$c^2 = r^2 - [x + (h - h_1)]^2 = a^2 + x^2 - [x^2 + 2x(h - h_1) + (h - h_1)^2]$$

oder

2) $$c^2 = a^2 - (h - h_1)^2 - \frac{a^2 - b^2 - h^2}{h}(h - h_1).$$

Durch

3) $$p' = \frac{W}{K} = \frac{h_1(3b^2 + 3c^2 + h_1^2)}{h(3b^2 + 3a^2 + h^2)}$$

ist die Aufgabe gelöst, nur ist für c^2 sein Wert einzusetzen.

Bemerkung. Will man in 3) nur die gegebenen Werte haben, so forme man c^2 um zu

$$c^2 = \frac{a^2 h_1 + b^2 h - b^2 h_1 + h^2 h_1 - h h_1^2}{h},$$

dann wird

$$(3b^2 + h_1^2 + 3c^2) = \frac{3a^2 h_1 + 6b^2 h - 3b^2 h_1 + 3h^2 h_1 - 2h h_1^2}{h},$$

und

4) $$p' = \frac{h_1}{h^2} \, \frac{3a^2 h_1 + 3b^2(2h - h_1) + h h_1(3h - 2h_1)}{3a^2 + 3b^2 + h^2},$$

446) Die Aufgaben, bei denen es sich um vorgeschriebene Teilung der Kugel durch ebene Schnitte handelt, führen auf Gleichungen dritten Grades. Eine solche soll hier durchgeführt werden.

Eine Kugel habe das spezifische Gewicht $p' = \frac{1}{3}$. Wie tief taucht sie ins Wasser ein?

Auflösung. Die Gleichung

$$p' = \frac{h^2(3r - h)}{4r^3}$$

geht über in

$$\frac{1}{3} = \frac{x^2(3r - x)}{4r^3}$$

oder

1) $$x^3 - 3rx^2 + \frac{4}{3}r^3 = 0.$$

Setzt man $y + r$ für x, so erhält man die reduzierte Gleichung

2) $$y^3 - 3r^2 y = \frac{2r^3}{3}.$$

Setzt man $r^2 = \varkappa$ und $\frac{r^3}{3} = b$, so erkennt man, daſs $b^2 - \varkappa^3 = \frac{r^6}{9} - r^6 = -\frac{8}{9} r^6$, also negativ ist. Es liegt also der Fall vor, wo ein Hilfswinkel φ mittels der Gleichung

$$\cos\varphi = \frac{b}{+\sqrt{\varkappa^3}} = \frac{\frac{r^3}{3}}{+\sqrt{r^6}} = \frac{1}{3}$$

einzuführen ist, der sich als $\varphi = 70^\circ\, 31'\, 44''$ herausstellt. Die Lösungen von 2) werden

$$y_1 = 2\sqrt{\varkappa}\cos\frac{\varphi}{3} = 2r\cos 23^\circ\, 30'\, 35'' = 1{,}83399\, r$$

$$y_2 = -2\sqrt{\varkappa}\cos\left(60^\circ - \frac{\varphi}{3}\right) = -2r\cos 36^\circ\, 29'\, 25'' = -1{,}60791\, r$$

$$y_3 = 2\sqrt{\varkappa}\cos\left(60^\circ + \frac{\varphi}{3}\right) = -2r\cos 83^\circ\, 30'\, 35'' = -0{,}226074\, r.$$

Setzt man diese Werte in $x = y + r$ ein, so findet man für 1) die drei Lösungen

$$x_1 = 2{,}83397\, r,\quad x_2 = -0{,}60791\, r,\quad \underline{x_3 = 0{,}7739\, r},$$

von denen nur die letzte brauchbar ist. Da jedoch auch die beiden anderen Lösungen reell sind, muſs auch ihnen eine bestimmte Deutung zukommen. Diese ergiebt sich aus Fig. 102, in der sich die Kugel nach oben und unten als Drehungshyperboloid fortsetzt, wie es die Deutung der Kugel als Restkörper aus Cylinder und Kegel verlangt, da die beiden letzteren sich ins Unendliche fortsetzen lassen. Faſst man nun die Kugel als positiv, das obere Hyperboloid als negativ auf (Cylinder — Kegel), das untere als — (Cylinder — Kegel) als positiv, so lautet die Frage folgendermaſsen: In welcher Höhe muſs man, vom untersten Punkte der Kugel aus gerechnet, den Horizontalschnitt führen, um den dritten Teil der Kugel zu erhalten. Die erste Lösung $x_1 = 2{,}83397\, r$ giebt einen Schnitt, der die ganze Kugel giebt, von der jedoch der Hyperboloidinhalt bis zur Höhe $0{,}83397\, r$ abzuziehen ist, so daſs das Hyperboloid allein bis dorthin den Inhalt $-\frac{2}{3}$ Kugel $= -\frac{8}{9} r^3 \pi$ hat. Die zweite Lösung $x_2 = -0{,}60791\, r$ giebt einen Schnitt, der vom unteren

Hyperboloid einen Teil abtrennt, der ein Drittel vom Kugelinhalte, oder $\frac{4}{9} r^3 \pi$ als Inhalt hat. Zugleich ist damit gezeigt, dafs das betreffende Hyperboloidsegment von der Höhe $0{,}83397\,r$, wenn es das spezifische Gewicht $\frac{1}{2}$ hat, bis zur Tiefe $0{,}60791\,r$ einsinkt, wenn es mit der Wölbung voran einsinkt, dagegen bis zur Tiefe $0{,}83397\,r - 0{,}60791\,r = 0{,}22606\,r$, wenn es mit der Grundfläche voran einsinkt. Für das allgemeine Hyperboloid hat man für r den Wert a einzusetzen. Gleichzeitig ist die Aufgabe gelöst, die Kugel durch Parallelschnitte in drei inhaltsgleiche Teile zu zerlegen.

447) Die allgemeine Aufgabe, wobei das spezifische Gewicht gleich p' (< 1) ist, führt ganz ebenso auf die Lösungen

$$x_1 = r\left(1 + 2\cos\frac{\varphi}{3}\right), \quad x_2 = r\left[1 - 2\cos\left(60^0 - \frac{\varphi}{3}\right)\right]$$
$$x_3 = r\left[1 - 2\cos\left(60^0 + \frac{\varphi}{3}\right)\right],$$

wo der Hilfswinkel φ mittels der Gleichung $\cos\varphi = 1 - 2p$ eingeführt wird, was bei $p < \frac{1}{2}$ auf den ersten, bei $p > \frac{1}{2}$ auf den zweiten Quadranten führt. Wiederum ergiebt sich x_3 als der einzige brauchbare Wert, während die übrigen sich am Hyperboloid deuten lassen.

$$r = 1, \; p = 0{,}81 \text{ giebt } x_3 = 1{,}44215$$
$$r = 6, \; p = 0{,}3 \text{ giebt } x_3 = 4{,}35909.$$

Führt man für p' die Werte $\frac{1}{n}, \frac{2}{n}, \frac{3}{n}, \ldots, \frac{n-1}{n}$ ein, so hat man die Kugel durch Parallelschnitte in n gleiche Teile eingeteilt. Da aber die Teilung symmetrisch ist, braucht man nur $\frac{n-1}{2}$ Werte zu berechnen. So war z. B. im vorigen Beispiele bei Teilung in drei Teile nur ein Wert zu berechnen.

448) Taucht ein Kugelsegment vom Kugelradius r, der Höhe h und dem spezifischen Gewicht p' (< 1) mit der Wölbung voran ins Wasser ein, so wird die Gleichung

$$x^3 - 3ry^2 + p'h^2(3r - h) = 0.$$

Dies giebt auf demselben Wege den Hilfswinkel φ aus

$$\cos\varphi = \frac{r^3 - \frac{p'h^2}{2}(3r-h)}{r^3}$$

und die Lösungen

$$x_1 = r\left(1 + 2\cos\frac{\varphi}{3}\right),\quad x_2 = r\left[1 - 2\cos\left(60^0 - \frac{\varphi}{3}\right)\right],$$
$$x_3 = r\left[1 - 2\cos\left(60^0 + \frac{\varphi}{3}\right)\right],$$

wobei nur x_3 brauchbar ist. Das Beispiel

$$r = 5,\ h = 3,\ p' = 0{,}8 \text{ giebt } x_3 = 2{,}644385.$$

Man versuche das Entsprechende auch für die Kugelschicht durchzuführen.

449) Ebenfalls auf den dritten Grad führen Aufgaben wie folgende:

Eine Kugelschicht habe die Grundradien a und b und den Inhalt J. Wie grofs ist ihre Höhe?

Auflösung. Aus

$$\frac{\pi x}{6}[3a^2 + 3b^2 + x^2] = J$$

folgt die Gleichung

$$x^3 + 3x(a^2 + b^2) = \frac{6J}{\pi},$$

die bereits reduziert ist. In diesem Falle ist die Cardanische Formel anzuwenden, welche giebt

$$x = \sqrt[3]{\frac{3J}{\pi} + \sqrt{\left(\frac{3J}{\pi}\right)^2 + (r_1 + r_2)^3}} + \sqrt[3]{\frac{3J}{\pi} - \sqrt{\left(\frac{3J}{\pi}\right)^2 + (r_1 + r_2)^3}},$$

was die einzige reelle Lösung giebt.

Beispiel für $r = 5, r_2 = 4, J = 150$ erhält man $x_1 = 2{,}23797$.

Bemerkung. Für $b = 0$ erhält man die Lösung für die entsprechende Segmentaufgabe.

Beispiel: $a = 15,\ J = 822$ giebt $x_1 = 2{,}3076$.

450) Ein Kugelsegment habe den Inhalt J und die Mantelfläche M. Wie grofs ist die Höhe?

Auflösung.

$$\frac{\pi x^2}{3}(3r - x) = J \text{ und } 2r\pi x = M \text{ oder } r = \frac{M}{2\pi x}$$

geben die Gleichung

$$\frac{\pi x^2}{3}\left(\frac{3M}{2\pi x} - x\right) = J$$

oder

$$x^3 - x\frac{3M}{2\pi} = -\frac{3J}{\pi},$$

die nach obiger Weise zu behandeln ist.

451) Bemerkung. Nach Cavalieri hat man mit den obigen Aufgaben zugleich die Aufgabe gelöst, das Ellipsoid durch beliebig liegende Parallelschnitte in inhaltgleiche Teile einzuteilen, und auch die entsprechenden Eintauchaufgaben für diesen Körper, seine Segmente und seine Schichten sind damit erledigt. Dasselbe gilt aber nach Fig. 100, 101, 102 auch vom Tetraeder, von der liegenden Pyramide, von ihren Fortsetzungen und dem zweifachen Hyperboloid.

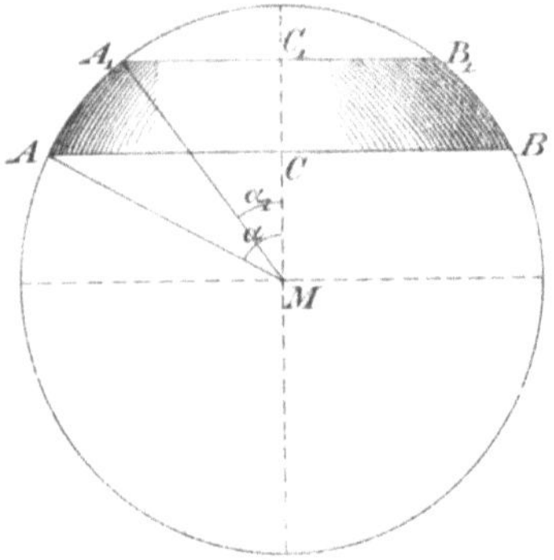

Fig. 119.

Man versuche auch über den Kugelsektor die entsprechenden Aufgaben zu lösen.

452) Den Körper zu berechnen, der entsteht, wenn alle Begrenzungspunkte einer Kugelzone mit dem Mittelpunkte verbunden werden. (Zonenpyramide.)

Auflösung. Die Zerlegung in Pyramiden giebt

$$1) \qquad J = (2r\pi h)\frac{r}{3} = \frac{2}{3}r^2\pi h.$$

Diese Formel stimmt mit der für den Kugelsektor entwickelten überein, was sich daraus erklärt, dafs die Kalotte ein besonderer Fall der Zone ist.

Denkt man sich nicht die Höhe h der Zone (bezw. Schicht) gegeben, sondern die zu A und A_1 gehörigen Polabstände a und a_1, so ist $h = MC_1 - MC = r(\cos a_1 - \cos a)$. Dadurch geht die Formel über in

2) $$J = \frac{2}{3}\pi r^3 (\cos a_1 - \cos a).$$

Setzt man $a_1 = 0$, so folgt als neue Formel für den Kugelsektor

3) $$J = \frac{2}{3}\pi r^3 (1 - \cos a).$$

Gleichzeitig sind als Formeln für Zone und Kalotte gefunden 4) $M = 2r^2\pi(\cos a_1 - \cos a)$ bezw. 5) $M = 2r^2\pi(1 - \cos a)$.

453) Den Körper zu berechnen, der aus dem vorigen entsteht, wenn man durch eine konzentrische Kugel vom Radius r_1 einen Teil von ihm abschneidet. (Stumpf der Zonenpyramide.)

Auflösung. Der ganze Körper K und der abgeschnittene Teil K_1 verhalten sich wie r^3 und r_1^3, so daſs $K_1 = \frac{K r_1^3}{r^3}$ und $J = K - K_1$ $= K\left(1 - \frac{r_1^3}{r^3}\right) = K\frac{r^3 - r_1^3}{r^3}$ ist. Das Resultat ist also

1) $$J = \frac{2}{3}\pi(r^3 - r_1^3)(\cos a_1 - \cos a).$$

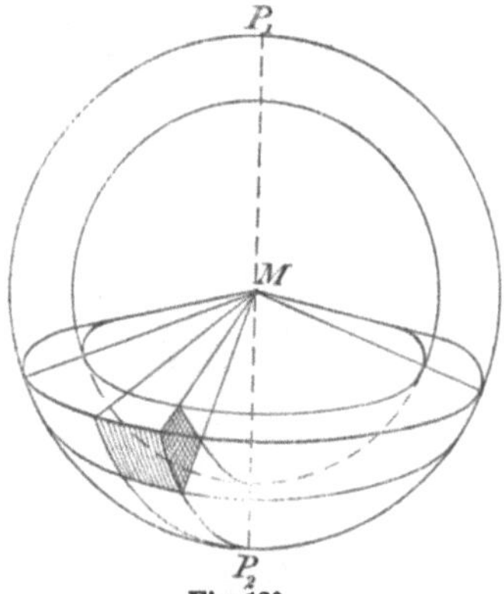

Fig. 120.

Wird auſserdem die Kugel durch Meridianschnitte in n gleiche Teile zerlegt, so ist der Inhalt des in Fig. 120 angedeuteten „Rechteckskörpers"

2) $$J = \frac{2}{3n}\pi(r^3 - r_1^3)(\cos a_1 - \cos a).$$

Dies ist wichtig für die Potentialtheorie, da in dieser die Einteilung des Raumes in rechteckige Zellen eine bedeutungsvolle Rolle spielt. Jede solche Einteilung entspricht einer Einteilung der Ebene durch irgend ein Koordinatensystem in kleine Quadrate bezw. Rechtecke.

β) Technische Anwendungen.

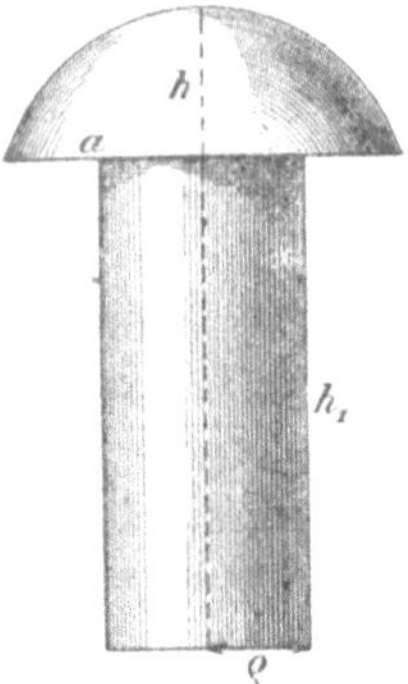

Fig. 121.

454) Ein Niet bestehe aus einem Kugelsegment vom Grundradius a und der Höhe h, und aus einem Cylinder vom Radius ϱ und der Höhe h_1. Die Gewichtsformel soll entwickelt und das Gewicht unter Annahme des spezifischen Gewichts p' berechnet werden.

Sind die Maſse in Millimetern gegeben, so erhält man das Gewicht in Grammen. Das Gewicht einer Sendung von 1000 Stück soll in Kilogrammen durch eine Formel angegeben werden.

455) Die Aufgabe soll noch dahin vervollständigt werden, daſs neben dem Setzkopf auch der Schlieſskopf gegeben ist, der die Form eines Kegels vom Grundradius b und der Höhe h_2 hat.

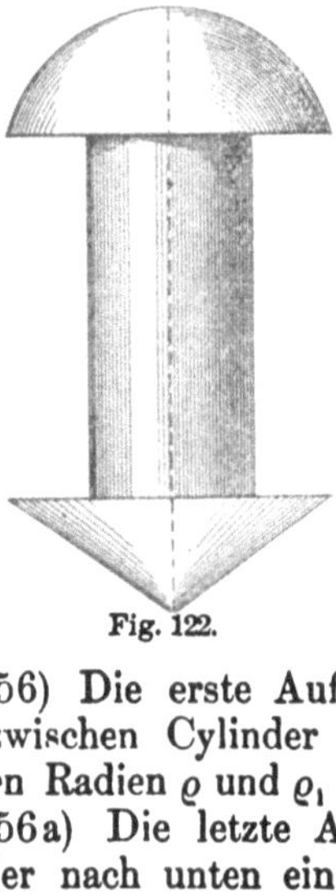
Fig. 122.

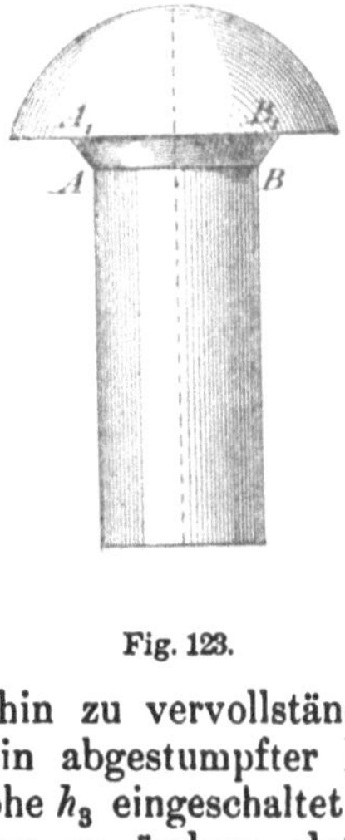

Fig. 123.

456) Die erste Aufgabe ist dahin zu vervollständigen, daſs zwischen Cylinder und Niet ein abgestumpfter Kegel mit den Radien ϱ und ϱ_1 und der Höhe h_3 eingeschaltet wird.

456a) Die letzte Aufgabe ist so zu ändern, daſs der Cylinder nach unten ein wenig verjüngt, also konisch wird.

Bemerkung. Das Segment der Kugel verbunden mit dem Cylinder kommt auch bei Dampfkesseln vor, deren Rauminhalt dann leicht berechnet werden kann.

457) Eine konzentrische Hohlkugel mit den Radien r und r_1 erhalte eine zentrische cylinderförmige Bohrung vom Durchmesser ϱ. Welchen Inhalt hat der Restkörper, welchen Inhalt jeder der von der Hohlkugel ausgeschnittenen Teile?

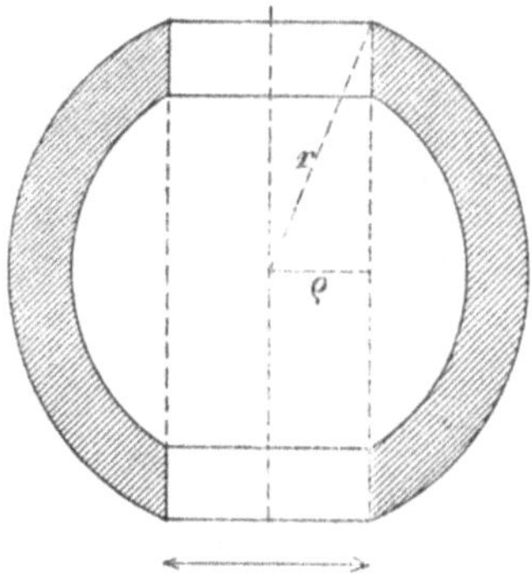

Fig. 124.

Auflösung. Nach Nr. 438 hat die zentrisch durchbohrte Vollkugel den Inhalt $\pi\frac{h^3}{6}$, wo $\frac{h^2}{4}=r^2-\varrho^2$, also $h=2\sqrt{r^2-\varrho^2}$ ist. Der Inhalt ist also

$$J_1=\frac{\pi}{6}8\,(r^2-\varrho^2)^{\frac{3}{2}}$$

$$=\frac{4}{3}\pi\,(r^2-\varrho^2)^{\frac{3}{2}}.$$

Davon ist abzuziehen der Inhalt der ebenso durchbohrten Innenkugel $J_2=\frac{4}{3}\pi\,(r_1^2-\varrho^2)^{\frac{3}{2}}$. Der Inhalt der durchbohrten Hohlkugel ist demnach

$$1)\qquad J=\frac{4}{3}\pi\left[(r^2-\varrho^2)^{\frac{3}{2}}-(r_1^2-\varrho^2)^{\frac{3}{2}}\right].$$

Bemerkung. Der Inhalt der nicht durchbohrten Hohlkugel ist

$$J_3=\frac{4\pi}{3}(r^3-r_1^3),$$

die beiden in Fig. 124 ausgeschnittenen Teile haben demnach zusammen den Inhalt

$$J_3-J=\frac{4\pi}{3}\left[(r^3-r_1^3)-(r^2-\varrho^2)^{\frac{3}{2}}+(r_1^2-\varrho^2)^{\frac{3}{2}}\right],$$

jeder einzelne also den Inhalt

$$2) \qquad J' = \frac{2\pi}{3}\left[(r^3 - r_1^3) - (r^2 - \varrho^2)^{\frac{3}{2}} + (r_1^2 - \varrho^2)^{\frac{3}{2}}\right].$$

Nach dieser Formel müſste in Fig. 125 jede der vier Ausbohrungen mit den Halbmessern $\frac{d_1}{2}, \frac{d_2}{2}, \frac{d_3}{2}, \frac{d_4}{2}$ berechnet werden. Die Praxis betrachtet bei ihren Überschlagsberechnungen jede Ausbohrung als einen Cylinder von der Höhe $(r - r_1)$ und dem Radius ϱ, was für Bohrungen, deren Durchmesser im Verhältnis zu den Kugeldurchmessern klein ist, gestattet werden kann, nicht aber bei gröſseren. Der Fehler kann in seiner Gröſse berechnet werden.

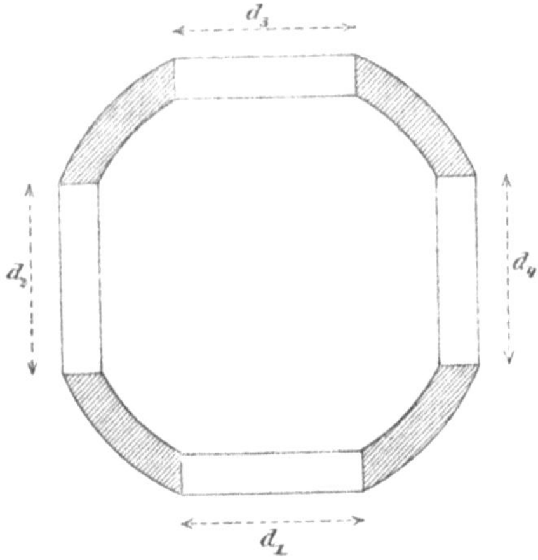

Fig. 125.

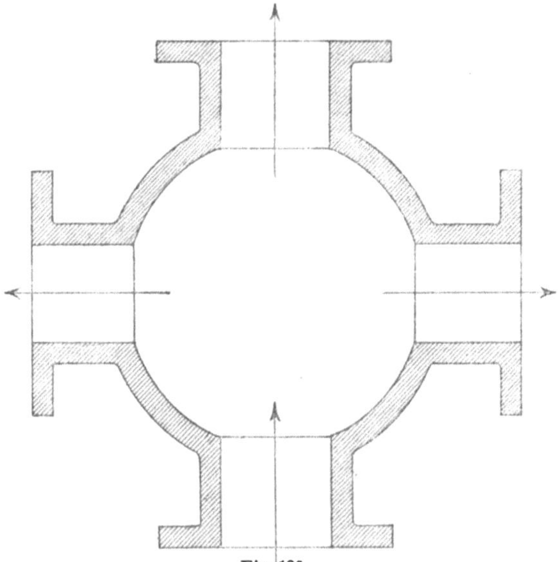
Fig. 126.

458) Anwendung findet dieses Gebilde bei den Kugelstutzen der Dampfleitungen in Fabriken, die den eintretenden Dampf nach verschiedenen Richtungen zu leiten haben. Die aufgesetzten Stutzen werden dabei als Hohlcylinder, ihre Flanschen ebenfalls als solche betrachtet. Auch dabei wird bei der praktischen Berechnung absichtlich die angegebene Ungenauigkeit gemacht. (Vgl. Fig. 126.)

Bemerkung. Die zweifach abgestutzte Hohlkugel kommt auch häufig bei den Milchglasglocken von Lampen vor.

459) Eine halbe Hohlkugel von den Radien r und r_1 habe das spezifische Gewicht $p' = 7{,}5$. Welche

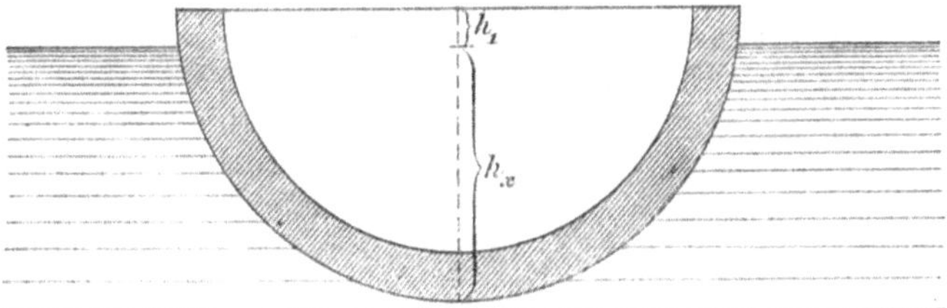

Fig. 127.

Last kann sie, als Schiff gedacht, tragen, wenn sie um die Höhe h_1 über die Oberfläche des Wassers hervorragen soll?

Auflösung. Die Hohlkugel hat das Gewicht

$$\frac{2}{3}\pi(r^3 - r_1^3)\, 7{,}5$$

$$= 5\pi(r^3 - r_1^3).$$

Das beim Eintauchen zur Tiefe $h = r - h_1$ verdrängte Wasser hat das Gewicht

$$\frac{\pi h^2}{3}(3r - h)\cdot 1$$

$$= \frac{\pi(r-h_1)^2}{3}(3r - r + h_1)$$

$$= \frac{\pi(r-h_1)^2}{3}(2r + h_1).$$

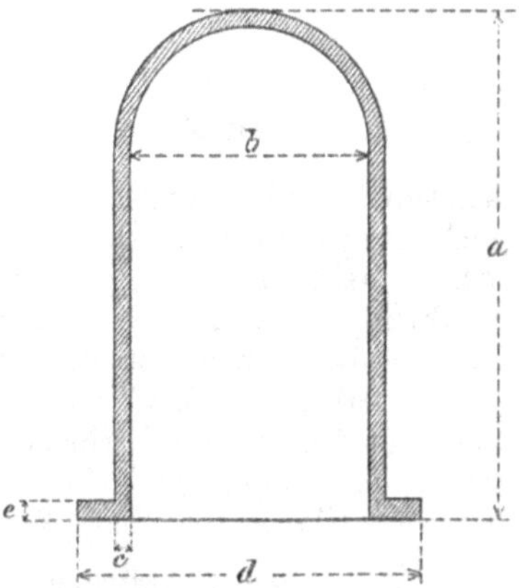

Fig. 128.

Die gestattete Belastung ist

$$q = \frac{\pi}{3}\left[(r - h_1)^2 (2r + h_1) - 15\,(r^3 - r_1^3)\right].$$

460) Krupps Ausstellungskatalog von 1893 (Chicago) giebt auf Seite 170 für einen Lokomotivdom folgende Maſse an: $a = 768$ mm, $b = 457$ mm, $c = 14{,}3$ mm, $d = 603$ mm, $e = 35$ mm. Gewicht = 138 kg. Wie groſs ist das spezifische Gewicht des Materials? (Fig. 128.)

Bemerkung. Nur die Flanschen sind angeschweiſst, das Ganze ist aus einer Blechscheibe von Martinfluſseisen hydraulisch gepreſst.

461) Derselbe Katalog giebt für die zu einem Panzerturm gehörige Schutzhaube (zum Schutze des Geschützführers bestimmt) folgende Maſse an: $a = 1100$ mm, $c = 800$ mm, $d = 50$ mm, $e = 470$ mm, $f = 40$ mm, $r = 650$ mm, Gewicht $p = 650$ kg. Das spezifische Gewicht des Fluſseisenblechs (Deckpanzermaterial) soll untersucht werden.

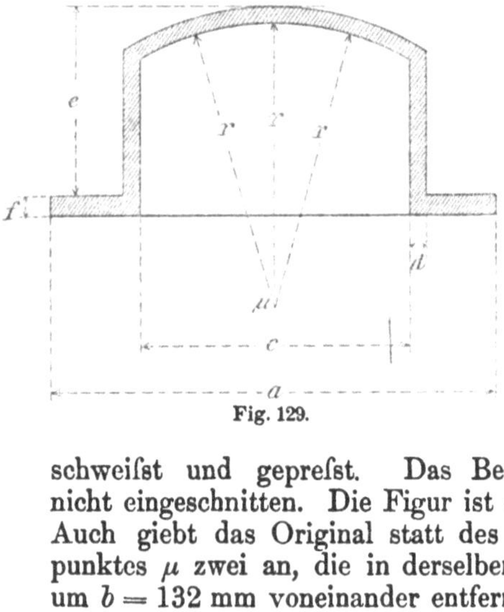

Fig. 129.

Bemerkung. Das Ganze ist aus drei Fluſseisenblechen geschweiſst und gepreſst. Das Beobachtungsloch ist noch nicht eingeschnitten. Die Figur ist etwas vereinfacht worden. Auch giebt das Original statt des einen Krümmungsmittelpunktes μ zwei an, die in derselben Horizontalen liegen und um $b = 132$ mm voneinander entfernt sind. Sitzt die Schutzhaube auf der Wölbung des Panzerturms, sei es zentrisch oder seitlich, so durchdringen einander Kugel- und Cylinderfläche, im ersteren Falle in ebener, im andern in nicht ebener Kurve. (Daher die obige Vereinfachung.) —

Zu ähnlichen Aufgaben, wie 460 und 461, geben auch cylindrische Dampfkessel mit oder ohne Flammrohre Veranlassung. Nicht nur das Gewicht des Materials, sondern auch der ganze Innenraum oder dessen von Wasser erfüllter Teil kann berechnet werden. Man vergleiche z. B. die Kataloge von Piedboeuf in Aachen-Düsseldorf und Steinmüller in Gummersbach und die anderer Dampfkesselfabriken, die zum Teil vortreffliche Zeichnungen für Übungsbeispiele enthalten.

γ) Zusammengesetzte Inhaltsaufgaben, unendliche Kugelreihen u. dgl.

462) Ein Kegel habe zum Hauptschnitt ein gleichseitiges Dreieck. Die Inhaltsdifferenz der ihm ein- und der ihm umbeschriebenen Kugel sei $D = 1500$. Wie grofs ist der Radius und die Höhe des Kegels?

Auflösung.

$$\frac{4}{3}\pi(r^3 - \varrho^3) = d, \quad r = \frac{2}{3}h, \quad \varrho = \frac{1}{3}h,$$

also

$$\frac{8}{27}h^3 - \frac{1}{27}h^3 = \frac{3d}{4\pi},$$

also

1) $$h = \sqrt[3]{\frac{81d}{28\pi}}.$$

2) Die Dreiecksseite x bestimmt sich aus $\frac{x}{2}\sqrt{3} = h$, also ist der Kegelradius:

$$r_1 = \frac{x}{2} = h\sqrt{\frac{1}{3}}.$$

Es wird $h = 11{,}137$, $\varrho = 6{,}4298$.

463) Die einbeschriebene Kugel eines regelmäfsigen Oktaders habe den Inhalt $K = 300$. Wie grofs ist die Oktaederkante a?

Auflösung.

$$\frac{4}{3}\varrho^3\pi = K, \quad \varrho = \sqrt[3]{\frac{3K}{4\pi}} = a\sqrt{\frac{1}{6}},$$

also

$$a = \sqrt{6}\sqrt[3]{\frac{3K}{4\pi}} = 10{,}172.$$

464) Der Inhaltsunterschied der einem Würfel um- und der ihm einbeschriebenen Kugel sei $D = 112$. Wie grofs ist die Kante k des Würfels?

Auflösung.

$$\frac{4}{3}\pi(r^3 - \varrho^3) = D, \quad r = \frac{a}{2}\sqrt{3}, \quad \varrho = \frac{a}{2},$$

also

$$\frac{a^3}{8}3\sqrt{3} - \frac{a^3}{8} = \frac{3D}{4\pi},$$

also

$$a = \sqrt[3]{\frac{6D}{\pi(\sqrt{27}-1)}} = 3{,}7079.$$

465) Der Inhaltsunterschied der einem regelmäfsigen Tetraeder um- und der ihm einbeschriebenen Kugel sei $D = 300$. Wie grofs ist die Kante a des Tetraeders?

Auflösung.

$$\frac{4\pi}{3}(r^3 - \varrho^3) = D.$$

Man setze ein:

$$\varrho = a\sqrt{\frac{1}{24}}, \quad r = a\sqrt{\frac{3}{8}},$$

folglich:

$$\frac{3}{8}a^3\sqrt{\frac{3}{8}} - \frac{1}{24}a^3\sqrt{\frac{1}{24}} = \frac{3D}{4\pi},$$

oder

$$\frac{13}{24}a^3\sqrt{\frac{1}{6}} = \frac{3D}{4\pi}, \quad a = \sqrt[3]{\frac{18D\sqrt{6}}{13\pi}} = 6{,}8674.$$

466) Der Inhaltsunterschied eines regelmäfsigen Tetraeders und der ihm umbeschriebenen Kugel sei D. Wie grofs ist die Kante des Tetraeders?

Auflösung.

$$J_1 = \frac{4}{3}r^3\pi = \frac{4}{3}\pi\frac{3}{8}a^3\sqrt{\frac{3}{8}}, \quad J_2 = \frac{a^3}{12}\sqrt{2},$$

also

$$a^3\left[\frac{\pi}{2}\sqrt{\frac{3}{8}} - \frac{1}{12}\sqrt{2}\right] = D$$

und

$$a = \sqrt[3]{\frac{24D}{3\pi\sqrt{6} - 2\sqrt{2}}}.$$

$D = 200$ giebt $a = 6{,}1880$.

467) Ein regelmäſsiges Tetraeder und ein Würfel haben dieselbe Kantenlänge a, die umbeschriebene Kugel des Würfels ist aber von einem um D gröſseren Inhalte, als die einbeschriebene des Tetraeders. Wie groſs ist die Kante a?

Auflösung.

$$\frac{4}{3}\pi(r^3-\varrho^3)=\frac{4}{3}\pi\left[\frac{a^3}{8}3\sqrt{3}-\frac{a^3}{24}\sqrt{\frac{1}{24}}\right]=D,$$

$$a=\sqrt[3]{\frac{36D}{\pi\left[18\sqrt{3}-\sqrt{\frac{1}{6}}\right]}}.$$

Für $D=180$ folgt $a=4{,}0623$.

468) Eine Kugelschicht habe die Radien $a=7$, $b=5$ und die Höhe $h=2$. Das Wievielfache des Kugelinhalts ist ihr Inhalt?

Auflösung.

$$r=\sqrt{a^2+\left(\frac{a^2-b^2-h^2}{2h}\right)^2},$$

$$J=\frac{h}{6}(3a^2+3b^2+h^2)=x\cdot\frac{4}{3}r^3\pi=xK.$$

$$x=\frac{3J}{4r^3\pi}=\frac{\frac{h}{2}(3a^2+3b^2+h^2)}{4r^3\pi}=0{,}17751,$$

also ist:

$$J=0{,}17\,751\,K.$$

469) Von einem Kugelsektor sei gegeben der Kugelradius r und die Pfeilhöhe h des Segmentes. Er tauche mit der Wölbung voran soweit ins Wasser ein, daſs die Kegelseiten durch die Wasseroberfläche halbiert werden. Wie groſs ist sein spezifisches Gewicht?

Auflösung.

Sektor $=\frac{2}{3}r^2\pi h$, Wasserkörper $W=$ Sektor $-\frac{1}{8}$ Kegel,

also spezifisches Gewicht:

$$p' = \frac{W}{S} = \frac{\frac{2}{3} r^2 \pi h - \frac{1}{8} \frac{a^2 \pi}{3} (r - h)}{\frac{2}{3} r^2 \pi h},$$

wo $a^2 = h(2r - h)$ einzusetzen ist, also

$$p' = \frac{\frac{2}{3} r^2 \pi h - \frac{1}{8} \frac{\pi}{3} h(2r - h)(r - h)}{\frac{2}{3} r^2 \pi h} = \frac{16 r^2 + h(3r - h)}{16 r^2}.$$

Für $r = 10$ und $h = 3$ wird $p' = 0{,}92563$.

470) Ein durch Hauptkreisbogen gebildetes sphärisches Dreieck habe die Winkel α^0, β^0, γ^0. Durch Verbindung seiner Eckpunkte mit den Mittelpunkte werde eine Kugelpyramide gebildet. Der Inhalt der letzteren soll berechnet werden.

Auflösung. Die Grundfläche der Pyramide ist:

$$F = \pi r^2 \frac{\alpha^0 + \beta^0 + \gamma^0 - 180^0}{180^0},$$

der Inhalt also

$$J = \frac{r}{3} F = \frac{\pi r^3}{3} \frac{\alpha^0 + \beta^0 + \gamma^0 - 180^0}{180^0}.$$

471) In einem senkrechten Kreiskegel vom Grundradius r und die Höhe h sind unendlich viele Berührungskugeln übereinandergelegt. Wie grofs ist ihre Inhaltssumme, wie grofs die Oberflächensumme?

Auflösung. Der Radius der gröfsten dieser Kugeln ergiebt sich aus $\varrho(2r + 2\sqrt{r^2 + h^2}) = 2rh$ als:

$$1) \qquad \varrho = \frac{rh}{\sqrt{r^2 + h^2} + r},$$

der der zweiten aus $\varrho : \varrho_1 = h : h - 2\varrho$ als:

$$\varrho_1 = \varrho \frac{h - 2\varrho}{h} = \varrho \frac{\sqrt{r^2 + h^2} - r}{\sqrt{r^2 + h^2} + r}.$$

Die folgenden sind der Reihe nach:

$$\varrho\left(\frac{\sqrt{r^2+h^2}-r}{\sqrt{r^2+h^2}+r}\right)^2, \quad \varrho\left(\frac{\sqrt{r^2+h^2}-r}{\sqrt{r^2+h^2}+r}\right)^3, \quad \ldots .$$

Die Inhaltssumme wird also:

$$\Sigma_i = \frac{4\pi}{3}\varrho^3\,[1+(\ )^3+(\ )^6+\ldots] = \frac{4\pi}{3}\varrho^3\frac{1}{1-\left(\frac{\sqrt{r^2+h^2}-r}{\sqrt{r^2+h^2}+r}\right)^3}.$$

Formt man dies um und setzt für ϱ den Werth aus 1) ein, so folgt:

$$2)\quad \Sigma_i = \frac{2\pi}{3}\frac{r^2h^3}{4r^2+3h^2} = \frac{2\pi}{3}\frac{h^3}{4+3\frac{h^2}{r^2}} = \frac{2\pi}{3}\frac{h^3}{4+3\tan^2\varphi},$$

wo φ Neigungswinkel der Kegelseite ist.

Die Summe der Oberflächen wird ebenso:

$$3)\quad \Sigma_0 = 4\pi\varrho^2\frac{1}{1-\left(\frac{\sqrt{r^2+h^2}-r}{\sqrt{r^2+h^2}+r}\right)^2} = \frac{\pi r h^2}{\sqrt{r^2+h^2}} = \frac{\pi r h^2}{s},$$

wo s die Kegelseite ist; also auch $\Sigma_0 = \pi h^2\cos\varphi$.

Bemerkungen. Führt man in Formel 2) den Kegelinhalt J ein, so erhält man

$$\Sigma_i = J\frac{2h^2}{4r^2+3h^2} = \frac{2J}{3+4\frac{r^2}{h^2}} = \frac{2J}{3+4\tan^2\frac{\alpha}{2}},$$

wo α der Winkel an der Spitze jedes Kegelhauptschnitts ist. Die Summe der Kugelinhalte ist also in allen Fällen das $\frac{2}{3+4\tan^2\frac{\alpha}{2}}$ fache des Kegelinhalts. Führt man in 3) den Kegelmantel $M = r\pi s = r\pi\sqrt{r^2+h^2}$ ein, so erhält man:

$$\Sigma_0 = M\frac{h^2}{r^2+h^2} = \frac{M}{1+\frac{r^2}{h^2}} = \frac{M}{1+\tan^2\frac{\alpha}{2}} = M\cos^2\frac{\alpha}{2},$$

so daſs es sich stets um das $\cos^2\frac{\alpha}{2}$ fache des Mantels handelt.

472) Dieselbe Aufgabe für eine senkrechte Pyramide mit regelmäſsiger Grundfläche zu lösen.

Auflösung. Man benutze den einbeschriebenen Kegel. Handelt es sich um die regelmäſsige n-seitige Säule mit Grundkante a und Höhe h, so ist

$$r = \frac{a}{2 \operatorname{tang} \frac{\pi}{n}},$$

was in die Gleichung 2) einzusetzen ist. Man erhält:

$$\Sigma_i = \frac{\pi}{6} \frac{h^3}{1 + 3\left(\frac{h}{a} \tan \frac{\pi}{n}\right)^2}$$

und

$$\Sigma_0 = \frac{\pi h^2}{\sqrt{1 + \left(\frac{2h}{a} \tan \frac{\pi}{n}\right)^2}}.$$

Ist statt r die Neigung φ der Seitenflächen gegeben, so benutze man die Beziehung $\frac{h}{r} = \tan \varphi$ oder

$$\frac{h}{a} 2 \tan \frac{\pi}{n} = \tan \varphi.$$

Setzt man letzteres in die letzten Formeln ein, so wird, wie beim Kegel:

$$\Sigma_i = \frac{2\pi}{3} \frac{h^3}{4 + 3 \tan^2 \varphi}$$

und

$$\Sigma_0 = \pi h^2 \cos^2 \varphi.$$

Bemerkung. Die Pyramiden brauchen durchaus nicht regelmäſsig zu sein; wenn sie nur einem senkrechten Kreiskegel umbeschrieben sind, gelten jene Formeln. Nur unwesentliche Änderungen treten ein, wenn eine solche Pyramide durch eine schräge Grundfläche begrenzt wird. Bei der dreiseitigen Pyramide von ganz beliebiger Form läſst sich die Kugelreihe stets berechnen, denn erstens kennt man den Ausdruck für den Radius der einbeschriebenen

Kugel, zweitens kennt man nach Nr. 295 den Winkel an der Spitze, d. h. den des rechtwinkligen Dreiecks, durch dessen Drehung der Kegel entsteht, aus

$$\sin\delta = \sqrt{\frac{\tan(s-a)\tan(s-b)\tan(s-c)}{\tan(s-a)+\tan(s-b)+\tan(s-c)}}.$$

Die von der Spitze des Kegel nach dem Mittelpunkte der einbeschriebenen Kugel gehende Gerade ist bekannt und damit die Aufgabe auf die erste zurückgeführt.

473) Beispiele. Senkrechte quadratische Pyramide mit a und h giebt:

$$\Sigma_i = \frac{\pi a^2 h^3}{6(a^2+3h^2)}.$$

Senkrechte Pyramide über dem regelmäfsigen Dreieck giebt:

$$\Sigma_i = \frac{\pi a^2 h^3}{6(a^2+9h^2)}.$$

Regelmäfsiges Tetraeder giebt:

$$\Sigma_i = \frac{\pi h^3}{42} = \frac{\pi}{63} a^3 \sqrt{\frac{2}{3}}.$$

Sollen im regelmäfsigen Tetraeder nach allen vier Ecken hin Berührungskugeln aneinander gereiht werden, so hat man das letzte Resultat mit 4 zu multiplizieren und das Dreifache des Inhalts der einbeschriebenen Kugel abzuziehen. Dies giebt:

$$\Sigma_i = \frac{11}{336}\pi h^3 = \frac{11}{1512}\pi a^3\sqrt{6}.$$

Nach obiger Bemerkung kann diese Aufgabe auch für das allgemeine Tetraeder gelöst werden.

474) Aufgabe. Um eine Kugel einen senkrechten Kreiskegel zu beschreiben, dessen Inhalt das n-fache vom Kugelinhalt ist.

Auflösung. Ist ϱ der Kugelradius, r der Grundradius des Kegels, so ergiebt die Ähnlichkeit zweier Dreiecke die Proportion $r : s = \varrho : h - \varrho$, woraus, da $s = \sqrt{h^2 + r^2}$ ist, folgt

$$1) \qquad r^2 = \frac{\varrho^2 h}{h - 2\varrho}.$$

Der gestellten Forderung nach soll sein

$$\frac{\pi r^2 h}{3} = n \frac{4\pi}{3} \varrho^3,$$

also

2) $$r^2 = \frac{4n\varrho^3}{h}.$$

Durch Gleichsetzung der rechten Seiten von 1) und 2) erhält man eine Gleichung, die sich umformt zu

$$h^2 - 4n\varrho h = -8n\varrho^2,$$

und daraus folgt

3) $$h = 2n\varrho \pm \sqrt{4n^2\varrho^2 - 8n\varrho^2} = 2\varrho\left[n \pm \sqrt{n^2 - 2n}\right]$$
$$= 2\varrho n\left[1 \pm \sqrt{1 - \frac{2}{n}}\right].$$

Da n eine positive Zahl ist, entsteht unter der Wurzel Negatives, sobald $n < 2$. Folglich ist der kleinste der umbeschriebenen Kegel der, dessen Inhalt das doppelte von dem der Kugel ist. Für diesen Kegel ist $h = 4\varrho$, $r = \varrho\sqrt{2}$.

In jedem Falle $2 < n < \infty$ giebt es zwei Lösungen:

$$h = 2\varrho\left[n \pm \sqrt{n^2 - 2n}\right]$$

$$r = \varrho\sqrt{\frac{h}{h - 2\varrho}} = \varrho\sqrt{\frac{n \pm \sqrt{n^2 - 2n}}{n \pm \sqrt{n^2 - 2n} - 1}}.$$

475) Aufgabe. Einer gegebenen Kugel einen senkrechten Kreiskegel anzubeschreiben, dessen Inhalt das n-fache des Kugelinhalts ist.

Auflösung. Der entsprechende Gang führt auf

$$r^2 = \frac{h\varrho_1^2}{h + 2\varrho_1}, \quad r^2 = \frac{4n\varrho_1^3}{h},$$

so dafs

$$h = 2\varrho_1\left[n \pm \sqrt{n^2 + 2n}\right].$$

Soll h stets positiv sein, so ist nur das positive Wurzelzeichen brauchbar. Hier darf n Werte von 0 bis ∞ annehmen.

476) Aufgabe. An eine gegebene Kugel sollen Berührungskugeln von gleicher Gröfse gelegt werden, die sie

in den Eckpunkten eines einbeschriebenen Tetraeders berühren und sich untereinander berühren. Wie grofs sind ihre Radien und Inhalte? Die Lösung der entsprechenden Aufgabe soll versucht werden für das regelmäfsige Hexaeder, Oktaeder, Pentagondodekaeder und Ikosaeder, wobei jede der gesuchten Kugeln von drei, vier usw. der gleichgrofsen Kugeln berührt wird, wofür die Möglichkeit untersucht werden soll.

δ) Flächenaufgaben über die Kugel.

477) **Wie grofs ist der Flächeninhalt der verschiedenen Zonen der Erde?**

Auflösung. Die Ebenen der Parallelkreise, welche die heifse Zone einschliefsen, haben abgerundet die gegenseitige Entfernung $h = 2r \sin 23\frac{1^0}{2}$, also ist der Flächeninhalt der heifsen Zone

$$F = 2r\pi h = uh = u\,2r \sin 23\frac{1^0}{2} = 5400 \cdot 2r \sin 23\frac{1^0}{2}$$

$$= ?\,\text{Quadratmeilen} = ?\,\text{Quadratkilometer}.$$

Für die beiden gemäfsigten Zonen handelt es sich um

$$h = r\left(\sin 66\frac{1^0}{2} - \sin 23\frac{1^0}{2}\right),$$

also um

$$F = 2r\pi h - u \cdot r\left(\sin 66\frac{1^0}{2} - \sin 23\frac{1^0}{2}\right) = ?$$

Für jede der beiden kalten Zonen handelt es sich um

$$h = r\left(1 - \sin 66\frac{1^0}{2}\right),$$

also um

$$ur\left(1 - \sin 66\frac{1^0}{2}\right) = ?$$

478) **Aufgabe. Der Kegel eines Kugelsektors habe im Hauptschnitt den Winkel α. Den wievielten Teil der Kugelfläche nimmt die zugehörige Kalotte ein?**

Auflösung.

$$CD = r\left(1 - \cos\frac{a}{2}\right) = h,$$

also ist die Fläche der Kalotte

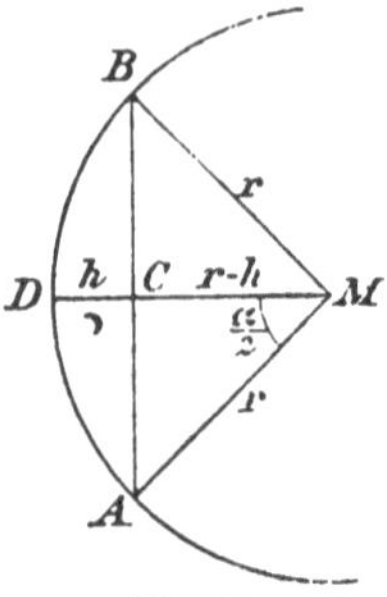

Fig. 130.

$$F = 2r\pi h = 2\pi r^2\left(1 - \cos\frac{a}{2}\right)$$
$$= \frac{O}{2}\left(1 - \cos\frac{a}{2}\right).$$

Demnach ist

$$\frac{O}{F} = \frac{2}{1 - \cos\frac{a}{2}}.$$

Die Kalotte nimmt also den $\left(\frac{2}{1-\cos\frac{a}{2}}\right)^{\text{ten}}$ Teil der Kugelfläche ein.

Beispiel. Ist $\frac{a}{2} = 60^0$, so ist $\cos\frac{a}{2} = \frac{1}{2}$ und $\frac{O}{F} = \frac{2}{1 - \frac{1}{2}} = 4$, so dafs es sich um den 4ten Teil der Kugelfläche handelt.

479) Bemerkungen. Denkt man sich die Kugel unendlich grofs, so sagt man, der Kegel nähme den $\frac{2}{1 - \cos\frac{a}{2}}^{\text{ten}}$ Teil des Raumes ein. Setzt man den Inhalt des Raumes gleich 1), so ist der des unbegrenzten Kegels gleich

$$\frac{1 - \cos\frac{a}{2}}{2}.$$

In der neueren Elektrizitätslehre setzt man die Anzahl der von einer kugelförmigen Ladung m ausgehenden Kraftlinien gleich $4\pi m$ oder $4\pi 1^2 \cdot m$. In den Raum des betrachteten Kegels fallen davon

$$\frac{1-\cos\frac{a}{2}}{2}\,4\pi m = \left(1-\cos\frac{a}{2}\right)2\pi m$$

Kraftlinien.

Erscheint die Sonne dem Auge unter dem Gesichtswinkel $a = \frac{1^0}{2}$, so bedeckt sie den wievielten Teil des Himmels?

Auflösung. Den

$$\frac{2}{1-\cos\frac{a}{2}}^{\text{ten}} \text{ oder } \frac{2}{1-\cos 15'}^{\text{ten}} \text{ Teil} = ?$$

Denkt man sich die entsprechende Betrachtung für die Erde von der Sonne aus gemacht, so erfährt man, der wievielte Teil der Wärmeausstrahlung der Sonne unserer Erde zu teil wird. Unten wird in § 508 der 2168 Millionte Teil gefunden.

480) Aufgabe. Das Feuer eines auf bergiger Insel befindlichen Leuchtturms befinde sich 300 m über der Meeresfläche. Wie viele Quadratmeilen Meeresoberfläche beherrscht es?

Auflösung.

$$\cos\frac{a}{2} = \frac{r}{r+h},$$

$$F = 2\pi r^2\left(1-\cos\frac{a}{2}\right)$$

$$= 2\pi r^2\left(1-\frac{r}{r+h}\right)$$

$$= \frac{2\pi r^2 h}{r+h}.$$

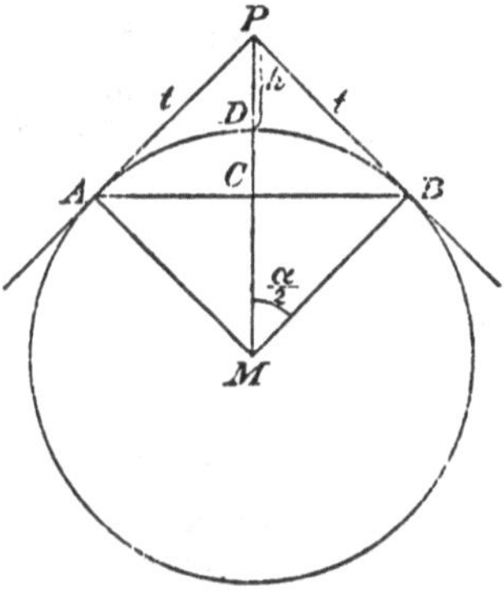

Fig. 131.

Also

$$F = \frac{2\pi r^2 h}{r+h} = \frac{2\pi 860^2 \frac{1}{25}}{860+\frac{1}{25}} = \frac{2\pi 860^2 \cdot 0{,}04}{860{,}04}$$

(denn 300 m = 0,04 Meilen) also $F = 216{,}13$ Quadratmeilen = ? qkm?

Bemerkungen. Bei so geringen Höhen läſst sich die Formel für praktische Zwecke erheblich vereinfachen. Es ist nämlich $t^2 = h(2r + h)$, oder, da h gegen $2r$ klein ist und vernachlässigt werden kann, $t^2 = 2rh$. Man betrachte jetzt t als Radius eines Kreises, dann ist $t^2\pi = 2rh\pi = 216{,}14$ Quadratmeilen. Aus $t^2\pi = 2rh\pi$ und $t_1^2 = 2rh_1\pi$ folgt $t^2 : t_1^2 = h : h_1$ oder $t : t_1 = \sqrt{h} : \sqrt{h_1}$. Für Leuchttürme und Berge mittlerer Höhe kann man also mit hinreichender Genauigkeit das Gesetz aufstellen, daſs die Sehweiten proportional sind den Quadratwurzeln aus den Höhen, die überblickten Flächenräume aber proportional den Höhen selbst.

Aus obigem Beispiele würde also folgen, daſs 100 m und 72 Quadratmeilen, 50 m und 36 Quadratmeilen, 25 m und 18 Quadratmeilen, 12,5 m und 9 Quadratmeilen zusammengehören.

481) Aufgabe. Wie hoch müſste man sich über die Erdoberfläche erheben, um den hundertsten Teil der Erdoberfläche zu überblicken?

Auflösung. $CD = \frac{2}{100} r$, $CM = \frac{98}{100} r$, also $\cos\frac{\alpha}{2} = \frac{98}{100}$, also auch $\frac{r}{r+h} = \frac{98}{100}$, d. h. $h = \frac{2r}{98} = 17{,}55$ Meilen Höhe.

Bemerkung. Um $\frac{1}{n}$ der Erdoberfläche zu übersehen, muſs man die Höhe $h = \frac{2r}{n-2}$ erreichen.

(Von Strahlenbrechung und Abweichung von der Kugelgestalt ist hier abgesehen.)

482) Aufgabe. Wie groſs ist der Fehler, den man macht, wenn man die Fläche des einfachen Grad-Trapezes zwischen 50° und 51° Breite auf der Erdoberfläche als die eines geradlinigen Trapezes berechnet?

Auflösung. Die richtige Rechnung ergiebt

$$F = \frac{2\pi r(r\sin 51^0 - r\sin 50^0)}{360} = \frac{\pi r^2(\sin 51^0 - \sin 50^0)}{180}$$

$$= 143{,}28 \text{ Quadratmeilen.}$$

Die angenäherte ergiebt

$$\frac{2\pi r\cos 50^0 + 2\pi r\cos 51^0}{2\cdot 360}15 = \frac{r\pi(\cos 50^0 + \cos 51^0)}{360}$$

$$= 143{,}21 \text{ Quadratmeilen.}$$

Letztere giebt also 0,07 Quadratmeilen zu wenig.

483) Aufgabe. Der wievielte Teil der Erdoberfläche wird (von der Strahlenbrechung abgesehen) in jedem Augenblicke von der Sonne erleuchtet, der wievielte Teil bleibt dunkel?

Auflösung. Die bekannte Zeichnung des Schattenkegels der Erde (Spitze ist Ähnlichkeitspunkt) führt auf die Proportion $r:\varrho = e + x : x$, wo $r = 96000$ Meilen der Sonnenradius, $\varrho = 860$ Meilen der Erdradius, $e = 20000000$ Meilen die Entfernung der beiden Mittelpunkte, x die Entfernung der Kegelspitze vom Mittelpunkte der Erde ist. Daraus folgt

$$x = \frac{860\cdot 20000000}{95\,140}.$$

Der halbe Centriwinkel der dunkel bleibenden Kalotte ist also zu bestimmen aus

$$\cos\frac{\alpha}{2} = \frac{860}{x} = \frac{95\,140}{20000000}.$$

Die Kalotte selbst ist

$$F = O\frac{1-\cos\frac{\alpha}{2}}{2},$$

wo O die Erdoberfläche ist. Dies formt sich um zu

$$F = O\frac{1-\frac{95\,140}{20000000}}{2} = O\frac{19\,904\,860}{20000000} = \sim O\frac{19\,905}{40000}.$$

Dieser Teil der Erdoberfläche bleibt dunkel, während

$$O\frac{20\,095}{40000}$$

beleuchtet wird.

(Infolge der Strahlenbrechung wird der beleuchtete Teil noch etwas gröfser, da durch sie der Winkel $\frac{a}{2}$ um 36′ verkleinert wird. Bei dem Monde ist der Unterschied des beleuchteten und des nicht beleuchteten Teils der Oberfläche verhältnismäfsig noch gröfser, als bei der Erde.)

Leuchtend wirkt auf die Erde nicht die Hälfte der Sonnenoberfläche, sondern auch nur der Bruchteil $\frac{19\,905}{40000}$ von O, sobald die Strahlenbrechung nicht berücksichtigt wird. Die Gröfse der letzteren ist bei der Höhe der Sonnenatmosphäre und bei der 28-fachen Schwerkraft, die an der Sonnenoberfläche Tausende von Atmosphären Spannung geben mufs, aufserordentlich grofs. Die Sonne erscheint daher gröfser, als sie ohne Strahlenbrechung erscheinen würde.

484) Einige Oberflächenformeln.

Für das Segment mit a und h ist $M = \pi(a^2 + h^2)$, $k = \pi a^2$, also gesamte Oberfläche $O = \pi(2a^2 + h^2)$.

Für den Kugelsektor ist die Kalotte gleich $\pi(a^2 + h^2)$, der Kugelmantel $M = a\pi s = a\pi\sqrt{a^2 + (r - h)^2}$, oder, da $h(2r - h) = a^2$ und daher $r = \frac{a^2 + h^2}{2h}$ ist,

$$M = a\pi\sqrt{a^2 + \left(\frac{a^2 - h^2}{2h}\right)^2} = \frac{a\pi(a^2 + h^2)}{2h}.$$

Folglich

$$O = \pi\left[a^2 + h^2 + \frac{a^3 + ah^2}{2h}\right] = \frac{\pi}{2h}[a^3 + 2a^2h + ah^2 + 2h^3]$$

$$= \frac{\pi}{2h}(a^2 + h^2)(a + 2h).$$

Kugelschicht $= 2r\pi h + a^2\pi + b^2\pi = \pi[2rh + a^2 + b^2]$. Sind a, b und h gegeben, so bestimmt sich r aus

$$r^2 = a^2 + \left(\frac{a^2 - b^2 - h^2}{2h}\right)^2.$$

Der Wert von r ist einzusetzen.

485) Aufgabe. Den wievielten Teil des Himmelsgewölbes lernt der Bewohner des 50ten Breitengrades kennen?

Auflösung. Sterne, die mehr als 40° südlich vom Himmelsäquator liegen, tauchen für ihn nicht auf. Die unbekannt bleibende Kalotte hat also die Fläche

$$F = 2r\pi h = 2r^2\pi(1 - \cos 50^0) = 4r^2\pi\frac{1 - \cos 50^0}{2}$$

$$= O \cdot \frac{1 - \cos 50^0}{2}.$$

Diesen Bruchteil des scheinbaren Himmelsgewölbes lernt er nicht kennen. Bekannt wird ihm die Fläche

$$O\frac{1 + \cos 50^0}{2}.$$

486) Der Oberflächenunterschied der einem Würfel um- und der ihm einbeschriebenen Kugel sei $d = 112$. Wie grofs ist die Seite des Würfels?

Auflösung.

$$4\pi(r^2 - \varrho^2) = d, \quad r = \frac{a}{2}\sqrt{3}, \quad \varrho = \frac{a}{2},$$

folglich

$$\frac{3a^2}{4} - \frac{a^2}{4} = \frac{d}{4\pi}$$

und

$$a = \sqrt{\frac{d}{2\pi}} = 4{,}2220.$$

487) Der Oberflächenunterschied der einem regelmäfsigen Tetraeder um- und der ihm einbeschriebenen Kugel sei $d = 100$. Wie grofs ist der Inhalt des Tetraeders?

Auflösung.

$$r^2 - \varrho^2 = \frac{d}{4\pi}, \quad \varrho = a\sqrt{\frac{1}{24}}, \quad r = a\sqrt{\frac{3}{8}},$$

also

$$\frac{3a^2}{8} - \frac{a^2}{24} = \frac{d}{4\pi}$$

und

$$a = \sqrt{\frac{3d}{4\pi}}.$$

$$J = \frac{a^3}{12}\sqrt{2} = \frac{1}{32}\sqrt{\frac{6d^3}{\pi^3}} = 13{,}747.$$

488) Wie grofs ist die Oberfläche des ringförmigen Körpers, der bei Einteilung des Raumes in Kugelkoordinaten entsteht? (Stumpf der Zonenpyramide.)

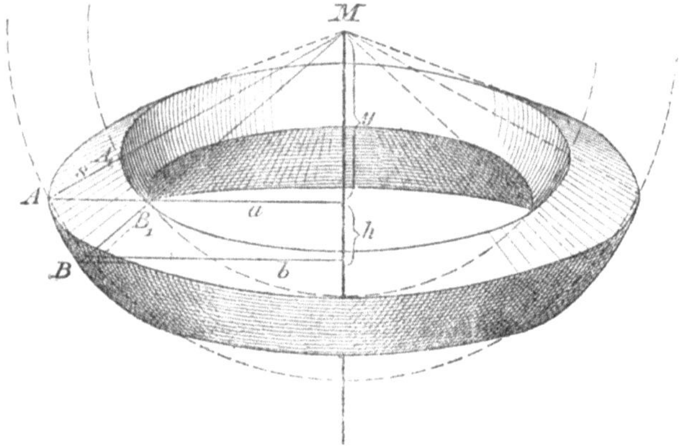

Fig. 182.

Gegeben seien r, r_1, a und die Höhe h der zur äufseren Zone gehörigen Kugelschicht.

Auflösung. Äufsere Zone $Z = 2r\pi h$; innere Zone $Z_1 = Z\frac{r_1^2}{r^2}$. Oberer Kegelmantel

$$M = \pi s(a + a_1) = \pi(r - r_1)\left(a + a\frac{r_1}{r}\right)$$

$$= \pi\frac{a}{r}(r - r_1)(r + r_1) = \frac{\pi a}{r}(r^2 - r_1^2).$$

Unterer Kegelmantel

$$M_1 = \frac{\pi b}{r}(r^2 - r_1^2),$$

wo $b^2 = r^2 - (y + h)^2 = r^2 - (h + \sqrt{r^2 - a^2})^2$

$$= a^2 - h^2 - 2h\sqrt{r^2 - a^2}$$

ist.

Also $$O = \frac{2\pi h(r^2 + r_1^2)}{r} + \frac{\pi}{r}(r^2 - r_1^2)(a + b),$$

wo für b sein Wert einzusetzen ist.

Zu den Flächenberechnungen gehören auch die Berechnungen der durch gröfste Kreise auf der Kugel gebildeten „Zweiecke“ und Dreiecke, so weit sie in Bd. I, § 278, 279, 280 und 281 behandelt sind. Die eigentliche sphärische Trigonometrie soll aber in einem besonderen Abschnitt gebracht werden.

ε) Bogenberechnungen an der Kugel (Kreise und Loxodromen).

489) Mit welcher Geschwindigkeit wandert die Mitternachtszeit in verschiedenen Breiten um die Erde?

Auflösung. Am Äquator handelt es sich um $\frac{5400 \cdot 7500}{86\,400}$ $= 468{,}85$ m sekundliche Geschwindigkeit. Für jede Breite φ ist dieser Wert mit $\cos \varphi$ zu multiplizieren, so dafs unter 60^0 Breite die Geschwindigkeit die Hälfte, unter 45^0 das $\sqrt{\frac{1}{2}}$fache ist. Nach den Polen hin nimmt sie bis zu Null ab. Die Sternzeit wandert mit der $\frac{366{,}24}{365{,}24}$fachen Geschwindigkeit.

490) Wie viel Zeit nimmt die Reise um die Erde bei 10 m sekundlicher Geschwindigkeit auf verschiedenen Parallelkreisen in Anspruch?

Auflösung. Auf dem Äquator handelt es sich um $\frac{5400 \cdot 7500}{10} = 4050000$ Sekunden $= 46{,}876$ Tage. Für jeden Parallelkreis ist letzteres mit $\cos \varphi$ zu multiplizieren, so dafs z. B. bei 60^0 Breite nur die Hälfte gebraucht wird.

491) Wie lang ist die Loxodrome, welche alle Parallelkreise unter α^0 schneidet, von Pol zu Pol gerechnet?

Auflösung. Der Meridian hat eine Länge von etwa 2700 Meilen, die Länge der Loxodrome ist $\frac{2700}{\sin \alpha}$ Meilen. Wird nämlich jedes Element λ der Loxodrome mittels der Parallelkreise auf denselben Meridian projiziert, so erhält die Projektion die Länge $l = \lambda \cdot \sin \alpha$, so dafs $\lambda = \frac{l}{\sin \alpha}$ ist.

492) Wie lang ist dieselbe Loxodrome von der Breite φ^0 bis zur Breite φ_1^0 gerechnet?

Auflösung. Der Meridianbogen hat in Meilen die Länge $(\varphi_1 - \varphi)$ 15. Lie Länge des loxodromischen Bogens ist also $\frac{(\varphi_1 - \varphi)\, 15}{\sin \alpha}$.

Weitere Aufgaben über die Loxodromen folgen bei der Behandlung der Mercatorkarte.

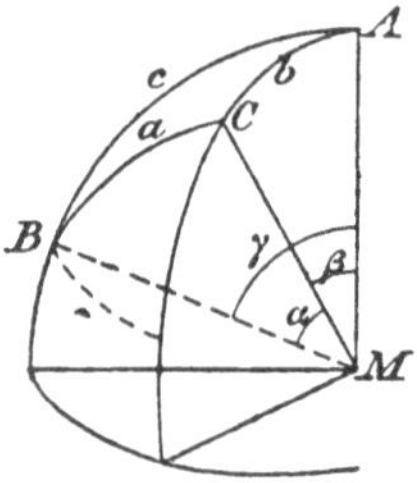

Fig. 133.

493) Wie lang ist der Bogen des gröfsten Kreises zwischen zwei Punkten auf der Erde, die den Längenunterschied $\pm \chi^0$ haben, während der eine unter φ^0, der andere unter φ_1^0 nördlicher Breite liegt.

Auflösung. Die Polabstände der beiden Puukte sind in Graden $\vartheta^0 = 90^0 - \varphi^0$ und $\vartheta_1^0 = 90^0 - \varphi_1^0$, in Bogenmafs $\hat{b} = \pi \frac{\vartheta^0}{180^0}$, $\hat{c} = \pi \frac{\vartheta_1^0}{180^0}$. Der Winkel A des Dreiecks ABC ist gleich χ^0. Nach dem Cosinussatze für Dreikantecken ist

$$\cos \hat{a} = \cos \hat{b} \cos \hat{c} + \sin \hat{b} \sin \hat{c} \cos A.$$

Die Länge BC ist gleich $r\hat{a}$.

Besondere Beispiele sollen gelegentlich der Behandlung der Mercatorkarte ausgetührt werden.

ζ) Schwerpunktsberechnungen an der Kugel.

494) Zone und Kalotte. In Bd. I § 280 ist gezeigt worden, dafs jede Kugelzone dieselbe Fläche hat wie die entsprechende Zone des Berührungscylinders. Folgen also n gleiche Zonen aufeinander, so liegt der Schwerpunkt in derselben Höhe wie bei den entsprechenden cylindrischen Zonen, d. h. in halber Höhe. Also:

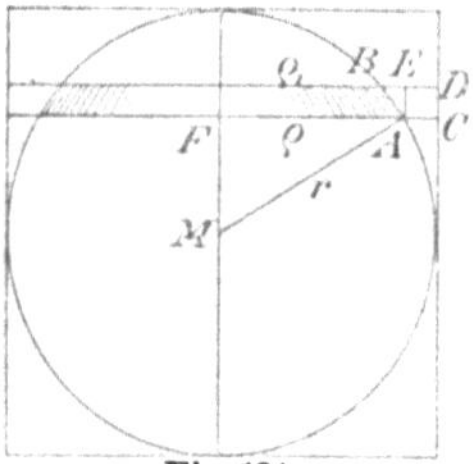

Fig. 134.

Halbiert man die durch M gehende Höhe einer Kugelschicht oder eines Kugelabschnittes, so erhält man den Schwerpunkt der zugehörigen Zone oder Kalotte.

495) Schwerpunkt des Kugelsektors. Denkt man sich den Sektor in zahlreiche inhaltsgleiche Pyramiden zerlegt, so liegen deren Schwerpunkte gleichmäſsig verteilt in einer Kalotte $A_1C_1B_1$, die den Radius $\frac{3}{4}r$ hat. War h die Höhe des Kugelsegments, so ist die der neuen Kalotte aus Ähnlichkeitsgründen $h_1=\frac{3}{4}h$. Ihr Schwerpunkt

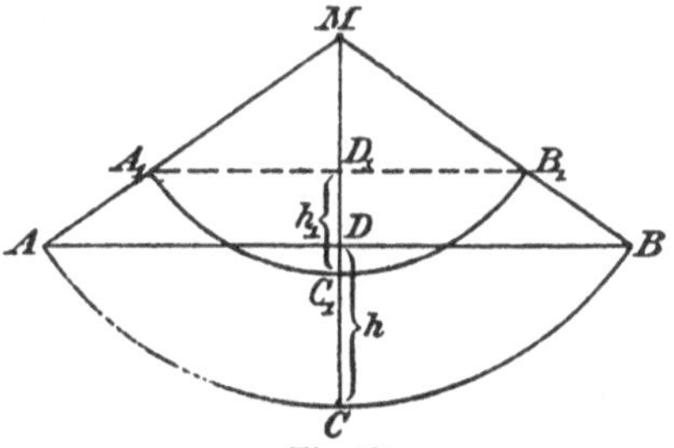

Fig. 135.

liegt im Halbierungspunkte von C_1D_1, d. h. von C aus gerechnet in der Höhe $CS = CC_1 + \frac{1}{2}C_1D_1 = \frac{r}{4} + \frac{3h}{8} = \frac{2r+3h}{8}$ $= \frac{a^2+4h^2}{8h}$, so daſs $MS = \frac{3(2r-h)}{8} = \frac{3}{8}\frac{a^2}{h}$.

Beispiel. Für die Halbkugel ist $a=h=r$, also wird die Schwerpunktshöhe $CS=\frac{5}{8}r$, dagegen von der Kugelmitte aus gerechnet $\frac{3}{8}r$.

496) Schwerpunkt des Segments. Die Momentengleichung in Bezug auf C ist

$$x\cdot\text{Segment} = \frac{2r+3h}{8}\,\text{Sektor} - \left(h+\frac{r-h}{4}\right)\text{Kegel}$$

oder

$$x\frac{\pi h^2}{3}(3r-h) = \frac{2r+3h}{8}\,\frac{2\pi r^2 h}{3} - \frac{r+3h}{4}\cdot\frac{\pi(r-h)}{3}h(2r-h)$$

(der Faktor $h(2r-h)=a^2$ ist die Grundfläche des Kegels), oder

$$4xh(3r-h) = (2r+3h)r^2-(r+3h)(2r^2+h^2-3rh) = 2r^3$$
$$+3hr^2-(2r^3+6r^2h+rh^2+3h^3-3r^2h-9rh^2) = 8rh^2-3h^3.$$

Demnach ist die Schwerpunktshöhe des Segments

$$x=\frac{8rh-3h^2}{4(3r-h)}=\frac{h}{4}\cdot\frac{8r-3h}{3r-h}.$$

Führt man $r = \frac{a^2 + h^2}{2h}$ ein, so erhält man

$$x = \frac{h}{4} \frac{8a^2 + 2h^2}{3a^2 + h^2} = \frac{h}{2} \frac{4a^2 + h^2}{3a^2 + h^2}.$$

Dasselbe Ergebnis findet sich, wenn man den Schwerpunkt des zum Segmente gehörigen Restkörpers sucht. Auch kann man, wie nachstehend, die Simpsonsche Regel anwenden.

497) Schwerpunkt der Kugelschicht. Nach Nr. 394 gilt für den Kegel- und Pyramidenstumpf, also auch für den Restkörper, die Schwerpunktsformel

1) $$h_s = h \frac{O + 2M}{U + O + 4M},$$

Diese Formel gilt also auch für die Kugelschicht. Für diese ist $O = a^2\pi$, $U = b^2\pi$, $M = x^2\pi = \pi \frac{h^4 + 2a^2h^2 + 2b^2h^2}{4h^2}$.

Setzt man diese Werte in 1) ein, so folgt

2) $$h_s = \frac{h}{2} \frac{4a^2 + 2b^2 + h^2}{3a^2 + 3b^2 + h^2}.$$

(Für $b = 0$ erhält man wieder die letzte Segmentformel. Für $a = 0$ folgt

3) $$h_s = \frac{h}{2} \frac{2b^2 + h^2}{3b^2 + h^2},$$

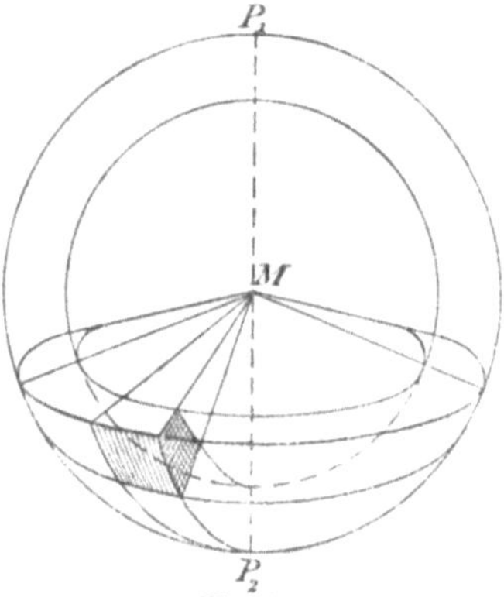

Fig. 136.

und dies ist die Schwerpunktshöhe des Segmentes mit b und h, jedoch von der ebenen Grundfläche aus gemessen. Dieselben Resultate erhält man mittels des Restkörpers.)

498) Die Zonenpyramide, d. h. der Körper, welcher entsteht, wenn man alle Punkte einer Zone mit dem Mittelpunkte verbindet, hat, weil er sich in lauter Pyramiden zerlegen läfst, den Schwerpunkt in halber Höhe derjenigen Zonen-

fläche, die die Schwerpunkte sämtlicher Pyramiden enthält. Diese Fläche ist der gegebenen Zone ähnlich. Letztere hat den Schwerpunkt in der Entfernung $\frac{h}{2} + \sqrt{r^2 - a^2}$ von M, die andere also hat ihn in der $\frac{3}{4}$fachen Entfernung von M, also in Entfernung $\frac{3}{8}(h + 2\sqrt{r^2 - a^2})$, oder, da $y = \sqrt{r^2 - a^2} = \frac{a^2 - b^2 - h^2}{2h}$ und $y + \frac{h}{2} = \frac{a^2 - b^2}{2h}$ ist, in der Entfernung $\frac{3}{8}\,\frac{a^2 - b^2}{h}$. Für $b = 0$, d. h. für den Kugelsektor, hat man die Formel $\frac{3}{8}\,\frac{a^2}{h}$.

499) Der Stumpf der Zonenpyramide. Darunter ist wieder der ringförmige Körper zu verstehen, der zur Ein-

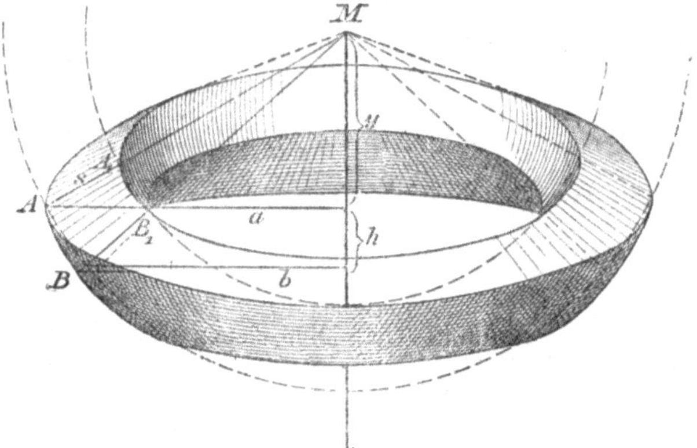

Fig. 137.

teilung des Raumes durch Kugelkoordinaten gehört. (Vgl. Fig. 136 und 137.) Durch Verbindung mit M erreicht man die Einteilung in kleine Pyramidenstumpfe. Jeder von diesen hat, wenn man die äufsere Zone mit Z, die innere mit Z_1 bezeichnet, seinen Schwerpunkt in einer Entfernung von der Aufsenzone, die durch

$$1) \qquad h_s = \frac{h}{4}\,\frac{Z + 2\sqrt{ZZ_1} + 3Z_1}{Z + \sqrt{ZZ_1} + Z_1}$$

gegeben ist. Alle diese Schwerpunkte liegen in einer Kugelzone, die von M die Entfernung $r - h_s$ hat. Die entsprechende Kugelschicht hat die Höhe $h' = h\frac{r - h_s}{r}$ und den oberen Radius $a' = a\frac{r - h_s}{r}$ usw. Die äufsere Zonenfläche hat ihren Schwerpunkt von M aus gerechnet in der Entfernung $y + \frac{h}{2}$ $= \frac{a^2 - b^2 - h^2}{2h} + \frac{h}{2} = \frac{a^2 - b^2}{2h}$ oder in der Entfernung $\frac{h}{2} + \sqrt{r^2 - a^2}$. Der gesuchte Schwerpunkt liegt in der Entfernung

$$2)\qquad \frac{r - h_s}{r} \cdot \frac{a^2 - b^2}{2h}$$

oder

$$\frac{r - h_s}{r}\left(\frac{h}{2} + \sqrt{r^2 - a^2}\right).$$

Es sei dem Leser überlassen, die Ausdrücke zu vereinfachen, sobald z. B. r, r_1, a und h gegeben sind. In diesem Falle ist $Z = 2r\pi h$, $Z_1 = 2r_1\pi h_1 = 2r_1\pi h\frac{r_1}{r} = \frac{2r_1^2\pi h}{r}$. Durch Einsetzung vereinfacht sich 1) zu

$$h_s = \frac{h}{4} \cdot \frac{r^2 + 2rr_1 + 3r_1^2}{r^2 + rr_1 + r_1^2}.$$

Auch der Schwerpunkt der Oberfläche dieses Ringkörpers lässt sich leicht berechnen. Die Oberfläche des Segments, des Sektors, der Kugelschicht und der Zonenpyramide bieten ebenfalls leichte Übungsbeispiele für die Schwerpunktsberechnung.

Eine Reihe anderer Schwerpunktsbestimmungen an der Kugel kommt erst später zur Sprache.

Geschichtliche Bemerkungen. Die Berechnung des Inhalts und der Oberfläche der Kugel hat Archimedes gelehrt, und zwar in seiner Schrift „Kugel und Cylinder“ I, 37. Die Darstellung des Satzes Kegel : Kugel : Cylinder $= 1 : 2 : 3$ hat er selbst für sein Grabmal bestimmt. An diesem Zeichen hat Cicero, wie er in den Tusculanen V, 23 mitteilt, das vergessene Grabmal zu Syrakus wiedererkannt.

Den einfachen auf dem Cavalierischen Satze beruhenden Beweis schreibt Baltzer den Segnerschen Anfangsgründen der Math. zu (2. Aufl. 1773). Er scheint aber doch älter zu sein. Archimedes fand auch die Formeln für die wichtigsten Teile der Kugel, ebenso die von den entsprechenden Schwerpunkten geltenden. Sonstiges Geschichtliche soll erst später mitgeteilt werden.

η) Eine Betrachtung über die Sonne, die Erde und den Mond.

Diese Betrachtung wird eingeschaltet, um die Verwendbarkeit der Kugelformeln auch für kosmische Verhältnisse klar zu legen. Da vielfach mittlere Werte auftreten, wird auf höchsens drei Stellen Genauigkeit Anspruch gemacht.

500) Der Durchmesser der Erde beträgt rund 860 Meilen, ihre mittlere Dichte (spez. Gewicht) etwa 5,6. Ihre Masse ist also ebenso grofs, wie die von $\frac{4}{3}(860 \cdot 7500)^3 \pi\, 5{,}6 = 627 \cdot 10^{19}$ Tonnen $= 627 \cdot 10^{22}$ Liter Wasser. Nach der Kraftformel $p = mg$ folgt $m = \frac{p}{g}$. Rechnet man, um später auf Pferdestärken einzugehen, mit den technischen Einheiten Kilogramm und Meter, so handelt es sich bei der Erde um $\frac{627.10^{22}}{9{,}81} = 638 \cdot 10^{21}$ technische Masseneinheiten.

501) Um die entsprechende Zahl für die Sonne zu erhalten, mufs man ihre Entfernung von der Erde trigonometrisch bestimmen, was etwa auf den mittleren Wert $e = 20$ Millionen Meilen führt. Da ihr scheinbarer Durchmesser etwa $30\frac{1}{3}$ Minuten (etwa $\frac{1}{2}$ Grad) beträgt, so ergiebt eine einfache Rechnung $\left(\tan\frac{\alpha}{2} = \frac{r}{20\text{ Mill.}}\right)$ als Gröfse des Sonnenhalbmessers etwa 96 000 Meilen. Der Sonnenradius ist also etwa das 112fache vom Erdradius, der Rauminhalt der Sonne etwa das 1 410 000fache von dem der Erde.

502) Die Masse der Sonne ergiebt sich folgendermafsen. Nach Newtons Gravitationsgesetz wird die gegenseitige Anziehung der Himmelskörper gegeben durch $p = k\frac{m_1 m_2}{r^2}$, wo r die Entfernung ihrer Mittelpunkte, m_1 und m_2 ihre

Massen bedeuten, während k die Gravitationskonstante ist (deren Kenntnis vorläufig überflüssig ist). Nach der Kraftformel $p = m_2 g$ erhält man daraus für den Körper m_1 die Formel $k\frac{m_1}{r^2} = g_1$, wo g_1 die Beschleunigung ist, die er jedem aufserhalb in Entfernung r liegenden Körper erteilt. Ist letzterer ein Planet (bezw. Trabant), der sich in etwa kreisförmiger Bahn um m_1 bewegt, so ist die Zentrifugalbeschleunigung bekanntlich durch $\frac{4r\pi^2}{t^2}$ gebeben, es mufs also sein $\frac{4r\pi^2}{t^2} = k\frac{m}{r^2}$ oder $t^2 = \frac{4\pi^2}{km_1}r^3$. Dies soll die Gleichung für die Erde und den Mond sein, t also die Umlaufszeit des Mondes, d. h. 39 343 (rund 39 300) Minuten, r seine Entfernung von der Erde, etwa 50 000 Meilen, m_1 die Erdmasse. Die entsprechende Gleichung für Erde und Sonne ist $T^2 = \frac{4\pi^2}{kM}R^3$, wo T das Erdjahr oder 525 960 (rund 526 000) Minuten, M die Sonnenmasse, R die Entfernung der Erde von der Sonne bedeutet. Durch Division erhält man aus beiden Gleichungen $\frac{t^2}{T^2} = \frac{4\pi^2}{km_1}r^3 \cdot \frac{kM}{4\pi^2 R^3} = \frac{M}{m_1} \cdot \frac{r^3}{R^3}$, so dafs $M = \frac{t^2}{T^2}\frac{R^3}{r^3}m_1 = \frac{39343^2}{525960^2}\frac{20000000^3}{50000^3}m_1 = \sim 358000\, m_1$ bedeutet. Legt man statt der abgerundeten Werte die genaueren zu Grunde, so erhält man $M = 355000\, m_1$, was für das Weitere angenommen werden soll.

Die Sonne hat also das 355000fache der Erdmasse, ihr spezifisches Gewicht ist das $\frac{355000}{1410000}$fache von dem der Erde (etwa $\frac{1}{4}$), in Bezug auf das Wasser genommen also $\frac{355000}{1410000} \cdot 5{,}6 = \sim 1{,}38$. Die Masse der Sonne endlich ist dieselbe wie die von $222 \cdot 10^{25}$ Tonnen $= 222 \cdot 10^{28}$ Liter Wasser, sie beträgt also in technischen Masseneinheiten $\frac{222 \cdot 10^{28}}{9{,}81} = 227 \cdot 10^{27}$.

503) Die Erde giebt jedem nahe an ihrer Oberfläche befindlichen Körper die Fallbeschleunigung 9,81 m (eigentlich

müfste etwa 9,82 genommen werden, da die mittlere Centrifugalkraft hinzuzuaddieren ist). Aus

$$k\frac{m}{r^2} = 9{,}81 = g$$

für die Erde und

$$k\frac{M}{r^2} = g_1$$

für die Sonne folgt durch Division:

$$\frac{g_1}{g} = \frac{365\,000\,m}{112^2 r^2} \cdot \frac{r^2}{m} = 28{,}3,$$

also

$$\underline{g_1 = 28{,}3 \cdot g = \sim 272 \text{ m},}$$

d. h. die Schwerkraft an der Sonnenoberfläche ist 28,3 mal so grofs, als an der Erdoberfläche, die Körper fallen 28,3 mal so schnell und zwar in der ersten Sekunde $\frac{272}{2} = 136$ m. Selbst wenn über jedem Quadratmeter Sonnenfläche nur ebensoviel Atmosphäre lagerte, wie bei der Erde, würde der Barometerstand dort der 28,3fache sein, die Spannung also 28,3 Atmosphären. Nach den Protuberanzen zu urteilen ist aber die Sonnenatmosphäre von einer Höhe, die Tausende von Atmosphären Spannung erwarten läfst.

504) [Von der Masse der Sonne könnte man sich folgendermafsen ein Bild machen. Die Formel $E = m\frac{v^2}{2}$ der Mechanik sagt, dafs ein Körper, der die Geschwindigkeit v und die Masse m hat, infolge seiner Wucht eine Arbeit von $m\frac{v^2}{2}$ Meterkilogrammen leisten kann. Der Ausdruck E heifst Energie. Angenommen, die Sonne hätte nur ein Meter Geschwindigkeit, so würde dies eine Energie

$$m \cdot \frac{1^2}{2} = \frac{227 \cdot 10^{27}}{2} = \sim 114 \cdot 10^{27} \text{ mkg}$$

bedeuten. Man denke sich nun eine Maschine von einer Million Pferdestärken, die also in der Sekunde 75 Millionen mkg Arbeit leistet, im Jahre also das 86 400 · 365-fache. Wie lange müfste diese Maschine arbeiten, um die ruhende

Sonne in diese langsame Bewegung zu versetzen, oder wie lange müfste sie arbeiten, um die mit 1 m Geschwindigkeit sich bewegende Sonne durch Bremsarbeit zur Ruhe zu bringen? Es würde sich um

$$\frac{114 \cdot 10^{27}}{86\,400 \cdot 365 \cdot 75\,000\,000} = 48 \cdot 10^{12}$$

oder um 48 Billionen Jahre handeln. Bei n Meter Geschwindigkeit müfste die Zeit noch mit n^2 multipliziert werden.]

505) [Die kleine Erde hat im Sonnensystem 30 000 m Geschwindigkeit, ihre Bewegungsenergie also ist

$$\frac{mv^2}{2} = \frac{638 \cdot 10^{21} \cdot 900\,000\,000}{2} \text{ mkg.}$$

Dividiert man wiederum durch den vorigen Nenner, so ergiebt sich, dafs die millionenpferdige Maschine 122 Billionen Jahre nötig haben würde, um die Erde durch Bremsarbeit zur Ruhe zu bringen. — Man erkennt, wie grofse Widerstände die Weltkörper überwinden können, ohne dafs in Tausenden von Jahren eine Einbufse an Geschwindigkeit zu bemerken ist. — Die Drehungsgeschwindigkeit beider Weltkörper soll später berechnet werden.]

506) Die Sonne strahlt nach allen Richtungen Wärme aus, von der ein verschwindend kleiner Teil zu der kleinen Erde gelangt. Pouillet suchte zu messen, wie viel Wärme durchschnittlich auf jedes Quadratmeter der Erde gelangt und berechnete die Gesamtausstrahlung der Sonne. Hier soll vom Schlufsresultate ausgegangen und daraus das Resultat für die Erde abgeleitet werden. Nach Pouillet handelt es sich um eine jährliche Ausstrahlung von $27 \cdot 10^{29}$ Kalorien (Wärmeeinheiten, von denen jede 425 mkg Arbeit bedeutet). Auf die Sekunde und auf Pferdestärken reduziert, giebt dies

$$\frac{27 \cdot 10^{29} \cdot 425}{86\,400 \cdot 365 \cdot 75} = \underline{485\,000 \text{ Trillionen Pferdestärken.}}$$

Die Oberfläche der Sonne umfafst

$$4 r^2 \pi = (96\,000 \cdot 7500)^2 \, 4 \pi \text{ qm.}$$

Durch Division erhält man

$$74\,700 \text{ Pferdestärken} = \frac{74\,700 \cdot 75}{425} \text{ Sekunden-Kalorien}$$

auf das Quadratmeter, also, wenn man jedem Kilogramm Kohle eine Verbrennungswärme von 6500 Kalorien zuschreibt, eine Ausstrahlung, die sekundlich der Verbrennung von $\frac{74\,700 \cdot 75}{425 \cdot 6500} = 2{,}03$ kg, oder die stündliche von 7300 kg Kohle bedeutet. (Nach Violles Messungen ist die Ausstrahlung noch stärker, so dafs es sich um fast 10 000 kg handeln würde.)

507) Kohle hat ungefähr dasselbe spezifische Gewicht, wie die Sonne. Ein Kohlenball von der Gröfse der Sonne entspricht also, wie diese, etwa $222 \cdot 10^{28}$ kg Kohle und damit $222 \cdot 10^{28} \cdot 6500$ Kalorien, von denen nach Pouillet jährlich $27 \cdot 10^{29}$ verausgabt werden. Die Division ergiebt eine Dauer von etwa 5360 Jahren.

[Daraus erkennt man, dafs ein chemischer Prozefs nicht imstande ist, die Sonnenausstrahlung so zu decken, dafs in vier Jahrtausenden eine Abschwächung der Strahlung nicht wahrgenommen werden konnte. Wie J. R. Mayer und Helmholtz die Erhaltung der Sonnenwärme sich erklären, darüber vergleiche man des Verfassers elementare Ingenieur-Mathematik, Bd. II, Seite 54 bis 66.]

508) Welcher Teil der Sonnenausstrahlung kommt der Erde zu gute? Es kommt darauf an, zu untersuchen, den wie vielten Teil des Himmelsgewölbes dem Sonnenbewohner die Erde verdecken würde. Man denke sich mit der Entfernung 20 Millionen Meilen als Radius um den Sonnenmittelpunkt eine Kugel gelegt, auf deren Oberfläche die Erde als eine Scheibe von $860^2 \cdot \pi$ Quadratmeilen erscheint. $\frac{4 \cdot (20\,000\,000)^2 \pi}{860^2 \cdot \pi}$ giebt 2168 Millionen, so dafs es sich um den 2168 millionten Teil der Ausstrahlung, d. h. um etwa $\frac{490\,000 \text{ Trill.}}{2168 \text{ Mill.}} = \sim 224$ Billionen Pferdestärken handelt, die sich verschiedenartig über die ganze Erdoberfläche verteilen. Im Durchschnitt kommen auf jedes

Quadratmeter der Erdoberfläche etwa $\frac{224 \text{ Bill.}}{4\pi(860 \cdot 7500)^2}$ oder etwa 0,43 Pferdestärken. Angenommen, die Hälfte würde vom Wasserdampfe der Luft absorbiert, so würden nur 0,21 Pferdestärken zur Erde gelangen. Mit einem Hohlspiegel von 1 qm Eingangsfläche also könnte man theoretisch ein Maschinchen von $^1/_5$ Pferdestärken treiben, praktisch natürlich ein weit kleineres, besonders deshalb, weil die Ausstrahlung nicht gehemmt ist. Versuche entsprechender Art hat man in der Sahara gemacht.

[Dasselbe Resultat findet man auch folgendermaßsen: Auf 1 qm Sonnenoberfläche kommen 74 700 Pferdestärken, folglich auf 1 qm der Kugelfläche mit 20 000 000 Meilen Radius $74\,700 \frac{95\,000^2}{20\,000\,000^2} = 1{,}72$ Pferdestärken. Nun ist aber die Oberfläche der Erde das vierfache von der Scheibe, als die sie erscheint, folglich kommt auf jedes Quadratmeter $\frac{1{,}72}{4} = 0{,}43$ Pferdestärken.]

[Was von der zur Erde gelangenden Wärme nicht chemisch oder physikalich aufgespeichert wird (man denke an die Bildung der Steinkohlen durch den Lebensprozeſs früherer Pflanzen) geht durch Ausstrahlung wieder verloren, denn die durch Wasserverdunstung und Wasserhebung verbrauchte Wärme wird wieder ersetzt durch Kondensation und Rückkehr zur Erde.]

509) Temperatur der Sonnenoberfläche. Die Sonne strahlt auf das Quadratmeter die $\frac{20\,000\,000^2 \cdot 4}{95\,000^2}$ fache Wärme aus, wie die Erde. Nimmt man mit Stefan an, daſs bei gleichen Verhältnissen die Ausstrahlung proportional sei der 4ten Potenz der absoluten Temperatur, so würde auf der Sonnenoberfläche die $\sqrt[4]{\frac{20\,000\,000^2 \cdot 4}{95\,000}}$ fache oder etwa $20\frac{1}{2}$ fache absolute Temperatur herrschen, als im Mittel auf der Erdoberfläche. Nimmt man letztere rund zu $273 + 17 = 290^0$ an, so erhält man 5945^0, oder in gewöhnlicher Temperatur gemessen, etwa 5700^0 C, bei niedrigerer Annahme etwas weniger. Wie aber im Innern der Erde die Temperatur

weit höher ist, als auf der Oberfläche, so ist dies auch bei der Sonne der Fall.

Der berechnete Wert stimmt mit den Minimal-Temperaturen überein, welche die neueren Physiker angeben, denn bei diesen handelt es sich um rund 6000° C. —

510) Der meteorologische Prozefs auf der Erde läfst sich folgendermafsen beurteilen. Angenommen, die mittlere Regenhöhe auf Meer und Land betrage 2 m (die niedrigste Angabe ist 1200 mm, die höchsten reichen weit über 2000 mm hinaus) und die Hebung des Wasserdampfes erreiche durchschnittlich nur 1000 m Höhe, so handelt es sich um jährlich $4\pi(860 \cdot 7500)^2 \pi \cdot 1000 \cdot 2 \cdot 1000 = 8\,000\,000\,\pi\,(860 \cdot 7500)^2$ mkg Arbeit. Dividiert man dies durch die Anzahl der Sekunden im Jahre und durch 75, so erhält man den Betrag von

$$\frac{8\,000\,000\,\pi \cdot (860 \cdot 7500)^2}{75 \cdot 365 \cdot 86\,400} = \sim 441\,000 \text{ Mill. Pferdestärken.}$$

Der herabfallende Regen würde den gröfsten Teil dieser Arbeit wieder ersetzen, den Rest durch die Arbeit des von den Bergen herabströmenden Wassers. Könnte man nur den 1000sten Teil dieser Arbeit praktisch ausnutzen, so würde es sich noch immer um 441 Millionen Pferdestärken handeln. — Der Niagarafall allein soll theoretisch 13 Millionen Pferdestärken Arbeit liefern können.

(Über Gegenstände solcher Art haben besonders Helmholtz und Tyndall geschrieben, jedoch ohne Ausführung der Rechnungen. Obiges ist im wesentlichen der Inhalt eines Vortrags, den Verfasser in einigen Bezirksvereinen des Vereins deutscher Ingenieure gehalten hat. Vgl. Zeitschrift dieses Vereins, 1900.)

511) Die Gravitationskonstante soll berechnet werden.

$k = \frac{gr^2}{m}$ giebt für die Oberfläche der Erde in technischen Mafseinheiten (kg und m):

$$k = \frac{9{,}824 \cdot r^2}{\left(\frac{4}{3} r^3 \pi\right) 5{,}6 \frac{1000}{9{,}81}} = \frac{3 \cdot 9{,}824 \cdot 9{,}81}{(4 \cdot 860 \cdot 7500)\, 5{,}6 \cdot 1000}$$

$$= \sim 6{,}65 \cdot 10^{-10}.$$

Im absoluten Maſssystem erhält man ebenso

$$k = \frac{3 \cdot 9{,}824}{4(860 \cdot 7500)\,5{,}6} = 6{,}625 \cdot 10^{-8},$$

d. h. das $\frac{1000}{9{,}81}$ fache.

512) Wie groſs ist das Volumen, die Masse und das spezifische Gewicht des Mondes?

Der Mond erscheint ungefähr unter demselben Gesichtswinkel, wie die Sonne (kleiner bei ringförmigen, gröſser bei totalen Sonnenfinsternissen). Die Sonne ist aber 400 mal so weit entfernt, als der Mond, also ist dessen Radius etwa gleich $\frac{96\,000}{400} = \mathbf{240}$ Meilen.

Das Mondvolumen ist also gleich $\left(\frac{240}{860}\right)^3$ oder $\frac{\mathbf{1}}{\mathbf{46}}$ vom Erdvolumen. Die Flutmesser zeigen, daſs die Springfluten ungefähr die 1,45 fache, die Nippfluten fast die (1 — 0,45) fache Höhe der gewöhnlichen Flut haben. Daher verhalten sich die Flutwirkungen des Mondes und der Sonne wie 1 : 0,45.

Nach Newton verhalten sich aber die Flutstörungen direkt wie die Massen und umgekehrt wie die 3ten Potenzen der Entfernungen der störenden Körper. (Vgl. z. B. die Ingenieur-Mathematik des Verfassers, II, Seite 44—45.) Also ist

$$\frac{m}{r^3} : \frac{M}{R^3} = 1 : 0{,}45,$$

daher

$$m = \frac{M}{0{,}45} \cdot \frac{r^3}{R^3} = \frac{355\,000\, m_1}{0{,}45} \cdot \frac{r^3}{(400\,r)^3} = \sim \frac{1}{81}\, m_1,$$

d. h. die Mondmasse ist der 81[te] Teil der Erdmasse.

Das spezifische Gewicht des Mondes ist also etwa $\frac{46}{81}\,5{,}6$ oder

$$p' = 3{,}18.$$

Das spezifische Gewicht des Mondes ist jedenfalls wegen des geringeren Massendrucks im Inneren kleiner als das der Erde; das der Sonne ist kleiner (trotz des gewaltigen Massendrucks) wegen der groſsen Hitze im Innern, die auf mehrere Millionen Grade C. geschätzt wird. (Vgl. Sechi, Ritter usw.).

Die Anziehung zwischen Mond und Erde ist gleich

$$k\frac{mm_1}{r^2} = k\cdot\frac{m^2}{81 r^2} = \frac{(6{,}65\cdot 10^{-10})(638\cdot 10^{21})^2}{81(50\,000\cdot 7500)^2}$$
$$= \sim 23{,}8 \text{ Trillionen kg} = 23\,800 \text{ Billionen t.}$$

Könnte man sich auf der Erdoberfläche einen Körper geringer Ausdehnung denken, der den 3600ten Teil der Mondmasse hätte, so würde dieser Körper die berechnete Kraft als Druck auf die Erde ausüben.

513) Bemerkung. Kennt man von einem andern Planeten die Umlaufszeit um die Sonne und von einem seiner Trabanten die Umlaufszeit um den Planeten und die entsprechenden Entfernungen, so kann man aus der oben bestimmten Sonnenmasse die des Planeten und aus seinem scheinbaren Durchmesser (bei gegebener Entfernung von der Erde) seine Dichte berechnen; dasselbe gilt von der Fallgeschwindigkeit auf seiner Oberfläche.

Die Umlaufszeit eines Planeten um die Sonne oder die Entfernung von dieser ergiebt sich aber aus dem oben besprochenen Gesetze $t^2 = \frac{4\pi^2}{KM}r^3$ für die Erde und $t_1^2 = \frac{4\pi^2}{KM}r_1^3$ für den anderen Planeten, denn durch Division erhält man das Keplersche Gesetz $\frac{t^2}{t_1^2} = \frac{r^3}{r_1^3}$, nach dem sich die Quadraten der Umlaufszeiten verhalten, wie die dritten Potenzen der Entfernungen von der Sonne. Von den vier Gröfsen kann eine berechnet werden, wenn die übrigen bekannt sind.

So hat der Jupiter 1490, der Saturn 772, der Uranus 86,5 Erdmassen, die Dichten aber sind 1,25, 0,72, 0,92.

Hat der Planet keinen Trabanten, so mufs die Massenbestimmung mit Hilfe der Störungstheorie aus Beobachtungen abgeleitet werden.

ϑ) Elementare Theorie der Mercatorkarte und der Loxodromen.

514) Um die nördliche Halbkugel der Erde in stereographischer Projektion zu erhalten, projiziert man die Oberfläche vom Südpole S auf die im Nordpole N berührende Ebene. Ist dabei D ein Punkt im Polabstande $\widehat{ND} = r\vartheta$, so wird

$$ND_1 = 2r\tan\frac{\vartheta}{2}.$$

Der kleine Bogen $DE = \hat{b}$ geht dabei in eine Gerade $b_1 = D_1E_1$ über, und da $\triangle SDE \sim SE_1D_1$, so wird $\hat{b} : b_1 = SD : SE_1$. Ist aber DE unendlich klein, so wird $SE_1 = SD_1$ und die Proportion geht über in

$$\hat{b} : b_1 = SD : SD_1 = 2r\cos\frac{\vartheta}{2} : \frac{2r}{\cos\frac{\vartheta}{2}},$$

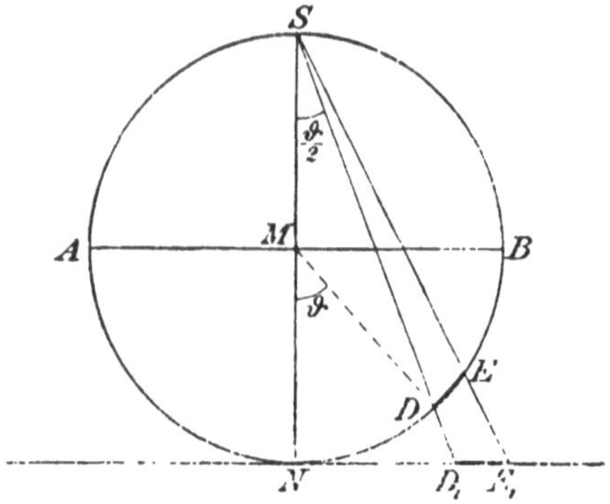

Fig. 138.

so daſs

$$b_1 = \frac{\hat{b}}{\cos^2\frac{\vartheta}{2}}$$

wird.

Projiziert man aber auf die durch M gelegte Parallelebene, so wird:

1) $ND_1 = z = r\tan\frac{\vartheta}{2}$, und für $r = 1$, $z = \tan\frac{\vartheta}{2}$.

2) $$b_1 = \frac{\hat{b}}{2\cos^2\frac{\vartheta}{2}}.$$

515) Daſs diese Abbildung zu den winkeltreuen gehört, ist im vorigen Bande nachgewiesen. Hat man also die Kugel durch Meridiane und Parallelkreise in ein System kleiner Quadrate eingeteilt, so erhält man auch in der Ebene ein System kleiner Quadrate durch konzentrische Kreise und ein Strahlenbüschel dargestellt. Umgekehrt erhält man durch Rückprojektion der Teilung der Ebene auf die Kugelfläche die Einteilung der letzteren. Vgl. Fig. 139.

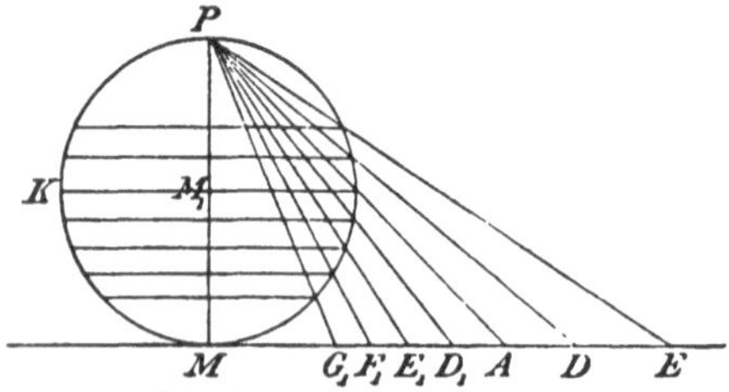

Fig. 139.

516) In Bd. I, § 314 war nun nachgewiesen, daſs man die Ebene in dieser Weise einteilen kann, wenn man folgendermaſsen verfährt: Soll es sich um n Meridianstreifen handeln, so mache man der Reihe nach die Radien gleich folgenden Längen:

$$z = (e^0 = 1),\ e^{\pm\frac{2\pi}{n}},\ e^{\pm\frac{4\pi}{n}},\ e^{\pm\frac{6\pi}{n}},\ e^{\pm\frac{8\pi}{n}},\ \ldots,$$

so daſs sie in geometrischer Reihe aufeinander folgen. Jetzt teile man einen Parallelstreifen von der Breite $KL = 2\pi$ (bezw. $2r\pi$) ebenfalls in n Parallelstreifen ein. Zieht man dann in den Höhen $Z = \pm\frac{2\pi}{n},\ \pm\frac{4\pi}{n},\ \pm\frac{6\pi}{n},\ \ldots$ über (unter) KL, Parallele, so erhält man im Streifen ebenfalls Quadrate. Dem Radius $z_m = e^{\pm\frac{2m\pi}{n}}$ entsprechen hier die Parallelen in den Abständen $Z_m = \pm\frac{2m\pi}{n}$.

Es ist also $z_m = e^{Z_m}$ und $Z_m = {}^e lg\, z_m$, also gilt allgemein folgendes:

Entsprechen einander zwei Punkte der Polarkarte und des Mercatorstreifens, so ist für sie

4) $$Z = {}^e lg\, z,\quad z = e^Z.$$

Nun war aber nach 1) $z = \tan\frac{\vartheta}{2}$, folglich:

Hat auf einer Kugel mit Radius 1 ein Punkt den Polabstand ϑ, so entspricht ihm auf der Mercatorkarte von der Breite 2π ein Punkt, der vom Äquator (KL) den Abstand

5) $$Z = {}^e lg \tan\frac{\vartheta}{2}$$

hat. Umgekehrt ist

6) $$\tan\frac{\vartheta}{2} = e^Z \text{ und } \vartheta = 2 \arctan e^Z.$$

517) Alle Quadrate auf der Merkatorkarte sind von der Seite $\frac{2\pi}{n}$, die der Polarkarte haben Seiten, die auf dem Einheitskreise ebenfalls gleich $\frac{2\pi}{n}$, sonst aber proportional z

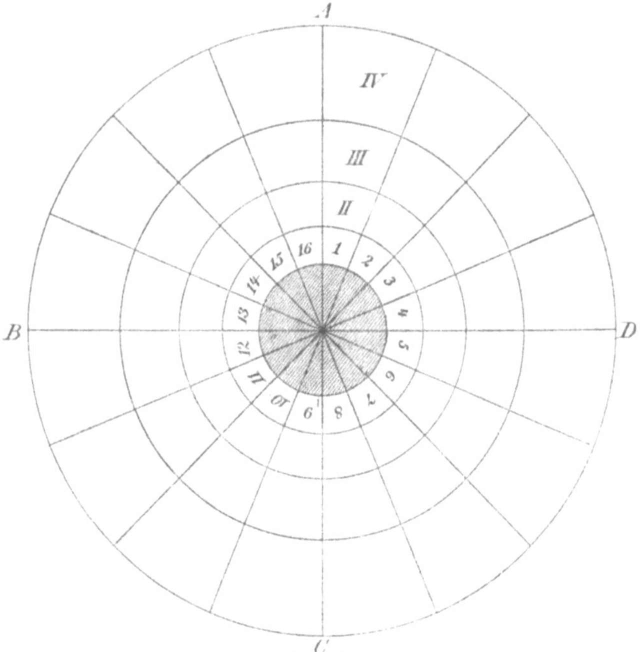

Fig. 140.

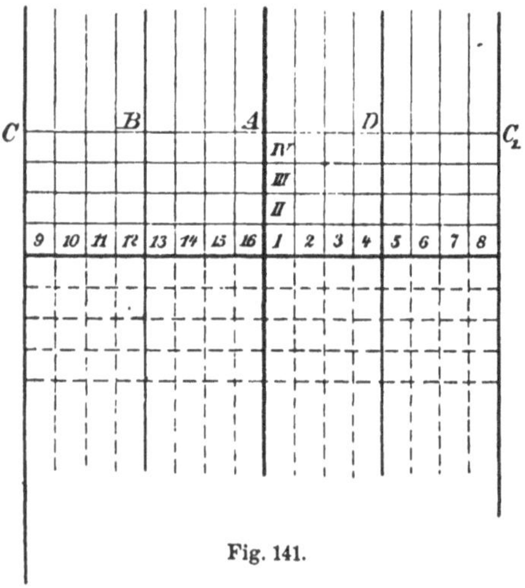

Fig. 141.

sind, also von der Gröſse $z\frac{2\pi}{n}=b_1$. Den letzteren entsprechen auf der Kugel nach 2) Quadrate von der Seite $\hat{b}=2b_1\cos^2\frac{\vartheta}{2}=\frac{2\pi}{n}\cdot z2\cos^2\frac{\vartheta}{2}=\frac{2\pi}{n}\tan\frac{\vartheta}{2}2\cos^2\frac{\vartheta}{2}=\frac{2\pi}{n}\sin\vartheta$. Zwischen den Quadratseiten der Mercatorkarte und den entsprechenden der Kugel findet also die Beziehung $1:\sin\vartheta$ statt, die schon in Bd. I § 318 nachgewiesen worden war.

518) Führt man statt des Polabstandes ϑ, wie es in der Geographie üblich ist, den Äquatorabstand φ ein (nördliche bezw. südliche Breite), so ist $\vartheta=\frac{\pi}{2}-\varphi$ und $\frac{\vartheta}{2}=\frac{\pi}{4}-\frac{\varphi}{2}$, die obigen Gleichungen gehen also über in

$$7)\qquad Z={}^{e}lg\tan\left(45^0-\frac{\varphi}{2}\right)={}^{e}lg\frac{1-\tan\frac{\varphi}{2}}{1+\tan\frac{\varphi}{2}},$$

während das Verhältnis $1:\sin\vartheta$ übergeht in $1:\cos\varphi$.*) Damit e nicht als Exponent gelesen werde, soll es an einigen Stellen weggelassen werden. [Wird der Kugelradius nicht gleich 1, sondern gleich r gesetzt, so handelt es sich um einen Streifen von der Breite $KL=2r\pi$, d. h. vom r-fachen Maſsstabe, so daſs es sich um

$$8)\qquad Z=rlg\tan\frac{\vartheta}{2}=rlg\tan\left(45^0-\frac{\varphi}{2}\right)=rlg\frac{1-\tan\frac{\varphi}{2}}{1+\tan\frac{\varphi}{2}}$$

handelt.]

*) Durch Gleichung 5) ist die Integration

$$\int\frac{d\vartheta}{\sin\vartheta}={}^{e}lg\tan\frac{\vartheta}{2}+c$$

elementar umgangen, durch 7) die Integration

$$-\int\frac{d\varphi}{\cos\varphi}={}^{e}lg\frac{1-\tan\frac{\varphi}{2}}{1+\tan\frac{\varphi}{2}}+c.$$

Damit ist eine Reihe wichtiger Übungsaufgaben der elementaren Behandlung zugänglich gemacht.

519) Hat also ein Punkt der Kugel den Polabstand ϑ oder die nördliche Breite φ und die Länge χ, so entspricht ihm in der Mercatorkarte ein Punkt mit den Koordinaten

$$9)\qquad Y = {}^{e}lg \tan\frac{\vartheta}{2} = {}^{e}lg \tan\left(45^0 - \frac{\varphi}{2}\right) = {}^{e}lg \frac{1 - \tan\frac{\varphi}{2}}{1 + \tan\frac{\varphi}{2}},$$

$$10)\qquad X = \chi.$$

Demnach entsprechen einander auf Mercatorkarte und Kugel die Kurven

$$11)\qquad f(X, Y) = 0 \text{ und } f\left(\chi, {}^{e}lg \tan\frac{\vartheta}{2}\right) = 0.$$

Ebenso entsprechen einander die Kurven

$$12)\qquad f(\chi, \vartheta) = 0 \text{ und } f[X, 2\arctan e^{Y}] = 0.$$

Den Geraden der Mercatorkarte $Y = AX + b$, die also gegen die X-Achse die Neigung α haben, die aus $\tan\alpha = A$ folgt, entsprechen auf der Kugel die Kurven

$$13)\qquad {}^{e}lg \tan\frac{\vartheta}{2} = A\chi + b$$

oder

$$14)\qquad \tan\frac{\vartheta}{2} = e^{A\chi + b}.$$

Dies sind die Gleichungen der Loxodromen von der Richtungskonstante $A = \tan\alpha$ auf der Kugel, wenn der Polabstand ϑ und die Breite χ als Koordinaten aufgefafst werden. Den Koordinatenanfang legt man zweckmäfsig in die Mitte der Karte.

Damit ist gezeigt, wie die gesamte Geometrie der Kugel auf den Mercatorstreifen, die Geometrie des letzteren auf die Kugel übertragen werden kann, worüber später noch einiges mitgeteilt werden soll.

Die Konstruktion der transscendenten Ausdrücke ist natürlich mit Zirkel und Lineal allein nicht exakt lösbar, sie kann jedoch mit beliebiger Annäherung durchgeführt werden.

520) Aufgabe. Die Mercatorkarte auf dem Berührungscylinder der Kugel mit Annäherung zu konstruieren.

Auflösung. In Fig. 142 ist der Quadrant in acht gleiche Teile eingeteilt, man denke sich aber die Teilzahl weit gröſser. Die Punkte A_0, A_1, A_2 ... A_8 sind von M aus auf die Cylindergerade $A_0 Y$ projiziert, was B_0, B_1, B_2, B_3, B_4 ... giebt. Aus jedem der Teilpunkte B ist ein Kreisbogen mit Radius MB_1, MB_2, MB_3... bis zur benachbarten Geraden gelegt. Nach Bd. I § 318 hat bei groſser Teilzahl jeder dieser Bogen die richtige Gröſse $\frac{2\pi}{n} \cdot \frac{1}{\sin\vartheta}$, denn es ist z. B. $A_5 A_6 : B_5 B_6 = MA_5 : MB_5 = r : MB_5 = 1 : \frac{MB_5}{r} = 1 : \frac{1}{\cos(A_0 M A_5)} = 1 : \frac{1}{\sin\vartheta_5}$.

Ist also die Teilzahl groſs genug, so kann man die fast geradlinigen Strecken $A_0 A_1$, $B_1 C_2$, $B_2 C_3$, $B_3 C_4$, $B_4 C_5$ ... der Reihe nach als Höhen in der Senkrechten der Mercatorkarte auftragen, was die den Punkten A entsprechenden Punkte A'_0, A'_1, A'_2, A'_3 ... der nebenstehenden Geraden $A'_0 A'_8$ des Cylinders oder der Merkatorkarte giebt. (Die Karte erhält bei endlicher Teilung endliche Höhe, bei unendlicher Teilung unendliche Höhe.)

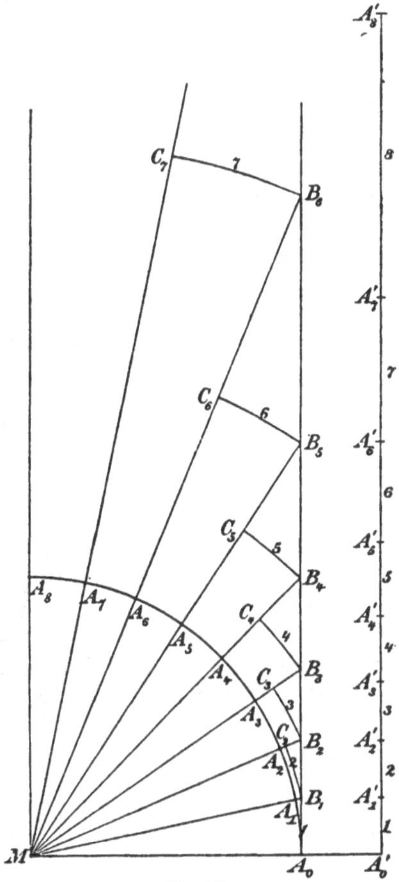
Fig. 142.

521) Bemerkung. Eine ebenso richtige, aber weit gröſsere Karte erhält man, wenn man statt der Grundlinien der gleichschenkligen Dreiecke MBC ihre Seiten als Höhen

einträgt, denn alle diese Dreiecke sind ähnlich. — Ob Mercator so oder nach der vorigen Methode verfahren hat, ist gleichgültig. Die genaue Rechnung zeigt, wie Breusing nachgewiesen hat, unter Annahme entsprechender Gröfsenverhältnisse beim 80. Breitengrade eine etwa 5 mm gröfsere Höhe, als auf der ersten Karte Mercators. Dies scheint für die obige Konstruktion zu sprechen, während Breusing die Anwendung der Streifen vermutet. Bekanntlich wurde von französischen Mathematikern dem Mercator anfangs vorgeworfen, dafs seine Karte nur endliche Gröfse habe. War dies berechtigt, so hatte er eben angenähert konstruiert.

[Vgl. Breusing: Das Verebnen der Kugelfläche für Gradnetzentwürfe, Leipzig, bei Wagner & Debes. Dort wird nicht nur eine reiche Litteratur angegeben und durch korrekt gezeichnete Netze erläutert, sondern auch der Versuch gemacht, gute deutsche Bezeichnungen für manche nichtssagende fremdsprachliche Bezeichnungen einzuführen, z. B. winkeltreu statt konform oder orthomorph, flächentreu statt äquivalent usw.]

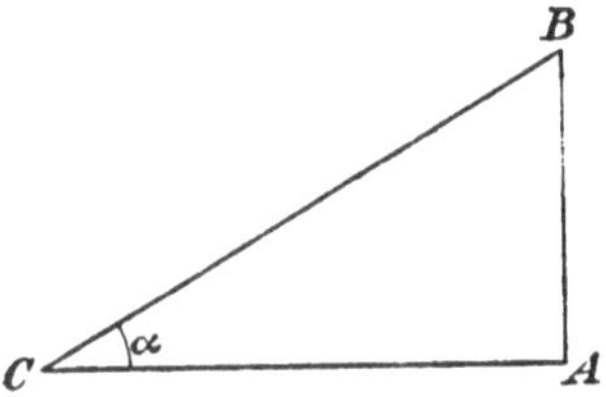

Fig. 143.

523) Ein Beispiel über loxodromische Fahrt und Fahrt auf gröfstem Kreise.

Wie lang ist die loxodromische Fahrt von einem Orte 50° nördlicher Breite nach einem solchen von 10° Breite bei ± 60° Längenunterschied.

Auf der Mercatorkarte wird a der Schnittwinkel der Loxodromen, also

$$1)\ \tan a = \frac{AB}{\pm CA} = \pm \frac{{}^{e}lg \tan\left(45^0 - \frac{10^0}{2}\right) - {}^{e}lg \tan\left(45^0 - \frac{50^0}{2}\right)}{\frac{\pi}{3}}$$

$$= \frac{3}{\pi m}({}^{10}lg \tan 40^0 - {}^{10}lg \tan 20),$$

wo m der Modul der Briggschen Logarithmen ist.

Auf dem Globus ist

$$\widehat{A_1 B_1} = 2r\pi \frac{50 - 10}{360} = \frac{2}{9} r\pi = \hat{b}.$$

Also wird die Fahrtlänge

$$2)\qquad \hat{l} = \frac{\hat{b}}{\sin a} = \frac{2r\pi}{9\sin a} = \frac{u}{9\sin a} = \frac{5400}{9\sin a} \text{ (in Meilen).}$$

$$\begin{aligned} {}^{10}lg \tan 40^0 &= 9{,}92381 - 10 \\ {}^{10}lg \tan 20^0 &= 9{,}56107 - 10 \end{aligned}$$

$$\frac{3}{\pi m}({}^{10}lg \tan 40^0 - lg^{10} \tan 20^0) = \frac{3 \cdot 0{,}36274}{0{,}43429 \cdot \pi} = \frac{1{,}08822}{0{,}43429 \cdot \pi} = \frac{c}{m\pi}.$$

$$\begin{array}{lll} lg m = 0{,}63778 - 1 & lg c = 0{,}03671 & \\ lg \pi = 0{,}49715 & lg N = 0{,}13493 & a = 38^0\,34'\,30'' \\ \hline lg N = 0{,}13493 & lg \tan a = 9{,}90178 - 10 & \end{array}$$

$$\begin{array}{rr} lg \sin a = 9{,}79486 - 10 & lg\, 5400 = 3{,}73239 \\ lg\, 9 = 0{,}95424 & lg\, 9\sin a = 0{,}74910 \\ \hline lg\, 9 \sin a = 0{,}74910 & lg \hat{l} = 2{,}98329 \end{array}$$

Fahrtlänge $\hat{l} = 962{,}25$ Meilen.

Jetzt soll die Fahrt auf dem entsprechenden gröfsten Kreise berechnet werden, die etwas kürzer ist. (Vgl. Fig. 144.)

Nach dem Cosinussatz ist, wenn man in der Ecke $M(ABC)$ die Seiten BMC mit a, CMA mit β, AMB mit γ bezeichnet,

$$\cos a = \cos \beta \cos \gamma + \sin \beta \sin \gamma \cos A,$$

also a bekannt und

$$\hat{a} = r \cdot \hat{a} = r\pi \frac{a^0}{180^0}.$$

Nun ist hier

$$\beta = 90^0 - 50^0 = 40^0,\ \gamma = 90^0 - 10^0 = 80^0,\ A = 60^0,$$

also

$$\cos a = \cos 40^0 \cos 80^0 + \sin 40^0 \sin 80^0 \cos 60^0.$$

$$\begin{array}{rr} & lg \sin 40^0 = 9{,}80807 \\ lg \cos 40^0 = 9{,}88425 & lg \sin 80^0 = 9{,}99335 \\ lg \cos 80^0 = 9{,}23967 & lg \cos 60^0 = 9{,}69897 \\ \hline lg N = 0{,}12392 - 1 & lg N_1 = 0{,}50039 - 1 \end{array}$$

$$\begin{aligned} N &= 0{,}13302 \\ N_1 &= 0{,}31651 \end{aligned}$$

$$\cos a = N + N_1 = 0{,}44953,\ lg \cos a = 9{,}65276,\ \underline{a = 63^0 17' 10''},$$

also Fahrtlänge

$$l_1 = 2r\pi \frac{63^0\,17'\,10''}{360^0} = 5400 \frac{227\,830}{1\,296\,000} = \underline{949{,}27 \text{ Meilen.}}$$

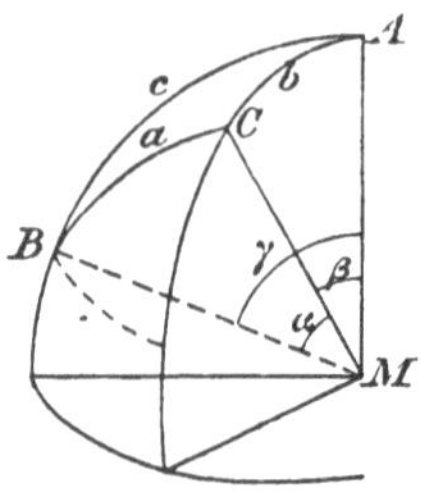

Fig. 144.

Der Unterschied der beiden Fahrtlängen ist also 962,25 — 949,27 = 12,98 oder etwa 13 Meilen.

Um noch zu erfahren, wie grofs der Unterschied der beiden Kurswinkel an den Ausgangsstellen B und C ist, hat man die Winkel B und C des sphärischen Dreiecks zu berechnen. Nach dem Cosinussatze über dreikantige Ecken findet man aus

$$\cos B = \frac{\cos b - \cos c \cos a}{\sin c \sin a} = \frac{\cos 40^0 - \cos 80^0 \cos 63^0\,17'\,10''}{\sin 80^0 \sin 63^0\,17'\,10''}$$

den Winkel $B = 38^0\,30'\,50''$, aus

$$\cos C = \frac{\cos c - \cos a \cos b}{\sin a \sin b}$$

den Winkel $C = 107^0\,17'\,50''$.

Die Fahrt von B nach C auf gröfstem Kreise beginnt mit $38^0\,30'\,50''$ Abweichung vom Kurse Nord nach Osten, die loxodromische mit $51^0\,25'\,30''$ Abweichung. Der Unterschied der Kurse beträgt bei B $12^0\,54'\,40''$.

Die Fahrt von C nach B auf gröfstem Kreise beginnt mit $17^0\,17'\,50''$ Abweichung vom Kurse West nach Süden, die loxodromische Fahrt mit $38^0\,34'\,30''$ Abweichung. Der Unterschied der Kurse beträgt bei C $21^0\,16'\,40''$.

523) Man löse noch Aufgaben wie folgende:

In der Mercatorkarte liege ein Punkt in der Höhe Z über dem Äquator. Unter welchem Breitengrade liegt er auf dem Globus?

In der Mercatorkarte mögen zwei Punkte in den Höhen Z_1 und Z_2 über dem Äquator liegen. Wo liegen sie auf der Kugel und wie grofs ist ihre kürzeste auf der Kugelfläche zu messende gegenseitige Entfernung?

Entfernungsbeispiele. 1) Paris hat $48^0\,50'$, Berlin $52^0\,31'$ Breite. Der Längenunterschied beträgt $11^0\,3'$.

Wie weit sind beide Orte voneinander entfernt? Auflösung: $118\frac{1}{3}$ Meilen (7,9°). Wie lang ist die durch beide gelegte Loxodrome und wie grofs ist ihr Neigungswinkel?

2) Paris hat 48° 50′ 10″, Moskau 55° 45′ 20″ Breite; Längenunterschied gleich 35° 13′ 50″. Wie grofs Entfernung? Auflösung: 335,25 Meilen. Wie lang ist die entsprechende Loxodrome und wie grofs ihr Neigungswinkel?

3) Das Kap der Guten Hoffnung hat die Breite — 34° 22′ und die Länge 36° 9′ 24″ (von Ferro aus gemessen), die Insel St. Helena — 15° 55′ 25″ bezw. 11° 57′ 30″. Dieselben Fragen sind zu beantworten.

4) A_1 und A_2 mögen die Breiten 17° und — 40° haben, A_1 habe die Länge 120°, B_1 dagegen — 5°. Die obigen Fragen sind zu beantworten. — (Der Winkel A_2A_1P, wo P der Pol ist, wird gleich 40° 10′ 30″.)

524) Siehe auf Seite 386 und 387.

525) Haupteigenschaften der loxodromischen Linien auf der Kugelfläche.

Die Eigenschaften der Kugelloxodromen folgen aus denen der Geraden der Mercatorkarte. Dabei hat man sich aber unendlich viele Mercatorkarten nebeneinander zu denken, als ob der Berührungscylinder unaufhörlich über die Ebene rollend sich abgewickelt hätte. Seine Schraubenlinien, die dabei schräge Gerade geben, sind die Abbildungen der Loxodromen. Dabei ergeben sich folgende Sätze über die Loxodromen:

1) Jede Loxodrome umkreist die beiden Pole unendlich oft. Trotzdem ist ihre Gesamtlänge endlich und zwar gleich $\frac{2r\pi}{\sin\alpha}$, wenn α der Winkel ist, unter dem sie die Parallelkreise schneidet.

2) Parallelkreise, die einen Meridian in gleich lange Stücke teilen, teilen auch jede Loxodrome in gleiche Stücke. Parallelkreise, die auf einem Meridian harmonische Punkte geben, geben auch auf jeder Loxodrome harmonische Punkte.

3) Keine Loxodrome schneidet sich selbst.

4) Gleichwinklige Loxodromen schneiden einander nicht. Sie sollen parallele Loxodromen heifsen.

5) Die Kurven, welche eine Schar gleichwinkliger Loxodromen unter konstantem Winkel durchsetzen, sind wieder

524) **Vergleichung der Geometrie der Kugelfläche mit denen der Polarkarte und der Mercatorkarte.**

Kugelfläche	Polarkarte	Mercatorkarte
ϑ = Polabstand χ = Länge	r und ψ Polarkoordinaten x und y Cartesische Koordinaten	X und Y Cartesische Koord. R und Φ Polarkoordinaten

Es entsprechen einander folgende Kurvenscharen:

1) $\underline{f(\vartheta, \chi) = 0}$	$\begin{cases} f(2 \arctan r, \psi) = 0 \\ f\left(2 \operatorname{artan} \sqrt{x^2 + y^2}, \arctan \frac{y}{x}\right) = 0 \end{cases}$	$\begin{cases} f(2 \arctan e^Y, X) = 0 \\ f(2 \arctan e^{R \sin \Phi}, R \cos \Phi) = 0 \end{cases}$
2) $f\left(\tan \frac{\vartheta}{2}, \chi\right) = 0$	$\begin{cases} \underline{f(r, \psi) = 0} \\ f\left(\sqrt{x^2 + y^2}, \arctan \frac{y}{x}\right) = 0 \end{cases}$	$\begin{cases} f(e^Y, X) = 0 \\ f(e^{R \sin \Phi}, R \cos \Phi) = 0 \end{cases}$
3) $f\left(lg \tan \frac{\vartheta}{2}, \chi\right) = 0$	$\begin{cases} f(lg r, \psi) = 0 \\ f\left(\frac{1}{2} lg(x^2 + y^2), \arctan \frac{y}{x}\right) = 0 \end{cases}$	$\begin{cases} \underline{f(Y, X) = 0} \\ f(R \sin \Phi, R \cos \Phi) = 0 \end{cases}$

$$4)\ f\left[\sqrt{\left(lg \tan\frac{\vartheta}{2}\right)^2+\chi^2},\ \arctan\frac{lg\tan\frac{\vartheta}{2}}{\chi}\right]=0$$

$$\begin{cases} f\left(\sqrt{(lg r)^2+\psi^2},\ \arctan\frac{lg r}{\psi}\right)=0 \\ f\left(\sqrt{(lg\sqrt{x^2+y^2})^2+\left(\arctan\frac{y}{x}\right)^2},\ \arctan\frac{lg\sqrt{x^2+y^2}}{\arctan\frac{y}{x}}\right)=0 \end{cases}$$

$$\begin{cases} \underline{f(R,\ \Phi)=0} \\ f\left(\sqrt{X^2+Y^2},\ \arctan\frac{Y}{X}\right)=0 \end{cases}$$

$$5)\ f\left[\left(\tan\frac{\vartheta}{2}\cos\chi\right),\ \left(\tan\frac{\vartheta}{2}\sin\chi\right)\right]=0$$

$$\begin{cases} \underline{f(x,\ y)=0} \\ f[r\cos\psi,\ r\sin\psi]=0 \end{cases}$$

$$\begin{cases} f[e^Y\cos\Phi,\ e^Y\sin\Phi]=0 \\ f[e^{R\sin\Phi}\cos\Phi,\ e^{R\sin\Phi}\sin\Phi]=0 \end{cases}$$

Will man z. B. erfahren, welche Kurven dem Kreise $(x-a)^2+(y-b)^2=c^2$ oder $x^2+y^2-2ax-2by=c^2-a^2-b^2$ oder $r^2-2r(a\cos\psi+b\sin\psi)=c^2-a^2-b^2$ der Polarkarte auf Kugelfläche und Mercatorkarte entsprechen, so kann man z. B. für die Kugelfläche nach 2) schreiben 6) $\tan^2\frac{\vartheta}{2}-2\tan\frac{\vartheta}{2}(a\cos\chi+b\sin\chi)=c^2-a^2-b^2$, für die Mercatorkarte nach 2): 7) $e^{2Y}-2e^Y[a\cos X+b\sin X]=c^2-a^2-b^2$. Gleichung 6 ist die eines Kreises auf der Kugel, 7) die eines Mercatorschen Ovals. Dem Punkte a, b entspricht auf der Kugel der Punkt, der sich aus $\tan\frac{\vartheta_1}{2}\cos\chi_1=a$ und $\tan\frac{\vartheta_1}{2}\sin\chi_1=b$ als $\chi_1=\arctan\frac{b}{a}$, $\vartheta_1=2\arctan\sqrt{a^2+b^2}$ ergiebt. In ähnlicher Weise kann man jede Kurve auf jeder Fläche in die entsprechenden Kurven der beiden anderen Flächen verwandeln.

gleichwinklige Loxodromen. Durch zwei solche Scharen von Loxodromen kann man die Kugelfläche in kleine „Quadrate“ oder auch in „ähnliche Rechtecke“ oder auch in „ähnliche Rhomben“ oder in „ähnliche Parallelogramme“ einteilen. Die Flächen sind dabei als unendlich klein zu denken.

6) Schneiden einander zwei Loxodromen, so schneiden sie einander unendlich oft und zwar in periodisch aufeinander folgenden „Längen“. Dies folgt daraus, dafs die unendlich vielen Geraden der Mercatorkarte, die den beiden entsprechen, sich auf dieser periodisch schneiden.

7) Einem harmonischen Strahlenbüschel der Mercatorkarte entspricht ein harmonisches Loxodromenbüschel der Kugelfläche, welches jedoch unendlich viele Knotenpunkte hat. — Wie jede Gerade der Mercatorkarte durch ein harmonisches Strahlenbüschel harmonisch geschnitten wird, so wird jede Kugelloxodrome durch ein harmonisches Loxodromenbüschel harmonisch geschnitten (was jedoch unendlich oft geschieht). Ist das Büschel anharmonisch, so werden sämtliche Loxodromen durch dieses unter demselben Doppelverhältnisse geschnitten.

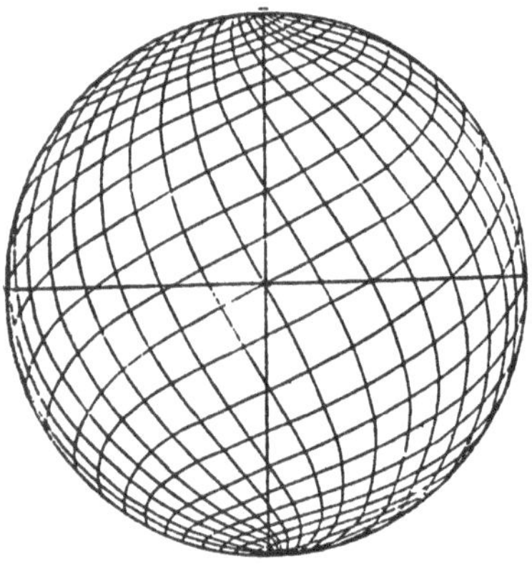

Fig. 145.

8) Durch je zwei projektivische Strahlenbüschel oder Punktreihen der Mercatorkarte wird ein Kegelschnitt bestimmt, von dem die Sätze von Pascal und Brianchon gelten. Durch je zwei projektivische Loxodromenbüschel auf der Kugel oder durch je zwei projektivische Punktreihen auf Loxodromen wird eine Kurve bestimmt, die loxodromisch dem Pascalschen und dem Brianchonschen Satze gehorcht und das loxodromische Bild eines Kegelschnittes ist.

9) Die Winkelsumme im geradlinigen Dreieck ist gleich zwei Rechten. Folglich: Die Winkelsumme im loxodromischen Dreieck ist gleich zwei Rechten.

526) Bemerkungen. Die Sätze über das Kreisbüschel und die orthogonale Kreisschar auf der Kugelfläche, die in Bd. I, § 324 bis 326 behandelten Sätze über Kreisreihen auf der Kugelfläche lassen sich in Sätze über Mercatorsche Ovale transformieren, die verhältnismäfsig leicht auszusprechen sind.

Reihen von Berührungskreisen zwischen je zwei parallelen oder einander schneidenden Loxodromen entsprechen in der Mercatorkarte Reihen von Mercatorschen Ovalen, die in den Raum zwischen zwei Parallelen oder zwei einander schneidenden Geraden eingetragen sind.

Durch stereographische Projektion vom Pole aus gehen die Loxodromen in logarithmische Spiralen über, deren Eigenschaften sehr bequem aus den ersteren oder aus den Geraden der Mercatorkarte abgeleitet werden können.

527) Durch Inversion geht die loxodromische Quadrateinteilung der Kugelfläche in eine Quadratteilung der entsprechenden Kugelfläche über, wobei die beiden Pole in irgendwelche Punkte der neuen Kugel übergehen. Während die eigentlichen Loxodromen die Meridiane und Parallelkreise unter konstanten Winkeln durchsetzen, durchsetzen ihre Abbildungen ein beliebiges Kreisbüschel der Kugelfläche und dessen orthogonale Kreisschar unter konstanten Winkeln. (Vgl. Bd. I, § 302—313.) Die verallgemeinerten Loxodromen sollen die des Kreisbüschels der Kugelfläche heifsen.

528) Denkt man sich in den Streifen zwischen parallelen Kugelloxodromen Berührungskreise eingezeichnet, und durch diese Kugeln gelegt, welche die Kugelfläche orthogonal schneiden, so bilden die dicht aufeinander folgenden Kugeln eine transscendente Kanalfläche, welche die Eigentümlichkeit hat, bei jeder räumlichen Inversion wieder in eine loxodromische Kanalfläche überzugehen, wobei das Wort loxodromisch in dem soeben erklärten allgemeineren Sinne aufzufassen ist. Wie also bei der Inversion der Charakter der Kugel erhalten bleibt (invariant ist), so bleibt auch der Charakter der loxodromischen Kanalflächen bei jeder Inversion erhalten. Die Flächen sind daher der elementaren Untersuchung zugänglich.*)

*) Vgl. des Verfassers Abhandlung, Über gewisse transscendente Flächen, welche die Cyklide als besonderen Fall enthalten in Bd. 94 des Crell. Journals.

Bemerkungen. Modelle der Kugelfläche mit quadratischer Einteilung durch Loxodromen nach Art der Fig. 202 des ersten Bandes erhält man bei Martin Schilling in Halle zu 8.50 Mk. bezw. 6.50 Mk.; solche mit quadratischer Einteilung durch Orthogonalscharen von Kreisen mit getrennten oder zusammenfallenden Polen (Büschelpunkten) zu 26 Mk. bezw. 21 Mk. Das teurere Modell hat jedesmal Schwarzfärbung der eingeritzten Linien.

III) Die Hauptaufgaben der sphärischen Trigonometrie.*)

a) Die Grundformeln.

529) Denkt man sich um den Schnittpunkt der Kanten einer dreiseitigen Ecke eine Kugelfläche mit dem Radius 1) gelegt, so wird diese von den Seitenflächen der Ecke in Hauptkreisen geschnitten, deren Bogen a, b, c in den Maſszahlen mit den Seiten der Ecke übereinstimmen, während die Winkel α, β, γ des sphärischen Dreiecks gleich den Winkeln der Ecke sind. Zwischen den Winkeln und Seiten des sphärischen Dreiecks finden also die bei der dreiseitigen Ecke in Nr. 267 bis 280 abgeleiteten Beziehungen statt. Hierher gehört der Cosinussatz zur Berechnung der Seiten und Winkel (Gl. 1 und 1*, 2 und 2* in Nr. 267 und 269), die Formel zur Berechnung des Sinus einer Seite oder eines Winkels aus den Winkeln bezw. Seiten des Dreiecks (Gl. 3 und 3* in Nr. 271), der Sinussatz (Gl. 4 und 4* in Nr. 273) und die Formeln 5 und 5* in Nr. 275 für die Cotangente einer Seite bezw. eines Winkels.

Hier soll nur von Dreiecken die Rede sein, bei denen keine Seite und kein Winkel den Betrag von 180° überschreitet.

Hat die Kugel den Radius r, so ist $\widehat{a} = ra$, $\widehat{b} = rb$, $\widehat{c} = rc$, sobald a, b, c in Bogenmaſs gegeben sind, dagegen

$$\widehat{a} = \pi r \frac{a^0}{180^0}, \quad \widehat{b} = \pi r \frac{b^0}{180^0}, \quad \widehat{c} = \pi r \frac{c^0}{180^0},$$

wenn die Seiten in Winkelgraden gegeben sind. Die Flächenformel ist dann mit r^2 zu multiplizieren. In der Regel

*) Da es vorzügliche Lehrbücher der sphärischen Trigonometrie giebt, wird hier nur das Wesentlichste behandelt.

soll aber hier nur von der Kugel mit Radius 1 gesprochen werden.

530) Schon die bis hierher angegebenen Formeln genügen vorläufig zur Berechnung der sphärischen Dreiecke aus drei gegebenen Stücken. Nur sind die Formeln unbequem für die logarithmische Berechnung. Brauchbarere findet man für den Fall, daſs zwei Seiten und die beiden gegenüber liegenden Winkel bekannt sind, durch folgende Betrachtung. Nach dem Cosinussatze hat man

$$\cos a - \cos b \cos c = \sin b \sin c \cos \alpha$$

$$\cos b - \cos c \cos a = \sin c \sin a \sin \beta,$$

also durch Addition

$$(\cos a + \cos b)(1 - \cos c) = \sin c (\sin b \cos \alpha + \sin a \cos \beta)$$

oder

$$2 \cos \frac{a+b}{2} \cos \frac{a-b}{2} 2 \sin^2 \frac{c}{2}$$

$$= 2 \sin \frac{c}{2} \cos \frac{c}{2} (\sin b \cos \alpha + \sin a \cos \beta).$$

Daraus folgt

$$2 \cos \frac{a+b}{2} \cos \frac{a-b}{2} \tan \frac{c}{2} = \sin b \cos \alpha + \sin a \cos \beta,$$

und wenn man dem Sinussatze entsprechend $\sin a \dfrac{\sin \beta}{\sin \alpha}$ für $\sin b$ einsetzt

$$2 \cos \frac{a+b}{2} \cos \frac{a-b}{2} \tan \frac{c}{2} = \frac{\sin a}{\sin \alpha} \sin(\alpha + \beta)$$

oder endlich

$$6) \qquad \tan \frac{c}{2} = \frac{\sin a}{\sin \alpha} \frac{\sin(\alpha + \beta)}{2 \cos \frac{a+b}{2} \cos \frac{a-b}{2}}.$$

531) Ebenso folgt aus dem anderen Cosinussatze

$$6^*) \qquad \cot \frac{\gamma}{2} = \frac{\sin \alpha}{\sin a} \frac{\sin(a + b)}{2 \cos \frac{\alpha+\beta}{2} \cos \frac{\alpha-\beta}{2}},$$

was sich auch mit Hilfe der Polarecke aus 6) ableiten läſst.

Diese Formeln können den für dreikantige Ecken abgeleiteten Grundformeln noch beigefügt werden.

β) Vorläufige Berechnungsweise sphärischer Dreiecke mit Hilfe der Grundformeln.

532) Gegeben die Seiten a, b, c. Man findet

$$\cos\alpha = \frac{\cos a - \cos b \cos c}{\sin b \sin c}, \quad \cos\beta = \frac{\cos b - \cos c \cos a}{\sin c \sin a},$$

$$\cos\gamma = \frac{\cos c - \cos a \cos b}{\sin a \sin b}; \quad F = \frac{\alpha^0 + \beta^0 + \gamma^0 - 180^0}{180^0}\,\pi.$$

533) Gegeben die Winkel α, β, γ. Man findet

$$\cos a = \frac{\cos\alpha + \cos\beta\cos\gamma}{\sin\beta\sin\gamma}, \quad \cos b = \frac{\cos\beta + \cos\gamma\cos\alpha}{\sin\gamma\sin\alpha},$$

$$\cos c = \frac{\cos\gamma + \cos\alpha\cos\beta}{\sin\alpha\sin\gamma},$$

F wie vorher.

534) Gegeben a, b und der Gegenwinkel β. Man findet

$$\sin\alpha = \frac{\sin a}{\sin b}\sin\beta,$$

was im allgemeinen zweideutig ist, so dafs zwei Rechnungen mit α_1 und α_2 nötig sind. Ferner ist

$$\tan\frac{c}{2} = \frac{\sin a}{\sin\alpha}\,\frac{\sin(\alpha+\beta)}{2\cos\frac{a+b}{2}\cos\frac{a-b}{2}},$$

$$\cot\frac{\gamma}{2} = \frac{\sin a}{\sin\alpha}\,\frac{\sin(a+b)}{2\cos\frac{\alpha+\beta}{2}\cos\frac{\alpha-\beta}{2}}.$$

(Auch der Sinussatz konnte angewandt werden.) F wie vorher.

535) Gegeben a, b und der eingeschlossene Winkel γ. Man findet

$$\cos c = \cos a \cos b + \sin a \sin b \sin\gamma$$

und fährt nach einer der obigen Methoden fort.

536) Gegeben β, γ, b. Man findet zweideutig

$$\sin c = \frac{\sin b \sin \gamma}{\sin \beta}, \quad \tan \frac{a}{2} = \frac{\sin b}{\sin \beta} \frac{\sin(\beta + \gamma)}{2 \cos \frac{b+c}{2} \cos \frac{b-c}{2}},$$

$$\cot \frac{a}{2} = \frac{\sin \beta}{\sin b} \frac{\sin(b+c)}{2 \cos \frac{\beta+\gamma}{2} \cos \frac{\beta-\gamma}{2}}.$$

537) Gegeben b und die anliegenden Winkel α und γ. Man findet

$$\cos \beta = \cos a \cos \gamma + \sin a \sin \gamma \cos b,$$

usw.

Bemerkung. In den Fällen der Zweideutigkeit ist am Schluſs der Rechnung zu untersuchen, ob von den beiden Dreiecken nur eines, oder ob beide möglich sind. Es kommt vor allem darauf an, ob die Bedingungen $a + b + c < 2\pi$ und $\pi < \alpha + \beta + \gamma < 3\pi$ erfüllt sind.

γ) Für bequemere logarithmische Rechnung umgestaltete Formeln.

538) Es handelt sich um die in Nr. 276 und 277 mit Hilfe von

$$s = \frac{a+b+c}{2} \quad \text{und} \quad \sigma = \frac{\alpha + \beta + \gamma}{2}$$

entwickelten Formeln für

$$\cos \frac{a}{2}, \quad \sin \frac{a}{2}, \quad \tan \frac{a}{2}, \quad \sin \alpha;$$

für

$$\cos \frac{a}{2}, \quad \sin \frac{a}{2}, \quad \tan \frac{a}{2}, \quad \sin a;$$

um die nach Mollweide, Gauſs, Delambre und Neper genannten Formeln und um das Analogon des Tangentensatzes.

Bei Radius 1) ist $F = (\hat{\alpha} + \hat{\beta} + \hat{\gamma} - \pi) = \widehat{E}$, die Formel 17

$$\sin \frac{E}{2} = \frac{\sin \frac{a}{2} \sin \frac{b}{2}}{\cos \frac{c}{2}} \sin \gamma$$

geht also über in

$$1)\qquad \sin\frac{F}{2} = \frac{\sin\frac{a}{2}\sin\frac{b}{2}}{\cos\frac{c}{2}}\sin\gamma.$$

Nach den übrigen früher abgeleiteten Formeln ist ebenso

$$2)\qquad \cot\frac{F}{2} = \frac{\cot\frac{a}{2}\cot\frac{b}{2} + \cos\gamma}{\sin\gamma},$$

$$3)\qquad \sin\frac{F}{4} = \sqrt{\frac{\sin\frac{s}{2}\sin\frac{s-a}{2}\sin\frac{s-b}{2}\sin\frac{s-c}{2}}{\cos\frac{a}{2}\cos\frac{b}{2}\cos\frac{c}{2}}},$$

$$4)\qquad \cos\frac{F}{4} = \sqrt{\frac{\cos\frac{s}{2}\cos\frac{s-a}{2}\cos\frac{s-b}{2}\cos\frac{s-c}{2}}{\cos\frac{a}{2}\cos\frac{b}{2}\cos\frac{c}{2}}},$$

$$5)\qquad \tan\frac{F}{4} = \sqrt{\tan\frac{s}{2}\tan\frac{s-a}{2}\tan\frac{s-b}{2}\tan\frac{s-c}{2}},$$

$$6)\qquad \sin\frac{F}{2} = \frac{\sqrt{\sin s\sin(s-a)\sin(s-b)\sin(s-c)}}{2\cos\frac{a}{2}\cos\frac{b}{2}\cos\frac{c}{2}}.$$

δ) Berechnung sphärischer Dreiecke mittels der verbesserten Formeln.

539) Gegeben die drei Seiten a, b, c. Man bildet

$$s = \frac{a+b+c}{2}$$

und findet

$$\cos\frac{\alpha}{2} = \sqrt{\frac{\sin s\cdot\sin(s-a)}{\sin b\cdot\sin c}},\quad \cos\frac{\beta}{2} = \sqrt{\frac{\sin s\cdot\sin(s-b)}{\sin c\cdot\sin a}},$$

$$\cos\frac{\gamma}{2} = \sqrt{\frac{\sin s\cdot\sin(s-c)}{\sin a\cdot\sin b}}.$$

F ist nach einer der Formeln 3) bis 6) zu berechnen, von denen 5) die einfachste ist. Ebenso kann man

$$\tan\frac{a}{2} = \sqrt{\frac{\sin(s-b)\sin(s-c)}{\sin s \sin(s-a)}}$$

benutzen. (Siehe die Bemerkung unter 545.)

540) Gegeben die drei Winkel α, β, γ. Man bildet

$$\sigma = \frac{\alpha+\beta+\gamma}{2}$$

und findet

$$\cos\frac{a}{2} = \sqrt{\frac{\cos(\sigma-\beta)\cos(\sigma-\gamma)}{\sin\beta\sin\gamma}},$$

$$\cos\frac{b}{2} = \sqrt{\frac{\cos(\sigma-\gamma)\cos(\sigma-\alpha)}{\sin\gamma\sin\alpha}},$$

$$\cot\frac{c}{2} = \sqrt{\frac{\cos(\sigma-\alpha)\cos(\sigma-\beta)}{\sin\alpha\sin\beta}}.$$

Auch die Formeln

$$\tan\frac{a}{2} = \sqrt{-\frac{\cos\sigma\cos(\sigma-\alpha)}{\cos(\sigma-\beta)\cos(\sigma-\gamma)}}$$

usw. können benutzt werden (Siehe Bemerkungen.)

$$F = \pi\frac{\alpha^0+\beta^0+\gamma^0-180^0}{180^0}.$$

541) Gegeben a, b, γ. Man findet nach Neper:

$$\tan\frac{\alpha+\beta}{2} = \frac{\cos\frac{a-b}{2}}{\cos\frac{a+b}{2}}\cot\frac{\gamma}{2},$$

$$\tan\frac{\alpha-\beta}{2} = \tan\frac{\alpha+\beta}{2}\,\frac{\tan\frac{a-b}{2}}{\tan\frac{a+b}{2}}$$

oder

$$\tan\frac{\alpha-\beta}{2}=\frac{\sin\frac{a-b}{2}}{\sin\frac{a+b}{2}}\cot\frac{\gamma}{2},$$

$$\tan\frac{c}{2}=\frac{\sin\frac{\alpha+\beta}{2}}{\sin\frac{\alpha-\beta}{2}}\tan\frac{a-b}{2}.$$

542) Gegeben α, β, c. Man findet nach Neper:

$$\tan\frac{a+b}{2}=\frac{\cos\frac{\alpha-\beta}{2}}{\cos\frac{\alpha+\beta}{2}}\tan\frac{c}{2},$$

$$\tan\frac{a-b}{2}=\tan\frac{a+b}{2}\,\frac{\tan\frac{\alpha-\beta}{2}}{\tan\frac{\alpha+\beta}{2}}=\frac{\sin\frac{\alpha-\beta}{2}}{\sin\frac{\alpha+\beta}{2}}\tan\frac{c}{2}.$$

$$\tan\frac{\gamma}{2}=\frac{\sin\frac{a-b}{2}}{\sin\frac{a+b}{2}}\cot\frac{\alpha-\beta}{2}.$$

543) Gegeben a, b, α. Der Sinussatz giebt zweideutig

$$\sin\beta=\frac{\sin b}{\sin a}\sin\alpha.$$

Nach Neper findet man

$$\tan\frac{c}{2}=\frac{\sin\frac{\alpha+\beta}{2}}{\sin\frac{\alpha-\beta}{2}}\tan\frac{a-b}{2},$$

$$\tan\frac{\gamma}{2}=\frac{\sin\frac{a-b}{2}}{\sin\frac{a+b}{2}}\cot\frac{\alpha-\beta}{2}.$$

544) Gegeben a, α, β. Der Sinussatz giebt zweideutig

$$\sin b = \frac{\sin\beta}{\sin\alpha}\sin a.$$

Nach Neper ist

$$\tan\frac{c}{2} = \frac{\sin\frac{\alpha+\beta}{2}}{\sin\frac{\alpha-\beta}{2}}\tan\frac{a-b}{2},$$

$$\tan\frac{\gamma}{2} = \frac{\sin\frac{a-b}{2}}{\sin\frac{a+b}{2}}\cot\frac{\alpha-\beta}{2}.$$

Bemerkungen. Sind alle Elemente zu berechnen, so kann die Behandlung noch abgekürzt werden, z. B. folgendermaſsen.

545) Sind a, b, c gegeben, so berechne man den Logarithmus der Hilfsgröſse

$$k = \sqrt{\frac{\sin(s-a)\sin(s-b)\sin(s-c)}{\sin s}}$$

und fahre fort mit

$$\tan\frac{\alpha}{2} = \frac{k}{\sin(s-a)}, \quad \tan\frac{\beta}{2} = \frac{k}{\sin(s-b)},$$

$$\tan\frac{\gamma}{2} = \frac{k}{\sin(s-c)}.$$

(Die Gröſse k stellt sich unten als $\tan\varrho$, d. h. als Tangente vom sphärischen Radius des einbeschriebenen Kreises heraus.)

546) Sind α, β, γ gegeben, so berechne man den Logarithmus von

$$k_1 = \sqrt{\frac{\cos(\sigma-\alpha)\cos(\sigma-\beta)\cos(\sigma-\gamma)}{-\cos\sigma}}$$

und fahre fort mit

$$\cot\frac{a}{2} = \frac{k_1}{\cos(\sigma-\alpha)}, \quad \cot\frac{b}{2} = \frac{k_1}{\cos(\sigma-\beta)}, \quad \cot\frac{c}{2} = \frac{k_1}{\cos(\sigma-\gamma)}.$$

(Die Gröſse k_1 stellt sich unten als cot r heraus, wo r der sphärische Radius des umbeschriebenen Kreises ist.)

547) Wird nur nach der Fläche F gefragt, so benutzt man, wenn a, b, c gegeben sind, die Formel 5) von L'Huilier, wenn α, β, γ gegeben sind, die Formel

$$F = \pi \frac{\alpha^0 + \beta^0 + \gamma^0 - 180^0}{180^0} = \frac{\pi E^0}{180^0} = \widehat{E}.$$

Sind dagegen gegeben a, b, γ, so benutze man zur direkten Berechnung die Formel

$$7) \quad \tan\frac{F}{2} = \frac{\tan\frac{a}{2}\tan\frac{b}{2}\sin\gamma}{1+\tan\frac{a}{2}\tan\frac{b}{2}\cos\gamma} = \frac{\tan\frac{b}{2}\tan\frac{c}{2}\sin\alpha}{1+\tan\frac{b}{2}\tan\frac{c}{2}\cos\alpha} = \frac{\tan\frac{c}{2}\tan\frac{a}{2}\sin\beta}{1+\tan\frac{c}{2}\tan\frac{a}{2}\cos\beta},$$

die sich folgendermaſsen ableiten läſst.

Man setze $\alpha^0 + \beta^0 + \gamma^0 - 180^0 = E^0$, dann ist

$$\sin\frac{E}{2} = -\cos\frac{\alpha+\beta+\gamma}{2} = -\cos\frac{\alpha+\beta}{2}\cos\frac{\gamma}{2} + \sin\frac{\alpha+\beta}{2}\sin\frac{\gamma}{2},$$

$$\cos\frac{E}{2} = \sin\frac{\alpha+\beta+\gamma}{2} = \sin\frac{\alpha+\beta}{2}\cos\frac{\gamma}{2} + \cos\frac{\alpha+\beta}{2}\sin\frac{\gamma}{2}.$$

Nach den Mollweideschen Gleichungen ist

$$\sin\frac{\alpha+\beta}{2}\cos\frac{c}{2} = \cos\frac{a-b}{2}\cos\frac{\gamma}{2},$$

$$\cos\frac{\alpha+\beta}{2}\cos\frac{c}{2} = \cos\frac{a+b}{2}\sin\frac{\gamma}{2}.$$

Setzt man die daraus folgenden Werte von $\sin\frac{\alpha+\beta}{2}$ und $\cos\frac{\alpha+\beta}{2}$ in die obigen Gleichungen ein, so folgt

$$\sin\frac{E}{2} = -\frac{\cos\frac{a+b}{2}\sin\frac{\gamma}{2}}{\cos\frac{c}{2}}\cos\frac{\gamma}{2} + \frac{\cos\frac{a-b}{2}\cos\frac{\gamma}{2}}{\cos\frac{c}{2}}\sin\frac{\gamma}{2}$$

$$= \frac{\sin\frac{a}{2}\sin\frac{b}{2}\sin\gamma}{\cos\frac{c}{2}}$$

$$\cos\frac{E}{2} = \frac{\cos\frac{a-b}{2}\cos\frac{\gamma}{2}}{\cos\frac{c}{2}}\cos\frac{\gamma}{2} + \frac{\cos\frac{a+b}{2}\sin\frac{\gamma}{2}}{\cos\frac{c}{2}}\sin\frac{\gamma}{2}$$

$$\frac{1}{\cos\frac{c}{2}}\left[\left(\cos\frac{a}{2}\cos\frac{b}{2} + \sin\frac{a}{2}\sin\frac{b}{2}\right)\cos^2\gamma + \left(\cos\frac{a}{2}\cos\frac{b}{2} - \sin\frac{a}{2}\sin\frac{b}{2}\right)\sin^2\gamma\right],$$

oder

$$\cos\frac{E}{2} = \frac{\cos\frac{a}{2}\cos\frac{b}{2} + \sin\frac{a}{2}\sin\frac{b}{2}\cos\gamma}{\cos\frac{c}{2}}.$$

Durch Division erhält man

$$\tan\frac{E}{2} = \frac{\sin\frac{a}{2}\sin\frac{b}{2}\sin\gamma}{\cos\frac{a}{2}\cos\frac{b}{2} + \sin\frac{a}{2}\sin\frac{b}{2}\cos\gamma}.$$

Dividiert man endlich noch den Zähler und Nenner durch $\cos\frac{a}{2}\cos\frac{b}{2}$, so ergiebt sich die obige Gleichung 7).

ε) Sonderfall des rechtwinkligen Dreiecks mit $\gamma = 90°$.

548) Gegeben a und c. Man findet aus den allgemeinen Formeln

$$\sin\alpha = \frac{\sin a}{\sin c};\ \cos\beta = \frac{\tan a}{\tan c};\ \cos b = \frac{\cos c}{\cos a}.$$

549) Gegeben a und b.

$$\tan\alpha = \frac{\tan a}{\sin b};\ \tan\beta = \frac{\tan b}{\sin a};\ \cos c = \mathrm{sos}\, a \cos b.$$

550) Gegeben c und α.

$$\cot\beta = \cos c \tan\alpha;\ \sin a = \sin c \sin\alpha;\ \tan b = \tan c \cos\alpha.$$

551) Gegeben a und α.

$$\sin\beta = \frac{\cos\alpha}{\cos a};\ \sin c = \frac{\sin a}{\sin\alpha};\ \sin b = \frac{\tan a}{\tan\alpha}.$$

552) Gegeben a und β.

$$\cos\alpha = \cos a \sin\beta;\ \tan c = \frac{\tan a}{\cos\beta};\ \tan b = \sin a \tan\beta.$$

553) Gegeben α und β.

$$\cos c = \cot\alpha \cot\beta;\ \cos a = \frac{\cos\alpha}{\sin\beta};\ \cos b = \frac{\cos\beta}{\sin\alpha}.$$

554) Der Flächeninhalt F kann berechnet werden nach der Formel

$$F = \pi\frac{\alpha^0 + \beta^0 + \gamma^0 - 180^0}{180^0} = \pi\frac{\alpha^0 + \beta^0 - 90^0}{180^0};$$

oder nach der Formel von L'Huilier:

$$\tan\frac{F}{4} = \sqrt{\tan\frac{s}{2}\tan\frac{s-a}{2}\tan\frac{s-b}{2}\tan\frac{s-c}{2}},$$

oder nach der aus dem vorigem Abschnitt folgenden Formel

$$7)\quad \tan\frac{F}{2} = \tan\frac{a}{2}\tan\frac{b}{2} = \frac{\tan\frac{b}{2}\sin\alpha}{1 + \tan\frac{b}{2}\cos\alpha} = \frac{\tan\frac{a}{2}\sin\beta}{1 + \tan\frac{a}{2}\cos\beta},$$

von denen die erste die einfachste ist, während die anderen zur direkten Inhaltsberechnung bei gegebenen b und α bezw. a und β dienen können.

ζ) Die um-, ein- und anbeschriebenen Kreise sphärischer Dreiecke.

556) Aufgabe. Den sphärischen Radius des einem sphärischen Dreieck umbeschriebenen Kreises aus dessen Winkeln zu berechnen.

Auflösung. Errichtet man in den Halbierungspunkten der Dreiecksseiten sphärische Lote, so schneiden sich diese im sphärischen Mittelpunkte des umbeschriebenen Kreises. Dabei ist $\zeta = \zeta_1$, $\eta = \eta_1$, $\vartheta = \vartheta_1$. Zugleich ist

$$\eta + \vartheta = \alpha, \ \vartheta + \zeta = \beta, \ \zeta + \eta = \gamma.$$

Setzt man also $\frac{\alpha + \beta + \gamma}{2} = \sigma$, so wird

$$\zeta = \sigma - \alpha, \ \eta = \sigma - \beta, \ \vartheta = \sigma - \gamma.$$

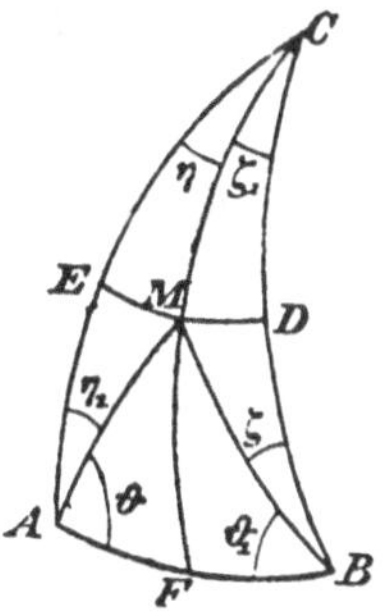

Fig. 146.

Im rechtwinkligen Dreieck AFM ist $\cot \widehat{AM} = \cos \vartheta \cot \widehat{AF}$ oder $\cot r = \cos(\sigma - \gamma) \cot \frac{c}{2}$, oder, da

$$\tan \frac{c}{2} = \sqrt{-\frac{\cos \sigma \cos(\sigma - \gamma)}{\cos(\sigma - \alpha)\cos(\sigma - \beta)}} \text{ ist,}$$

I) $$\cot r = \sqrt{\frac{\cos(\sigma - \alpha)\cos(\sigma - \beta)\cos(\sigma - \gamma)}{-\cos \sigma}} = k_1,$$

womit die in Nr. 546 angewandte Hilfsgröfse k_1 ihre geometrische Deutung gefunden hat.

Bezeichnet man den „Polareckensinus“

$$\sqrt{-\cos \sigma \cos(\sigma - \alpha)\cos(\sigma - \beta)\cos(\sigma - \gamma)}$$

mit Σ, so hat man zugleich die Formel

I*) $$\cot r = \frac{\Sigma}{\cos \sigma}.$$

In I) und I*) steckt der Wurzel wegen noch eine Zweideutigkeit. Diese kann entfernt werden, wenn man nur von Dreiecken sprechen will, für die $r < \frac{\pi}{2}$ ist, so dafs $\cot r$ positiv wird. Versteht man jetzt, wie es gebräuchlich ist, unter Σ den positiven Wurzelwert, so mufs man, da $\sigma < 90^0$ ist, $\cos \sigma$ mit dem negativen Zeichen versehen. Daher schreiben die Lehrbücher*)

I**) $$\cot r = \frac{\Sigma}{-\cos \sigma}.$$

*) Baltzers Elemente sprechen den Vorbehalt ausdrücklich aus. Andere Lehrbücher pflegen das negative Zeichen nicht zu begründen.

557) Aufgabe. Denselben Radius durch die Seiten des Dreiecks auszudrücken.

1. Auflösung. Benutzt man die in Nr. 286 abgeleitete Formel $\frac{S}{\Sigma} = \frac{\sin a}{\sin \alpha}$, so folgt aus der soeben abgeleiteten Gleichung I*)

$$\tan r = \frac{\cos\sigma}{\Sigma} = \frac{\cos\sigma \sin a}{S \sin\alpha} = \frac{\cos\sigma\, 2\sin\frac{a}{2}\cos\frac{a}{2}}{S\sin\alpha}$$

$$= \frac{2\sin\frac{a}{2}}{S}\sqrt{\frac{(-\cos\sigma)^2\cos^2\frac{a}{2}}{\sin^2\alpha}}$$

oder

$$\tan r = \frac{2\sin\frac{a}{2}}{S}\sqrt{\frac{(-\cos\sigma)^2}{\sin^2\alpha}\cdot\frac{\cos(\sigma-\beta)\cos(\sigma-\gamma)}{\sin\beta\sin\gamma}}$$

$$= \frac{2\sin\frac{a}{2}}{S}\sqrt{\frac{-\cos\sigma\cos(\sigma-\beta)}{\sin\alpha\sin\gamma}}\sqrt{\frac{-\cos\sigma\cos(\sigma-\gamma)}{\sin\alpha\cdot\sin\beta}}$$

$$= \frac{2\sin\frac{a}{2}\cdot\sin\frac{b}{2}\sin\frac{c}{2}}{S},$$

also

$$\text{II)}\quad \tan r = \frac{2\sin\frac{a}{2}\sin\frac{b}{2}\sin\frac{c}{2}}{S}$$

$$= \frac{2\sin\frac{a}{2}\sin\frac{b}{2}\sin\frac{c}{2}}{\sqrt{\sin s\sin(s-a)\sin(s-b)\sin(s-c)}}.$$

2. Auflösung. Will man die Formel II) selbständig entwickeln, so kann man folgendermaßsen verfahren:

Im $\triangle ABM$ ist nach dem Cosinussatze

$$\cos\vartheta = \frac{\cos r - \cos c\cos r}{\sin c\sin r} = \frac{1-\cos c}{\sin c}\cot r,$$

ebenso im $\triangle\ ACM$

$$\cos\eta = \cos(a-\vartheta) = \frac{1-\cos b}{\sin b}\cot r.$$

Daraus folgt durch Division

$$\frac{\cos(a-\vartheta)}{\cos\vartheta} = \frac{1-\cos b}{\sin b}\,\frac{\sin c}{1-\cos c}$$

$$= \frac{1-\cos b}{\sin b}\,\frac{\sin c}{1-\cos c}\,\frac{1+\cos c}{1+\cos c}$$

oder

$$\cos a + \sin a\tan\vartheta = \frac{1-\cos b}{\sin b}\,\frac{1+\cos c}{\sin c}.$$

Setzt man hier nach dem Cosinussatze

$$\cos a = \frac{\cos a - \cos b\cos c}{\sin b\sin c}$$

und (nach Formel 9 in Nr. 276)

$$\sin a = \frac{2}{\sin b\sin c}\sqrt{\sin s\sin(s-a)\sin(s-b)\sin(s-c)} = \frac{2S}{\sin b\sin c}$$

ein, so vereinfacht sich die letzte Gleichung zu

$$\cos a + 2S\tan\vartheta = 1-\cos b+\cos c$$

oder

$$\tan\vartheta = \frac{1-(\cos a+\cos b-\cos c)}{2S}$$

und daraus folgt

$$\sec^2\vartheta = 1+\tan^2\vartheta =$$

$$= \frac{4S^2+1-2(\cos a+\cos b-\cos c)+(\cos a+\cos b-\cos c)^2}{4S^2}.$$

Nun ist nach 3*) in Nr. 271

$$4S^2 = 1-\cos^2 a-\cos^2 b-\cos^2 c+2\cos a\cos b\cos c.$$

Setzt man dies rechts in den Zähler ein, so vereinfacht sich dieser erheblich und es wird

$$\sec^2\vartheta$$

$$\frac{-\cos a-\cos b-\cos c+\cos a\cos b-\cos b\cos c-\cos a\cos c+\cos a\cos b\cos c}{2S}$$

$$= \frac{(1-\cos a)(1-\cos b)(1-\cos c)}{2S} = \frac{8\sin^2\frac{a}{2}\sin^2\frac{b}{2}\cos^2\frac{c}{2}}{2S},$$

so daſs man schlieſslich hat

$$\sec\vartheta = \frac{2\sin\frac{a}{2}\sin\frac{b}{2}\cos\frac{c}{2}}{S}.$$

Aus der Anfangsgleichung der ganzen Rechnung folgt aber

$$\tan r = \frac{1-\cos c}{\sin c}\cdot\frac{1}{\cos\vartheta} = \frac{2\sin^2\frac{c}{2}}{2\sin\frac{c}{2}\cos\frac{c}{2}}\,\frac{1}{\cos\vartheta} = \tan\frac{c}{2}\sec\vartheta.$$

Setzt man hier den soeben berechneten Wert von $\sec\vartheta$ ein, so wird

$$\tan r = \frac{2\sin\frac{a}{2}\sin\frac{b}{2}\sin\frac{c}{2}}{S},$$

was mit dem vorher berechneten Werte übereinstimmt.

558) Bemerkung. Aus I und II folgt:

$$\tan r = \frac{-\cos\sigma}{\Sigma} = \frac{2\sin\frac{a}{2}\sin\frac{b}{2}\sin\frac{c}{2}}{S},$$

so daſs

$$\frac{\sin a}{\sin \alpha} = \frac{S}{\Sigma} = \frac{2\sin\frac{a}{2}\sin\frac{b}{2}\sin\frac{c}{2}}{-\cos\sigma}.$$

Daraus folgt die Beziehung:

$$\frac{-\cos\sigma}{\sin\alpha} = \frac{2\sin\frac{a}{2}\sin\frac{b}{2}\sin\frac{c}{2}}{\sin a} = \frac{\sin\frac{b}{2}\sin\frac{c}{2}}{\cos\frac{a}{2}},$$

die bisweilen verwendbar ist. Bildet man noch die beiden zugehörigen Formeln, so entsteht durch Multiplikation:

$$-\frac{\cos^3\sigma}{\sin\alpha\sin\beta\sin\gamma} = \frac{\sin^2\frac{a}{2}\sin^2\frac{b}{2}\sin^2\frac{c}{2}}{\cos\frac{a}{2}\cos\frac{b}{2}\cos\frac{c}{2}}$$

$$= \sin\frac{a}{2}\sin\frac{b}{2}\sin\frac{c}{2}\tan\frac{a}{2}\tan\frac{b}{2}\tan\frac{c}{2}.$$

559) **Aufgabe.** Den sphärischen Radius des einem sphärischen Dreieck einbeschriebenen Kreises aus den Dreiecksseiten zu berechnen.

Auflösung. Halbiert man die Winkel eines sphärischen Dreiecks durch Hauptkreise der Kugel, so treffen sich diese im Mittelpunkte μ des einbeschriebenen Kreises, so dafs $\mu D = \mu E = \mu F = \varrho$ ist. Man setze $AE = AF = t_1$, $BF = BD = t_2$, $CD = CE = t_3$, und $\frac{a+b+c}{2} = s$, so ist für die genannten Tangenten:

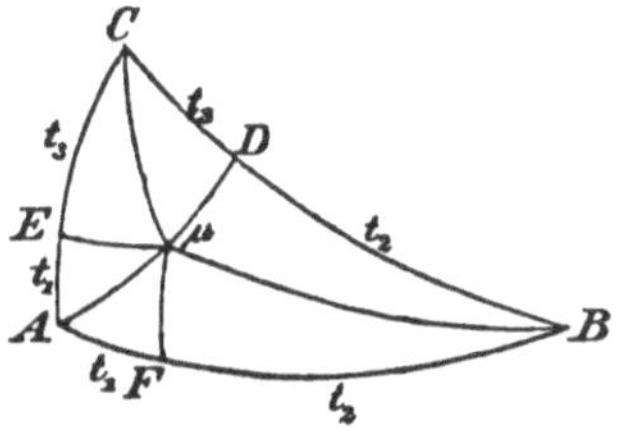

Fig. 147.

$$t_1 = s - a, \quad t_2 = s - b, \quad t_3 = s - c.$$

Im rechtwinkeligen Dreiecke $AF\mu$ ist

$$\tan \mu F = \sin AF \tan \frac{a}{2},$$

oder

$$\tan \varrho = \sin (s - a) \tan \frac{a}{2}.$$

Setzt man hier für $\tan \frac{a}{2}$ seinen Wert $\sqrt{\frac{\sin (s-b) \sin (s-c)}{\sin s \sin (s-a)}}$ ein, so wird:

$$\text{III)} \quad \tan \varrho = \sqrt{\frac{\sin (s-a) \sin (s-b) \sin (s-c)}{\sin s}} = k,$$

womit die in Nr. 545 eingeführte Hilfsgröfse k ihre geometrische Deutung erhält. Führt man den Eckensinus S ein, so wird:

$$\text{III*)} \quad \tan \varrho = \frac{S}{\sin s}.$$

560) **Aufgabe.** Die sphärischen Radien der drei anderen Berührungskreise aus den Dreiecksseiten zu bestimmen.

Auflösung: Man findet auf demselben Wege:

$$\text{IV)}\quad \begin{cases} \tan\varrho_1 = \dfrac{S}{\sin(s-a)} \\ \tan\varrho_2 = \dfrac{S}{\sin(s-b)} \\ \tan\varrho_3 = \dfrac{S}{\sin(s-a)} \end{cases}$$

Bemerkung. Aus III) und IV) folgt die merkwürdige Beziehung:

$$\text{V)}\qquad \tan\varrho \tan\varrho_1 \tan\varrho_2 \tan\varrho_3 = S^2.$$

561) Aufgabe. Den sphärischen Radius des einbeschriebenen Kreises aus den Dreieckswinkeln zu bestimmen.

Auflösung. Aus Gleichung III*) folgt:

$$\cot\varrho = \frac{\sin s}{S}.$$

Nun ist $\frac{S}{\Sigma} = \frac{\sin a}{\sin \alpha}$, folglich ist

$$\cot\varrho = \frac{\sin s \sin \alpha}{\sin a \Sigma} = \frac{2 \sin s \sin\frac{\alpha}{2} \cos\frac{\alpha}{2}}{\sin a \Sigma},$$

oder

$$\cot\varrho = \frac{2\cos\frac{\alpha}{2}}{\Sigma}\sqrt{\frac{\sin^2 s \cdot \sin^2\frac{\alpha}{2}}{\sin^2 a}}$$

$$= \frac{2\cos\frac{\alpha}{2}}{\Sigma}\sqrt{\frac{\sin^2 s}{\sin^2 a}\,\frac{\sin(s-b)\sin(s-c)}{\sin b \cdot \sin c}}$$

$$= \frac{2\cos\frac{\alpha}{2}}{\Sigma}\sqrt{\frac{\sin s \cdot \sin(s-b)}{\sin a \sin c}}\sqrt{\frac{\sin s \sin(s-c)}{\sin a \sin b}}$$

$$= \frac{2\cos\frac{\alpha}{2}}{\Sigma}\cos\frac{\beta}{2}\cos\frac{\gamma}{2}.$$

Es ist also:

$$\text{VI)}\quad \cot\varrho = \frac{2\cos\frac{\alpha}{2}\cos\frac{\beta}{2}\cos\frac{\gamma}{2}}{\Sigma}$$

$$= \frac{2\cos\frac{\alpha}{2}\cos\frac{\beta}{2}\cos\frac{\gamma}{2}}{\sqrt{-\cos\sigma\cos(\sigma-\alpha)\cos(\sigma-\beta)\cos(\sigma-\gamma)}}.$$

Aus III*) und VI) folgt:

$$\frac{\sin s}{S} = \frac{2\cos\frac{\alpha}{2}\cos\frac{\beta}{2}\cos\frac{\gamma}{2}}{\Sigma},$$

also

$$\frac{\sin a}{\sin \alpha} = \frac{S}{\Sigma} = \frac{\sin s}{2\cos\frac{\alpha}{2}\cos\frac{\beta}{2}\cos\frac{\gamma}{2}},$$

oder

$$\frac{\sin a}{\sin\frac{\alpha}{2}} = \frac{\sin s}{\cos\frac{\beta}{2}\cos\frac{\gamma}{2}},$$

also

$$\frac{\sin s}{\sin a} = \frac{\cos\frac{\beta}{2}\cos\frac{\gamma}{2}}{\sin\frac{\alpha}{2}}$$

und

$$\frac{\sin^3 s}{\sin a \sin b \sin c} = \frac{\cos^2\frac{\alpha}{2}\cos^2\frac{\beta}{2}\cos^2\frac{\gamma}{2}}{\sin\frac{\alpha}{2}\sin\frac{\beta}{2}\sin\frac{\gamma}{2}}$$

usw.

562) Aufgabe. Die sphärischen Radien der drei anderen Berührungskreise aus den Dreieckswinkeln zu bestimmen.

Auflösung. Aus

$$\cot\varrho_1 = \frac{\sin(s-a)}{S}$$

folgt auf demselben Wege:

$$\cot \varrho_1 = \frac{\sin(s-a)\sin a}{\sin a\,\Sigma} = \frac{2\sin(s-a)\sin\frac{a}{2}\cos\frac{a}{2}}{\sin a\,\Sigma}$$

$$= \frac{2\cos\frac{a}{2}}{\Sigma}\sqrt{\frac{\sin^2(s-a)}{\sin^2 a}\cdot\frac{\sin(s-b)\sin(s-c)}{\sin b\sin c}}$$

$$= \frac{2\cos\frac{a}{2}}{\Sigma}\sqrt{\frac{\sin(s-c)\sin(s-a)}{\sin c\sin a}}\sqrt{\frac{\sin(s-a)\sin(s-b)}{\sin a\sin b}}$$

$$= \frac{2\cos\frac{a}{2}}{\Sigma}\sin\frac{\beta}{2}\sin\frac{\gamma}{2}.$$

So erhält man allgemein:

$$\text{VII)}\quad \begin{cases} \cot\varrho_1 = \dfrac{2\cos\frac{a}{2}\sin\frac{\beta}{2}\sin\frac{\gamma}{2}}{\Sigma} \\[2ex] \cot\varrho_2 = \dfrac{2\cos\frac{\beta}{2}\sin\frac{\gamma}{2}\sin\frac{a}{2}}{\Sigma} \\[2ex] \cot\varrho_3 = \dfrac{2\cos\frac{\gamma}{2}\sin\frac{a}{2}\sin\frac{\beta}{2}}{\Sigma} \end{cases}$$

Daraus und aus VI und V folgt:

$$\text{VIII)}\quad \cot\varrho\cot\varrho_1\cot\varrho_2\cot\varrho_3 = \frac{\sin^2 a\sin^2\beta\sin^2\gamma}{4\Sigma^4} = \frac{1}{S^2}.$$

Hieraus lassen sich neue Beziehungen für S und Σ ableiten. So folgt z. B. aus

$$\frac{\sin^2 a\sin^2\beta\sin^2\gamma}{4S^4\dfrac{\sin^4 a}{\sin^4 a}} = \frac{1}{S^2}$$

$$\text{IX)}\quad S = \sin^2 a\frac{\sin\beta\sin\gamma}{2\sin a}.$$

Bildet man hierzu die cyklisch zugehörigen Formeln, so entsteht durch Multiplikation:

X) $$8 S^3 = \sin\alpha \sin\beta \sin\gamma \sin^2 a \sin^2 b \sin^2 c.$$

Ebenso folgt:

XI) $$\Sigma = \frac{\sin a \sin\beta \sin\gamma}{2}$$

und

XII) $$8 \Sigma^3 = \sin^2\alpha \sin^2\beta \sin^2\gamma \sin a \sin b \sin c.$$

563) Aufgabe. Die sphärischen Radien der umbeschriebenen Kreise der drei Nebendreiecke zu berechnen.

Auflösung. Die Aufgabe kann mit Hilfe folgender Betrachtung gelöst werden:

Aus $\tan r = \dfrac{2 \sin\frac{a}{2} \sin\frac{b}{2} \sin\frac{c}{2}}{S}$ und $\tan\varrho = \dfrac{S}{\sin s}$ folgt:

1) $$\tan r \tan\varrho_1 = \frac{2 \sin\frac{a}{2} \sin\frac{b}{2} \sin\frac{c}{2}}{\sin s}.$$

Das an die Seite a anstoſsende Nebendreieck hat die Seiten a, $\pi - b$ und $\pi - c$. Für dieses Dreieck gilt ebenso die Formel:

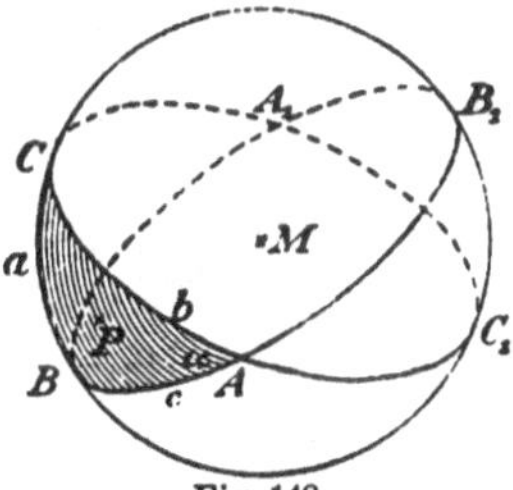

Fig. 148.

$$\tan r_1 \tan\varrho_1$$

$$= \frac{2 \sin\frac{a}{2} \sin\left(\frac{\pi}{2} - \frac{b}{2}\right) \sin\left(\frac{\pi}{2} - \frac{c}{2}\right)}{\sin\frac{a + (\pi - b) + (\pi - c)}{2}}$$

$$= \frac{2 \sin\frac{a}{2} \cos\frac{b}{2} \cos\frac{c}{2}}{\sin\frac{2\pi - (b + c - a)}{2}}$$

oder

2) $$\tan r_1 \tan\varrho_1 = \frac{2 \sin\frac{a}{2} \cos\frac{b}{2} \cos\frac{c}{2}}{\sin(s - a)}.$$

Setzt man für $\tan \varrho_1$ den Wert $\frac{S}{\sin(s-a)}$ ein, so findet man unter Anwendung der cyklischen Vertauschung:

$$\text{XIII)} \quad \begin{cases} \tan r_1 = \dfrac{2 \sin \frac{a}{2} \cos \frac{b}{2} \cos \frac{c}{2}}{S} \\ \tan r_2 = \dfrac{2 \sin \frac{b}{2} \cos \frac{c}{2} \cos \frac{a}{2}}{S} \\ \tan r_3 = \dfrac{2 \sin \frac{c}{2} \cos \frac{a}{2} \cos \frac{b}{2}}{S}. \end{cases}$$

Daraus folgt z. B.:

$$\text{XIV)} \quad \tan r \tan r_1 \tan r_2 \tan r_3 = \frac{\sin^2 a \sin^2 b \sin^2 c}{4 S^4}.$$

In derselben Weise folgt aus

$$\cot r = \frac{\Sigma}{-\cos \sigma} \quad \text{und} \quad \cot \varrho = \frac{2 \cos \frac{\alpha}{2} \cos \frac{\beta}{2} \cos \frac{\gamma}{2}}{\Sigma}$$

$$3) \quad \cot r \cot \varrho = \frac{2 \cos \frac{\alpha}{2} \cos \frac{\beta}{2} \cos \frac{\gamma}{2}}{-\cos \sigma}.$$

Das Nebendreieck bei a hat die Winkel $\alpha, \pi - \beta, \pi - \gamma$. Für dieses wird also:

$$\cot r_1 \cot \varrho_1 = \frac{2 \cos \frac{\alpha}{2} \cos \left(\frac{\pi}{2} - \frac{\beta}{2}\right) \cos \left(\frac{\pi}{2} - \frac{\gamma}{2}\right)}{-\cos \frac{\alpha + (\pi - \beta) + (\pi - \gamma)}{2}}$$

$$= \frac{2 \cos \frac{\alpha}{2} \sin \frac{\beta}{2} \sin \frac{\gamma}{2}}{-\cos \left[\pi - \frac{\beta + \gamma - \alpha}{2}\right]}$$

oder

$$\cot r_1 \cot \varrho_1 = \frac{2 \cos \frac{\alpha}{2} \sin \frac{\beta}{2} \sin \frac{\gamma}{2}}{\cos (\sigma - \alpha)}.$$

Setzt man den Wert

$$\cot \varrho_1 = \frac{2 \cos\frac{a}{2} \sin\frac{\beta}{2} \sin\frac{\gamma}{2}}{\Sigma}$$

ein, so folgt:

$$\text{XV)} \quad \begin{cases} \cot r_1 = \dfrac{\Sigma}{\cos(\sigma - a)} \\ \cot r_2 = \dfrac{\Sigma}{\cos(\sigma - \beta)} \\ \cot r_3 = \dfrac{\Sigma}{\cos(\sigma - \gamma)} \end{cases}$$

so dafs

$$\cot r \cot r_1 \cot r_2 \cot r_3 = \frac{\Sigma^4}{-\cos\sigma \cos(\sigma - a)\cos(\sigma - \beta)\cos(\sigma - \gamma)}$$

oder

$$\text{XVI)} \qquad \cot r \cot r_1 \cot r_2 \cot r_3 = \Sigma^2$$

ist. Dabei folgt

$$\text{XVII)} \quad \tan\varrho \tan\varrho_1 \tan\varrho_2 \tan\varrho_3 \cot r \cot r_1 \cot r_2 \cot r_3 = S^2 \Sigma^2$$

und

$$\tan\varrho \tan\varrho_1 \tan\varrho_2 \tan\varrho_3 \tan r \tan r_1 \tan r_2 \tan r_3 = \frac{\Sigma^2}{S^2}$$

$$= \frac{\sin^2 a \sin^2 b \sin^2 c}{4 S^2} = \frac{4\Sigma^2}{\sin^2 \alpha \sin^2 \beta \sin^2 \gamma} = \frac{\sin^2 a}{\sin^2 \alpha} = \frac{\sin^2 b}{\sin^2 \beta}$$

usw.

564) Bemerkung über Dreieck und Polardreieck.

Sind $a, b, c, \alpha, \beta, \gamma$ die Elemente des sphärischen Dreiecks, $a_1, b_1, c_1, \alpha_1, \beta_1, \gamma_1$ die seines Polardreiecks, so folgt aus der Supplementbeziehung, die in Bd. I, § 66 abgeleitet ist, dafs $-\cos\sigma' = \sin s$ usw. ist, also

$$S' = \sqrt{\sin s' \sin(s' - a') \sin(s' - b') \sin(s' - c')}$$

$$= \sqrt{-\cos\sigma \cos(\sigma - a)\cos(\sigma - \beta)\cos(\sigma - \gamma)} = \Sigma$$

$$\Sigma' = \sqrt{-\cos\sigma' \cos(\sigma' - a')\cos(\sigma' - \beta')\cos(\sigma' - \gamma')}$$

$$= \sqrt{\sin s \sin(s - a)\sin(s - b)\sin(s - c)} = S.$$

Daraus folgt ferner:

$$\frac{\Sigma'}{-\cos\sigma_1'} = \frac{S}{\sin s}, \quad \frac{\Sigma}{-\cos\sigma} = \frac{S'}{\sin s'},$$

oder

$$\cot r' = \tan\varrho, \qquad \tan\varrho' = \tan r,$$

so daſs r' und ϱ und ebenso ϱ' und r Komplementbogen sind. Folglich:

Die sphärischen Radien des einem Dreieck um- und des ihm einbeschriebenen Kreises sind die Komplemente zu den Radien des dem Polardreieck ein- und des ihm umbeschriebenen Kreises.

Dieselbe Betrachtung gilt auch für die Nebendreiecke und ihre Polardreiecke, wodurch sich die obigen Formeln bestätigen.

565) Bemerkungen. Da

$$\sin\frac{E}{2} = \frac{S}{2\cos\frac{a}{2}\cos\frac{b}{2}\cos\frac{c}{2}}$$

ist, so kann man auch schreiben:

$$\tan r = \frac{\tan\frac{a}{2}\tan\frac{b}{2}\tan\frac{c}{2}}{\sin\frac{E}{2}}$$

und

$$\cot\varrho = \frac{\sin s}{2\cos\frac{a}{2}\cos\frac{b}{2}\sin\frac{E}{2}}.$$

Die entsprechenden Formeln für die übrigen r und ϱ aufzustellen, kann dem Leser überlassen bleiben.

566) Weitere Formeln ergeben sich mittels der Höhenformeln:

$$\sin h_a = \sin c\sin\beta = \sin b\sin\gamma$$

$$\sin h_b = \sin a\sin\gamma = \sin c\sin\alpha$$

$$\sin h_c = \sin b\sin\alpha = \sin a\sin\beta.$$

So ist z. B.

$$\sin h_b\sin h_c = \sin^2 a\sin b\sin c = 2\sin a\,\Sigma$$

$$= \sin^2 a\sin\beta\sin\gamma = 2\sin a\,S.$$

Ferner

$$\sin a \sin b \sin c = \frac{2\,S^2}{\Sigma} = \frac{\sin h_a \sin h_b \sin h_c}{\sin \alpha \sin \beta \sin \gamma} = 2\,S^2 \sqrt{\tan r \;\tan r_1 \;\tan r_2 \;\tan r_3}.$$

Ebenso

$$\sin \alpha \sin \beta \sin \gamma = \frac{2\,\Sigma^2}{S} = \frac{\sin h_a \sin b_b \sin h_c}{\sin a \sin b \sin c} = 2\,\Sigma^2 \sqrt{\cot \varrho \cot \varrho_1 \cot \varrho_2 \cot \varrho_3} \text{ usw.}$$

η) **Einige Übungsbeispiele aus der sphärischen Trigonometrie.***)

567) Rechtwinklige Dreiecke ($\gamma = 90^0$).

a.	*b.*	*c.*	*α.*	*β.*
69° 12′ 10″	44° 24′ 26″	75° 18′ 23″	75° 6′ 59″	46° 20′ 12″
35°	109° 39′ 48″	106°	36° 38′	101° 34′ 58″
25° 24′ 34″	48° 29′ 32″	53° 13′ 45″	32° 23′ 19″	69° 12′ 25″
54° 48′ 12″	64° 12′ 41″	75° 28′ 41″	57° 34′ 52″	68° 27′ 15″
36° 27′	43° 32′ 31″	54° 20′	46° 59′ 43″	57° 59′ 19″

568) Schiefwinklige Dreiecke.

a.	*b.*	*c.*	*α.*	*β.*	*γ.*
[illegible]3° 58′ 54″	51° 2′	38° 45′	116° 9′ 7,6″	46° 33′ 40″	35° 46′ 14,2″
[illegible]0°	50°	45° 2′ 57″	69° 38′ 22″	69° 38′ 22″	60°
[illegible]6° 11′ 15″	42° 18′ 17″	53° 19′ 34″	32° 25′ 57″	54° 52′ 50″	102° 55′ 3″
[illegible]0°	110° 9′	78° 12′	39° 1′ 50″	50° 30′ 24″	53° 34′ 26″
[illegible]4° 7′ 52″	?	?	75° 58′	82° 10′	50° 36′
[illegible]4° 53′ 54″ [illegible]5° 14′ 56″	110° 40′ 30″	98° 20′ 10″	{ 8° 38′ 43″ { 160° 32′	146° 50′ 20″	{ 35° 20′ 35″ { 144° 39′ 25″
[illegible]0° 10′ 28″ [illegible]9° 30′ 44″	20° 25′ 10″	{ 31° 46′ 43″ { 148° 13′ 17″	{ 68° 20′ 28″ { 139° 40′ 14″	40° 10′ 20″	76° 50′ 30″
[illegible]5° 36′ 19″	77° 12′ 17″	63° 9′ 41″	57° 42′ 14″	92° 36′ 47″	66° 4′ 17″
[illegible]9° 29′	66° 45′	{ 94° 54′ 36″ { 33° 2′ 42″	{ 28° 21′ 14″ { 151° 38′ 46″	43° 20′	{ 48° 5′ 9″ { 24° 2′ 3″
[illegible]3° 25′	58° 59′ 22″	52° 42′	93° 4′ 38″	63° 15′	55° 12′ 2″
[illegible]3° 53′ 20″	80° 24′	73° 58′ 35″	59° 8′ 3″	70° 29′	66° 45′
[illegible]5° 30′ 14″	66° 45′	39° 28′ 56″	79° 9′	82° 34′ 44″	43° 20′

*) **Welche 2 bezw. 3 Stücke man als gegeben ansieht, ist bei diesen Aufgaben gleichgültig.**

569) Inhaltsberechnung.

$\alpha = 102^0\,14'\,12''$, $\beta = 54^0\,32'\,24''$, $\gamma = 89^0\,5'\,46''$
giebt Exceſs $E = 65^0\,52'\,22''$, und Fläche $F = 1{,}14967\,r^2$.

$a = 69^0\,25'\,10''$, $b = 94^0\,25'\,10''$, $c = 69^0\,59'\,8''$
giebt $E = 55^0\,51'\,30''$, $F = 0{,}97490\,r^2$.

$a = 86^0\,18'\,30''$, $b = 107^0\,47'\,10''$, $\gamma = 128^0\,18'\,50''$
giebt $E = 157^0\,13'\,30''$, $F = 2{,}7423\,r^2$.

570) Radienberechnung.*)

$a = 100^0$, $b = 128^0\,45'\,20''$, $c = 71^0\,14'\,36''$
giebt $\varrho = 36^0\,25'\,22{,}40''$.

$\alpha = 76^0\,18'\,20''$, $\beta = 79^0\,12'\,20''$, $\gamma = 80^0\,40'\,20''$
giebt $r = 46^0\,0'\,30{,}50''$.

$a = 113^0\,12'\,20$, $b = 85^0\,49'\,30''$, $c = 57^0\,14'\,20''$
giebt $r = 56^0\,36'\,18'$.

Praktische Anwendungen werden im nächsten Abschnitt bei den geodätischen, astronomischen und nautischen Berechnungen gegeben werden.

571) Die nachstehenden Beziehungen sollen abgeleitet und vervollständigt werden.

$$1)\quad \begin{cases} \tan r + \tan r_1 = \cot \varrho_2 + \cot \varrho_3, \\ \tan r_1 + \tan r_2 = \cot \varrho + \cot \varrho_3, \\ \text{usw.} \end{cases}$$

$$2)\quad \begin{cases} \tan r - \tan r_1 = \cot \varrho_1 - \cot \varrho, \\ \text{usw.} \end{cases}$$

Durch Addition oder Subtraktion folgen aus den beiden ersten Gruppen neue, z. B.

$$3)\quad \begin{cases} 2\tan r = \cot \varrho_1 + \cot \varrho_2 + \cot \varrho_3 - \cot \varrho \\ 2\cot \varrho = \tan r_1 + \tan r_2 + \tan r_3 - \tan r \\ 2\tan r_1 = \cot \varrho + \cot \varrho_2 + \cot \varrho_3 - \cot \varrho_1 \\ \text{usw.} \end{cases}$$

*) Diese drei Aufgaben sind der Sammlung Martus entnommen.

$$4)\quad \begin{cases} \tan r \tan r_1 + \tan r_2 \tan r_3 = \cot \varrho \cot \varrho_1 + \cot \varrho_2 \cot \varrho_3 \\ \text{usw.} \end{cases}$$

$$5)\quad \begin{cases} \dfrac{\tan r \tan r_1}{\tan r_2 \tan r_3} = \tan^2 \dfrac{a}{2}, \\[2ex] \dfrac{\cot \varrho \cot \varrho_1}{\cot \varrho_2 \cot \varrho_3} = \cot^2 \dfrac{a}{2}, \end{cases}$$

$$6)\quad \begin{cases} \tan r \tan \varrho = \dfrac{2 \sin \frac{a}{2} \sin \frac{b}{2} \sin \frac{c}{2}}{\sin s} = \dfrac{-\cos \sigma}{2 \cos \frac{\alpha}{2} \cos \frac{\beta}{2} \cos \frac{\gamma}{2}}, \\[3ex] \tan r_1 \tan \varrho_2 = \dfrac{2 \sin \frac{a}{2} \cos \frac{b}{2} \cos \frac{c}{2}}{\sin (s-a)} = \dfrac{\cos (\sigma - \alpha)}{2 \cos \frac{\alpha}{2} \sin \frac{\beta}{2} \sin \frac{\gamma}{2}}, \\[2ex] \text{usw.} \end{cases}$$

$$7)\quad \begin{cases} \dfrac{\tan r \tan \varrho}{\tan r_1 \tan \varrho_1} = \dfrac{\tan \frac{b}{2} \tan \frac{c}{2} \sin (s-a)}{\sin s} = \dfrac{-\tan \frac{\beta}{2} \tan \frac{\gamma}{2} \cos \sigma}{\cos (\sigma - \alpha)}, \\[2ex] \text{usw.} \end{cases}$$

572) Aufgabe. Macht man bei endlichen Dreiecksseiten den Kugelradius unendlich grofs, oder macht man bei endlichem Kugelradius die Dreiecksseiten sehr klein, so müssen die Formeln der sphärischen Trigonometrie in solche der ebenen übergehen. Dies soll an allen wesentlichen Formeln nachgewiesen werden.

Beispiel: Aus

$$\frac{\sin a}{\sin \alpha} = \frac{\sin b}{\sin \beta} = \frac{\sin c}{\sin \gamma}$$

wird (für sehr kleines a, b, c) auf der Einheitskugel

$$\frac{a}{\sin \alpha} = \frac{b}{\sin \beta} = \frac{c}{\sin \gamma},$$

d. h. $a : b : c = \sin \alpha : \sin \beta : \sin \gamma$. Letzteres ist der Sinussatz der ebenen Geometrie. (Man durfte im sphärischen

Dreieck der Einheitskugel für sin a den Bogen a selbst setzen, wenn a klein genug ist. Auf dem Kreise mit Radius r handelt es sich um $r a = \mathfrak{a}$, so dafs $a = \frac{\mathfrak{a}}{r}$ zu setzen ist.)

ϑ) Geschichtliche Bemerkungen zur sphärischen Trigonometrie.

573) Über die rein geometrische Sphärik vergleiche man die geschichtlichen Bemerkungen in Bd. I. Über die Entwickelung der sphärischen Trigonometrie findet man sehr viel Material in den „Vorlesungen der Geschichte der Mathematik" von M. Cantor, dort allerdings etwas zerstreut. Im Zusammenhange und eingehender berichtet darüber Dr. v. Braunmühl in seinen Vorlesungen über die Geschichte der Trigonometrie, deren erster Teil erschienen ist, während der zweite sich im Druck befindet. Wertvolle geschichtliche Bemerkungen giebt auch Baltzer in seinen Elementen. Zur Ergänzung der in Bd. I gebrachten Mitteilungen sei hier folgendes wiedergegeben.

574) Schon Autolycus von Pitane (330 v. Chr.) hat ein Buch über die Sphäre geschrieben, jedoch in rein geometrischer Form, auch Euklid hat sie so behandelt, der Alexandriner Hypsikles schrieb ein Schriftchen über die Auf- und Untergänge (Ἀναφορικός), Theodosius von Tripolis ebenfalls eine geometrische Sphärik. Hipparch, dem wir die stereographische Projektion (Planisphäre) und die ersten wissenschaftlichen Beobachtungen auf astronomischem Gebiete verdanken, soll nach Theon schon sphärische Dreiecke rechnerisch aufgelöst haben und zwar mit Hilfe von Veranschaulichungsfiguren, den sogenannten Analemmas. Vielleicht hat er auch schon den später nach Menelaos genannten sphärischen Satz gekannt. Von seinen 12 Büchern ist direkt nichts auf uns gekommen.

575) Menelaos von Alexandrien (lebte um 98 n. Chr. in Rom) soll sechs Bücher über die Sehnen geschrieben haben, die verloren gegangen sind. Jedoch sind erhalten *Menelai sphaericorum libri tres* (die von Maurolycus von Messina aus arabischen und hebräischen Handschriften ins Lateinische übersetzt wurden, 1558 wieder erschienen und 1778 durch Halley in Oxford neu herausgegeben sind). Die Winkel des recht- und schiefwinkligen Dreiecks

werden behandelt, die Winkelsumme zwischen die Grenzen 180° und 540° eingeschlossen, die Kongruenzsätze bis auf einen richtig angegeben usw. Der nach ihm benannte sphärische Transversalensatz kann in folgender Form geschrieben werden, in der crd die Chorde oder Sehne bedeutet:

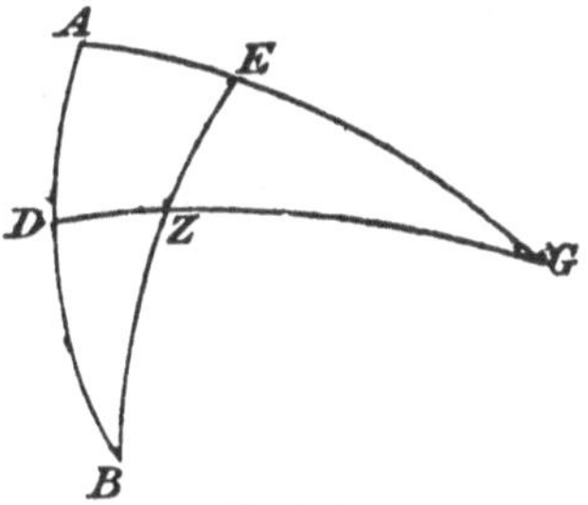

Fig. 149.

$$\frac{\text{crd}\,(2\,GE)}{\text{crd}\,(2\,AE)} = \frac{\text{crd}\,(2\,GZ)}{\text{crd}\,(2\,DZ)}\,\frac{\text{crd}\,(2\,DB)}{(\text{crd}\,2\,BA)},$$

$$\frac{\text{crd}\,(2\,GA)}{\text{crd}\,(2\,AE)} = \frac{\text{crd}\,(2\,GD)}{\text{crd}\,(2\,DZ)}\,\frac{\text{crd}\,(2\,ZB)}{\text{crd}\,(2\,BE)}.$$

Daſs noch zwei andere Relationen bestehen, erkannte er nicht. Die doppelten Sehnen sind der Ersatz für unseren Sinus. Dieser Satz, der später unter dem Namen „*Regula sex quantitatum*“ bekannt war, hat auf viele Jahrhunderte hinaus die Grundlage der sphärischen Trigonometrie gebildet.

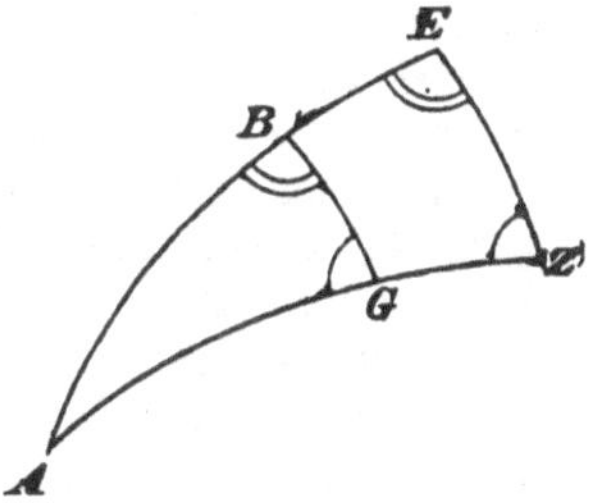

Fig. 150.

Ein zweiter Satz gab später die „*Regula quatuor quantitatum*“. Stimmen nämlich zwei sphärische Dreiecke in den Winkeln überein, so ist

$$\frac{\text{crd}\,(2\,AB)}{\text{crd}\,(2\,BG)} = \frac{\text{crd}\,(2\,DE)}{\text{crd}\,(2\,EZ)}.$$

Für $\sphericalangle G = \sphericalangle Z = 90^0$ bildet der Satz jene Regel der vier Gröſsen.

Ein dritter Satz gab Veranlassung zur späteren „Tangentenregel“ der Araber.

Sind zwei bei A und D rechtwinklige Dreiecke ABG und DEG nach Art der Figur aufeinander gelegt, und verlängert man AB und DE bis zum Schnittpunkte H, dem Pole von AG, so ist

$$\frac{\operatorname{crd}(2AB)}{\operatorname{crd}(2AG)} = \frac{\operatorname{crd}(2ED)}{\operatorname{crd}(2DH)} \cdot \frac{\operatorname{crd}(2BH)}{\operatorname{crd}(2EH)}$$

oder

$$\frac{\tan AB}{\tan ED} = \frac{\sin AG}{\sin DG}.$$

Letzteres ist die Tangenten- oder Schattenregel der Araber.

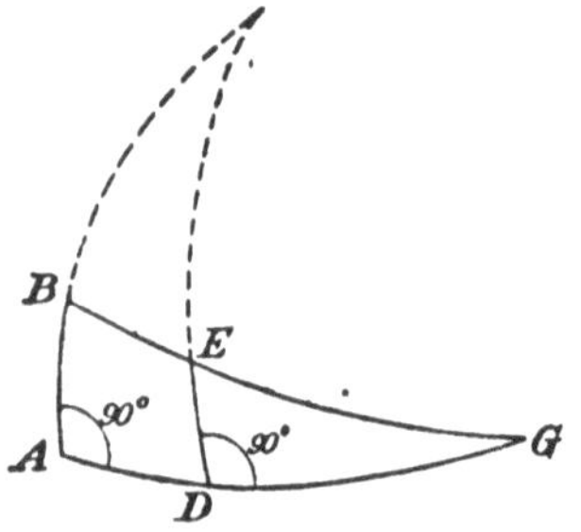

Fig. 151.

Endlich kannte Menelaos noch den Satz über das sphärische Dreieck mit rechtem Winkel γ, der in unserer Schreibweise lautet

$$\frac{\sin(c+b)}{\sin(c-b)} = \frac{1+\cos a}{1-\cos a}.$$

576) Claudius Ptolemäus (zwischen 125 und 151 n. Chr.), der Schöpfer des nach ihm benannten Weltsystems, giebt in seiner Syntaxis, dem späteren Almagest (*Κλαυδίου Πτολεμαίου μαθημαθικὴ [μεγάλη] σύνταξις*) eine genaue Darstellung der Sehnenrechnung der Griechen. Über ihn vergleiche man Bd. I, vor allem aber v. Braunmühls eingehende Darstellung. Wendet nun Ptolemäus auch die schwerfällige Regel der sechs Gröfsen oder den Tangentsatz stets unmittelbar auf seine astronomischen Probleme an, so haben doch seine Rechnungen hinreichende Übersicht und geben eine Genauigkeit bis zu fünf Stellen. Von unseren sechs Grundformeln für das rechtwinklige sphärische Dreieck benutzt er nur folgende:

1) $\sin a = \sin c \sin \alpha,$

2) $\tan a = \sin b \tan \alpha,$

3) $\cos c = \cos a \cos b,$

4) $\tan b = \tan c \cos \alpha.$

Mit ihnen berechnet er die Rektascension der Sonne aus Ekliptikschiefe und Deklination; die Morgen- und Abendweite aus der Dauer des längsten Tages, die Polhöhe eines Ortes aus dem Azimuth des Aufgangspunktes der Sonne und der Dauer des längsten Tages usw. Er löst also Aufgaben, wie sie im nachstehenden Abschnitte behandelt werden. Die astronomischen Anwendungen waren ihm, wie auch dem Menelaos und Hipparch, die Hauptsache. Daher ist überhaupt bei den Griechen die Aufmerksamkeit mehr auf Sphärik, als auf ebene Trigonometrie gerichtet.

577) Die alten Inder haben die Sphärik erst von den Griechen übernommen, sie kennen den Cosinus (*„cotidjya“*). In der *„Sûrya-Siddhânta“* werden die Regeln für astronomische Berechnungen in Versen gegeben. Dort wird auch der Sinus versus eingeführt. Eine der dortigen Formeln läſst sich leicht in

$$\sin h = \sin \delta \sin \varphi + \cos \delta \cos \varphi \cos t$$

umwandeln, was nichts anderes ist, als der Cosinussatz für das nautische Dreieck aus Zenith, Pol und Gestirn. (Vergl. die Berechnungen des folgenden Abschnitts.) Daſs so der zweite Hauptsatz der sphärischen Trigonometrie schon bei den Indern auftaucht, hat v. Braunmühl nachgewiesen. Auch sollen die Inder schon von den Griechen den Wert $\pi = 3{,}1416$ übernommen haben. (Hultsch.)

578) Die Araber übernahmen die Trigonometrie teils von den Indern, teils von den Griechen (Amalgest). [Nach Munck und J. Baska hatten die Inder für die halbe Sehne den Ausdruck *dschyâ* oder *dschîva.* Die Araber schrieben dafür *dschîba.* Wurden nun nach der üblichen Schreibweise die Vokalpunkte nicht gesetzt, so konnte man auch lesen *dschaib*, und dieses Wort bedeutet im Arabischen Busen, Herz, Tasche usw., und dieses bürgerte sich ein. Bei den Übersetzungen ins Lateinische entstand die Bezeichnung *sinus.* Den zugehörigen Bogen bezeichnet die Astronomie von Al-Chwarizmi als Argument, und so ist diese Bezeichnung für die Variable einer Funktion entstanden.]

579) Im Jahre 998 starb in Bagdad der 940 in Bûzdschân in Persien geborene Astronom Abû 'l Wâfâ, der den Almagest bearbeitet hat, wobei er die schwerfälligen Entwickelungen durch bequemere ersetzte. Die ebene Trigonometrie erhielt durch ihn ein ganz modernes Gepräge, aber auch von der sphärischen Trigonometrie kann man dies sagen. In der „Regel der vier Gröſsen“ und dem Tangentensatze fand er den Hebel für die Vereinfachungen.

Ob der Sinussatz, der sich zuerst bei ihm findet, von ihm selbst herrührt, ist zweifelhaft. Die Regel der sechs Gröſsen läſst er ganz fallen. Der zweite Hauptsatz (Cosinussatz) der sphärischen Trigonometrie ist ihm jedoch entgangen.

580) Weitere Fortschritte brachte für die Behandlung des allgemeinen sphärischen Dreiecks der Perser Nasîr-Eddîn-Tûsi (geb. 1201), der die Îlchânischen Tafeln auf der Sternwarte zu Marâga (bei Tauris im nordwestlichen Persien) bearbeitete, die ihn berühmt machten. Er führt das sogenannte Supplementardreieck ein, indem er jeden Bogen nach beiden Richtungen so weit verlängert, daſs z. B. sowohl $AB + BE$ als auch $BA + AF = 90^0$ wird. Durch die so entstandenen freien Endpunkte werden Hauptkreise gelegt, die das Supplementardreieck geben. Er begründet jedoch besonders die ebene Trigonometrie als selbständige Wissenschaft in systematischer Weise. Den Cosinussatz der sphärischen Trigonometrie kannte er nicht.

581) Unter den Westarabern wurde besonders bedeutend Dschâbir ibn Aflah, dessen neun astronomische Bücher von Gerhard von Cremona ins Lateinische übersetzt und von Peter Apian herausgegeben wurden. Der Araber geht sehr kritisch gegen Ptolemäus vor und findet ebenfalls mit Hilfe der Regel der vier Gröſsen einfachere Ableitungen. Er geht aber doch wenig über Ptolemäus hinaus.

Der Übersetzer Gerhard von Cremona (1114—1187) hat in Toledo nicht weniger als 76 Werke übersetzt, darunter auch den Almagest.

582) Johannes Müller, der 1436 in Königsberg bei Haſsfurt geboren ist und sich daher als Regiomontanus bezeichnete, war Schüler von Peurbach und führte dessen unvollendete Arbeiten weiter. Er schuf eine vollständig selbständige Trigonometrie *„De triangulis omnimodis libri quinque"*. Dieses Werk galt (irrtümlicherweise) als die erste systematisch ausgebaute Trigonometrie und war von gröſster Nachwirkung. Die neuere Forschung hat allerdings bewiesen, daſs Regiomontan fast alles von seinen Vorgängern übernahm, ohne diese zu nennen, was damals noch nicht üblich war. Er giebt im ganzen 56 Sätze aus der sphärischen Trigonometrie, die auf fünf Hauptsätze gegründet wird.

Auch er benutzt den Sinus versus und giebt als wichtige Regel den Cosinussatz an. Von jetzt ab beginnt die neuere Zeit der sphärischen Trigonometrie, für die Johannes Werner (1468—1528), ein Nürnberger Pfarrer, der die sogenannte prosthaphäretische Methode gefunden hat (πρόσθεσις und ἀφείρεσις, d. h. Hinzufügung und Wegnahme), eine Additionsmethode, die sich durch die Gleichungen

$$\cos(\alpha + \beta) - \cos(\alpha - \beta) = -2\sin\alpha\sin\beta$$
$$\cos(\alpha + \beta) + \cos(\alpha - \beta) = 2\cos\alpha\cos\beta$$

charakterisieren läſst. Auch Coppernicus hat an der Vervollkommnung der sphärischen Trigonometrie gearbeitet und manches einfacher und eleganter abgeleitet als Regiomontan.

Daſs die Trigonometrie von Georg Joachim Rhaeticus (1514 zu Feldkirch in Vorarlberg geboren) durch die neue Definition der Funktionen durch die Seiten des rechtwinkligen Dreiecks und durch seine vollständige Tafel über alle sechs Funktionen auch auf die sphärische Trigonometrie fördernd einwirkte, ist selbstverständlich. Francesco Maurolyco, Abt von Messina (1494—1575), ist dadurch bemerkenswert, daſs er die aus der Gnomik der Alten entspringenden Funktionen und die von Regiomontan, Rhaeticus und Reinhold aufgestellten ausdrücklich als identisch hinstellte.

583) Unter den Franzosen des 16. Jahrhunderts tritt Vieta als der bedeutendste Mathematiker hervor. François Viète Seigneur de la Bigotière ist 1540 in Fontenay-le-Comte, Hauptstadt von Poitou, geboren und 1603 in Paris gestorben. Er ist der Schöpfer der neueren Goniometrie als selbständige Wissenschaft, der Begründer der algebraischen Rechnungen und Umformungen dieses Gebietes. Insbesondere giebt er schon Formeln für die Funktionen vielfacher und geteilter Winkel. Er ist der erste im Abendlande, der die sechs Grundformeln für das rechtwinklige sphärische Dreieck bringt und bahnbrechend auf die Lehre des allgemeinen sphärischen Dreiecks einwirkt. Er ordnet die Sätze nach dem Prinzip der Reziprozität an und „übertrifft dadurch alles bis dahin Dagewesene.“ Er führt den dritten Hauptsatz der sphärischen Trigonometrie und seinen reziproken ein, und zwar in den Formen

$$(\sin a \operatorname{cosec} b) : (\cot c \mp \cos a \cot b) = 1 : \cot \gamma.$$
$$(\sin \alpha \operatorname{cosec} \beta) : (\cot \gamma \pm \cos a \cot \beta) = 1 : \cot c.$$

Auch sonstige Formeln stellte er in origineller Weise auf. Durch ihn wurde die sphärische Trigonometrie „plötzlich zu einer Höhe emporgeschnellt“, die selbst die Araber und Perser in den glänzendsten Zeiten nicht erreicht hatten. Der Engländer Nathaniel Torpoley, der bei Vieta als Famulus thätig gewesen war, giebt im Anschlufs an Vieta „sechs Triplizitäten“, die nichts anderes sind als die späterhin aufgestellten Regeln Nepers. Im übrigen ist aber sein astrologisches Werk untauglich. Als didaktisch bedeutend ist für die sphärische Trigonometrie noch Pitiscus zu nennen, von dem die Bezeichnung Trigonometrie herzurühren scheint. Sein Lehrbuch wird als eines der besten bezeichnet, die jemals geschrieben wurden, insbesondere lehrt es die Konstruktion des zu einem Dreieck gehörigen reziproken (polaren) Dreiecks. Vieta schrieb schwerverständlich. Pitiscus gab eine leichtverständliche Darstellung und förderte dadurch die Wissenschaft ungemein. Girard führte eine abkürzende Formelsprache ein und gab die Flächensätze für sphärische Dreiecke und sphärische Polygone. Snellius, Segner, Cavalieri und Broscius wurden schon in Bd. I genannt. Inzwischen waren die Logarithmen erfunden worden, die der sphärischen Trigonometrie neues Leben gaben.

584) Das jetzt übliche System der sphärischen Trigonometrie verdanken wir im wesentlichen Euler, dessen Abhandlungen sich teils in den Mém. de Berlin von 1753, teils in den Nov. Comm. Petrop. 4 befinden. (Auf seine grofse Entdeckung, die den Zusammenhang zwischen den Funktionen der Trigonometrie und der Basis e der natürlichen Logarithmen betrifft, durch die es gelang, die Funktionen für reelles oder auch komplexes Argument in Reihen, zu entwickeln, sei hier nur kurz hingedeutet.) Euler führt im Anschlufs an Snellius, der Bogentafeln veröffentlicht hatte, die Funktionen arcsin, arccos, arctan ein (Comm. Petrop. 1737, T. IX, 207 bis 221), schrieb eine Abhandlung über die „*Principes de la trigonométrie sphérique tirés de la methode des plus grands et des plus petits*“ (Hist. de l'Académie de Berlin, 1753, Seite 223 bis 257), deutsch bearbeitet von Hammer als Heft 73 von Ostwalds Klassikern der exakten Wissenschaften. Hier betrachtet er gespannte Fäden auf der Kugelfläche, also kürzeste (geodätische) Linien, als Dreiecksseiten, womit zugleich der Übergang zum Sphäroid auf der Hand lag.

Der Übergang selbst wurde durchgeführt in den „*Elements de la trigonométrie sphéroidique*“ (Hist. de l'Acad. de Berlin, 1753, Seite 258—293). Diesem konnte erst nach Jacobis Einführung der elliptischen Koordinaten im Raum und dessen Integration der geodätischen Linien auf dem Ellipsoid die Fortsetzung einer ellipsoidischen Trigonometrie folgen. Jedenfalls hatte schon Euler den Gedanken einer allgemeinen geodätischen Trigonometrie auf beliebige Oberflächen ins Auge gefafst. Für die Schulpraxis war von Bedeutung, dafs er zweckmäfsigerweise mit A, B, C die Ecken, mit a, b, c die diesen gegenüberliegenden Seiten bezeichnete, wodurch die Formeln übersichtlich wurden.

Im Anschlufs an Euler leitete Lagrange im Journal de l'Ecole Polyt. Heft 6, Seite 270 usw. die gesamte sphärische Trigonometrie aus dem Cosinussatze ab.

585) Die Gaufsschen Gleichungen wurden von Gaufs in der Theoria motus corp. coe., Seite 54, gegeben. Fast gleichzeitig veröffentlichte sie Delambre in der Connaiss. des temps von 1808, Seite 445, ebenso Mollweide in v. Zachs monatl. Correspond. von 1808, Novemberheft des 18. Bandes, Seite 394. Gudermann hat sie konstruktiv in seiner „Niederen Sphärik“ abgeleitet. Baltzer giebt in seinen Elementen die einfachere Ableitung, die Essen in Grunerts Archiv 27, Seite 38, veröffentlicht hat. Es bleibe dahingestellt, welchem der drei erstgenannten Mathematiker die Priorität gehört.

Legendre hat aus ihnen nur die „den Gaufsschen Gleichungen untergeordneten Neperschen Analogien abgeleitet“. Wittstein giebt in seiner Stereometrie an, dafs Gaufs in seinen Vorlesungen die Ausnutzung seiner Gleichungen nach verschiedenen Richtungen hin bekannt gegeben hat.

Die einfachen Formeln über $\cot r$ und $\tan \varrho$ verdanken wir Lexell, ebenso die Formeln, die sich in dieser Hinsicht zwischen dem Dreieck und seinem Polardreieck abspielen.

Möbius, Gudermann, Schulz (Sphärik), L'Huilier, Steiner haben die sphärische Trigonometrie nach verschiedenen Richtungen vervollkommnet. In geschichtlicher Hinsicht sei noch auf Fiorini-Günther: Erd- und Himmelsgloben, ihre Geschichte und Konstruktion, verwiesen (Leipzig, bei Teubner).

Der zweite Band der Vorlesungen v. Braunmühls wird, da Cantors Geschichtswerk mit Euler abbricht, bald einen tieferen Einblick in die Entwickelungsgeschichte der sphärischen Trigonometrie geben.

IV. Nautische, astronomische und geodätische Anwendungen.

a) Einige Erläuterungen.

586) In Fig. 152 sei E die Erde, der horizontale Hauptkreis sei der wahre Horizont (nicht der scheinbare des Beobachters) am Himmelsgewölbe, S_2 der Südpunkt, N der

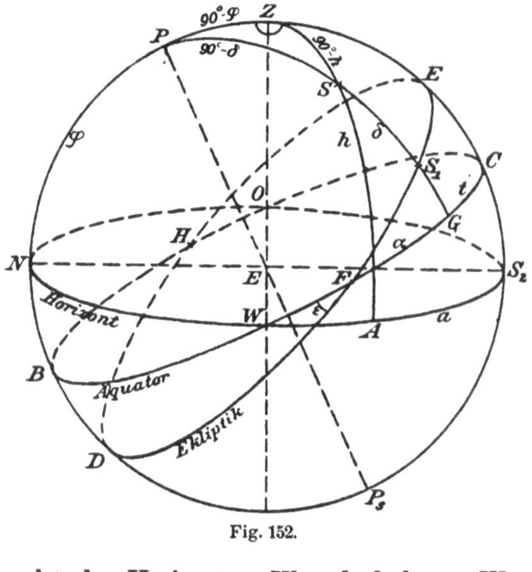

Fig. 152.

Nordpunkt des Horizontes, W und O dessen West- und Ostpunkt, Z das Zenith oder der Scheitelpunkt. Die durch Z gelegten gröfsten Kreise heifsen die Scheitelkreise oder Vertikale; der durch W, O, Z gelegte ist der erste Vertikal. ZS_2 fällt mit dem Meridian des Beobachtungsortes zusammen.

Ist S ein Gestirn und legt man durch S einen Scheitelkreis, so nennt man den Bogen $AS = h$ (in Winkelgraden oder in Bogenmafs zu messen) die augenblickliche Höhe des Gestirns, $ZS = 90^0 - h = \frac{\pi}{4} - h$ seine Zenithdistanz (Scheitelabstand), $AS_2 = a$ sein Azimuth. Letzteres wird in der Richtung S_2WNO gemessen, so dafs es für die genannten Punkte die Werte 0^0, 90^0, 180^0, 270^0 hat. Durch a und h ist der augenblickliche Stand des Gestirns bestimmt festgelegt.

587) Ist φ die nördliche Breite des Beobachtungsortes, so hat die scheinbare Drehungsachse PP_s der Himmelskugel gegen NS_2 die Neigung φ, so dafs der Nordpol P des Himmelsgewölbes, der senkrecht über dem der Erdkugel steht und in dessen Nähe sich der Polarstern befindet, die Höhe $NP = \varphi$ und den Scheitelabstand $90^0 - \varphi$ hat. Die Ebene des Himmelsäquators $BWCO$ hat gegen die des Horizontes die Neigung $90^0 - \varphi$. Alle Fixsterne bewegen sich in Parallelkreisen zu diesem Himmelsäquator. Die Sonne steht jährlich zweimal in diesem Äquator, erstens im Frühlingspunkte F, zweitens im Herbstpunkte H. Beide verschieben sich allerdings im Laufe des Jahrhunderts (Vorrücken der Nachtgleichen oder Präzession der Äquinoktien), aber dies geschieht so langsam, dafs sie für eine nicht zu lange Beobachtungszeit als fest betrachtet werden können. Der Frühlingspunkt wurde von den Alten als der Widderpunkt bezeichnet, weil er im Sternbilde des Widders stand. Er ist aber im Laufe der Jahrtausende aus diesem Sternbilde herausgerückt, so dafs diese Benennung nicht mehr statthaft ist. Das Zeichen für ihn war ♈.

588) Die Sonne bewegt sich im Laufe des Jahres in einem durch F und H gehenden Hauptkreise $FEHD$ einmal durch die Fixsternwelt des Himmelsgewölbes, und zwar in der durch die Folge dieser Buchstaben angedeuteten Richtung, wobei sie die zwölf Tierkreisbilder passiert. Dieser Kreis heifst die Ekliptik. Mathematisch betrachtet ist sie für den Erdbewohner die Projektion der scheinbaren Sonnenbahn auf die scheinbare Himmelskugel, für einen gedachten Sonnenbewohner dagegen die Projektion der Erdbahn auf die Himmelskugel. Die Zeit des Umlaufs von F bis F heifst das tropische Jahr und nimmt 365,2422.. Tage in Anspruch. Die Sonne hat infolge dieser Bewegung eine langsamere tägliche Umdrehung um die Himmelsachse PP_s

als die Fixsterne, die im Jahre 366,2422 Umdrehungen machen. Während der (mittlere) Sonnentag 86400 Sekunden hat, zählt der Sterntag nur $\frac{365,24\,..}{366,24\,..}\,86400 = 86164$ Sekunden. Man hat also zwischen Sonnenzeit und Sternzeit zu unterscheiden.

589) Ein solcher der Sternzeit unterworfener Punkt ist auch der augenblickliche Frühlingspunkt F, von dessen langsamer Verschiebungsbewegung dabei abzusehen ist. Befindet er sich auf dem Meridiane des Beobachters in C, so sagt man, die augenblickliche Sternzeit des Ortes sei Null. Gelangt F im Laufe des Tages nach W, so sagt man, die Sternzeit sei 6 Stunden oder 6^h; gelangt F nach B, so hat der Beobachter die Sternzeit 12^h; die Stellung in O gilt 18^h usw. Dabei sind stets Sternstunden gemeint, die $\frac{86164}{24}$ gewöhnliche Sekunden umfassen. Die augenblickliche Sternzeit wird also durch den Bogen $CF = \vartheta$ dargestellt.

590) Nicht die Ekliptik, sondern der Himmelsäquator ist maſsgebend für die tägliche Zeitrechnung, weil die Erdumdrehung um PP_s erfolgt. Demnach muſs zum Zwecke der Zeitberechnung die Sonne, nach der sich die bürgerliche Zeit richtet, durch Hauptkreise, die durch die Pole P und P_s gehen, gewissermaſsen auf den Äquator projiziert werden. Befindet sich die Sonne z. B. in Punkt S_1 der Ekliptik, so geschieht die Projektion durch den Kreis PS_1P_s, was auf dem Äquator den Projektionspunkt G ergiebt. Den Bogen $FG = a$ bezeichnet man als die augenblickliche Rektascension (gerade Aufsteigung) der Sonne, die in der Richtung von F nach G hin gemessen wird (nach Osten). Die Rektascension ist also die auf dem Äquator gemessene Abweichung des Projektionspunktes der Sonne vom Frühlingspunkte. CG, in entgegengesetzter Richtung gemessen, heiſst der Stundenwinkel der Sonne.

Dadurch, daſs die Rektascension der Sonne wächst, während die der Fixsterne für längere Zeit als konstant betrachtet werden darf, ergiebt sich die jährliche Verschiebung der Sonne auf der Ekliptik durch den Fixsternhimmel. Diese Verschiebung ist aus vielen Gründen eine unregelmäſsige. Daher unterscheidet man zwischen dem eigentlichen und dem mittleren Sonnentage, zwischen der wahren und mittleren Sonnenzeit. Das darin liegende Problem soll jetzt behandelt werden.

β) Wahre und mittlere Sonnenzeit.*)

591) Angenommen, die Erde bewegte sich in einer Kreisbahn mit konstanter Geschwindigkeit um die im Mittelpunkte stehende Sonne, so würde die scheinbare Verschiebung der letzteren in der Ekliptik gleichförmig mit der täglichen Geschwindigkeit $v = \frac{360^0}{365{,}24\,..} = 0{,}98564^0$ erfolgen (was, da jeder Grad 4 Minuten bedeutet, 3,94 Minuten Zeit geben würde, wenn die Verschiebung statt in der Ekliptik, auf dem Himmelsäquator erfolgte). Für die Sternzeit und für die Sonnenzeit ist aber wegen der scheinbaren Drehung der Himmelskugel um die Polachse, nicht die Verschiebung in der Ekliptik, sondern die des Projektionspunktes auf dem Äquator maſsgebend. Diese Projektion geschieht, wie schon gesagt wurde, mittels gröſster Kreise, die durch beide Pole und den Mittelpunkt der Sonnenscheibe gehen. Man bezeichne den Winkel EFC, der von den Ebenen des Äquators und der Ekliptik gebildet wird, mit ε. Ist $\varepsilon = 23^0\,27'\,13''$ die (schon aus Gründen der Nutation schwankende) Schiefe der Ekliptik, so würde im Frühlings- und Herbstpunkte die tägliche Verschiebung auf dem Äquator sein $v = v \cos \varepsilon$ $= 0{,}9042^0$ bezw. 3,617 Minuten Zeit. Um so viel würde sich dort der Sonnentag vom konstanten Sterntage unterscheiden. Letzterer hat 86164 Sekunden, der betreffende Sonnentag würde also $86164 + 217 = 86381$ (statt 86400) Sekunden betragen. [Die Verschiebung für den Sterntag würde $0{,}90176^0$ bezw. 216,4 Sekunden geben.]

Ganz anders würde es im Sommer- und Winterpunkte sein. Dort sind die Tangenten der Ekliptik und des Äquators parallel. Da aber die Deklination der Sonne dort gleich $\pm \varepsilon$ ist und die projizierenden Meridiane nach dem Äquator hin entsprechend auseinander treten, so würde

*) Die nachstehende Entwickelung deckt sich im wesenlichen mit einer Abhandlung, die Verfasser in der Zeitschrift für math. und nat. Unterricht, Jahrgang 1900, Heft 5, veröffentlicht hat. Diese enthielt auch die oben gegebene elementare Theorie der Mercatorkarte.

$v_2 = \frac{v}{\cos \varepsilon} = 1{,}0744^0$ bezw. 4,2976 Minuten Zeit sein, was einen Tag von 86164 + 258 = 86422 Sekunden geben würde.

Man vergleiche dies mit den Angaben der astronomischen Jahrbücher. Das von 1855 *) läſst die Rektascension der Sonne vom 22. März bis 30. April von $0^h\,047^m$ auf $0^h\,33{,}8^m$ steigen, was $29{,}1^m$ Unterschied oder täglich $\frac{29{,}1}{8} = 3{,}7^m$ ausmacht. Vom 22. September bis 30. September stieg die Rektascension von $11^h\,55{,}8^m$ auf $12^h\,24{,}6^m$, also täglich um $\frac{28{,}8}{8} = 3{,}6^m$. Diese Werte stimmen ziemlich genau mit dem obigen Betrage $3{,}617^m$ überein.

Diese Übereinstimmung findet aber beim Sommer- und Winterpunkte nicht statt. Das Jahrbuch giebt für den 18. bis 26. Juni ein Aufsteigen von $5^h\,45{,}1^m$ auf $6^h\,18{,}4^m$, also täglich von $\frac{33{,}3}{8} = 4{,}16^m$ an, was erheblich weniger ist als 4,2976 Minuten. Für den 19. bis 27. Dezember mit $17^h\,47{,}1^m$ bezw. $18^h\,22{,}6^m$ ist der Unterschied noch gröſser, man erhält nämlich $\frac{35{,}5}{8} = 4{,}44^m$, was weit mehr ist als 4,2976 Minuten.

Diese Abweichungen lassen sich nur durch unregelmäſsige Verschiebungen in der Ekliptik erklären, denn die Schwankungen in der Schiefe der Ekliptik erfolgen viel zu langsam, um solche Abweichungen zu veranlassen. Diese Unregelmäſsigkeiten sollen jetzt erläutert werden.

592) Die Erde bewegt sich in einer Ellipse um die in dem einen der Brennpunkte stehende Sonne. Der augenblicklich dem Perihelium nahe stehende Winterpunkt werde vorläufig der Einfachheit halber in dieses verlegt. Die Entfernung der Sonne sei dabei r_w, für den Sommerpunkt r_s. Bewegt sich die Erde beim Winterpunkte täglich gegen die Sonne um einen Winkel γ_w, so giebt dieser zugleich den dortigen Unterschied für Sonnen- und Sterntag an. Handelt es sich beim Sommerpunkte um γ_s, so gilt dafür Entsprechendes.

*) In **Breusings Nautischen Hilfstafeln, 6. Aufl. von 1897, Bremen, bei Heinsius Nachf., findet man neuere Tabellen. Man vergl. auch Müller-Pouillet: Kosmische Physik.**

Angenommen, die zurückgelegten Bogen v_w und v_s, also die Winkel ESE_1 und E_2SE_3, hätten dieselbe Gröfse, so würde aus $r_w \gamma_w = r_s \gamma_s$ folgen, dafs $\gamma_w : \gamma_s = r_s : r_w$ sein würde. Schon daraus also würde ein erheblicher Unterschied zwischen c_w und c_s, die oben als gleich grofs erschienen, folgen. In

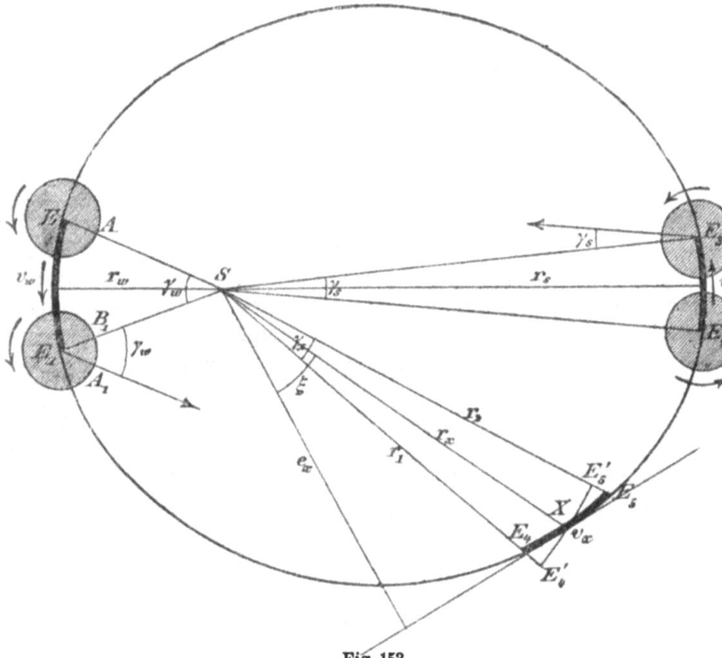

Fig. 153.

Wirklichkeit ist aber der Unterschied weit gröfser. Nach dem 2. Kepplerschen Gesetz sind nämlich die Flächen der beiden Tagessektoren gleich grofs. (Streng genommen gilt dies von Sterntagen oder von mittleren Sonnentagen.) Demnach ist $F_w = F_s = \frac{1}{2} v_w r_w = \frac{1}{2} v_s r_s$, oder, da $v_w = r_w \hat{\gamma}_w$, $v_s = r_s \hat{\gamma}_s$ ist,

$$\hat{\gamma}_w r_w^2 = \hat{\gamma}_s r_s^2$$

oder

$$\hat{\gamma}_w : \hat{\gamma}_s = r_s^2 : r_w^2.$$

Ist ferner an beliebiger Stelle X der Tagesbogen gleich v_x, und legt man durch dessen Mitte einen Kreisbogen v_x, dessen Mittelpunkt in der Sonne liegt, so ist das entsprechende gleichschenklige Dreieck mit dem Tagessektor flächengleich, d. h. es ist

$$F_x = \frac{1}{2} v_x' r_x = \frac{1}{2} (\hat{\gamma}_x r_x) r_x = \frac{1}{2} \gamma_x r_x^2.$$

Wegen der Gleichheit der Tagessektoren ist also überhaupt

1) $$\hat{\gamma}_w : \hat{\gamma}_s : \hat{\gamma}_x = \frac{1}{r_w^2} : \frac{1}{r_s^2} : \frac{1}{r_x^2},$$

d. h. die täglichen Fortschreitungen der Erde, in Winkelmaſs gemessen, sind umgekehrt proportional den Quadraten der Sonnenferne (was übrigens nicht nur für das Newtonsche Gesetz, sondern für jede Zentralbewegung gilt). Da nun die γ gleichzeitig die Verschiebung der Sonne in der Ekliptik geben, muſs sich die tägliche Rektascensionsänderung mit Hilfe von 1) weit genauer als oben ermitteln lassen.

593) Die Ellipsenfläche ist gleich $ab\pi$, der mittlere Tagessektor ist also gleich $\frac{ab\pi}{365,24}$. Für die Winterstellung ist also mit hinreichender Genauigkeit

$$\frac{1}{2} \gamma_w r_w = \frac{ab\pi}{365,24}.$$

Hier ist

$$a = \frac{r_w + r_s}{2},$$

wo $r_w = 20\,335\,000$ Meilen, $r_s = 21\,030\,000$ Meilen ist. Die geometrische Excentricität ist $e = r_w - r_s$, also

$$b = \sqrt{a^2 - e^2} = \sqrt{\left(\frac{r_w + r_s}{2}\right)^2 - \left(\frac{r_s - r_w}{2}\right)^2} = \sqrt{r_s r_w}$$

also

$$\hat{\gamma}_w = \frac{\pi (r_s + r_w) \sqrt{r_s r_w}}{365,24\, r_w^2}$$

in Winkeln also

$$\gamma_w^0 = \hat{\gamma}_w \frac{180^0}{\pi} = \frac{180^0 (r_w + r_s) \sqrt{r_s r_w}}{365,24\, r_w^2}.$$

594) Um nun auf die im Äquator zu messende Rektascensionsänderung zu kommen, hat man noch mit

$$\frac{1}{\cos\varepsilon} = \frac{1}{\cos 23^0\,27'\,13''}$$

zu multiplizieren. Dadurch erhält man

$$c_w = 1{,}1113^0 \text{ bezw. } c_w = 4{,}452 \text{ Minuten.}$$

[Dies stimmt mit der Jahrbuchangabe 4,4 Minuten sehr befriedigend überein, obwohl die Schiefe der Ekliptik in jenem Jahre 1855 nicht genau die angegebene Gröfse hatte, obwohl die Winterstellung ins Perihelium gerückt war und auch hier nur eine Annäherungsrechnung vorliegt.]

595) Die Rektascensionsänderung für die Sommerstellung ergiebt sich jetzt einfacher aus

$$\frac{\hat{\gamma}_w r_w^2}{\cos\varepsilon} = \frac{\hat{\gamma}_s r_s^2}{\cos\varepsilon}$$

oder

$$c_s = c_w \frac{r_w^2}{r_s^2} \quad \text{als} \quad c_s = 1{,}039^0$$

bezw. $c_s = 4{,}156$ Minuten, was ebenfalls nur wenig von dem Jahrbuchwerte 4,16 Minuten abweicht.

Will man noch erfahren, für welche Stellungen der Erde bezw. Sonne die mittlere tägliche Rektascensionsänderung 0,98 564⁰ stattfindet, so setze man

$$0{,}98\,564^0 r_m^2 = \gamma_w^0 r_w^2,$$

was

$$r_m = r_w \sqrt{\frac{\gamma_w}{0{,}98564}} = r_w \sqrt{\frac{c_w \cos\varepsilon}{0{,}98564}} = 20\,681\,000 \text{ Meilen}$$

giebt. Dies ist ziemlich genau das arithmetische Mittel zwischen r_w und r_s, welches 20 682 000 Meilen beträgt. Der mit r_m um S geschlagene Kreis giebt die beiden entsprechenden Erdstellungen auf der Ellipse an.

596) Demnach erhält man ziemlich genaue Werte von c_w und c_s mit Hilfe der einfachen Gleichungen

$$c_w = \frac{0{,}985\left(\frac{r_w + r_s}{2}\right)^2}{r_w^2 \cos\varepsilon} = \frac{0{,}985\,a^2}{r_w^2 \cos\varepsilon} \quad c_s = \frac{0{,}985\,a^2}{r_s^2 \cos\varepsilon}.$$

Dies dürfte für Schulzwecke ausreichen, obwohl diese Einfachheit nicht ohne weiteres vorauszusehen war. Ein mit r_m um S geschlagener Kreis schneidet die Ellipse in den Punkten mittlerer Rektascensionsänderung.

597) Es fragt sich, ob man für jede beliebige Stellung der Erde die tägliche Rektascensionsänderung einfach aus dem Winkel ϑ angeben kann.

Die Brennpunktgleichung der Ellipse ist in Cartesischen Koordinaten

$$\frac{(x-e)^2}{a^2}+\frac{y^2}{b^2}=1.$$

Um zu Polarkoordinaten überzugehen, mache man folgende Umwandlung. Die Gleichung geht zunächst über in

$$\begin{aligned} y^2 &= b^2\left[1-\frac{x^2-2ex+e^2}{a^2}\right] \\ &= \frac{b^2(a^2-e^2)}{a^2}-\frac{b^2x^2}{a^2}+\frac{b^2}{a^2}\,2ex \\ &= \frac{b^4}{a^2}-\frac{a^2-e^2}{a^2}x^2+\frac{b^2}{a^2}\,2ex. \end{aligned}$$

Schafft man hier $\frac{a^2}{a^2}x^2=x^2$ nach links, so entsteht dort $x^2+y^2=r^2$, die Gleichung wird also

$$r^2=\frac{b^4+2b^2ex+e^2x^2}{a^2}$$

oder $r=\frac{b^2+ex}{a}$ oder $ar=b^2+er\cos\vartheta$. Daraus folgt

$$r=\frac{b^2}{a-e\cos\vartheta}.$$

Dabei ist ϑ vom Aphelium aus gezählt. Legt man den Frühlingspunkt, wie oben angenommen war, genau um 90^0 zurück, so hat man, wenn ψ der neue Winkel ist

$$r=\frac{b^2}{a-e\cos(\psi-90^0)}=\frac{b^2}{a+e\sin\psi}.$$

(Liegt er nicht genau dort, so ist eine Änderung $\psi_1=\psi\pm d$ zu machen.) Dieser Wert ist einzusetzen in

$$\gamma^0=\gamma_w^0\frac{r_w^2}{r^2}=c_w\cos\varepsilon\,\frac{r_w^2}{r^2}.$$

Diese tägliche Verschiebung in der Ekliptik mufs nun erst auf den durch die augenblickliche Sonnenstellung gelegten Parallelkreis, dann mit Hilfe von $\frac{1}{\cos\delta}$, wo δ die Deklination der Sonne ist, auf den Äquator projiziert werden.

598) Die Sonnenstellung S_1 in der Ekliptik, ihre Projektion G auf den Äquator und der Frühlingspunkt F bilden ein rechtwinkliges sphärisches Dreieck, in dem $\widehat{FG} = a$ die Rektascension der Sonne, $FS_1 = \lambda$ ihre Länge, $GS_1 = \delta$ ihre Deklination ist. Winkel $GFS_1 = \varepsilon$ ist die Schiefe der Ekliptik, $\sphericalangle GS_1F = \xi$ der Winkel, der für die Projektion der Verschiebung γ auf den Parallelkreis mafsgebend ist. Für dieses Dreieck gelten die Beziehungen

$$\begin{aligned}\cos\varepsilon &= \tan a \cot\lambda\\ \sin a &= \cot\varepsilon \tan\delta\\ \sin\delta &= \sin\varepsilon \sin\lambda\\ \cos\lambda &= \cos a \cos\delta,\end{aligned}$$

die für gewisse Umformungen brauchbar sind.

599) Der Sinussatz giebt

$$\sin\xi = \sin\varepsilon \frac{\sin a}{\sin\delta} = \frac{\sin a}{\sin\lambda}.$$

Dies ist also der Projektionsfaktor für die Projektion auf den Parallelkreis. Dazu kommt noch der Faktor $\frac{1}{\cos\delta}$ für die Projektion auf den Äquator. Demnach verwandelt sich γ in

$$c = \gamma \frac{\sin a}{\sin\lambda \cos\delta} = \gamma \frac{\cos\varepsilon}{\cos^2\delta} = \gamma \frac{\cos\varepsilon}{1 - \sin^2\lambda \sin^2\varepsilon}.$$

Setzt man noch für γ den obigen Wert

$$c_w \cos\varepsilon \frac{r_w^2}{r^2} = c_w \cos\varepsilon\, r_w^2 \cdot \left(\frac{a + e\sin\psi}{b^2}\right)^2$$

ein, so hat man endlich, da ψ zugleich die Sonnenlänge λ bedeutet, als tägliche Rektascensionsänderung für diese Länge λ den Ausdruck

$$c = c_w \frac{[r_w \cos\varepsilon\,(a + e\sin\lambda)]^2}{b^4(1 - \sin^2\lambda \sin^2\varepsilon)}.$$

Hier sind die oben für c_w, r_w, ε, a, b, e gefundenen bezw. gegebenen Werte einzusetzen. Damit ist die Aufgabe (für die gestellten Voraussetzungen) allgemein für jede Sonnenlänge gelöst.

γ) Darstellung der Ekliptik auf der Mercatorkarte.

600) Manche der besprochenen Verhältnisse übersieht man bequemer mit Hilfe der Mercatorkarte, auf der die Ekliptik als eine Wellenlinie erscheint, die an die so-

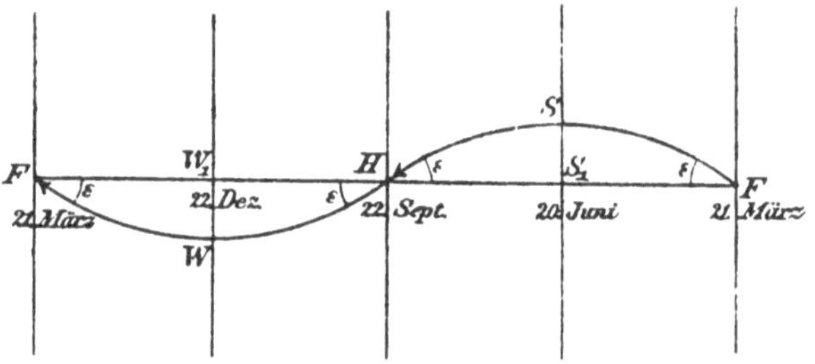

Fig. 154.

genannten Sinoiden erinnert. Um ihre Gleichung zu finden, benutze man wie in Nr. 514 bis 517 die stereographische Projektion als Zwischenglied. Die Hauptabstände der Ekliptik vom Südpol sind $\vartheta_1 = 90^0 + 23^0 27' 13''$, $\vartheta_2 = 90^0 - (23^0 27' 13'')$.

Bei der Projektion vom Nordpol auf die Äquatorebene werden nach angegebener Stelle die Abstände der entsprechenden Punkte von der Kantenmitte:

$$a_2 = -\tan\frac{\vartheta_2}{2} = -\tan 33^0 16' 24'' = -\cot 56^0 43' 36''$$

$$a_1 = \tan\frac{\vartheta_1}{2} = \tan 56^0 43' 36'',$$

also $a_2 = -\frac{1}{a_2}$. Die Projektion der Ekliptik ist also ein Kreis, dessen Mittelpunktsabstand

$$\frac{\tan\frac{\vartheta_1}{2} - \tan\frac{\vartheta_2}{2}}{2} = \frac{a_1 + a_2}{2} = \frac{a_1 - \frac{1}{a_1}}{2} = \frac{a_1^2 - 1}{2a_1}$$

ist, dessen Radius gleich

$$\frac{\tan\frac{\vartheta_1}{2}+\tan\frac{\vartheta_2}{2}}{2}=\frac{a_1-a_2}{2}=\frac{a_1+\frac{1}{a_1}}{2}=\frac{a_1^2+1}{2a_1}$$

ist. Die Gleichung dieses Kreises lautet:

$$\left[x-\frac{1}{2}\left(a_1-\frac{1}{a_1}\right)\right]^2+y^2=\frac{1}{4}\left(a_1+\frac{1}{a_1}\right)^2$$

oder

$$x^2+y^2-x\left(a_1-\frac{1}{a_1}\right)=\frac{1}{4}\left(a_1+\frac{1}{a_1}\right)^2-\frac{1}{4}\left(a_1-\frac{1}{a_1}\right)^2=1.$$

In Polarkoordinaten hat man

$$r^2-r\cos\psi\left(a_1-\frac{1}{a_1}\right)=1.$$

Die Gleichung der Ekliptik auf der Einheitskugel lautet also in Längen- und Breitenkoordinaten (Polabständen) χ und ϑ:

1) $$\tan^2\frac{\vartheta}{2}-\tan\frac{\vartheta}{2}\cos\chi\left(a_1-\frac{1}{a_1}\right)=1,$$

auf der Merkatorkarte also:

$$e^{2Y}-e^{Y}\cos X\left(a_1-\frac{1}{a_1}\right)=1$$

oder

$$e^{Y}=\frac{1}{2}\left(a_1-\frac{1}{a_1}\right)\cos X\pm\sqrt{\frac{1}{4}\left(a_1-\frac{1}{a_1}\right)^2+1}$$

oder

2) $$e^{Y}=\frac{1}{2}\left(a_1-\frac{1}{a_1}\right)\cos X\pm\frac{1}{2}\left(a_1+\frac{1}{a_1}\right).$$

oder

3) $$Y={}^{e}lg\left[\frac{1}{2}\left(a_1-\frac{1}{a_1}\right)\cos X+\frac{1}{2}\left(a_1+\frac{1}{a_1}\right)\right].$$

Da $\cos X=\cos(-X)$ ist, mufs über die Vorzeichen so verfügt werden, dafs zu $\cos X$ das positive, zu $\cos(-X)$ das negative gehört. Das eine Mal erhält man ein positives e^Y, das andere Mal ein negatives.

Mit Hilfe dieser Gleichung kann man die Eigenschaften jener Kurve leicht untersuchen. Geometrisch besteht sie aus vier kongruenten Teilen. Hinsichtlich der Zeit ist zu bemerken, dafs der Sommerbogen wegen der besprochenen Unregelmäfsigkeiten 7 Tage mehr Zeit beansprucht, als der Winterbogen. Dieses Verhältnis wird sich im Verlaufe von 13000 Jahren in Folge der Präcession der Nachtgleichen umkehren.

δ) Die Zeitgleichung.

601) Wegen der Veränderlichkeit der täglichen Rektascensionsänderung sind die Sonnentage, nach denen das bürgerliche Leben sich richtet, von ungleicher Länge. Denkt man sich eine genau gehende Uhr, die im Verlaufe eines tropischen Jahres (von Frühlingspunkt zu Frühlingspunkt) genau 2 · 365,2422 ... Umdrehungen macht und vergleicht man sie zu jeder Mittagszeit mit der Sonnenuhr, so findet man zwischen dem wahren Mittag und dem mittleren Mittag, täglich einen gewissen Unterschied d derat, dafs

$$t_w + d = t_m$$

oder, dafs zur Mittagszeit wahre Zeit + Unterschied d gleich der mittleren Zeit ist. Diesen Ausdruck d, der sowohl positiv, als auch negativ sein kann, bezeichnet man im Hinblick auf die so aufzustellende Gleichung kurz als die Zeitgleichung.

Man kann d für jeden Tag des Jahres durch Beobachtung bestimmen, aber auch mit Hilfe der täglichen Rektascensionsänderung vorher berechnen. Die Möglichkeit der Berechnung ist bei der betreffenden Untersuchung dargelegt worden. In der Praxis benutzt man die für jedes Jahr berechneten Tabellen. Diese findet man in den astronomischen und nautischen Jahrbüchern.

Statt der genau gehenden Uhr kann man sich auch eine zweite (theoretische) Sonne denken, die sich mit der konstanten täglichen Rektascensionsänderung 0,98564° jährlich einmal durch den ganzen Äquator verschiebt.

602) Die Zeitgleichung giebt viermal im Jahr den Wert Null an, am 15. April, 14. Juni, 1. September und 24. Dezember. Höchstwerte werden erreicht am 26. Juli und 11. Februar mit $+ 6^m 15^s$ bezw. $+ 14^m 25^s$, niedrigste Werte am 29. Mai und 3. November mit $- 3^m 55^s$ bezw. $- 16^m 23^s$. Dabei ist der Mittag des 15. April willkürlich als der Zeitpunkt angenommen, in dem die Uhr mit der wahren Zeit

gleichgestellt wurde. Diese willkürliche Annahme ist gemacht worden, um die Abweichungen möglichst gleichmäfsig zu verteilen und sie nicht teilweise allzu grofs werden zu lassen.

603) Der Umstand, dafs der Frühlingspunkt sich auf der Ekliptik in jedem Jahre um etwa 50″ verschiebt und zwar in der Richtung von Ost nach West, d. h. der Rektascensionsänderung der Sonne entgegen, macht das siderische Jahr etwas länger als das tropische und bringt es auf 365,2564 Tage, so dafs der Unterschied 0,014 Tag oder etwa 1210 Zeitsekunden beträgt. [An jedem Tage ist die Rektascensionsänderung im Mittel 0,98564°, in jeder Sekunde also $\frac{0{,}98564^0}{86400}$, in 1210 Zeitsekunden demnach $0{,}98564^0 \frac{1210}{86400}$, was die obigen 50 Sekunden giebt.] So betrug am 1. Januar 1800 die Länge des Perihels 279° 30′ 8,39″ (statt 270°). Die Bedeutung des siderischen Jahres beruht in Folgendem: Hat augenblicklich die Sonne mit einem Fixsterne dieselbe Rektascension, so findet nach Verlauf eines siderischen Jahres dasselbe statt. Da die jährliche Verschiebung des Frühlingspunktes fast 50″ beträgt, so wandert er in 27000 Jahren (genauer $\frac{360 \cdot 60 \cdot 60}{50} = 26920$ J.) einmal durch die Erdbahn. Entsprechend ändert sich die Lage des Nordpols, der sich bis zum Jahre 2095 dem Polarstern bis auf 26 Minuten nähern, dann aber sich von ihm entfernen wird.

604) Noch ist das anomalistische Jahr zu erwähnen, welches von Aphel zu Aphel oder von Perihel zu Perihel reicht und um $4^m 47{,}33''$ Zeit (oder um 11,8″ in Gradteilung) länger ist als das siderische, so dafs seine Länge 365,2597 Tage beträgt. Das Perihel und das Aphel verschieben sich also jährlich in der Richtung West—Ost um 11,8″, was eine entsprechende Drehung der Erdachse gegen den Fixsternhimmel bedeutet (die, wenn sie unverändert fortdauerte, zu einer Umdrehung 109800 Jahre gebrauchen würde).

Nach den genauesten Messungen fand Pontecoulant in mittleren Sonnentagen für seine Zeit:

sid. Jahr = 365,25637, trop. Jahr = 365,24222,

anomal. Jahr = 365,25970 Tage.

(In siderischen Tagen dagegen:

366,25650, 366,24242, 366,26009.)

Der Frühlingspunkt verschiebt sich gegen das Aphelium um $50'' + 11,8'' = 61,8''$ (genauer um $61,517''$ im Jahre 1800).

ε) Das nautische Dreieck.

605) In Fig. 155 sei S der augenblickliche Ort eines beliebigen Gestirnes, also GS dessen Deklination δ, $PS = 90^0 - \delta$ sein Polarabstand, FG seine (auf ein Jahr

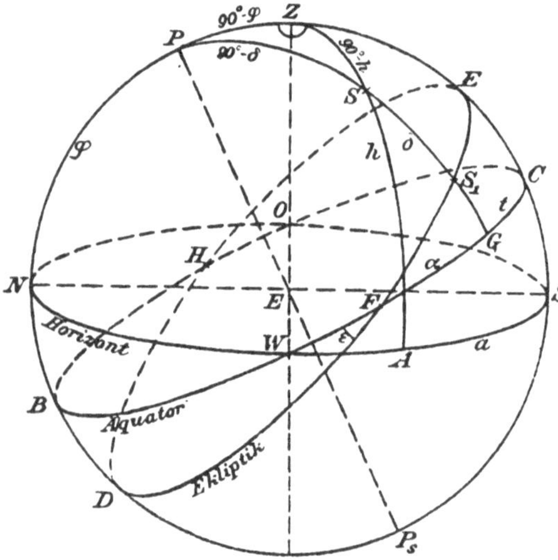

Fig. 155.

ziemlich unveränderte bleibende) Rektascension a (Abstand vom Frühlingspunkte), CG, sein augenblicklicher Stundenwinkel t. Da absolut genommen $FG + CG = FC$ ist, so folgt, da $FC = \vartheta$ die Sternzeit ist (Abstand des Frühlingspunktes vom Meridian)

1) $$a + t = \vartheta,$$

d. h.

Rektascension + Stundenwinkel = Sternzeit.

Ist z. B. $a = 30^0$, so muſs, weil der Grad 4 Minuten Sternzeit bedeutet, der Stern um 120 Minuten Sternzeit oder um 2 Sternstunden später kulminieren, als der Widderpunkt, d. h. zur Sternzeit 2^h.

606) Unsere Aufgabe besteht nun darin, zwischen den Werten des Azimuts a, der Höhe h, des Stundenwinkels t, der Rektascension α, der Sternzeit ϑ, der Deklination δ und der Breite φ und der Länge des Beobachtungsortes Beziehungen aufzusuchen. Einige von diesen kann man am nautischen Dreieck PZS, welches durch den Pol, das Zenith und den augenblicklichen Ort S des Gestirns bestimmt wird, ohne weiteres ablesen. Man hat nur zu beachten, das $PS = (90^0 - \delta^0)$, $ZS = 90^0 - h^0$, $PZ = 90^0 - \varphi^0$, $\sphericalangle SPZ = t^0$, $\sphericalangle SZC = a^0$, also $\sphericalangle PZS = 180^0 - a^0$ ist. Der Winkel $q = PSZ$ kann als der parallaktische Winkel bezeichnet werden.

607) Der Sinussatz ergiebt

$$\frac{\sin(180^0 - a^0)}{\sin(90^0 - \delta^0)} = \frac{\sin t^0}{\sin(90^0 - h^0)},$$

oder

$$2) \qquad \frac{\sin a}{\cos\delta} = \frac{\sin t}{\cos h}.$$

Die Formeln für a und t werden zweideutig, so daſs untersucht werden muſs, ob der spitze oder stumpfe Winkel gilt.

608) Der Cosinussatz giebt

$$\cos(90^0 - h^0) = \cos(90^0 - \varphi^0)\cos(90^0 - \delta^0) + \sin(90^0 - \varphi^0)\sin(90^0 - \delta^0)\cos t^0$$

oder

$$3) \qquad \sin h = \sin\varphi\sin\delta + \cos\varphi\cos\delta\cos t.$$

Berechnet man daraus t, so kann t sowohl als positiv, als auch als negativ aufgefaſst werden, so daſs Zweideutigkeit stattfindet.

609) Der Cosinussatz giebt ferner:

$$\cos(90^0 - \delta^0) = \cos(90^0 - \varphi^0)\cos(90^0 - h^0) + \sin(90^0 - \varphi^0)\sin(90^0 - h^0)\cos(180^0 - a^0)$$

oder

$$4) \qquad \sin\delta = \sin\varphi\sin h - \cos\varphi\cos h\cos a.$$

610) Will man eine Gleichung für φ haben, so multipliziert man z. B. beide Seiten von 3) mit $\sin h$ und beide

Seiten von φ mit $\sin\delta$, man erhält dann durch Subtraktion:

$$\sin^2 h - \sin^2\delta = \cos\varphi\cos\delta\cos t\sin h + \cos\varphi\cos h\cos a\sin\delta$$

und damit

$$5)\qquad \cos\varphi = \frac{\sin^2 h - \sin^2\delta}{\cos\delta\sin h\cos t + \sin\delta\cos h\cos a}.$$

611) Man kann aber auch irgend welche vereinfachten Formeln der sphärischen Trigonometrie, von denen mehrere in Gebrauch genommen sind, zur Berechnung der Seite $(90^0 - \varphi)$ benutzen. Denn die Formel 5) ist unbequem zur logarithmischen Auswertung. — Setzt man aus 2) den Wert $\cos h = \frac{\cos\delta\sin t}{\sin a}$ in 4) ein, so erhält man

$$\sin\delta = \sin\varphi\sin h - \cos\varphi\cos a\frac{\cos\delta\sin t}{\sin a}$$

und daraus

$$6)\qquad \sin h = \frac{\sin\delta + \cos\delta\sin t\cos\varphi\cot a}{\sin\varphi},$$

was ebenfalls nicht besonders bequem ist. —

612) Handelt es sich um auf- oder untergehende Gestirne, für welche h gleich Null ist, so verwandeln sich die Gleichungen 2), 3) und 4) in

$$2^*)\qquad \sin a_0 = \sin t_0\cos\delta$$

$$3^*)\qquad \cos t_0 = -\tan\varphi\tan\delta$$

$$4^*)\qquad \sin\delta = -\cos\varphi\cos a_0.$$

Dabei ist t_0 der halbe „Tagbogen“ des Gestirns, wenn man unter Tagbogen die Bogen vom Aufgang bis zum Niedergang versteht und es sich nicht um einen Circumpolarstern handelt. Das Azimuth a_0 des aufgehenden oder untergehenden Gestirns ist dabei die Entfernung des Auf- und Untergangspunktes vom Südpunkte des Beobachtungsortes. Die Gleichungen 3), 4), 6) sind die Hauptformeln für die Transformation der Koordinaten des Horizontsystems in die des Äquatorsystems oder umgekehrt. Auch der parallaktische Winkel *PSZ* kann in die Rechnungen eingeführt werden.

613) Eine andere Transformation.

Während vorher die Transformation der Horizontkoordinaten in die Äquatorkoordinaten und der umgekehrte Übergang behandelt wurde, soll jetzt die Umwandlung der Äquatorkoordinaten und der „astronomischen“ oder Ekliptikoordinaten ineinander betrachtet werden.

In Fig. 156 sei AB der Äquator, CD die Ekliptik. ∢ ε die Schiefe der letzteren, so daſs auch $\widehat{P_e P_n} = \varepsilon$ ist, wobei P_n den Nordpol des Äquators, P_e den der Ekliptik bedeutet. G und H seien die Projektionspunkte eines Sternes S auf Äquator und Ekliptik. $\widehat{GS} = \delta$ ist die Deklination des Sternes, $\widehat{FG} = a$ seine Rektascension, FH seine astronomische Länge λ, HS seine astronomische Breite β.

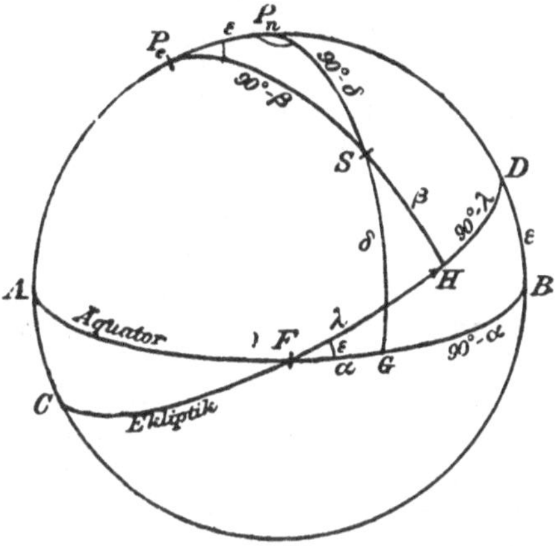

Fig. 156.

Im sphärischen Dreieck $P_e P_n S$ ist also $\widehat{P_e S} = 90^0 - \beta$, $\widehat{P_n S} = 90^0 - \delta$, $P_e P_n = \varepsilon$, der Winkel bei P_e ist gleich $90^0 - \lambda$, der bei P_n gleich $90^0 + a$, als Nebenwinkel von $90^0 - a$.

Der Sinussatz giebt:

$$\frac{\sin(90^0 - \lambda)}{\sin(90^0 + a)} = \frac{\sin(90^0 - \delta)}{\sin(90^0 - \beta)}$$

oder

7) $$\cos\lambda \cos\beta = \cos\delta \cos a,$$

der Cosinussatz giebt:

$$\cos(90^0 - \beta) = \cos\varepsilon \cos(90^0 - \delta) + \sin\varepsilon \sin(90^0 - \delta)\cos(90^0 + a)$$

oder

8) $$\sin\beta = \cos\varepsilon \sin\delta - \sin\varepsilon \cos\delta \sin a.$$

Derselbe Satz giebt:

$$\cos(90^0 - \delta) = \cos\varepsilon \cos(90^0 - \beta) + \sin\varepsilon \sin(90^0 - \delta) \cos(90^0 - \lambda)$$

oder

$$9) \qquad \sin\delta = \cos\varepsilon \sin\beta + \sin\varepsilon \cos\beta \sin\lambda.$$

Die beiden letzten Gleichungen sind nicht besonders geeignet für logarithmische Berechnungen und können durch andere ersetzt werden. Trotzdem sollen sie beibehalten werden, damit in dem Dreieck nicht auch noch der Winkel bei S benutzt werden mufs.

Mit den genannten Formeln ist man imstande, eine gröfsere Anzahl nautischer und astronomischer Aufgaben zu berechnen, wozu jetzt einige Übungsbeispiele gegeben werden sollen.

ζ) Einige Übungsaufgaben aus der Nautik und Astronomie.

Bei den nachstehenden Beispielen sind benutzt Bohnert, eb. u. sphär. Trigonometrie (Leipzig, bei Göschen), eine ältere Auflage des bekannten mathematischen Lehrbuchs von H. v. Hallerstein und Breusings Steuermannskunst, 7. Aufl. (Bremen, bei Heinsius); im gleichen Verlage sind auch Breusings nautische Hilfstafeln (6. Aufl. von Dr. Schilling herausgegeben) erschienen. (Das vom Reichsmarineamt herausgegebene Handbuch der Navigation konnte ich nicht einsehen.) Auch auf das Berliner Nautische Jahrbuch und auf „Neues Handbuch der Schiffahrtskunde“ von Bolte, mit Vorwort vom Geh. Admiralitätsrath Neumeyer sei hingewiesen. Das letztere enthält nur noch die neueren bewährten Methoden. Aufserdem giebt es eine Steuermannskunde von Röhl. Auch auf das vortreffliche Lehrbuch der mathematischen Geographie von Prof. S. Günther sei aufmerksam gemacht. Einiges findet man in Müllers Kosmischer Physik und selbstverständlich Vieles in den mathematischen Lehrbüchern der Astronomie und denen der niederen und höheren Geodäsie.

Bei Günther findet man auch historische Angaben, auf die hier verzichtet werden soll. Genannt seien noch: Brünnow, Lehrbuch der sphärischen Astronomie (Berlin, 1866), Gyldèn, Grundlehren der Astronomie (Leipzig, 1877), R. Wolf, Geschichte der Astronomie (München, 1877).

Martus, Leipzig, 1880, Math. Geogr. Newcomb-Engelmann, Popul. Astr. (Leipzig, 1881). Israel-Holzwart, Elemente der theor. Astron. (Wiesbaden, 1885). Günther, Handbuch der math. Geographie.

Auf das physikalische Element der mittleren Strahlenbrechung und ihrer Korrektur durch Berücksichtigung der Thermometer- und Barometerstände ist hier nicht eingegangen, da diese in der Praxis einfach nach den nautischen Hilfstafeln berechnet werden.

[Da es hier nicht auf Rechnung nach Tabellen, sondern nur auf den mathematischen Zusammenhang ankommt, konnten auch die gelösten Aufgaben, die mir vom Reichs-Marineamt in dankenswerter Weise zur Verfügung gestellt wurden, vorläufig keine Verwendung finden, die ich mir jedoch für später vorbehalte.]

614) Wie grofs ist die stündliche Rektascensionsänderung der mittleren Sonne in Zeitstunden?

Auflösung. Die tägliche Änderung ist $0{,}9856472^0$ $= 3{,}942588$ Minuten Zeit, die stündliche also

$$\frac{3{,}942588}{24} \cdot \frac{1}{60} = 0{,}002738^h$$

(Zeitstunden). Diese stündliche Änderung werde mit μ bezeichnet.

615) Die Beziehungen zwischen der Sternzeit und der mittleren Sonnenzeit für einen durch gegebene mittlere Mittagsrektascension der Sonne bestimmten Tag aufzustellen.

Auflösung. Die im üblichen Zeitmafse ausgedrückte Sternzeit sei t_s, die mittlere Sonnenzeit t_m. Zur Zeit t_m ist die Rektascension der mittleren Sonne $a = a_m + \mu t_m$, wobei a_m der Mittagswert der Rektascension der mittleren Sonne ist, μ ist die stündliche Änderung der letzteren. Der Stundenwinkel der mittleren Sonne ist also nach Fig. 152 $CF - GF = t_s - (a_m + \mu t_m)$, und dieser Ausdruck ist zugleich die Anzahl der seit der Kulmination verflossenen Stunden, d. h. gleich t_m. Dies giebt die Gleichung:

$$t_m = t_s - (a_m + \mu t_m),$$

die gesuchte Sternzeit ist also

1) $$t_s = a_m + (1 + \mu) t_m.$$

Umgekehrt ist

2) $$t_m = \frac{t_s - a_m}{1+\mu}.$$

Bemerkung. Um gewisse Rechnungen zu erleichtern, hat man Tabellen für den Fall $a_m = 0$ angefertigt, bei denen also angenommen ist, dafs der Frühlingsanfang genau zur mittleren Mittagszeit stattfinde. Für diesen Fall ist

$$t'_s = (1+\mu)t'_m, \quad t'_m = \frac{t'_s}{1+\mu}.$$

Die Tabellen beziehen sich auf die Werte von

$$\mu t'_m = \frac{\mu t'_s}{1+\mu}.$$

616) Welche wahre Zeit hat Greenwich, wenn man unter $\varphi = 30^0 50'$ östlicher Länge die wahre Sonnenzeit $8^h 20^m$ hat?

Auflösung. $30^0 50'$ bedeutet in Zeit, da $1^0 = 4$ Minuten ist, $2^h 3^m 20^s$. Greenwich hat also die Zeit

$$8^h 20^m - 2^h 3^m 20^s = 6^h 16^m 40^s.$$

Bemerkung. Hätte man für beide Stellen von mittlerer Zeit gesprochen, so würde die Lösung dieselbe sein. Ist die Zeitgleichung bekannt, so kann man auch nach der mittleren Zeit von Greenwich fragen, wenn die wahre Zeit für φ^0 Breite gemessen hat. Die mittlere Zeit von Greenwich würde dann sein $6^h 16^m 40^s + d$. Ist z. B. die verbesserte Zeitgleichung $d = 1^m 2^s$, so findet man $6^h 17^m 42^s$. Über diese Verbesserung klären einige der folgenden Beispiele auf.

Für Greenwich sind in den nautischen Jahrbüchern die Erscheinungen an der Himmelskugel vorausberechnet und zwar für mittlere astronomische Zeit, die vom mittleren Mittage ab, nicht wie die bürgerliche von Mitternacht ab, zu rechnen ist.

Beispiel. An einem Tage, für den die Zeitgleichung $d = 2^m$ angegeben ist, macht man eine Beobachtung unter 60^0 *O* zur mittleren Ortszeit $10^h 24^m$. Wie war gleichzeitig die wahre Zeit in Greenwich? Vgl. No. 617.

Beispiel. An derselben Stelle hatte man an demselben Tage für eine Beobachtung die wahre Zeit $11^h 20^s$, wie war gleichzeitig in Greenwich die mittlere Zeit? Vgl. No. 617.

Bemerkung. Man kann aus der bürgerlichen Zeit die mittlere und die wahre astronomische Zeit berechnen. Am bürgerlichen Vormittag sind dabei 12 Stunden zur bürgerlichen Zeit zu addieren, das Datum aber um einen Tag zurückzuschieben. Am Nachmittag ist keine Addition nötig und auch das Datum bleibt. So erhält man die mittlere astronomische Zeit. Um zur wahren astronomischen überzugehen, benutze man die verbesserte Zeitgleichung. Wie man dabei von der Ortszeit zur Greenwicher Zeit übergeht, um die Angaben des Jahrbuchs benutzen zu können, kann man aus dem nachstehenden Beispiele entnehmen.

617) Wann nach *mittlerer* Ortszeit kulminiert die Sonne unter der Länge -70^0 von Greenwich an einem gegebenen Tage, z. B. am 27. Oktober 1875?

Auflösung. Die wahre Ortszeit und zugleich die wahre astronomische Zeit des Ortes ist für den Augenblick der Sonnenkulmination $0^h 0^m 0^s$, die wahre astronomische Zeit für Greenwich also $70 \cdot 4^m = 4^h 40^m$, denn Greenwich liegt 70^0 östlich vom Beobachtungsorte. Das nautische Jahrbuch enthält für alle Himmelserscheinungen die Zeitangaben in mittlerer astronomischer Zeit reduziert auf den Meridian von Greenwich, also auch die Zeitgleichung d, die für den mittleren Mittag von Greenwich angegeben ist. Man darf die Angabe aber nicht ohne weiteres anwenden, da augenblicklich die wahre Zeit nicht Mittag, sondern $4^h 40^m$ ist, wohl aber wird sich der angegebene Wert, auf ganze Minuten abgerundet, als Annäherungswert (d) benutzen lassen, so daſs man als angenäherte mittlere Zeit $4^h 40^m + (d)$, z. B. $4^h 40^m + (-16^m)$ hat. Jetzt bilde man den Unterschied der Zeitgleichungen des Jahrbuchs für den laufenden und den folgenden Tag und dividiere durch $24 \cdot 60 = 1440$, was $\frac{d_1 - d}{1440}$ als Änderung der Zeitgleichung für die Minute giebt. Multipliziert man dies mit $4^h 40^m - 16^m = 4^h 24^m$, so erhält man die vorzunehmende Korrektur auf die zehntel Sekunde genau, so daſs man beispielsweise $-16^m 2{,}3^s$ als augenblickliche Zeitgleichung erhält. Dies ist auch für den Beobachtungsort maſsgebend.

Die Sonne kulminiert also am Beobachtungsorte vor dem mittleren Mittag, d. h. zur astronomischen Zeit $23^h\ 43^m\ 57{,}7^s$ des Vordatums oder um die entsprechende bürgerliche mittlere Zeit des gegebenen Datums. Das Rechenschema sieht also, von den abgekürzten Bezeichnungen abgesehen, bei Breusing folgendermaſsen aus:

Wahre astronomische Ortszeit	$= 0^u$	0^m		den 27. Okt.
westlicher Zeitunterschied	$= 4^{st}$	40^m		
wahre Greenwicher Zeit	$= 4^u$	40^m		den 27. Okt.
angenäherte Zeitgleichung	=	-16^m		
angenäh. mittl. Greenwicher Zeit	$= 4^u$	24^m		den 27. Okt.

Dafür ergiebt sich

genaue Zeitgleichung	=	-16^m	$2{,}3^s$	
wahre astronomische Ortszeit	$= 24^u$	0^m	0^s	den 26. Okt.
mittlere astronomische Ortszeit	$= 23^u$	43^m	$57{,}5^s$	den 26. Okt.
bürgerliche Ortszeit	$= 11^u$	43^m	$57{,}5^s$	Vorm. 27. Okt.

Bemerkungen. Wäre der Beobachtungsort von der Länge $+136^0$ gewesen, was $9^h\ 4^m$ Zeitunterschied bedeutet, so würde Greenwich $24^h - 9^h\ 4^m = 14^h\ 56^m$ wahre Zeit gehabt haben, also z. B. bei angenäherter Zeitgleichung $+8^m$ die mittlere Zeit $15^h\ 4^m$. Die der obigen entsprechende Korrektur möge nun $+8^m\ 5{,}8^s$ geben, dann ist am Beobachtungsorte die mittlere Zeit der Kulmination $+8^m\ 5{,}8^s$, was in diesem Falle die mittlere astronomische und zugleich die mittlere bürgerliche Ortszeit des gegebenen Datums ist.

Beide Beispiele sind Breusing entnommen. Man lese aus ihnen folgende Regel ab: „Man betrachte bei Westlänge den wahren Mittag als Anfang des folgenden astronomischen Tags, bei Ostlänge als Ende des verflossenen astronomischen Tags, d. h. man addiere bei Westlänge den Zeitunterschied (gegen Greenwich) zu $0^h\ 0^m\ 0^s$, bei Ostlänge ziehe man ihn ab von $24^h\ 0^m\ 0^s$. Man entnehme dem Jahrbuche von der Zeitgleichung d nur die Minutenzahl (d) und bilde so die angenäherte mittlere astronomische Zeit für Greenwich und mache mit $\frac{d_1 - d}{1440}$ die Korrektur der Zeitgleichung d. Das korrigierte d giebt die mittlere Zeit der Sonnenkulmination für den Beobachtungsort."

Ähnliche Berechnungen kann man auch für die untere Kulmination der Sonne machen. Man kann jedoch auch nach der Zeit der Kulmination eines Fixsterns fragen, dessen Rektascension man kennt. Dabei hat man aus dem Jahrbuche die Rektascension der mittleren Sonne zu entnehmen. Breusing giebt folgendes Beispiel:

618) Wann kulminiert am 25. Januar 1875 der Fixstern Rigel unter der Länge $+8^0 49'$?

Auflösung. Um von der Rektascension $5^h\,9^m$ des Rigel die der mittleren Sonne, die z. B. als $20^h\,18^m$ dem Jahrbuche entnommen wird, abzuziehen, mufs man zur ersteren zunächst 24^h addieren, was $5^h\,9^m + 24^h - 20^h\,18^m = 8^h\,51^m$ als ungefähre Zeit der Kulmination des Sternes giebt, die am bürgerlichen Nachmittag erfolgt. Der nächstvorhergehende mittlere astronomische Ortsmittag ist $24^h\,0^m$, von ihm ist der östliche Zeitunterschied mit 35^m abzuziehen, was mittlere astronomische Grenwicher Zeit $23^h\,25^m$ mit dem Vordatum 24. Januar ergiebt. Für diesen Zeitpunkt kann man, wie bei der obigen Korrektur, die Rektascension der Sonne mit entsprechender Genauigkeit berechnen, z. B. auf $20^h\,17^m\,26{,}7^s$, und nun auch für den Rigel den genaueren Wert $5^h\,8^m\,32{,}7^s$ dem Jahrbuche entnehmen (welches die Verschiebung des Frühlingspunktes schon berücksichtigt hat). Der vorige Unterschied der Rektascensionen wird jetzt in Sternzeit $8^h\,51^m\,6{,}0^s$, und dies giebt den Zeitpunkt der Kulmination in Sternzeit an. Diese aber ist der Sonnenzeit vorausgeeilt, und zwar für diese Zeitlänge um den zu berechnenden Betrag $1^m\,27{,}0^s$. Zieht man dies ab, so ergiebt sich als mittlere Ortszeit der Kulmination $8^h\,49^m\,39{,}0^s$ am 25. Januar nachmittags.

In allen Fällen ist es gut, die Probe zu machen.

Die genaue Zeitbestimmung ist das Fundament für die nautischen und astronomischen Berechnungen. Es ist also zu empfehlen, die sämtlichen Beispiele des Breusingschen Werkes und sonstiger nachzurechnen, auch solche, bei denen es sich um die Mondkulmination handelt. Diese Gruppe von Aufgaben hat allerdings nichts mit der Stereometrie zu thun, ist aber unentbehrlich zum Verständnis der sonstigen Berechnungen.

619) Längenbestimmung aus der Sonne. Die einfachste Längenbestimmung ist die mit Hilfe der Beobachtung

der wahren Mittagszeit, $t_w = 0$ vorzunehmende. Aus $t_w + d = d$ findet man die mittlere Zeit t_m. Diese ist mit der mittleren Zeit des Chronometers zu vergleichen, die z. B. Greenwicher mittlere Zeit bedeutet. Aus der Zeitdifferenz schliefst man dann auf die östliche oder westliche Länge.

Da aber die Sonne nicht immer zur Mittagszeit sichtbar ist, mufs man aus jeder beliebigen Sonnenbeobachtung t_w zu bestimmen verstehen. Dies geschieht z. B. mit Hilfe der Formel 3 (oder der für logarithmische Berechnung verbesserten Formel 3), also aus φ, h und δ. Es handelt sich also zugleich um Zeitbestimmung aus der Sonnenhöhe.

620) Aufgabe.*) Am 17. November 1899 zu einer zu bestimmenden Zeit des Vormittags fand man unter $\varphi = 43^0 24'$ südlicher Breite die wahre Sonnenhöhe $h = 44^0 58'$. Die Sonnendeklination war nach dem Jahrbuche an diesem Tage $\delta = -18^0 57'$, die Zeitgleichung für den Zeitpunkt der Messung $d = -14^m 59^s$. Die Schiffsuhr zeigte dabei Greenwicher Zeit $5^h 11^m 10^s$ vormittags. Wie grofs war die Länge?

Auflösung.

$$\cos t = \frac{\sin h - \sin\varphi \sin\delta}{\cos\varphi\cos\delta} = \frac{\sin 44^0 58' - \sin(-43^0 24')\sin(-18^0 57')}{\cos(-43^0 24')\cos(-18^0 57')}$$

$$= \frac{\sin 44^0 58' - \sin 43^0 24' \sin 18^0 57'}{\cos 43^0 24' \cos 18^0 57'} = \frac{0{,}48356}{\cos 43^0 24' \cos 18^0 57'} = ?$$

Der Ausdruck für t mufs negativ sein, da die Messung am Vormittag geschah. Es ergiebt sich $t = -45^0 16' 40''$. Dem entspricht die von 12^h abzuziehende Zeitdauer $3^h 1^m 7^s$, so dafs die wahre Ortszeit war $t_w = 8^h 58^m 53^s$, die mittlere also $t_m = t'_w - 14^m 59^s = 8^h 43^m 54^s$ vormittags. Der Unterschied gegen Greenwich war $t_m - t'_m = 8^h 43^m 54^s - 5^h 11^m 10^s = 3^h 32^m 44^s$. Da $1^h = 15^0$ ist, so folgt als Länge $l = +53^0 11'$ östlich.

621) Beispiele: 1) Berlin hat $\varphi = 52^0 31' 40''$. Man finde zu einer zu bestimmenden Zeit die Sonnenhöhe $h = 38^0 16' 30''$, und ihre Deklination sei $10^0 35' 40''$.

*) Vergl. Bohnert, der nur die Resultate giebt.

Auflösung. Die Beobachtung geschah entweder um $9^h\,29^m\,30^s$ vormittags oder um $2^h\,30^m\,30^s$ nachmittags.

2) Unter $42^0\,30'$ nördlicher Breite hat man die Sonnenhöhe $30^0\,30'$ gemessen bei Deklination $\delta = 20^0$. Um welche Zeit geschah die Beobachtung?

Auflösung. $t_w = \pm 3^h\,53^m\,20^s$, von Mittag aus gerechnet.

3) Unter $43^0\,18'$ fand man die Sonnenhöhe $20^0\,10'$ bei Deklination $\delta = -19^0\,39'\,10''$. Um welche Zeit geschah die Beobachtung?

Auflösung. $t_w = \pm 9^h\,48^m\,20^s$, von Mittag aus gerechnet.

Man kann auch den (wahren) Auf- und Untergang der Sonne benutzen, für den $h = 0$ ist, so dafs die Gleichung für t in $\cos t = \frac{0 - \sin\varphi \sin\delta}{\cos\varphi \cos\delta} = -\tan\varphi \tan\delta$ übergeht, nur mufs dabei wegen des grofsen Abstandes der Mittagszeit, für welche in den Tabellen die Zeitgleichung angegeben ist, die stündliche Änderung der Rektascension berücksichtigt werden.

622) Aufgabe. Zu welcher Stunde mittlerer Zeit findet am 20. Juni unter $\varphi = 51^0\,29'$ der Auf- und Untergang der Sonne statt, wenn für diesen Tag als ihre Deklination $\delta = 23^0\,27'$ und als die Zeitgleichung $d = 1^m\,16^s$ bei stündlicher Änderung $\mu = \frac{1^s}{2}$ der Rektascension in den Tabellen angegeben ist.

Auflösung. $\cos t = -\tan 51^0\,29' \tan 23^0\,27'$ giebt den stumpfen Winkel $t = \pm 123^0\,1'\,30''$ und die wahre Zeit $t_w = \pm 8^h\,12^m\,6^s$. Um t_m zu finden, hat man für den Untergang $1^m\,16^s + 8 \cdot \frac{1^s}{2} = 1^m\,20^s$ zu addieren, was $t_m = 8^h\,13^m\,26^s$ giebt. Für den Aufgang verwandle man das andere t_w in die Vormittagszeit $12^h - t_w = 3^h\,47^m\,54^s$, wozu $1^m\,16^s - 4^s = 1^m\,12^s$ zu addieren ist, was $t'_m = 3^h\,49^m\,6^s$ giebt.

In entsprechender Weise läfst sich für nicht zu hohe Breiten der Sonnenauf- und Untergang für jeden Tag bestimmen.

Ist die Sonne am Tage unsichtbar gewesen, so nimmt man nächtliche Sternbeobachtungen zu Hilfe. Der Stundenwinkel eines Fixsterns wird mit Hilfe der Formel 3 bestimmt, seine Deklination und Rektascension gemessen oder aus den Tabellen entnommen, die Sternzeit gebildet und in die mittlere Sonnenzeit verwandelt.

623) **Aufgabe.** Der Arcturus (α Bootis) habe die Deklination $\delta = 19^0 42'$ und die Rektascension $\alpha = 14^0 9'$. Unter der Breite $\varphi = +34^0 16'$ bestimmt ein Beobachter seine Höhe als $h = 27^0 56'$. Wie grofs ist der Stundenwinkel, die Sternzeit und die mittlere Zeit?

Auflösung.

$$\cos t = \frac{\sin 27^0 56' - \sin 34^0 16' \sin 19^0 42'}{\cos 34^0 16' \cos 19^0 42'}$$

giebt

$$t = \pm 69^0 0' 50'' = \pm 4^h 36^m 3^s.$$

Die Sternzeit wird also $t_s = a + t = 14^0 9' \pm 69^0 0' 50'' = 56^m 36^s \pm 4^h 36^m 3^s$. Die beiden möglichen Sternzeiten sind also $t_s' = 5^h 32^m 39^s$ und $t_s'' = -3^h 39^m 27^s$. Ist nun a_m die Mittagsrektascension der Sonne und μ ihre stündliche Änderung, so wird die mittlere Zeit des Beobachtungsortes

$$t_m' = \frac{t_s' - a_m}{1 + \mu} \text{ bezw. } t_m'' = \frac{t_s'' - a_m}{1 + \mu}.$$

Welche von beiden die richtige ist, läfst sich leicht beurteilen.

624) **Aufgabe.** Die Formel zur Berechnung des Stundenwinkels aus δ, φ und h für logarithmische Rechnung bequemer zu machen.

Auflösung. Man bezeichne die Bogen des nautischen Dreiecks folgendermafsen: $90^0 - h = a, 90^0 - \delta = b, 90^0 - \varphi = c$, den Stundenwinkel t mit α, das Azimuth a mit β, den parallektischen Winkel q mit γ. Dann ist $2s = a + b + c = 270^0 - (h + \delta + \varphi) = 360^0 - (h + \delta + \varphi + 90^0)$, also

$$s = 180^0 - \frac{1}{2}(h + \delta + \varphi + 90^0) = 180^0 - k,$$

wenn man die halbe Klammer mit k bezeichnet. Dann ist

$$s - a = 90 - (k - h),\ s - b = 90 - (k - \delta),\ s - c = 90 - (k - \varphi),$$
$$\sin s = \sin k,\ \sin(s - a) = \cos(k - h),\ \sin(s - b) = \cos(k - \delta),$$
$$\sin(s - c) = \cos(k - \varphi).$$

Den zugehörigen Formeln der sphärischen Trigonometrie entsprechen dann folgende für den Stundenwinkel $t = a$.

$$1)\qquad \cos\frac{t}{2} = \sqrt{\frac{\sin k \cos(k - h)}{\cos\varphi \cos\delta}},$$

$$2)\qquad \sin\frac{t}{2} = \sqrt{\frac{\sin(k - \varphi)\cos(k - \delta)}{\cos\varphi \cos\delta}},$$

$$3)\qquad \tan\frac{t}{2} = \sqrt{\frac{\cos(k - \varphi)\cos(k - \delta)}{\sin k \cos(k - h)}},$$

$$\text{wo } k = \frac{h + \delta + \varphi + 90^0}{2} \text{ ist.}$$

Beispiel. $\varphi = 51^0 52'$, $\delta = 16^0 14'$, $h = 44^0$. Wie grofs t?
Auflösung. $t = \pm 36^0 47' 40''$ oder $\pm 2^h 27^m 10^s$.

625) Breitenbestimmung. Befindet sich die Sonne in der Kulminationsstellung, so ist ihre Höhe $h = (90^0 - \varphi) + \delta$, also $\varphi = 90^0 + \delta - h$. Dasselbe gilt von jedem kulminierenden Fixsterne. Für die unteren Kulminationen der Circumpolarsterne ist nur eine leichte Änderung der Formel nötig.

Kann man aus irgend welchen Gründen geeignete Kulminationsbeobachtungen nicht machen (bedeckter Himmel oder kein Stern erster Gröfse im Meridian), so bestimme man z. B. die Höhe eines beliebig stehenden Sternes (oder der Sonne), dessen Deklination δ man kennt und dessen Stundenwinkel man bestimmen kann (bei der Sonne also die wahre Zeit). Man kann z. B. nach Art der Lösung folgender Aufgabe verfahren.

626) Die Deklination der Sonne sei $\delta = -8^0 19'$, die wahre Zeit $t_w = 0^h 11^m 20^s$, die wahre Höhe der Sonne $h = 45^0 45'$. Unter welcher Breite befindet man sich?

Auflösung. t_w ist zunächst in Winkelgrade umzusetzen, was $t = 2^0 50'$ als den Stundenwinkel giebt. Das Azimuth bestimmt sich aus

$$\sin a = \frac{\sin t \cos\delta}{\cos h} = \frac{\sin 2^0 50' \cos(-8^0 19')}{\cos 45^0 45'} = \frac{\sin 2^0 50' \cos 8^0 19'}{\cos 45^0 45'}$$

als $a = 4^0 1' 10''$. Jetzt kann man die (noch nicht verbesserte) Formel

$$\cos\varphi = \frac{\sin^2 h - \sin^2\delta}{\cos\delta \sin h \cos t + \sin\delta \cos h \cos a}$$

anwenden (bei der der zweite Posten im Nenner negativ ist). Man findet

$$\cos\varphi = \frac{\sin^2 45^0 45' - \sin^2(8^0 19')}{\cos 8^0 19' \sin 45^0 45' \cos 2^0 50' - \sin 8^0 19' \cos 45^0 45' \cos 4^0 1' 10''}$$

oder

$$\varphi = 35^0 51' 10''.$$

627) Ebenso kann man mit jedem Fixstern verfahren, bei dem man δ, h und den Stundenwinkel t kennt.

Beispiel. $\delta = 12^0 8' 8''$, $h = 41^0 8' 6''$, $t = 36^0 3' 15''$ geben $\varphi = 51^0 20' 27''$.

Ist nicht t, sondern das Azimuth a bekannt, so berechnet man t mittels der Formel

$$\sin t = \frac{\sin a \cos\delta}{\cos h}$$

und wendet dann die Formel für $\cos\varphi$ an.

Beispiel. $\delta = 19^0 39' 10''$, $h = 38^0 18' 46''$, $a = 107^0 47' 6''$ geben $\varphi = 51^0 31' 59''$.

628) Azimuthberechnung für einen Stern. Die einfachste Azimuthbestimmung ist die aus dem Stundenwinkel t, der Deklination δ und der Höhe h des Gestirns. Zunächst rechnet man den Stundenwinkel, wenn er in Zeit gegeben ist, in Grade um, dann wendet man die Formel

$$\sin a = \frac{\sin t \cos\delta}{\cos h}$$

an. Ob man den spitzen oder den stumpfen Winkel für a zu wählen hat, hängt davon ab, ob der Parallelkreis des Sterns und der Kreis seines Stundenwinkels sich im ersten oder zweiten Quadranten schneiden. In der Regel erledigt sich dies durch eine einfache Skizze, sonst durch Betrachtung des zum ersten Vertikal gehörigen Stundenkreises für den Stern.

Beispiel. $t = 9^h 10^m$, $\delta = 45^0 54'$ (z.B. Capella), $h = 16^0 31'$, giebt zunächst $t = 137^0 30'$ und $a = 150^0 38'$. Der stumpfe Winkel ist zu nehmen, weil S in den zweiten Quadranten fällt.

Bei der Sonne tritt an Stelle von t die wahre Zeit des Ortes, die am Chronometer mit Hilfe der Zeitgleichung abgelesen werden kann, während δ sich in den nautischen Tabellen findet.

Beispiel. $h = 30^0 6'$, $t = 5^h 55^m 12^s$, $\delta = -60^0 25'$ giebt $a = 145^0 12' 53''$.

629) Ist die Deklination δ und der Stundenwinkel t des Sterns und die geographische Breite φ des Beobachtungsortes gegeben, so bestimme man zunächst h aus

1) $$\sin h = \sin\varphi \sin\delta + \cos\varphi \cos\delta \cos t$$

und setze den Wert in

2) $$\sin a = \frac{\sin t \cos\delta}{\cos h}$$

ein. (Bei 1) ist darauf zu achten, ob einer der beiden Posten negativ wird.)

Beispiel. ist $\varphi = 54^0 20'$, $t = 9^h 10^m$, $\delta = 45^0$, so folgt zunächst $t = 137^0 30'$, was den besprochenen zweiten Posten negativ macht, so dafs $h = 16^0 31'$ wird. Es folgt, wie im vorigen Beispiele $a = 150^0 38'$.

630) Sind φ, h und δ bekannt, was der regelmäfsige Fall sein wird, so ist

$$\cos a = \frac{\sin\varphi \sin h - \sin\delta}{\cos\varphi \cos h}.$$

Beispiel. Ist $\varphi = 55^0 40'$, $\delta = 15^0 10'$, $h = 25^0 30'$ (für Sonne oder Fixsterne), so wird $a = \pm 100^0 37' 36''$. Bei der Sonne gilt + am Nachmittag, — am Vormittag.

Beispiel. Ist $\varphi = 40^0 38'$, $\delta = -17^0 10'$, $h + 20^0 56'$ (Sonne oder Fixsterne), so wird $a = \pm 138^0 7' 48''$. (Bei der Sonne gilt + am Nachmittag.)

Beispiel. $\varphi = 36^0 49'$, $\delta = 19^0 38'$, $h = 58^0 19'$ giebt $a = \pm 114^0 26'$.

631) Handelt es sich um einen aufgehenden oder untergehenden Stern, so ist, je nachdem was gegeben ist, weil $h = 0$ wird

1) $$\cos a_0 = -\frac{\sin\delta}{\cos\varphi} \quad \text{oder 2)} \quad \sin a_0 = \sin t_0 \cos\delta.$$

Unter $a_0 - 90^0$ versteht man die Morgen- und Abendweite. Der Ausdruck

$$3) \qquad \sin t_0 = \frac{\sin a_0}{\cos \delta} \quad \text{oder} \quad \cos t_0 = -\tan \varphi \tan \delta$$

giebt den halben Sichtbarkeitsbogen des Sternes bezw. den halben Tagbogen der Sonne in Graden oder in Zeit. Dabei ist für die Sonne die Änderung der Rektascension noch nicht berücksichtigt. Die Lösung 1) ist eindeutig, sobald es sich nur um den Aufgang oder nur um den Untergang handelt. Die Lösung 3) läſst einen Zweifel, ob t_0 ein spitzer oder ein stumpfer Winkel ist. Dieser Zweifel wird folgendermaſsen gehoben:

Befindet sich der Beobachter unter nördlicher Breite, so gehört zu einem spitzen Winkel a ein spitzer Bogen t_0, zu einem stumpfen Winkel a ein stumpfer Bogen t_0. Auf der Südhalbkugel ist es umgekehrt.

Beispiele. 1) $\varphi = +35^0 33'$ und $\delta = +12^0 27'$ geben $a_0 = \pm 111^0 16' 40''$, $t_0 = \pm 107^0 23' 31''$ oder $\pm 7^h 17^m 33^s$,

2) $\varphi = -35^0 25'$ u. $\delta = +16^0 40'$ geben $a_0 = \pm 110^0 36' 20''$, $t_0 = \pm 77^0 42' 50''$ oder $\pm 5^h 10^m 51^s$,

3) $\varphi = 59^0$ und nördliche Breite des Sterns $\beta = 17^0 30'$, die leicht in δ umzurechnen ist, geben $a_0 = \pm 54^0 16' 40''$.

632) Für Fixsterne sind solche Lösungen genau. Für die Sonne ist aber Beispiel 2) zunächst nur für wahre Zeit brauchbar. Bei der Umrechnung in mittlere Zeit muſs die stündliche Rektascensionsänderung berücksichtigt werden. Beträgt diese für die Stunde $\frac{1}{2}$ Sekunde und ist die Zeitgleichung für den Mittag $d = 1' 10''$, so ist für den Untergang $1^m 10^s + 5 \cdot \frac{1^s}{2} = \sim 1^m 16^s$, für den Aufgang $1^m 10'' - 6'' = 1^m 4''$ zu addieren. Der Sonnenaufgang erfolgt also $12^h - (5^h 10^m 51'') + 1^m 4''$ oder $6^h 50' 7''$, der Untergang $5^h 10^m 51^s + 1^m 16'' = 5^h 12^m 7''$. Die frühere Symmetrie hört also auf.

Beispiel 3. An welcher Stelle geht unter $\varphi = 51^0 29'$ nördlicher Breite die Sonne auf und unter, wenn das nautische Jahrbuch die Deklination $\delta = 23^0 27'$ angiebt (was etwa dem 20. Juni entspricht).

Auflösung.

$$\cos a_0 = -\frac{\sin\delta}{\cos\varphi} \text{ giebt } a = \pm 129^0\,43'\,10''.$$

Die zugehörige wahre und mittlere Zeit ist in einem früheren Beispiele bereits berechnet worden.

633) Verbesserte Formel für die logarithmische Azimuthberechnung aus φ, h, δ.

Die obigen Bezeichnungen und die Formeln der sphärischen Trigonometrie geben

$$\cos\frac{a}{2} = \sqrt{\frac{\sin u \cos(u-\delta)}{\cos\varphi\cos h}},$$

$$\sin\frac{a}{2} = \sqrt{\frac{\cos(u-\varphi)\cos(u-h)}{\cos\varphi\cos h}},$$

$$\tan\frac{a}{2} = \sqrt{\frac{\cos(u-\varphi)\cos(u-h)}{\sin u\cos(u-\delta)}}.$$

634) Höhenberechnung. Die einfachste Berechnung von h geschieht aus a, δ und t mit Hilfe von

$$\cos h = \frac{\sin t\cos\delta}{\sin a},$$

die schon Benutzung gefunden hat und einfache Beispiele ermöglicht.

[Besonders einfach werden die Formeln für den ersten Vertikal, für den $a = 90^0$ ist, also auch $(180^0 - a) = 90^0$, so dafs das nautische Dreieck rechtwinklig wird. Man kann dann mit $\cos h = \sin t\cos\delta$ rechnen.]

635) Sind φ, δ, t gegeben, so reicht aus

$$\sin h = \sin\varphi\sin\delta + \cos\varphi\cos\delta\cos t.$$

Beispiele.

1) $\varphi = 52^0\,30'$, $\delta = 22^0\,12'$, $t = 62^0\,40'$ geben $h = 33^0\,57'\,24''$,

2) $\varphi = 54^0\,20'$, $\delta = 45^0\,54'$, $t = 9^h\,10'$ geben $h = 16^0\,30'\,32''$,

3) $\varphi = 48^0\,11'$, $\delta = 25^0\,51'$, $t = 0^h\,47'$ geben $h = 65^0\,50'$.

636) Ist gleichzeitig nach a und dem parallaktischen Winkel q gefragt, so kann man, weil zwei Seiten und der

eingeschlossene Winkel des nautischen Dreiecks gegeben sind, auch folgendermaſsen verfahren

$$\cot\frac{a-q}{2}=\frac{\cos\frac{\varphi-\delta}{2}}{\sin\frac{\varphi+\delta}{2}}\cot\frac{t}{2}$$

und

$$\cot\frac{a+q}{2}=\frac{\sin\frac{\varphi-\delta}{2}}{\cos\frac{\varphi+\delta}{2}}\cot\frac{t}{2}$$

geben a und q. Dann folgt

$$\tan\frac{90-h}{2}=\frac{\cos\frac{a-q}{2}}{\cos\frac{a+q}{2}}\tan\frac{\varphi-\delta}{2}.$$

Auch die Formel

$$\sin\frac{90-h}{2}=\frac{\sin\frac{\varphi-\delta}{2}\cos\frac{t}{2}}{\cos\frac{a+q}{2}}$$

kann benutzt werden.

637) Ähnlich ist zu verfahren, wenn t, a, φ gegeben ist. Besonders einfach werden die Formeln für das Passieren durch den ersten Vertikal, also für ein rechtwinkliges Dreieck mit $180-a=90^0$.

In diesem Falle ergiebt sich

$$\sin h=\frac{\sin\delta}{\sin\varphi}.$$

(Ist auch nach der Zeit gefragt, so findet man $t=\frac{\tan\delta}{\tan\varphi}$.)

Beispiel. $\varphi=53^0\,33'$, $\delta=17^0\,49'$, $a=90^0$ giebt $h=22^0\,21'\,30''$ (und $t=76^0\,16'\,4''$).

638) Zeitbestimmungen durch korrespondierende Höhen. Da die Sonne zur Zeit der Kulmination längere Zeit in derselben Höhe bleibt, läſst sich der Augenblick

der Kulmination durch bloſse Höhenmessung nicht genau genug bestimmen. Weit genauer kann dies mit Hilfe zweier gleicher Höhen geschehen, die dem Vormittag und Nachmittag angehören und weit genug vom Mittag entfernt sind. Sind u_1 und u_2 die beiden an der Uhr bestimmten Beobachtungszeiten, so gehört, wenn man für die ganze Zwischenzeit die Deklination der Sonne als konstant annimmt, der Durchgang durch den Meridian dem arithmetischen Mittel der Beobachtungszeiten an, d. h. man hat in wahrer Zeit

$$t_w = \frac{t'_w + t''_w}{2},$$

in mittlerer Zeit

$$t_w + d = t_m = \frac{t'_m + t''_m}{2} = \frac{(t'_w + d) + (t''_w + d)}{2}$$

$$= \frac{(t'_w + d - z) + (t'_w + d + z)}{2},$$

wobei d die Zeitgleichung, z die Änderung der Sonnenrektascension bedeutet. Selbst, wenn die Uhr nicht richtig eingestellt sein sollte, ist in Uhrzeit

$$1) \qquad u = \frac{u_1 + u_2}{2}.$$

Vergleicht man nun die Zeit

$$t_m = t_w + d = d$$

mit der Uhrzeit, wobei d die Zeitgleichung ist, so giebt $d - u$ die an der Uhr vorzunehmende Korrektur an.

639) Für genauere Messung ist es aber nötig, die Änderung der Deklination während der zwischen den Beobachtungen vergangenen Zeit zu beachten, die Formel 1) also einer Korrektur zu unterwerfen.

Angenommen, in der Zeit von t_1 bis t (oder u_1 bis u) ginge die Deklinatinn von $(\delta - x)$ auf δ, so darf man mit groſser Genauigkeit annehmen, sie ginge in der Zeit t bis t_2 von δ auf $(\delta + x)$. Hier sollen t_1 und t_2 die beiden in demselben Sinne gemessenen Stundenbogen oder Stundenwinkel in Graden bedeuten, so daſs $t = \frac{t_1 + t_2}{2}$ der Kulminationszeit angehört. Man setze $\frac{t_2 - t_1}{2} = y$, dann wird

$t_2 = t + y$ und $t_1 = t - y$. Nach dem Cosinussatze gelten für die gemessenen Höhen h_1 und h_2 die Gleichungen

$$\sin h_1 = \sin\varphi \sin(\delta - x) + \cos\varphi \cos(\delta - x)\cos(t - y),$$

$$\sin h_2 = \sin\varphi \sin(\delta + x) + \cos\varphi \cos(\delta + x)\cos(t + y).$$

Da $h_1 = h_2$ ist, so sind die rechten Seiten gleich. Da ferner x und y nur kleine Änderungen sind, kann man

$$\cos x = 1, \quad \cos y = 1, \quad \sin x = x, \quad \sin y = y$$

setzen. Wendet man dann die Summenformeln an, so geht die Gleichung der rechten Seiten über in

$$\sin\varphi(\sin\delta - x\cos\delta) + \cos\varphi(\cos\delta + x\sin\delta)(\cos t + y\sin t)$$
$$= \sin\varphi(\sin\delta + x\cos\delta) + \cos\varphi(\cos\delta - x\sin\delta)(\cos t - y\sin t)$$

oder in

$$\cos\varphi\,[x\cos t\sin\delta + y\cos\delta\sin t] = x\sin\varphi\cos\delta,$$

was sich zurückführen läſst auf

2) $$y = x\left[\frac{\tan\varphi}{\sin t} - \frac{\tan\delta}{\tan t}\right].$$

Sind die u in Stunden, die Stundenwinkel in Graden ausgedrückt, so ist $\frac{u_2 - u_1}{2} = \frac{t}{15}$, denn jede Stunde bedeutet 15^0. Die Kulmination ist, in Uhrzeit dargestellt,

$$u = u_1 + \frac{t_1}{15} = u_1 + \frac{t-y}{15} = u_1 + \frac{t}{15} - \frac{y}{15}$$
$$= u_1 + \frac{u_2 - u_1}{2} - \frac{y}{15} = \frac{u_1 + u_2}{2} - \frac{y}{15}.$$

Setzt man aus 2) den Wert für y ein, so findet man als Uhrzeit der wahren Mittags

3) $$u = \frac{u_1 + u_2}{2} - \frac{x}{15}\left[\frac{\tan\varphi}{\sin t} - \frac{\tan\delta}{\tan t}\right].$$

Den zweiten Posten rechts bezeichnet man, da es sich um Verbesserung der Annäherungsgleichung 1) handelt, als die Mittagsverbesserung.

640) In den Tabellen ist die Deklinationsänderung von Mittag zu Mittag angegeben. Es ist also zweckmäſsig, die

Änderung μ für 48 Stunden einzuführen, in deren Mitte der untersuchte Mittag sich befindet. Auf jede Stunde kommt dann die Änderung $\frac{\mu}{48}$, auf $\frac{u_2 - u_1}{2}$ Stunden also, d. h. auf die Hälfte der Beobachtungszeit, beträgt die Änderung

$$x = \frac{\mu}{48} \frac{u_2 - u_1}{2}$$

und daher ist

$$\frac{x}{15} = \frac{\mu(u_2 - u_1)}{2 \cdot 48 \cdot 15} = \frac{\mu(u_2 - u_1)}{1440}.$$

Einsetzung dieses Wertes in 3) verwandelt diese Gleichung in

$$4) \qquad u = \frac{u_1 + u_2}{2} - \frac{\mu(u_2 - u_1)}{1440}\left[\frac{\tan\varphi}{\sin t} - \frac{\tan\delta}{\tan t}\right].$$

Dies ist also die genauere Zeit des wahren Mittags in Uhrzeit. Der Vergleich mit $t_m = d$ giebt wieder die vorzunehmende Korrektur der Uhr an. Bezüglich der Berechnung ist auf zweierlei aufmerksam zu machen: Bei zunehmender Deklination ist μ positiv, bei abnehmender negativ. Wird μ in Graden gegeben, so bedeutet der zweite Posten Stunden. Ist μ in Bogen-Sekunden gegeben, so bedeutet der Posten Zeit-Sekunden. [Der Ausdruck $\mu(u_2 - u_1)$ hat die Dimension $\left(\frac{\text{Grade}}{\text{Stunden}}\right) \cdot (\text{Stunden}) = \text{Grade}$. Da durch 15 dividiert ist, ist die Reduktion auf Stunden erfolgt.]

641) H. v. Hallerstein giebt folgendes Beispiel nebst Resultat an:

Am 24. August 1859 wurden zur Regulierung der Chronometer der Königlichen Korvette Amazone zu Swinemünde, also unter $53^0\,54'\,36''$ nördlicher Breite, zu den Uhrzeiten $8^h\,47^m\,21{,}45^s$ und $14^h\,52^m\,31{,}36^s$ gleiche Höhen der Sonne beobachtet. Wie grofs war die Uhrzeit des wahren Mittags, wenn die Deklination der Sonne $10^0\,13'\,52''$ betrug und deren Änderung für 48 Stunden $\mu = 2461$ Sekunden betrug?

Auflösung. Zunächst ist

$$\frac{u + u_1}{2} = 11^h\,49^m\,56{,}49^s,$$

was schon ein Annäherungswert für u ist. Ferner ist

$$\frac{u_2 - u_1}{2} = 3^h\, 2^m\, 35{,}09^s,$$

wozu der Stundenbogen $t = 45^0\, 38'\, 45{,}6''$ gehört; $u_2 - u_1 = 6^h\, 5^m\, 10{,}08^s$ ist als Dezimalbruch gleich $6{,}086133^h$. Wird μ statt in Stunden in Sekunden geschrieben, so wird bei nur fünfstelliger Rechnung die Mittagsverbesserung in Zeitsekunden

$$\frac{\mu(u_2 - u_1)}{1440}\left[\frac{\tan\varphi}{\sin t} - \frac{\tan\delta}{\tan t}\right]$$

$$= \frac{2461 \cdot 6{,}0861}{1440}\left[\frac{\tan 53^0\, 54'\, 40''}{\sin 45^0\, 38'\, 50''} - \frac{\tan 11^0\, 13'\, 50''}{\tan 45^0\, 38'\, 50''}\right]$$

$$= \frac{2461 \cdot 6{,}0861 \cdot 1{,}7245}{1440} = 17{,}941 \text{ Sekunden.}$$

Da im Monat August die Deklination abnimmt, ist μ negativ, die Mittagsverbesserung also zu addieren. Dies giebt als Uhrzeit des wahren Orts-Mittags

$$u = 11^h\, 49^m\, 56{,}49^s + 17{,}941^s = 11^h\, 50^m\, 14{,}43^s.$$

[Siebenstellige Rechnung würde an Stelle der letzten Ziffer 3 nur 2 geben.]

Beispiel: Am 6. März wurden auf $53^0\, 13'$ (Nord) um $8^h\, 0^m\, 17^s$ und $3^h\, 2^m\, 58^s$ gleiche Sonnenhöhen beobachtet. Die Deklination im wahren Mittage war als $\delta = -5^0\, 27'$ angegeben, die 48stündige Änderung als $46'\, 27''$. Die Uhr zeigte im wahren Mittag, wie Breusing S. 239 berechnet, $11^h\, 31^m\, 13{,}6^s$. Vgl. auch die übrigen dortigen Beispiele.

642) Bemerkungen. Bei der großen Wichtigkeit des Verfahrens für genaue astronomische und nautische Messungen hat Gauß Tabellen berechnet, durch welche die Rechnungen vereinfacht werden.

Werden die beiden Messungen in unmittelbarer Nähe des Mittags vorgenommen, so muß man auf größere Genauigkeit aus den oben angegebenen Gründen verzichten. Dafür sind aber gewisse Rechnungserleichterungen gestattet, die allerdings zu Abweichungen führen. Diese aber fallen bei dem vermerkten Ungenauigkeitsgrade nur unbedeutend ins Gewicht.

Ist nämlich $t = \frac{15}{2}(u_2 - u_1)$ sehr klein, so kann man mit großer Annäherung $\sin t = \tan t$ setzen, und dabei ist $\sin t$, wenn t in Sekunden geschrieben wird, sehr genau das t-fache oder $\frac{15}{2}(u_2 - u_1)$-fache von $\sin 1''$. Schreibt man aber nicht nur μ, sondern auch t in Sekunden, so muſs der Verbesserungsposten durch 3600 dividiert werden, wenn er in Sekunden gedeutet werden soll. Er geht über in

$$\frac{\mu(u_2 - u_1)}{3600 \cdot 1440}\left[\frac{\tan\varphi}{\frac{15}{2}(u_2 - u_1)\sin 1''} - \frac{\tan\delta}{\frac{15}{2}(u_2 - u_1)\sin 1''}\right]$$

$$= \frac{\mu(\tan\varphi - \tan\delta)}{3600 \cdot 108000 \sin 1''}.$$

Versteht man unter $\mu' = \frac{\mu}{2880}$ die Änderung in einer Minute, so giebt die Einsetzung von $\mu = 2880\mu' = 60 \cdot 48 \cdot \mu'$ als Mittagsverbesserung in Sekunden

$$\frac{\mu'(\tan\varphi - \tan\delta)}{13500 \sin 1''} = \frac{\mu' \sin(\varphi - \delta)}{13500 \cos\varphi \cos\delta \sin 1''}.$$

Angenommen, für das obengenannte Beispiel hätte man absolut genau gemessen und dabei wiederum

$$u = \frac{u_1 + u_2}{2} = 11^h\, 49^m\, 56{,}49^s$$

gefunden, so würde man durch die Verbesserung erhalten

$$u = 11^h\, 49^m\, 56{,}49^s + \frac{0{,}8545 \sin 43^0\, 40'\, 50''}{13500 \cos 53^0\, 54'\, 46'' \cos 10^0\, 13'\, 50'' \sin 1''}$$

$$= 11^h\, 49^m\, 56{,}49^s + 15{,}57^s$$

oder

$$u = 11^h\, 50^m\, 12{,}06^s.$$

Die durch die Abkürzungen erfolgende Abweichung würde also $2{,}37^s$ betragen, was für manche Zwecke nicht in die Wagschale fällt.

643) **Breitebestimmung durch Circummeridianhöhen eines Gestirns auf Grund einer geschätzten Breite.**

Circummeridianhöhen eines Gestirns sind Höhen, die es in der Nähe des Meridiandurchgangs hat.

Schätzt man die geographische Breite*) als φ, und ist δ die bekannte Deklination des Gestirns, so ist der Zenithabstand beim Meridiandurchgang als $z = \varphi - \delta$ zu schätzen. Man hat also

$$\cos z = \cos\varphi \cos\delta + \sin\varphi \sin\delta.$$

Beobachtet man in der Nähe der Durchgangszeit den Zenithabstand $z_1 = z + e$, so folgt aus dem Cosinussatze

$$\cos z_1 = \cos(z+e) = \sin\varphi \sin\delta + \cos\varphi \cos\delta \cos t,$$

wo t der Stundenwinkel ist, der als bekannt angenommen werden kann. (Stundenwinkel gleich Sternzeit — Rektascension.) Durch Subtraktion folgt aus beiden Gleichungen

$$\cos(z+e) - \cos z = \cos\varphi \cos\delta (\cos t - 1)$$

oder, da

$$\cos(z+e) - \cos z = -2\sin\left(z + \frac{e}{2}\right)\sin\frac{e}{2}$$

und

$$1 - \cos t = 2\sin^2\frac{t}{2}$$

ist,

$$2\sin\left(z + \frac{e}{2}\right)\sin\frac{e}{2} = 2\sin^2\frac{t}{2}\cos\varphi\cos\delta.$$

Daraus folgt

1) $$\sin\frac{e}{2} = \frac{\cos\varphi\cos\delta\sin^2\frac{t}{2}}{\sin\left(\varphi - \delta + \frac{e}{2}\right)}.$$

Hier ist e klein, da der Zenithabstand in der Nähe des Meridians sich nur wenig ändert. Demnach kann man

$$\sin\frac{e}{2} = \frac{e}{2}\sin 1''$$

setzen, sobald e in Sekunden gegeben ist. Ist ferner ein Stern gewählt, für den das geschätzte $z = \varphi - \delta$ grofs genug

*) Solche Schätzungen geschehen auf Grund der üblichen Fahrtbeobachtungen. Durch Berechnungen, wie die vorliegende, werden die Resultate korrigiert.

ist, um zu gestatten, dafs $\sin(\varphi - \delta)$ statt $\sin\left(\varphi - \delta + \frac{e}{2}\right)$ gesetzt werde, so hat man in Sekunden mit grofser Annäherung

$$2) \qquad e = \frac{\cos\varphi \cos\delta}{\sin(\varphi - \delta)} \cdot \frac{2\sin^2\frac{t}{2}}{\sin 1''}.$$

[Für untere Kulmination eines Circumpolarsterns findet man ebenso

$$3) \qquad e = \frac{\cos\varphi \cos\delta}{\sin(\varphi + \delta)} \frac{2\sin^2\frac{t}{2}}{\sin 1''}.\Bigg]$$

Für den Faktor $\frac{2\sin^2\frac{t}{2}}{\sin 1''}$ hat man in nautischen Tabellen die Werte tabellarisch geordnet.

Die Benutzung der Formel 2) geschieht nun so, dafs man e mit Hilfe der geschätzten Breite φ berechnet und damit den Beobachtungswert $z_1 = z + e$ vergleicht, so dafs man $z = z_1 - e$ genauer als nach der Schätzung findet und so für $\varphi = z + \delta$ ebenfalls einen genaueren Wert bestimmen kann. Es handelt sich also um eine Korrektur der Schätzung. Die Messung von $z_1 = z + e$ geschieht durch mehrfache Messungen, deren Mittel zu nehmen ist, ebenso wie das Mittel der zugehörigen Zeiten.

[Man kann die korrigierte Breite als eingeschätzte betrachten und die Rechnung wiederholen; dann findet man eine noch genauere Breite. Dies ist aber nicht nötig, wenn die geschätzte und die korrigierte Breite nahezu übereinstimmen, wie im Beispiel 1) bei Breusing, Seite 244.]

644) v. Hallerstein giebt folgendes Beispiel:

Am 24. September 1859 wurden an Bord der Amazone unter geschätzter Breite $\varphi = 55^0 25'$ nahe am Meridian fünf Sonnenhöhen beobachtet, deren Mittel $37^0 44' 38''$ ergab, während das Mittel des Stundenwinkels (Mittel der wahren Beobachtungszeiten) $t = 0^h\, 32^m\, 15{,}6^s$ war. Die Deklination der Sonne war nach den Tabellen $\delta = 3^0 32'$. Wie grofs war die genauere Breite?

Auflösung.

$$\frac{t}{2} = 16^m\,7{,}8^s$$

giebt $4^0\,1'\,57''$, es wird also

$$e = \frac{\cos\varphi\cos\delta}{\sin(\varphi-\delta)}\,\frac{2\sin^2\frac{t}{2}}{\sin 1''}$$

$$= \frac{\cos 55^0\,25'\,\cos 3^0\,32'}{\sin 51^0\,53'}\,\frac{2\sin^2 4^0\,1'\,57''}{\sin 1''}$$

$$= 1469 \text{ Sekunden} = 24'\,29''.$$

Nun ist

$$z_1 = 90^0 - 37^0\,44'\,38'' = 52^0\,15'\,22'',$$

also

$$z = z_1 - e = 51^0\,50'\,53''.$$

Demnach ist

$$\varphi = z + \delta = 51^0\,50'\,53'' + 3^0\,32' = 55^0\,22'\,53''.$$

Beispiel bei Breusing am angeführten Orte: 22. November auf $55^0\,5'$ N und $7^0\,35'$ O nach Schiffsrechnung beobachtete man Kimmabstand der Sonne, aus dem sich Höhe $14^0\,1'$ ergab. Nach dem Chronometer war Greenwicher Zeit $0^h\,10^m\,5^s$ und die Deklination $-20^0\,7{,}6'$, die Zeitgleichung $-13^m\,47^s$. Der Stundenwinkel der Sonne ergab sich als $0^h\,54^m\,12^s$ und die Breite als $54^0\,58{,}3'$.

An gleicher Stelle befinden sich noch zwei andere Beispiele.

645) Bemerkung. Ist die Uhrzeit gegeben, so mufs sie mit Hilfe der Zeitgleichung zunächst in wahre Zeit verwandelt werden, womit der Stundenwinkel t bestimmt ist. Sind die Zeiten nicht gegeben, so kann man die Stundenwinkel aus φ, δ und h mittels der Formel

$$\cos t = \frac{\sin h - \sin\varphi\sin\delta}{\cos\varphi\cos\delta}$$

berechnen, wobei auf die Zweideutigkeit zu achten ist.

Der Vollständigkeit halber sei noch folgende Methode angegeben, bei der es sich um ganz beliebige Höhen des Gestirns handelt.

646) Breitenbestimmung durch zwei beliebige Höhen eines Sternes, seine Deklination und die verflossene Zeit.

Die beobachteten Höhen seien t_1 und t_2, die zugehörigen unbekannten Stundenwinkel, in Zeit ausgedrückt, t_1 und t_2, die verflossene Zeit also $\frac{t_2 - t_1}{2}$, wenn die beiden Höhen auf derselben Seite des Meridians liegen, dagegen $\frac{t_2 + t_1}{2}$, wenn sie auf verschiedenen Seiten liegen. Die verflossene Zeit ist als bekannt anzunehmen.

An den beiden nautischen Dreiecken hat man

$$\sin h_1 = \sin \varphi \sin \delta + \cos \varphi \cos \delta \cos t_1,$$
$$\sin h_2 = \sin \varphi \sin \delta + \cos \varphi \cos \delta \cos t_2,$$

also durch Subtraktion

$$\sin h_2 - \sin h_1 = \cos \varphi \cos \delta (\cos t_2 - \cos t_1)$$
$$= -2 \cos \varphi \cos \delta \sin \frac{t_2 + t_1}{2} \sin \frac{t_2 - t_1}{2}.$$

Dies giebt die Gleichungen

$$1) \quad 2 \sin \frac{t_2 + t_1}{2} = \frac{\sin h_1 - \sin h_2}{\cos \varphi \cos \delta \sin \frac{t_2 - t_1}{2}} = \frac{2 \cos \frac{h_1 + h_2}{2} \sin \frac{h_1 - h_2}{2}}{\cos \varphi \cos \delta \sin \frac{t_2 - t_1}{2}},$$

$$2) \quad 2 \sin \frac{t_2 - t_1}{2} = \frac{\sin h_1 - \sin h_2}{\cos \varphi \cos \delta \sin \frac{t_2 + t_1}{2}} = \frac{2 \cos \frac{h_1 + h_2}{2} \sin \frac{h_1 - h_2}{2}}{\cos \varphi \cos \delta \sin \frac{t_2 + t_1}{2}}.$$

Die erste dieser Gleichungen ist maſsgebend, wenn die beobachteten Höhen auf derselben Seite des Meridians liegen, die andere, wenn das Gegenteil der Fall ist. In jedem Falle läſst sich die linke Seite mit Hilfe eines geschätzten φ angenähert berechnen. Aus den Zeitgröſsen $\frac{t_2 + t_1}{2}$ und $\frac{t_2 - t_1}{2}$, von denen allerdings eine ungenau ist, läſst sich t_1 und ebenso t_2 durch Subtraktion bezw. Addition angenähert berechnen.

Nun tritt bei der Umformung der Formeln für logarithmische Berechnung sphärischer Dreiecke (bezw. dreikantiger Ecken vgl. Nr. 276, Seite 191, Zeile 3 von unten) folgende Gleichung auf:

$$1 + \cos a = 2\cos^2\frac{a}{2} = \frac{\cos a - \cos(b+c)}{\sin b \sin c}.$$

Auf das eine der nautischen Dreiecke angewandt, giebt dies z. B., wenn φ' die wirkliche Breite ist,

$$1 + \cos t_2 = 2\cos^2\frac{t_2}{2} = \frac{\cos(\varphi' - \delta) - \sin h_2}{\cos\varphi' \cos\delta}.$$

Demnach wird

$$3) \qquad \cos(\varphi' - \delta) = \sin h_2 + \cos\varphi' \cos\delta\,(1 + \cos t_2).$$

Daraus würde nun das genauere φ' zu berechnen sein, was das korrekteste ist. Nimmt man aber rechts, wo $\cos\varphi'$ mit $\cos\delta\,(1 + \cos t_2)$ multipliziert ist, also mit einem Faktor, der in zahlreichen Fällen weit kleiner als 1 ist, das geschätzte φ statt φ', so kann man $\cos\varphi' \cos\delta\,(1 + \cos t_2) = \sin a$ setzen, wo a ein Hilfswinkel ist, und dies giebt die Annäherungsformel

$$4) \quad \cos(\varphi' - \delta) = \sin h_2 + \sin a = 2\sin\frac{h_2 + a}{2}\cos\frac{h_2 - a}{2}.$$

Daraus läfst sich die korrigierte Breite φ' in erster Annäherung berechnen.

Will man eine zweite Annäherung haben, so berechne man mit der verbesserten Breite φ' (an Stelle der geschätzten φ) einen neuen Wert für t_2 und mit Hilfe des letzteren einen neuen Wert φ''. Statt mit h_2 und t_2 kann man auch mit h_1 und t_1 rechnen. Man wähle von beiden Möglichkeiten die, bei der der Faktor $(1 + \cos t)$ der kleinere ist, so dafs der gemachte Fehler weniger ins Gewicht fällt).

Diese Näherungsmethode rührt von dem Holländer Douwes her und findet noch heute viel Anwendung (früher weit gröfsere). Zur Erleichterung hat man in den nautischen Tafeln „Logarithmen der halben verflossenen Zeit“, zur leichteren Berechnung von $lg \sin\frac{t_2 - t_1}{2}$ bezw. $lg \sin\frac{t_2 + t_1}{2}$, ebenso Tabellen der Logarithmen der Mittelzeiten zur leichteren Berechnung von $lg\, 2 \sin \frac{t_2 + t_1}{2}$ bezw. $lg\, 2 \sin \frac{t_2 - t_1}{2}$. Die Formel 1) würde dadurch in folgende übergehen, in der

$$t_m = 2 \sin \frac{t_2 + t_1}{2}, \quad t_v = lg \sin \frac{t_2 - t_1}{2}$$

sein soll,

5) $lg\, t_m = lg (\sin h_1 - \sin h_2) - [lg\, \varphi + lg \cos \delta + lg\, t_v]$

oder auch

5*) $lg\, t_m = \left[lg\, 2 + lg \cos \frac{h_1 + h_2}{2} + lg \sin \frac{h_1 - h_2}{2}\right] - [lg\, \varphi + lg \cos \delta + lg\, t_v]$.

Die Methode ist trotzdem langwierig und bedarf noch der Korrektur, wenn während der verflossenen Zeit sich φ oder auch δ bemerkbar ändern.

647) Man kann, ohne eine Schätzungsgröſse φ einzuführen, so verfahren, daſs man die beiden Ausgangsgleichungen sowohl addiert, als auch subtrahiert. Dies giebt

$$\begin{cases} \sin h_2 + \sin h_1 = 2 \sin \varphi \sin \delta + \cos \varphi \cos \delta (\cos t_2 + \cos t_1) \\ \sin h_2 - \sin h_1 = \cos \varphi \cos \delta (\cos t_2 - \cos t_1). \end{cases}$$

Dies formt sich um zu

$$\sin \frac{h_2 + h_1}{2} \cos \frac{h_2 - h_1}{2} = \sin \varphi \sin \delta + \cos \varphi \cos \delta \cos \frac{t_2 + t_1}{2} \cos \frac{t_2 - t_1}{2}$$

$$\cos \frac{h_2 + h_1}{2} \sin \frac{h_2 - h_1}{2} = - \cos \varphi \cos \delta \sin \frac{t_2 + t_1}{2} \sin \frac{t_2 - t_1}{2}.$$

Daraus ergiebt sich für den Fall, daſs beide Höhen auf derselben Seite des Meridians liegen,

$$\cos \frac{t_2 + t_1}{2} = \frac{\sin \frac{h_2 + h_1}{2} \cos \frac{h_2 - h_1}{2} - \sin \varphi \sin \delta}{\cos \delta \cos \frac{t_2 - t_1}{2} \sqrt{1 - \sin^2 \varphi}}$$

$$- \sin \frac{t_2 + t_1}{2} = \frac{\cos \frac{h_2 + h_1}{2} \sin \frac{h_2 - h_1}{2}}{\cos \delta \sin \frac{t_2 - t_1}{2} \sqrt{1 - \sin^2 \varphi}}.$$

Durch Quadrieren und Addieren erhält man eine neue Gleichung, auf deren linker Seite 1 steht, während rechts nur die einzige Unbekannte sin φ, die verflossene Zeit $\frac{t_2 - t_1}{2}$, die beobachteten Höhen und die bekannte Deklination δ vorkommen. So entsteht eine Gleichung zweiten Grades für die gesuchte Breite φ, die allerdings auf einen ungeschickten Ausdruck für sin φ führt.

Breusing giebt im ganzen folgende Bestimmungen der Breite an: Durch eine Höhe der Sonne im Meridian; durch die Höhe des Nordsterns; die der Nebenmittags- und Nebenmitternachtsbreite (aus Cirkummeridianhöhen); aus zwei Höhen und dem Winkel zwischen ihren Stundenkreisen, nebst Annäherungsmethoden von Lalande, Borda usw.; Bestimmung der eigentlichen Aufsenmittagsbreite (Krafft, Caillet, Ivory).

Längenbestimmungen lehrt er berechnen durch Zeitunterschiede, wobei Gang und Stand der Chronometer zu beachten sind, und durch Mondbestimmungen (Monddistanzen). Wie durch Standlinien nach Sumner Längen zu bestimmen sind, giebt er an, aber noch nicht die Vervollkommnung dieser Methode durch Saint Hilaire, die von Bolte bevorzugt wird.

Ausführlicheres und wertvolle Übungsbeispiele praktischer Art giebt er in Abschnitt X über die ausübende Steuermannskunst.

In der vorliegenden Stereometrie ist es unmöglich, diese in allen Teilen zu verfolgen. Bei der astronomischen Ortsbestimmung rechnet man nach Breusing in der Regel nicht zugleich auf Breite und Länge. Zur Breitenbestimmung benutzt man die Kulmination eines Gestirns, z. B. der Sonne, zur Längen- und Zeitbestimmung beobachtet man das Gestirn möglichst in der Nähe des ersten Vertikals. Die Zeiten der Längen- und Breitenbestimmung fallen also in der Regel weit auseinander.

Zur Breitenbestimmung braucht man nur eine angenäherte Kenntnis der Länge. Zur Berechnung des Stundenwinkels aber mufs man die Breite schon sehr genau kennen, man mufs daher die früher an einem Orte berechnete Breite „mit Hilfe der Loggerechnung auf den Ort beschicken", dessen Länge (z. B. der Zeitbestimmung wegen) bestimmt werden soll. Im Schiffstagebuch aber mufs der Ort des Schiffes für den wahren Mittag aufgeführt werden. Mit Hilfe der Loggerechnung muss also wiederum die Länge vom Beobachtungsorte auf den Ort der Mittagsbreite beschickt werden. Loggerechnung und astronomische Ortsbestimmung gehen demnach in der Praxis Hand in Hand, und dieses Verfahren heifst die Schiffsrechnung. Die Grundlage für diese ist also die Bestimmung eines Anfangsortes, die vorgenommen wird, sobald das Schiff die hohe See gewonnen hat, so dafs man mit einer oder mehreren „Peilungen“ (z. B. nach Leuchttürmen), den genauen Anfangsort gewinnt. Gleichzeitig macht man eine Zeitbestimmung zur Kontrole des Chronometers, auch wenn dessen Stand und Gang im Hafenorte selbst schon geprüft war. Auf wiederholte Chronometerkontrole macht Breusing besonders aufmerksam, da „die Chronometer in See oft einen anderen Gang haben, als am Lande.“ Er giebt hinsichtlich der Güte und Empfindlichkeit dieser Instrumente auf Seite 334 und 335 im Anschlufs an den Chronometermacher Kessels und den Astronomen Hansen noch weitere Mitteilungen. Die Loggerechnung und die Angelegenheiten der Mifsweisung liegen, da sie rein physikalischer Natur sind, aufserhalb des für unser Buch mafsgebenden Gebietes, so dafs auch auf die Bestimmung der Mifsweisung durch Azimuthe hier nicht eingegangen werden soll.

Diese Bemerkungen werden genügen, von der Bedeutung der vorstehenden Aufgaben ein Bild zu geben.

η) Ein Satz der Geodäsie von Legendre über Dreiecke von geringer Krümmung.

648) Auf der Erdoberfläche befinde sich ein sphärisches Dreieck, dessen gestreckte Seiten die Längen a, b, c haben mögen, so dafs die auf der Einheitskugel gemessenen Bogen die Längen $\frac{a}{r}$, $\frac{b}{r}$, $\frac{c}{r}$ haben. Dann berechnen sich die Dreieckswinkel aus den Gleichungen

$$1)\qquad \cos \alpha = \frac{\cos\frac{a}{r} - \cos\frac{b}{r}\cos\frac{c}{r}}{\sin\frac{b}{r}\sin\frac{c}{r}}$$

usw. Hier ist

$$\cos\left(\frac{a}{r}\right) = 1 - \frac{1}{1\cdot 2}\left(\frac{a}{r}\right)^2 + \frac{1}{1\cdot 2\cdot 3\cdot 4}\left(\frac{a}{r}\right)^4 - \dots$$

$$\sin\left(\frac{b}{r}\right) = \frac{1}{1}\left(\frac{b}{r}\right) - \frac{1}{1\cdot 2\cdot 3}\left(\frac{b}{r}\right)^3 + \frac{1}{1\cdot 2\cdot 3\cdot 4\cdot 5}\left(\frac{b}{r}\right)^5 - \dots$$

usw.

Ist jedoch r sehr grofs gegen a bezw. b, so braucht man von der Cosinusreihe nur die drei ersten Glieder zu benutzen, von der Sinusreihe nur die ersten beiden.*) Bei der Erde z. B. würden sogar bei Längen bis zu 40 bis 50 Meilen die ersten sechs Dezimalstellen dabei noch richtig ausfallen. Setzt man so die Werte der Cosinus und der Sinus in die Formel 1) ein, so wird

$$\cos a = \frac{\left[1-\frac{1}{2}\left(\frac{a}{r}\right)^2+\frac{1}{24}\left(\frac{a}{r}\right)^4\right]-\left[1-\frac{1}{2}\left(\frac{b}{r}\right)^2+\frac{1}{24}\left(\frac{b}{r}\right)^4\right]\cdot\left[1-\frac{1}{2}\left(\frac{c}{r}\right)^2+\frac{1}{24}\left(\frac{b}{r}\right)^4\right]}{\frac{b}{r}\left[1-\frac{1}{6}\left(\frac{b}{r}\right)^3\right]\cdot\frac{c}{r}\left[1-\frac{1}{6}\left(\frac{c}{r}\right)^3\right]}$$

Multipliziert man die Produkte aus, und streicht man alles, was im Nenner höhere Potenzen von r als die vierte hat, so erhält man zunächst

$$\cos a = \frac{\frac{b^2+c^2-a^2}{2r^2} + \frac{a^4-b^4-c^4-6b^2c^2}{24r^4}}{\frac{bc}{r^2}\left[1-\frac{b^2+c^2}{6r^2}\right]}.$$

Multipliziert man den Bruch oben und unten mit $1+\frac{b^2+c^2}{6r^2}$, so vereinfacht sich der Nenner zu

$$\frac{bc}{r^2}\left[1-\frac{(b^2+c^2)^2}{36r^4}\right] = \frac{bc}{r^2} - \frac{(b^2+c^2)^2}{36r^6},$$

oder, da im zweiten Bruche r^6 im Nenner steht, zu $\frac{bc}{r^2}$. Auch der ausmultiplizierte Zähler vereinfacht sich und endlich bleibt stehen

$$2)\ \cos a = \frac{b^2+c^2-a^2}{2bc} - \frac{2(a^2b^2+b^2c^2+c^2a^2)-(a^4+b^4+c^4)}{24bcr^2}.$$

---

*) Der wahre Wert liegt stets zwischen denen, die man durch die Summierungen bis zum n^{ten} bezw. $(n+1)^{\text{ten}}$ Glied erhält.

Durch cyklische Vertauschung erhält man die Cosinus der übrigen Winkel.

Man vergleiche nun das sphärische Dreieck mit einem ebenen, welches die gestreckten Seitenlängen a, b, c hat. Dieses neue Dreieck hat Winkel, die sich berechnen aus

3) $$\cos \alpha_1 = \frac{b^2 + c^2 - a^2}{2bc}$$

usw. Daraus folgt

$$\sin^2 \alpha_1 = 1 - \frac{(b^2 + c^2 - a^2)^2}{4b^2c^2}$$

$$= \frac{4b^2c^2 - (a^4 + b^4 + c^4 - 2a^2b^2 + 2b^2c^2 - 2c^2a^2)}{4b^2c^2}$$

oder

4) $$4b^2c^2 \sin^2 \alpha_1 = 2(a^2b^2 + b^2c^2 + c^2a^2) - (a^4 + b^4 + c^4).$$

Einsetzung der Werte der rechten Seiten von 3) und 4) in Gleichung 2) giebt

5) $$\cos \alpha = \cos \alpha_1 - \frac{bc}{6r^2} \sin^2 \alpha_1.$$

Da r als sehr groſs gegen a, b, c angenommen ist, so sind α und α_1 sehr wenig voneinander verschieden, so daſs z. B. $\alpha = \alpha_1 + \delta$ und

$$\cos \alpha = \cos \alpha_1 \cos \delta - \sin \alpha_1 \sin \delta$$

oder, da $\cos \delta$ sehr genau gleich 1 und $\sin \delta$ sehr genau gleich δ gesetzt werden kann

6) $$\cos \alpha = \cos \alpha_1 - \delta \sin \alpha_1.$$

Aus 5) und 6) folgt

$$\delta = \frac{bc}{6r^2} \sin \alpha_1 = \frac{F_1}{3r^2},$$

wo $F_1 = \frac{1}{2} bc \sin \alpha_1$ die Fläche des Hilfsdreiecks ist. Demnach ist

$$\alpha = \alpha_1 + \delta = \alpha_1 + \frac{F_1}{3r^2}.$$

Im ganzen hat man

$$\alpha = \alpha_1 + \frac{F_1}{3r^2}, \ \beta = \beta_1 + \frac{F_1}{3r^2}, \ \gamma = \gamma_1 + \frac{F_1}{3r^2}.$$

Nun ist aber $\alpha_1 + \beta_1 + \gamma_1 = 180^0$, also folgt durch Addition

$$\alpha + \beta + \gamma = \frac{F_1}{r^2} + 180^0$$

oder

$$\alpha + \beta + \gamma - 180^0 = \frac{F_1}{r^2} = E,$$

so dafs $\frac{F_1}{r^2}$ den sphärischen Excefs bedeutet. Jetzt ist

7) $$\alpha_1 = \alpha - \frac{E}{3}, \; \beta_1 = \beta - \frac{E}{3}, \; \gamma_1 = \gamma - \frac{E}{3}.$$

Folglich: Ein sphärisches Dreieck von geringer Krümmung darf als ein ebenes betrachtet werden, dessen Seiten dieselben (gestreckten) Längen haben. Die Winkel dieses ebenen Dreiecks erhält man, indem man jeden des sphärischen Dreiecks um ein Drittel des sphärischen Excesses verkleinert.

Für kleine Fläche, daher auch für geringen sphärischen Excefs, ist also die Abweichung der Winkel des ebenen Dreiecks von denen des sphärischen gering, sie wächst mit dem sphärischen Excefs. Von Interesse aber ist, dafs alle drei Winkel um denselben Betrag geändert werden, was man zunächst nur für gleichseitige Dreiecke erwarten würde. In der Geodäsie wird von dem Satze, der gewisse Rechnungserleichterungen zuläfst, vielfach Gebrauch gemacht.

Nachtrag zu Bd. I.

Das Berührungsproblem für vier Kugeln.

649) Sind vier Kugeln gegeben, so lassen sich Kugeln konstruieren, die alle vier gegebenen berühren. Die Anzahl der Möglichkeiten soll erst unten untersucht werden.

Der Einfachheit halber sei zunächst der Fall behandelt, in dem die gegebenen Kugeln M_1, M_2, M_3, M_4 ganz auseinander liegen, während die gesuchte Berührungskugel M sämtliche äufserlich berührt. Die Möglichkeit der Berührung werde vorausgesetzt. Dabei kommen die in Bd. I, Abschnitt V^b behandelten Sätze über Pol und Polare, Potenzebene, Potenzlinie, Potenzpunkte bei zwei, drei, vier Kugeln, Ähnlichkeitspunkte bei zwei, drei, vier Kugeln zur Sprache, ebenso das Entsprechende über das Apollonische Problem der Ebene. Alle diese Dinge werden als bekannt vorausgesetzt. An der fertigen Figur ergiebt sich Folgendes:

650) Da die Kugeln M_1 und M_2 von M in Punkten B_1 und B_2 gleichartig berührt werden, so geht die Gerade $B_1 B_2$ durch den äufseren Ähnlichkeitspunkt $A_{1,2}$ der beiden ersten Kugeln. (Bd. I, § 289).

651) Da M_1, M_2, M_3 von M in Punkten B_1, B_2, B_3 gleichartig berührt werden, so gehen in $B_1 B_2$, $B_2 B_3$, $B_3 B_1$ durch die äufseren Ähnlichkeitspunkte $A_{1,2}$, $A_{2,3}$, $A_{3,1}$ der drei ersten Kugeln. Diese Punkte liegen auf einer Geraden $A_{1,2} A_{2,3} A_{3,1}$, der äufseren Ähnlichkeitsachse $a_{1,2,3}$ der Kugeln, in dieser Achse also schneiden sich die Ebenen $B_1 B_2 B_3$ und $M_1 M_2 M_3$ (Bd. I, § 299).

652) Die Ebene $B_1 B_2 B_3$ schneidet die Kugeln M_1, M_2, M_3 und M so, dafs die Zeichnung dreier entsprechender Kreise entsteht, die von einem vierten in derselben Weise

berührt werden. Ist P der Potenzpunkt dieser Kreise, P_1 der Pol der Ähnlichkeitsachse $a_{1,2,3}$, so liegt der Berührungspunkt B_1 auf der Geraden PP_1. (Vgl. z. B. das methodische Lehrbuch des Verfassers II, Seite 71 der zweiten Auflage, § 93.) P liegt aber auf der Potenzlinie $p_{1,2,3}$ der Kugeln $M_1 M_2 M_3$, die senkrecht auf der Ebene $M_1 M_2 M_3$ steht (Bd. I, § 294); P_1 liegt auf der Polare $q'_{1,2,3}$ von $a_{1,2,3}$ in Bezug auf den Kreis M_1, die die Ähnlichkeitsachse senkrecht kreuzt, also auch auf der Ebene $M_1 M_2 M_3$ senkrecht steht. Die Geraden $p_1 p_2 p_3$ und $q'_{1,2,3}$ sind also parallel und durch beide ist eine Ebene $\varepsilon'_{1,2,3}$ bestimmt, in der nun der Berührungspunkt B_1 liegen mufs.

653) In derselben Weise kann man die Kugeln M_1, M_2, M_4 und in Bezug auf diese denselben Punkt B_1 untersuchen. Dies giebt eine Potenzlinie $p_{1,2,4}$, eine Ähnlichkeitsachse $a_{1,2,4}$, eine Polare der letzteren $q'_{1,2,4}$ in Bezug auf den Kreis M_1 und eine Ebene $\varepsilon'_{1,2,4}$, die durch Polare und Potenzlinie bestimmt ist. Auch in dieser Ebene mufs B_1 liegen.

654) Durch den Schnitt der Ebenen $\varepsilon'_{1,2,3}$ und $\varepsilon'_{1,2,4}$ ist eine Gerade bestimmt, in der B_1 liegen mufs und zwar liegt B_1 in einem der beiden Punkte, in denen der Kreis M_1 von dieser Geraden geschnitten wird. Damit wäre die Bestimmung von B_1 vorläufig erledigt.

655) Nun gehen aber die Potenzlinien $p_{1,2,3}$ und $p_{1,2,4}$ durch den Potenzpunkt Π der Kugeln M_1, M_2, M_3, M_4 (Bd. I, § 295). Folglich gehen auch die Hilfsebenen $\varepsilon'_{1,2,3}$ und $\varepsilon'_{1,2,4}$ durch diesen Punkt, ebenso ihre Schnittlinie.

Weil ferner die Achsen $a_{1,2,3}$ und $a_{1,2,4}$ in der Ebene a der sechs äufseren Ähnlichkeitspunkte der Kugeln M_1, M_2, M_3, M_4 liegen (Bd. I, § 300), so gehen ihre Polaren $q'_{1,2,3}$ und $q'_{1,2,4}$ (in Bezug auf den Kreis M_1) durch den Pol Q_1 der Ebene a in Bezug auf den Kreis M_1. Folglich gehen die Ebenen $\varepsilon'_{1,2,3}$ und $\varepsilon'_{1,2,4}$ durch den Pol Q_1, ebenso ihre Schnittlinie.

Folglich:

Der Berührungspunkt D_1 liegt auf der Geraden ΠQ_1, die den Potenzpunkt der vier Kugeln mit dem Pole der Ebenen der äufseren Ähnlichkeitspunkte (in Bezug auf die Kugel M_1) verbindet.

656) Daraus ergiebt sich folgende Konstruktion der gesuchten Berührungskugel:

Man bestimme den Potenzpunkt Π der gegebenen Kugeln M_1, M_2, M_3, M_4, bestimme ferner die Ebene ihrer äufseren Ähnlichkeitspunkte (wozu drei dieser Punkte ausreichen) und die Pole Q_1, Q_2, Q_3, Q_4 dieser Ebene in Bezug auf die Kugeln M_1, M_2, M_3, M_4. Darauf ziehe man die Geraden ΠQ_1, ΠQ_2, ΠQ_3 und ΠQ_4, welche die Kugeln in D_1 und D_1', D_2 und D_2', D_3 und D_3', D_4 und D_4' schneiden. Die inneren Punkte D_1, D_2, D_3, D_4 sind die Berührungspunkte der Kugel, welche die vier gegebenen äufserlich berührt. (Die äufseren Punkte D_1', D_2', D_3', D_4' geben die Berührungspunkte der Kugel, welche die gegebenen innerlich berührt.) Um jedes der Tetraeder $D_1 D_2 D_3 D_4$ bezw. $D_1' D_2' D_3' D_4'$ ist nun eine Kugel zu legen, deren Mittelpunkt durch Verlängerung der Berührungsradien gefunden wird.

657) Wie in dem untersuchten Falle, so werden auch in jedem anderen zwei Aufgaben zugleich gelöst. Konstruktion und Begründung sind jedesmal dieselben, nur treten auch innere Ähnlichkeitspunkte auf.

Bezeichnet man die verschiedenen Fälle der Berührung durch a und i (äufserlich und innerlich), so giebt es im ganzen 16 Lösungen, von denen je zwei durch dieselbe Konstruktion erledigt werden:

$$1) \left\{\begin{array}{l} M_1^a\, M_2^a\, M_3^a\, M_4^a \\ M_1^i\, M_2^i\, M_3^i\, M_4^i \end{array}\right. \qquad 2) \left\{\begin{array}{l} M_1^i\, M_2^a\, M_3^a\, M_4^a \\ M_1^a\, M_2^i\, M_3^i\, M_4^i \end{array}\right.$$

$$3) \left\{\begin{array}{l} M_1^a\, M_2^i\, M_3^a\, M_4^a \\ M_1^i\, M_2^a\, M_3^i\, M_4^i \end{array}\right. \qquad 4) \left\{\begin{array}{l} M_1^a\, M_2^a\, M_3^i\, M_4^a \\ M_1^i\, M_2^i\, M_3^a\, M_4^i \end{array}\right.$$

$$5) \left\{\begin{array}{l} M_1^a\, M_2^a\, M_3^a\, M_4^i \\ M_1^i\, M_2^i\, M_3^i\, M_4^a \end{array}\right. \qquad 6) \left\{\begin{array}{l} M_1^a\, M_2^a\, M_3^i\, M_4^i \\ M_1^i\, M_2^i\, M_3^a\, M_4^a \end{array}\right.$$

$$7) \left\{\begin{array}{l} M_1^i\, M_2^a\, M_3^a\, M_4^i \\ M_1^a\, M_2^i\, M_3^i\, M_4^a \end{array}\right. \qquad 8) \left\{\begin{array}{l} M_1^a\, M_2^i\, M_3^a\, M_4^i \\ M_1^i\, M_2^a\, M_3^i\, M_4^a \end{array}\right.$$

658) Liegen die vier gegebenen Kugeln nicht auseinander, sondern treten Umschliesungen ein oder schneiden sie teilweise einander, so treten in der Anzahl der Lösungen Beschränkungen ein. Die Untersuchung darüber ist für die Theorie von geringer Bedeutung und soll dem Leser überlassen bleiben. Ebenso sei es ihm anheimgestellt, für die Sonderfälle, bei denen einige der Kreise zu Punkten oder Ebenen werden, die betreffenden Konstruktionen auszuführen.

Das allgemeinste der Apollonischen Berührungsprobleme ist damit als gelöst zu betrachten.

659) Bemerkungen. Die Litteratur des Berührungsproblems ist in Bd. I Nr. 363 angegeben. Im Anschlufs an Reyes Synthetische Geometrie der Kugeln seien noch folgende Bemerkungen wiedergegeben:

„Die vier Berührungspunkte jedes Einzelfalles liegen zu zweien auf sechs Geraden, welche durch sechs Ähnlichkeitspunkte gehen, zu dreien in vier Ebenen, die durch vier Ähnlichkeitsachsen gehen. Diese sechs Ähnlichkeitspunkte und die vier Achsen liegen in einer Ähnlichkeitsebene der Kugeln.

Alle Kugeln, die vier gegebene Kugeln berühren oder diese unter gleichen Winkeln schneiden, liegen in acht Kugelbüscheln, deren Potenzebenen die acht Ähnlichkeitsebenen der vier Kugeln sind. Bestimmt man vier Punkte auf den vier Kugeln so, dafs der eine von ihnen zu den drei anderen invers liegt in Bezug auf drei von den zwölf Ähnlichkeitspunkten, so liegen diese vier Punkte auf einer zu jenen acht Büscheln gehörigen Kugel; und zwar gehört diese leicht konstruierbare Kugel zu demjenigen von den acht Kugelbüscheln, welches die Ebene der drei Ähnlichkeitspunkte zur Potenzebene hat.

Bringt man diese Ebene zum Durchschnitt mit den Ebenen der Kreise, welche die vier gegebenen Kugeln mit der fünften gemein haben, so erhält man die Achsen der vier Kreisbüschel, in welchen die vier gegebenen Kugeln das eine der acht Kugelbüschel schneiden. (Konstruiert man bezüglich der vier Kugeln die Polarebene ihres Potenzpunktes, so gehen auch diese Ebenen durch die Achsen der vier Kreisbüschel, denn die Orthogonalkugel der vier gegebenen Kugeln gehört zu jedem der acht Kugelbüschel.)

Die vier Kugeln werden im allgemeinen und höchstens von zwei Kugeln des Kugelbüschels berührt und zwar in denjenigen leicht konstruierbaren Punkten, deren Berührungsebenen durch die Achsen der vier Kreisbüschel gehen. Sonach giebt es im allgemeinen und höchstens sechzehn Kugeln, welche vier gegebene Kugeln berühren; dieselben haben paarweise die acht Ähnlichkeitsebenen der vier Kugeln zu Potenzebenen. — Fünf gegebene Kugeln werden im allgemeinen und höchstens von sechzehn Kugeln unter gleichen Winkeln geschnitten; in jeder dieser sechzehn Kugeln durchdringen sich vier leicht angebbare Kugelgebüsche, in welchen die erste der fünf gegebenen Kugeln den vier übrigen zugeordnet ist.“

Zu den Berührungen und zu den Problemen über gleichwinkliges Schneiden von Kugeln vergleiche man Steiners Geometrische Betrachtungen (Werke, I, Seite 17—94).

FSC
www.fsc.org
MIX
Papier | Fördert gute Waldnutzung
FSC® C083411

Kolibri 360 GmbH
Ferdinand-Jühlke-Straße 7
99095 Erfurt, Deutschland
produktsicherheit@kolibri360.de